原 子 量 表

元素名		元素記号	原子番号	原子量†	元素名		元素記号	原子番号	原子量†
アインスタイニウム	einsteinium	Es	99	(252)	テネシン	tennessine	Ts	117	(293)
亜 鉛	zinc	Zn	30	65.38	テルビウム	terbium	Tb	65	158.9
アクチニウム	actinium	Ac	89	(227)	テルル	tellurium	Te	52	127.6
アスタチン	astatine	At	85	(210)	銅	copper	Cu	29	63.55
アメリシウム	americium	Am	95	(243)	ドブニウム	dubnium	Db	105	(268)
アルゴン	argon	Ar	18	39.95	トリウム	thorium	Th	90	232.0
アルミニウム	aluminum (aluminium)	Al	13	26.98	ナトリウム	sodium	Na	11	22.99
アンチモン	antimony	Sb	51	121.8	鉛	lead	Pb	82	207.2
硫 黄	sulfur	S	16	32.07	ニオブ	niobium	Nb	41	92.91
イッテルビウム	ytterbium	Yb	70	173.0	ニッケル	nickel	Ni	28	58.69
イットリウム	yttrium	Y	39	88.91	ニホニウム	nihonium	Nh	113	(278)
イリジウム	iridium	Ir	77	192.2	ネオジム	neodymium	Nd	60	144.2
インジウム	indium	In	49	114.8	ネオン	neon	Ne	10	20.18
ウラン	uranium	U	92	238.0	ネプツニウム	neptunium	Np	93	(237)
エルビウム	erbium	Er	68	167.3	ノーベリウム	nobelium	No	102	(259)
塩 素	chlorine	Cl	17	35.45	バークリウム	berkelium	Bk	97	(247)
オガネソン	oganesson	Og	118	(294)	白 金	platinum	Pt	78	195.1
オスミウム	osmium	Os	76	190.2	ハッシウム	hassium	Hs	108	(277)
カドミウム	cadmium	Cd	48	112.4	バナジウム	vanadium	V	23	50.94
ガドリニウム	gadolinium	Gd	64	157.3	ハフニウム	hafnium	Hf	72	178.5
カリウム	potassium	K	19	39.10	パラジウム	palladium	Pd	46	106.4
ガリウム	gallium	Ga	31	69.72	バリウム	barium	Ba	56	137.3
カリホルニウム	californium	Cf	98	(252)	ビスマス	bismuth	Bi	83	209.0
カルシウム	calcium	Ca	20	40.08	ヒ 素	arsenic	As	33	74.92
キセノン	xenon	Xe	54	131.3	フェルミウム	fermium	Fm	100	(257)
キュリウム	curium	Cm	96	(247)	フッ素	florine	F	9	19.00
金	gold	Au	79	197.0	プラセオジム	praseodymium	Pr	59	140.9
銀	silver	Ag	47	107.9	フランシウム	francium	Fr	87	(223)
クリプトン	krypton	Kr	36	83.80	プルトニウム	plutonium	Pu	94	(239)
クロム	chromium	Cr	24	52.00	フレロビウム	flerovium	Fl	114	(289)
ケイ素	silicon	Si	14	28.09	プロトアクチニウム	protactinium	Pa	91	231.0
ゲルマニウム	germanium	Ge	32	72.63	プロメチウム	promethium	Pm	61	(145)
コバルト	cobalt	Co	27	58.93	ヘリウム	helium	He	2	4.003
コペルニシウム	copernicium	Cn	112	(285)	ベリリウム	beryllium	Be	4	9.012
サマリウム	samarium	Sm	62	150.4	ホウ素	boron	B	5	10.81
酸 素	oxygen	O	8	16.00	ボーリウム	bohrium	Bh	107	(272)
シーボーギウム	seaborgium	Sg	106	(271)	ホルミウム	holmium	Ho	67	164.9
ジスプロシウム	dysprosium	Dy	66	162.5	ポロニウム	polonium	Po	84	(210)
臭 素	bromine	Br	35	79.90	マイトネリウム	meitnerium	Mt	109	(276)
ジルコニウム	zirconium	Zr	40	91.22	マグネシウム	magnesium	Mg	12	24.31
水 銀	mercury	Hg	80	200.6	マンガン	manganese	Mn	25	54.94
水 素	hydrogen	H	1	1.008	メンデレビウム	mendelevium	Md	101	(258)
スカンジウム	scandium	Sc	21	44.96	モスコビウム	moscovium	Mc	115	(289)
ス ズ	tin	Sn	50	118.7	モリブデン	molybdenum	Mo	42	95.95
ストロンチウム	strontium	Sr	38	87.62	ユウロピウム	europium	Eu	63	152.0
セシウム	cesium (caesium)	Cs	55	132.9	ヨウ素	iodine	I	53	126.9
セリウム	cerium	Ce	58	140.1	ラザホージウム	rutherfordium	Rf	104	(267)
セレン	selenium	Se	34	78.97	ラジウム	radium	Ra	88	(226)
ダームスタチウム	darmstadtium	Ds	110	(281)	ラドン	radon	Rn	86	(222)
タリウム	thallium	Tl	81	204.4	ランタン	lanthanum	La	57	138.9
タングステン	tungsten	W	74	183.8	リチウム	lithium	Li	3	6.941
炭 素	carbon	C	6	12.01	リバモリウム	livermorium	Lv	116	(293)
タンタル	tantalum	Ta	73	180.9	リ ン	phosphorus	P	15	30.97
チタン	titanium	Ti	22	47.87	ルテチウム	lutetium	Lu	71	175.0
窒 素	nitrogen	N	7	14.01	ルテニウム	ruthenium	Ru	44	101.1
ツリウム	thulium	Tm	69	168.9	ルビジウム	rubidium	Rb	37	85.47
テクネチウム	technetium	Tc	43	(99)	レニウム	rhenium	Re	75	186.2
鉄	iron	Fe	26	55.85	レントゲニウム	roentgenium	Rg	111	(280)
					ロジウム	rhodium	Rh	45	102.9
					ローレンシウム	lawrencium	Lr	103	(262)

* 原子量はすべて4桁の有効数字で表した．これらは，国際純正・応用化学連合（IUPAC）で承認された最新の原子量をもとに，日本化学会原子量専門委員会が作成した4桁の原子量表（2018）から作成した．
† 放射性元素については，その元素の放射性同位体の質量数の一例を（ ）内に示した．

ズンダール 基礎化学

S. S. Zumdahl・D. J. DeCoste 著

大嶌幸一郎・花田禎一 訳

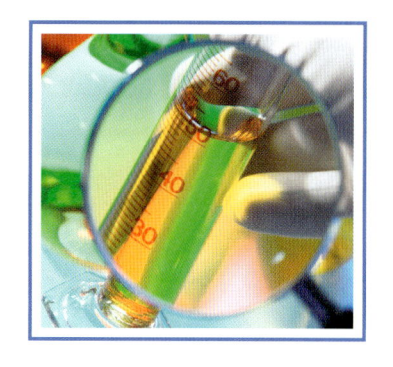

東京化学同人

Introductory Chemistry: A Foundation
Seventh Edition

Steven S. Zumdahl
University of Illinois

Donald J. DeCoste
University of Illinois

© 2011 Brooks/Cole, Cengage Learning

ALL RIGHTS RESERVED. No part of this work covered by the copyright herein may be reproduced, transmitted, stored, or used in any form or by any means, graphic, electronic, or mechanical, including but not limited to photocopying, recording, scanning, digitizing, taping, Web distribution, information networks, or information storage and retrieval systems, except as permitted under Section 107 or 108 of the 1976 United States Copyright Act, without the prior written permission of the publisher.

序

　今回で第7版となる本書 "Introductory Chemistry" は，これまでの版と同様，化学をこれから学ぼうとする学生が化学に興味をもち，化学を身近なものとしてとらえ，理解できるようになることを願って書いた．また，色の変化や沈殿の生成といった目に見える現象に基づく巨視的な世界とイオンや分子といった微視的な世界をより容易に関係づけて学べるように工夫されている．本書を書くにあたって，理解しやすいように明解でかつ感覚的な方法で化学の概念を表現することで，自身で勉強できる教科書にすることを念頭においた．さらに，各章の導入部から "化学こぼれ話" に至るまで本書全編にわたって，実際の生活での経験と化学を結びつける題材を選び記述した．本書を使うことで化学に強い興味をいだき，化学を楽しく理解することができると確信している．本書の特色を以下に記す．

化学反応の記述を前半部におく

　本書では化学反応に関する記述を前半部におき，とりつきにくい軌道に関する記述を後のほうにまわした．初めて化学を学ぶ者にとって論理的で難解な原子や軌道について説明する前に，なじみ深い物質の化学的性質について記述するほうが受入れやすく，また反応を学ぶことで実験がさらにおもしろいものになるだろうと考えたからである．
　6章では，原子についての非常に簡単な概念をもとにして，化学変化をどのようにとらえればよいか，化学反応式が何を意味するのかなど，化学反応のおおまかな取扱い方を示した．7章では，水溶液中の反応として沈殿反応，酸・塩基反応，酸化還元反応について解説した．このように前半の章では，実験に向けて必要となる基礎的事項を記述した．
　化学反応に先だって軌道について学ぼうとするなら，これらの章を飛ばして4章からすぐに原子論と化学結合について記述した章（11章と12章）へ移ればよい．5章は化合物の命名法について記述しているので適宜学べばよい．

問題を解く技法を身につける

　化学を学ぶにあたって問題を解く技術（能力）を身につけることは非常に重要である．そのような能力を身につけるためにどうすればよいかということも本書の命題の一つである．
　問題を上手に解くためには，問題に対する体系的で思慮深いアプローチが単なる暗記よりもはるかに優れているということを理解すべきである．本書では，2章で問題を解くのに基本的で必要な数学的技法である科学的表記法，有効数字を正しく得るための丸め方，式の変形の仕方などとともに，温度の単位の変換を題材として問題を解く体系的なアプローチを説明している．本書全体を通して，問題の要点を図や記号を用いて表すことから始め，思慮深く一つひとつ段階を踏んで，最後にたどりついた答が理にかなっているかを確認するアプローチを推奨している．8章4節でこのアプローチの方法について説明し，

本書全体を通して例題のなかでこのアプローチを実践している．例題の後にある練習問題 Self-Check でこのアプローチを体得してほしい．

化学の応用事例

　いろいろな化学反応を理解してそれを応用することが重要である．化学反応を応用して生活に大きな影響を及ぼしている事例を"化学こぼれ話"という囲み記事に入れた．そこには，電球の代替となる新しい光，人工甘味料，空港での薬物や爆発物の検査に使われるハチ（蜂），陽電子放射断層撮影法（PET）など，新しい応用例を取上げた．

視覚的インパクト

　化学反応や化学的現象，化学プロセスを理解しやすくするために図や写真をこれまでの版以上に多く取入れ，フルカラーを採用した．

補 助 教 材*
学 生 用

Study Guide by Donald J. DeCoste （ISBN-10: 0-538-73640-2; ISBN-13: 978-0-538-73640-4）
Introductory Chemistry in the Laboratory by James F. Hall （ISBN-10: 0-538-73642-9; ISBN-13: 978-0-538-73642-8）

教 師 用

PowerLecture with Exam View® and JoinIn™ Instructor's DVD （ISBN-10: 0-538-73643-7, ISBN-13: 978-0-538-73643-5）

謝　辞

　本書は多くの才能ある献身的な人々の協力と努力のたまものである．出版社の Charles Hartford には改訂にあたりご尽力いただいた．彼には問題点を適確に指摘してもらい，また創造的なアイデアを出してもらった．瞬時にすべてをうまく処理する並はずれた眼力と能力をもった Cathy Brooks（企画部長）にも感謝したい．図版が魅力的で正確なものになったのは Alyssa White（編集者）のおかげである．すばらしい写真を探し出す特異な能力を発揮してくれた Sharon Donahue（写真担当）に感謝の意を表したい．

　米国マサチューセッツ大学の Jim Hall は本プロジェクトを成功に導いてくれた．解答への指針，実験室での化学入門のための教員用補助教材などについて貴重な働きをしてくれた．

　Power Point® のメディア要素を見直してくれた米国イリノイ大学の Gretchen Adams と，補助教材を再検討してくれた米国デモインエリアコミュニティカレッジの Richard Triplett，さらにテストバンクを見直してくれた Linda Bush の 3 人にもお礼を言いたい．

＊　ここにあげた補助教材および原書にある Supplements for the Text については，センゲージラーニング株式会社 専門書営業部 電話 03-3511-4389, Fax 03-3511-4391, E-mail: asia.infojapan@cengage.com に問合わせてほしい．

本版の出版にあたり貴重な助言をいただいた次の方々にも感謝したい．Stephanie VanCamp（補助教材の副編集者），Rebecca Berardy-Schwartz（IT部門プロジェクトマネージャー），Jon Olaffson（編集助手），Nicole Hamm（マーケティングマネージャー），Megan Greiner（Graphic World 社のプロジェクトマネージャー），Jill Haber と Cate Barr（アートディレクター），Betty Litt（原稿整理編集者），そして教科書と解答書の誤りをチェックしてくれた David Shinn．

本書の完成に修正，新しい提案などで大きく寄与してくれたすべての査読者の方々に深謝したい．その方々は次のとおりである．

Angela Bickford
Northwest Missouri State University

Simon Bott
University of Houston

Jabe Breland
St. Petersburg College

Frank Calvagna
Rock Valley College

Jing-Yi Chin
Suffolk County Community College

Carl David
University of Connecticut

Cory DiCarlo
Grand Valley State University

Cathie Keenan
Chaffey College

Pamela Kimbrough
Crafton Hills College

Wendy Lewis
Stark State College of Technology

Guillermo Muhlmann
Capital Community College

Lydia Martinez Rivera
University of Texas at San Antonio

Sharadha Sambasivan
Suffolk County Community College

Perminder Sandhu
Bellevue Community College

Lois Schadewald
Normandale Community College

Marie Villarba
Seattle Central Community College

訳者序

われわれの身のまわりには化学製品があふれている．たとえば，自動車には動力源として，蓄電池やガソリンが積み込まれている．上着や靴下に使われているナイロンや，飲物の容器に使われているペットボトルは代表的な合成高分子である．居間には化学繊維で織られたカーペットがあり，薬箱には風邪薬が入っている．このように衣食住すべてにわたって化学製品を目にすることができる．これらの化学製品がどのような分子から，どのようにしてつくられるかを知れば，化学をより身近なものとしてとらえることができるだろう．

また，身のまわりでは多くの化学変化が日常的に起こっている．春には鮮やかな色の草花が咲き，夏には美しい花火が打ち上げられ，秋には木々の葉が黄金色に色づき，冬には灯油がストーブで燃えている．こうした現象はすべて化学変化によるものである．これらの化学変化の本質を理解できれば，われわれの生活はより豊かでより楽しいものになるだろう．

随所に挿入された"化学こぼれ話"にはわれわれが日常生活において体験するような身近な話題が取上げられている．それらがいかに化学と関係しているかを知れば，化学が一層興味深いものになると思う．

本書は三つの特徴をもっている．一つは高校で化学を学ばなかった人にもわかりやすく丁寧に記述されていること．二つ目は，化学を暗記の学問としてとらえるのではなく基本的な原理を十分に理解してもらうことを目的としていること．そして三つ目は，理解の手助けになるように例題と練習問題が多く取入れられていることである．各章の内容が本当に理解できたかどうかを計るには，実際に問題を解くことが重要である．これら多くの問題を解くことで記憶に残る真の勉強法を体得してほしい．そうすれば，化学の問題だけでなく，あらゆる分野の問題に対しても対処できる考え方を身につけることができる．

21世紀に人類が直面している大きな課題は，食糧問題，資源・エネルギー問題，環境問題である．これらの課題はいずれも個々人，地域社会，さらに国家や世界全体の共存にかかわる複合的かつ重大な課題であるが，化学とのかかわりも大きい．そのため課題の解決に向けて化学への期待も大きく，その役割や責任も大きい．本書を通じてこれら諸課題ならびにそれらの解決に対する意識を高めていただければ幸いである．

なお，本書は原書第7版の訳そのものではない．日本の実情にあわせて一部を省略したことをお断りさせていただきたい．最後に，本書の出版にあたり企画・編集においてたいへんお世話になった東京化学同人の橋本純子氏，ならびに竹田 恵氏に深く感謝する．

2013年2月

大 嶌 幸一郎
花 田 禎 一

要約目次

1 化学：入門
2 測定と計算
3 物　　質
4 元素，原子，イオン
5 命　名　法
6 化学反応：入門
7 水溶液中の反応
8 化 学 組 成
9 化　学　量
10 エネルギー
11 近代原子論
12 化 学 結 合
13 気　　体
14 液体と固体
15 溶　　液
16 酸 と 塩 基
17 化 学 平 衡
18 酸化還元反応と電気化学
19 放射能と核エネルギー
20 有 機 化 学

目　次

1 化学：入門 ··· 1
- 1・1　化学：入門 ···································· 1
- 1・2　化学とは ······································· 2
- 1・3　科学的なアプローチによる問題の解決 ······ 3
- 1・4　科学的な手法 ································· 3
- 1・5　化学を学ぶ ···································· 5

2 測定と計算 ·· 6
- 2・1　科学的表記法 ································· 6
- 2・2　単　位 ··· 8
- 2・3　長さ，体積，質量の測定 ···················· 9
- 2・4　測定値の不確かさ ··························· 11
- 2・5　有効数字 ······································ 12
- 2・6　問題の解法と次元解析 ····················· 16
- 2・7　温度の変換 ·································· 17
- 2・8　密　度 ·· 19

化学こぼれ話　単位は重要 ···························· 9

3 物　質 ·· 22
- 3・1　物　質 ·· 22
- 3・2　物理的性質と化学的性質および物理変化と化学変化 ······ 23
- 3・3　元素と化合物 ································ 25
- 3・4　混合物と純物質 ····························· 26
- 3・5　混合物の分離 ································ 28

化学こぼれ話　コンクリート：古くからの材料が新材料に ······ 26

4 元素，原子，イオン ··· 30
- 4・1　元　素 ·· 30
- 4・2　元素の記号 ·································· 32
- 4・3　ドルトンの原子説 ··························· 33
- 4・4　化合物の式 ·································· 34
- 4・5　原子の構造 ·································· 35
- 4・6　現在の原子構造の概念 ····················· 37
- 4・7　同位体 ·· 38
- 4・8　周期表 ·· 41
- 4・9　元素の常態 ·································· 43
- 4・10　イオン ······································· 46
- 4・11　イオン化合物 ······························ 48

化学こぼれ話　微量元素：微量だが不可欠 ······ 32
化学こぼれ話　笑いごとではない ················· 36
化学こぼれ話　同位体の話 ························· 40
化学こぼれ話　ヒ素をとらえる ···················· 43

5 命名法 ·· 52
- 5・1　化合物の命名法 ····························· 52
- 5・2　金属と非金属からなる二元化合物の命名法（I 型と II 型） ······ 52
- 5・3　非金属のみからなる二元化合物の命名法（III 型） ······ 59
- 5・4　二元化合物の命名法：復習 ················ 60
- 5・5　多原子イオンからなる化合物の命名法 ······ 62
- 5・6　酸の命名法 ·································· 65
- 5・7　化合物名から化学式を書く ················ 66

化学こぼれ話　鉛糖 ··································· 53

6 化学反応：入門 ……………………………………………………………………………… 68
- 6・1 化学反応の証拠 ……………………………… 68
- 6・2 化学反応式 …………………………………… 69
- 6・3 化学反応式の釣合をとる …………………… 72

化学こぼれ話　ボンバルディア・ビートルの護身術 …72

7 水溶液中の反応 ……………………………………………………………………………… 79
- 7・1 反応が起こるかどうかを予測する ………… 79
- 7・2 固体が生成する反応 ………………………… 80
- 7・3 水溶液中の反応を表す ……………………… 88
- 7・4 水を生じる反応：酸と塩基 ………………… 89
- 7・5 金属と非金属の反応：酸化と還元 ………… 92
- 7・6 反応を分類する方法 ………………………… 95
- 7・7 反応を分類するその他の方法 ……………… 97

化学こぼれ話　酸化還元反応を利用したスペースシャトルの打上げ ……95

8 化学組成 ………………………………………………………………………………………… 100
- 8・1 質量を計ることで数を数える ……………… 100
- 8・2 原子の質量：質量を計ることで原子の数を数える …… 102
- 8・3 モル …………………………………………… 104
- 8・4 問題を解く練習 ……………………………… 107
- 8・5 モル質量 ……………………………………… 108
- 8・6 化合物のパーセント組成 …………………… 112
- 8・7 化合物の化学式 ……………………………… 114
- 8・8 組成式の計算 ………………………………… 116
- 8・9 分子式の計算 ………………………………… 122

化学こぼれ話　会話するプラスチック ……… 101

9 化学量 …………………………………………………………………………………………… 124
- 9・1 化学反応式から得られる情報 ……………… 124
- 9・2 モル-モルの関係 …………………………… 126
- 9・3 質量の計算 …………………………………… 128
- 9・4 制限反応物の概念 …………………………… 134
- 9・5 制限反応物を含む計算 ……………………… 136
- 9・6 パーセント収率 ……………………………… 140

10 エネルギー …………………………………………………………………………………… 143
- 10・1 エネルギーの性質 …………………………… 143
- 10・2 温度と熱 ……………………………………… 145
- 10・3 発熱過程と吸熱過程 ………………………… 145
- 10・4 熱力学 ………………………………………… 146
- 10・5 エネルギー変化の測定 ……………………… 147
- 10・6 熱化学（エンタルピー） …………………… 151
- 10・7 ヘスの法則 …………………………………… 153
- 10・8 エネルギーの質と量 ………………………… 154
- 10・9 エネルギーと世界 …………………………… 155
- 10・10 駆動力としてのエネルギー ………………… 159

化学こぼれ話　メタン：重要なエネルギー源　152
化学こぼれ話　ガソリン時代の幕開け ……… 156
化学こぼれ話　明かりについて ……………… 158

11 近代原子論 …………………………………………………………………………………… 162
- 11・1 ラザフォードの原子 ………………………… 162
- 11・2 電磁波 ………………………………………… 163
- 11・3 原子によるエネルギーの放出 ……………… 164
- 11・4 水素原子のエネルギー準位 ………………… 165
- 11・5 ボーアの原子モデル ………………………… 167
- 11・6 原子の波動力学モデル ……………………… 168
- 11・7 水素の原子軌道 ……………………………… 169
- 11・8 波動力学モデル：発展 ……………………… 171
- 11・9 周期表の最初の18個の元素の電子配列 …… 173

11・10	電子配置と周期表……………176	化学こぼれ話	花　火………………………181
11・11	原子の性質と周期表……………179		

12　化 学 結 合　184

12・1	化学結合の種類…………………184	12・9	分子構造：VSEPR法 …………202
12・2	電気陰性度………………………186	12・10	分子構造：二重結合をもつ分子…207
12・3	結合の極性と双極子モーメント…188	化学こぼれ話	二酸化炭素を隠す……………197
12・4	安定な電子配置とイオンの電荷　…189	化学こぼれ話	ブロッコリー：奇跡の食物……201
12・5	イオン化合物のイオン結合と構造…192	化学こぼれ話	味：重要なのは構造である……204
12・6	ルイス構造式……………………193	化学こぼれ話	ミツバチか，それとも………207
12・7	多重結合をもつ分子のルイス構造式…196	化学こぼれ話	微小モーター分子………………209
12・8	分子構造…………………………201		

13　気　　体　211

13・1	圧　力……………………………211	13・6	ドルトンの分圧の法則…………225
13・2	圧力と体積：ボイルの法則……213	13・7	気体分子運動論…………………229
13・3	体積と温度：シャルルの法則…216	13・8	分子運動論が意味するもの……230
13・4	体積と物質量：アボガドロの法則…220	13・9	気体の化学量論…………………231
13・5	理想気体の法則…………………221		

14　液体と固体　235

14・1	水とその相変化 …………………236	14・5	固体状態：固体の種類…………243
14・2	状態変化に必要なエネルギー…237	14・6	固体中の結合……………………245
14・3	分子間力…………………………239	化学こぼれ話	記憶をもつ金属………………247
14・4	蒸発と蒸気圧……………………241		

15　溶　　液　249

15・1	溶 解 度…………………………249	15・6	溶液反応の化学量論……………260
15・2	溶液の濃度：序論………………252	15・7	中和反応…………………………263
15・3	溶液の濃度：質量パーセント…252	化学こぼれ話	グリーンケミストリー………253
15・4	溶液の濃度：モル濃度…………254		
15・5	希　釈……………………………258		

16　酸と塩基　266

16・1	酸と塩基…………………………266	化学こぼれ話	炭酸飲料：
16・2	酸の強さ…………………………268		クールなたくらみ………269
16・3	酸および塩基としての水………270	化学こぼれ話	身のまわりにある天然の
16・4	pH…………………………………273		酸・塩基指示薬……275
16・5	強酸の水溶液のpHを求める…277	化学こぼれ話	植物は抵抗する………………277
16・6	緩 衝 液…………………………278		

17 化学平衡 ……………………………………………280

17・1 化学反応はどのようにして起こるのか 280
17・2 反応速度に影響を及ぼす反応条件………281
17・3 平衡の条件………………………………283
17・4 化学平衡：動的な状態…………………284
17・5 平衡定数：序論…………………………286
17・6 不均一平衡………………………………288
17・7 ルシャトリエの原理……………………290
17・8 平衡定数の利用…………………………295
17・9 溶解平衡…………………………………297

化学こぼれ話　オゾン層を守る………………283

18 酸化還元反応と電気化学 ………………300

18・1 酸化還元反応……………………………300
18・2 酸化数……………………………………301
18・3 非金属間の酸化還元反応………………304
18・4 半反応法によって酸化還元反応の
　　　両辺の釣合をとる……307
18・5 電気化学：入門…………………………311
18・6 電池………………………………………313
18・7 腐食………………………………………315
18・8 電気分解…………………………………316

化学こぼれ話　酸化によって年をとるのか…305

19 放射能と核エネルギー …………………318

19・1 放射壊変…………………………………318
19・2 核変換……………………………………321
19・3 放射能の検出と半減期の概念…………322
19・4 放射能による年代測定…………………324
19・5 放射能の医学への利用…………………325
19・6 核エネルギー……………………………326
19・7 核分裂……………………………………326
19・8 原子炉……………………………………327
19・9 核融合……………………………………329
19・10 放射線の影響……………………………329

化学こぼれ話　PET，脳の最善の友…………325
化学こぼれ話　核廃棄物処理…………………328

20 有機化学 ……………………………………331

20・1 炭素の結合………………………………331
20・2 アルカン…………………………………331
20・3 構造式と構造異性………………………333
20・4 アルカンの命名法………………………335
20・5 アルカンの反応…………………………339
20・6 アルケンとアルキン……………………340
20・7 芳香族化合物……………………………341
20・8 官能基……………………………………344
20・9 アルコール………………………………345
20・10 アルデヒドとケトン……………………347
20・11 カルボン酸とエステル…………………348
20・12 ポリマー（高分子）……………………350

化学こぼれ話　シロアリ防虫剤………………344

練習問題の解答……………………………………353
掲載図出典…………………………………………363
索引…………………………………………………365

化学：入門

1

- 1・1 化学：入門
- 1・2 化学とは
- 1・3 科学的なアプローチによる問題の解決
- 1・4 科学的な手法
- 1・5 化学を学ぶ

君たちは世の中で起こるさまざまな出来事を不思議に思ったことはないだろうか．花火はどうして空中にあのように美しい複雑な模様をつくり出すことができるのだろうか．6500 万年前に長きにわたって地球を支配した恐竜が突然絶滅したのと同じ出来事はわれわれの身にも起こるだろうか．水でできた氷がコップの水に浮くことや，鉛筆の芯がダイヤモンドと同じ物質でできていることなど，過去に起こった，あるいは今，身のまわりにあるいろいろな不思議は，化学を学ぶこと，そしてそれに関連した物理学や生命科学を学ぶことで理解し，説明することができる．

花火は化学を表す美しい例である

1・1 化学：入門

目的 化学を学ぶことの重要性を理解する

　恐竜と化学は何の関係もないようにみえるかもしれないが，米国カリフォルニア大学バークレー校の古生物学者たちが恐竜の絶滅という"事件"を解決できたのは，化学の知識のおかげである．その鍵は，白亜紀と第三紀の境目の時期，すなわち地質学のスケールではほぼ一夜にして恐竜が消滅した時期を代表する地質中にみられる比較的高濃度のイリジウムであった．彼らは，隕石には地球上の石の組成と比較して一般的に高濃度のイリジウムが含まれていることを知り，そのことから，6500 万年前に巨大な隕石が地球に衝突して恐竜を絶滅させるような気候変動をもたらしたと考えた．

　身のまわりの現象を理解するには，化学の知識が有用であり，その重要性については疑う余地はない．より安全でより快適な生活を送るための新しい物質をつくり出し，汚染をひき起こさないような新しいエネルギー源をつくり出し，またわれわれを恐怖に陥れる多くの病気の原因を解明し治療したり，食料供給をコントロールするのに奮闘しているその中心に化学が位置している．たとえ，君たちが将来化学の原理を日常的に必要としない職業についたとしても，君たちの生活は化学に大きな影響を受けるだろう．

　化学によってわれわれの生活がすばらしく豊かになるような印象を強くもつかもしれないが，化学の原理はもともと，善でも悪でもないことを理解しておくことが重要である．化学の知識を使って何をするかということが実際は重要である．目の前のことだけに集中するあまり，その行動が将来長い期間にわたってどのような影響を及ぼすかについては深く考えないことが多い．こうした考えがすでに非常に大きな不幸，

すなわち深刻な環境被害をもたらしてしまった．すべての責任を化学会社に負わせることはできない．非難するよりもこれらの問題をいかに解決するかを考えることのほうがより重要であり，解決に向けた化学の果たすべき役割は大きい．

化学技術がいかに"両刃の剣"となりうるかを示すひとつの例が**クロロフルオロカーボン**（CFC）である．化合物 CCl_2F_2（フレオン12とよばれる）が初めて合成されたとき，奇跡に近い物質として歓喜の声で迎えられた．腐食性のなさとその分解のしにくさのために，フレオン12は冷媒として冷蔵庫やエアコンに，また溶媒としてクリーニングに，さらに，絶縁材や包装のための発泡材など多くの用途にただちに利用された．数年間はすべてが順調で，CFCは実際，冷媒としてそれまで使用されていたアンモニアのような危険な物質の代替として使われた．明らかにCFCは"善玉"と考えられていた．ところが，事態は一変する．われわれ人間をはじめとする生物の生命の維持にとって大切なオゾン層の破壊とCFCの因果関係が問題視されたのである．

犯人がそれまで有益と思われていたCFCであるということがわかり，だれもが非常に驚いた．もちろん，大量のCFCが大気中にもれ出ていることはわかっていたが，これらの化合物は完全に環境に優しいと思われていた．そのため，だれもこのことについて気にかけていなかった．実際には，CFCのきわめて高い安定性（その種々の用途に対しては非常に有利である）が，環境中に放出されたときに，最終的には大変な不利益をもたらすことになってしまった．米国カリフォルニア大学アーバイン校の研究者たちは，CFCは最後には対流圏を越え成層圏まで漂っていき，そこで太陽のエネルギーを受けて塩素原子を発生することを見いだした．こうして発生した塩素が次に，大気中のオゾンの分解を促進したのである（これについては13章でより詳しく説明する）．すなわち，地表近くでの利用では多くの利点をもった優しい物質が大気中（成層圏）においては，一転してわれわれに牙をむいたのである．このようなしっぺ返しを受けることをだれが予想できただろうか．

米国の化学工業が他国に先駆けて，環境にとって安全なCFCの代替品を見つけ，すでに大気中のCFCの濃度が減少しているということは喜ばしいニュースである．CFCに関する年表を見れば，もしわれわれがその気になれば重大な環境問題にも比較的速やかに対処できることがわかる．また，化学関連企業が今や環境について姿勢を正し，環境被害の原因を追求する先頭に立っていることを理解してほしい．化学工業は今では問題をまき散らす側ではなく，問題を解決しようとする側の一員である．

化学を学ぶことは容易ではないけれども，決して不可能ではない．実際，忍耐強く，しかも意欲的に取組めば，だれでも化学の基礎を修得することができる．本書ではさまざまな問題を系統的・論理的アプローチにより解き明かしている．これを習得することで社会で必要とされる問題を解決する力を養うことができるだろう．

1・2 化学とは

目的 化学を定義する

化学は，"物質ならびにそれらの物質に起こる変化を取扱う科学"として定義される．化学者は物質を構成する基本的な微粒子の研究，宇宙空間にある分子の調査，新しい物質の合成・開発，細菌（バクテリア）を利用したインスリンのような化学薬品

クロロフルオロカーボン chlorofluorocarbon　略称CFC．フロン，フレオンともよばれる．フレオン12 (Freon-12) はデュポン社の商品名．

化学 chemistry

化学ならびに物理学的変化は3章で説明する．

の製造，病気を早期に発見するための新しい診断方法の開発など，多種多様な仕事にたずさわっている．

化学はしばしば科学の中心といわれるが，それにはそれだけの理由がある．われわれのまわりで起こる現象の大部分は化学変化を含んでおり，その化学変化によってひとつあるいはそれ以上の物質が異なる物質になる．化学変化のいくつかの例を次に示す．

- 木が空気中で燃え，水，二酸化炭素，ならびに他の物質を生成する．
- 草木は簡単な物質をより複雑な物質に組立てることで成長する．
- 自動車に使われている鋼が錆びる．
- 卵，小麦粉，砂糖，ベーキングパウダーを混ぜて焼いてケーキをつくる．
- 化学という用語の定義を学び記憶する．
- 電力プラントからの排出物質が酸性雨のもととなる．

学習が進むにつれて，化学の概念が，いかにこのような変化の本質の理解に役立ち，自然界にあるものがわれわれに恩恵をもたらしているかがわかるだろう．

スペースシャトルの打上げには化学反応がかかわっている

1・3 科学的なアプローチによる問題の解決

目的　科学的思考を理解する

日々の生活のなかで最も重要なことのひとつが問題を解決することである．実際，君たちが毎日下している決断のほとんどは問題を解決することである．問題を解決するためにだれもがいくつかの手段を用いている．

1. 問題を認識し，明確に表現する．そうすればいくつかの情報が思い浮かび，また，どう行動すべきかがわかる．科学ではこの手段を**観察力を養う**という．
2. 問題に対する適切な解答あるいは観察に対する可能な説明を提案する．科学ではそのような可能性を示唆することを**仮説をたてる**という．
3. どちらの解答が最善かを決定するか，あるいは提案された説明が合理的かを判断する．そのために，記憶のなかから適切な情報をよび起こすかあるいは新しい情報を収集する．科学では，新しい情報を収集することを**実験を行う**という．

次の節で学ぶように，科学者はわれわれをとりまく世界で起こることを理解するためにこれらと同じ手段を用いている．ここで重要なポイントは，科学的な思考が君たちの一生のあらゆる場面で手助けになるということである．科学的に考える方法を学ぶことは意味のあることであり，それは，科学者になりたいとか，自動車の機械工，医者，あるいは詩人になりたいとかには関係なく，だれにとっても大切なことである．

1・4 科学的な手法

目的　科学的な手法を学ぶ

この前の節から科学的思考の説明を始めた．本節では，このアプローチをさらに進める．

科学は，知識を修得し整理するための骨組である．科学は単に，事実の羅列ではなく，行動の計画，すなわちある種の情報を詳細に検討し理解するための手順でもあ

科学的な手法 scientific method

る．科学的思考は生活のすべての面で有用であるが，本書では科学を自然界で起こる現象を理解するために利用する．科学的な調査の中心に位置する工程は**科学的な手法**とよばれる．前節で学んだように，次の三つの段階からなっている．

> **科学的な手法の三段階**
>
> 1. 問題をはっきりとさせ，データを集める（観察力を養う）．観察は定性的（空は青いとか水は液体である）あるいは定量的（水は100 °Cで沸騰する）である．定性的な情報は数値を含まない．定量的な観察は**測定**といい，数値（とグラムやセンチのような単位）を含んでいる．測定については2章で詳しく解説する．
> 2. 仮説をたてる．仮説とは観察に対する適切な説明である．
> 3. 実験を行う．実験は仮説を試すために実行するものである．実験から新しい情報を集め，それらの情報が仮説を支持するものであるかどうかを決定する．実験によってたえず新しい観察が生まれるので手法の三段階の初めの段階（1）に戻る．

定量的な観察は数値を含む．定性的な観察は数値を含まない．

測定 measurement

理論 theory

自然のあるふるまいを説明するために，上で述べた三つの段階を繰返す．そうすることでしだいに何が起こっているかを理解することができる．

ひとたび，さまざまな観察と一致する仮説をたてることができたなら，それらをモデルとよばれる理論に整理する．**理論（モデル）**は，自然のあるふるまいの全体像を説明する仮説である（図1・1）．

観察と理論とを区別することは重要である．観察は実際に目撃されたものであり記録することができる．一方，理論は解釈，すなわち，なぜ自然がそのような特別な形でふるまうのかについての適切な説明である．理論はより多くの情報が手に入るにつれて当然変化する．たとえば，太陽と星の運行は人類が観察してきた数千年にわたって，全く同じままであるが，われわれの説明すなわち理論は古代と比べると大きく変化した．理論（モデル）は人間がつくり出したものであるということを常に頭に留めておこう．

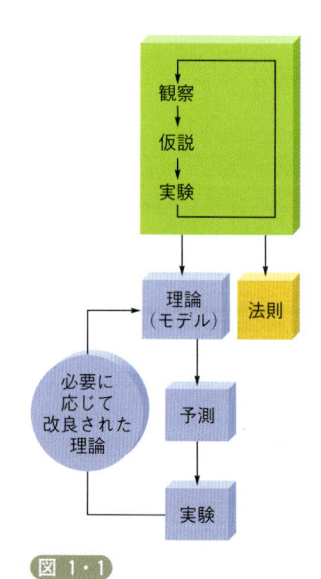

自然を観察すると，しばしば同じ観察結果が多くの異なる系に応用できることがわかる．たとえば，無数の化学変化を研究すると，関係する物質の総質量は化学変化の前後で同じであることがわかる．このような一般的に観察されるふるまいを，**自然の法則**と表現する．物質の総質量がそれら物質の化学変化に影響を受けないという観察は質量保存の法則とよばれる．

法則と理論の違いも認識しなければならない．法則は観察した（測定した）ふるまいをまとめたものであり，一方，理論はふるまいの説明である．法則は何が起こっているかを示すもので，理論（モデル）はなぜそれが起こるのかを説明する試みである．

本節では科学的な手法の全体像（図1・1にまとめた）を理想的なものとして表現した．しかしながら，科学は常にスムーズにそして効率よく進歩するものではないことを覚えておくことは重要である．科学者は人間である．先入観をもっており，データを誤解し，自分の理論に感情的になり，客観性を失い，策を弄したりもする．科学は，利益の追求，予算，気まぐれ，戦争，そして宗教上の信念などに左右される．たとえばガリレオは，宗教からの強烈な抵抗に直面して天文学における観察を撤回することを強いられた．近代化学の父ラボアジェは彼の所属した政治党派のために処刑された．また，窒素肥料化学の進歩は，戦争に用いる爆発物を製造したいという欲望の

図1・1
科学的な手法の全体像

自然の法則 natural law

ガリレオ Galileo Galilei

ラボアジェ Antoine Laurent Lavoisier

副産物である．科学の進歩は，測定機器のもつ限界よりは，むしろ人間のもろさや人間のしきたりによってしばしばその速度をゆるめられた．科学的な手法は，人間がそれを使ってこそ有効に働くものである．科学はひとりでに進歩するものではない．

1・5 化学を学ぶ

目的 化学を学ぶためのうまい戦略を開発する

　化学はむずかしいというのが一般的な評判である．そうした評判がたつ理由がいくつかある．その一つが，化学で用いられる専門用語が初めはとっつきにくく，多くの用語や定義を覚えなければならないことである．どんな言語であれ，うまく情報交換ができるためにはその前にまず語彙を学ばなければならない．そこで本書では記憶しなければならない用語や定義をしっかりと示すことで君たちの手助けをしたい．

　しかし，記憶は単に化学の勉強の始まりにすぎない．記憶だけで止まってはいけない．そこで止まると化学の勉強に挫折してしまうだろう．自ら進んで考え，ものごとを解決したと自分自身が納得するまでしっかり学ぼう．典型的な化学の問題を解決するために，与えられた情報を選り分け，何が真に重要なのかを決めなければならない．

化学は自然を相手にしている

　化学の体系は複雑であり，一般的に多くの構成要素をもっていることを認識することが重要であり，化学の問題を記述する場合にはおよその見当をつける必要がある．したがって化学の問題を解決するには試行錯誤が主要な役割を演じる．複雑な問題に挑戦するにあたって実際に実験を行う化学者は，初めて問題を分析したとき，その分析が正しいとは思わない．実験を行っていくつかの単純化した仮説をたてそれを試してみる．そこでもし得られた答が意味をなさないものであれば，最初の実験からの情報（観察）をもとに仮説をたて直し，再び試みる．要点は次のとおりである．化学の問題を取扱う際には，そこで起こっていることすべてを即座に理解することを期待してはいけない．実際，（たとえ経験豊富な化学者であっても）最初は理解できないのが普通である．まず問題を解決することに努力する．そしてそこから得た観察を分析する．観察から学びさえすれば，誤りをおかすことは失敗ではない．

　問題を解決する者として自信をもつためのただ一つの道は実際に問題を解くことである．君たちを手助けするために，本書では多くの例題を取上げそれらを詳細に解説する．各段階をしっかりと理解しながら注意深くこれらの例題を勉強しよう．それらの例題のすぐあとに君たちが自身で解くための類似の問題（練習問題）を掲載した（練習問題の詳しい解答は巻末にある）．この練習問題を君たちの勉強にあわせて内容が理解できているかどうかをチェックするために利用してほしい．

2 測定と計算

2・1 科学的表記法
2・2 単 位
2・3 長さ，体積，質量の測定
2・4 測定値の不確かさ
2・5 有効数字
2・6 問題の解法と次元解析
2・7 温度の変換
2・8 密 度

ルーペでみたメスシリンダー

測定 measurement

　1章で述べたように，観察することは科学的手法の主要な部分である．これには定性的なものと定量的なものがある．定量的な観察を**測定**という．測定は日常生活においても非常に重要である．たとえば，ガソリンを給油するとき支払う金額は給油量で決まるので，給油ポンプは車の燃料タンクに入るガソリンの量を正確に計るものでなければならない．車のエンジンの効率は，排気ガス中の酸素量や冷却水の温度，潤滑油の圧力など，いろいろな測定値で判断される．さらに，牽引制御システムのある車には，4輪すべての回転数を測定したり比較したりできる装置がついている．今日のような変化の速い，複雑な現代社会に対応するため測定装置も非常に複雑になってきている．

　測定値は常に数字と単位の二つの部分からなり，両方とも測定値を意味あるものにするのに必要なものである．たとえば，友達があなたに長さ 5 の昆虫を見たと言ったとしよう．このままでは意味がわからない．5 とはいったい何なのか．それが 5 mm なら昆虫は小さすぎるし，5 cm なら大きすぎる．もし 5 m なら急いで避難しよう!

　要するに，測定値を意味あるものにするには，数字と尺度を表す単位の両方を示さなければならない．本章では，測定値の性質と測定値を含む計算について説明する．

2・1 科学的表記法

目的 非常に大きい数や非常に小さい数を 1～10 未満の数字と 10 の累乗の積として表す方法を学ぶ

　科学測定による数値は，時として非常に大きいこともあるし，小さいこともある．たとえば，地球から太陽までの距離は約 150,000,000 キロメートルである．この数は大きすぎて扱いにくい．科学的表記法では，非常に大きい数や小さい数をコンパクトに表現できる．

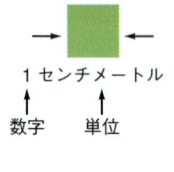

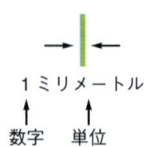

　この方法を 125 という数で考えてみよう．

$$125 = 1.25 \times 100$$

$100 = 10 \times 10 = 10^2$ なので

$$125 = 1.25 \times 100 = 1.25 \times 10^2$$

と表せる．1700 についても同様に

$$1700 = 1.7 \times 1000$$

1センチメートル
数字　単位

1ミリメートル
数字　単位

$1000 = 10 \times 10 \times 10 = 10^3$ なので

$$1700 = 1.7 \times 1000 = 1.7 \times 10^3$$

と表せる．

科学的表記法とは，数を 1～10 未満の数字と 10 の累乗の積として表記する方法である．150,000,000 は次のように表すことができる．

科学的表記法 scientific notation

$$150{,}000{,}000 = 1.5 \times 100{,}000{,}000 = \underset{\substack{1～10\text{ 未満}\\\text{の数字}}}{1.5} \times \underset{\substack{10\text{ の累乗}\\(100{,}000{,}000 = 10^8)}}{10^8}$$

科学的表記法における 10 の累乗を決める簡単な方法は，小数点を 1～10 未満の数字になるまで動かしたときの桁数を数えることである．たとえば次の例を考えよう．

$$1\underset{8}{\,}5\underset{7}{\,}0\underset{6}{\,}0\underset{5}{\,}0\underset{4}{\,}0\underset{3}{\,}0\underset{2}{\,}0\underset{1}{\,}0$$

1～10 未満の数字である 1.5 になるには小数点を 8 桁左側に動かさなければならない．小数点を左に一つ動かすごとに，それを補うためには 10 を掛ける必要がある．すなわち，小数点を左に一つ動かすごとに，数字は 1/10 になる．したがって，小数点を左に一つ動かすごとに，10 を掛けると数字はもとの大きさになる．小数点を 8 桁左側に動かすと 1.5 に 10 の 8 乗（10^8）を掛けなければならない．

$$150{,}000{,}000 = 1.5 \times 10^8 \quad \text{小数点を 8 桁左側に動かすので，これを補うためには 10^8 が必要}$$

小数点を左側に動かすときは，10 の指数は**正**となることを覚えておこう．

1 より小さい数でも同じように表すことができ，この場合 10 の指数は負になる．0.010 では，1～10 未満の数字にするには小数点を右側に動かさなくてはならない．

$$0.\underset{1\;2}{0\;1}\;0$$

この場合指数は -2 となり，したがって，$0.010 = 1.0 \times 10^{-2}$．小数点を右側に動かすときは，10 の指数は**負**となることを覚えておこう．

次に，0.000167 を考える．この場合は，1～10 未満の数字である 1.67 を得るには小数点を右側に動かさなければならない．

$$0.\underset{1\;2\;3\;4}{0\;0\;0\;1}\;6\;7$$

小数点を 4 桁右側に動かしたので指数は -4 となる．したがって

$$0.000167 = 1.67 \times 10^{-4}$$

となる．科学的表記法は次のようにまとめられる．

> **科学的表記法について**
> - あらゆる数は 1～10 未満の数字と 10 の累乗（正あるいは負）の積として表すことができる．
> - 10 の指数は小数点をどの方向にいくつ動かしたかに依存する．小数点を動かした桁数で 10 の指数は決まり，動かした方向で指数が正か負かが決まる．小数点を左側に動かせば指数は正となり，右側に動かせば負となる．

2. 測定と計算

> **例題 2・1** 科学的表記法：10 の累乗（正）

次の数を科学的表記法で表せ．

　　a. 238,000 　b. 1,500,000

解答　a. 1〜10 未満の数字（この場合の数字は 2.38 となる）が得られるまで，小数点を動かす．

$$2\underbrace{38000}_{5\,4\,3\,2\,1}$$ 　小数点を左側に 5 桁動かすので，10 の指数は 5 となる

したがって，$238{,}000 = 2.38 \times 10^5$

　　b. $1\underbrace{500000}_{6\,5\,4\,3\,2\,1}$ 　小数点を左側に 6 桁動かすので，10 の指数は 6 となる

したがって，$1{,}500{,}000 = 1.5 \times 10^6$

> **例題 2・2** 科学的表記法：10 の累乗（負）

次の数を科学的表記法で表せ．

　　a. 0.00043 　b. 0.089

解答　a. 1〜10 未満の数字（この場合の数字は 4.3 となる）が得られるまで，小数点を動かす．

$$0.\underbrace{0004}_{1\,2\,3\,4}3$$ 　小数点を右側に 4 桁動かすので，10 の指数は -4 となる

したがって，$0.00043 = 4.3 \times 10^{-4}$

　　b. $0.\underbrace{08}_{1\,2}9$ 　小数点を右側に 2 桁動かすので，10 の指数は -2 となる

したがって，$0.089 = 8.9 \times 10^{-2}$

Self-Check　**練習問題 2・1**　357 と 0.0055 を科学的表記法で表せ．

2・2　単 位

目的　メートル法，SI 単位系を学ぶ

単位 unit

メートル法 metric system

国際単位 International System of Units，フランス語で le Système International d'Unités　SI 単位ともよばれる．

単位は測定結果を表すのにどのような尺度あるいは基準が使われたかを示すものである．文明初期から交易をするのに共通の単位が必要だった．たとえば，ある地域に住む農夫が収穫した穀物を別の地域に住む坑夫が得た金と交換しようとすると，二人の間では，穀物の量と金の重さを量るための共通の基準（単位）が必要になる．

共通の単位は，質量，長さ，時間，温度などを測定する科学者にも必要である．もし個々の科学者が自分勝手な単位を使うと混乱に陥ってしまう．単位を統一しようとする機運はあるが，残念なことに世界のあちらこちらで別べつの単位系が採用されている．最も広く使われている単位系には，日本など多くの国で使われている**メートル法**とおもに米国で使われているヤード・ポンド法がある．

メートル法は科学者の間で長く使われてきた．1960 年に，メートル法をもとにした**国際単位**あるいは **SI 単位**（フランス語からきている）とよばれる単位系を使うことが国際的に合意された．最も重要な SI 基本単位を表 2・1 に示す．

基本単位は必ずしも大きな量や小さな量を表すのには便利とはいえない．それを防

表 2・1　SI 基本単位

物理量	単位の名称	記号
質量	キログラム	kg
長さ	メートル	m
時間	秒	s
温度	ケルビン	K

表 2・2　SI 接頭語			
接頭語	記号	意　味	10 の累乗
メガ	M	1,000,000	10^6
キロ	k	1,000	10^3
デシ	d	0.1	10^{-1}
センチ	c	0.01	10^{-2}
ミリ	m	0.001	10^{-3}
マイクロ	μ	0.000001	10^{-6}
ナノ	n	0.000000001	10^{-9}

表 2・3　長さの単位		
単　位	記号	メートル換算
キロメートル	km	1000 m または 10^3 m
メートル	m	1 m
デシメートル	dm	0.1 m または 10^{-1} m
センチメートル	cm	0.01 m または 10^{-2} m
ミリメートル	mm	0.001 m または 10^{-3} m
マイクロメートル	μm	0.000001 m または 10^{-6} m
ナノメートル	nm	0.000000001 m または 10^{-9} m

ぐために SI 接頭語が用いられる．よく使われる接頭語を表 2・2 に示す．長さの基本単位はメートル (m) であるが，メートルの 1/10 を表すデシメートル (dm) や 1/100 を表すセンチメートル (cm)，1/1000 を表すミリメートル (mm) なども使うことができる．たとえば，コンタクトレンズの直径を示すのに 1.0×10^{-2} m よりも 1.0 cm のほうがずっとわかりやすい．

測定値は数字と単位の両方からなり，両方とも重要である．われわれはすでに日常生活で単位を使っている．1 時間後に待ち合わせよう (時間は単位である) とか夕食にピザを 2 枚注文しよう (枚は単位である) などである．

> メートルは，もともと 18 世紀に北極点から赤道までの距離の一千万分の一として定められたが，19 世紀後半にパリにあるメートル原器とよばれる金属棒に刻まれた 2 本の目盛間の距離とされた．近年では，正確さと利便性から，光の速さをもとにした定義に変更された．

2・3　長さ，体積，質量の測定

目的　長さ，体積，質量測定における単位を理解する

長さの SI 基本単位は**メートル**で，1 m の十進法の倍量や分量は 10 の累乗を用いて表される．これらを表 2・3 に示す．

メートル meter

化学こぼれ話　　単位は重要

単位の変換はどれくらい重要だろうか．NASA にそれを尋ねたらきわめて重要だと答えるだろう．1999 年に NASA は，ヤード・ポンド法からメートル法への変換のまちがいから 1 億 2500 万ドルの火星探査機を失った．

原因は，火星探査にかかわっていた二つのチームが，異なる単位系を用いたことによる．カリフォルニア州パサデナにあるジェット推進研究所にいた NASA の科学者が，探査機を製作したコロラド州デンバーにある Lockheed-Martin Astronautics 社から送られてきた探査機のロケットのエンジン噴射推進力のデータの単位がメートル法であると思って受取った．実際の単位はヤード・ポンド法であった．その結果，探査機は予定より 100 km 低い高度で火星の大気圏に突入し，大気との摩擦で探査機は燃えつきてしまった．

この NASA の失敗により米国でもメートル法に変更すべきかどうかの論争が起こった．現代では世界の 95% の国でメートル法が採用されているが，米国ではヤード・ポンド法からメートル法への変更は遅れている．

単位は非常に重要であり，時として生死を分けることがある．1983 年にカナダのジェット旅客機が燃料切れを起こしかけた．これは 22,300 kg の燃料を入れるところを 22,300 ポンド (約 10,115 kg) の燃料しか入れなかったためである．単位を確認することを忘れてはいけない．

火星探査機想像図

体積 volume
リットル liter
ミリリットル milliliter
質量 mass
キログラム kilogram
グラム gram

体積はある物体が占める三次元の空間の大きさである．体積のSI基本単位は，三方向に1mの長さをもつ，すなわち三辺が1mの立方体の体積を基準とする．この立方体の体積は

$$1\,\text{m} \times 1\,\text{m} \times 1\,\text{m} = (1\,\text{m})^3 = 1\,\text{m}^3$$

となり，1立方メートルと読む．

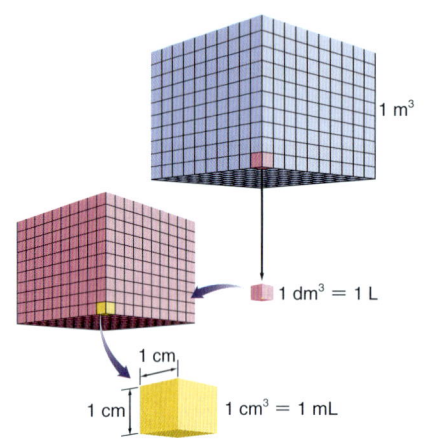

図2・1 **体積**．最も大きな図は各辺が1mで，体積が1m³の立方体を表す．中くらいの大きさの立方体は一辺が1dmで，1dm³すなわち1Lの体積をもつ．最も小さな立方体は一辺が1cmで，1cm³すなわち1mLの体積をもつ．

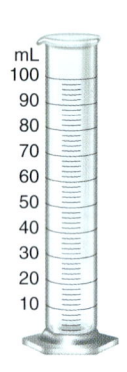

図2・2 100 mLのメスシリンダー

　この立方体を1000個の小さい立方体に分割したものを図2・1に示す．この小さな立方体1個は1dm³の体積をもつ．1dm³は**リットル**とよばれ，"L"で表す．

　1dm³（1L）の体積をもつ立方体をさらに1000個の小さい立方体に分割すると，小さい立方体の体積は1cm³となる．これは1Lが1000cm³であることを意味する．1cm³は**ミリリットル**とよばれ，"mL"で表す．mLは化学ではよく使われる単位である．これらの関係を表2・4に示す．実験室で液体の体積を計るのに用いられるメスシリンダーは（図2・2），通常ミリリットルの単位で目盛が入れられている．

　もう一つの測定量に**質量**がある．質量はある物体のもつ重さの量と定義され，そのSI基本単位は**キログラム**である．メートル法では基本単位がグラムなので，グラムに接頭語をいろいろつけて質量単位として使われる．これらを表2・5に示す．

　実験室では対象物の質量は天秤を使って決める．天秤では対象物の質量を基準の質量（分銅のセット）と比べることが行われる．最近では，質量は電子天秤を用いて求められる（図2・3）．

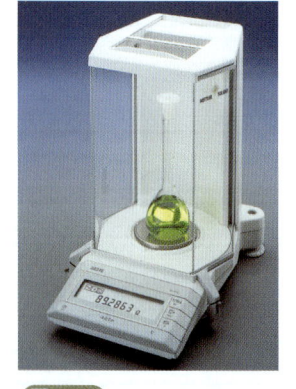

図2・3 実験室で用いられる電子分析天秤

表2・4 リットルとミリリットルの関係

単位	記号	換算
リットル	L	1 L = 1000 mL
ミリリットル	mL	$\dfrac{1}{1000}$ L = 10^{-3} L = 1 mL

表2・5 質量の単位

単位	記号	グラム換算
キログラム	kg	1000 g = 10^3 g = 1 kg
グラム	g	1 g
ミリグラム	mg	0.001 g = 10^{-3} g = 1 mg

2・4 測定値の不確かさ

目的 測定値の不確かさはどのようにして起こるかを理解する．また，測定値の不確かさを有効数字を使って表すことを学ぶ

　数を数えることでものの量を測定する場合，その測定値は正確である．しかし，測定値は必ずしもいつも正確とは限らない．たとえば，測定が物差しやメスシリンダーのような器具を使って行われると，見積もりが必要になってくる．このことを図 2・4 に示すクギの長さを測定する場合を例にとって説明しよう．物差しの目盛から，クギの長さは 2.8 cm より長く，2.9 cm より短いことがわかる．しかし，物差しには 2.8 と 2.9 の間に目盛がないので，クギの長さを 2.8 cm と 2.9 cm の間で見積もらなければならない．そのためには，2.8 と 2.9 の間が 10 等分されている（図 2・4 円内）とイメージして，クギの先端がその 10 等分したどの部分にあるか見積もる必要がある．クギの先端は 2.8 と 2.9 のおおよそ真ん中あたり，すなわち 10 等分したうちの 5 個目にあるように見える．これより，クギの長さは 2.85 cm と見積もられる．この結果，クギの長さは約 2.85 cm となるが，これは目視による見積もりで答えたものである．したがって，実際の長さは 2.84 cm かもしれないし 2.86 cm かもしれない．

メートル法とヤード・ポンド法の換算式	
長さ	1 cm = 0.3937 in.
	1 m = 1.094 yd
	2.54 cm = 1 in.
	1 mi = 5280 ft
	1 mi = 1760 yd
質量	1 kg = 2.205 lb
	453.6 g = 1 lb
体積	1 L = 1.06 qt(米国)
	1 ft^3 = 28.32 L

in.: インチ, yd: ヤード, mi: マイル, ft: フィート, lb: ポンド, qt: クォート

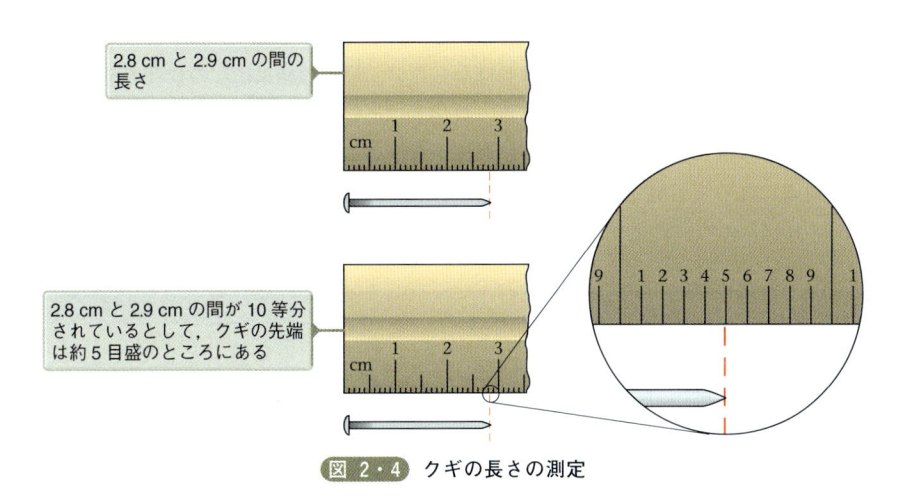

図 2・4 クギの長さの測定

　最後の数字は目視による見積もりでしかないので，別の人が同じ測定をすればその値は異なってくるかもしれない．もし 5 人がクギの長さを測定すれば，その結果は右のようになるかもしれない．

人	測定結果
1	2.85 cm
2	2.84 cm
3	2.86 cm
4	2.85 cm
5	2.86 cm

　各測定結果の最初の二つの数字は測定者によらず同じである．これらの数字を測定値の確かな数字という．しかし，三番目の数字は見積もりによるので異なっている．これを不確かな数字という．測定するとき，確かな数字とその次に続く一つの不確かな数字を見積もって読取ることになる．この例では小数点以下 2 桁（1/100 センチメートル）のところで見積もって読取ることになるので，小数点以下 3 桁（1/1000 センチメートル）までクギの長さを求めようとすることは意味がない．

　測定値にはある程度の不確かさが常に含まれることを認識しておくことが重要である．測定値の不確かさは測定器に依存する．もし図 2・4 の物差しに 1/100 センチメートルまでの目盛がついていれば，クギを測定する場合の不確かさは小数点以下 3 桁目になるだろう．しかしこの場合でも依然として不確かさは存在する．

12 　　2. 測 定 と 計 算

有効数字 significant figure

　測定値として記録される数字（確かな数字とその次に続く一つの不確かな数字）を**有効数字**という．測定値の有効数字の桁数は測定器の不確かさによって決まる．図 2・4 のクギの測定に使われた物差しでは 1/100 センチメートルまでしか測定結果が得られない．逆に測定値が有効数字で示されると，おのずとその測定値に対する不確かさについての情報が与えられる．最後の数字（見積もって読取った数字）における不確かさは，通常は ±1 とされる．たとえば，1.86 kg の測定値における不確かさは 1.86 ± 0.01 kg となる．ここで，符号の ± はプラスあるいはマイナスを意味し，1.86 ± 0.01 kg は 1.86 kg − 0.01 kg = 1.85 kg から 1.86 kg + 0.01 kg = 1.87 kg の間であることを意味する．

2・5 　有 効 数 字

目的　計算結果における有効数字の決め方を学ぶ

　ここまで述べてきたように，どの測定値にも見積もられたものが含まれているので測定値にはある程度の不確かさがある．測定値の確かさの程度は有効数字の桁数で表される．

　化学ではいろいろな種類の計算が行われるが，不確かさを含んだ数を使って計算する場合どのようになるかを考えなければならない．最後の結果にどの程度の不確かさが含まれるかを知ることは重要である．数学者は不確かさがどれだけ蓄積されるかを研究し，計算結果の有効数字が何桁になるかを決める規則を考え出した．われわれはこの規則に従って計算を行う．まず，有効数字の桁数を求める方法を学ぶ必要がある．これは次の規則に従う．

> **有効数字の桁数を求める規則**
> 1. **数に 0 が入っていない場合**．0 ではない整数は常に有効数字として数える．たとえば，1457 には 0 ではない整数が 4 個あるので，すべてを有効数字として数える．
> 2. **数に 0 が入っている場合**．
>   a. 0 でない数字より前に 0 がある場合．この 0 は有効数字として数えない．たとえば，0.0025 では 3 個の 0 は小数点の位置を示すだけである．有効数字は 2 と 5 の二つだけで，有効数字の桁数は 2 である．
>   b. 0 でない整数に挟まれた 0 の場合．この 0 は有効数字として数える．たとえば，1.008 では有効数字は 4 桁である．
>   c. 数の最後に 0 が続く場合．小数点がある場合は有効数字として数える．百が 100 のように書かれていると，この場合の有効数字は一つで，桁数は 1 である．ただし，100. と書かれていると，有効数字は三つで，桁数は 3 となる．
> 3. **正確な数**．測定値ではなく，10 回の実験，3 個のリンゴ，8 分子などのように数を数えることで決められる数を含む計算がある．このような数は正確な数といい，有効数字の桁数には関係しない．定義に由来する正確な数もある．たとえば，1 インチは正確に 2.54 センチメートルと定義されるので，1 in. = 2.54 cm と書けるが，計算では 2.54 や 1 は有効数字の桁数を規定するものではない．

有効数字の桁数を求める規則を科学的表記法で示した数に適用すると 100. は 1.00×10^2 となり，いずれの場合も有効数字は 3 桁である．数を科学的表記法で示す利点は，有効数字の桁数がわかりやすいことと，非常に大きい数や小さい数を示すのに 0 を多く書く必要がないことである．0.000060 は 6.0×10^{-5} と表すほうがずっと便利であるし，有効数字が 2 桁であることを別の形で明示するものである．

例題 2・3 有効数字の桁数を数える
次の測定値の有効数字は何桁か．
- a. ビタミン C を 0.0108 g 含んだオレンジジュース
- b. 毛髪 1 本の重さを計ったところ，その質量は 0.0050060 g だった．
- c. 2 点間の距離は 5.030×10^3 メートルである．
- d. 自転車レースで，スタート時の競技者は 110 人だったが，完走者は 60 人だった．

解答 a. 有効数字は 3 桁である．1 より左側にある 0 は有効数字として数えないが，それ以外の 0 は有効数字として数える．
 b. 有効数字は 5 桁である．5 より左側にある 0 は有効数字として数えない．5 と 6 の間の 0 は有効数字として数える．また，6 の右側の 0 も有効数字である．
 c. 有効数字は 4 桁である．5.030 の中の 0 は両方とも有効数字である．
 d. 両方の数とも正確な数（この数は競技者の数を数えることで得られる）である．したがって，これらの数は有効数字の桁数の判定には関係しない．

練習問題 2・2 次の測定値の有効数字は何桁か．
- a. 0.00100 m
- b. 2.0800×10^2 L

Self-Check

▶ 数を丸める（四捨五入）

計算機で計算をすると，通常有効数字の桁数よりもずっと多くの数字が表示される．したがって，その数字を四捨五入して丸め（数字の数を減らさ）なければならない．**四捨五入の規則**を次に示す．

四捨五入 rounding off

> #### 四捨五入の規則
> 1. 桁数を減らす場合は，次の二通りがある．
>   a. 減らす数字が 5 未満の場合は，その左側の数字はそのままにする．たとえば，1.33 を四捨五入すると 1.3 となる．
>   b. 減らす数字が 5 かそれより大きい数字の場合は，その左側の数字に 1 を加える．たとえば，1.36 を四捨五入すると 1.4 に，3.15 を四捨五入すると 3.2 になる．
> 2. 連続計算では，最終結果が得られるまで計算をしてから四捨五入する*．すなわち，最終的な数（答）になるまで計算機に表示されるすべての数字を使って計算し，その後規則 1 に従って四捨五入する．

* 本書の例題では，各段階での正しい有効数字を理解してほしいのでこの手法は用いていない．

四捨五入して正しい有効数字にするにはもう一つ重要なポイントがある．4.348 を四捨五入して有効数字を 2 桁にすることを考えよう．この場合，3 の右側にある最初の数字だけを見ればよい．すなわち，4 は 5 より小さいので，4.3 となる．下の位か

4.348
↑
四捨五入して有効数字を 2 桁にするにはこの数字だけ見ればよい

ら順次四捨五入していくのはまちがいである．たとえば，まず 8 を四捨五入して 4.35 とし，次に 5 を四捨五入して 4.4 とするのはまちがいである．

四捨五入する場合には，有効数字の最後の桁の右側にある最初の数字だけを使うことが重要である．

▶ **計算での有効数字の桁数の決め方**

計算結果での有効数字の正しい桁数の決め方は次の規則に従う．

四則計算における有効数字の規則

1. 乗法と除法． 計算の結果得られた数値の有効数字の桁数は計算に使用した数値のなかで最小の有効数字をもつものの桁数と同じである．たとえば

$$4.56 \times 1.4 = 6.384 \xrightarrow{四捨五入} 6.4$$

有効数字 3 桁　　有効数字 2 桁　　　　　　　　　　有効数字 2 桁

1.4 の有効数字は 2 桁しかないので，これが計算結果の有効数字の桁数を規定することになる．したがって，積は有効数字 2 桁で 6.4 となる．

8.315/298 では，8.315 は有効数字 4 桁なので，有効数字 3 桁の 298 が計算結果の有効数字の桁数を規定する．計算は次のようになる．

$$\frac{8.315}{298} = 0.0279027 \xrightarrow{四捨五入} 2.79 \times 10^{-2}$$

（8.315：有効数字 4 桁，298：有効数字 3 桁，0.0279027：計算機に表示される結果，2.79×10^{-2}：有効数字 3 桁）

2. 加法と減法． もとの値のなかで小数点以下の桁数の最も少ないものが有効数字の桁数を規定する．たとえば次の加法を考える．

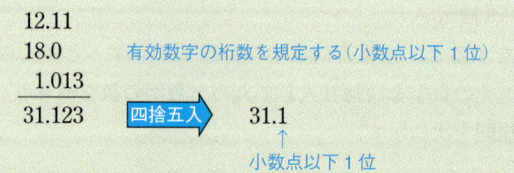

```
  12.11
  18.0      有効数字の桁数を規定する（小数点以下 1 位）
   1.013
  ─────
  31.123   四捨五入 →  31.1
                        ↑
                     小数点以下 1 位
```

なぜもとの値のなかで小数点以下の桁数の最も少ないものが有効数字の桁数を規定するのか．測定値の最後の数字は不確定な数字であることを思い出そう．計算機では 18 であろうと 18.0 であろうと 18.00 であろうと同じであるが，科学者にとってはこれらは異なるものである．上の問題は次のように考えることができる．

```
  12.11?  mL
  18.0??  mL
   1.013  mL
  ─────
  31.1??  mL
```

18.0 が小数点以下 1 位までしか与えられていないので，答も小数点以下 1 位までで，31.1 となる．もう一つ例をあげておく．

```
   0.6875
  -0.1           有効数字の桁数を規定する（小数点以下 1 位）
  ──────
   0.5875   四捨五入 →  0.6
```

2・5 有 効 数 字　　15

乗法と除法では有効数字の桁数が重要であり，加法と減法では小数点以下の桁数が重要である．次の例題にみられる計算を考えることで，有効数字について学んだことを整理してほしい．

例題 2・4 計算での有効数字の桁数を数える

次の a～c について，計算はせずに答の有効数字が何桁になるかを示せ．
　　a. $5.19 + 1.9 + 0.842$　　b. $1081 - 7.25$　　c. 2.3×3.14

解答　a. 答は小数点以下1位になる．1.9が小数点以下1位なので，これが答の有効数字の桁数を規定する．したがって，答の有効数字は2桁となる．
　b. 答は小数点以下に数字はない．1081は小数点の右側に数字がないので，これが有効数字の桁数を規定する．したがって，答の有効数字は4桁である．
　c. 2.3の有効数字が2桁で，3.14は3桁なので，答の有効数字は2桁になる．

例題 2・5 有効数字を使っての計算

次の a～e の計算を実行し，その答の有効数字が何桁になるかを示せ．
　　a. 5.18×0.0208　　b. $(3.60 \times 10^{-3}) \times (8.123) \div 4.3$　　c. $21 + 13.8 + 130.36$
　　d. $116.8 - 0.33$　　e. $(1.33 \times 2.8) + 8.41$

解答　a.
　　　　　　有効数字の桁数を　　　四捨五入して，この桁まで求める
　　　　　　規定する　　　　　　　　↓
　　　　　　　$5.18 \times 0.0208 = 0.107744 \implies 0.108$

有効数字が3桁どうしの乗法であるので，答の有効数字は3桁である（規則1）．7の右側にある最初の数字が7で5より大きいので，四捨五入して8となる．

　b. 　　　　　　　　　　四捨五入して，この桁まで求める
　　　　　　　　　　　　　　↓
　　　$\dfrac{(3.60 \times 10^{-3})(8.123)}{4.3} = 6.8006 \times 10^{-3} \implies 6.8 \times 10^{-3}$
　　　　　　　　↑
　　　　　有効数字の桁数を
　　　　　規定する

4.3の有効数字の桁数が最も小さい（2桁）ので，答の有効数字は2桁となる（規則1）．

　c.　　21
　　　　13.8　　　　21は小数点の右側に数字がないので，これが答の有効数字の桁
　　　＋130.36　　　数を規定する．したがって，答は小数点以下に数字をもたない
　　　――――――　（規則2）．
　　　　165.16　$\implies$　165

　d.　　116.8　　　　　116.8は小数点以下1位なので，答の有効数字は小数点以下1位
　　　－　0.33　　　　 となる（規則2）．4の右側の数字（7）は5より大きいので，四捨
　　　――――――　　 五入して5となる．
　　　　116.47　$\implies$　116.5

　e. $1.33 \times 2.8 = 3.724 \implies 3.7$　　　3.7　← 有効数字の桁数を規定する
　　　　　　　　　　　　　　　　　　　　＋ 8.41
　　　　　　　　　　　　　　　　　　　―――――
　　　　　　　　　　　　　　　　　　　　12.11　$\implies$　12.1

この場合は，乗法後に四捨五入して乗法での正しい有効数字とし，その後加法を行い，小数点以下1位を答の有効数字の桁数としている．

練習問題 2・3　次の a～c の計算の答を正しい有効数字で示せ．　　　Self-Check
　　a. 12.6×0.53　　b. $(12.6 \times 0.53) - 4.59$　　c. $(25.36 - 4.15) \div 2.317$

2・6 問題の解法と次元解析

目的 さまざまな種類の問題を解くために次元解析をどのように用いるかを学ぶ

あなたが週末アルバイトをしている店の主人が，店に来る途中で鉛筆を2ダース買ってくるようにあなたに頼んだとしよう．その文房具屋は鉛筆を1本単位で売っている．鉛筆を何本買えばよいだろうか．

この問題は，測定値をある単位から別の単位に変換するといういろいろな場面で遭遇する例である．測定値をある単位から別の単位に変換するにはどのようにすればよいのか．上の問題を例にとって考えてみよう．

$$2\,\text{ダースの鉛筆} = ?\,\text{本の鉛筆}$$

ここで，"?"はわからない数である．知らなければならない基本的な情報は1ダースの定義である．

$$1\,\text{ダース} = 12\,(\text{換算式})$$

変換のためにこの情報（換算式）を以下のように使う．

$$2\,\text{ダースの鉛筆} \times \frac{12}{1\,\text{ダース}} = 24\,\text{本の鉛筆}$$

したがって，鉛筆を24本買えばよい．

この過程で重要なことが二つある．

1. 係数（12/1ダース）は，ダースの定義に基づいた換算係数である．この換算係数は，上で示した1ダースの定義の二つの部分の比である．
2. 単位"ダース"は消えてしまう．

ある単位から別の単位に変換するためには換算係数を用いる．一般化して書くと

$$(\text{単位1}) \times \text{換算係数} = (\text{単位2})$$

換算係数 conversion factor

次元解析 dimensional analysis

換算係数は二つの単位の関係を表す式の二つの部分の比である．

二つの単位間の換算式を基にした換算係数を用いて，ある単位から別の単位に変換することを**次元解析**とよぶことがある．次に，次元解析によって変換するときの一般的な過程を示す．

ある単位から別の単位への変換

手順1 ある単位から別の単位に変換するために，二つの単位の関係を表す換算式を使う．必要な換算係数はこの換算式の二つの部分の比である．

手順2 何から何に変換するかを確認し適切な換算係数を選択する．（不要な単位が消されるかを確かめよ．）

手順3 変換される量に換算係数を掛け，希望する単位をもつ量にする．

手順4 有効数字の桁数があっているかどうかを調べる．

手順5 答がおかしくないか確認する．

問題を解く場合，次の点に気をつけよう．

1. 常に単位を含めて考える．

2. 計算において，消せる単位は消す．
3. 最終の答の単位が正しいかどうか調べる．正しくなければどこかにミスがある．
4. 最終の答の有効数字の桁数を調べる．
5. 答がおかしくないかを確認する．

2・7 温度の変換

目的 三つの温度目盛を学ぶ．また，ある温度目盛から別の温度目盛に変換することを学ぶとともに，これを用いて問題を解く

温度目盛には日本，カナダ，ヨーロッパで広く用いられている**セルシウス目盛**（摂氏目盛）と米国や英国で用いられているファーレンハイト目盛（華氏目盛）がある．10の累乗をもととするメートル法を用いる場合には，水の凝固点と沸点はセルシウス目盛でおのおの0℃と100℃になる．セルシウス目盛とファーレンハイト目盛の両方とも温度単位は度であり，どちらの目盛で測定されたかを表すのに度（°）の後に大文字のアルファベットをつけた，℃あるいは°Fが用いられる．

セルシウス目盛 Celsius scale

もう一つの温度目盛に，科学で用いられる**絶対目盛**あるいは**ケルビン目盛**とよばれるものがある．この目盛では，水は273 Kで凍り，373 Kで沸騰する．ケルビン目盛では，温度単位はケルビンといい，単位記号Kをつける．したがって，三つの温度目盛では，水の沸点は，100 ℃，212 °F，373 Kとなる．

絶対目盛 absolute scale
ケルビン目盛 Kelvin scale

三つの温度目盛を図2・5で比較する．以下の点に注意しよう．

1. セルシウス目盛とケルビン目盛の一目盛の大きさは同じである．これは水の凝固点と沸点の差を100等分しているからである．
2. ファーレンハイト目盛の一目盛の大きさはセルシウス目盛とケルビン目盛の一目盛の大きさより小さい．水の凝固点と沸点の差がセルシウス目盛とケルビン目盛では100等分されているのに対し，ファーレンハイト目盛では180等分されている．
3. 三つの温度目盛で0点は異なる．

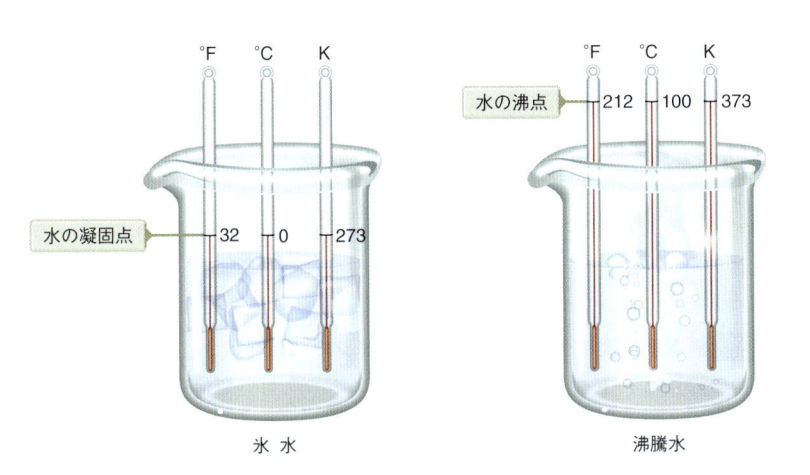

図2・5
異なる目盛をもつ3種類の温度計

化学を学ぶ際にはこれらの温度目盛を互いに変換することが必要である．これにつ

いて少し詳しく説明する．

▶ケルビン目盛とセルシウス目盛間の変換

ケルビン目盛とセルシウス目盛間の変換は，これらの目盛の一目盛が同じ大きさであり，0点が異なるだけなので比較的容易である．0 °C が 273 K に対応するので，セルシウス温度をケルビン温度に変換するにはセルシウス温度に 273 を加えればよい．この過程を例題 2・6 で説明する．

例題 2・6 温度変換: セルシウス温度からケルビン温度へ

水の沸点はエベレストの頂上では 70 °C である．この温度をケルビン温度に変換せよ．

解答 この問題は次のように表現できる．

$$70 \,°C = ?\, K$$

このような問題を解くには問題文を図で表現してみると理解しやすくなる．例題の問題文を図で示すと図 2・6a のように書ける．この図には，求めようとしている "70 °C がケルビン目盛で何度になるか" が示されている．図 2・5 より 0 °C が 273 K に対応していることがわかる．また，0 °C から 70 °C までに 70 の目盛単位（度）があるので，0 °C に 70 を加えれば 70 °C になる．セルシウス目盛とケルビン目盛ではそれらの一目盛は同じ大きさなので（図 2・6b），273 K（0 °C と同じ温度）に 70 を加えると ? K になる．すなわち

$$?\,K = 273 + 70 = 343\,K$$

したがって，70 °C は 343 K に対応する．

これより，セルシウス温度をケルビン温度に変換するには，セルシウス温度に 273 を加えればよいことがわかる．すなわち

$$\underset{\text{セルシウス温度}}{T_C} + 273 = \underset{\text{ケルビン温度}}{T_K}$$

この式を使って例題を解くと

$$70 + 273 = 343$$

単位はケルビン，K であり，これが答である．

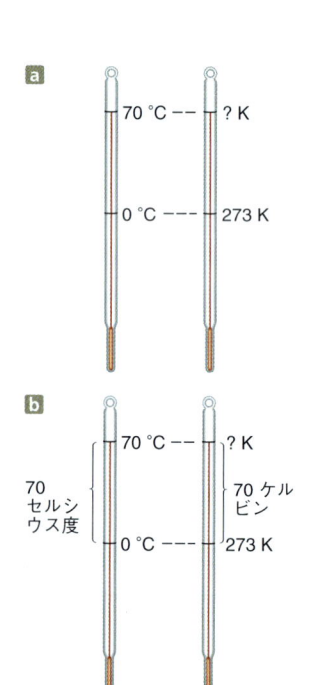

図 2・6 70 °C をケルビン温度に変換

例題 2・6 から，次の式を用いるとセルシウス温度をケルビン温度に変換できることがわかる．

$$\underset{\text{セルシウス温度}}{T_C} + 273 = \underset{\text{ケルビン温度}}{T_K}$$

例題 2・7 温度変換: ケルビン温度からセルシウス温度へ

液体窒素の沸点は 77 K である．この温度はセルシウス目盛で何度か．

解答 この問題は 77 K = ? °C と表現できる．二つの温度目盛を図に書いてこの問題を考えよう（次ページ図）．考慮すべき重要なポイントの一つは 0 °C = 273 K である．273 K と 77 K の差は 196（273 − 77 = 196）K である．すなわち，77 K は 273 K

より 196 K 低いということである．これら二つの温度目盛の一目盛は同じ大きさなので，77 K は 0 より 196 セルシウス度低い温度，$-196\,°\mathrm{C}$ に相当する．すなわち，$77\,\mathrm{K} = ?\,°\mathrm{C} = -196\,°\mathrm{C}$ である．

この問題は次の式を用いても解くことができる．
$$T_\mathrm{C} + 273 = T_\mathrm{K}$$
この式を用いて，
$$T_\mathrm{C} = T_\mathrm{K} - 273 = 77 - 273 = -196$$
したがって，$77\,\mathrm{K} = -196\,°\mathrm{C}$ である．

練習問題 2・4 172 K と $-75\,°\mathrm{C}$ とでは，どちらが低温か．

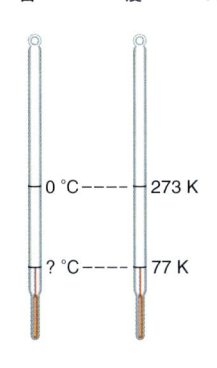

まとめると，セルシウス目盛とケルビン目盛ではそれらの一目盛は同じ大きさなので，これらを相互に変換するには 0 点の違いだけ考慮すればよい．セルシウス温度をケルビン温度に変換する場合は，セルシウス温度に 273 を加える．一方，ケルビン温度をセルシウス温度に変換するには，ケルビン温度から 273 を引けばよい．

$$T_\mathrm{K} = T_\mathrm{C} + 273 \qquad T_\mathrm{C} = T_\mathrm{K} - 273$$

温度変換の式

- セルシウス温度をケルビン温度に　　　$T_\mathrm{K} = T_\mathrm{C} + 273$
- ケルビン温度をセルシウス温度に　　　$T_\mathrm{C} = T_\mathrm{K} - 273$
- セルシウス温度をファーレンハイト温度に　$T_\mathrm{F} = 1.80(T_\mathrm{C}) + 32$
- ファーレンハイト温度をセルシウス温度に　$T_\mathrm{C} = \dfrac{T_\mathrm{F} - 32}{1.80}$

2・8 密　度

目的　密度とその単位を定義する

小学生のときに,「鉛 10 g と羽毛 10 g ではどちらのほうが重いでしょうか」と尋ねられて，答に困ったという記憶があるかもしれない．もし鉛と答えたなら，質量ではなく密度を考えたことになる．**密度**は対象物のある一定体積中にある成分の質量と定義される．すなわち，密度は単位体積当たりの質量である．

密度 density

$$\text{密度} = \frac{\text{質量}}{\text{体積}}$$

羽毛 10 g のほうが鉛の 10 g よりもずっと大きな体積を占める．これは，鉛のほうがずっと大きな単位体積当たりの質量，すなわち大きな密度をもつためである．

液体の密度は，体積が既知の液体の重さを計ることで容易に求められる．例題 2・8 で説明する．

例題 2・8 密度を計算する

体積 23.50 mL の液体の重さを計ったところ 35.062 g だった．この液体の密度はいくらか．

密度の単位は，g/mL または $\mathrm{g/cm^3}$ が用いられることが多い．

解答 この液体の密度は定義に従って容易に計算できる．

$$\text{密度} = \frac{\text{質量}}{\text{体積}} = \frac{35.062 \text{ g}}{23.50 \text{ mL}} = 1.492 \text{ g/mL}$$

この結果は，1 mL = 1 cm^3 なので 1.492 g/cm^3 と表すこともできる．

固体の体積は，その固体を水の中に沈め，それと置き換わった水の体積を測定することで間接的に求められる．実際，この測定法が人の体脂肪を測定する最も正確な方法である．人が水槽の中に沈み込んだときに増えた水の体積を測定する（図2・7）．このような浸漬法で得た体積と体重（質量）を用いると身体の密度を計算することができる．脂肪，筋肉，骨の密度はそれぞれ異なるので体脂肪率が計算できる．筋肉が多く脂肪が少ないほど密度は高くなる．たとえば，体重が 70 kg の筋肉質の人の体積は，同じ体重で脂肪の多い人のそれより小さい．

図 2・7 水槽中に人が沈むと水位が上昇する

例題 2・9 密度を決める

ある化学専攻の女子学生が地方の質店で大きなメダルを見つけた．店主はこれは純白金製だと言い張るが，学生は銀製でそれほど価値がないのではないかと疑っている．学生は店主に 2 日以内に返品すればお金を返却するとの同意を取りつけてメダルを購入した．そのメダルを研究室に持ち帰り，以下のようにしてその密度を測定した．まず，重量を測定してメダルの質量を求めたところ 55.64 g だった．次にメスシリンダーに水を入れてメスシリンダーの目盛を見ると 75.2 mL だった．この中にメダルを沈めて再びメスシリンダーの目盛を見ると 77.8 mL になっていた．このメダルは白金（密度 21.4 g/cm^3）製かそれとも銀（密度 10.5 g/cm^3）製のどちらだろうか．

解答 白金の密度と銀の密度は大きく異なるので，メダルの密度を測定すれば白金製であるか銀製であるか区別できる．密度の定義

$$\text{密度} = \text{質量/体積}$$

に従ってメダルの密度を計算するにはメダルの質量と体積が必要である．質量は 55.64 g である．体積は，メスシリンダーにメダルを投入する前後のメスシリンダーの目盛の差を読取ることで得られる．

$$\text{メダルの体積} = 77.8 \text{ mL} - 75.2 \text{ mL} = 2.6 \text{ mL}$$

これらの測定値を用いてメダルの密度を計算する．

$$\text{メダルの密度} = \frac{\text{質量}}{\text{体積}} = \frac{55.64 \text{ g}}{2.6 \text{ mL}} = 21 \text{ g/mL} \text{ あるいは } 21 \text{ g/cm}^3$$

この結果から，メダルは白金製であることがわかる．

Self-Check 練習問題 2・5 洗剤 35.8 mL の重さを計ったところ 28.1 g だった．洗剤の主成分は次の化合物のうちどれか〔（　）内は密度 g/cm^3〕．

　　クロロホルム（1.483），ジエチルエーテル（0.714），
　　イソプロピルアルコール（0.785），トルエン（0.867）

例題 2・10 計算に密度を用いる

水銀の密度は 13.6 g/mL である．225 g の水銀の体積は何 mL か．

解答 問題を解くには，まず定義から始める．

$$密度 = \frac{質量}{体積}$$

次に，この問題は体積を求める問題なので，上の式を体積を求める式に変形し，与えられている値を代入する．

$$体積 = \frac{質量}{密度} = \frac{225\,\text{g}}{13.6\,\text{g/mL}} = 16.5\,\text{mL}$$

水銀 225 g を得るには 16.5 mL を計りとる必要がある．

表 2・6 に種々の物質の密度を示す．

密度の利用法は物質を同定するだけでなくいろいろな分野に及ぶ．たとえば，自動車の鉛蓄電池の中の液体（硫酸の水溶液）の密度は電池が放電すると硫酸が消費されるので変化する．完全に充電されているときの溶液の密度は約 1.30 g/cm³ であるが，それが 1.20 g/cm³ まで下がると充電しなければならない．また密度測定は自動車の冷却系統の不凍液の量を調べる場合にも使われる．水と不凍液の密度が異なるので，混合溶液の密度を測定するとおのおのの量がどれだけあるかがわかる．溶液の密度を調べる器具に液体比重計がある（図 2・8）．

液体の密度を表すのに比重という用語が用いられる場合がある．**比重**は，4 ℃ の水の密度に対するある液体の密度の比と定義される．比重は密度の比であるので単位はない．

図 2・8
液体比重計

比重 specific gravity

表 2・6　20 ℃ での物質の密度

物　質	物理的状態	密度(g/cm³)	物　質	物理的状態	密度(g/cm³)
酸　素	気体	0.00133†	アルミニウム	固体	2.70
水　素	気体	0.000084†	鉄	固体	7.87
エタノール	液体	0.785	銅	固体	8.96
ベンゼン	液体	0.880	銀	固体	10.5
水	液体	1.000	鉛	固体	11.34
マグネシウム	固体	1.74	水　銀	液体	13.6
塩（塩化ナトリウム）	固体	2.16	金	固体	19.32

† 1 atm の条件下．

まとめ

1. 量を実測したものを測定値といい，測定値は数字と単位からなる．
2. 非常に大きい数や小さい数は科学的表記法で表される．科学的表記法では数を 1～10 未満の数字に 10 の累乗を掛けて表す．
3. 単位は測定結果を表すための尺度となる．それには，メートル法，ヤード・ポンド法，SI の三つの単位系がある．メートル法と SI 単位系では，単位の大きさを変えるのに接頭語（表 2・2）が用いられる．
4. 質量は物質中の成分の総量を表す．
5. 測定値はある程度の不確かさをもち，それは有効数字の桁数に反映される．四捨五入して計算結果を正しい有効数字の桁数にするにはいろいろな規則がある．
6. ある単位系から別の単位系に変換することを次元解析といい，それには換算係数が用いられる．
7. 温度は三つの異なる目盛，すなわちセルシウス目盛，ファーレンハイト目盛，ケルビン目盛で測定される．これらは容易に相互変換できる．
8. 密度は単位体積当たりの質量で，次式で表される．

　　密度 = 質量/体積

3 物質

3・1 物質
3・2 物理的性質と化学的性質および物理変化と化学変化
3・3 元素と化合物
3・4 混合物と純物質
3・5 混合物の分離

グリーンランドの氷山

　われわれのまわりにある物質の性質には驚かされ，また不思議に思うことが多い．たとえば，植物はどのように成長し，なぜ緑色をしているのか．太陽はなぜ熱いのか．ホットドッグはなぜ電子レンジで温かくなるのか．なぜ木は燃えるのに岩は燃えないのか．せっけんはどのような働きをするのか．炭酸飲料の入った瓶の栓を開けるとなぜシューという音をたてるのか．鉄が錆びるときどのようなことが起こるのか．またアルミニウムを室温で何カ月置いておいてもは錆が進行しないのはどうしてなのか．パーマはどうしてかかるのか．

　このような多くの疑問に対する答は化学のなかにある．本章では，物質はどのように構成されているのか，またどのように変化し，なぜ変化するのかなど，物質の本性について解説する．

3・1 物質

目的　物質とその三態について学ぶ

物質 matter

固体 solid
液体 liquid
気体 gas

　宇宙を構成する要素である**物質**には質量をもち空間を占めるという二つの特徴がある．物質の本性を理解するには，まず物質を分類しなければならない．たとえば，木，骨，鋼は硬くて変形しにくい一定の形をもつという共通の特徴がある．一方，水やガソリンは，入れられた容器の形をとる（図3・1）が，1Lの水はバケツに入っていようとビーカーに入っていようと体積は1Lで，容器の容量に依存しない．これに対して空気も容器の形をとるが，容器全体を一様に占める．

　ここで述べたことは，**物質の三態**，すなわち，**固体**，**液体**，**気体**を説明している．三態のそれぞれの定義を表3・1に示す．物質の状態は物質に含まれる粒子間の力の強さに依存する．その力が強いほど物質はより堅い．

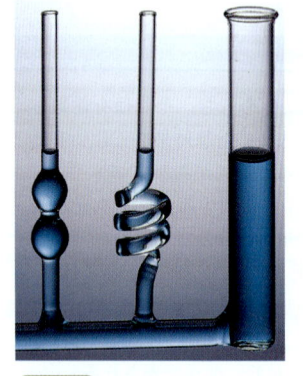

図 3・1
水は容器の形をとる

表 3・1　物質の三態

状態	定義	例
固体	硬い．ある一定の形と体積をもつ	角氷，ダイヤモンド，鉄の棒
液体	容器の形をとるが，一定の体積をもつ	ガソリン，水，アルコール，血液
気体	一定の体積や形をもたず，容器の形と体積を占める	空気，ヘリウム，酸素

3・2　物理的性質と化学的性質および物理変化と化学変化　23

3・2　物理的性質と化学的性質および物理変化と化学変化

物理的性質 physical property
化学的性質 chemical property

目的　物理的性質と化学的性質の違い，物理変化と化学変化の違いについて学ぶ

友達に会うとすぐにその人を名前でよぶことができる．これは，個々の人間がやせているとか背が高いとか，髪が長いとか，特有の特徴をもっているため見分けることができるからである．この特徴が**物理的性質**の例である．物質もまた物理的性質をもち，典型的な性質には，におい，色，体積，状態（気体，液体，固体），密度，融点，沸点などがある．また物質は**化学的性質**ももっている．化学的性質とは新しい物質をつくる能力をいう．木が暖炉で燃えると熱やガスを放出して灰が残るのは化学変化の一例である．この過程では，木はいくつかの新しい物質に変化する．他の例として，車の鋼板が錆びる現象，胃で食物が消化される現象，庭の芝生が成長する現象などがある．化学変化では，ある物質が別の一つあるいはそれ以上の物質に変化する．

熱帯雨林はどうしてこのように生い茂り，なぜ緑なのか

例題 3・1　物理的性質と化学的性質を区別する

次のa〜dについて物理的性質か化学的性質かを区別せよ．
 a. あるアルコールの沸点は 78 ℃ である　　b. ダイヤモンドは非常に硬い
 c. 糖は発酵するとアルコールに変化する　　d. 金属線は電気を通す

解答　a, b, d は物理的性質である．これらは物質固有の性質で，組成変化は起こらない．金属線は，その中を電気が通っても，その前後で組成の変化はない．c は糖の化学的性質で，糖が発酵すると新しい物質（アルコール）が生成する．

練習問題 3・1　次のa〜dについて物理的性質か化学的性質かを区別せよ．
 a. ガリウムは手のひらの上でとける
 b. 室温では白金は酸素と反応しない
 c. いま読んでいるページは白い
 d. 銅製の自由の女神像の表面は緑色をしている

Self-Check

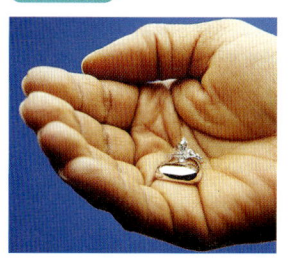

ガリウムの融点は 30 ℃ なので，手のひらの上でとける

物質は物理的性質においても化学的性質においても変化を受ける．物理的性質と化学的性質の根本的な違いを説明するのに水を考えよう．水は非常に多くの水分子からなる．1 個の水分子は 2 個の水素原子と 1 個の酸素原子からできており，H_2O と表記される．

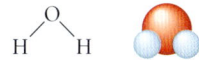

OやHの文字は原子を表し，原子と原子の間の線は結合を表す．

ここで，文字は**原子**を表し，線は原子間の**結合**を表す．右側の分子模型は水分子を三次元的に示したものである．

水が次のような変化をするとき実際どのようなことが起こるかについては 14 章で詳しく述べる．

分子 molecule
原子 atom
結合 bond

固体（氷）　→融解→　液体（水）　→沸騰→　気体（水蒸気）

氷（固体）は融解すると流動性をもつ水（液体）になり容器の形をとるようになる．さらに加熱し続けると沸騰して気体（水蒸気）となる．このとき起こる変化を図

3・2に示す．氷では，水分子は決められた位置に固定されている（しかし振動はしている）．液体では，水分子は依然として互いに近くに位置しているが，ある程度の運動は可能で氷ほどその位置は固定されていない．気体状態では，水分子は互いに遠くに離れて自由に運動して分子どうしや器壁に衝突したりする．

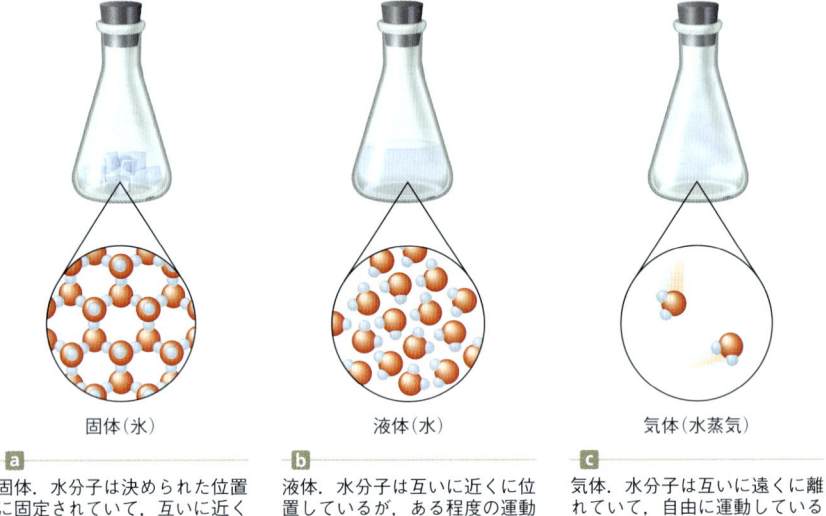

固体の例．水晶と黄鉄鉱（金色）．

図 3・2. **水の三態**．赤い球は酸素原子，青い球は水素原子を表す．

a 固体．水分子は決められた位置に固定されていて，互いに近くに位置している

b 液体．水分子は互いに近くに位置しているが，ある程度の運動は可能である

c 気体．水分子は互いに遠くに離れていて，自由に運動している

これらの変化で重要なことは，水分子の運動の激しさや水分子間の距離は変化するが，H_2O 分子は依然もとの分子のまま存在しているということである．したがって，これらの状態変化では物質の組成は変化しないので**物理変化**である．個々の状態では H_2O 分子だけが存在し，別の物質はない．

物理変化 physical change

次に，図 3・3 に示す水の電気分解について考えよう．水に電気を通じると，2 種類の新しい気体状物質，水素と酸素に変わる．この過程は図 3・3 右のように示される．この変化では水（H_2O 分子からなる）が水とは別の物質である水素（H_2 分子からな

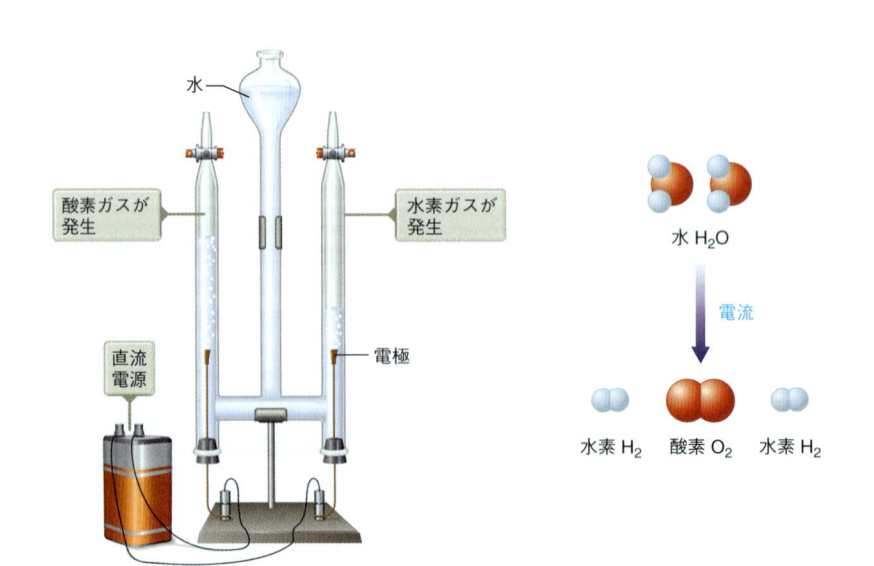

図 3・3. **電気分解**．水を分解する電気分解は化学的過程である．

る）と酸素（O_2分子からなる）に変化する．すなわち，H_2O分子がH_2分子とO_2分子に変わるので**化学変化**である．

化学変化 chemical change

物理変化と化学変化の違いを次にまとめる．

物理変化と化学変化

1. 物理変化では一つあるいはそれ以上の物理的性質は変化するが，物質を構成する基本成分は変化しない．例として状態変化（固体⇔液体⇔気体）がある．
2. 化学変化では物質の基本成分に変化が起こる．すなわち物質が別の物質に変化する．化学変化は**反応**とよばれる．例として，銀が空気中の物質と反応して変色することや植物が空気や土壌から得られるいろいろな物質を組合わせて葉をつくることなどがある．

反応 reaction

例題 3・2 物理変化と化学変化を区別する

次のa〜dについて物理変化か化学変化かを区別せよ．
 a. 鉄が融解する　　　　b. 鉄は酸素と結合することで錆びる
 c. 木が空気中で燃える　d. 岩が砕けて粉々になる

解答　a. 融解した鉄は液体状で，冷めると再び固体状になる．物理変化である．
 b. 鉄が酸素と結合すると鉄と酸素を含む別の物質（錆）になる．別の物質が生じるので，化学変化である．
 c. 木が燃えると別の物質（二酸化炭素と水）が生じる．燃えると木はもはやもとの物質には戻らないので，化学変化である．
 d. 岩が砕けた後の小片の大きさや形は砕ける前の岩のそれらとは異なるが，組成は同じである．したがって，物理変化である．

3・3 元素と化合物

目的　元素と化合物の定義を理解する

　物質の化学変化について学ぶとき，**元素**とよばれる基本的な物質に出会う．元素は化学的手法によって別の物質に分解されることはない．元素の例として鉄，アルミニウム，酸素，水素などがある．われわれの身のまわりにあるすべての物質は元素を含んでいる．元素は単独で存在することもあるが，多くの場合別の元素と結合している．ほとんどの物質は互いに結合した数種類の元素でできている．

元素 element

　いくつかの元素の原子間に親和性があるとこれらは結合して**化合物**をつくり，この化合物は，どこで見いだされようと常に同じ組成である．化合物は元素からできているので化学変化によって分解されて元素になる．

化合物 compound

化合物 ⟹ 元素
化学変化

　水は化合物である．純水はH_2O分子からなるので常に同じ組成（水素と酸素の割合が一定）である．水は，図3・3に示した電気分解という化学的手法によって水素と酸素に分解される．

　4章で詳しく述べるが，元素の構成単位は原子である．アルミニウム元素の純粋な試料はアルミニウム原子のみを，銅元素の純粋な試料は銅原子のみを含む．一つの元

26　3.　物　質

素は1種類の原子のみを含む．鉄は多くの原子を含むが，それらはすべて鉄原子である．ある元素には分子を含むものがある．水素ガスと酸素ガスは，それぞれ H–H 分子（H_2 と書く）と O–O 分子（O_2）を含む．ある元素の純粋な試料はその元素の原子しか含まず，別の元素の原子を含むことはない．このように，1種類の元素だけからなる試料（物質）を**単体**という．

単体 simple substance

化合物は異なった種類の元素の原子を含む．水は水素原子と酸素原子を含み，H–O–H 分子からなっているので，水素原子の数は酸素原子の数の正確に2倍である．二酸化炭素は CO_2 分子からなるので，炭素原子の数と酸素原子の数の比は 1：2 である．化合物は二つあるいはそれ以上の原子が一定の割合で結びついたものである．その性質は含まれる個々の元素の性質とは大きく異なる．このことは，水の性質が水素や酸素の性質と異なることからも明らかである．

3・4　混合物と純物質

目的　混合物と純物質との違いについて学ぶ

混合物 mixture

身のまわりにあるほとんどの物質は**混合物**である．土壌を詳しく調べると，砂の粒子や植物の遺骸などいろいろな種類のものが含まれていることがわかる．空気は酸素，窒素，二酸化炭素，水蒸気などからなる混合物である．混合物の組成は一定ではなく，まちまちである．材木は混合物で，その組成は木の種類に大きく依存する．ワインも混合物で，赤色や白色，甘口や辛口などのワインがある．地球の深部から汲上

> コーヒーも混合物で，ストロング，ウィーク，ビターなどがある．

化学こぼれ話　　　　コンクリート：古くからの材料が新材料に

2000年以上も前に古代ローマ人によって発明されたコンクリートは，現代の化学の知識によってハイテク建造物の建築資材に変貌しつつある．コンクリートが最も重要な材料であることは疑う余地はなく，高速道路や橋梁，ビルの建設などその用途は数え切れない．最も一般的なコンクリートは約70％の砂や砂利と15％の水と15％のセメント（石灰，粘土，頁岩，石膏を配合，焼成，粉砕した混合物）からなっている．コンクリートは社会の根幹をなす材料なので，耐久性を高め，よりいいものにするための改良が必須となる．

新しいタイプのコンクリートにフランスで開発されたダクタル®がある．脆くて大きな荷重がかかると急激に破壊に至る従来のコンクリートとは異なり，ダクタル®はたわむことができ，その強度は従来のコンクリートの実に5倍である．この驚異的な特性の秘密は鋼の繊維や高分子繊維が分散されて補強されていることにある．繊維を分散させると，橋梁などの建造物をつくる場合に使われる鉄筋による補強の必要はなくなる．ダクタル®を用いてつくられた橋は，従来のコンクリートを使い鉄筋で補強された橋より軽くて厚さが薄く耐久性に富む．

ハンガリーで開発された種々の径の光ファイバーを中に埋込むことで光を透過するコンクリートが，下から光を照らすことのできる外壁や床をもった建物をつくるのに利用されている（写真参照）．イタリアでは自己表面浄化機能をもつコンクリートが開発された．これはコンクリートにチタン酸化物粒子が混ぜられている．チタン酸化物は紫外線を吸収してビルの外壁を黒く汚す物質の分解を促進する．イタリアではこのコンクリートを使ったビルが建設されている．このコンクリートをビルや橋梁の建設に使う利点は大気汚染を著しく減少させる効果が期待できることである．

コンクリートは古くからある材料であるが，ハイテク材料にもなりうる材料なので，さらなる用途開発がなされていくであろう．

光を透過するコンクリート

3・4 混合物と純物質　27

げられる水もいろいろな種類の無機塩やガスが溶解した混合物である．

　一方，**純物質**は常に同じ組成をもち，単体か化合物のいずれかである．たとえば，純水は H_2O 分子のみを含む化合物であるが，自然界にある水は純水にいろいろな物質が混ざった混合物である．このことは，さまざまな場所から得られた水の試料が異なる味，においや色をもっていることから明らかである．しかし，海水，湖水，河川水，地球深部から得られる水などのさまざまな水を完全に浄化すると，すべて同じ H_2O 分子のみからなる純水となる．純水はその起源にかかわらず常に同じ物理的性質と化学的性質をもち，水素原子と酸素原子を正確に同じ割合で含む分子からなる．したがって，純物質の性質を調べると，その物質が何であるかを同定することができる．

　混合物は分離すると純物質（単体または化合物）になる．

混合物 ⟹ 二つあるいはそれ以上の純物質

混合物である空気を分離すると，酸素（単体），窒素（単体），水（分子），二酸化炭素（分子），アルゴン（単体）とその他の純物質が得られる．

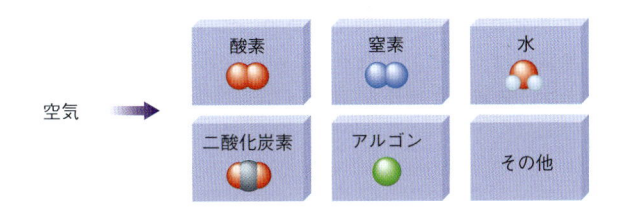

純物質 pure substance

　混合物は**均一混合物**と**不均一混合物**に分類される．水に塩を入れてよく撹拌して完全に溶かしたものは，そのどの部分をとっても同じ性質を示す．これは均一混合物のよい例で，このような均一混合物を**溶液**とよぶ．もちろん塩と水の割合をいろいろ変えた溶液でも，個々の溶液中ではどの部分をとっても組成は同じである（図3・4a）．

　空気も溶液であり，気体の均一混合物である．固溶体という固体の均一混合物もあり，銅と亜鉛からなる真ちゅうがそのよい例である．

　不均一混合物では，ある部分と別の部分では性質が異なる．水に砂を入れると，ある部分は水，別の部分はほとんどが砂である（図3・4b）．

均一混合物 homogeneous mixture
不均一混合物 heterogeneous mixture
溶液 solution

溶液は均一混合物である．

図 3・4
均一混合物と不均一混合物．
ⓐ 塩を水に入れてかき混ぜる（左）と，溶液とよばれる均一混合物になる（右）．ⓑ 砂と水を混ぜても均一にはならない．かき混ぜても砂はビーカーの底に沈んでいく．

例題 3・3　混合物と純物質を区別する

次のa～dを純物質，均一混合物，不均一混合物に分類せよ．
　a. ガソリン　　b. 空気　　c. 真ちゅう　　d. 銅

解答　a. ガソリンは多くの化合物を含んだ均一混合物である．
　　　b. 空気は単体と化合物との均一混合物である．
　　　c. 真ちゅうは銅と亜鉛との均一混合物であるが，銅と亜鉛の比率が製品によって異なるので純物質ではない．
　　　d. 銅は純物質（単体）である．

Self-Check　練習問題 3・2　次のa〜dを純物質，均一混合物，不均一混合物に分類せよ．
a. メープルシロップ　　　　　　　b. 潜水用ボンベ内の酸素とヘリウム
c. 油と酢からなるサラダドレッシング　　d. 塩（塩化ナトリウム）

3・5　混合物の分離

目的　混合物を分離する二つの方法について学ぶ

自然界にある物質は純物質の混合物であり，海水は無機塩を含んだ水である．沸騰させると無機塩と水を分離させることができる．そのさい，水は水蒸気（気体状の水）に変化し，無機塩は固体として残る．この水蒸気を冷却すると純水が得られる．このような分離手法は**蒸留**とよばれる（図3・5）．

蒸留 distillation

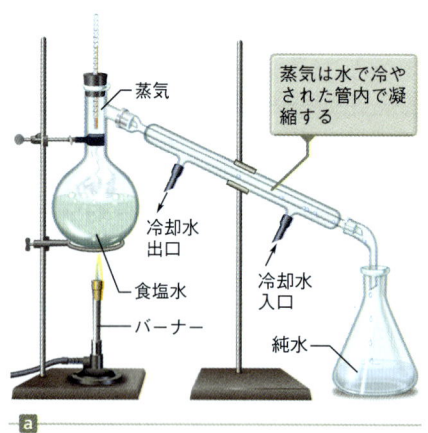

図 3・5　食塩水の蒸留
a　溶液が沸騰すると水蒸気（気体状の水）が出てくる．出てきた水蒸気を冷却すると純水となり，受器のフラスコ内にぽたぽた落ちる
b　すべての水が沸騰してなくなると，食塩がもとのフラスコ内に残り，水は受器のフラスコ内に回収される

食塩水を蒸留すると，水は液体から気体に変化し，その後再び液体に変化する．この状態の変化は物理変化である．この場合，混合物は分離されるが個々の物質の組成は変化していない．このことは図3・6のように表すことができる．
砂と海水が混ざったような，不溶性の固体と液体が混ざった不均一混合物から不溶

図 3・6　食塩水の食塩と純水への分離．化学変化は起こらない．

性固体を分離するにはろ過という簡便な方法が用いられる．ろ紙のようなメッシュ状のものの上に混合物を注ぐと，液体はろ紙を通り抜け，固体はろ紙で捕捉される（図3・7）．水中の食塩は蒸留によって分離される．この分離過程を図3・8に示す．この過程での変化はすべて物理変化である．

ろ過 filtration

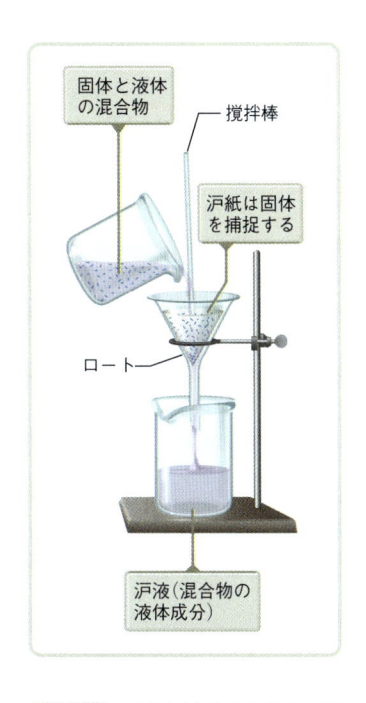

図 3・7 固体と液体を分離するろ過の操作．液体はろ紙を通り抜け，固体はろ紙上に捕捉される．

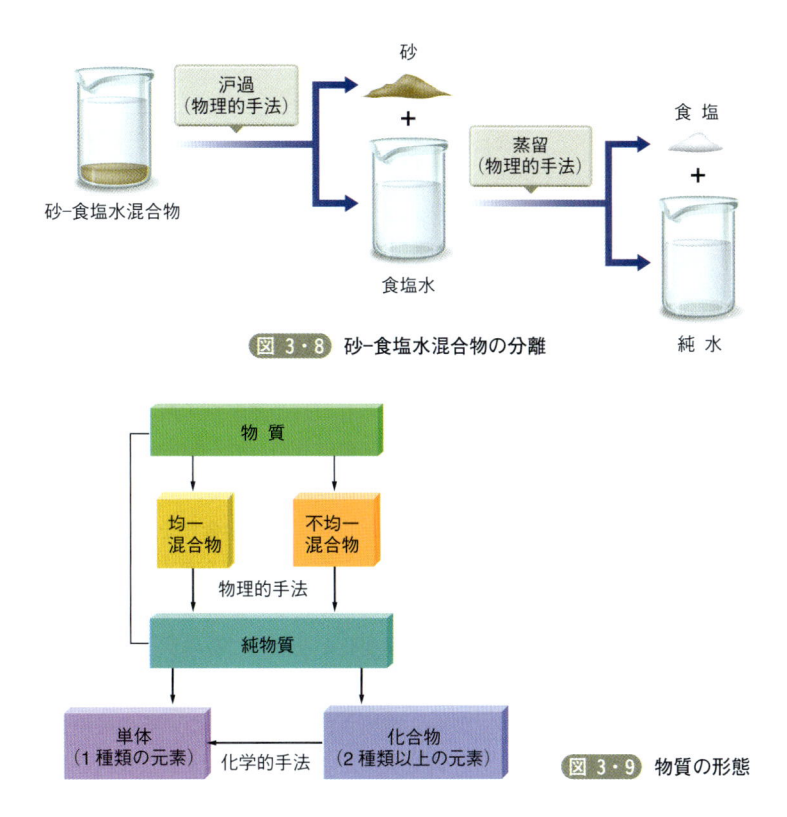

図 3・8 砂–食塩水混合物の分離

図 3・9 物質の形態

本章で示した物質の形態を図3・9にダイヤグラムで示す．物質は純物質（単体または化合物）か混合物（均一または不均一）のいずれかである．すべての物質は元素として存在するか，分解されて元素になるかである．元素は最も基本となる物質で，次章で詳しく述べる．

まとめ

1. 物質は三つの状態，すなわち固体，液体，気体の状態で存在し，その性質には物理的性質と化学的性質がある．化学的性質は物質が別の物質に変化する能力を示すもので，物理的性質は物質の示す特性であり，化学変化を伴わない．
2. 物理変化とは一つあるいはそれ以上の物理的性質が変化することで，そのとき組成変化は伴わない．化学変化とは，ある物質が一つあるいはそれ以上の別の物質に変化することである．
3. 混合物の組成は一定でなく，いろいろである．均一混合物は，その中のどの部分をとっても性質は同じであるが，不均一混合物はそうではない．純物質は常に同じ組成をもつ．混合物は蒸留やろ過などの物理的手法により純物質に分離できる．
4. 純物質には単体と化合物がある．単体は化学的にそれ以上簡単な物質に分離できないが，化合物は2種類以上の物質に分離できる．

4 元素，原子，イオン

4・1 元素
4・2 元素の記号
4・3 ドルトンの原子説
4・4 化合物の式
4・5 原子の構造
4・6 現在の原子構造の概念
4・7 同位体
4・8 周期表
4・9 元素の常態
4・10 イオン
4・11 イオン化合物

ワシントン D. C. にある米国議会図書館の天井に施された金箔

元素は，日常生活をしていくうえで非常に重要なものである．体内にある元素は少量でもわれわれの健康や活動に大きな影響をもつ．たとえば，リチウムは双極性障害患者の治療にきわめて有効であり，コバルトには悪性の貧血を予防したり神経の働きを正常に保つ働きがある．

人間は古代より化学変化を有効に利用してきた．紀元前 1000 年以上前から装飾品や道具用としての金属を鉱石からつくったり死体に防腐保存液を用いたりしていたが，これらは化学を応用したものである．

化学変化がなぜ起こるのかを初めて説明しようとしたのはギリシャ人だった．紀元前約 400 年までに，彼らは，すべての物質は四つの基本的な物質，火，土，水，空気から構成されると提唱した．その後の 2000 年間は化学は錬金術によって支配された．錬金術師たちの一部は，安価な金属が金に変わるという妄想にとりつかれた神秘主義者やペテン師であったが，大部分の錬金術師は純粋な化学者であった．この間に水銀，硫黄，アンチモンなどが発見され，酸のつくり方の研究もなされた．

精密な測定の重要性を認識した最初の科学者はアイルランド人のボイルだった．ボイルは気体の性質についてパイオニア的研究をしたことでよく知られているが，彼の科学に対する最大の貢献は，科学は実験に基づくものでなければならないとする彼の主張であろう．たとえば，ボイルは元素の数について何の先入観ももたなかった．元素についての彼の定義は実験に基づくものであり，二つあるいはそれ以上の簡単な物質に分解できない物質を元素とした．この定義によると，空気はいくつかの純物質に分解できることから，ギリシャ人が信じていたような元素ではない．ボイルの実験に基づく元素の定義が一般的に受け入れられるようになると，いろいろな元素が発見されるようになり，ギリシャ人が唱えた 4 大元素説は消滅した．

ボイル (Robert Boyle, 1627〜1691). 62 歳の肖像画.

元素 element

4・1 元 素

目的 元素の相対存在量と元素名を学ぶ

科学者は地球や宇宙にある物質を調べることで，すべての物質は化学的に約 100 個の元素に分解できることを見いだした．最初は，既知の何百万という物質は非常に少ない数の基本的な元素から成り立っていることや複雑な物質でも非常に少ない数の基

表 4・1　地殻，海洋，大気にある元素の存在量

元素	質量%	元素	質量%	元素	質量%
酸素	49.2	マグネシウム	1.93	硫黄	0.06
ケイ素	25.7	水素	0.87	バリウム	0.04
アルミニウム	7.50	チタン	0.58	窒素	0.03
鉄	4.71	塩素	0.19	フッ素	0.03
カルシウム	3.39	リン	0.11	その他	0.46
ナトリウム	2.63	マンガン	0.09		
カリウム	2.40	炭素	0.08		

表 4・2　ヒトの体内にある元素

必須常量元素	質量%	必須常量元素	質量%	必須微量元素		
酸素	65.0	マグネシウム	0.50	鉄	亜鉛	マンガン
炭素	18.0	カリウム	0.34	コバルト	銅	モリブデン
水素	10.0	硫黄	0.26	ニッケル	ヨウ素	ケイ素
窒素	3.0	ナトリウム	0.14	クロム	セレン	フッ素
カルシウム	1.4	塩素	0.14	バナジウム	ヒ素	スズ
リン	1.0					

本単位からできていることに驚かされたかもしれない．たとえば，ヒトの体を構成する物質の一つであるタンパク質は二，三の基本単位が集まって形成された巨大分子である．化学の例ではないが，何十万とある英単語もわずか26文字のアルファベットからできている．すなわち英語の辞書にある何千という単語を分解すればわずか26個の基本的な成分になる．まったく同じように，すべての物質を分解すればわずか100個の基本的な成分，すなわち元素になる．化合物は，英単語が26個のアルファベットからできているのと同じように，いろいろな元素の原子が結合してできている．英語の文章を読み書きする前にアルファベットをまず学ばなければならなかったのと同じように，化学を勉強する前に元素の記号と名称を学ぶことが必要である．

現在では118個の元素が知られており*，そのうち88個が自然界に存在し，残りは実験室で人工的に合成されたものである．元素の存在量には大きな違いがある．地殻中に見いだされる化合物のほとんどはわずか9個の元素からなっている．表4・1に地殻，海，大気中に存在する元素の存在量（質量パーセント）を多い順に示す．約半分が酸素であり，9個の元素で全質量の98%以上が占められていることがわかる．

酸素は大気の約20%を占め（O_2分子として存在している），さらに地殻中の岩石，砂，土壌にも存在する．地殻中の酸素はO_2分子としてではなく，ケイ素やアルミニウム原子を含んだ化合物中に存在する．

生体内にある元素は地殻中にあるそれとは非常に異なる．表4・2にヒトの体内にある元素とその存在量を示す．酸素，炭素，水素，窒素は生物学的に重要なすべての物質の基本となる元素である．体内の**微量元素**は生命活動に不可欠な元素であり，クロムは糖の代謝に関与している．

これまで述べてきたように，元素は化学を理解するうえで基礎となるものである．しかし，**元素**という用語はいろいろな意味で使われる．ある元素の一つの原子を意味するのに使われるとき，これを元素の微視的な形態という．また，天秤で測定できる

* この数は粒子加速器を用いて新しい元素が合成されると変わる．

微量元素 trace element

32　4. 元素，原子，イオン

> **化学こぼれ話**
>
> **微量元素：微量だが不可欠**
>
> われわれが生きていくうえでカルシウムや炭素，窒素，リンのような元素が必須であることはよく知られている．しかし，体内にある微量な元素もまた生命活動に不可欠である．必須微量元素のクロムは糖の代謝を助け，コバルトはビタミン B_{12} に含まれている．ヨウ素は甲状腺の正常な働きに必要であり，マンガンには骨の中のカルシウム濃度を維持する働きがある．銅は赤血球に含まれている．
>
> 微量元素についてはその働きが明らかになってきているものもある．リチウム（炭酸リチウムとして服用される）は躁状態とうつ状態を繰返す精神疾患である双極性障害に苦しむ人にとっては奇跡的な薬である．この薬の正確な働きはまだ不明であるが，おそらくリチウムが神経伝達物質の濃度を調節し，双極性障害患者の極端な感情を軽減すると考えられる．
>
> 体内の微量元素の濃度に加えて，水，食品，空気中に含まれる物質も健康に大きな影響を及ぼす．たとえば，アルミニウムに対する曝露が危険視されている．アルミニウム化合物は，水の浄化や，焼き菓子やパンなどの膨張剤として，またチーズを柔らかく溶けやすくするときにも使われている．また，アルミニウムは台所用品などからも溶けだす．こうしてわれわれが触れる低濃度のアルミニウムが人体に及ぼす影響についてはまだ明らかではないが，摂取量は制限されるべきであるとの指摘はいくつかある．
>
> 低濃度の元素が人体に影響を及ぼすその他の例としてフッ素がある．フッ化物は歯のエナメル質の溶解を防ぐとして上水道や歯磨き粉に加えられることが多い．しかし，このようなフッ化物の使われ方には害があると考える人もいる．
>
> 微量元素の化学はおもしろく重要であり，新しいニュースに目を離さないようにしよう．

くらい大きい元素の試料を意味するのに使われることもある．このような試料はその元素の原子を数多く含んでおり，これらを元素の巨視的な形態という．元素の巨視的な形態には，その基本成分が原子ではなく分子のものがある．たとえば，酸素ガスは2個の酸素原子が結合した分子（O—O あるいは一般的に O_2 と表される）からなる．このように酸素というと，酸素の一つの原子を意味することもあれば，一つの酸素分子を意味することも，また酸素分子を多く含む巨視的な試料を意味することもある．また，元素という用語は総称として使われることもある．体内にはナトリウムやリチウムが含まれているという場合，それらが単体で存在しているという意味ではなく，それらの原子がある形態で存在していることを意味している．本書では，元素という用語を特別なケースで用いる場合には何を意味するかを明らかにしたうえで用いる．

4・2　元素の記号

目的　元素記号を学ぶ

元素の名称の起源にはいろいろある．元素の性質を表すギリシャ語，ラテン語，ドイツ語に由来するものが多い．たとえば，金はもともとラテン語で"輝く夜明け"を意味する"aurum"に，鉛は"重い"を意味する"plumbum"に由来する．塩素やヨウ素の語源はそれぞれの色を，臭素は"悪臭"を意味するギリシャ語である．また，その語源が発見された場所に由来するものがあり，フランシウム（francium），ゲルマニウム（germanium），カリホルニウム*（californium），アメリシウム（americium）などをあげることができる．さらに，非常に重い元素であるアインスタイニウム*（einsteinium）やノーベリウム*（nobelium）などは有名な科学者の名前に由来する．

書き言葉を簡単にするために省略形がよく用いられる．たとえば，アメリカ合衆国（United States of America）を USA と書いたりする．同じように，元素に対しても**元素記号**が考え出された．元素記号は，通常元素名の最初の一文字あるいは二文字を

＊　これらの元素は人工的に合成されたもので，自然界には存在しない．

元素記号 element symbol

表 4・3　おもな元素の名称と記号

元 素	記号	元 素	記号	元 素	記号	元 素	記号
亜 鉛	Zn	銀	Ag	炭 素	C	ビスマス	Bi
アルゴン	Ar	クロム	Cr	チタン	Ti	ヒ 素	As
アルミニウム	Al	ケイ素	Si	窒 素	N	フッ素	F
アンチモン	Sb	コバルト	Co	鉄	Fe	ヘリウム	He
硫 黄	S	酸 素	O	銅	Cu	ホウ素	B
ウラン	U	臭 素	Br	ナトリウム	Na	マグネシウム	Mg
塩 素	Cl	水 銀	Hg	鉛	Pb	マンガン	Mn
カドミウム	Cd	水 素	H	ニッケル	Ni	ヨウ素	I
カリウム	K	ス ズ	Sn	ネオン	Ne	ラジウム	Ra
カルシウム	Ca	ストロンチウム	Sr	白 金	Pt	リチウム	Li
金	Au	タングステン	W	バリウム	Ba	リ ン	P

とってつくられている．一文字目は大文字で，二文字目は小文字で書かれる．次にいくつかの例をあげる．

フッ素（fluorine）	F	ネオン（neon）	Ne
酸素（oxygen）	O	ケイ素（silicon）	Si
炭素（carbon）	C		

> 元素記号は最初の一文字目だけが大文字である．

二文字の元素記号のなかには英語名の最初の二文字でないものもある．

亜鉛（zinc）	Zn	カドミウム（cadmium）	Cd
塩素（chlorine）	Cl	白金（platinum）	Pt

また，元素記号がラテン語やギリシャ語の名称に由来するものもある．

現在の名称	もとの名称	元素記号
金（gold）	aurum	Au
鉛（lead）	plumbum	Pb
ナトリウム（sodium）	natrium	Na
鉄（iron）	ferrum	Fe

　最も一般的な元素名とその元素記号を表 4・3 に示す．表紙の内側に元素が表で示されている．この表を周期表といい，これについては §4・8 で説明する．

4・3　ドルトンの原子説

目的　ドルトンの原子説について学ぶ．さらに定比例の法則を理解する

　18世紀の科学者たちの研究から物質の本性について次のことが明らかになった．

1. 自然界の物質のほとんどは純物質の混合物である．
2. 純物質は元素か，元素が組合わさった化合物とよばれるものである．
3. 化合物は常に同じ質量の割合で元素を含む．たとえば，水は常に1gの水素に対して8gの酸素を含む．二酸化炭素は1gの炭素に対して2.7gの酸素を含む．これは**定比例の法則**として知られ，化合物は起源によらず常に同じ組成をもつことを意味する．

> 定比例の法則 definite proportion, law of constant composition

4. 元素，原子，イオン

ドルトンの原子説 Dalton's atomic theory

原子 atom

英国の科学者で教師でもあったドルトン（図4・1）は，上の記述をもとにして後に**ドルトンの原子説**として知られるようになった理論を1808年に発表した．この理論（モデル）の主たる概念は次のように記述できる．

ドルトンの原子説

1. 元素は**原子**とよばれる小さな粒子からできている．
2. ある元素のすべての原子は同一である．
3. ある元素の原子は，他の元素の原子とは異なる．
4. ある元素の原子とその他の元素の原子が結合して化合物が生じる．ある化合物では常に同じ種類の原子が同じ数の割合で結合している．
5. 原子は化学的手法では分解できない．すなわち，原子は化学反応では新しく生成したり消滅したりすることはない．化学反応では単に原子の組合わせ方が変わるだけである．

図 4・1　ドルトン（John Dalton, 1766～1844）．英国の科学者で，マンチェスターで教師をしていた．ドルトンは原子説で有名であるが他の分野でも多大な貢献をしている．たとえば，気象学では46年間毎日気象条件を記録し，そのデータ数は20万にのぼる．やや内気なドルトンは化学者にとってはハンディキャップとなる色盲で，また，いつも鉛のパイプを通してスタウト（強いビールあるいはエール）を飲んでいたので鉛中毒も患っていた．

ドルトンのモデルは，定比例の法則をはじめとする重要な法則を説明するのに成功したが，ほとんどの新しい概念や理論がそうであるように，ただちには受け入れられなかった．しかし彼は，自分は正しいと確信して，ある元素の組合わせがどのように結びついて化合物を形成するのかをモデルを使って予言した．たとえば，窒素と酸素からは，1個の窒素原子と1個の酸素原子を含む化合物（NOと書く）や2個の窒素原子と1個の酸素原子を含む化合物（N_2Oと書く），1個の窒素原子と2個の酸素原子を含む化合物（NO_2と書く）などが形成されるとした（図4・2）．これらの物質の存在が確かめられ，ドルトンが二つの元素から何種類かの化合物が形成されることを正確に予言したことから，彼の原子説は広く受け入れられるようになった．

4・4　化合物の式

目的　化合物の組成をどのようにして式で表すかを学ぶ

化合物 compound

化学式 chemical formula

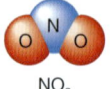

化合物は二つあるいはそれ以上の元素の原子からなり，常にそれらの元素を同じ質量の割合で含む．これは，ドルトンの原子説に照らし合わせると，化合物は個々の元素の原子を常に同じ相対的な数だけ含むことを意味する．たとえば，水は常に1個の酸素原子に対して2個の水素原子を含む．

ある化合物の個々の単位（分子）に含まれる原子の種類とその数は**化学式**で表される．化学式では，原子は元素記号で，原子の数は元素記号の右下に書く下つきの数字で示される．水の化学式はH_2Oで，これは水の個々の分子は2個の水素原子と1個の酸素原子を含むことを示す（この場合下つきの1は書かない）．化学式を書くときの一般的な規則を次に示す．

図 4・2　ドルトンによる原子の集合体としての化合物．図にはNOとNO_2，N_2Oを示す．分子中の個々の原子の数は下つきの数字で表すが，1は省略する．

化学式の書き方の規則

1. 原子は元素記号で示す．
2. 原子の数は元素記号の右下に書く下つきの数字で示す．
3. 原子の数が1個の場合は下つきの1は省略する．

例題 4・1 化合物の化学式を書く

次の記述にあてはまる化合物の化学式を書け.
a. 硫黄原子 1 個と酸素原子 3 個からなる酸性雨の原因物質の一つとされる化合物
b. 窒素原子 2 個と酸素原子 5 個からなる化合物
c. 炭素原子 6 個, 水素原子 12 個と酸素原子 6 個からなる糖のグルコース分子

解答

a. 硫黄の元素記号 → ← 酸素の元素記号
SO_3
硫黄原子 1 個 ↑ ↑ 酸素原子 3 個

b. 窒素の元素記号 → ← 酸素の元素記号
N_2O_5
窒素原子 2 個 ↑ ↑ 酸素原子 5 個

c. 炭素の元素記号 → 水素の元素記号 ↓ ← 酸素の元素記号
$C_6H_{12}O_6$
炭素原子 6 個 ↑ ↑ 酸素原子 6 個
水素原子 12 個

練習問題 4・1 次の記述にあてはまる化合物の化学式を書け.

a. リン原子 4 個と酸素原子 10 個からなる化合物
b. ウラン原子 1 個とフッ素原子 6 個からなる化合物
c. アルミニウム原子 1 個と塩素原子 3 個からなる化合物

4・5 原子の構造

目的 原子の内部構造について学ぶ. また, 原子の構造を明らかにしたラザフォードの実験を理解する

1808 年に発表されたドルトンの原子説は化合物の組成を説明することに成功したので広く受け入れられるようになった. 元素は原子からなり, 化合物は互いに結合した原子の集合体であると信じられるようになった. しかし, 原子とはどのようなものなのか. 内部構造をもたない全体が一様なベアリング球のような小さな物質の球かもしれない. あるいは, いくつかの要素から構成されている, つまり多くの小さな粒子からできているのかもしれない. もし原子がいくつかの要素から構成されているなら, それらを分割する何かの方法があるはずである.

1800 年代に多くの科学者が原子の本性について考えたが, 原子がいろいろな要素からなるとの確かな証拠が得られたのは 1900 年近くになってからであった.

1890 年代後半に, イギリスの物理学者であった J. J. トムソンは, すべての原子が負の電荷をもつ小さな粒子を放射することを示した (彼は, この粒子が負の電場に反発することから負の電荷をもつことを確認した). これにより, 彼は原子が負の電荷をもつ粒子を含んでいると結論した. 現在この粒子は**電子**とよばれている.

トムソンは原子はこのような負の電荷をもつ小さな粒子を含むが全体としては負にも正にも帯電していないことから, 電子に由来する負の電荷を打消すような正の電荷をもつ粒子が原子の中にあり, これによって原子全体の電荷が 0 になると考えた.

原子の構造について考えたもう一人の科学者に W. トムソン (ケルビン卿の通称で知られており, J. J. トムソンとは関係がない) がいる. ケルビンは, 原子の構造は干しブドウがプディング全体にランダムに散らばったプラムプディングのようなもの

電子 electron
J. J. トムソン J. J. Thomson
W. トムソン William Thomson

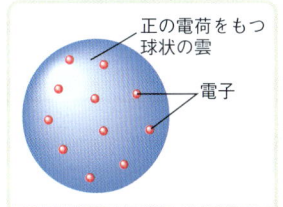

図 4・3
初期の原子模型の一つであるプラムプディングモデル. このモデルでは, 電子は正の電荷をもった球形の雲の中に埋められている. これは, あたかも干しブドウがオールドファッションのプラムプディングの中に散らばっているようなものである.

図4・4
ラザフォード
(Ernest Rutherford, 1871〜1937). ニュージーランドの農家に生まれた. 1895年, ケンブリッジ大学に通うための奨学金コンクールで2位になったが, 1位の者が大学に行かずに結婚したため奨学金が授与された. 頑張り屋で, 実験計画を立てるのも非常にうまかった. 1908年にノーベル化学賞を授与された.

で, 正の電荷をもつ一様なプディングの中に負の電荷をもつ電子が散らばって正の電荷を相殺していると推論した (図4・3). このようにして原子のプラムプディングモデルが生まれた.

もし君たちが1910年に化学を勉強していたなら, このプラムプディングモデルが原子構造を表す唯一のものであっただろう. しかし1911年, 原子についての考えは, 1890年代後半にJ. J. トムソンの研究室で物理学を研究していた物理学者のラザフォード (図4・4) によって劇的に変えられた. 彼は1911年までに多くの重要な発見をし, すでに有名な科学者になっていた. 彼の興味の一つに, 電子の約7500倍の質量をもち正の電荷をもつα(アルファ)粒子があった. 空気中をα粒子が飛行する実験をしていたとき, α粒子のいくつかが進路を変えることを見いだした. これに当惑して, 彼は薄い金属箔にα粒子を照射する実験を計画した. α粒子が当たると光を発する物質を塗布した検出器を金属箔を取巻くように置いた (図4・5). この実験で得られた結果は彼の予想とは大きく異なるものだった. α粒子の大部分は箔をまっすぐ通り抜けたが, ある粒子は大きな角度で方向を変え, またある粒子は跳ね返った.

この結果はラザフォードには大きな驚きであった (彼はこの結果を紙片を銃で撃ったとき弾丸が跳ね返ってきたと記述している). ラザフォードは, もし原子の構造がプラムプディングモデルのようなものであれば, 重いα粒子は弾丸を紙に撃ち込ん

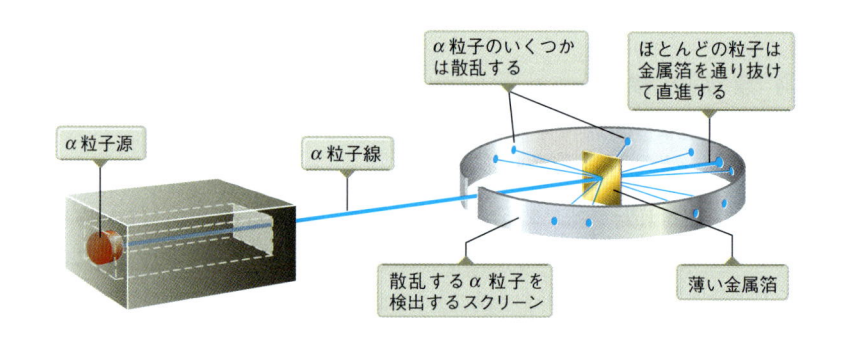

図4・5
α粒子を金属箔に照射するラザフォードの実験

化学こぼれ話　　笑いごとではない

一つの問題を解決するとまた別の問題が出てくる. その例として世界中で販売されている自動車に必要とされる触媒コンバーターがある. 触媒コンバーターは自動車排気ガス中のCOやNO₂などの有害物質を浄化する装置である. この装置は非常に効果的で渋滞エリアの空気をクリーンにする一方で, 吸込むと弛緩し軽い酩酊状態になることから笑気とよばれる一酸化二窒素 N₂O を多量につくりだした. 笑気は歯科手術で患者の痛みを和らげるのに長い間使われてきた.

N₂O についての問題は, それが大気汚染物質ではなく, 温室効果ガス (greenhouse gas) であることである. CO₂, CH₄, N₂O などは赤外線をよく吸収するので地球の大気に熱エネルギーを多く滞留させる. 人間の活動は大気中のこれらのガスの濃度を著しく増加させてきた. その結果, 地球は温暖化し劇的な気象の変化がもたらされた.

米国環境保護庁 (EPA) の最近の研究によると, N₂O は今や大気中の全温室効果ガスの7%以上を占めるようになり, その約半分は触媒コンバーターを装備した自動車から排出されている. しかし, 1970年に全面改正された大気清浄法 (Clean Air Act) ではスモッグが対象とされ, 温室効果ガスのことが記載されていないため, N₂O は規制されていない. 現在米国と他の工業先進国の間で地球温暖化の抑制について協議がなされているが合意には至っていない.

N₂O 事情は環境問題がいかに複雑であるかを如実に示している. "クリーン (clean)" は必ずしも "グリーン (green)" でないのかもしれない.

だときと同じように，その進路を大きく変えることなく金属箔を貫通するはずである（図4・6a）と考えた．

しかし，実験結果が予想と違ったことから，ラザフォードはプラムプディングモデルは正しくないと結論した．α粒子が大きく進路を変えるのは，正の電荷をもつα粒子をはじくような正の電荷 n^+ が集中した部分が中心にあるからである（図4・6b）．また，α粒子の大部分が金属箔を貫通するのは原子の中はほとんど何もない空間であることを意味する．進路を変えたα粒子は，原子の中の正に帯電した部分に非常に接近したか衝突したものである．これらの結果は"有核原子"という用語でのみ説明でき，この用語は，中心部に正の電荷が集中（**原子核**）し，そのまわりのほとんど何もない空間を小さな電子が運動していること意味する．

有核原子 nuclear atom
原子核 nucleus

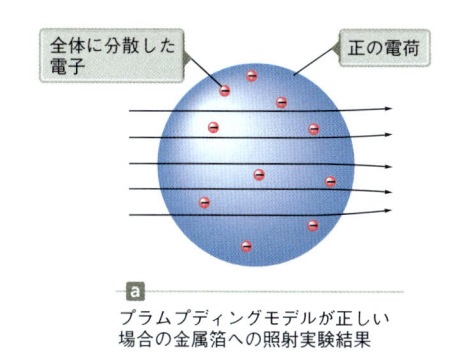

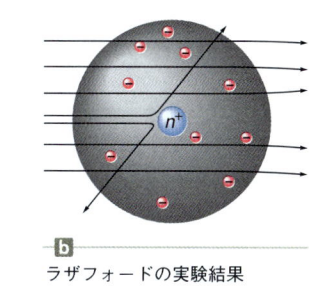

図 4・6
α粒子の照射実験結果

ラザフォードは，原子核は電子の負の電荷を相殺するために正の電荷をもち，しかも大きさは小さく，密でなければならないと結論した．それでは，原子核はどのようなものからできているのか．1919年までには，ラザフォードは原子の原子核は**陽子**とよばれる粒子を含むとする結論も得ていた．陽子の電荷の大きさは電子の電荷の大きさと同じであるが，その符号は正である．陽子は1+の電荷をもち，電子は1−の電荷をもつという．

陽子 proton

ラザフォードは，水素原子はその中心に1個の陽子をもち，その陽子（水素原子核）から比較的離れて1個の電子が空間全体を運動していると考えた．また，そのほかの原子については，何らかの力で互いに結びついた多くの陽子からなる原子核をもつと考えた．さらに，1932年，ラザフォードとその共同研究者であるチャドウィックはほとんどの原子核には電気的に中性の粒子が含まれることを示し，その粒子を**中性子**と名づけた．中性子は陽子よりわずかに重く，電荷をもたない．

チャドウィック James Chadwick
中性子 neutron

4・6 現在の原子構造の概念

目的 原子を構成する粒子の重要な性質を理解する

トムソンとラザフォード以来，原子の構造について多くの研究がなされた．概観すると，原子は，小さな原子核（直径が約 10^{-13} cm の大きさ）と原子核から平均距離にして約 10^{-8} cm のところを動き回っている電子から構成されている（図4・7）．原子の大きさと原子核の大きさを比較すると，たとえば原子核がブドウの大きさとすると電子は平均で約 1.5 km 離れていることになる．原子核は，電荷の大きさは電子と同じで正の電荷をもつ陽子と，陽子とほぼ同じ質量をもつが電荷をもたない中性子を

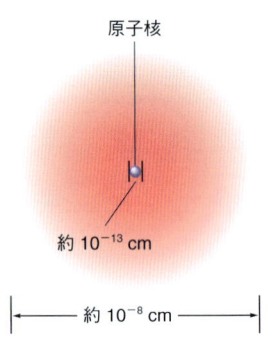

図 4・7 原子の断面図. 実際のスケールでなく, 原子核は原子の大きさに比べるとずっと小さい.

含んでいる. 原子核中での中性子の役割は明らかでないが, 互いに反発する陽子を結びつけて原子核を形成するのを助けていると考えられている. これについてはここではこれ以上ふれない. 表4・4に電子, 陽子, 中性子の相対質量と電荷を示す.

表 4・4 電子, 陽子, 中性子の質量と電荷

粒子	相対質量†	相対電荷
電子	1	1−
陽子	1836	1+
中性子	1839	なし

† 電子の質量を1とする.

ここで重大な疑問が生じる. 原子が同じ要素から構成されているなら, 個々の原子の化学的性質はなぜ異なるのか. この答は電子の数と配置にある. 電子が運動する空間は原子の体積とみなせる. 電子は原子が結合して分子を形成するときに"混ざり合う"ため, 原子がもつ電子の数が互いの原子の相互作用の仕方に大きく影響する. 結果として, 電子数が異なる原子は異なった化学的なふるまいをする. 個々の元素の原子は陽子の数も異なるが, 化学的なふるまいを決めるのは電子の数である. これについては後の章で解説する.

4・7 同 位 体

目的 同位体, 原子番号, 質量数について学ぶ. また原子を表す記号 $^A_Z X$ を理解する

原子は陽子に由来する正の電荷をもつ原子核と核のまわりの空間にある電子からなることがわかった. ここで原子核中に陽子を11個もつナトリウム原子について考えてみよう. 原子全体としては電荷をもたないので電子の数は陽子の数と等しい. したがって, ナトリウム原子は原子核のまわりの空間に11個の電子をもつことになる. 実際, ナトリウム原子は常に11個の陽子と11個の電子をもっている. しかし, 原子核内には中性子もあるので, 中性子の数が異なるナトリウム原子が存在する.

ドルトンが1800年代初めに原子説を発表したときには, 彼はある元素のすべての原子は同一であると考えた. この考えは, チャドウィックがほとんどの原子の原子核には陽子と中性子があることを見いだすまでの100年間正しいものとされてきた. ところが中性子が発見されると, ドルトンの考えは, "ある元素の原子では, 陽子の数と電子の数はすべての原子で同じであるが, 中性子の数が異なる原子がある"に変更されなければならなかった.

同じ元素の原子はすべて(元素の原子番号と)同じ数の陽子と同じ数の電子をもっている.

同位体 isotope
原子番号 atomic number Z
質量数 mass number A

原子番号は陽子の数, 質量数は陽子と中性子の数の合計である.

このことを図4・8に示すナトリウムの二つの原子で説明する. これらの原子は**同位体**で, 陽子の数は同じであるが中性子の数が異なる. 原子核中の陽子の数を**原子番号**といい, 中性子の数と陽子の数の和は**質量数**とよぶ. 原子は次のような記号で表される.

$$^A_Z X$$

ここで, X は元素記号, A は質量数 (陽子の数と中性子の数の和), Z は原子番号

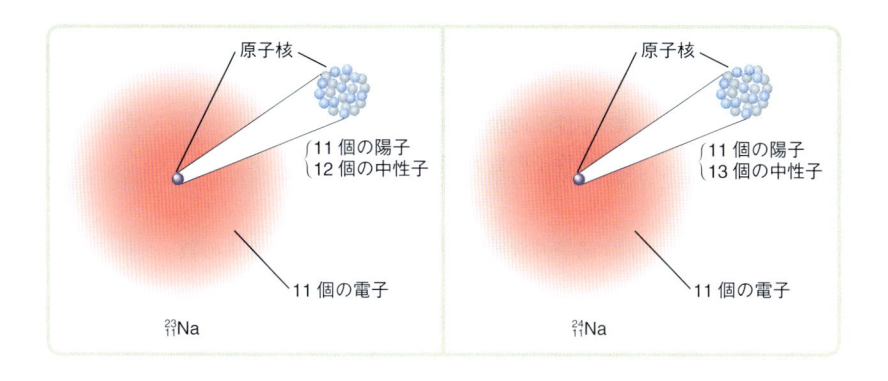

図 4・8
ナトリウムの 2 種類の同位体. 両方とも 11 個の陽子と 11 個の電子をもつが, 原子核中の中性子の数が異なる.

（陽子の数）を示す. 例として, ナトリウム原子の一つは次のように表される.

$$^{23}_{11}\text{Na}$$

← 質量数（陽子の数と中性子の数の和）
← 元素記号
← 原子番号（陽子の数）

このナトリウム原子は質量数が 23 なのでナトリウム-23 とよばれる. この原子を構成する陽子, 電子, 中性子の数を求めてみよう. 陽子の数は原子番号が 11 であることから 11 個であることがわかる. また, 陽子と電子の数が同数であることから電子の数は 11 個であることもわかる. それでは中性子の数はいくつだろうか. 中性子の数は質量数の定義から計算できる.

$$\text{質量数} = \text{陽子の数} + \text{中性子の数}$$

記号で書くと

$$A = Z + \text{中性子の数}$$

上の式の両辺から Z を引くと

$$A - Z = Z - Z + \text{中性子の数}$$
$$A - Z = \text{中性子の数}$$

これより, 中性子の数は質量数から原子番号を引くことで得られる. 上に示した $^{23}_{11}\text{Na}$ の場合, $A = 23$, $Z = 11$ なので

$$A - Z = 23 - 11 = 12 = \text{中性子の数}$$

となる. したがって, ナトリウム-23 は電子を 11 個と陽子を 11 個と中性子を 12 個もっている.

例題 4・2 同位体の記号を理解する

多くの元素は自然界では同位体の混合物として存在している. 炭素の同位体には $^{12}_{6}\text{C}$ （炭素-12）, $^{13}_{6}\text{C}$ （炭素-13）, $^{14}_{6}\text{C}$ （炭素-14）がある. これらの原子を構成する陽子, 電子, 中性子の数を求めよ.

解答 各同位体では陽子の数と電子の数は同じで, その数は原子番号で与えられる. 中性子の数は質量数 A から原子番号 Z を引いた数である.

$$A - Z = \text{中性子の数}$$

3種類の炭素の同位体に含まれる中性子の数は

$$^{12}_{6}C \text{ 中性子の数} = A - Z = 12 - 6 = 6$$

$$^{13}_{6}C \text{ 中性子の数} = A - Z = 13 - 6 = 7$$

$$^{14}_{6}C \text{ 中性子の数} = A - Z = 14 - 6 = 8$$

まとめると

原子	陽子の数	電子の数	中性子の数
$^{12}_{6}C$	6	6	6
$^{13}_{6}C$	6	6	7
$^{14}_{6}C$	6	6	8

Self-Check 練習問題 4・2 $^{90}_{38}Sr$ で表される原子に含まれる陽子,電子,中性子の数はそれぞれいくつか.

Self-Check 練習問題 4・3 $^{201}_{80}Hg$ で表される原子に含まれる陽子,電子,中性子の数はそれぞれいくつか.

> ストロンチウム-90 は核実験の原子灰の中に含まれている.骨髄に蓄積し,白血病や骨がんをひき起こすといわれている.

例題 4・3 同位体を記号で記述する

原子番号が 12 で質量数が 24 のマグネシウム原子を記号で書け.この原子は電子と中性子を何個ずつもつか.

解答 原子番号が 12 であることは陽子を 12 個もつことを意味する.マグネシウムの元素記号は Mg であるので原子は次のように書ける.

$$^{24}_{12}Mg$$

これをマグネシウム-24 とよぶ.陽子の数が 12 個なので電子の数は 12 個となる.陽子の数と中性子の数の和が質量数なので中性子の数は 12(24 − 12 = 12)となる.

例題 4・4 質量数を計算する

中性子を 61 個もつ銀原子($Z = 47$)を記号で書け.

解答 記号は $^{A}_{Z}Ag$ で,ここで $Z = 47$,A は式 $A = Z +$ 中性子の数 より

化学こぼれ話　同位体の話

ある特定の元素の原子にはいくつかの同位体(陽子の数は同じで中性子の数が異なる原子)がある.自然界で見いだされる同位体比は自然を探る研究に非常に有用である.その理由の一つに,動物やヒトの体内の同位体比はそれらがとる食物に関係していることをあげることができる.たとえば,草を食料とするゾウと,主として木の葉を食料とするゾウとでは組織中の $^{13}C/^{12}C$ 比が異なる.この違いは,草と葉とでは成長パターンが異なるため,空気中の CO_2 から取込まれる ^{13}C と ^{12}C の量に違いがあることから生じる.葉を食料とするゾウと草を食料とするゾウはアフリカの別べつの地域で生息しているので,象牙中の $^{13}C/^{12}C$ 比の違いを調べれば,不法に持ち込まれた象牙の出所を明らかにすることができる.

同位体を用いたもう一つの研究に,紀元前 8 世紀フリギア王国を統治したミダス王の墓について行われたものがある.王の朽ちた棺中の窒素を同位体分析して王が何を食べていたかが明らかにされた.肉食動物の $^{15}N/^{14}N$ 比は草食動物のその比より高く,また王の木の棺の腐朽の原因となる生物は窒素を多く必要とする.この場合死んだ王の肉体が窒素源となるので,すでに分解してしまった王の体の下にあった朽ちた木の中の $^{15}N/^{14}N$ 比が調べられた.その結果,高い $^{15}N/^{14}N$ 比が検出されたことから,王の食事は肉に富んでいたことがわかった.

このような話は,同位体がいかに生物学上また歴史学上の情報の貴重な証拠となるかを示している.

$$A = 47 + 61 = 108$$

となる．したがって，求める記号は $^{108}_{47}\text{Ag}$ である．

練習問題 4・4 中性子を 17 個もつリン原子（$Z = 15$）を記号で書け． Self-Check

4・8 周期表

目的 周期表の特徴について学ぶ．また，金属，非金属，半金属の性質を学ぶ

ほとんどの化学教室には**周期表**が壁に張られている．この表にはすべての元素とその元素についての情報が記されているので，化学を勉強していくと，この表がいかに有益なものであるかがわかってくる．

周期表 periodic table

簡単な周期表を図 4・9 に示す．この表の一つひとつの区画には 1〜3 個のアルファベットの文字とその上に 1〜3 桁の数字が書いてある．アルファベットの文字は元素記号を表し，数字は原子番号（陽子の数であり電子の数である）を表す．炭素（C）の原子番号は 6 なので $\boxed{\begin{array}{c}6\\ \text{C}\end{array}}$，原子番号が 82 の鉛は $\boxed{\begin{array}{c}82\\ \text{Pb}\end{array}}$

と書いてある．

	1 1A	2 2A											13 3A	14 4A	15 5A	16 6A	17 7A	18 8A
	1 H																	2 He
	3 Li	4 Be	3	4	5	6	7	8	9	10	11	12	5 B	6 C	7 N	8 O	9 F	10 Ne
	11 Na	12 Mg					遷移金属						13 Al	14 Si	15 P	16 S	17 Cl	18 Ar
	19 K	20 Ca	21 Sc	22 Ti	23 V	24 Cr	25 Mn	26 Fe	27 Co	28 Ni	29 Cu	30 Zn	31 Ga	32 Ge	33 As	34 Se	35 Br	36 Kr
	37 Rb	38 Sr	39 Y	40 Zr	41 Nb	42 Mo	43 Tc	44 Ru	45 Rh	46 Pd	47 Ag	48 Cd	49 In	50 Sn	51 Sb	52 Te	53 I	54 Xe
	55 Cs	56 Ba	ランタ ノイド	72 Hf	73 Ta	74 W	75 Re	76 Os	77 Ir	78 Pt	79 Au	80 Hg	81 Tl	82 Pb	83 Bi	84 Po	85 At	86 Rn
	87 Fr	88 Ra	アクチ ノイド	104 Rf	105 Db	106 Sg	107 Bh	108 Hs	109 Mt	110 Ds	111 Rg	112 Cn	113 Nh	114 Fl	115 Mc	116 Lv	117 Ts	118 Og

IUPAC 方式 → 1，米国方式 → 1A，アルカリ土類金属，貴ガス，ハロゲン，アルカリ金属

ランタノイド	57 La	58 Ce	59 Pr	60 Nd	61 Pm	62 Sm	63 Eu	64 Gd	65 Tb	66 Dy	67 Ho	68 Er	69 Tm	70 Yb	71 Lu
アクチノイド	89 Ac	90 Th	91 Pa	92 U	93 Np	94 Pu	95 Am	96 Cm	97 Bk	98 Cf	99 Es	100 Fm	101 Md	102 No	103 Lr

図 4・9 周期表．族番号は IUPAC（国際純正・応用化学連合）方式と米国で用いられているものの両方を示している．太線は金属と非金属の境界を表している．

9 F
17 Cl
35 Br
53 I
85 At

メンデレーエフ
Dmitri Mendeleev

族 group

アルカリ金属 alkali metal

アルカリ土類金属 alkaline earth metal

ハロゲン halogen

貴ガス noble gas

希ガス rare gas

遷移金属 transition metal

金属 metal

非金属 nonmetal

非金属でも金属的な性質を示すものがある．たとえば固体のヨウ素には金属光沢があり，グラファイトは電気伝導性をもつ．

半金属 semimetal あるいは metalloid

原子番号 113, 115, 117, 118 の元素は 2016 年に正式名称が決定し，それぞれニホニウム，モスコビウム，テネシン，オガネソンと命名された．

周期表では原子番号が増える順に元素が並べられている．また，それらは横の列にも縦の列にも並んでいる．1869 年にロシアの科学者であるメンデレーエフが初めて元素を化学的性質の類似性をもとにしてこのように並べた．たとえば，フッ素と塩素は反応性に富んだ気体であり，同じような化合物をつくる．ナトリウムとカリウムも同じようなふるまいをする．周期表という名前の由来は，原子番号が増えると似た性質をもつ元素が周期的に現れてくることによる．左に示した元素はすべて同じような化学的性質を示し，縦一列に一つのグループとして並んでいる．

周期表の縦の列に並んだ同じような化学的性質をもつ元素のグループを**族**とよぶ．族は列の上に書いてある数字を用いて表されることが多い（図 4・9）．多くの族には特有な名前がついている．たとえば，最初の縦の列（1 族）の元素は**アルカリ金属**，2 族の元素は**アルカリ土類金属**，17 族の元素は**ハロゲン**，18 族の元素は**貴ガス**（希ガスともいう），3～12 族に属する元素群は総称して**遷移金属**とよばれる．

大部分の元素は**金属**である．金属は次のような特徴的な物理的性質をもつ．

金属の物理的性質

1. 優れた熱伝導性と電気伝導性をもつ．
2. 展性（打撃によって薄いシート状に広げられる性質）を示す．
3. 延性（線状に引き伸ばすことのできる性質）を示す．
4. 光沢をもつ．

銅は典型的な金属で，光沢があり，電気伝導性に優れているので電線に使われ，また成形性にも優れているので水道管などに使われる．銅は遷移金属の一つである．鉄，アルミニウム，金も金属的な性質を示す．図 4・9 中の階段状の太い黒い線より左側にある元素は，水素を除いてすべて金属に分類される（図 4・10）．

図 4・9 中の階段状の太い線より右側で，周期表の右上にある原子番号の比較的小さい元素は**非金属**とよばれる．非金属は金属が示す特徴的な性質をもたず，その性質はさまざまである．ほとんどの金属は室温で固体であるが，非金属の多くは窒素や酸素，塩素，ネオンのように気体で，唯一臭素だけが液体である．また，炭素，リン，硫黄のように，いくつかの非金属は固体で存在する．

図 4・10 中の階段状の線の近傍にある青色で示した元素は金属と非金属の中間的な性質をもち，**半金属**とよばれる．一般的にはホウ素，ケイ素，ゲルマニウム，ヒ素，アンチモン，テルルの 6 元素が半金属とされているが，太い黒線近傍にある他の元素

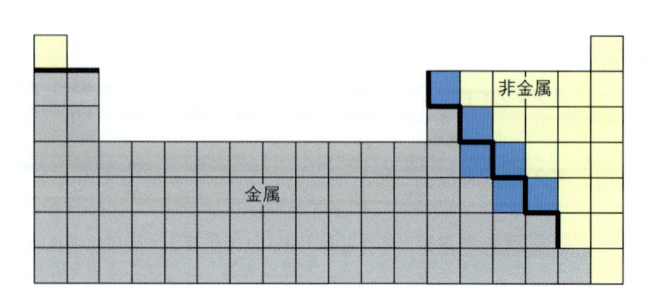

図 4・10
金属と非金属に分類された元素

化学こぼれ話　　　　ヒ素をとらえる

　ヒ素が有毒であることはよく知られている．事実，ヒ素は小説や映画のなかで毒としてよく使われてきた．現在でも，ヒ素中毒は重大な問題である．世界保健機関（WHO）の調査によると，バングラディシュでは7700万人が自然界に存在するヒ素を多量に含む飲料水による被害にさらされている．最近，米国環境保護庁（EPA）は公共上水道中のヒ素に対してさらに厳しい基準を発表した．長くヒ素を摂取し続けると膀胱がんや肺がん，皮膚がんなどの病気のリスクが高まるとする研究報告がある．しかし，これらの病気をひき起こすヒ素濃度については科学界で議論がなされている．

　ヒ素に汚染された土壌や水を浄化するアプローチのひとつに土壌からヒ素を吸い上げるような植物を探し出すことがある．近年，シダの一種 *Pteris vittata*（モエジマシダ）がヒ素を非常に好むことがわかってきた．米国フロリダ大学の研究者はこのシダが平均的な植物より200倍以上の速さでヒ素を蓄積することを見いだした．ヒ素は，1.5メートルの背丈にまで成長する葉に濃縮されるので刈取ることも車で運ぶことも簡単である．現在この植物をどのように処理してヒ素を分離するかについて研究されている．シダ（モエジマシダ）はヒ素汚染にブレーキをかける有望なものになるだろう．

も半金属に分類されることがある．
　化学を勉強していくうえで，ある元素はどのような性質をもつのかと予想したり，類似の化学的性質をもつ元素の族がなぜ存在するのかが説明できるような原子の構造モデルを構築する場合などに周期表は非常に役立つ．

例題 4・5　周期表の解釈
次の元素の元素記号と原子番号を周期表で調べ，金属か非金属かを答えよ．また，元素が属する族の名称を書け．
　　a. ヨウ素　　b. マグネシウム　　c. 金　　d. リチウム

解答　a. 元素記号は I，原子番号は 53 である．ヨウ素は，図 4・10 の階段状の線の右側にあるので非金属．17族に属し，ハロゲンの一つである．
　b. 元素記号は Mg，原子番号は 12 である．マグネシウムは金属でアルカリ土類金属（2族）に属する．
　c. 金の元素記号は Au，原子番号は 79 である．遷移金属に分類される．
　d. 元素記号は Li，原子番号は 3 である．リチウムは金属でアルカリ金属（1族）に属する．

インドネシアの男性が籠に入れて運んでいるのは硫黄である

練習問題 4・5　次の元素の元素記号と原子番号を周期表で調べ，金属か非金属かを答えよ．また，元素が属する族の名称を書け．
　　a. アルゴン　　b. 塩素　　c. バリウム　　d. セシウム

4・9　元素の常態
目的　一般的な元素の性質を学ぶ

　身のまわりにある物質はおもに混合物である．これら混合物のほとんどは異なった元素の原子が互いに結合した化合物からなっている．ほとんどの元素は反応性に富むので，それらの原子は結合して化合物を生成する傾向がある．したがって，自然界では元素が他の元素と結合していない純粋な形態，すなわち単体で見いだされることは

貴金属 noble metal

白金（プラチナ）は宝飾品や工業的用途に使われている貴金属である

二原子分子 diatomic molecule

まれである．しかし例外もある．有名なものとしては，1849年にゴールドラッシュをつくり出した米国カリフォルニア州のサッターズミルで見つかった金塊がある．これは金の単体である．白金や銀も単体で見いだされることが多い．金，銀，白金は比較的反応性が乏しいので，総称として"貴金属"とよばれる．

単体で自然界にみられる他の元素に18族の元素（ヘリウム，ネオン，アルゴン，クリプトン，キセノン，ラドン）がある．これらの元素の原子は他の元素の原子と結合しないので"貴ガス（または希ガス）"とよばれる．ヘリウムは単体で地中の堆積物中に天然ガスとともに見いだされる．

空気を分離するといくつかの純粋な元素に分かれる．この一つにアルゴンがある．アルゴンガスは，図 4・11 に示すようにアルゴン原子が集まったものである．

空気には窒素ガスや酸素ガスも含まれる．これらのガスはアルゴンのような1個の原子からなるのではなく，図 4・12 に示すように2個の原子が結合した**二原子分子**である．実際，室温で酸素ガスは O_2 分子から，窒素ガスは N_2 分子からなっている．

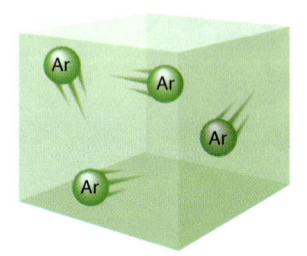

図 4・11 アルゴン原子からなるアルゴンガス

a 窒素ガスは N−N(N_2) 分子からなる

b 酸素ガスは O−O(O_2) 分子からなる

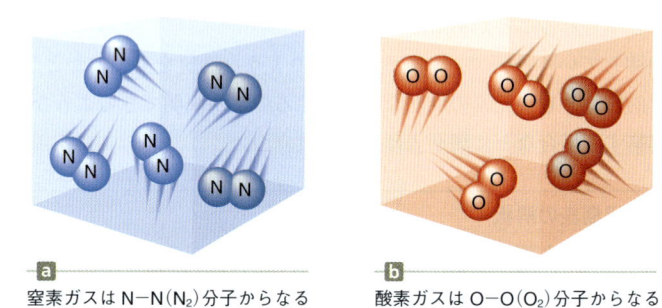

図 4・12 二原子分子である窒素ガスと酸素ガス

二原子分子をつくる元素に水素がある．地球上の水素はすべて他の元素と化合物を生成して存在しているが，単体として得ると，それは二原子分子の H_2 分子として存在している．図 4・13 や図 3・3 に示したように，水を電気分解すると水素ガスと酸素ガスが生じ，それらはそれぞれ H_2 分子と O_2 分子からなっている．

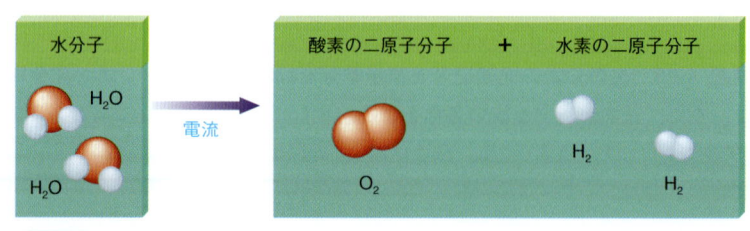

図 4・13 水素分子 H_2 二つと酸素分子 O_2 一つを生成する二つの水分子 H_2O の分解．この過程では原子の組合わせが変わるのみで新しく原子が生成したり失われたりしない．H 原子や O 原子の数は変化の前後で同じでなければならない．したがって，合計で H 原子4個と O 原子2個を含む二つの H_2O 分子が分解して O 原子2個からなる一つの O_2 分子と合計で4個の H 原子を含む二つの H_2 分子が生じる．

水素，窒素，酸素以外に二原子分子として存在するものに塩素がある．塩素ガスは，塩化ナトリウムを融解して電流を通じると単体のナトリウムとともに生成する

4・9 元素の常態

図 4・14 単体のナトリウムと塩素ガス

表 4・5 二原子分子からなる単体

元素	25 ℃ での状態	分子
水素	無色の気体	H_2
窒素	無色の気体	N_2
酸素	薄青色の気体	O_2
フッ素	淡黄色の気体	F_2
塩素	黄緑色の気体	Cl_2
臭素	赤褐色の液体	Br_2
ヨウ素	光沢のある暗紫色の固体	I_2

液体の臭素とその一部が蒸発した気体の臭素

(図 4・14). 塩素ガスは黄緑色で Cl_2 分子からなる. 塩素は 17 族で, ハロゲンに属する. 17 族元素の単体はいずれも二原子分子である.

表 4・5 に単体が二原子分子からなる物質を示す.

ここまでで, いくつかの元素の単体が室温 (約 25 ℃) で気体であることを知った. 18 族の元素である貴ガスは単独の原子からなり, その他の単体の気体は二原子分子 (H_2, N_2, O_2, F_2, Cl_2) からなる.

単体が室温で液体のものに非金属の臭素 (Br_2 分子からなる) と水銀の単体がある. ガリウムやセシウムの単体は 25 ℃ では固体であるが, 約 30 ℃ で融解するので, この分類に入るかもしれない. その他の元素の単体は室温で固体である. これらの固体は多くの原子を含み, それらが密に詰まっている (図 4・15).

非金属元素の固体の構造は金属の構造と違っていろいろである. 実際, 同じ元素からなる単体でも異なる構造や性質を示す場合がある. このような単体の関係を**同素体**という. 炭素の同素体には, ダイヤモンド, グラファイト, フラーレンなどがある. これらの同素体は構造が異なるため性質も非常に異なる (図 4・16). ダイヤモンドは天然で最も硬い物質であり工業用研削材として利用されるほか, 宝石として珍重されているのに対し, グラファイトは柔らかい物質で, 鉛筆の芯や固体潤滑剤として利用されている. 炭素原子の数が 60 を超える分子をもつフラーレンも見つかっており,

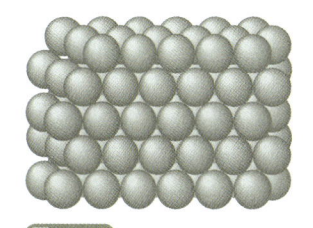

図 4・15
球状の原子が密に詰まっている固体の金属

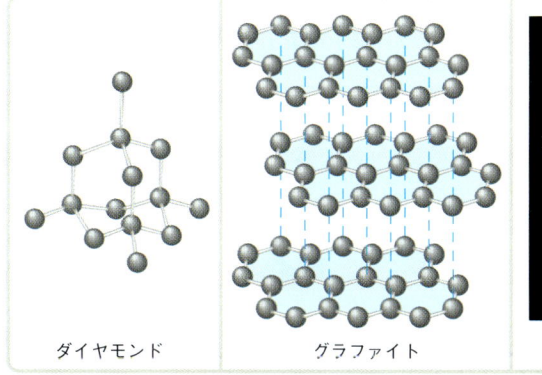

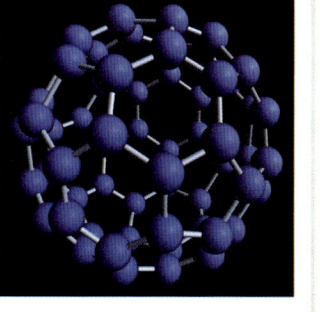

同素体 allotrope
ダイヤモンド diamond
グラファイト graphite 黒鉛ともいう.
フラーレン fullerene

ダイヤモンド　グラファイト　バックミンスターフラーレン

図 4・16 炭素の3種類の同素体. ダイヤモンドとグラファイトについては構造の一部を示す. 実際の構造は, これを三次元につなげた大きな構造をしている. バックミンスターフラーレンは C_{60} 分子からなる.

カットダイヤモンド. 後ろは石炭

バックミンスターフラーレン buckminsterfullerene という奇妙な名前は, これがもつ C_{60} 分子の構造に由来する. 構造は 5 員環と 6 員環を含んだサッカーボール状をしており, 工業デザイナーであったバックミンスター・フラーによって考案された建造物の構造を想起させるので, この名がついた.

化学の新しい分野になりつつある．

4・10 イオン

目的 どのようにして原子からイオンが形成されるかを理解し，そのイオンの命名法を学ぶ，また周期表とイオンの電荷の関係を学ぶ

　原子はその原子核中にいくつかの陽子をもち，その数と同じだけの電子がそのまわりの空間にあることを述べた．これは，正の電荷と負の電荷の釣合がとれており，原子は電気的に中性で，正味の電荷は 0 であることを意味している．

　電気的に中性の原子に 1 個あるいはそれ以上の数の電子が付け加えられたり取除かれたりすることで**イオン**とよばれる電荷をもったものが生成する．たとえば，ナトリウム（$Z = 11$）は 11 個の陽子とそれと同数の電子をもっている．ここで，ナトリウム原子が電子を 1 個失うと，正の電荷をもつ陽子が 11 個，負の電荷をもつ電子が 10 個となる．これによって，正味の電荷が（1+），$(11+) + (10-) = 1+$ のイオンになる．この過程は次のように表される．

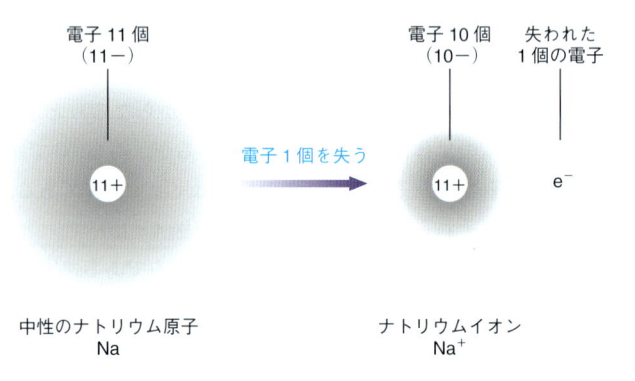

イオン ion

中性のナトリウム原子 Na　→　ナトリウムイオン Na⁺

簡潔に表すと，

$$\text{Na} \longrightarrow \text{Na}^+ + \text{e}^-$$

ここで，Na は中性のナトリウム原子を，Na⁺ は生成した 1+ イオンを，e⁻ は電子を表す．

陽イオン cation. カチオンともいう．

　陽イオンとよばれる正のイオンは，中性の原子が 1 個あるいはそれ以上の数の電子を失うことで生じる．ナトリウム原子は電子 1 個を失って 1+ の陽イオンになる．2 個以上の電子を失う原子もある．マグネシウム原子は電子 2 個を失って 2+ の陽イオンになる．

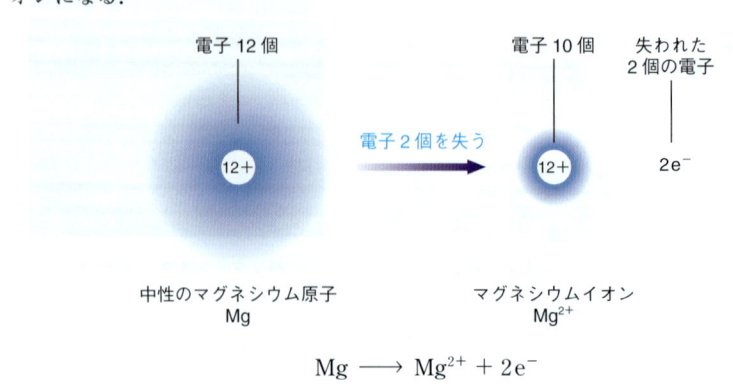

中性のマグネシウム原子 Mg　→　マグネシウムイオン Mg²⁺

$$\text{Mg} \longrightarrow \text{Mg}^{2+} + 2\text{e}^-$$

アルミニウムは電子 3 個を失って 3+ の陽イオンになる.

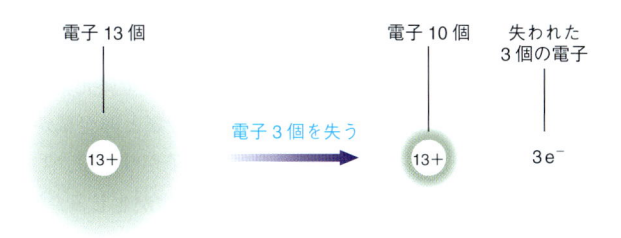

電子 13 個　　　　　　　電子 10 個　　失われた3個の電子

中性のアルミニウム原子　　　アルミニウムイオン
Al　　　　　　　　　　　Al^{3+}

$$Al \longrightarrow Al^{3+} + 3e^-$$

> 原子が一つ以上の電子を失って陽イオンになると，その大きさは非常に小さくなる.

陽イオンの名称は，元素名をそのまま使ってつける．Na$^+$ はナトリウムイオン（sodium ion），Mg^{2+} はマグネシウムイオン（magnesium ion），Al^{3+} はアルミニウムイオン（aluminum ion）という．

> アルミニウムは aluminium のつづりも使われている.

中性の原子は電子を得て負の電荷をもつイオンになる．負の電荷をもつイオンを**陰イオン**という．1個の電子を得た原子は 1− の電荷をもつ陰イオンになる．たとえば，17 個の陽子と 17 個の電子をもつ塩素原子は電子 1 個を得て 1− の陰イオンになる．

> 陰イオン anion，アニオンともいう.

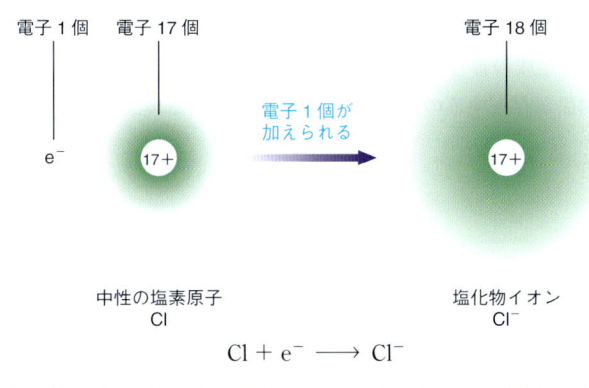

電子 1 個　　電子 17 個　　　　　　電子 18 個

中性の塩素原子　　　　　塩化物イオン
Cl　　　　　　　　　　Cl$^-$

$$Cl + e^- \longrightarrow Cl^-$$

> 原子が一つ以上の電子を得て陰イオンになると，その大きさは非常に大きくなる.

塩素から生じる陰イオンは 18 個の電子をもつことになるが，陽子の数は 17 個で変わらない．したがって，正味の電荷は (18−) + (17+) = 1− である．陰イオンの名称は，元素名の最初の部分を残して，それに"〜化物イオン"を加える．たとえば塩素から生じる陰イオン Cl$^-$ は塩化物イオンと名づける．（英語では，元素名の語尾を "-ide" にかえる．すなわち，塩素 chlorine の語幹である chlor- に接尾語 "-ide" をつけて，chloride ion という．）1 個の電子を得て 1− イオンとなる原子には次のようなものがある．

フッ素（fluorine）	F + e$^-$ ⟶ F$^-$	フッ化物イオン（*fluor*ide ion）
臭素（bromine）	Br + e$^-$ ⟶ Br$^-$	臭化物イオン（*brom*ide ion）
ヨウ素（iodine）	I + e$^-$ ⟶ I$^-$	ヨウ化物イオン（*iod*ide ion）

> これらの陰イオンの名称は，英語では元素の名称の語幹に接尾語 -ide を加えてつける（日本語では"〜化物イオン"とする）.

2 個の電子を得て 2− の陰イオンを生じる原子には次のようなものがある．

酸素（oxygen）	O + 2e$^-$ ⟶ O^{2-}	酸化物イオン（*ox*ide ion）
硫黄（sulfur）	S + 2e$^-$ ⟶ S^{2-}	硫化物イオン（*sulf*ide ion）

> これらの陰イオンの命名法は 1− の陰イオンの場合と同じである.

4. 元素，原子，イオン

イオンは，原子から電子が取除かれる（このとき陽イオンになる）か，あるいは原子に電子が加えられる（このとき陰イオンになる）かによって生じるが，イオンになっても原子核中の陽子の数に変化はない．

原子は単独ではイオンを生成しない．ほとんどの場合，金属元素と非金属元素が結合することでイオンが生成する．7章で説明するが，金属と非金属が反応すると金属の原子が1個以上の電子を放出し，それを非金属の原子が受取る．したがって，金属と非金属が反応すると陽イオンと陰イオンを含む化合物が生じる．§4・11でこのような化合物について述べる．

▶ イオンの電荷と周期表

ある原子からどのような種類のイオンが生成するかを知りたいとき周期表が非常に役に立つ．図4・17に，周期表の族に属する原子がつくるイオンの種類を示している．1族の金属はすべて1+のイオン（M$^+$）を，2族の金属は2+のイオン（M^{2+}）を，13族の金属は3+のイオン（M^{3+}）になる．

これに対して，遷移金属はいろいろな電荷をもつ陽イオンを生じる．どのような電荷をもつ陽イオンになるかを予測する簡単な方法はない．

金属は常に陽イオンになる．電子を失いやすいことが金属の基本的な特徴である．一方，非金属は電子を得て陰イオンになる．17族の原子はすべて1個の電子を得て1−のイオンに，16族の非金属は2個の電子を得て2−のイオンになる．

図4・17に示した族の番号と生成するイオンの電荷との関係を記憶しておこう．なぜこのような関係が存在するのかは11章で原子に関する理論を学ぶことで明らかになるだろう．

図4・17　1族，2族，3族，16族，17族がつくるイオン

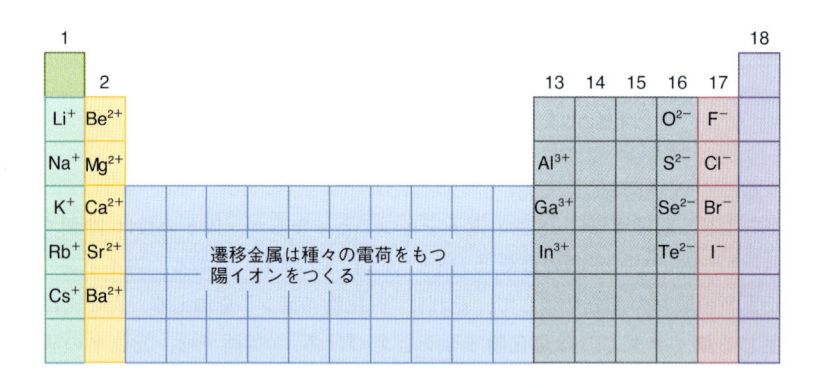

1	2												13	14	15	16	17	18
Li$^+$	Be^{2+}															O^{2-}	F$^-$	
Na$^+$	Mg^{2+}												Al^{3+}			S^{2-}	Cl$^-$	
K$^+$	Ca^{2+}												Ga^{3+}			Se^{2-}	Br$^-$	
Rb$^+$	Sr^{2+}			遷移金属は種々の電荷をもつ陽イオンをつくる									In^{3+}			Te^{2-}	I$^-$	
Cs$^+$	Ba^{2+}																	

4・11　イオン化合物

目的　イオンどうしがどのように結合して電気的に中性の化合物が生じるかを学ぶ

多くの化合物はイオンからなっている．食塩（塩化ナトリウム NaCl）の性質を考えてみよう．食塩の融点は約800 ℃で，沸点は1500 ℃である．食塩は固体の状態では電気伝導性を示さないが，融解すると電気を通す．純水は電気を通さないが，純水に食塩を溶かした水溶液は電気をよく通す（図4・18）．

塩化ナトリウム NaCl のこのような性質は，Na$^+$ と Cl$^-$ が図4・19に示すように互

4·11 イオン化合物　49

図 4·18
イオン化合物の性質

イオン化合物は電気を通す．

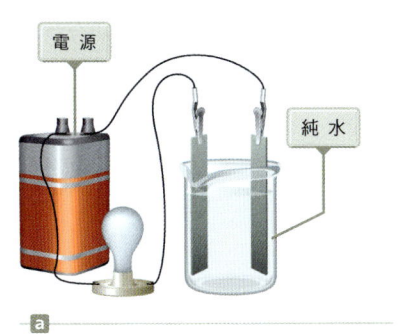

a 純水は電気を通さないので回路が形成されず，電球は点灯しない

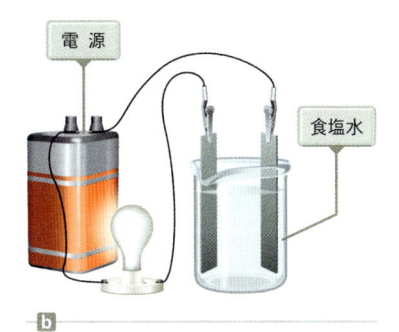

b 食塩水は電気を通すので電球は点灯する

いに密に詰まっていることで説明できる．正電荷と負電荷が非常に強く引きつけ合っているので，塩化ナトリウムを融解するには 800 °C という高温まで加熱する必要がある．

電気伝導の結果を詳細に考察するには，電流の本性について詳しく知る必要がある．電子が電線の中を自由に運動できるので電流は電線を通って流れる．すなわち，電子が動くことで電流が流れる．したがって，イオンを含む物質ではイオンが動くことができれば電流が流れる．固体の NaCl ではイオンが強固に保持されているため動くことができないが，固体が融解して液体になると構造が乱れるのでイオンは動くことができるようになる．その結果，電流は融解塩を通して流れることになる．

同じようなことが水に溶解した NaCl についてもいえる．固体が水に溶けるとイオンは水中に分散されて水の中を動き回ることができる．その結果電流が流れる．

物質がイオンからなっているかどうかはその物質の性質を調べることでわかる．イオンからなる物質は多くの場合高い融点をもち，それらが融解するか，水に溶けると電気を通すようになる．

多くの物質はイオンからなっている．実際，金属と非金属から化合物が形成されると必ずその化合物はイオンからなっている．これらの物質を**イオン化合物**という．

化合物では正味の電荷は 0 でなければならないという事実は記憶しておかなければならない重要なことの一つである．この事実から化合物がイオンからなっている場合には次のことがいえる．

1. 陽イオンと陰イオンの両方が存在する．
2. 陽イオンと陰イオンの数を数えると，正味の電荷が 0 になる．

たとえば，塩化ナトリウムの化学式は NaCl と書く．このように書くのは，塩化ナトリウムが Na^+ と Cl^- からなるので理にかなっている．個々のナトリウムイオンは 1+ の電荷をもち，塩化物イオンは 1− の電荷をもつ．この例の場合にはこれらのイオンの数は正味の電荷が 0 になるように等しい数でなければならない．

$$Na^+ \quad Cl^- \longrightarrow NaCl$$
電荷 1+ 　　電荷 1− 　　　　正味の電荷 0

また，どんなイオン化合物に対しても次の式が成り立つ．

　　陽イオンの電荷の合計 ＋ 陰イオンの電荷の合計 ＝ 正味の電荷は 0

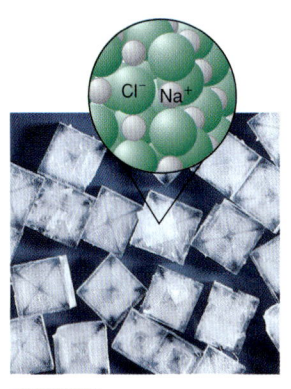

図 4·19
固体の塩化ナトリウムの高倍率像と Na^+，Cl^- の配列

イオンが互いに緊密に結合した状態にある固体からイオンが自由に動ける液体に変化することを融解といい，その温度を融点という．

イオン化合物 ionic compound

化合物の正味の電荷は 0 でなければならないので，陰イオンのみや陽イオンのみからなるイオン化合物はない．

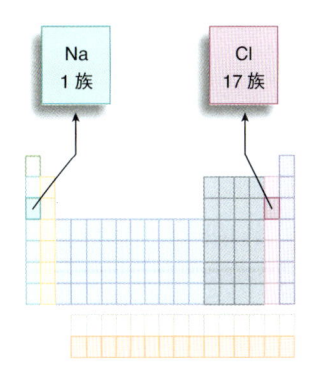

Na 1族　　Cl 17族

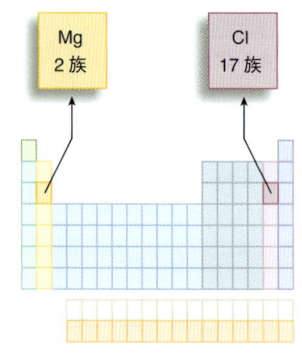

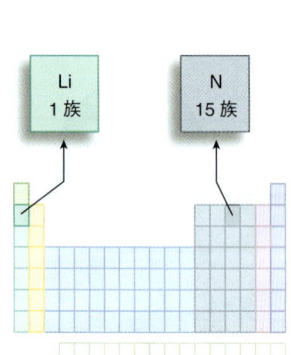

Mg²⁺ と Cl⁻ からなるイオン化合物では，これらのイオンがどのように組合わされれば正味の電荷が 0 になるだろうか．Mg イオンの 2+ の電荷と釣合い，正味の電荷を 0 にするには Cl⁻ が 2 個必要である．

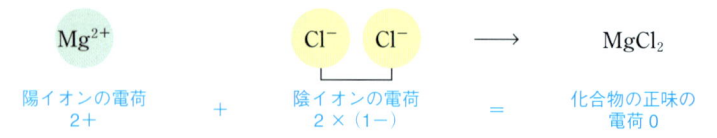

$$\underset{\substack{\text{陽イオンの電荷}\\2+}}{\text{Mg}^{2+}} + \underset{\substack{\text{陰イオンの電荷}\\2\times(1-)}}{\text{Cl}^- \;\; \text{Cl}^-} \longrightarrow \underset{\substack{\text{化合物の正味の}\\\text{電荷 0}}}{\text{MgCl}_2}$$

したがって，この化合物の化学式は $MgCl_2$ でなければならない．下つきで記した数字は原子（あるいはイオン）の相対的な数を表す．

Ba^{2+} と O^{2-} からなるイオン化合物の化学式はどのように表されるだろうか．これら二つのイオンの電荷は符号が逆で同じ大きさをもつので，正味の電荷を 0 にするには二つのイオンの数は同じでなければならない．したがって，$(2+)+(2-)=0$ なので，このイオン化合物の化学式は BaO となる．

同じように，Li^+ と N^{3-} からなるイオン化合物では，N^{3-} の電荷を相殺するのに Li^+ が 3 個必要なので，化学式は Li_3N となる．

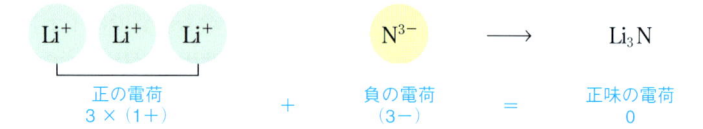

$$\underset{\substack{\text{正の電荷}\\3\times(1+)}}{\text{Li}^+ \;\; \text{Li}^+ \;\; \text{Li}^+} + \underset{\substack{\text{負の電荷}\\(3-)}}{\text{N}^{3-}} \longrightarrow \underset{\substack{\text{正味の電荷}\\0}}{\text{Li}_3\text{N}}$$

例題 4・6　イオン化合物の化学式を書く

次に示す陽イオンと陰イオンからなるイオン化合物の化学式をそれぞれ書け．

　　a.　Ca^{2+}, Cl^-　　b.　Na^+, S^{2-}　　c.　Ca^{2+}, P^{3-}

解答　a.　Ca^{2+} の電荷は 2+ であるから，1− の電荷をもつ Cl^- は 2 個必要である．

$$\underset{2+}{\text{Ca}^{2+}} + \underset{2(1-)}{\text{Cl}^- \;\; \text{Cl}^-} = 0$$

したがって，化学式は $CaCl_2$ である．

b.　S^{2-} の電荷は 2− なので，正味の電荷を 0 にするには Na^+ が 2 個必要である．

$$\underset{2(1+)}{\text{Na}^+ \;\; \text{Na}^+} + \underset{2-}{\text{S}^{2-}} = 0$$

したがって，化学式は Na_2S である．

c.　3 個の Ca^{2+} と 2 個の P^{3-} とで正の電荷の合計と負の電荷の合計が同じになる．

$$\underset{3(2+)}{\text{Ca}^{2+} \;\; \text{Ca}^{2+} \;\; \text{Ca}^{2+}} + \underset{2(3-)}{\text{P}^{3-} \;\; \text{P}^{3-}} = 0$$

したがって，化学式は Ca_3P_2 となる．

練習問題 4・6　次に示した陽イオンと陰イオンからなるイオン化合物の化学式をそ

れぞれ書け．

　　a. K$^+$, I$^-$　　b. Mg^{2+}, N^{3-}　　c. Al^{3+}, O^{2-}

まとめ

1. 現在までに100以上の元素が知られており，そのうちの9個の元素だけで地殻，海洋，大気の全質量の約98%を占める．ヒトの体内に多く存在する元素は，酸素，炭素，水素，窒素である．

2. 元素は，通常は英語の元素名の最初の一文字か二文字からなる記号を使って表される．またラテン語やギリシャ語の元素名に由来する記号もある．

3. 定比例の法則とは，"化合物を構成する成分元素の質量の比は常に一定である"という法則である．

4. ドルトンは定比例の法則を自身が提案した原子説で説明した．その理論は，すべての元素は原子からできており，ある元素を構成する原子はすべて同じものであるが，元素が異なれば原子も異なるというものである．すなわち，化合物は原子が結合して生成し，原子は化学反応で新しく生成したり消滅したりすることはない．

5. 化合物は，化合物中の分子に含まれる原子の種類とその数を用いた化学式で表される．

6. 原子は，陽子と中性子からなる原子核と，それを取巻く電子からなり，電子は原子核よりもはるかに大きな体積を占めている．電子の質量は非常に小さく（陽子の1836分の1），負の電荷をもつ．陽子の電荷は正で，その大きさは電子と同じである．中性子は陽子とほとんど同じ質量をもつが電荷はもたない．

7. 同位体とは，陽子の数が同じで中性子の数が異なる原子をいう．

8. 周期表は原子番号の順番に元素を縦横に並べたものである．同じような性質をもつ元素は族とよばれる縦の同じ列に位置している．元素のほとんどは金属で，周期表の左半分に位置し，非金属は周期表の右側に位置する．

9. 単体は1種類の元素からなる．これらの元素は単独の原子として，あるいはグループとして存在する．たとえば，貴（希）ガスは単独の原子からなり，酸素，窒素，塩素などの元素は二原子分子として存在する．

10. 原子が1個以上の電子を失うと正の電荷をもつイオンとなる．これを陽イオンという．この挙動は金属に特徴的なものである．一方，原子が1個以上の電子を得ると負の電荷をもつイオンとなる．これを陰イオンという．この挙動は非金属に特徴的なものである．これらの相反するイオンが結合するとイオン化合物が生じる．イオン化合物は常に電気的に中性で，正味の電荷は0である．

11. 周期表の1族と2族の元素はそれぞれ1+と2+の陽イオンになる．17族の原子は1個の電子を得て1−のイオンになる．16族の原子は2−のイオンをになる．

5 命 名 法

- 5・1 化合物の命名法
- 5・2 金属と非金属からなる二元化合物の命名法
- 5・3 非金属のみからなる二元化合物の命名法
- 5・4 二元化合物の命名法: 復習
- 5・5 多原子イオンからなる化合物の命名法
- 5・6 酸の命名法
- 5・7 化合物名から化学式を書く

米国カリフォルニア州モノ湖にあるトゥファ（石灰華塔）とその上に広がる雲

　化学が未熟であったときには化合物に名称をつける体系的な方法はなかった．鉛糖，胆礬，生石灰，シャリ塩，マグネシア乳，石膏，笑気のような古くから使われてきた慣用名は，化学の知識が増えてくると実用に適さなくなってきた．最近では 400 万以上の化合物が知られており，これらの化合物を慣用名で記憶することは不可能である．

　これを解決するには，名称から化合物の組成がわかるような体系的な化合物の命名法が必要である．体系的な命名法を知ると，化学式がわかれば，その化合物に名称をつけることができ，逆に化合物の名称がわかれば化学式を書くことができるようになる．有機化合物以外の化合物に名称をつけるときの重要な規則について詳しく説明していこう．

5・1 化合物の命名法

目的 化合物の命名になぜ体系的な方法が必要かを理解する

二元化合物 binary compound

　まず，2種類の元素からなる**二元化合物**の命名法について説明する．二元化合物は大きく次の二つに分類される．

1. 金属と非金属をそれぞれ1種類だけ含む化合物
2. 2種類の非金属を含む化合物

以下の節では上の 1，2 の化合物の命名法について説明し，つづいて，より複雑な化合物の命名法について述べる．

5・2 金属と非金属からなる二元化合物の命名法（I 型と II 型）

目的 金属と非金属をそれぞれ1種類含む化合物の命名法を学ぶ

二元イオン化合物 binary ionic compound

　§4・11 で述べたように，ナトリウムのような金属が塩素のような非金属と結合するとイオンからなる化合物が生じる．金属は1個以上の電子を失い陽イオンとなり，非金属は1個以上の電子を得て陰イオンになる．このようにして生じた物質を**二元イオン化合物**という．二元イオン化合物は陽イオンと陰イオンからなり，化学式では陽

表 5・1 一般的な陽イオンと陰イオン

陽イオン	名称	陰イオン	名称
H^+	水素イオン hydrogen ion	H^-	水素化物イオン hydride ion
Li^+	リチウムイオン lithium ion	F^-	フッ化物イオン fluoride ion
Na^+	ナトリウムイオン sodium ion	Cl^-	塩化物イオン chloride ion
K^+	カリウムイオン potassium ion	Br^-	臭化物イオン bromide ion
Cs^+	セシウムイオン cesium ion	I^-	ヨウ化物イオン iodide ion
Be^{2+}	ベリリウムイオン beryllium ion	O^{2-}	酸化物イオン oxide ion
Mg^{2+}	マグネシウムイオン magnesium ion	S^{2-}	硫化物イオン sulfide ion
Ca^{2+}	カルシウムイオン calcium ion		
Ba^{2+}	バリウムイオン barium ion		
Al^{3+}	アルミニウムイオン aluminum ion[†]		
Ag^+	銀イオン silver ion		
Zn^{2+}	亜鉛イオン zinc ion		

† アルミニウムは aluminium のつづりも使われている.

イオンを先に書き,その後に陰イオンを書く.これらの化合物を命名するには単にイオンの名称を用いればよい.

本節では,二元イオン化合物を含まれる陽イオンの種類によって二つの型に分けて考えよう.金属原子にはただ1種類のイオンしか生成しないものがある.たとえば,Na 原子は Na^+ しか生成せず,決して Na^{2+} や Na^{3+} は生成しない.同じように,Cs は Cs^+,Ca は Ca^{2+},Al は Al^{3+} しか生成しない.このような陽イオンをⅠ型陽イオンといい,これらの金属原子を含む化合物をⅠ型二元化合物とよぶ.

これに対して,2種類以上のイオンを生成する金属原子もある.たとえば,Cr は Cr^+,Cr^{2+},Cr^{3+} を,また,Cu は Cu^+ と Cu^{2+} を生成する.このような陽イオンをⅡ型陽イオンといい,これらの金属原子を含む化合物をⅡ型二元化合物とよぶ.まとめると

Ⅰ型化合物: 1種類のイオンしか生成しない金属を含む化合物
Ⅱ型化合物: 電荷が異なる2種類あるいはそれ以上の陽イオンを生成する金属を含む化合物

一般的な陽イオンと陰イオンとその名称を表5・1に示す.これらのイオンは覚え

化学こぼれ話　　　鉛　糖

古代ローマ社会では,ワインを鉛で内張りした容器で煮て余分な水分をとばして得られる"サパ (sapa)" とよばれるシロップが,いろいろな食物や飲料の甘味料としてつくられていた.いまでは,サパの主成分が酢酸鉛 $Pb(C_2H_3O_2)_2$ であることがわかっており,この化合物は甘みがあり鉛糖ともよばれている.

歴史家のなかには,ローマ帝国の滅亡の一因が無気力や精神障害をひき起こす鉛中毒ではないかと信じている者も多い.この鉛のおもな出所はサパシロップとローマ時代の高度に発達した上下水道に使われていた鉛管と考えられている.

このような話は現代社会にも当てはまる.家庭や商業ビルの上下水道の銅管を接合するのに長年にわたって使用されていたスズと鉛を主成分とするはんだから危険な量の鉛が飲料水に溶け出していることがわかった.この問題に対応するため,米国では上下水道に用いられるはんだに鉛を使用することを禁じる法律が制定された.

54 　5. 命 名 法

ておかなければならない．

▶ I 型二元イオン化合物

I 型イオン化合物の命名法には次の規則が適用される．

I 型イオン化合物の命名の規則

1. 陰イオンの名称を先に書き，陽イオンの名称をそれに続ける（英語では陽イオンの名称を先に書き，陰イオンの名称をそれに続ける）．
2. 化合物中の陽イオンはその元素名を書く．たとえば，Na^+ は"ナトリウム（sodium）"と書く．
3. 化合物中の陰イオンはそのイオン名の"物イオン"を除いて書く．たとえば，イオン名が"塩化物イオン"である Cl^- は"塩化"と書く（英語では元素名の語尾を"-ide"にかえて chloride と書く）．

例をあげてこの規則を説明しよう．化合物 NaI はヨウ化ナトリウム（sodium iodide）と名づけられる．これは，陽イオンを元素名で表した"ナトリウム（sodium）"と陰イオンであるヨウ化物イオン（iodide ion）の"物イオン"を除いた"ヨウ化（iodide）"からなる．同様に，CaO は"カルシウム（calcium）"と酸化物イオン（oxide ion）から"物イオン"を除いた"酸化（oxide）"から酸化カルシウム（calcium oxide）と名づけられる．

その他の二元化合物の名称を次に示す．

化合物	イオン	名　称
NaCl	Na^+, Cl^-	塩化ナトリウム sodium chloride
KI	K^+, I^-	ヨウ化カリウム potassium iodide
CaS	Ca^{2+}, S^{2-}	硫化カルシウム calcium sulfide
CsBr	Cs^+, Br^-	臭化セシウム cesium bromide
MgO	Mg^{2+}, O^{2-}	酸化マグネシウム magnesium oxide

イオン化合物の化学式ではイオンは元素記号で表される．たとえば，NaCl では，Cl は Cl^- を意味し，Na は Na^+ を意味する．しかし，イオンを示すときは常に電荷をつけて示す．たとえば，臭化カリウムの化学式は KBr であるが，カリウムイオンや臭化物イオンを表すときは，K^+ や Br^- と書く．

例題 5・1　I 型二元化合物を命名する

次の二元化合物の名称を書け．
　a. CsF　　b. $AlCl_3$　　c. MgI_2

解答　これらの化合物の名称を上述した規則に従って考える．
　a. CsF
規則 1　陽イオンと陰イオンの同定．Cs は 1 族に属するので 1+ のイオン Cs^+ となる．一方，F は 17 族なので 1− のイオン F^- となる．
規則 2　陽イオンの名称．Cs^+ は元素と同じ名称でセシウム（cesium）となる．
規則 3　陰イオンの名称．F^- のイオン名は"フッ化物イオン"なので，"物イオン"

を除いて"フッ化"となる（英語では元素名の語尾を -ide にかえて fluoride となる）.
規則 4 陽イオンと陰イオンの名称をつなげて化合物名をつける. CsF の名称は, 陽イオン名を後に書くので "フッ化セシウム" となる（英語では陽イオン名を先に書くので cesium fluoride となる）.

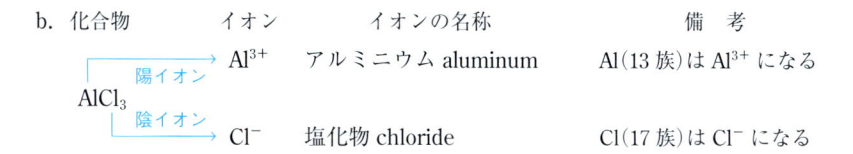

b. 化合物　　　イオン　　　イオンの名称　　　　　　　備　考

AlCl$_3$ 　陽イオン→ Al^{3+}　　アルミニウム aluminum　　Al(13族)は Al^{3+} になる
　　　　　陰イオン→ Cl$^-$　　　塩化物 chloride　　　　Cl(17族)は Cl$^-$ になる

AlCl$_3$ の名称は塩化アルミニウム（aluminum chloride）となる.

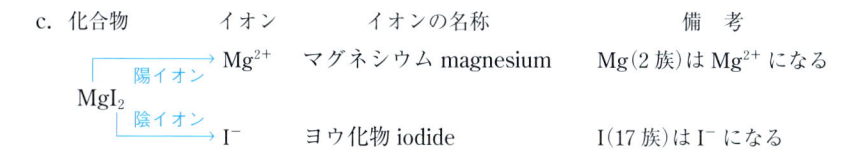

c. 化合物　　　イオン　　　イオンの名称　　　　　　　備　考

MgI$_2$ 　陽イオン→ Mg^{2+}　マグネシウム magnesium　Mg(2族)は Mg^{2+} になる
　　　　　陰イオン→ I$^-$　　　ヨウ化物 iodide　　　　I(17族)は I$^-$ になる

MgI$_2$ の名称はヨウ化マグネシウム（magnesium iodide）となる.

練習問題 5・1 次の二元化合物の名称を書け.　　　　　　　　Self-Check
　　a. Rb$_2$O　　b. SrI$_2$　　c. K$_2$S

例題 5・1 より次のことがわかる.

1. 金属と非金属からなる化合物はイオン化合物である.
2. イオン化合物では陽イオン名を後に書く（英語では陽イオン名を先に書く）.
3. イオン化合物の正味の電荷は常に 0 である. したがって, CsF では, Cs$^+$ と F$^-$ とで ①+ + ①- = 0 になることが必要である. AlCl$_3$ では, Al^{3+} の電荷を相殺するのに Cl$^-$ が 3 個必要となる. ③+ + 3①- = 0. MgI$_2$ では, 2 個の I$^-$ が Mg^{2+} に対して必要である. ②+ + 2①- = 0.

▶ II 型二元イオン化合物

いままでは 1 種類の陽イオンだけを生成する金属を含む二元イオン化合物（I 型）について考えてきた. ナトリウムは Na$^+$ のみを, カルシウムは Ca^{2+} のみを, Al は Al^{3+} のみを生成する.

しかし, これらの金属とは異なり, 2 種類以上の陽イオンを生成する金属もある. 鉛（Pb）は, Pb^{2+} あるいは Pb^{4+} の 2 種類のイオンを生成する. 鉄（Fe）は Fe^{2+} あるいは Fe^{3+}, クロム（Cr）は Cr^{2+} か Cr^{3+}, 金（Au）は Au$^+$ か Au^{3+} を生成するなど, 多くの金属が 2 種類以上の陽イオンになる. もし塩化金（gold chloride）という化合物名を目にしたとき, その化合物が Au$^+$ と Cl$^-$ からなる化合物 AuCl なのか, Au^{3+} と Cl$^-$ からなる化合物 AuCl$_3$ なのか区別できない. このため, 2 種類以上の陽イオンを生成する金属からなる化合物については, そのなかにどのような陽イオンが含まれるかを指定する必要がある.

この問題はローマ数字を用いて陽イオンの電荷を指定することで解決される. 具体例として FeCl$_2$ を用いて説明する. 鉄は Fe^{2+} あるいは Fe^{3+} になるので, まずどちら

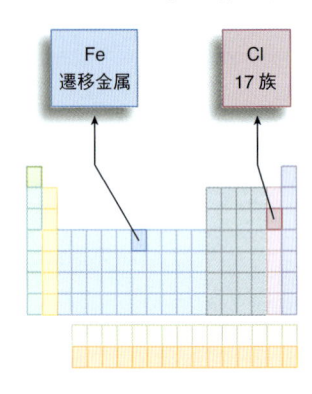

のイオンかを決めなければならない．2個の1− 陰イオン（Cl^-，塩化物イオン）の電荷を鉄が相殺しなければならないことから鉄の電荷が決まる．おのおのの電荷を次のように書くと

$$\underset{\text{鉄イオンの電荷}}{\text{?}+} \quad + \quad \underset{Cl^-\text{の電荷}}{2(1-)} \quad = \quad \underset{\text{正味の電荷}}{0}$$

$(2+)+2(1-)=0$ なので，"?"は2でなければならない．したがって，化合物 $FeCl_2$ は Fe^{2+} と2個の Cl^- を含むことになる．この化合物は塩化鉄(II)〔iron(II) chloride〕と名づけられ，"II"は鉄の陽イオンの電荷を示す．すなわち，Fe^{2+} は鉄(II)〔iron(II)〕と書く．同じように，Fe^{3+} は鉄(III)〔iron(III)〕になる．ローマ数字は化合物中の鉄イオンの電荷を示し，数を示すものではないことに注意しよう．

もう一つの例として化合物 PbO_2 を考えよう．酸化物イオンは O^{2-} であるから，PbO_2 に対しては，次のように書ける．

$$\underset{\substack{\text{鉛イオンの}\\\text{電荷}}}{\text{?}+} \quad + \quad \underset{\substack{(4-)\\2\text{個の }O^{2-}\text{の}\\\text{電荷}}}{2(2-)} \quad = \quad \underset{\substack{\text{正味の}\\\text{電荷}}}{0}$$

したがって，2個の酸化物イオンの合計の電荷 4− を相殺するには，鉛イオンの電荷は 4+ でなければならない．それゆえ PbO_2 の名称は酸化鉛(IV)〔lead(IV) oxide〕となる．ここで"IV"は陽イオン Pb^{4+} の存在を示している．

2種類の陽イオンを生成する金属を含むイオン化合物には古い命名法がある．小さい電荷をもつ陽イオンに対しては"第一"（英語では接尾語で"-ous"）を，大きい電荷をもつ陽イオンに対しては"第二"（英語では接尾語"-ic"）を割り当てる．たとえば，Fe^{2+} は第一鉄イオン（ferrous ion），Fe^{3+} は第二鉄イオン（ferric ion）という．また，化合物 $FeCl_2$ と $FeCl_3$ の名称はそれぞれ塩化第一鉄（ferrous chloride）と塩化第二鉄（ferric chloride）である．表 5・2 に II 型の陽イオンを示す．本書では，ローマ数字を用いて表記する命名法を採用する．

陽イオンが I 型であるか II 型であるかを見分けるにあたって，1族と2族に属する金属は I 型で，遷移金属のほとんどは II 型であることを覚えておくと便利である．

II 型イオン化合物の命名の規則

1. 陰イオンを先に書き，陽イオンをそれに続ける（英語では陽イオンを先に書き，陰イオンをそれに続ける）．
2. 陽イオンが2種類以上の電荷をとることができるので，その電荷を（ ）内にローマ数字で表す．

表 5・2
一般的な II 型陽イオン

イオン	名称
Fe^{3+}	鉄(III) イオン
Fe^{2+}	鉄(II) イオン
Cu^{2+}	銅(II) イオン
Cu^+	銅(I) イオン
Co^{3+}	コバルト(III) イオン
Co^{2+}	コバルト(II) イオン
Sn^{4+}	スズ(IV) イオン
Sn^{2+}	スズ(II) イオン
Pb^{4+}	鉛(IV) イオン
Pb^{2+}	鉛(II) イオン
Hg^{2+}	水銀(II) イオン
Hg_2^{2+} †	水銀(I) イオン

† 水銀(I) イオンは常に Hg 原子どうしが結合した Hg_2^{2+} の二量体として存在する．

硫酸銅(II) の結晶

例題 5・2 II 型二元化合物を命名する

次の二元化合物の名称を書け．
   a. CuCl   b. HgO   c. Fe_2O_3 d. MnO_2 e. $PbCl_4$

解答 これらの化合物はすべて2種類以上の陽イオンを生成することができる金属を

含んでいる．したがって，まずおのおのの陽イオンの電荷を決めなければならない．このためには，化合物は電気的に中性，すなわち，正の電荷と負の電荷が正確に釣合っていることを用いる．陽イオンの電荷を知るのに陰イオンの既知の電荷を使うことになる．

a. CuCl では陰イオンは Cl^- である．銅の陽イオンの電荷を決めるために電荷の釣合を考える．

$$(?+) + (1-) = 0$$
　　　↑　　　　↑　　　　　↑
　銅イオンの電荷　Cl^- の電荷　正味の電荷（0 でなければならない）

この場合，$(1+) + (1-) = 0$ なので，"?" は 1 でなければならない．したがって，銅の陽イオンは Cu^+ である．次に，化合物名を I 型と同様な手順で決める．

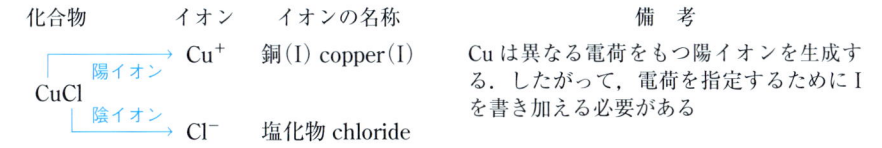

化合物		イオン	イオンの名称	備　考
CuCl	陽イオン→	Cu^+	銅(I) copper(I)	Cu は異なる電荷をもつ陽イオンを生成する．したがって，電荷を指定するために I を書き加える必要がある
	陰イオン→	Cl^-	塩化物 chloride	

CuCl の名称は塩化銅(I)〔copper(I) chloride〕である．

b. HgO では陰イオンは O^{2-} である．正味の電荷を 0 にするには陽イオンは Hg^{2+} でなければならない．

化合物		イオン	イオンの名称	備　考
HgO	陽イオン→	Hg^{2+}	水銀(II) mercury(II)	電荷を指定するには II を書き加える必要がある
	陰イオン→	O^{2-}	酸化物 oxide	

HgO の名称は酸化水銀(II)〔mercury(II) oxide〕である．

c. Fe_2O_3 は O^{2-} を 3 個生成するので，鉄の陽イオンの電荷は 3+ でなければならない．

$$2(3+) + 3(2-) = 0$$
　　↑　　　　↑　　　　↑
　Fe^{3+}　　O^{2-}　正味の電荷

化合物		イオン	イオンの名称	備　考
Fe_2O_3	陽イオン→	Fe^{3+}	鉄(III) iron(III)	Fe は 2 種類以上の電荷をとるので，陽イオンの電荷を指定するには III を書き加える必要がある
	陰イオン→	O^{2-}	酸化物 oxide	

Fe_2O_3 の名称は酸化鉄(III)〔iron(III) oxide〕である．

d. MnO_2 は O^{2-} を 2 個生成するので，マンガンの陽イオンの電荷は 4+ である．

$$(4+) + 2(2-) = 0$$
　　↑　　　　↑　　　　↑
　Mn^{4+}　　O^{2-}　正味の電荷

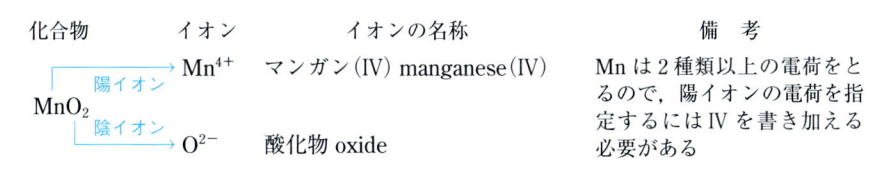

化合物		イオン	イオンの名称	備　考
MnO_2	陽イオン→	Mn^{4+}	マンガン(IV) manganese(IV)	Mn は 2 種類以上の電荷をとるので，陽イオンの電荷を指定するには IV を書き加える必要がある
	陰イオン→	O^{2-}	酸化物 oxide	

MnO₂ の名称は酸化マンガン(IV)〔manganese(IV) oxide〕である．

e. PbCl₄ は Cl⁻ を 4 個生成するので，鉛の陽イオンの電荷は 4+ である．

$$(4+) + 4(1-) = 0$$
$$\uparrow \qquad \uparrow \qquad \uparrow$$
$$Pb^{4+} \qquad Cl^- \qquad 正味の電荷$$

化合物		イオン	イオンの名称	備　考
PbCl₄	陽イオン→	Pb⁴⁺	鉛(IV) lead(IV)	Pb は Pb²⁺ と Pb⁴⁺ を生成するのでローマ数字が必要である
	陰イオン→	Cl⁻	塩化物 chloride	

PbCl₄ の名称は塩化鉛(IV)〔lead(IV) chloride〕である．

　化合物の命名法でローマ数字を用いるのは二つの元素間で 2 種類以上の化合物が生じる場合で，2 種類以上の陽イオンを生成する遷移金属を含む化合物で起こることがほとんどである．1 種類の陽イオンだけしか生成しない金属ではローマ数字で電荷を指定する必要はない．このような金属には，1+ の陽イオンを生じる 1 族に属する元素や 2+ の陽イオンを生じる 2 族の元素，3+ の陽イオンを生じる 13 族に属するアルミニウムやガリウムがある．

　例題 5・2 で示したように，2 種類以上の陽イオンを生成する金属が含まれる場合には，化合物の正の電荷と負の電荷を釣合わせることで金属イオンの電荷を決める必要がある．これには，陰イオンの種類と，その電荷を知らなければならない（表 5・1 参照）．

> 遷移金属でも 1 種類のイオンしか生成しないものがある．たとえば銀 Ag⁺，亜鉛 Zn²⁺，カドミウム Cd²⁺ などである．これらの陽イオンにはふつうローマ数字をつけない．

例題 5・3　二元イオン化合物を命名する：まとめ

次の化合物の名称を書け．

　　a. CoBr₂　　b. CaCl₂　　c. Al₂O₃　　d. CrCl₃

解答

化合物		イオンと名称	化合物の名称	備　考
a. CoBr₂	→	Co²⁺ コバルト(II) cobalt(II)	臭化コバルト(II) cobalt(II) bromide	コバルトは 2 種類以上の電荷をとるのでローマ数字が必要．2 個の Br⁻ は Co²⁺ によって電荷が相殺される
	→	Br⁻ 臭化物 bromide		
b. CaCl₂	→	Ca²⁺ カルシウム calcium	塩化カルシウム calcium chloride	カルシウムは 2 族に属し，Ca²⁺ しか生成しない．ローマ数字は必要ない
	→	Cl⁻ 塩化物 chloride		
c. Al₂O₃	→	Al³⁺ アルミニウム aluminum	酸化アルミニウム aluminum oxide	アルミニウムは Al³⁺ しか生成しない．ローマ数字は必要ない
	→	O²⁻ 酸化物 oxide		
d. CrCl₃	→	Cr³⁺ クロム(III) chromium(III)	塩化クロム(III) chromium(III) chloride	クロムは 2 種類以上の電荷をとるのでローマ数字が必要．CrCl₃ は Cr³⁺ を含む
	→	Cl⁻ 塩化物 chloride		

練習問題 5・2 次の化合物の名称を書け．　　　　　　　　　　　Self-Check
a. $PbBr_2$ と $PbBr_4$　　b. FeS と Fe_2S_3　　c. $AlBr_3$　　d. Na_2S　　e. $CoCl_3$

二元イオン化合物に名称をつける場合，図 5・1 のフローチャートが役に立つ．

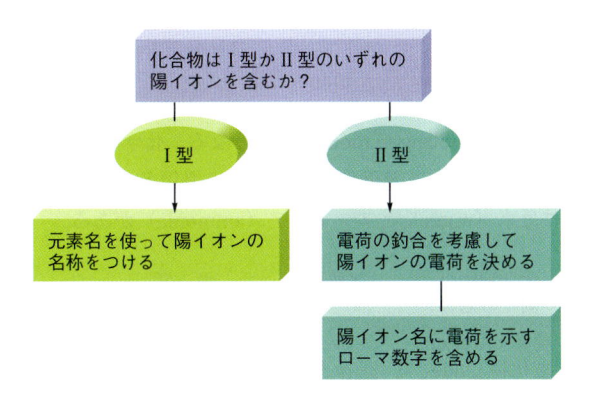

図 5・1
二元イオン化合物命名のフローチャート

```
化合物は Ⅰ 型か Ⅱ 型のいずれの
陽イオンを含むか？
    ↓              ↓
   Ⅰ型            Ⅱ型
    ↓              ↓
元素名を使って陽イオンの    電荷の釣合を考慮して
名称をつける          陽イオンの電荷を決める
                   ↓
              陽イオン名に電荷を示す
              ローマ数字を含める
```

5・3 非金属のみからなる二元化合物の命名法（Ⅲ 型）

目的　非金属のみからなる二元化合物の命名法を学ぶ

非金属のみからなる二元化合物は，前述した二元イオン化合物の命名の規則と同様の規則に従って名づけられるが，大きく異なるところがある．非金属のみからなる化合物は Ⅲ 型二元化合物に分類され，次に示す規則に従って命名される．

Ⅲ 型二元化合物の命名の規則

1. 化合物の化学式の最初の元素の名称を後に書く（英語では先に書く）．
2. 化学式中の 2 番目の元素は陰イオンとして先に書く．
3. 原子の数を表すのに接頭語として漢数字を用いる（英語では表 5・3 に示す接頭語を用いる）．
4. 接頭語としての "一" は化学式中の最初の元素にはつけない．たとえば，CO は "一酸化炭素" で，一酸化一炭素ではない（英語の接頭語 mono- も同様で "carbon monoxide" で "monocarbon oxide" ではない）．

表 5・3
化合物の命名に用いられる数を表す接頭語

接頭語	読み	数
mono-	モノ	1
di-	ジ	2
tri-	トリ	3
tetra-	テトラ	4
penta-	ペンタ	5
hexa-	ヘキサ	6
hepta-	ヘプタ	7
octa-	オクタ	8

この規則をどのように適用するかを例題 5・4 で説明する．

例題 5・4　Ⅲ 型二元化合物を命名する

次の 2 種類の非金属からなる Ⅲ 型二元化合物の名称を書け．
a. BF_3　　b. NO　　c. N_2O_5

解答　a. BF_3
規則 1　化学式中の最初の元素の元素名を後に書く．すなわち，ホウ素を後に書く．
規則 2　二番目の元素は陰イオンとして名づける．すなわち，"フッ化" を先に書く．
規則 3 と 4　原子の数を表すのに接頭語として漢数字を使う．3 個のフッ素原子には接頭語 "三" をつける．1 個のホウ素原子には "一" はつけない．したがって，BF_3 の

名称は三フッ化ホウ素となる．英語ではboronを先に書き（規則1），fluorideを後に書く（規則2）．接頭語のtri-をfluorideにつけて，名称はboron trifluorideとなる（規則3）．

b.

化合物	化合物中の個々の名称	接頭語	備 考
NO	窒素 nitrogen 酸化物 oxide	なし 一 mono-	最初の元素には"一 mono-"は使わない

NOの名称は一酸化窒素（nitrogen monoxide）となる．化学者の間で使われる酸化窒素（nitric oxide）という名称は慣用名である．常に慣用名でよばれる化合物もある．その典型的な例には水（water）とアンモニア（ammonia）がある．

c.

化合物	化合物中の個々の名称	接頭語	備 考
N_2O_5	窒素 nitrogen 酸化物 oxide	二 di- 五 penta-	2個のN原子 5個のO原子

N_2O_5の名称は五酸化二窒素（dinitrogen pentoxide）となる．

硝酸に銅片を入れる（上）と銅と硝酸が反応しNOが発生する．無色のNOは空気中の酸素とすぐ反応し，赤褐色のNO_2ガスになる．液体はCu^{2+}の緑色になる（下）．

Self-Check

練習問題 5・3 次の化合物の名称を書け．
　a. CCl_4　　b. NO_2　　c. IF_5

英語のつづりでは，発音のしにくさを避けるために二つ目の元素が酸素の場合は，接頭語の最後のoやaを省略する．NOはnitrogen monoxideであって，nitrogen mono*o*xideではない．N_2O_5はdinitrogen pentoxideであって，dinitrogen pent*a*oxideではない．

Ⅲ型二元化合物の命名法が理解できたかどうかを確かめるために，例題5・5と練習問題5・4を解いてみよ．

例題 5・5 Ⅲ型二元化合物を命名する：まとめ

次の化合物の名称を書け．
　a. PCl_5　　b. P_4O_6　　c. SF_6　　d. SO_3　　e. SO_2　　f. N_2O_3

解答　a. PCl_5　五塩化リン phosphorous pentachloride
　　　　b. P_4O_6　六酸化四リン tetraphosphorous hexoxide
　　　　c. SF_6　六フッ化硫黄 sulfur hexafluoride　　d. SO_3　三酸化硫黄 sulfur trioxide
　　　　e. SO_2　二酸化硫黄 sulfur dioxide　　f. N_2O_3　三酸化二窒素 dinitrogen trioxide

Self-Check

練習問題 5・4 次の化合物の名称を書け．
　a. SiO_2　　b. O_2F_2　　c. XeF_6

5・4 二元化合物の命名法：復習

目的　Ⅰ型，Ⅱ型，Ⅲ型二元化合物の命名法を復習する

多くの二元化合物に名称をつけるにはいろいろな規則があるので，まずこれらの化合物全体にわたるフローチャートを考えよう．そのために二元化合物を三つの型に分類し，それらについてそれぞれ命名法を考える．

Ⅰ型: 常に同じ電荷の陽イオンしか生成しない金属を含むイオン化合物

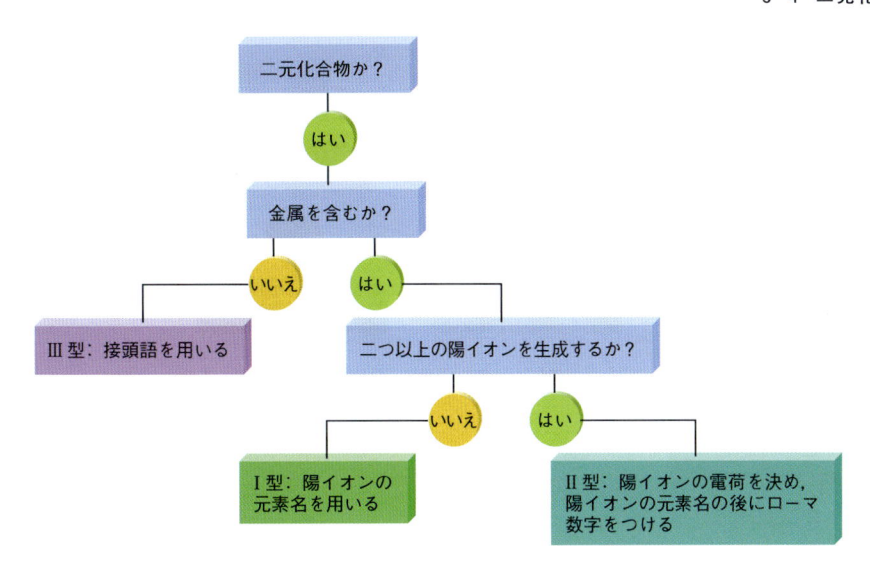

5・4 二元化合物の命名法：復習　61

図 5・2
二元化合物の命名のフローチャート

II 型: いろいろな電荷の陽イオンを生成する金属（ほとんどは遷移金属）を含むイオン化合物
III 型: 非金属のみからなる化合物

　命名しようとする化合物がどの型であるかを決めるには周期表を用いる．周期表からどの元素が金属でどの元素が非金属であるか，またどの元素が遷移金属であるかがわかる．
　図 5・2 に示したフローチャートが二元化合物の命名に役立つだろう．

例題 5・6　二元化合物を命名する：まとめ

次の二元化合物の名称を書け．
a. CuO　　b. SrO　　c. B_2O_3　　d. $TiCl_4$　　e. K_2S　　f. OF_2　　g. NH_3

解答

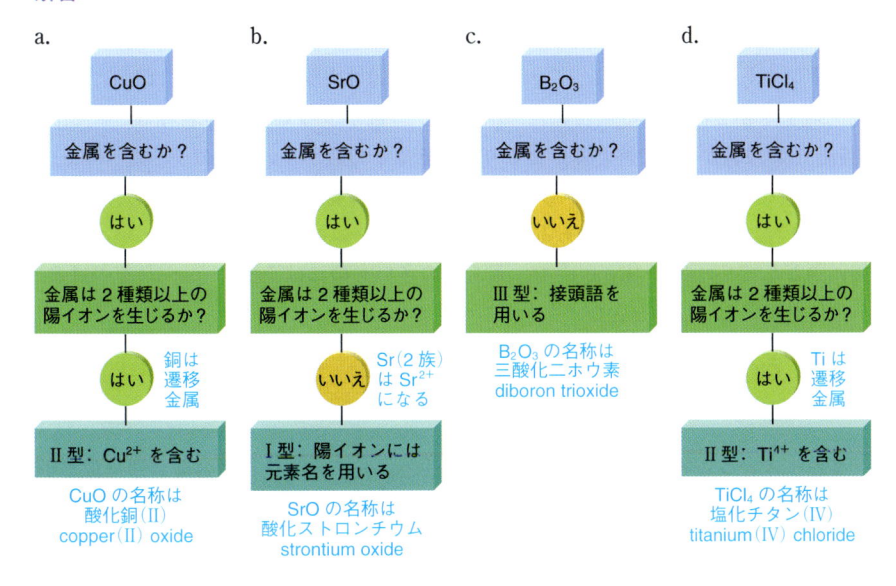

a. CuO → 金属を含むか？ はい → 金属は2種類以上の陽イオンを生じるか？ はい（銅は遷移金属）→ II 型: Cu^{2+} を含む
CuO の名称は酸化銅(II)
copper(II) oxide

b. SrO → 金属を含むか？ はい → 金属は2種類以上の陽イオンを生じるか？ いいえ（Sr(2族)は Sr^{2+} になる）→ I 型: 陽イオンには元素名を用いる
SrO の名称は酸化ストロンチウム
strontium oxide

c. B_2O_3 → 金属を含むか？ いいえ → III 型: 接頭語を用いる
B_2O_3 の名称は三酸化二ホウ素
diboron trioxide

d. $TiCl_4$ → 金属を含むか？ はい → 金属は2種類以上の陽イオンを生じるか？ はい（Ti は遷移金属）→ II 型: Ti^{4+} を含む
$TiCl_4$ の名称は塩化チタン(IV)
titanium(IV) chloride

e.
```
K₂S
  ↓
金属を含むか？ — はい
  ↓
金属は2種類以上の陽イオンを生じるか？ — いいえ     K(1族)はK⁺になる
  ↓
Ⅰ型
```
K₂Sの名称は硫化カリウム potassium sulfide

f.
```
OF₂
  ↓
金属を含むか？ — いいえ
  ↓
Ⅲ型
```
OF₂の名称は二フッ化酸素 oxygen difluoride

g.
```
NH₃
  ↓
金属を含むか？ — いいえ
  ↓
Ⅲ型
```
NH₃の名称には慣用名のアンモニア ammonia が使われる

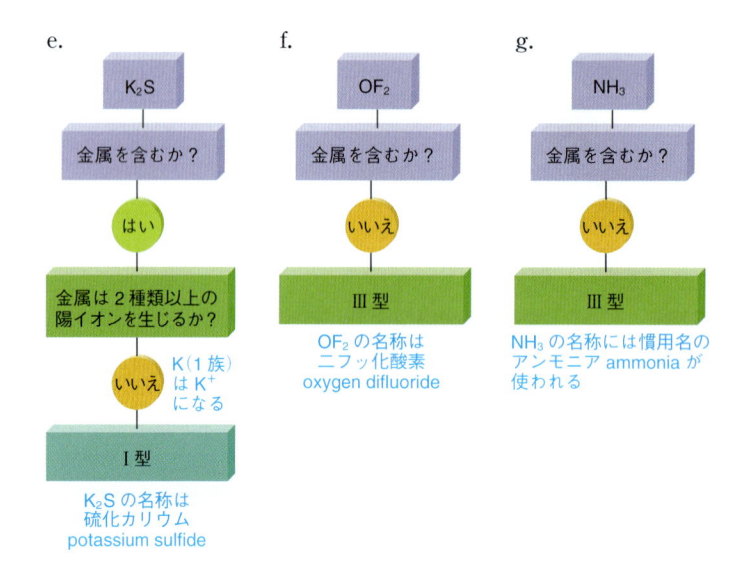

Self-Check　練習問題 5・5　次の二元化合物の名称を書け．
a. ClF_3　　b. VF_5　　c. $CuCl$　　d. MnO_2　　e. MgO　　f. H_2O

5・5　多原子イオンからなる化合物の命名法

目的　多原子イオンの名称と，これらを含む化合物をどのように命名するかを学ぶ

多原子イオン polyatomic ion

多原子イオンを含むイオン化合物は，3種類以上の元素からなっているので，二元化合物ではない．多原子イオンの名称と電荷は，化学の語彙の重要な部分なので覚えておかなければならない．

オキシアニオン oxyanion　オキソアニオン（oxoanion）ともいう．

　いままで考えてこなかったイオン化合物に硝酸アンモニウム NH_4NO_3 のようなタイプのものがある．この化合物は**多原子イオン**である NH_4^+ と NO_3^- からなる．名称からわかるように，多原子イオンはいくつかの原子が結合してできた電荷をもつイオンである．多原子イオンには特別な名称がつけられており，これらのイオンを含む化合物の命名には多原子イオンの名称が必要なので覚えておかなければならない．重要な多原子イオンとその名称を表5・4に示す．

　表5・4を見ると，ある元素の原子と結合した酸素原子の数が異なる一連の多原子陰イオンのあることがわかる．これらの陰イオンは**オキシアニオン**とよばれる．オキシアニオンが2種類ある場合には，酸素原子の数が少ないものの名称は"亜〜酸"（英語では最後が -ite で終わる）となり，酸素原子の数が多いものは"〜酸"（-ate で終わる）となる．たとえば，SO_3^{2-} の名称は亜硫酸（sulfite）で，SO_4^{2-} は硫酸（sulfate）となる．3種類以上ある場合は，最も少ない数の酸素原子をもつものには接頭語として"次亜〜（hypo-）"を，最も数の多いものには"過〜（per-）"をつける．典型的な例として塩素を含むオキシアニオンがある．

ClO^-　　次亜塩素酸 *hypo*chlorite　　　ClO_3^-　　塩素酸 chlor*ate*
ClO_2^-　　亜塩素酸 chlor*ite*　　　　　ClO_4^-　　過塩素酸 *per*chlorate

　多原子イオンを含むイオン化合物の命名法と二元イオン化合物の命名法は似ている．化合物 NaOH は Na^+ 〔ナトリウム（sodium）イオン〕と OH^- 〔水酸化物（hydroxide）イオン〕を含むので，水酸化ナトリウム（sodium hydroxide）と名づけられる．

5・5 多原子イオンからなる化合物の命名法

表 5・4　一般的な多原子イオンの名称

イオン	名称	イオン	名称
NH_4^+	アンモニウムイオン ammonium ion	CO_3^{2-}	炭酸イオン carbonate ion
NO_2^-	亜硝酸イオン nitrite ion	HCO_3^-	炭酸水素イオン hydrogen carbonate ion
NO_3^-	硝酸イオン nitrate ion	ClO^-	次亜塩素酸イオン hypochlorite ion
SO_3^{2-}	亜硫酸イオン sulfite ion	ClO_2^-	亜塩素酸イオン chlorite ion
SO_4^{2-}	硫酸イオン sulfate ion	ClO_3^-	塩素酸イオン chlorate ion
HSO_4^-	硫酸水素イオン hydrogen sulfate ion	ClO_4^-	過塩素酸イオン perchlorate ion
OH^-	水酸化物イオン hydroxide ion	$C_2H_3O_2^-$	酢酸イオン acetate ion
CN^-	シアン化物イオン cyanide ion	MnO_4^-	過マンガン酸イオン permanganate ion
PO_4^{3-}	リン酸イオン phosphate ion	$Cr_2O_7^{2-}$	二クロム酸イオン dichromate ion
HPO_4^{2-}	リン酸一水素イオン hydrogen phosphate ion	CrO_4^{2-}	クロム酸イオン chromate ion
$H_2PO_4^-$	リン酸二水素イオン dihydrogen phosphate ion	O_2^{2-}	過酸化物イオン peroxide ion

多原子イオンを含むイオン化合物を命名するには，多原子イオンを識別することが重要である．それには，表5・4に示した多原子イオンの組成と電荷を覚えておかなければならない．化学式 $NH_4C_2H_3O_2$ を見たときに，二つの部分からなることに気づかなければならない．

$$\boxed{NH_4 \mid C_2H_3O_2}$$
$$\quad\;\;NH_4^+ \quad C_2H_3O_2^-$$

この化合物の名称は酢酸アンモニウム（ammonium acetate）である．

2種類以上の陽イオンを生成する金属が含まれる場合は，II型二元イオン化合物の命名と同様に，ローマ数字を用いて陽イオンの電荷を指定する．化合物 $FeSO_4$ は，陰イオン SO_4^{2-} の2− 電荷を相殺するには Fe は Fe^{2+} でなければならないので，硫酸鉄(II)〔iron(II) sulfate〕と名づけられる．鉄の陽イオンの電荷を決めるには，硫酸イオンの電荷が2− であることを知っておかなければならない．

例題 5・7　多原子イオンを含む化合物を命名する

次の化合物の名称を書け．

a. Na_2SO_4　　b. KH_2PO_4　　c. $Fe(NO_3)_3$
d. $Mn(OH)_2$　　e. Na_2SO_3　　f. NH_4ClO_3

解答

	化合物	イオン	イオンの名称	化合物の名称
a.	Na_2SO_4	Na^+ 2個	ナトリウム sodium	硫酸ナトリウム
		SO_4^{2-}	硫酸 sulfate	sodium sulfate
b.	KH_2PO_4	K^+	カリウム potassium	リン酸二水素カリウム
		$H_2PO_4^-$	リン酸二水素 dihydrogen phosphate	potassium dihydrogen phosphate
c.	$Fe(NO_3)_3$	Fe^{3+}	鉄(III) iron(III)	硝酸鉄(III)
		NO_3^- 3個	硝酸 nitrate	iron(III) nitrate
d.	$Mn(OH)_2$	Mn^{2+}	マンガン(II) manganese(II)	水酸化マンガン(II) manganese(II) hydroxide
		OH^- 2個	水酸化物イオン hydroxide	

e.	Na$_2$SO$_3$	Na$^+$ 2個 SO$_3^{2-}$	ナトリウム sodium 亜硫酸 sulfite	亜硫酸ナトリウム sodium sulfite
f.	NH$_4$ClO$_3$	NH$_4^+$ ClO$_3^-$	アンモニウム ammonium 塩素酸 chlorate	塩素酸アンモニウム ammonium chlorate

Self-Check 練習問題 5・6 次の化合物の名称を書け.

a. Ca(OH)$_2$ b. Na$_3$PO$_4$ c. KMnO$_4$ d. (NH$_4$)$_2$Cr$_2$O$_7$
e. Co(ClO$_4$)$_2$ f. KClO$_3$ g. Cu(NO$_2$)$_2$

例題5・7で，化学式中に多原子イオンが2個以上ある場合は，そのイオンを（ ）でくくり，そのうしろに下つきの数字を書く．例題5・7に示した化合物以外の例として，(NH$_4$)$_2$SO$_4$ や Fe$_3$(PO$_4$)$_2$ をあげることができる．

名称をつける場合，図5・3に示したフローチャートを使うとよい．対象とする化合物が二元化合物なら図5・2に示したフローチャートを使う．3種類以上の元素を含む化合物の場合は，その化合物が多原子イオンをもつかどうかをみる．もし多原子イオンをもつなら，その化合物は二元イオン化合物と同じような方法で命名すればよい．

図 5・3
化合物命名の全体フローチャート

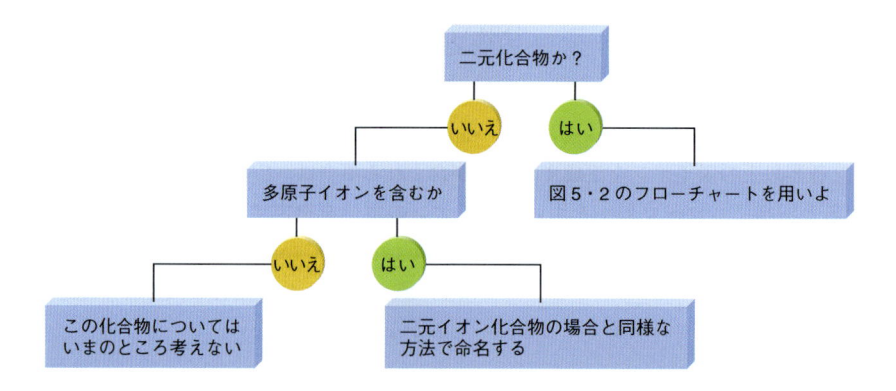

例題 5・8 二元化合物と多原子イオンを含む化合物を命名する：まとめ

次の化合物の名称を書け．

a. Na$_2$CO$_3$ b. FeBr$_3$ c. CsClO$_4$ d. PCl$_3$ e. CuSO$_4$

解答

化合物	化合物の名称	備考
a. Na$_2$CO$_3$	炭酸ナトリウム sodium carbonate	2Na$^+$ と CO$_3^{2-}$ からなる
b. FeBr$_3$	臭化鉄(III) iron(III) bromide	Fe^{3+} と 3Br$^-$ からなる
c. CsClO$_4$	過塩素酸セシウム cesium perchlorate	Cs$^+$ と ClO$_4^-$ からなる
d. PCl$_3$	三塩化リン phosphorus trichloride	III 型二元化合物 （P と Cl はともに非金属）
e. CuSO$_4$	硫酸銅(II) copper(II) sulfate	Cu^{2+} と SO$_4^{2-}$ からなる

Self-Check 練習問題 5・7 次の化合物の名称を書け.

a. NaHCO$_3$ b. BaSO$_4$ c. CsClO$_4$ d. BrF$_5$
e. NaBr f. KOCl g. Zn$_3$(PO$_4$)$_2$

5・6 酸の命名法

目的 酸の名称は陰イオンの組成で決まることを学ぶ．また，一般的な酸の命名法を学ぶ

いくつかの分子は水に溶けると H^+（プロトン）を生成する．**酸**とよばれるこれらの物質は，その溶液に酸味があることで初めて見いだされた．たとえば，クエン酸（citric acid）はレモンやライムの酸っぱさの原因物質である．酸については 16 章で詳しく述べるので，本節では酸の命名法についてのみ説明する．

酸 acid

酸は陰イオンに一つあるいはそれ以上の数の H^+ がついた分子とみなすことができる．酸の命名の規則は，陰イオンに酸素が含まれるかどうかで異なる．

酸の命名の規則

1. 陰イオンに酸素が含まれない場合は，陰イオン名の "〜化物イオン" を "〜化水素酸" に変えて命名する（英語では元素名に接頭語として hydro-，接尾語として -ic をつけて命名する）．気体は塩化水素（hydrogen chloride），HCl の水溶液は塩化水素酸（塩酸*1 hydrochloric acid）となる．同様に，シアン化水素（hydrogen cyanide）HCN や硫化水素（hydrogen sulfide）H_2S の水溶液はそれぞれシアン化水素酸*2 や硫化水素酸（hydrosulfuric acid）という．

2. 陰イオンに酸素が含まれる場合は，陰イオンの名称がそのまま酸の名称となる（英語では陰イオンの名称が -ate で終わっていれば酸の名称には接尾語に -ic が使われ，-ite で終わっていれば接尾語に -ous が使われる）．

酸	陰イオン(名称)	酸の名称
H_2SO_4	SO_4^{2-}（硫酸 sulfate）	硫酸（sulfuric acid）
H_3PO_4	PO_4^{3-}（リン酸 phosphate）	リン酸（phosphoric acid）
$HC_2H_3O_2$	$C_2H_3O_2^-$（酢酸 acetate）	酢酸（acetic acid）
H_2SO_3	SO_3^{2-}（亜硫酸 sulfite）	亜硫酸（sulfurous acid）
HNO_2	NO_2^-（亜硝酸 nitrite）	亜硝酸（nitrous acid）

*1 塩化水素酸よりも塩酸がよく使われる．
*2 慣用的に青酸（hydrocyanic acid）ともいう．

規則 2 の適用例には塩素のオキソ酸がある．

酸	陰イオン(名称)	酸の名称
$HClO_4$	ClO_4^-（過塩素酸 perchlor*ate*）	過塩素酸 perchlor*ic* acid
$HClO_3$	ClO_3^-（塩素酸 chlor*ate*）	塩素酸 chlor*ic* acid
$HClO_2$	ClO_2^-（亜塩素酸 chlor*ite*）	亜塩素酸 chlor*ous* acid
$HClO$	ClO^-（次亜塩素酸 hypochlor*ite*）	次亜塩素酸 hypochlor*ous* acid

図 5・4 に，酸の命名の規則をフローチャートで示す．重要な酸の名称を表 5・5 と表

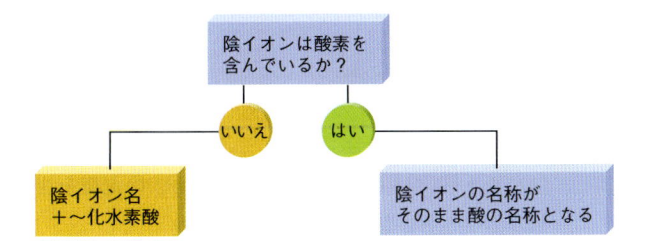

図 5・4
酸の命名のフローチャート．陰イオンに 1 個以上の H^+ がついた分子を酸という．

表5・5	酸素を含まない酸の名称
酸	名 称
HF	フッ化水素酸あるいはフッ酸 hydrofluoric acid
HCl	塩化水素酸あるいは塩酸 hydrochloric acid
HBr	臭化水素酸 hydrobromic acid
HI	ヨウ化水素酸 hydroiodic acid
HCN	シアン化水素酸 hydrocyanic acid
H_2S	硫化水素酸 hydrosulfuric acid

表5・6	酸素を含む酸の名称
酸	名 称
HNO_3	硝酸 nitric acid
HNO_2	亜硝酸 nitrous acid
H_2SO_4	硫酸 sulfuric acid
H_2SO_3	亜硫酸 sulfurous acid
H_3PO_4	リン酸 phosphoric acid
$HC_2H_3O_2$	酢酸 acetic acid

5・6に示す．これらは覚えておかなければならない．

5・7 化合物名から化学式を書く

目的 与えられた化合物名の化学式を書くことを学ぶ

いままでは化合物の化学式に名称をつけることを学んできたが，この逆もまた重要である．実験の手順は化合物名で書かれているが，実験室の試薬びんのラベルには化学式が示されていることが多い．したがって，化合物名からその化学式が書けるようにしなければならない．これまで化合物について十分勉強してきた．水酸化カルシウム（calcium hydroxide）という化合物名が与えられると，カルシウム（calcium）はCa^{2+}のみを生成し，水酸化物（hydroxide）イオンはOH^-で，化合物が電気的に中性になるには2個のOH^-が必要であることなどをすでに学んできたので，化合物の化学式は$Ca(OH)_2$と書くことができる．同様に，酸化鉄(II)〔iron(II) oxide〕という化合物名が与えられると，ローマ数字の"II"は陽イオンFe^{2+}を示し，酸化物（oxide）イオンはO^{2-}であることを知っているので，その化学式をFeOと書くことができる．

一般的な多原子陰イオンについても名称や組成，電荷を覚えることは必須である．もしこれらのイオン式や名称を覚えていなければ，化学式が与えられてもその化合物の名称が書けないし，逆に名称が与えられても化学式を書くことができない．酸についても名称は覚えておかなければならない．

例題 5・9 与えられた化合物名の化学式を書く

次の化合物名に対する化学式を書け．
- a. 水酸化カリウム（potassium hydroxide）　b. 炭酸ナトリウム（sodium carbonate）
- c. 硝酸（nitric acid）　d. 硝酸コバルト(III)〔cobalt(III) nitrate〕
- e. 塩化カルシウム（calcium chloride）　f. 酸化鉛(IV)〔lead(IV) oxide〕
- g. 五酸化二窒素（dinitrogen pentoxide）　h. 過塩素酸アンモニウム（ammonium perchlorate）

解答 a. KOH　　K^+とOH^-からなる．
- b. Na_2CO_3　　CO_3^{2-}の電荷を相殺するのに2個のNa^+が必要．
- c. HNO_3　　一般的な強酸．覚えておこう．
- d. $Co(NO_3)_3$　　コバルト(III)はCo^{3+}を意味する．Co^{3+}の電荷を相殺するのに3個のNO_3^-が必要．

e. CaCl$_2$　　Ca^{2+} の電荷を相殺するのに2個の Cl$^-$ が必要．Ca（2族）は常に Ca^{2+} をつくる．

f. PbO$_2$　　鉛(IV)は Pb^{4+} を意味する．Pb^{4+} の電荷を相殺するのに2個の O^{2-} が必要．

g. N$_2$O$_5$　　di- は2を，pent(a)- は5を意味する．

h. NH$_4$ClO$_4$　　NH$_4^+$ と ClO$_4^-$ からなる．

練習問題 5・8　次の化合物名に対する化学式を書け．　　Self-Check

a. 硫酸アンモニウム（ammonium sulfate）
b. フッ化バナジウム(V)〔vanadium(V) fluoride〕
c. 二塩化二硫黄（disulfur dichloride）
d. 過酸化ルビジウム（rubidium peroxide）
e. 酸化アルミニウム（aluminum oxide）

まとめ

1. 二元化合物の名称は比較的簡単な規則に従って体系的につけられる．金属と非金属を含む化合物では，先に非金属名に由来する名称を，つづいて金属名を書く（英語では順序が逆となり，先に金属名を書き，つづいて非金属名に由来する名称を書く）．2種類以上の陽イオンを生成する金属を含む化合物（II型）では，陽イオンの電荷をローマ数字で表す．非金属のみからなる化合物（III型）では，原子の数を表すのに接頭語が用いられる．

2. 多原子イオンは原子が互いに結合した数種の原子からなる電荷をもったイオンである．これらの名称は覚えておかなければならない．多原子イオンを含むイオン化合物の命名法は二元イオン化合物の命名法と似ている．

3. 酸（陰イオンに一つあるいは二つ以上の数の H$^+$ がついた分子）の命名法は，陰イオンに酸素が含まれるかどうかによって異なる．

6 化学反応: 入門

6・1 化学反応の証拠 6・3 化学反応式の釣合をとる
6・2 化学反応式

　化学は変化を取扱う学問である．草は成長し，鉄は錆びる．毛髪を脱色したり染めたり，パーマをかけたりする．天然ガスを燃やして家を暖める．ナイロンはジャケットや水着，パンティストッキングになる．水に電流を通じると水素と酸素に分解する．ブドウの果汁が発酵してワインができる．昆虫のボンバルディア・ビートルは有毒なガスをつくり，それを敵に噴射する．

　これらは化学変化のほんの一例である．本章では化学反応についての基本的な考え方を述べる．

米国ワシントン州シアトル上空の稲妻

6・1 化学反応の証拠

目的 化学反応が起こったことを示すシグナルについて学ぶ

　化学反応がいつ起こったのかはどのようにしてわかるのか．すなわち，化学変化が起こったことを知る手掛かりは何なのか．化学反応が起こると，ほとんどの場合目に見えるシグナルが発せられる．鉄は錆びると平坦な光沢をもつ物質から赤褐色の薄くはげやすい物質に変わる．二つの特殊な溶液を接触させると固体状のナイロンが得られる．天然ガスは酸素と反応すると青色の炎を出す．このように，化学反応が起こると，ほとんどの場合，色の変化や固体の生成，気泡の発生（図6・1），炎の発生など目に見えるシグナルが現れる．しかし，反応は必ずしも目に見えるとは限らない．時として反応が起こっているシグナルは，その過程で熱を出したり吸収したりする温度

ナイロンは異なる物質を含む2種類の溶液の境界面で生成する

図 6・1
水を電気分解したとき発生する水素と酸素の気泡

1. 色が変化する	2. 固体が生成する	3. 気泡が発生する	4. 熱や炎が発生, あるいは熱が吸収される
無色の塩酸を赤色の硝酸コバルト(II)水溶液に加えると水溶液は青色に変化する	二クロム酸ナトリウム水溶液を硝酸鉛水溶液に加えると固体が生じる	カルシウムと水を反応させると水素の気泡が発生する	メタンが酸素と反応すると, ブンゼンバーナーに炎が生じる

図 6・2 化学反応が起こったことを示すシグナル

変化として現れる. 図6・2に化学反応が起こったことを知る一般的なシグナルと反応の例を示す.

6・2 化学反応式

目的 化学反応の特徴と化学反応式から得られる情報について学ぶ

　化学変化が起こると常に原子の組合わせが変わる. 天然ガス中のメタンは空気中の酸素と反応して二酸化炭素 CO_2 と水 H_2O を生じる. このような化学変化は**化学反応**とよばれる. 化学反応は**化学反応式**で表される. この反応式では, 反応の前に存在する物質（**反応物**）を矢印の左側に, 反応によって生成する物質（**生成物**）を矢印の右側に書く. 矢印は変化の方向を示す.

化学反応 chemical reaction
化学反応式 chemical equation
反応物 reactant
生成物 product

$$\text{反応物} \longrightarrow \text{生成物}$$

メタンと酸素の反応の化学反応式は, 次のように書く.

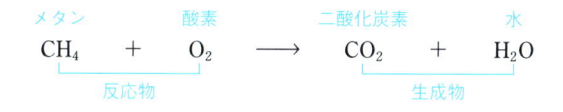

$$\underset{\text{反応物}}{\underset{\text{メタン}}{CH_4} + \underset{\text{酸素}}{O_2}} \longrightarrow \underset{\text{生成物}}{\underset{\text{二酸化炭素}}{CO_2} + \underset{\text{水}}{H_2O}}$$

反応式では生成物は反応物と同じ種類の原子を含むが, それらの原子が結合する相手は異なっていることに注意しよう. すなわち, **化学変化では原子の組合わせが変わる**.

　化学反応では, 原子は生成することも消滅することもないことを頭にとどめておくことが重要である. 反応物中に存在する原子は生成物中にも必ず存在していなければならない. いいかえれば, 生成物中にある各原子の数は矢印の左側の反応物中にある各原子の数と同じでなければならない. 化学反応式がこの規則に従うように反応物と生成物に係数をつけることを, **化学反応式の釣合をとる**という.

化学反応式の釣合をとる
balancing the chemical equation

　上にあげた CH_4 と O_2 の間の反応について示した化学反応式は釣合がとれていない. 反応物と生成物を比べてみると, 両者間で釣合がとれていない（原子の数が合っていない）ことがわかる.

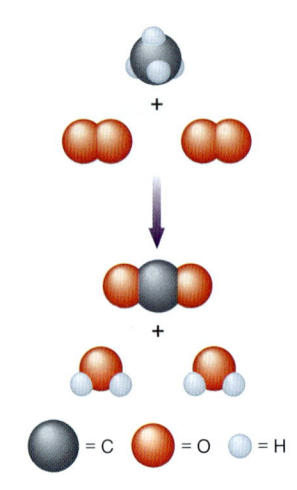

図 6・3 メタンと酸素から水と二酸化炭素が生じる反応. 反応物側にも生成物側にも 4 個の酸素原子がある. 反応中に酸素原子は生成も消滅もしない. 同様に, 両方に水素原子が 4 個ずつと炭素原子が 1 個ずつある. 反応は単に原子の組合わせが変わるだけである.

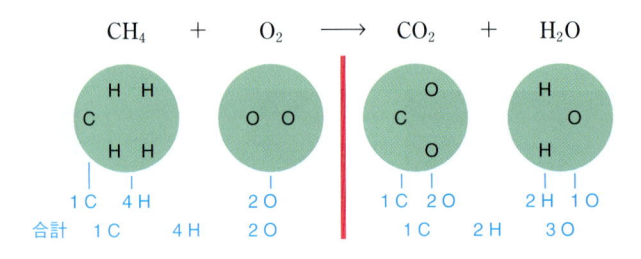

この式では酸素原子 1 個が生成し, 水素原子 2 個が消滅することになるので, この反応式に従うような反応は起こりえない. 反応は原子の組合わせが変わるだけで, 原子は生成することも, 消滅することもない. 各原子の数は矢印の両側で同数でなければならない. この式で, 左側に O_2 分子をもう一つ入れ, 右側にもう一つ H_2O 分子を生成物として入れると釣合がとれる.

この釣合のとれた化学反応式は, 反応に関与する実際の分子の数を示している (図 6・3).

反応式を書く場合, 同じ分子はまとめて書く.

$$CH_4 + O_2 + O_2 \longrightarrow CO_2 + H_2O + H_2O$$

は次のように表される.

$$CH_4 + 2O_2 \longrightarrow CO_2 + 2H_2O$$

したがって化学反応式は反応物と生成物を表しているだけでなく, 反応に関与する物質の相対的な数も表している.

▶ **物理的状態**

物理的状態 physical state

化学反応式では, 反応に関与する化合物の分子式に加えて反応物と生成物の**物理的状態**を次の記号を用いて示す.

記号	状態
(s)	固体 (solid)
(l)	液体 (liquid)
(g)	気体 (gas)
(aq)	水溶液 (aqueous solution)

固体のカリウムが液体の水と反応して水素ガスと水酸化カリウムが生じる反応を例にあげて考えよう. この場合, 生成物である水酸化カリウムは水に溶けている. 反応物と生成物の情報から反応式を書くことができる. 固体のカリウムは K(s) で表され, 液体の水は $H_2O(l)$, 水素ガスは二原子分子なので $H_2(g)$ と書く. 水酸化カリウムは水に溶けているので KOH(aq) と書く. したがって, この反応の釣合を無視した

6・2 化学反応式　71

図6・4
カリウムと水の反応. a 反応物のカリウム(酸化を防ぐため鉱油中に保存される). b 反応物の水. c カリウムと水の反応. 反応で生じた水素 $H_2(g)$ が反応のため高温になって空気中で燃え〔酸素 $O_2(g)$ と反応し〕, 炎が生じる.

反応式は次のようになる.

　　　固体の
　　カリウム　　　水　　　　水素ガス　　水に溶けた
　　　　　　　　　　　　　　　　　　　水酸化カリウム
$$K(s) + H_2O(l) \longrightarrow H_2(g) + KOH(aq)$$

この反応を図6・4に示す.

　この反応で生成した水素は空気中の酸素と反応して, 気体の水と炎を生じる. この反応の釣合を無視した反応式は次のようになる.

$$H_2(g) + O_2(g) \longrightarrow H_2O(g)$$

これら二つの反応では多量の熱が発生する. 例題6・1では釣合を無視した反応式を書く練習をする. 次節では釣合のとれた反応式をつくる体系的な手順を説明する.

例題 6・1 化学反応式: 反応物と生成物を同定する

次の反応について釣合を無視した反応式を書け.
a. 固体の酸化水銀(II)が分解して液体の水銀と酸素が生じる.
b. 固体の炭素が酸素と反応して気体の二酸化炭素が生じる.
c. 固体の亜鉛に塩化水素の水溶液を加えると水素が水溶液から気泡となって出ていき, 塩化亜鉛が水に溶けて残る.

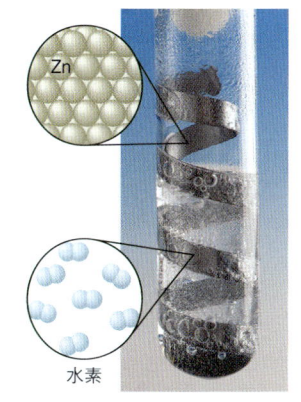

解答 a. この場合, 反応物は酸化水銀(II)だけである. 酸化水銀(II)の名称から, 陽イオンは Hg^{2+} で, 化合物全体で正味の電荷を0にするのに O^{2-} が1個必要であることがわかる. したがって, 酸化水銀(II)の化学式は HgO である. この場合固体なので HgO(s) と書く. 生成物である液体の水銀は Hg(l) と, 酸素は $O_2(g)$ (酸素はふつうの条件では二原子分子で存在する)と書く. したがって, 釣合を無視した反応式は次のようになる.

　　　　反応物　　　　　生成物
$$HgO(s) \longrightarrow Hg(l) + O_2(g)$$

b. 固体の炭素は C(s) と書ける. これが酸素 $O_2(g)$ と反応して二酸化炭素 $CO_2(g)$ が生じる. 次式は釣合のとれた反応式になっている.

　　　反応物　　　　生成物
$$C(s) + O_2(g) \longrightarrow CO_2(g)$$

c. この反応では, 固体の亜鉛 Zn(s) に塩化水素の水溶液 HCl(aq) が加えられる.

亜鉛と塩酸が反応して水素が発生する

化学こぼれ話　ボンバルディア・ビートルの護身術

「何かを吹きつけて外敵から身を守る動物の名前をあげてみよ」と言われると，ほとんどの人が"スカンク"と答えるだろう．もちろんその答は正しいがほかにもいる．それはボンバルディア・ビートルだ．この昆虫は驚くと高温の有毒な気体状の化学物質を噴射する．この賢明な昆虫はこれをどのようにして行っているのだろうか．高温の化合物を昆虫の体内にずっとたくわえておくことは明らかに無理である．その代わりに，危険にさらされると化学物質を混合して高温のガスをつくる．化学物質は二つの小室の中にたくわえられている．一つの小室に過酸化水素水 H_2O_2 とメチルヒドロキノン $C_7H_8O_2$ がたくわえられている．鍵となる反応は，過酸化水素が分解して酸素と水になる反応である．

$$2H_2O_2(aq) \longrightarrow 2H_2O(l) + O_2(g)$$

また，過酸化水素はヒドロキノンと反応して有毒ガスである化合物を生成する．

しかし，これらの反応は，ある酵素がなければそれほど速くは起こらない（酵素とは生化学反応の速度を速める物質である）．過酸化水素とヒドロキノンが酵素の存在下で混合されると，過酸化水素の分解が急速に起こり，酸素の生成によって加圧された高温の化合物が生じる．圧力が十分高くなると，高温のガスが長い一筋の流れとなって，あるいは短い強い一吹きとなって噴射される．高温のガスを正確な狙いで外敵に噴射することができる．

ボンバルディア・ビートルの自己防衛

塩化水素の水溶液は塩酸という．これらが反応物である．生成物は気体の水素 $H_2(g)$ と塩化亜鉛の水溶液である．塩化亜鉛の名称から Zn^{2+} が含まれており，正味の電荷を 0 にするのに Cl^- が 2 個必要であることがわかる．したがって，水に溶けた塩化亜鉛は $ZnCl_2(aq)$ と書ける．この反応の釣合を無視した反応式は次のようになる．

　　　　　　反応物　　　　　　　　生成物
$$Zn(s) + HCl(aq) \longrightarrow H_2(g) + ZnCl_2(aq)$$

Self-Check　練習問題 6・1　次の反応について反応物と生成物を記すとともに，状態を示す記号を含んだ釣合を無視した反応式を書け．

　a. 固体のマグネシウムと液体の水が反応して固体の水酸化マグネシウムと水素が生じる．

　b. 固体の二クロム酸アンモニウム（この化合物がわからなければ表 5・4 を参照せよ）は分解して固体の酸化クロム(III)，窒素と気体の水が生じる．

　c. 気体のアンモニアと酸素が反応して一酸化窒素と気体の水が生じる．

6・3　化学反応式の釣合をとる

目的　釣合のとれた化学反応式の書き方を学ぶ

前節で述べたように，釣合のとれていない化学反応式は反応を正しく表していない．反応式を見るときは常に釣合がとれているかどうかを考えよう．釣合をとるための原則は**化学反応式において反応の前後で原子の種類と数は変わらない**ということである．すなわち，反応では原子は生成もしないし消滅もしないで，ただ組合わせが変わるだけである．各原子の数は，反応物中と生成物中で同じである．

6·3 化学反応式の釣合をとる

化学反応式の釣合をとろうとする場合，化合物の化学式は決して変えてはならない．言いかえれば，化学式中の原子の種類や下つきの数字は変えてはならない．

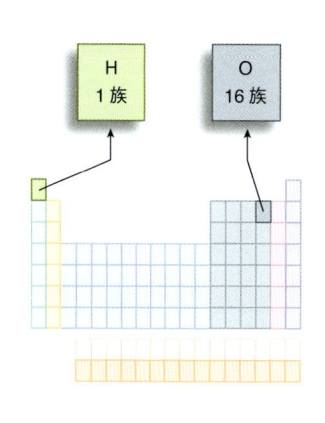

ほとんどの化学反応式は試行錯誤によって釣合がとられる．それは反応式の矢印の両側で各原子の数が同数になるような反応物の数と生成物の数が見つかるまで行われる．水素と酸素が反応して液体の水になる反応を例にとって考えよう．まず，この反応に関する記述をもとに釣合を無視した反応式を書く．

$$H_2(g) + O_2(g) \longrightarrow H_2O(l)$$

矢印の両側で原子の数を数えると，この式は釣合がとれていないことがわかる．

$$H_2(g) + O_2(g) \longrightarrow H_2O(l)$$

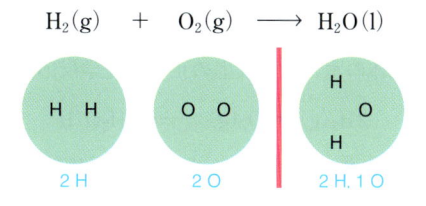

反応物	生成物
2H	2H
2O	1O

反応物中の酸素原子の数は生成物中のそれより1個多い．原子は生成することも消滅することもなく，反応物の化学式も生成物の化学式も変えることができないので，反応物か生成物のどちらか，あるいはこれら両方に分子を加えることでしか釣合をとることはできない．上の反応式の場合，矢印の右側に酸素原子がもう1個必要なので酸素原子を1個含む水分子を1個加える．このようにしてもう一度原子の数を数える．

$$H_2(g) + O_2(g) \longrightarrow H_2O(l) + H_2O(l)$$

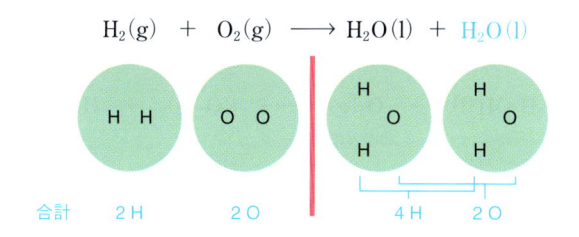

反応物	生成物
2H	4H
2O	2O

酸素原子については釣合がとれたが，今度は水素原子の釣合がとれなくなった．左側より右側に水素原子が多くなった．これを解決するには水素分子 H_2 を1個反応物側に加える必要がある．

$$H_2(g) + H_2(g) + O_2(g) \longrightarrow H_2O(l) + H_2O(l)$$

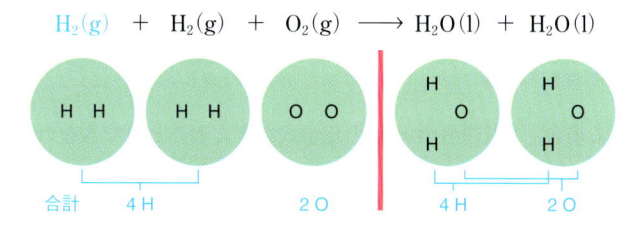

反応物	生成物
4H	4H
2O	2O

このようにすることにより反応式は釣合がとれ，矢印の両側で水素原子と酸素原子がともに同数になる．同じ分子をまとめると，釣合のとれた反応式は次のように表すことができる．

$$2H_2(g) + O_2(g) \longrightarrow 2H_2O(l)$$

次に，この釣合のとれた反応式のすべての項を2倍すれば，どのようになるかを考

6. 化学反応: 入門

えよう.

$$2 \times [2H_2(g) + O_2(g) \longrightarrow 2H_2O(l)]$$
$$4H_2(g) + 2O_2(g) \longrightarrow 4H_2O(l)$$

この反応式も釣合がとれている．実際，釣合のとれたもとの式のすべての項にある数を掛けて，あるいはある数で割って得られる式も釣合のとれた式になる．このように，一つの化学反応で釣合のとれた反応式をいくつも書くことができる．これらの反応式のうちのどれか一つの式ですべての反応式を代表することができないだろうか．それは可能である．

その反応式として，反応物中と生成物中の分子の前の整数の組が最も小さい整数の組になるような式が選ばれるのが慣例であり，これらの整数は**係数**とよばれる．したがって，水素と酸素が液体の水になる反応の正しい化学反応式は次式で表される．

係数 coefficient

$$2H_2(g) + O_2(g) \longrightarrow 2H_2O(l)$$

各化合物に対してそれぞれ 2, 1 (1 は書かない), 2 の係数が，釣合のとれた反応式を与える最も小さい整数の組である．

次に，エタノール C_2H_5OH と酸素が反応して二酸化炭素と水が生じる反応を考えよう．この反応は，"ガソホール"とよばれるガソリンとエタノールの混合物をエンジン中で燃焼させるときに起こる反応である．

ガソホール gasohol

まず反応に関する記述から反応物と生成物が何であるかを決めることから始める．この反応では，液体のエタノール $C_2H_5OH(l)$ と気体の酸素 $O_2(g)$ が反応して気体の二酸化炭素 $CO_2(g)$ と気体の水 $H_2O(g)$ が生成する．したがって，釣合を無視した反応式は次のように書くことができる．

$$\underset{\text{液体の} \atop \text{エタノール}}{C_2H_5OH(l)} + \underset{\text{気体の酸素}}{O_2(g)} \longrightarrow \underset{\text{気体の} \atop \text{二酸化炭素}}{CO_2(g)} + \underset{\text{気体の水}}{H_2O(g)}$$

反応式中の分子のうち，最も多くの種類の元素を含んだ複雑な分子から始めるのが最善の策である．ここでは C_2H_5OH が最も複雑な分子なので C_2H_5OH 中にある原子を含む生成物を考える．まず炭素原子から始めよう．炭素原子を含む生成物は CO_2 だけである．C_2H_5OH は 2 個の炭素原子を含むので，炭素原子について釣合をとるために CO_2 の前に係数 2 をつける．

釣合のとれた反応式を得るには最も複雑な分子から始める．

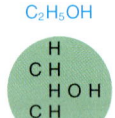

$$\underset{\text{炭素原子が2個}}{C_2H_5OH(l)} + O_2(g) \longrightarrow \underset{\text{炭素原子が2個}}{2CO_2(g)} + H_2O(g)$$

式の釣合をとる場合，反応物や生成物の化学式を変えることはできないので，化学式の前に係数をつけることしかできない．

次に水素原子について考える．水素原子を含む生成物は H_2O である．C_2H_5OH は 6 個の水素原子を含むので，矢印の右側にも 6 個の水素原子が必要である．1 個の H_2O 分子は水素原子 2 個を含むので 6 個の水素原子にするには 3 個の水分子が必要である．したがって，H_2O の前に係数 3 をつける．

$$C_2H_5OH(l) + O_2(g) \longrightarrow 2CO_2(g) + 3H_2O(g)$$
$$\underset{\underset{6H}{(5+1)H}}{\uparrow\ \uparrow} \qquad\qquad\qquad \underset{\underset{6H}{(3\times 2)H}}{\uparrow}$$

最後に酸素原子の数を数える．左側には C_2H_5OH 中の 1 個と O_2 中の 2 個をあわせて 3 個の酸素原子があり，これに対して右側には $2CO_2$ 中の 4 個と $3H_2O$ 中の 3 個をあわせて 7 個の酸素原子がある．ここで左側の O_2 を 3 個にすると，酸素原子についても釣合がとれる．すなわち，釣合のとれた反応式にするには，O_2 の前に係数 3 をつける．

$$C_2H_5OH(l) + 3O_2(g) \longrightarrow 2CO_2(g) + 3H_2O(g)$$

$$\underbrace{1\,O \quad (3 \times 2)\,O}_{7\,O} \quad \underbrace{(2 \times 2)\,O \quad 3\,O}_{7\,O}$$

ここで一つの疑問が生じる．酸素原子の釣合をとるのになぜ左側の O_2 を選んだのだろうか．同じく酸素原子をもつ C_2H_5OH をなぜ選ばなかったのだろうか．この疑問に対する答は，もし C_2H_5OH の前の係数を変えると水素原子と炭素原子のおのおのの釣合に影響を及ぼすことになるからである．最後に，反応式の釣合がとれているかどうかを確認するために，すべての原子について数を数え直さなければならない．

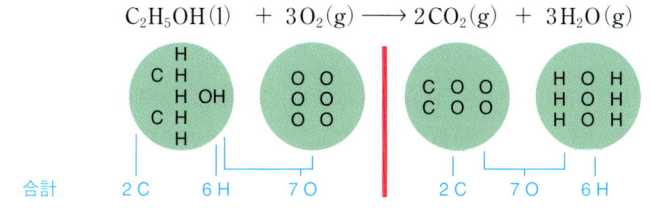

$$C_2H_5OH(l) + 3O_2(g) \longrightarrow 2CO_2(g) + 3H_2O(g)$$

反応物	生成物
2 C	2 C
6 H	6 H
7 O	7 O

各原子の数が矢印の両側で同数であり，この式は釣合がとれている．最後にこれらの係数が釣合のとれた式を与える最も小さい整数の組であることも確かめよう．

化学反応式を書いてその釣合をとる過程はいくつかの手順からなる．

化学反応式の釣合をとる手順

手順 1 化学反応に関する記述から，反応物は何で，生成物は何であるか，またそれらの状態は何かを読取り，それらに対応した化学式を書く．

手順 2 手順 1 の情報をもとに釣合を無視した反応式を書く．

手順 3 試行錯誤で釣合をとっていく．最も複雑な分子から始める．原子ごとに釣合をとり，各原子について反応物側と生成物側の両側でその数が同数になるように各分子の係数を決定する．

手順 4 手順 3 で決めた係数を使った場合，各原子の数が矢印の両側で同じになるかを確認する．また，その係数が釣合のとれた反応式を与える最も小さい整数の組であるかを確認する．そのためには，すべての係数を同じ整数で割ったとき，より小さい整数の組になるかどうかを調べればよい．

例題 6・2 化学反応式の釣合をとる 1

次に述べる反応について，釣合を無視した反応式と釣合のとれた反応式を書け．
反応：固体のカリウムと液体の水が反応して水素と水酸化カリウムが生じる．その水酸化カリウムは水に溶解している．

解答
手順 1 化学反応に関する記述から，反応物は固体のカリウム $K(s)$ と液体の水 $H_2O(l)$

であることがわかる．生成物は水素 $H_2(g)$ と水に溶解した水酸化カリウム $KOH(aq)$ である．

手順 2 この反応に対する釣合を無視した反応式は，

$$K(s) + H_2O(l) \longrightarrow H_2(g) + KOH(aq)$$

となる．

手順 3 反応物にも生成物にも複雑な分子はないが，KOH が最も多くの原子（3個）を含むのでこれから始める．手順 2 の式の生成物側には水素原子が3個あるが，反応物側には2個しかないことに着目しよう．もし H_2O と KOH の両方の前に係数2をつけると，各側での水素原子の数は4個ずつとなる．

$$K(s) + \underset{4H}{2H_2O(l)} \longrightarrow \underset{2H}{H_2(g)} + \underset{2H}{2KOH(aq)}$$

酸素原子も釣合がとれている．

$$K(s) + \underset{2O}{2H_2O(l)} \longrightarrow H_2(g) + \underset{2O}{2KOH(aq)}$$

しかし，カリウム原子については左側には1個，右側には2個なので釣合がとれていない．ここで，K(s) の前に係数2をつけることで次に示す釣合のとれた反応式を得ることができる．

$$2K(s) + 2H_2O(l) \longrightarrow H_2(g) + 2KOH(aq)$$

手順 4 確認：矢印の両側にはそれぞれ 2K, 4H, 2O があり，この反応式の係数は釣合のとれた式を与える最も小さい整数の組である．このことは，すべての係数を同じ整数で割っても，より小さい整数の係数の組が得られないことから明らかである．たとえば，ここで上の反応式のすべての係数を2で割ると次式が得られる．

$$K(s) + H_2O(l) \longrightarrow (1/2)H_2(g) + KOH(aq)$$

反応物	生成物
2 K	2 K
4 H	4 H
2 O	2 O

この式は，H_2 の係数が整数でないので適当ではない．

例題 6・3 化学反応式の釣合をとる 2

約 1000 °C でアンモニアガスは酸素と反応して気体の一酸化窒素と気体の水になる．この反応について，釣合を無視した反応式と釣合のとれた反応式を書け．

解答

手順 1 反応物はアンモニアガス $NH_3(g)$ と酸素 $O_2(g)$ である．生成物は気体の一酸化窒素 $NO(g)$ と気体の水 $H_2O(g)$ である．

手順 2 この反応に対する釣合を無視した反応式は次のように書ける．

$$NH_3(g) + O_2(g) \longrightarrow NO(g) + H_2O(g)$$

反応物	生成物
1 N	1 N
3 H	2 H
2 O	2 O

手順 3 この反応式には複雑な分子は見当たらない．原子の種類が2個の分子が三つあるが，NH_3 から始めることにする．NH_3 の係数を2とし，H_2O の係数を3とすると，矢印の両側で水素原子の数は6個ずつとなる．

$$\underset{6H}{2NH_3(g)} + O_2(g) \longrightarrow NO(g) + \underset{6H}{3H_2O(g)}$$

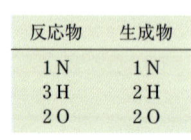

NO の係数を 2 にすると，窒素原子は釣合がとれる．

$$2\text{NH}_3(\text{g}) + \text{O}_2(\text{g}) \longrightarrow 2\text{NO}(\text{g}) + 3\text{H}_2\text{O}(\text{g})$$
$$\underbrace{\phantom{2\text{NH}_3}}_{2\text{N}} \qquad\qquad \underbrace{\phantom{2\text{NO}}}_{2\text{N}}$$

酸素原子については矢印の左側には 2 個，右側には 5 個なので釣合がとれていない．ここで，$(5/2) \times \text{O}_2$ で酸素原子は 5 個となるので，O_2 の係数を 5/2 とすることで酸素原子の釣合をとることができる．

$$2\text{NH}_3(\text{g}) + 5/2\,\text{O}_2(\text{g}) \longrightarrow 2\text{NO}(\text{g}) + 3\text{H}_2\text{O}(\text{g})$$
$$\underbrace{\phantom{5/2\text{O}_2}}_{5\text{O}} \quad \underbrace{\phantom{2\text{NO}}}_{2\text{O}} \quad \underbrace{\phantom{3\text{H}_2\text{O}}}_{3\text{O}}$$

しかし，係数は整数でなければならないので式全体を 2 倍する必要がある．

$$2 \times [2\text{NH}_3(\text{g}) + 5/2\,\text{O}_2(\text{g}) \longrightarrow 2\text{NO}(\text{g}) + 3\text{H}_2\text{O}(\text{g})]$$

あるいは

$$2 \times 2\text{NH}_3(\text{g}) + 2 \times (5/2)\,\text{O}_2(\text{g}) \longrightarrow 2 \times 2\text{NO}(\text{g}) + 2 \times 3\text{H}_2\text{O}(\text{g})$$
$$4\text{NH}_3(\text{g}) + 5\text{O}_2(\text{g}) \longrightarrow 4\text{NO}(\text{g}) + 6\text{H}_2\text{O}(\text{g})$$

手順 4 確認: 矢印の両側にはそれぞれ 4N, 12H, 10O があり，反応式は釣合がとれている．これらの係数は釣合のとれた式を与える最も小さい整数の組である．すなわち，これらの係数を同じ整数で割ってもより小さい整数にはならない．

反応物	生成物
4 N	4 N
12 H	12 H
10 O	10 O

練習問題 6・2 高圧下，25 ℃ で液体であるプロパン C_3H_8 を貯蔵タンクから出すと気体のプロパンに変わる．この気体のプロパンは酸素と反応（燃焼）して気体の二酸化炭素と気体の水になる．この反応の化学反応式を書き，釣合がとれるように係数をつけよ．

例題 6・4 化学反応式の釣合をとる 3

ガラスを装飾するのに，その表面をエッチングする．エッチングは，フッ酸（HF の水溶液）がガラスの成分である二酸化ケイ素と反応して気体の四フッ化ケイ素と液体の水が生じることで起こる．この反応に対して釣合のとれた反応式を書け．

解答

手順 1 反応に関する記述から，反応物は

$$\text{フッ酸 HF(aq)} \quad \text{と} \quad \text{固体の二酸化ケイ素 SiO}_2(\text{s})$$

生成物は

$$\text{気体の四フッ化ケイ素 SiF}_4(\text{g}) \quad \text{と} \quad \text{液体の水 H}_2\text{O(l)}$$

手順 2 釣合を無視した反応式は次のように書ける．

$$\text{SiO}_2(\text{s}) + \text{HF(aq)} \longrightarrow \text{SiF}_4(\text{g}) + \text{H}_2\text{O(l)}$$

手順 3 この式でどれが最も複雑な分子かを選ぶのはむずかしい．SiF_4 に含まれる原子から始めることにする．ケイ素は矢印の両側に 1 個ずつあるので釣合がとれているが，フッ素はとれていない．フッ素の釣合をとるために，HF の前の係数を 4 にする必要がある．

$$\text{SiO}_2(\text{s}) + 4\text{HF(aq)} \longrightarrow \text{SiF}_4(\text{g}) + \text{H}_2\text{O(l)}$$

水素原子も酸素原子も釣合がとれていない．水素原子については矢印の左側に 4 個，

反応物	生成物
1 Si	1 Si
1 H	2 H
1 F	4 F
2 O	1 O

反応物	生成物
1 Si	1 Si
4 H	2 H
4 F	4 F
2 O	1 O

右側に 2 個あるので H_2O の係数を 2 とする．

$$SiO_2(s) + 4HF(aq) \longrightarrow SiF_4(g) + 2H_2O(l)$$

これで，水素原子（矢印の両側に 4 個ずつ）についても酸素原子（両側に 2 個ずつ）についても釣合がとれている．

手順 4 確認： $SiO_2(s) + 4HF(aq) \longrightarrow SiF_4(g) + 2H_2O(l)$

合計　1Si, 2O, 4H, 4F　⟶　1Si, 4F, 4H, 2O

反応物	生成物
1 Si	1 Si
4 H	4 H
4 F	4 F
2 O	2 O

すべての原子について調べることで，この反応式の釣合がとれていることを確認する．

Self-Check

練習問題 6・3 次の反応について釣合のとれた反応式を書け．
 a. 固体の亜硝酸アンモニウムを加熱すると，窒素と水蒸気が生じる．
 b. 気体の一酸化窒素が分解すると一酸化二窒素と二酸化窒素が生じる．
 c. 硝酸が分解すると赤褐色の二酸化窒素と液体の水と酸素が生じる*．

＊ これが硝酸の入ったびんを置いておくと黄色くなる理由である．

まとめ

1. 化学反応が起こると色の変化，固体の生成，気泡の発生，熱や炎の発生など何らかのシグナルが出る．
2. 化学反応式は化学反応を表す．反応物を矢印の左側に書き，右側には生成物を書く．反応では原子は生成することも消滅することもなく，組合わせが変わるだけである．釣合のとれた反応式は反応物の分子と生成物の分子の相対的な数を表している．
3. 化学反応式の釣合をとる手順は次のとおりである．まず反応物と生成物が何かを同定し，その化学式を書く．次に釣合を無視した反応式を書く．その後，最も複雑な分子から始めて，試行錯誤によって釣合をとるようにする．最後に式の釣合がとれているかを確認する．

水溶液中の反応

7

- 7・1 反応が起こるかどうかを予測する
- 7・2 固体が生成する反応
- 7・3 水溶液中の反応を表す
- 7・4 水を生じる反応：酸と塩基
- 7・5 金属と非金属の反応：酸化と還元
- 7・6 反応を分類する方法
- 7・7 反応を分類するその他の方法

塩素と臭化カリウムの水中での反応

われわれにとって最も重要な化学反応は水溶液中で起こる．すなわち，生命を維持する化学反応はすべて体内にある水媒体の中で起こる．たとえば，呼吸によって取入れられた酸素は血液中に溶け，そこで赤血球細胞中のヘモグロビンと結びついて細胞へ輸送される．細胞内では口から摂取した食物と酸素が反応して生命活動のエネルギーを生産する．しかし，細胞は小さな炉ではない．燃料である食物と酸素が直接反応するのでなく，電子が食物から一連の分子に次つぎに移動して最後に酸素に到達する．この過程は呼吸鎖とよばれる．ほかにも重要な反応がたくさんある．化学を勉強していくと，このような多くの例を目にすることになる．

本章では，水中で起こるいくつかの反応について学ぶとともに，これらの反応を起こす駆動力について述べる．さらに，これらの反応で生成する物質をどのように予測し，反応をどのように化学反応式で表すかについても学ぶ．

7・1 反応が起こるかどうかを予測する

目的 反応を起こすいくつかの要因について学ぶ

すでに多くの化学反応をみてきた．本節では，なぜ化学反応が起こるのか，何が原因で反応物から生成物が生じるのかなど重要な疑問について考えてみよう．化学者たちは反応について研究していくうちに，反応物から生成物を生じさせようとする"傾向"があることに気がついた．いいかえると，反応物を生成物のほうへ向かわせようとする，すなわち矢印の方向に反応を進めようとする駆動力がいくつかあることに気がついたのである．最も一般的な駆動力として次の四つをあげることができる．

1. 固体の生成
2. 水の生成
3. 電子の移動
4. 気体の生成

二つ以上の化学物質が出会って，四つのうちのどれかが起これば，化学変化（化学反応）が起こる．したがって，反応物の組合わせをみて反応が起こるかどうか，また，どのような生成物が生じるかを予測する場合，上にあげた駆動力を考慮すればよい．これらの駆動力は，新しい反応に直面したとき何が起こるかを考える手助けとなる．

マッチの燃焼はいくつもの化学反応である

7・2 固体が生成する反応

目的 沈殿反応において生成する固体を同定する

化学反応の駆動力の一つに固体の生成がある．この過程は**沈殿**とよばれ，生成する固体を**沈殿物**，反応を**沈殿反応**という．たとえば，無色の硝酸バリウム水溶液 Ba(NO$_3$)$_2$(aq) に黄色のクロム酸カリウム水溶液 K$_2$CrO$_4$(aq) を加えると，黄色の固体が生じる（図7・1）．固体が生じるという事実は，反応，すなわち，化学変化が起こったことを示す．

$$\text{反応物} \longrightarrow \text{生成物}$$

この化学変化を表す反応式はどのように書けるだろうか．反応式を書くには反応物と生成物を知らなければならない．反応物は K$_2$CrO$_4$(aq) と Ba(NO$_3$)$_2$(aq) である．生成物については，得られる黄色の固体は何なのかを予測しなければならないが，その最善の手段は，生成物として生じる可能性のあるものは何かをまず考えることである．このためには，反応溶液中にどのような化学種が存在するかを知る必要がある．まず，水溶液中のそれぞれの反応物の性質について考えてみよう．

▶ イオン化合物が水に溶けると何が起こるか

Ba(NO$_3$)$_2$(aq) の表記は硝酸バリウム（白色固体）が水に溶けていることを表している．化学式から硝酸バリウムは Ba^{2+} と NO$_3^-$ からなることがわかる．実際ほとんどの場合，イオンからなる固体が水に溶けるとイオンに解離して動き回る．すなわち，硝酸バリウム水溶液には Ba(NO$_3$)$_2$ というものは存在せず，これが解離して Ba^{2+} と NO$_3^-$ という二つのイオンが存在する．溶液中には Ba^{2+} 1個に対して NO$_3^-$ が 2個ある．この溶液が電気伝導性を示すことから，解離したイオンが溶液中に存在することがわかる（図7・2）．純水は電気伝導性を示さない．伝導性を示すためには水中にイオンが存在しなければならない．

物質が水に溶けたとき，ほとんど完全に陽イオンと陰イオンに解離する物質を**強電解質**という．硝酸バリウムは解離してイオン（Ba^{2+}, NO$_3^-$, NO$_3^-$）を生じるので強電解質である．

同様に，K$_2$CrO$_4$ も強電解質である．クロム酸カリウムは K$^+$ と CrO$_4^{2-}$ からなり，この化合物を水に溶かした水溶液は解離したこれらのイオンを含む．すなわち，クロム酸カリウム水溶液には K$_2$CrO$_4$ というものは存在せず，K$^+$ と CrO$_4^{2-}$ の2種類のイオンが存在し，これらは独立に動き回っている（1個の CrO$_4^{2-}$ に対して2個の K$^+$

沈殿 precipitation
沈殿物 precipitate
沈殿反応 precipitation reaction

aq は水溶液を表す．

図7・1 無色の硝酸バリウム水溶液に黄色のクロム酸カリウム水溶液を加えたとき起こる沈殿反応

強電解質 strong electrolyte

図7・2 水溶液の電気伝導性．**a** 純水は電気を通さないので，ランプは点灯しない．**b** イオン化合物を水に溶かすと電流が流れてランプが点灯する．この実験結果より，水に溶けたイオン化合物は解離してイオンの形で存在することがわかる．

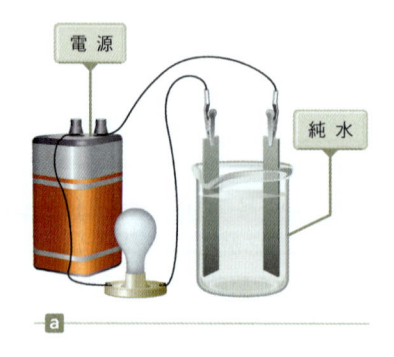

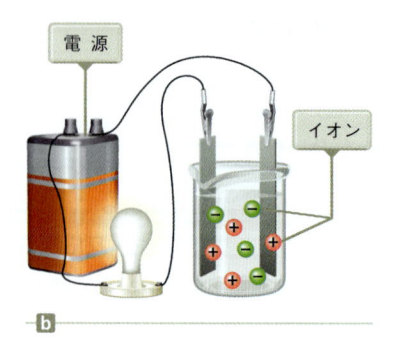

がある).

　イオン化合物が水に溶けると，その水溶液には解離したイオンが存在するという概念は非常に重要である．したがって，$K_2CrO_4(aq)$ と $Ba(NO_3)_2(aq)$ を混合した状態は二つの方法で表現することができる．一つは次のような表現である．

$$K_2CrO_4(aq) + Ba(NO_3)_2(aq) \longrightarrow 生成物$$

しかし，より状態を正確に表したもう一つの表現法は次のとおりである．

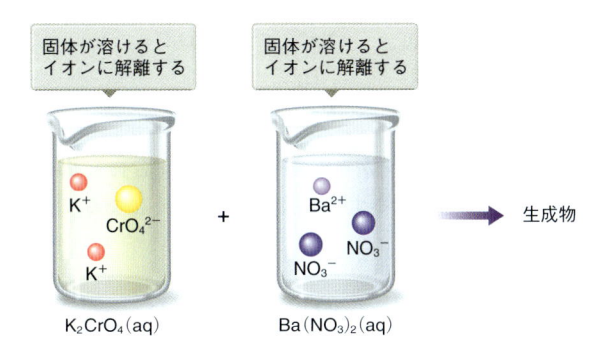

この状態を式を用いて表すと

$$\underbrace{2K^+(aq) + CrO_4^{2-}(aq)}_{K_2CrO_4(aq)\ 中のイオン} + \underbrace{Ba^{2+}(aq) + 2NO_3^-(aq)}_{Ba(NO_3)_2(aq)\ 中のイオン} \longrightarrow 生成物$$

このように，混合した溶液は K^+, CrO_4^{2-}, Ba^{2+}, NO_3^- の4種類のイオンを含む．反応物が何であるかがわかったところで，次に生じる可能性のある生成物について考えよう．

▶ **生成物を決める方法**

　K_2CrO_4 と $Ba(NO_3)_2$ の水溶液を混ぜたとき，K^+, CrO_4^{2-}, Ba^{2+}, NO_3^- の4種類のイオンのうちどのイオンどうしが結合して黄色の固体を生じるのだろうか．この疑問に答えるのは容易ではない．経験を積んだ化学者でさえ，初めて見る反応でどのようなことが起こるかについて自信をもって答えることはできない．ただ，化学者はいろいろな可能性を考え，それらの可能性について起こりそうかどうかの見込みをつけて予測を立てることはできる．そして，生成物が何であるかを実際に実験して確かめた後で初めてどのようなことが起こったかについて自信をもって答えることができる．生成物として最も可能性のあるものは何かを予測することは非常に有用である．これが問題を解決するきっかけとなるからである．考えを進めていくうえで最善の方法は，まずいろいろな可能性を考え，そのなかで最も起こりそうなことを決めることである．

　$K_2CrO_4(aq)$ と $Ba(NO_3)_2(aq)$ の反応で生じる可能性がある生成物は何だろうか．もっと正確にいうと，K^+, CrO_4^{2-}, Ba^{2+}, NO_3^- のイオン間でどのような反応が起こるだろうか．これを決める手掛かりとなるいくつかのことがらをすでに学んできたし，固体の化合物の正味の電荷が0でなければならないことも知っている．正味の電荷が0であることは，反応で生じる生成物が陰イオンと陽イオン（負の電荷と正の電荷）を含んでいなければならないことを意味する．したがって，K^+ と Ba^{2+} は陽イオンどうしなので結合して固体はつくることはない．同様に，CrO_4^{2-} と NO_3^- は陰イオ

ンどうしなので結合して固体をつくることはない.

そのほかの手掛かりは,化学者たちが多くの化合物を調べることで得た観察あるいは知識である.たとえば,ほとんどのイオン化合物は2種類のイオン,すなわち,ある種の陽イオンとある種の陰イオンしか含んでいない.この例を次に示す.

化合物	陽イオン	陰イオン
NaCl	Na^+	Cl^-
KOH	K^+	OH^-
Na_2SO_4	Na^+	SO_4^{2-}
NH_4Cl	NH_4^+	Cl^-
Na_2CO_3	Na^+	CO_3^{2-}

K^+, CrO_4^{2-}, Ba^{2+}, NO_3^- のイオンから電荷をもたない化合物を形成する可能性のある陽イオンと陰イオンの組合わせをすべて示すと次のようになる.

	NO_3^-	CrO_4^{2-}
K^+	KNO_3	K_2CrO_4
Ba^{2+}	$Ba(NO_3)_2$	$BaCrO_4$

したがって,固体になるかもしれない化合物は次の四つである.

$$K_2CrO_4 \quad KNO_3 \quad BaCrO_4 \quad Ba(NO_3)_2$$

これらのなかで黄色の固体になりそうなものはどれだろうか.K_2CrO_4 や KNO_3 は反応物であるのでその可能性はない.可能性として残るのは KNO_3 と $BaCrO_4$ だけである.このどちらであるかを決めるにはさらに知識が必要である.たとえば,KNO_3 は白色固体で,CrO_4^{2-} は黄色であることがわかっている.したがって,黄色の固体は $BaCrO_4$ である可能性がきわめて高いことになる.

$K_2CrO_4(aq)$ と $Ba(NO_3)_2(aq)$ の反応で生じる生成物の一つが $BaCrO_4(s)$ であることがわかったが,K^+ と NO_3^- はどうなっているのだろうか.これらのイオンは溶液中に残っているというのがこの答である.すなわち,K^+ と NO_3^- が水中に存在していても,これらから KNO_3 は生成しない.いいかえれば,白色固体の $KNO_3(s)$ を水中に入れると完全に溶けてしまう(白色固体は消え,無色の溶液となる).したがって,$K_2CrO_4(aq)$ と $Ba(NO_3)_2(aq)$ を混合すると $BaCrO_4(s)$ が生じ,KNO_3 は溶液中に残る〔これは $KNO_3(aq)$ と書く〕.$BaCrO_4(s)$ と $KNO_3(aq)$ の混合物を沪過して $BaCrO_4(s)$ を取除いたのち水を完全に蒸発させると,白色固体の KNO_3 が得られる.

以上のことから,この沈殿反応の釣合を無視した反応式は次のように書ける.

$$K_2CrO_4(aq) + Ba(NO_3)_2(aq) \longrightarrow BaCrO_4(s) + KNO_3(aq)$$

図で示すと

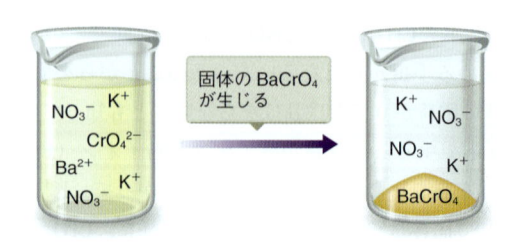

K$^+$ と NO$_3^-$ は化学変化には関与していないことに注意しよう．これらのイオンは反応の前後いずれにおいても水中に分散して存在している．

▶ **溶解性に関する規則を用いる**

上に示した例では最終的に二つの化学的知識を使って反応の生成物を決めた．

1. 事実に基づく知識
2. 概念に基づく知識

たとえば，化合物の色についての知識は事実に基づく知識であり，非常に有用である．固体の正味の電荷は常に0であるとする概念に基づく知識もまた必須である．これら二つの知識を使うことで生成する固体をほぼ予測することができる．化学の勉強を進めていくと，これら二つの知識の釣合をうまくとることが大切であることがわかる．重要な事実は記憶しなければならないし，重要な概念はしっかりと理解しなければならない．

上の例では固体が生成する反応，すなわち水に溶けているイオンどうしが結合して固体をつくる過程を取扱っている．生成する固体では，正のイオンと負のイオンが正味の電荷を0にするような相対的な数で存在していなければならないことがわかっている．しかし，上で取上げた K$^+$ と NO$_3^-$ の場合のように，水中にある反対の電荷をもつイオンどうしが必ずしも反応して固体を生成するとは限らない．Na$^+$ と Cl$^-$ との間でも，固体を生成することなく二つのイオンが水中で共存する．いいかえると，固体の NaCl (食塩) を水に入れると溶解する．すなわち，白色固体は消えて Na$^+$ と Cl$^-$ が水中全体に分散する (この現象は食物を料理するのに食塩水をつくる場合に観察することができる)．次の二つの文章は実は同じことを述べている．

1. 固体の NaCl は水によく溶ける
2. Na$^+$ を含む溶液に Cl$^-$ を含む別の溶液を混ぜても固体の NaCl は生成しない

溶けた2種類のイオンが固体を生成するかどうかを予測するには，いろいろなイオン化合物の溶解度について知っていなければならない．本書では，水に容易に溶ける固体を示す用語として**可溶性固体**ということばを使う．**不溶性固体**と**難溶性固体**はほとんど同じ意味で使われ，裸眼では確認できないほどのわずかな量しか水に溶けない固体に対して使われる．表7・1にまとめた一般的な固体の溶解性に関する情報は多くの化合物の溶解挙動の観察結果に基づいている．この表は，固体が生成するかもしれない化学反応でどのようなことが起こるかを予測する場合に役に立つ．この情報を図7・3にまとめる．

可溶性固体 soluble solid
不溶性固体 insoluble solid
難溶性固体 slightly soluble solid

表 7・1 25 ℃ の水に対するイオン化合物 (塩) の溶解性に関する一般則

1. 硝酸塩 (NO$_3^-$) はよく溶ける
2. Na$^+$, K$^+$, NH$_4^+$ の塩はよく溶ける
3. 塩化物はよく溶けるが，AgCl, PbCl$_2$, Hg$_2$Cl$_2$ は例外である
4. 硫酸塩はよく溶けるが，BaSO$_4$, PbSO$_4$, CaSO$_4$ は例外である
5. 水酸化物はほとんど溶けない．例外として NaOH, KOH, Ba(OH)$_2$ はよく溶け，Ca(OH)$_2$ はある程度は溶ける
6. 硫化物 (S^{2-})，炭酸塩 (CO$_3^{2-}$)，リン酸塩 (PO$_4^{3-}$) はほとんど溶けない

図 7・3 一般的な化合物の溶解性

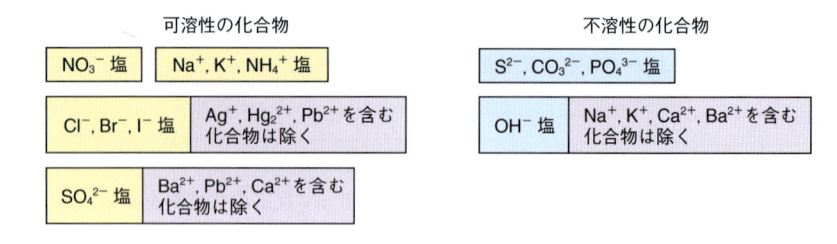

可溶性の化合物
- NO₃⁻ 塩
- Na⁺, K⁺, NH₄⁺ 塩
- Cl⁻, Br⁻, I⁻ 塩 … Ag⁺, Hg₂²⁺, Pb²⁺ を含む化合物は除く
- SO₄²⁻ 塩 … Ba²⁺, Pb²⁺, Ca²⁺ を含む化合物は除く

不溶性の化合物
- S²⁻, CO₃²⁻, PO₄³⁻ 塩
- OH⁻ 塩 … Na⁺, K⁺, Ca²⁺, Ba²⁺ を含む化合物は除く

塩 salt

表7・1と図7・3で使われている**塩**という用語はイオン化合物を意味する．化学者の多くは塩とイオン化合物を区別することなく使っている．例題7・1で反応生成物を予測するのに溶解性に関する規則をどのように使うかについて説明する．

例題 7・1　固体が生成する反応で沈殿物を決める

塩化カリウム水溶液に硝酸銀の水溶液を加えると白色固体が生じる．この白色固体が何であるかを決定し，この反応の釣合のとれた反応式を書け．

解答　反応に関する記述から次の反応式が書ける．

$$AgNO_3(aq) + KCl(aq) \longrightarrow 白色固体$$

白色固体が何であるかを決めるには，混合溶液中にどのようなイオンが存在するかを知らなければならない．それにはイオン化合物が水に溶けるとイオンに解離することを思い出さなければならない．式で示すと

$$\underbrace{Ag^+(aq) + NO_3^-(aq)}_{AgNO_3(aq) 中のイオン} + \underbrace{K^+(aq) + Cl^-(aq)}_{KCl(aq) 中のイオン} \longrightarrow 生成物$$

図で示すと

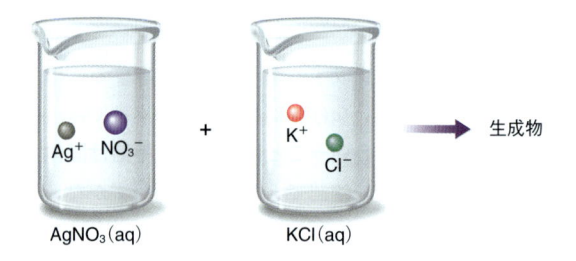

	NO₃⁻	Cl⁻
Ag⁺	AgNO₃	AgCl
K⁺	KNO₃	KCl

反応前の混合溶液中に存在するイオンを表すと

となる．ここで，これらのイオンの集まりからどのような固体が生じる可能性があるかを考えよう．固体は正のイオンと負のイオンを含んでいなければならないので，こ

れらのイオンの集まりから組合わせてできる化合物は次の四つである.

$$AgNO_3 \quad AgCl \quad KNO_3 \quad KCl$$

$AgNO_3$ と KCl は反応溶液中にすでに溶けている物質なので，白色固体の生成物には該当しない．残る可能性は次の二つである．

$$AgCl \quad KNO_3$$

これら二つの可能性を見つけるもう一つの方法はイオンの交換によるものである．これは，$AgNO_3(aq)$ と KCl(aq) の反応において，一つの反応物から陽イオンを取出し，もう一つの反応物中の陰イオンと結びつける方法である．

$$Ag^+(aq) + NO_3^-(aq) + K^+(aq) + Cl^-(aq) \longrightarrow 生成物$$

可能性のある固体生成物

このイオンの交換による方法を用いても固体の可能性のある二つの化合物が得られる．

$$AgCl \quad あるいは \quad KNO_3$$

白色固体が AgCl か KNO_3 のいずれであるかを決めるためには表 7・1 に示した溶解性に関する規則が必要である．規則 2 によると K^+ を含むほとんどの化合物は水に溶け，規則 1 では硝酸塩（NO_3^- を含む塩）のほとんどが可溶性であると述べられている．これら二つの規則によると，塩である KNO_3 は水に溶ける．すなわち，K^+ と NO_3^- が水中で共存していても KNO_3 は生じない．

一方，規則 3 ではほとんどの塩化物塩（Cl^- を含む塩）は可溶性であるが，AgCl は例外とある．すなわち，AgCl は水に溶けない．したがって，白色固体は AgCl であることがわかり，反応式は次のように書ける．

$$AgNO_3(aq) + KCl(aq) \longrightarrow AgCl(s) + ?$$

そのほかの生成物は何だろうか．AgCl の生成には Ag^+ と Cl^- が用いられた．

$$Ag^+(aq) + NO_3^-(aq) + K^+(aq) + Cl^-(aq) \longrightarrow AgCl(s)$$

K^+ と NO_3^- が残っているが，これらのイオン間では何も起こらない．KNO_3 は水によく溶ける（規則 1 と 2）ので，K^+ と NO_3^- は水中で分かれて存在している．KNO_3 は溶けているので $KNO_3(aq)$ と書く．全体の反応式は次のように書ける．

$$AgNO_3(aq) + KCl(aq) \longrightarrow AgCl(s) + KNO_3(aq)$$

図 7・4 に AgCl(s) の沈殿が生じる様子を示す．反応を図で示すと次のようになる．

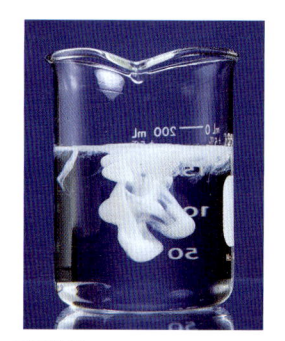

図 7・4
硝酸銀水溶液と塩化カリウム水溶液を混ぜたときに起こる塩化銀の沈殿反応

塩の水溶液を 2 種類混ぜたときに起こることを予測する場合に次に示す方法が役に立つ．

2種類のイオン化合物の溶液を混合したときに生じる沈殿物を予測する方法

手順 1 反応が起こる前に存在する反応物を書く．この場合，塩が溶けるとそれぞれのイオンに解離することに注意しよう．

手順 2 生成する可能性のある固体を考える．このためには，加えた塩の陰イオンを交換するのが簡単である．

手順 3 溶解性に関する規則（表7·1）を用いて，固体が生じるかどうかを決定する．

例題 7·2 反応の生成物を予測するのに溶解性に関する規則を使う

表7·1の規則を用いて，2種類の水溶液を混ぜたときに何が起こるかを予測せよ．起こる反応を釣合のとれた反応式で示せ．

a. $KNO_3(aq)$ と $BaCl_2(aq)$
b. $Na_2SO_4(aq)$ と $Pb(NO_3)_2(aq)$
c. $KOH(aq)$ と $Fe(NO_3)_3(aq)$

解答 a.

手順 1 $KNO_3(aq)$ は固体の KNO_3 の水溶液を表し，K^+ と NO_3^- を生成する．同様に，$BaCl_2(aq)$ は固体の $BaCl_2$ の水溶液を表し，Ba^{2+} と Cl^- を生成する．これらの混合水溶液には次のイオンが存在する．

$$K^+, \quad NO_3^-, \quad Ba^{2+}, \quad Cl^-$$

（$KNO_3(aq)$ から）　　（$BaCl_2(aq)$ から）

手順 2 生成する可能性のある物質を探るために陰イオンを交換する．

$$K^+ \quad NO_3^- \quad Ba^{2+} \quad Cl^-$$

これより，生成物として KCl と $Ba(NO_3)_2$ が考えられる．$Ba(NO_3)_2$ では，Ba^{2+} の 2+ の電荷を相殺するのに 2 個の NO_3^- が必要であることに注意しよう．

手順 3 表7·1に示した規則より，KCl と $Ba(NO_3)_2$ はともに水に溶ける．したがって，$KNO_3(aq)$ と $BaCl_2(aq)$ を混合しても沈殿物は生じない．すべてのイオンは水中に分散している．このことは，$KNO_3(aq)$ と $BaCl_2(aq)$ を混合しても反応は起こらないことを示している．

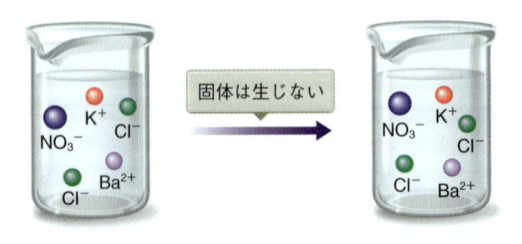

固体は生じない

b.

手順 1 反応前の混合水溶液中には以下のイオンが存在する．

$$Na^+, \quad SO_4^{2-}, \quad Pb^{2+}, \quad NO_3^-$$

（$Na_2SO_4(aq)$ から）　　（$Pb(NO_3)_2(aq)$ から）

手順 2 陰イオンを交換すると

$$\text{Na}^+,\ \text{SO}_4^{2-},\ \text{Pb}^{2+},\ \text{NO}_3^-$$

可能性がある固体の生成物は PbSO_4 と NaNO_3 である．

手順 3 表7・1をみると，NaNO_3 は水に溶ける（規則1,2）が，PbSO_4 はほとんど溶けない（規則4）ことがわかる．したがって，2種類の水溶液を混合すると固体の PbSO_4 が生成する．釣合のとれた反応式は次のように表される．

$$\text{Na}_2\text{SO}_4(\text{aq}) + \text{Pb}(\text{NO}_3)_2(\text{aq}) \longrightarrow \text{PbSO}_4(\text{s}) + 2\text{NaNO}_3(\text{aq})$$

溶けている

c.

手順 1 反応前の混合水溶液中に存在するイオンは

$$\text{K}^+,\ \text{OH}^-,\ \text{Fe}^{3+},\ \text{NO}_3^-$$

$\text{KOH}(\text{aq})$ から　　$\text{Fe}(\text{NO}_3)_3(\text{aq})$ から

手順 2 陰イオンを交換すると

$$\text{K}^+,\ \text{OH}^-,\ \text{Fe}^{3+},\ \text{NO}_3^-$$

可能性がある固体の生成物は KNO_3 と $\text{Fe}(\text{OH})_3$ である．

手順 3 表7・1の規則1と2より，KNO_3 は水に溶けるが，$\text{Fe}(\text{OH})_3$ はほとんど水に溶けない（規則5）ことがわかる．したがって，2種類の水溶液を混合すると固体の $\text{Fe}(\text{OH})_3$ が生成する．釣合のとれた反応式は次のように表される．

$$3\text{KOH}(\text{aq}) + \text{Fe}(\text{NO}_3)_3(\text{aq}) \longrightarrow \text{Fe}(\text{OH})_3(\text{s}) + 3\text{KNO}_3(\text{aq})$$

溶けている

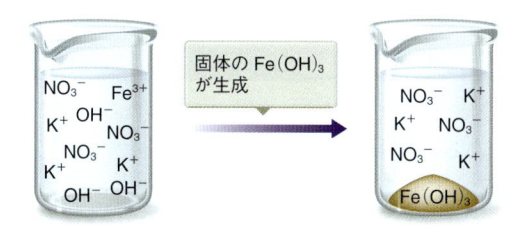

練習問題 7・1 2種類の水溶液を混ぜたときに固体が生じるかどうかを予測せよ．生じるとすればその固体は何かを示し，反応を釣合のとれた反応式で示せ．　　Self-Check

a. $\text{Ba}(\text{NO}_3)_2(\text{aq})$ と $\text{NaCl}(\text{aq})$　　b. $\text{Na}_2\text{S}(\text{aq})$ と $\text{Cu}(\text{NO}_3)_2(\text{aq})$

c. $NH_4Cl(aq)$ と $Pb(NO_3)_2(aq)$

7・3 水溶液中の反応を表す

目的 水溶液中の反応を化学反応式，完全なイオン反応式，正味のイオン反応式で表すことを学ぶ

多くの重要な反応は水溶液中で起こる．水溶液中で起こる反応を表すのに用いられるいくつかの反応式について考えよう．前述したように，クロム酸カリウム水溶液と硝酸バリウム水溶液を混ぜると固体のクロム酸バリウムと水に溶けた硝酸カリウムが生成する．この反応を記述する反応式の一つは次のようになる．

$$K_2CrO_4(aq) + Ba(NO_3)_2(aq) \longrightarrow BaCrO_4(s) + 2KNO_3(aq)$$

化学反応式 chemical equation
分子反応式 molecular equation

この式を**化学反応式**とよぶ（**分子反応式**ともいう）．この式は，すべての反応物と生成物が化学式で書かれているが，水溶液中で実際に起こることを忠実には示していない．クロム酸カリウム，硝酸バリウム，硝酸カリウムの各水溶液には，それぞれの陽イオンと陰イオンが分離して存在しており，化学反応式で示されるような分子としては存在していない．したがって，反応は**完全なイオン反応式**で表される．

イオン反応式 ionic equation

$$\overbrace{2K^+(aq) + CrO_4^{2-}(aq)}^{K_2CrO_4 \text{からのイオン}} + \overbrace{Ba^{2+}(aq) + 2NO_3^-(aq)}^{Ba(NO_3)_2 \text{からのイオン}}$$
$$\longrightarrow BaCrO_4(s) + 2K^+(aq) + 2NO_3^-(aq)$$

この反応式を用いれば，反応物と生成物をそれらが水溶液中で実際にとる形で表すことができる．**完全なイオン反応式では強電解質の物質はすべてイオンで示される**．$BaCrO_4$ は水に不溶な固体なので，イオンに分かれた形では書かない．

物質が水に溶けて完全にイオンに分かれるとき，その物質を強電解質という．この水溶液は電気を通す．

完全なイオン反応式から，各種イオンのうちのいくつかしか反応に関与していないことがわかる．K^+ と NO_3^- は反応前後の両方の水溶液中に存在している．これらのイオンは水溶液中の反応には直接関与しないので**傍観イオン**とよばれる．この反応に実際関与するイオンは Ba^{2+} と CrO_4^{2-} で，これらが結合して固体の $BaCrO_4$ が生成する．

傍観イオン spectator ion

$$Ba^{2+}(aq) + CrO_4^{2-}(aq) \longrightarrow BaCrO_4(s)$$

この式は**正味のイオン反応式**とよばれ，反応に直接関与する成分のみを示している．この式は反応物と生成物の実際の形を示し，変化を受けたものだけを含んでいる．溶液中の反応は通常正味のイオン反応式で示される．

水溶液中の反応を表す反応式の種類

水溶液中の反応を表すのに3種類の反応式が用いられる．
1. **化学反応式**（あるいは**分子反応式**）：反応全体を示すが，必ずしも水溶液中の反応物と生成物の実際の形を示していない．
2. **完全なイオン反応式**：強電解質の反応物と生成物はイオンで示す．すべての反応物と生成物が示される．
3. **正味のイオン反応式**：反応に関与する成分のみを示し，傍観イオンは含まない．

もう一つ例をあげてこれらの反応式について考えてみよう．例題7・2で硝酸鉛水溶液と硫酸ナトリウム水溶液の反応を取上げた．この反応の化学反応式は

$$Pb(NO_3)_2(aq) + Na_2SO_4(aq) \longrightarrow PbSO_4(s) + 2NaNO_3(aq)$$

となる．水に溶けているイオン化合物は解離したイオンとして存在するので，完全なイオン反応式は次のように書ける．

$$Pb^{2+}(aq) + 2NO_3^-(aq) + 2Na^+(aq) + SO_4^{2-}(aq)$$
$$\longrightarrow PbSO_4(s) + 2Na^+(aq) + 2NO_3^-(aq)$$

$PbSO_4$ は固体として存在するので解離したイオンの形では書かない．化学変化に関与するイオンは Pb^{2+} と SO_4^{2-} で，これらが結合して固体の $PbSO_4$ が生成する．したがって，正味のイオン反応式は次のように表される．

$$Pb^{2+}(aq) + SO_4^{2-}(aq) \longrightarrow PbSO_4(s)$$

Na^+ と NO_3^- は化学変化を受けない．これらは傍観イオンである．

例題 7・3 反応式を書く

次の反応について，化学反応式，完全なイオン反応式，正味のイオン反応式を書け．

a. 塩化ナトリウム水溶液に硝酸銀水溶液を加えると，固体の塩化銀と水に溶けた硝酸ナトリウムが生じる．

b. 水酸化カリウム水溶液と硝酸鉄(III)水溶液を混ぜると，固体の水酸化鉄(III)と水に溶けた硝酸カリウムが生じる．

解答 a. 化学反応式: $NaCl(aq) + AgNO_3(aq) \longrightarrow AgCl(s) + NaNO_3(aq)$
完全なイオン反応式: $Na^+(aq) + Cl^-(aq) + Ag^+(aq) + NO_3^-(aq)$
$\longrightarrow AgCl(s) + Na^+(aq) + NO_3^-(aq)$
正味のイオン反応式: $Cl^-(aq) + Ag^+(aq) \longrightarrow AgCl(s)$

b. 化学反応式: $3KOH(aq) + Fe(NO_3)_3(aq) \longrightarrow Fe(OH)_3(s) + 3KNO_3(aq)$
完全なイオン反応式: $3K^+(aq) + 3OH^-(aq) + Fe^{3+}(aq) + 3NO_3^-(aq)$
$\longrightarrow Fe(OH)_3(s) + 3K^+(aq) + 3NO_3^-(aq)$
正味のイオン反応式: $3OH^-(aq) + Fe^{3+}(aq) \longrightarrow Fe(OH)_3(s)$

> 銀化合物を命名する場合，1種類のイオン Ag^+ しか生成しないので，(I)は省略する．

練習問題 7・2 次の反応について，化学反応式，完全なイオン反応式，正味のイオン反応式を書け．

a. 硫化ナトリウム水溶液と硝酸銅(II)水溶液を加えると，固体の硫化銅(II)と水に溶けた硝酸ナトリウムが生じる．

b. 塩化アンモニウム水溶液と硝酸鉛(II)水溶液が反応して，固体の塩化鉛(II)と水に溶けた硝酸アンモニウムが生じる．

7・4 水を生じる反応: 酸と塩基

目的 強酸と強塩基の反応の特徴について学ぶ

本節では，非常に重要な二つの化合物，**酸**と**塩基**を扱う．酸は柑橘類の果物の酸味を意味している．酢は酢酸の希薄溶液なので酸味がある．レモンの酸味はクエン酸に

> 酸 acid
> 塩基 base

アルカリ alkali
鉱酸 mineral acid

酸 acid の語源は，ラテン語で"酸っぱい"を意味する"acidus"に由来する．

アレニウス Svante Arrhenius は電解質理論の研究で 1903 年にノーベル化学賞を受賞した．

よるものである．塩基は"アルカリ"とよばれることもあり，苦味とぬれた石けんのようなぬるぬるした感触によって特徴づけられる．排水管の詰まりをとるために売られている薬品のほとんどが強い塩基性を示す．

酸は何百年も前から知られており，硫酸や硝酸は 1300 年ごろに発見された．これらの酸はもともと鉱物を処理して得られていたことから鉱酸とよばれた．しかし，これらの酸の本性がスウェーデンの物理学の大学院生であったアレニウスによって明らかにされたのは 1800 年代の後半であった．

ある化合物の水溶液がなぜ電気を通すのかを明らかにしようとしていたアレニウスは，水溶液中にイオンが存在することによって電気伝導性が現れることを見いだした．また，水溶液の実験から HCl, HNO$_3$, H$_2$SO$_4$ が強電解質であることも見いだし，これは水中でイオンに解離するためであると考えた．

$$\text{HCl} \xrightarrow{\text{H}_2\text{O}} \text{H}^+(\text{aq}) + \text{Cl}^-(\text{aq})$$

$$\text{HNO}_3 \xrightarrow{\text{H}_2\text{O}} \text{H}^+(\text{aq}) + \text{NO}_3^-(\text{aq})$$

$$\text{H}_2\text{SO}_4 \xrightarrow{\text{H}_2\text{O}} \text{H}^+(\text{aq}) + \text{HSO}_4^-(\text{aq})$$

アレニウスの酸の定義：水に溶けて H$^+$ を生じる物質．
アレニウスの塩基の定義：水に溶けて OH$^-$ を生じる物質．

プロトン proton

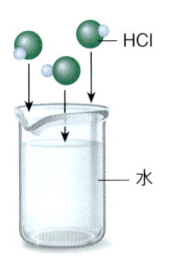

アレニウスは**酸とは水に溶けると水素イオン H$^+$（プロトン）を生じる物質**であるとした．

HCl, HNO$_3$, H$_2$SO$_4$ では水中で分子が解離してイオンになる．このことは，100 個の HCl 分子が水に溶けると H$^+$ 100 個と Cl$^-$ 100 個が生じることを意味する．実際，水溶液中に HCl 分子は存在しない（図 7・5）．これらの物質は H$^+$ を放出する強電解質なので**強酸**とよばれる．

また，アレニウスは塩基性を示す水溶液は水酸化物イオンを常に含むとし，**水溶液中で水酸化物イオン OH$^-$ を生じる物質を塩基**と定義した．実験室で使われる最も一般的な塩基は水酸化ナトリウム NaOH であり，Na$^+$ と OH$^-$ を生成し，水によく溶ける．水酸化ナトリウムは水に溶けると陽イオンと陰イオンに解離する．

$$\text{NaOH}(s) \xrightarrow{\text{H}_2\text{O}} \text{Na}^+(\text{aq}) + \text{OH}^-(\text{aq})$$

水に溶けた水酸化ナトリウムは NaOH(aq) と書くが，その溶液には Na$^+$ と OH$^-$ が別べつに存在していることを忘れないようにしよう．実際，100 個の NaOH 分子が水に溶けると Na$^+$ 100 個と OH$^-$ 100 個が生じる．

水酸化カリウム KOH も水酸化ナトリウムと同様な性質をもつ．水によく溶け，イオンを生じる．

$$\text{KOH}(s) \xrightarrow{\text{H}_2\text{O}} \text{K}^+(\text{aq}) + \text{OH}^-(\text{aq})$$

図 7・5
気体の HCl を水に溶かすと，その分子は解離して H$^+$ と Cl$^-$ になる．すなわち，HCl は強電解質である．

強酸 strong acid
強塩基 strong base

これらの水酸化物は OH$^-$ を生成する強電解質なので**強塩基**とよぶ．
強酸と強塩基（水酸化物）を混ぜたときに常に起こる変化は，H$^+$ と OH$^-$ が反応して水が生成することである．

$$\text{H}^+(\text{aq}) + \text{OH}^-(\text{aq}) \longrightarrow \text{H}_2\text{O}(l)$$

水は地球上に多量に存在することから考えても非常に安定な化合物である．したがって，水が生成するような物質どうしを混合すると非常に反応が起こりやすい．特に，水酸化物イオン OH$^-$ は H$^+$ に対し強い親和性をもっている．

水の生成のしやすさが§7・1で述べた反応の駆動力の二つ目である．水に溶けてOH^-を生じる化合物はH^+を供給できるような化合物と容易に反応して水を生成する．塩酸と水酸化ナトリウム水溶液との反応を化学反応式で表すと

$$HCl(aq) + NaOH(aq) \longrightarrow H_2O(l) + NaCl(aq)$$

となる．HCl, NaOH, NaClは水中では完全に解離してイオンとして存在するので，この反応の完全なイオン反応式は

$$H^+(aq) + Cl^-(aq) + Na^+(aq) + OH^-(aq) \longrightarrow H_2O(l) + Na^+(aq) + Cl^-(aq)$$

となる．Na^+とCl^-は反応に関与しない傍観イオンである．したがって，正味のイオン反応式は次のとおりである．

$$H^+(aq) + OH^-(aq) \longrightarrow H_2O(l)$$

このように，これら二つの水溶液を混合したときに起こる化学変化は，H^+とOH^-からの水の生成である．

> 塩酸は塩化水素が溶解した水溶液であり，強電解質である．

例題 7・4 酸・塩基反応の反応式を書く

硝酸は強酸である．硝酸と水酸化カリウム水溶液の反応について，化学反応式，完全なイオン反応式，正味のイオン反応式をそれぞれ書け．

解答　化学反応式：$HNO_3(aq) + KOH(aq) \longrightarrow H_2O(l) + KNO_3(aq)$
　　　　完全なイオン反応式：$H^+(aq) + NO_3^-(aq) + K^+(aq) + OH^-(aq)$
　　　　　　　　　　　　　　$\longrightarrow H_2O(l) + K^+(aq) + NO_3^-(aq)$
　　　　正味のイオン反応式：$H^+(aq) + OH^-(aq) \longrightarrow H_2O(l)$
K^+とNO_3^-は傍観イオンで，水の生成がこの反応の駆動力である．

塩酸と水酸化ナトリウムの反応と硝酸と水酸化カリウムの反応を考えたとき重要なことを二つあげることができる．

1. 両者の正味のイオン反応式は同じで，水が生成する．

$$H^+(aq) + OH^-(aq) \longrightarrow H_2O(l)$$

2. 水のほかにイオン化合物が生成する．これらのイオン化合物は，その溶解度によっては沈殿することもあるが，溶けることもある．

$$HCl(aq) + NaOH(aq) \longrightarrow H_2O(l) + NaCl(aq)$$
$$HNO_3(aq) + KOH(aq) \longrightarrow H_2O(l) + KNO_3(aq)$$

→ 溶解したイオン化合物

これらのイオン化合物は**塩**とよばれる．上式では，塩化ナトリウムと硝酸カリウムが塩である．これらの可溶性の塩の固体（両者とも白色固体）は水を蒸発させることで得られる．

> 塩 salt

強酸と強塩基についてのまとめ

強酸と強塩基について特に重要な点を次にあげる．
1. 一般的な強酸には，HCl, HNO_3, H_2SO_4の水溶液がある．
2. 強酸とは水中で完全に解離する（イオン化する）物質をいう．分子は陽イオンH^+と陰イオンに分かれる．

> 強酸と強塩基は強電解質である．

3. 強塩基は水によく溶ける金属水酸化物である．NaOH や KOH は最も一般的な強塩基であり，水に溶けると完全に解離してそれぞれのイオン（Na^+ と OH^- あるいは K^+ と OH^-）を生成する．
4. 強酸と強塩基（OH^- を含むもの）の反応の正味のイオン反応式は常に同じで，水が生成する．

$$H^+(aq) + OH^-(aq) \longrightarrow H_2O(l)$$

5. 強酸と強塩基の反応では，生成物の一つは水であり，他の生成物は塩とよばれるイオン化合物で水に溶けている．水を蒸発させることでこの塩を固体として得ることができる．
6. H^+ と OH^- の反応は酸・塩基反応とよばれ，H^+ が酸のイオンで，OH^- が塩基のイオンである．

7・5 金属と非金属の反応: 酸化と還元

目的 金属と非金属との反応の共通した特徴について学ぶ．さらに化学反応の駆動力としての電子の移動について理解する

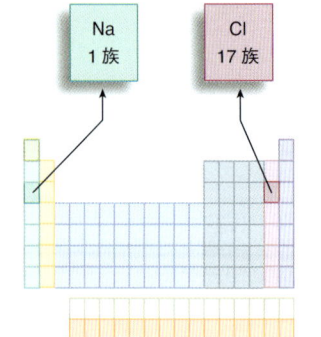

4章では金属と非金属が反応して生成するイオン化合物について述べた．ナトリウムと塩素ガスとの反応で生じる塩化ナトリウムがイオン化合物の典型的な例である．

$$2Na(s) + Cl_2(g) \longrightarrow 2NaCl(s)$$

この反応でどのようなことが起こるか考えよう．単体のナトリウムはナトリウム原子から構成されており，個々の原子の正味の電荷は 0 で，原子核中の 11 個の陽子の正電荷は 11 個の電子の負電荷で相殺されている．同様に，塩素分子は 2 個の電荷のない塩素原子からなり，個々の原子は 17 個の陽子と 17 個の電子をもつ．しかし，生成物である塩化ナトリウムではナトリウムは Na^+ として，塩素は Cl^- として存在する．どのような過程を経て電荷をもたない原子がイオンになるのだろうか．電子 1 個がナトリウム原子から塩素原子に移動するというのがその答である．

$$Na + Cl \longrightarrow Na^+ + Cl^-$$

電子が移動すると，ナトリウム原子は 10 個の電子と 11 個の陽子をもつことになるので正味の電荷は 1+ となる．一方，塩素原子は 18 個の電子と 17 個の陽子をもつことになるので正味の電荷は 1− となる．

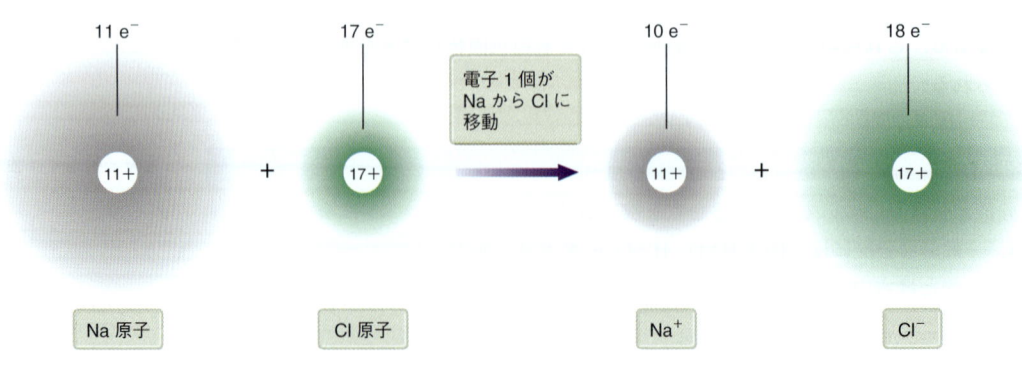

このように，金属と非金属との反応ではイオン化合物が生成し，そのさい1個あるいは2個以上の電子が金属（陽イオンになる）から非金属（陰イオンになる）に移動する．金属から非金属への電子の移動のしやすさが，§7・1で述べた三番目の反応の駆動力である．電子の移動を伴う反応は**酸化還元反応**とよばれる．

酸化還元反応 oxidation–reduction reaction

金属と非金属が反応してイオン化合物が生成する酸化還元反応には多くの例がある．単体のマグネシウムと酸素との反応を考えよう．

$$2Mg(s) + O_2(g) \longrightarrow 2MgO(s)$$

この反応は明るい白色光を生じ，カメラのフラッシュに応用されている．反応物は電荷をもたないが，生成物はイオンを含む．

$$MgO \quad Mg^{2+} と O^{2-} を含む$$

したがって，この反応ではマグネシウム原子は電子2個を失い（$Mg \rightarrow Mg^{2+} + 2e^-$），酸素原子は電子2個を得る（$O + 2e^- \rightarrow O^{2-}$）．この反応は次のように表せる．

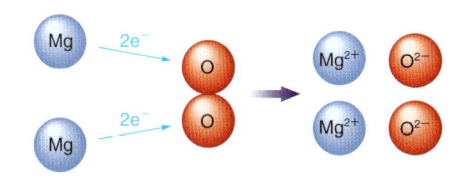

もう一つ例をあげよう．

$$2Al(s) + Fe_2O_3(s) \longrightarrow 2Fe(s) + Al_2O_3(s)$$

この反応は**テルミット反応**とよばれ，多量のエネルギー（熱）を発生し，得られた鉄は溶けた状態にある（図7・6）．この場合，アルミニウムは，最初は元素からなる金属（電荷をもたない Al 原子を含む）として存在するが，最後は Al_2O_3 に変化し，その中では Al^{3+}（$2Al^{3+}$ が $3O^{2-}$ の電荷を相殺している）として存在する．したがって，この反応ではアルミニウム原子は電子3個を失う．

テルミット反応 thermite reaction

$$Al \longrightarrow Al^{3+} + 3e^-$$

鉄ではちょうど逆の過程が起こる．最初 Fe_2O_3 中では Fe^{3+} として存在するが，最後は電荷をもたない単体に変化する．このように，Fe^{3+} は電子3個を得て電荷をもたない原子になる．

$$Fe^{3+} + 3e^- \longrightarrow Fe$$

この反応を図で示すと次のようになる．

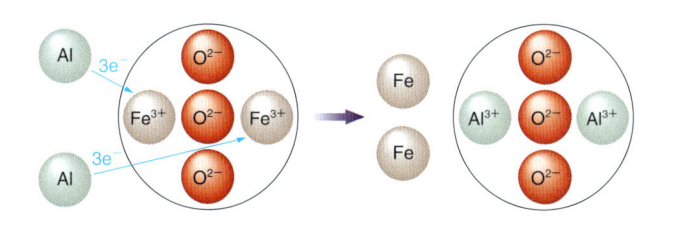

図7・6 テルミット反応．生成した鉄がとけるほどの高熱が発生する．

例題 7・5 酸化還元反応における電子の移動を調べる

次の反応について，電子がどのように移動するかを説明せよ．

94　7. 水溶液中の反応

a の反応を図 7・7 に示す．過剰の I_2 が熱で追い出されるため紫色の煙が出る．

a. $2Al(s) + 3I_2(s) \longrightarrow 2AlI_3(s)$　　b. $2Cs(s) + F_2(g) \longrightarrow 2CsF(s)$

解答　a. AlI_3 では存在するイオンは Al^{3+} と I^- である．$Al(s)$ ではアルミニウムは電荷をもたない原子として存在する．アルミニウムは電子3個を失って Al から Al^{3+} に ($Al \to Al^{3+} + 3e^-$)，ヨウ素原子一つひとつは電子1個を得て I から I^- に ($I + e^- \to I^-$) なる．反応を図で示すと次のようになる．

図 7・7　アルミニウムとヨウ素の反応．粉末状のアルミニウムとヨウ素（手前）を混合して水を少し加えると激しく反応する．

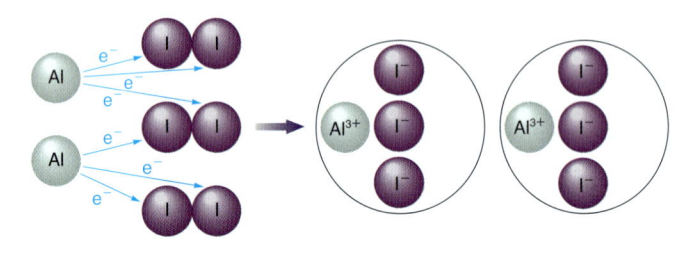

b. CsF では存在するイオンは Cs^+ と F^- である．単体のセシウム $Cs(s)$ は電荷をもたないセシウム原子を含み，フッ素ガス $F_2(g)$ は電荷をもたないフッ素原子を含む．この反応では，セシウムは電子1個を失い ($Cs \to Cs^+ + e^-$)，フッ素原子一つひとつは電子1個を得る ($F + e^- \to F^-$)．反応を図で示すと次のようになる．

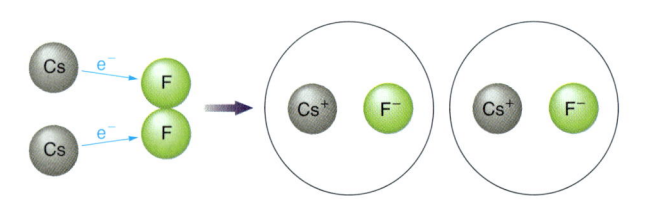

Self-Check　**練習問題 7・3**　次の反応について，電子がどのように移動するか説明せよ．
a. $2Na(s) + Br_2(l) \longrightarrow 2NaBr(s)$　　b. $2Ca(s) + O_2(g) \longrightarrow 2CaO(s)$

ここまで金属と非金属の間での電子移動（酸化還元）反応について述べてきたが，電子移動反応は二つの非金属間でも起こる．この反応についてはここでは説明しないが，非金属間で酸化還元反応が起こるのは，反応物あるいは生成物に酸素 $O_2(g)$ が存在するためである．この反応例として次の二つの反応をあげる．

$$CH_4(g) + 2O_2(g) \longrightarrow CO_2(g) + 2H_2O(g)$$
$$2SO_2(g) + O_2(g) \longrightarrow 2SO_3(g)$$

これらの反応過程が電子移動反応であることはまちがいない．
酸化還元反応について学んできたことを次にまとめる．

酸化還元反応の特徴

1. 金属と非金属が反応するとイオン化合物が生成する．イオンは1個あるいは2個以上の数の電子が金属から非金属に移ることで生じる．金属原子が陽イオンに，非金属原子が陰イオンになる．したがって，金属－非金属反応は電子の移動を伴う酸化還元反応であるといえる．
2. 二つの非金属間でも酸化還元反応は起こる．反応物あるいは生成物中に $O_2(g)$ があることで酸化還元反応であるかどうかを知ることができる．二つの非金属間の反応で生じた生成物はイオン化合物ではない．

| 化学こぼれ話 | 酸化還元反応を利用したスペースシャトルの打上げ |

何百トンもの重量の乗物を宇宙へ打上げるには計り知れない量のエネルギーが必要である。そのエネルギーはすべて酸化還元反応によって供給される。図1に示すように，三つの円筒形の物体がスペースシャトルのオービター（軌道船）に取りつけられている。中央には直径が8.4メートル，長さが46.9メートルのタンクがあり，その中には液体水素と液体酸素が区切られて入っている。これらの燃料はオービターのロケットエンジンに供給され，そこで反応して水を生成して膨大な量のエネルギーが放出される。

$$2H_2 + O_2 \longrightarrow 2H_2O + エネルギー$$

この反応は，反応物に酸素があるので酸化還元反応である。

直径が3.7メートル，長さが45.5メートルの固体燃料補助ロケットが二つもオービターに取りつけられている。これらのロケットには500トンの燃料が入っている。燃料は，過塩素酸アンモニウム NH_4ClO_4 と粉末状のアルミニウムを接着剤（膠 glue）とともに混ぜたものである。ロケットは非常に大きいので，図2に示すようにいくつものセグメントからできており，これらは発射台で組立てられる。個々のセグメントにはシロップ状の推進用燃料がちょうど硬い消しゴムくらいの堅さに固められて入っている（図3）。

過塩素酸アンモニウムとアルミニウムの間の酸化還元反応は次のように表される。

$$3NH_4ClO_4(s) + 3Al(s) \longrightarrow Al_2O_3(s) + AlCl_3(s)$$
$$+ 3NO(g) + 6H_2O(g) + エネルギー$$

個々のロケットは約3150℃の温度と，1500トンの推力をつくりだす。

これらのことから，酸化還元反応がスペースシャトルの打上げに必要なエネルギーを供給していることがわかる。

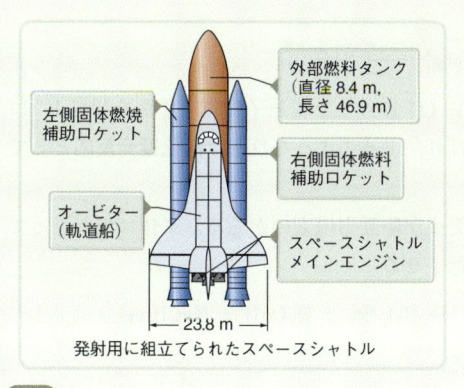

図1 スペースシャトルのオービターには，水素と酸素を供給する二つの固体燃料補助ロケット（右側と左側）と外部燃料タンク（中央）が取付けられている。

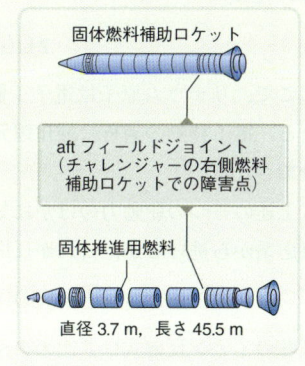

図2 固体燃料補助ロケットは，燃料の詰込みを容易にするためにいくつかのセグメントから構成されている

図3 推進用混合燃料で満たされるロケットのセグメント

7・6 反応を分類する方法

目的 反応のいろいろな分類法を学ぶ

これまで多くの化学反応を学んできた。身のまわりや体内では何百万という数の化学反応が起こっている。これらの反応を覚えやすく，また理解しやすくするためには，これらの反応を体系的に分類する必要がある。

本章では，化学反応に対する駆動力について考え，ここまで以下の三つの駆動力について説明してきた。

- 固体の生成
- 水の生成
- 電子の移動

沈殿反応 precipitation reaction

右の反応では，CrO_4^{2-} はもとは K_2CrO_4 中で K^+ と結合しており，NO_3^- は $Ba(NO_3)_2$ 中で Ba^{2+} と結合していたが，生成物ではこれらの結合が逆になっている．2種類の陰イオンの間で交換が起こっているので，この反応は**複交換反応**(double-exchange reaction)または**複置換反応**(double-displacement reaction)ともよばれるが，一般には沈殿反応に分類される．この反応は次式で表される．

$$AB + CD \rightarrow AD + CB$$

次に，これら三つの過程を含む反応をどのように分類するかを考えよう．たとえば，次の反応

$$K_2CrO_4(aq) + Ba(NO_3)_2(aq) \longrightarrow BaCrO_4(s) + 2KNO_3(aq)$$
溶液　　　　　溶液　　　　　　固体　　　　溶液

では，固体の $BaCrO_4$ (沈殿) が生成する．二つの水溶液を混ぜたとき固体が生じることを**沈殿**といい，このような反応は**沈殿反応**とよばれる．

また本章では強酸と強塩基から水が生じる反応も考えてきた．これらの反応はすべて次に示す同じ正味のイオン反応式で表される．

$$H^+(aq) + OH^-(aq) \longrightarrow H_2O(l)$$

H^+ は $HCl(aq)$ や $HNO_3(aq)$ のような強酸に由来し，OH^- の起源は $NaOH(aq)$ や $KOH(aq)$ のような強塩基である．

$$HCl(aq) + KOH(aq) \longrightarrow H_2O(l) + KCl(aq)$$

この反応は**酸・塩基反応**に分類され，H^+ は最終的に生成物の水になる．

三つ目の駆動力は電子移動である．これは特に金属が非金属に電子を与える場合にみられる．

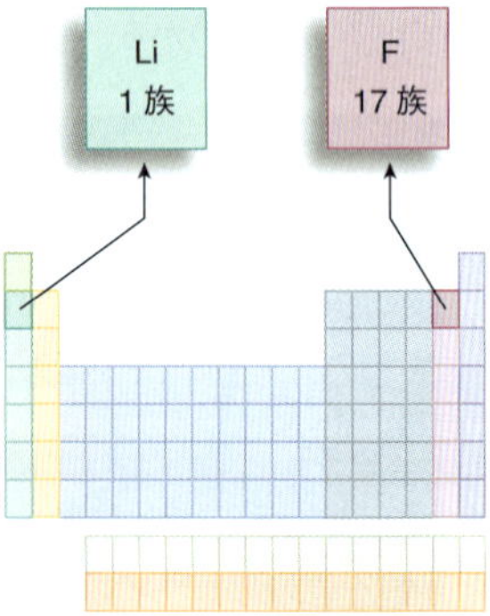

$$2Li(s) + F_2(g) \longrightarrow 2LiF(s)$$

ここで，リチウム原子は電子1個を失い Li^+ に，フッ素原子は電子1個を得て F^- になる．電子移動の過程は**酸化還元**とよばれ，上述のような反応は**酸化還元反応**として分類される．

上述の三つの駆動力のほかに気体の発生が駆動力のものがある．気体は泡となって反応系から逃げるが，これが反応を進行させる．

$$2HCl(aq) + Na_2CO_3(aq) \longrightarrow CO_2(g) + H_2O(l) + NaCl(aq)$$

正味のイオン反応式は，次のようになる．

$$2H^+(aq) + CO_3^{2-}(aq) \longrightarrow CO_2(g) + H_2O(l)$$

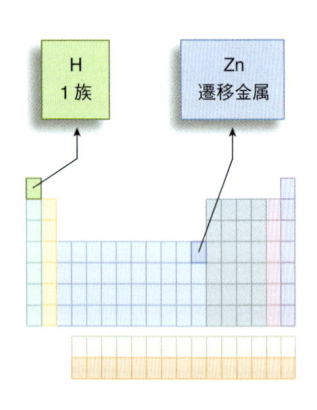

この反応は水のほかに二酸化炭素が生成するので駆動力が二つある．この反応では H^+ が生成物 H_2O に変換されるので酸化還元反応に分類される．

気体が発生する反応のもう一つの例として次の反応を考えよう．

$$Zn(s) + 2HCl(aq) \longrightarrow H_2(g) + ZnCl_2(aq)$$

この反応はどれに分類されるだろうか．

$$Zn(s) + 2HCl(aq) \longrightarrow H_2(g) + ZnCl_2(aq)$$
電荷をもたない　　　実際は　　　　　電荷をもたない　　実際は
Zn 原子を含む　$2H^+(aq)+2Cl^-(aq)$　H 原子を含む　$Zn^{2+}(aq)+2Cl^-(aq)$

この反応では1種類の陰イオン (Cl^-) が H^+ と Zn^{2+} の間で交換されていることから別の反応として分類されることがある．2種類の陰イオンが交換する複置換反応に対して**単置換反応** (single-replacement reaction) ともよばれる．この反応は次式で表される．

$$A + BC \rightarrow B + AC$$

図で示すと，

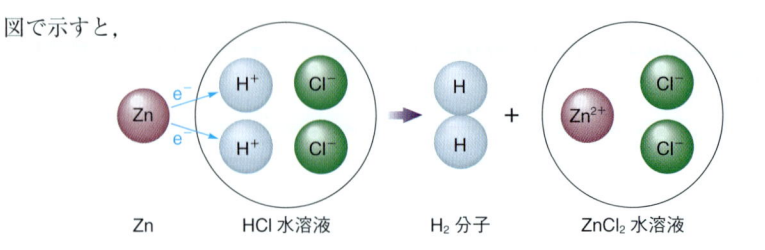

亜鉛は，反応物中では電荷をもたない Zn 原子として，一方生成物中では Zn^{2+} として存在している．すなわち，Zn 原子は電子 2 個を失う．この 2 個の電子は 2 個の H^+ へ移動して H_2 を生成する．これは電子移動過程なので，反応は酸化還元反応に分類される．

7・7 反応を分類するその他の方法

目的 化学反応のその他の分類について学ぶ

前節まででは化学反応を駆動力をもとに，沈殿反応，酸塩基反応，酸化還元反応に分類した．

しかし，駆動力とは無関係に反応を分類する方法もある．本節ではこれらの反応の分類について説明する．

▶燃焼反応

酸素を含む反応には多量のエネルギー（熱）が急激に発生して炎を生じるものが多くある．このような反応は**燃焼反応**とよばれる．この反応の例として天然ガス中のメタンガスと酸素の反応をあげることができる．

$$CH_4(g) + 2O_2(g) \longrightarrow CO_2(g) + 2H_2O(g)$$

§7・5 ではこの反応を酸化還元反応に分類した．したがって，メタンと酸素の反応は酸化還元反応であり燃焼反応でもあるといえる．燃焼反応は酸化還元反応の一つに分類される．

燃焼反応のほとんどが家庭用や産業用の熱や電気を供給するのに使われている．

- プロパンの燃焼（家庭用暖房に使われる）
$$C_3H_8(g) + 5O_2(g) \longrightarrow 3CO_2(g) + 4H_2O(g)$$
- ガソリンの燃焼（車やトラックの動力に使われる）
$$2C_8H_{18}(g) + 25O_2(g) \longrightarrow 16CO_2(g) + 18H_2O(g)$$
- 石炭の燃焼（発電や暖房に使われる）
$$C(s) + O_2(g) \longrightarrow CO_2(g)$$

燃焼反応 combustion reaction

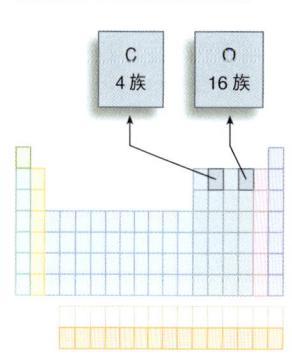

ガソリンや石炭は混合物であるが，示した反応はどのようなことが起こるかを表している．

▶合成(または組合わせ)反応

化学の最も重要な役割のひとつに新しい化合物の合成がある．プラスチックやポリエステル，アスピリンのような合成化合物はわれわれの生活に多大な影響を及ぼした．簡単な物質から化合物が合成される反応を**合成反応**または**組合わせ反応**という．多くの場合，合成反応の出発物は元素である．

- 水の合成　　　　　　$2H_2(g) + O_2(g) \longrightarrow 2H_2O(l)$
- 二酸化炭素の合成　　$C(s) + O_2(g) \longrightarrow CO_2(g)$
- 一酸化窒素の合成　　$N_2(g) + O_2(g) \longrightarrow 2NO(g)$

合成反応 synthesis reaction

組合わせ反応 combination reaction

これらの反応にはすべて酸素が含まれており，酸化還元反応に分類される．最初の二つの反応は炎を生じるので通常燃焼反応にも分類される．

酸素を含まない合成反応も多くある．

7. 水溶液中の反応

- 塩化ナトリウムの合成　　　$2Na(s) + Cl_2(g) \longrightarrow 2NaCl(s)$
- フッ化マグネシウムの合成　　$Mg(s) + F_2(g) \longrightarrow MgF_2(s)$

塩化ナトリウムの生成については，以前に説明したように酸化還元反応でもある．電荷をもたないナトリウム原子が電子を失って Na^+ に，電荷をもたない塩素原子が電子を得て Cl^- になる．フッ化マグネシウムの合成も，Mg^{2+} と F^- は電荷をもたない原子からつくられるので酸化還元反応である．

反応物が単体である合成反応は，同時に酸化還元反応であるので，実際，酸化還元反応の類縁反応の一つと考えることができる．

▶ 分 解 反 応

化合物は加熱したり電気分解によってより簡単な化合物や単体にまで分解されることがある．このような反応は**分解反応**とよばれる．

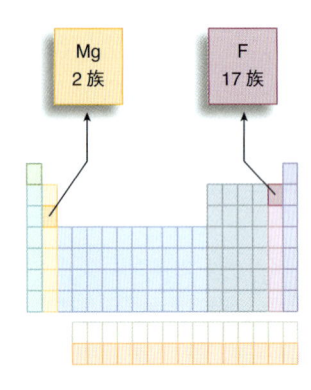

分解反応 decomposition reaction

- 水の分解　　　　　　　$2H_2O(l) \xrightarrow{電流} 2H_2(g) + O_2(g)$
- 酸化水銀(II)の分解　　　$2HgO(s) \xrightarrow{加熱} 2Hg(l) + O_2(g)$

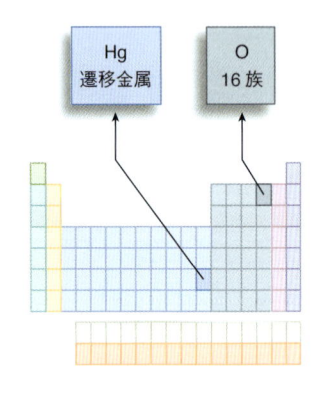

最初の反応は酸素が含まれるので酸化還元反応である．二番目の反応では，Hg^{2+} と O^{2-} からなる HgO が電荷をもたない単体にまで分解されている．この過程では Hg^{2+} は2個の電子を受取り，O^{2-} は2個の電子を失う．この反応は分解反応であり，また酸化還元反応でもある．

化合物が分解して単体になる分解反応と，単体から化合物が生成する合成反応とはちょうど逆の関係にある．単体から塩化ナトリウムが生成する合成反応については上で説明したが，逆に塩化ナトリウムは融解して液体にし，電気分解することで単体に分解される．

$$2NaCl(l) \xrightarrow{電流} 2Na(l) + Cl_2(g)$$

まだほかにも分類法があるが，一般的なものについては説明してきた．重要な反応の多くは酸化還元反応に分類できる．図 7・8 に示すように，いくつかの種類の反応は酸化還元反応の類縁反応とみなすことができる．

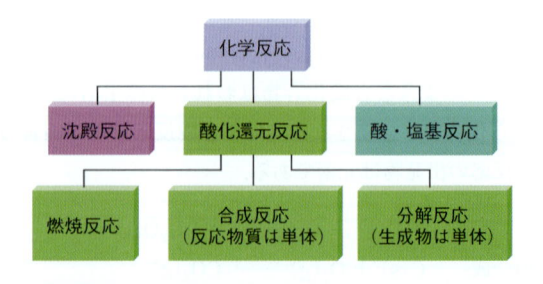

図 7・8
反応の種類のまとめ

例題 7・6 反応を分類する

次の反応をできるだけ多くの種類の反応に細かく分類せよ．

a. $2K(s) + Cl_2(g) \longrightarrow 2KCl(s)$
b. $Fe_2O_3(s) + 2Al(s) \longrightarrow Al_2O_3(s) + 2Fe(s)$

c. $2Mg(s) + O_2(g) \longrightarrow 2MgO(s)$
d. $HNO_3(aq) + NaOH(aq) \longrightarrow H_2O(l) + NaNO_3(aq)$
e. $KBr(aq) + AgNO_3(aq) \longrightarrow AgBr(s) + KNO_3(aq)$
f. $PbO_2(s) \longrightarrow Pb(s) + O_2(g)$

解答 a. 合成反応(単体から化合物が生成する)である.また,酸化還元反応(電荷をもたないカリウムと塩素が KCl 中で K^+ と Cl^- になる)でもある.

b. 酸化還元反応である.鉄は $Fe_2O_3(s)$ 中で Fe^{3+} として存在し,単体の鉄 Fe(s) 中では電荷をもたない原子として存在する.反応の前後で,Fe^{3+} は3個の電子を得て Fe となる.アルミニウムについては逆のことが起こっている.すなわち,最初は電荷をもたない原子として存在するが,3個の電子を失って Al_2O_3 中で Al^{3+} となる.

c. 合成反応(単体から化合物が合成される)であり,酸化還元反応(マグネシウム原子は電子2個を失って MgO 中で Mg^{2+} になり,酸素原子は電子2個を得て MgO 中で O^{2-} になる)でもある.

d. 酸・塩基反応である.

e. 沈殿反応である.

f. 分解反応(化合物が単体に分解される)である.また,PbO_2 中のイオン(Pb^{4+} と O^{2-})が,Pb(s) と $O_2(g)$ 中で電荷をもたない原子に変わっている.すなわち,電子が O^{2-} から Pb^{4+} に移っているので酸化還元反応でもある.

練習問題 7·4 次の反応をできるだけ多くの種類の反応に細かく分類せよ. `Self-Check`

a. $4NH_3(g) + 5O_2(g) \longrightarrow 4NO(g) + 6H_2O(g)$
b. $S_8(s) + 8O_2(g) \longrightarrow 8SO_2(g)$ c. $2Al(s) + 3Cl_2(g) \longrightarrow 2AlCl_3(s)$
d. $2AlN(s) \longrightarrow 2Al(s) + N_2(g)$
e. $BaCl_2(aq) + Na_2SO_4(aq) \longrightarrow BaSO_4(s) + 2NaCl(aq)$
f. $2Cs(s) + Br_2(l) \longrightarrow 2CsBr(s)$
g. $KOH(aq) + HCl(aq) \longrightarrow H_2O(l) + KCl(aq)$
h. $2C_2H_2(s) + 5O_2(g) \longrightarrow 4CO_2(g) + 2H_2O(l)$

まとめ

1. 化学変化(化学反応)を進行させる四つの駆動力は,固体の生成,水の生成,電子の移動,気体の生成である.

2. 固体が生成する反応を沈殿反応という.溶解性に関する一般的規則は,2種類の水溶液を混合したとき固体が生成するかどうか,またその固体は何であるかを予測する場合に役立つ.

3. 溶液中での反応を表す式には3種類ある.1)化学反応式:反応物と生成物をすべて完全な化学式で示す.2)完全なイオン反応式:強電解質の反応物や生成物をイオンで示す.3)正味のイオン反応式:変化を受けた溶液中の成分のみを示す.反応に関与しないイオンを傍観イオンといい,正味のイオン反応式には入れない.

4. 強酸とは水に溶けて陽イオン H^+ と陰イオンを生成する物質をいう.同様に,強塩基とは水に溶けて陰イオン OH^- と陽イオンを生成する金属水酸化物をいう.強酸と強塩基が反応すると水と塩が生成する.

5. 金属と非金属の反応は電子移動を伴い,酸化還元反応とよばれる.非金属と酸素との反応も酸化還元反応である.燃焼反応は酸素を含み,酸化還元反応の類縁反応のひとつである.

6. ある化合物が単体から生成するとき,この反応を合成反応あるいは結合反応という.逆に化合物が分解して単体になる反応を分解反応という.これらの反応も酸化還元反応の類縁反応のひとつである.

8　化学組成

8・1　質量を計ることで数を数える
8・2　原子の質量：質量を計ることで原子の数を数える
8・3　モル
8・4　問題を解く練習
8・5　モル質量
8・6　化合物のパーセント組成
8・7　化合物の化学式
8・8　組成式の計算
8・9　分子式の計算

二酸化ケイ素を含むガラスの瓶

　化学の重要な役割の一つに新物質の合成がある．ナイロン，人工甘味料であるアスパルテーム，防弾チョッキや外国産の車の車体などに使われるケブラー®，水道管に使われるポリ塩化ビニル（PVC），テフロン®，形状記憶合金であるニチノールやその他，われわれの生活を快適にする数多くのものがつくられてきた．新物質をつくると，まずその物質の組成はどうで，化学式はどうかなどその物質の同定が行われる．

　本章では化合物の化学式を決める方法を説明するが，その前に原子の数を数える必要がある．物質中にある原子の数をどのようにして決めればよいだろうか．その数が決まって初めて化学式を書くことができる．もちろん，原子は非常に小さいので一つひとつ数を数えることはできない．そこで，質量を計ることで原子の数を数えることが行われている．

8・1　質量を計ることで数を数える

目的　平均の質量の概念を理解し，質量を計ることで数を数える方法を探る

　キャンディを売る菓子店で働いているとしよう．客が店に入ってきてキャンディを50個とか100個あるいは1000個を注文すると，それだけ数えなければならない．この作業は大変である．その解決法としては，秤でキャンディの質量を計って個数を数えることが考えられる．こうすると非常に効率的である．どのようにすればキャンディの質量から個数を数えることができるだろうか．どのような情報を知っておく必要があるだろうか．

　キャンディがすべて同じもので，一つの質量が5 gとする．もし客がキャンディを1000個注文したとすると，キャンディの質量は全部で何gになるだろうか．一つのキャンディの質量が5 gなので，1000個×5 g/個で5000 g（5 kg）となる．1000個数えるには非常に長時間かかるが，5 kgを計りとるには数秒しかかからない．

　実際のところ，キャンディはすべて同じではない．10個のキャンディを一つずつ計ってみると，その結果は左のようになる．一つずつが同じものではないキャンディの質量を計ることで果たして個数を数えることができるだろうか．答は"イエス"である．そのためには，キャンディの平均の質量を知ることが必要である．10個のキャンディをとってその平均の質量を計算してみよう．

キャンディ	質量
1	5.1 g
2	5.2 g
3	5.0 g
4	4.8 g
5	4.9 g
6	5.0 g
7	5.0 g
8	5.1 g
9	4.9 g
10	5.0 g

| 化学こぼれ話 | 会話するプラスチック |

赤ちゃんの呼吸を感知したり，空手のパンチ力を測定したり，30メートルも離れた人間を感知したり，歌うゴム風船をつくったりするのに使われる"賢い"プラスチックに**ポリフッ化ビニリデン**（PVDF）という高分子化合物がある．これは次のような構造をもっている．

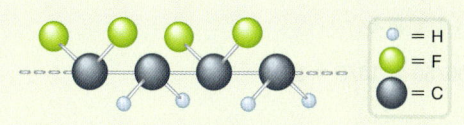

この高分子に特殊な処理を施すと圧電効果や焦電効果を示すようになる．圧電効果を示す物質は物理的に変形を受けると電流が流れ，逆に電流を流すと変形する．焦電効果を示す物質は温度変化に応じて電位を生じる．

PVDFは圧電効果を示すので紙のように薄いマイクをつくるのに用いられる．これは，音波によってひき起こされる変形量に比例した電流が生じることで音に応答する．6ミリ幅のPVDFリボンを廊下に沿って張ると，そこを通る人々の会話をすべて聞くことができる．一方，電気パルスをPVDFに印加するとスピーカーになる．細長いPVDFフィルムを風船の内側に貼付けると，そのフィルムにつけられたマイクロチップ上に記憶させた歌が流れる．こうすることによって，パーティーで"ハッピーバースデー"を歌う風船ができる．また，PVDFフィルムを使って睡眠中の無呼吸を感知するモニターもつくることができる．それを寝ている乳幼児の口のそばに置いておいて，もし呼吸が止まれば警告音が鳴ることで乳幼児突然死症候群（SIDS）を防止することができる．また，2枚の細いフィルムを貼合わせると電流を流すことで丸くなるものが得られる．これは人工筋肉に応用される．さらに，PVDFフィルムは焦電効果をもつので，30メートル離れた人間から発せられる赤外線（熱）に応答する．これは盗難報知器に使われる．PVDF高分子に圧電効果や焦電効果をもたせるには特別な処理が必要となりコストがかかるが，このコストはこの魔法のような性質に支払う対価としては安いだろう．

$$\text{平均の質量} = \frac{\text{キャンディ全部の質量}}{\text{キャンディの個数}}$$

$$\frac{(5.1 + 5.2 + 5.0 + 4.8 + 4.9 + 5.0 + 5.0 + 5.1 + 4.9 + 5.0)\,\text{g}}{10} = \frac{50.0}{10} = 5.0\,\text{g}$$

キャンディの平均の質量は5.0 gである．したがって，キャンディを1000個数えるには5000 g計りとる必要がある．平均の質量が5.0 gであるキャンディは，すべてのキャンディが同じ質量をもつ場合と同様に扱うことができる．質量を計ることで数を数えるには，対象物がすべて同じ質量である必要はなく，ただ対象物の平均の質量（平均質量）がわかればよい．質量から数を数える場合には，あたかも対象物一つひとつがその平均質量をもった同じものとみなす．

ここで，キャンディの種類によって質量が異なるとしよう．2種類のキャンディを同じ個数ほしいと注文されたら，どうすればよいだろうか．2種類のキャンディの平均の質量が，ドロップ5.0 g，キャラメル10 gとしよう．ドロップをひとすくいして秤にのせると500 gとなった．ここで重要なのは，キャラメルの個数を500 g中にあるドロップの個数と同じにするにはキャラメルを何g計りとればいいかということである．平均の質量を比較すると，キャラメル一つの質量（10 g）はドロップの質量（5 g）の2倍なので，ドロップの質量の2倍分のキャラメルを計りとらなければならない．したがって，キャラメルを1000 g（2 × 500 g = 1000 g）計りとって袋に入れればよいことになる．

この問題を解くにあたって，最も重要な一つの原理が使われた．その原理は，"成分Aを含む試料と成分Bを含む試料において，二つの試料の質量の比が成分AとBの質量の比に等しければ，両者は同じ数の成分を含む"というものである．この原理は化学においても重要である．

この堅苦しい表現を，キャンディの例を使って説明しよう．個々の成分の質量は 5 g（ドロップ）と 10 g（キャラメル）として，以下の場合を考える．

- 個々の試料が 1 個の成分を含む場合

$$\text{キャラメルの質量} = 10\,\text{g} \qquad \text{ドロップの質量} = 5\,\text{g}$$

- 個々の試料が 10 個の成分を含む場合

$$\text{キャラメル}\,10\,\text{個} \times 10\,\text{g}/\text{キャラメル}\,1\,\text{個} = \text{キャラメル}\,100\,\text{g}$$
$$\text{ドロップ}\,10\,\text{個} \times 5\,\text{g}/\text{ドロップ}\,1\,\text{個} = \text{ドロップ}\,50\,\text{g}$$

おのおのの場合，質量比は常に 2：1 である．

$$100/50 = 10/5 = 2/1$$

これは成分の質量比である．

$$\text{キャラメルの質量}/\text{ドロップの質量} = 10/5 = 2/1$$

上の場合のいずれの試料も同じ数の成分を含むことになる．これと同じ考えが原子にも応用できる．そのことを次節で説明する．

8・2　原子の質量：質量を計ることで原子の数を数える

目的　原子の質量とその決め方を理解する

6 章で固体の炭素と気体の酸素が反応して二酸化炭素が生じる反応式を取上げた．

$$C(s) + O_2(g) \longrightarrow CO_2(g)$$

いま時計皿に盛られた炭素の粉末を前にして，この炭素をすべて二酸化炭素に変えるには酸素分子がどれだけ必要かを知りたいとしよう．反応式から，炭素原子 1 個に対して酸素分子 1 個が必要なことがわかる．

$$C(s) + O_2(g) \longrightarrow CO_2(g)$$
原子 1 個と分子 1 個が反応して分子 1 個が生じる

必要とする酸素分子の数を決めるには，炭素の粉末の中に炭素原子がいくつあるかを知る必要がある．原子は小さすぎて目に見えないので，原子を多数含む試料の質量を計ることで原子の数を数えなければならない．前節のキャンディの例で，質量を計ることでキャンディの数が数えられることがわかった．全く同じ原理が原子の数を数える場合にもあてはまる．

原子は非常に小さいので，ふつうの質量の単位であるグラム（g）やキログラム（kg）は大きすぎて不便である．たとえば，炭素原子 1 個の質量は 1.99×10^{-23} g である．原子の質量を表すときに 10^{-23} の項を避けるために，**統一原子質量単位**（あるいは**ダルトン**）とよばれる非常に小さい単位を定義する．統一原子質量単位は u（ダルトンの記号は Da）で，1 u は g 単位では次のように表される*．

$$1\,\text{u} = 1.66 \times 10^{-24}\,\text{g}$$

炭素原子の数を数える問題に戻ろう．質量を計ることで炭素原子の数を数えるには，まず原子一つひとつの質量を知る必要がある．4 章で，ある元素の原子は同位体として存在することを述べた．炭素の同位体には，$^{12}_{6}C,\,^{13}_{6}C,\,^{14}_{6}C$ がある．炭素の試料は必ずこれらの同位体を同じ割合で含んでいる．これら同位体の質量はわずかずつ異

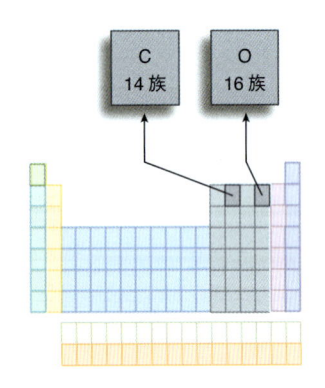

統一原子質量単位 unified atomic mass unit　単位記号 u

ダルトン dalton　単位記号 Da

＊　現在では原子質量単位 amu の使用は推奨されていないため，本書では統一原子質量単位 u を用いた．

なっているので，炭素原子に対しても平均質量を使う必要がある．炭素原子の**平均原子質量**は 12.01 u である．これは，自然界のいかなる炭素試料も 12.01 u の質量をもつ同一の炭素原子から構成されているとみなせることを意味する．炭素原子の平均質量がわかったことで，自然界の炭素試料の質量を計ることで炭素原子の数を数えることができる．1000 個の自然界の炭素原子の質量はどれくらいだろうか．平均質量が 12.01 u なので，1000 個の自然界の炭素原子の質量は次のようになる．

平均原子質量 average atomic mass

$$1000 \text{ 個の自然界の炭素原子の質量} = 1000 \text{ 個の原子} \times 12.01 \frac{\text{u}}{\text{原子}}$$
$$= 12{,}010 \text{ u} = 12.01 \times 10^3 \text{ u}$$

上で述べた炭素粉末の質量を計ると，3.00×10^{20} u であったとすると，これにはいくつの炭素原子が含まれているだろうか．炭素原子の平均質量が 12.01 u であることがわかっているので，次の換算式

$$\text{炭素原子 1 個} = 12.01 \text{ u}$$

から換算係数は

$$\frac{\text{炭素原子 1 個}}{12.01 \text{ u}}$$

となる．これを用いて炭素原子の数を計算から求めることができる．

$$3.00 \times 10^{20} \text{ u} \times \frac{\text{炭素原子 1 個}}{12.01 \text{ u}} = \text{炭素原子 } 2.50 \times 10^{19} \text{ 個}$$

炭素について説明してきた原理はすべての元素に同じように適用できる．自然界のすべての元素はいろいろな同位体の混合物である．したがって，ある元素の試料に含まれる原子の数をその質量から求めるには，試料の質量とその元素の平均原子質量を知らなければならない．表 8・1 に代表的な元素の平均原子質量を示す．

表 8・1
元素の平均原子質量

元 素	平均原子質量(u)
水 素	1.008
炭 素	12.01
窒 素	14.01
酸 素	16.00
ナトリウム	22.99
アルミニウム	26.98

例題 8・1 統一原子質量単位（u）を使って質量を計算する

75 個の原子を含むアルミニウム試料の質量を u で表せ．

解答 この問題を解くには，アルミニウムの平均原子質量 26.98 u を使う．換算式 Al 原子 1 個 = 26.98 u より換算係数を求めて計算する．

$$\text{Al 原子 75 個} \times \frac{26.98 \text{ u}}{\text{Al 原子 1 個}} = 2024 \text{ u}$$

練習問題 8・1 窒素原子 23 個を含む窒素試料の質量を求めよ．

Self-Check

逆の計算も可能である．すなわち，試料の質量がわかっていると，その中の原子の数を求めることができる．例題 8・2 で説明しよう．

例題 8・2 質量から原子の数を計算する

質量が 1172.49 u の試料中にあるナトリウム原子の数を計算せよ．

解答 ナトリウムの平均原子質量 22.99 u（表 8・1）を使って問題を解く．換算式 Na 原子 1 個 = 22.99 u から換算係数を求めて計算する．

$$1172.49 \text{ u} \times \frac{\text{Na 原子 1 個}}{22.99 \text{ u}} = \text{Na 原子 } 51.00 \text{ 個}$$

原子量 atomic weight

Self-Check 　**練習問題 8・2**　質量が 288 u の試料中にある酸素原子の数を計算せよ．

　要約すると，ある原子の平均原子質量がわかると質量を計ることでその原子の数を求めることができる．この計算は化学の基本である．おのおのの元素の平均原子質量を本書の表紙の内側に示した．これらの値は元素の**原子量**ともよばれる．

8・3　モ　　ル

目的　モルの概念とアボガドロ数を理解し，モル，質量，原子の数を相互変換する方法を学ぶ

　前節では統一原子質量単位を用いて質量を表したが，この単位は非常に小さい．実験室ではもっと大きな単位であるグラム（g）を用いて質量を表すほうが都合がよい．本節では質量がグラムの単位で与えられた試料中の原子の数を数える方法について説明する．

　質量が 26.98 g のアルミニウムの試料がある．このアルミニウム試料と同数の原子を含む銅の質量は何 g だろうか．

$$26.98 \text{ g のアルミニウム} \xleftrightarrow{\text{同数の原子を含む}} ? \text{ g の銅}$$

この問題を解くにはアルミニウムと銅の平均原子質量が必要である．アルミニウムと銅の平均原子質量はそれぞれ 26.98 u と 63.55 u なので，26.98 g のアルミニウムと 63.55 g の銅は同数の原子を含むことになる．したがって，答の銅の質量は 63.55 g である．**二つの試料の質量の比がそれぞれの成分の平均原子質量の比に等しければ両者は同じ数の原子を含むことを**，キャンディを例に説明した．この場合では，その比は，

$$\frac{26.98 \text{ g}}{63.55 \text{ g}} = \frac{26.98 \text{ u}}{63.55 \text{ u}}$$

　試料の質量比　　平均原子質量比

したがって，質量が 26.98 g のアルミニウムは，質量が 63.55 g の銅が含む銅原子の数と同じ数のアルミニウム原子を含む．

　次に，炭素（平均原子質量は 12.01 u）とヘリウム（平均原子質量は 4.003 u）を比べてみよう．質量が 12.01 g の炭素の試料は，質量が 4.003 g のヘリウムの試料と同数の原子を含む．もしすべての元素について，個々の元素の平均原子質量の数値にグラム単位をつけた質量に等しい質量を計りとった試料があるとすると，それらの試料はすべて同じ数の原子を含んでいることになる（図 8・1）．この原子の数は化学では特に重要な数で**アボガドロ数**といい，この数の原子，分子，イオンなどの粒子の集団を 1 mol とし，mol を単位として計った物質の量を**物質量**という．**ある物質の 1 mol はその成分 6.022 × 10²³ 個で構成される**．1 mol の水は 6.022 × 10²³ 個の水分子からなっている．

　化学計算ではモルをどのように使うだろうか．アボガドロ数は 12.01 g の炭素中に含まれる原子の数に等しい数で，6.022 × 10²³ である．したがって，水素の平均原子質量は 1.008 u なので，1.008 g の水素は 6.022 × 10²³ 個の水素原子を含んでいる．ま

鉛の棒 207.2 g

銀の棒 107.9 g

銅の粉末 63.55 g

図 8・1　6.022 × 10²³ 個の原子からなる（すなわち 1 mol の）試料

訳注: 2019 年 5 月 20 日以降，SI 単位のモル（mol）の定義が改定され，厳密に定められたアボガドロ定数（Avogadro constant）6.022 140 76 × 10²³ mol⁻¹ から定義されることとなった．
　すなわち，アボガドロ定数の数値部分をアボガドロ数（Avogadro number）と定め，ある物質の単位粒子のアボガドロ数個の集団を 1 mol とする．

物質量 amount of substance

表 8・2　種々の元素の 1 mol 試料

元素	原子の数	質量(g)	元素	原子の数	質量(g)
アルミニウム	6.022×10^{23}	26.98	硫黄	6.022×10^{23}	32.07
金	6.022×10^{23}	196.97	ホウ素	6.022×10^{23}	10.81
鉄	6.022×10^{23}	55.85	キセノン	6.022×10^{23}	131.3

鉄, ヨウ素の結晶, 液体状水銀, 硫黄粉末の 1 mol 試料

た, 26.98 g のアルミニウムは 6.022×10^{23} 個のアルミニウム原子を含んでいる. 要するに, 平均原子質量と等しい質量をもつ元素は, その原子を 6.022×10^{23} 個含んでいるということである. 表 8・2 に 1 mol の原子を含む元素の質量を示す.

要約すると, **ある元素が平均原子質量の数値にグラム単位をつけた質量に等しい質量をもつ場合, その試料は原子をアボガドロ数個含み, 物質量は 1 mol である.**

計算をするにはモルとは何かを理解し, ある物質の質量が何 mol に相当するかを求める方法を習得しなければならない. 計算をする前に質量を計ることによって数を数える手順を確認しておく. 下のような水素原子を点で表した水素原子の"袋"を考える. この"袋"A には 1 mol (6.022×10^{23}) の水素原子が入っており, その質量は 1.008 g である. ただし, 袋の質量はないものとする.

元素 1 mol あたりの質量の数値は, その元素の平均原子質量の数値に等しい.

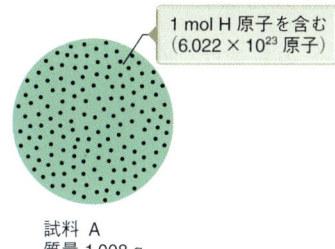

試料 A　質量 1.008 g
1 mol H 原子を含む (6.022×10^{23} 原子)

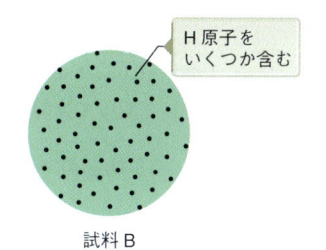

試料 B
H 原子をいくつか含む

水素原子がいくつ入っているかわからないもう一つの水素原子の"袋"B を考えてみよう. B にいくつの水素原子が入っているかを知るにはどうすればよいか. それには試料の質量を計ればよい. その結果, 試料 B の質量は 0.500 g であったとする.

それでは, この試料 B の質量からどのようにして試料 B 中の原子の数を決めることができるだろうか. 1 mol の水素原子が 1.008 g の質量をもつことがわかっている. いま, 試料 B の質量は 1 mol の水素原子の質量の約半分の 0.500 g である.

試料 A　質量 = 1.008 g　　　　　試料 B　質量 = 0.500 g
1 mol の水素原子を含む　── B の質量は A の約半分なので ──▶ 約 1/2 mol の水素原子を含んでいなければならない

実際に, 換算式

$$1 \text{ mol H} = 1.008 \text{ g H}$$

を使って換算係数を求めて計算すると

$$0.500 \text{ g H} \times \frac{1 \text{ mol H}}{1.008 \text{ g H}} = 0.496 \text{ mol H}（試料 B 中）$$

グラファイト(炭素) 1 mol は 12.01 g

要約すると，水素原子1 molの質量がわかると，純粋な水素を何gか計りとったとき，この試料の質量と1 molの水素原子の質量1.008 gを比較することで試料中に含まれる水素原子の数を知ることができる．これと同じことがすべての元素にも適用できる．

1 mol当たりの粒子数が6.022×10^{23}個なので，何molかの原子があるとその中に含まれる原子の数を容易に求めることができる．水素原子の"袋"の例では，試料B中に約0.5 molの水素原子がある．これは，試料B中に約6×10^{23}の1/2，すなわち約3×10^{23}の原子があることを意味している．実際には，換算式

$$1 \text{ mol} = 6.022 \times 10^{23}$$

を使って換算係数を求めて計算すると，

$$0.496 \text{ mol H} \times \frac{6.022 \times 10^{23} \text{ H}}{1 \text{ mol H}} = 2.99 \times 10^{23} \text{ H（試料B中）}$$

例題 8・3　モルと原子の数を計算する

アルミニウム10.0 gは何molか．また，それはアルミニウム原子を何個含むか．

解答　まず，質量をmolに変換する．

$$10.0 \text{ g Al} \Longrightarrow \text{? mol の Al 原子}$$

アルミニウム1 mol（6.022×10^{23}個の原子）の質量は，26.98 gである．換算式 1 mol Al = 26.98 g Al を使って換算係数を求めて計算すると

$$10.0 \text{ g Al} \times \frac{1 \text{ mol Al}}{26.98 \text{ g Al}} = 0.371 \text{ mol Al}$$

次に，molを原子の数に変換する．換算式 6.022×10^{23}個の Al = 1 mol Al を使って換算係数を求めて計算すると

$$0.371 \text{ mol Al} \times \frac{6.022 \times 10^{23} \text{ Al}}{1 \text{ mol Al}} = 2.23 \times 10^{23} \text{ 個の Al}$$

例題 8・4　原子の数を計算する

マイクロコンピューターの集積回路に使われるシリコンチップの質量は5.68 mgである．このチップには何個のシリコン（Si）原子が含まれるか．シリコンの平均原子質量は28.09 uである．

解答　まずmgをgに変換し，次にmolに，最後に数に変換する．

$$\text{mg} \Longrightarrow \text{g} \Longrightarrow \text{mol} \Longrightarrow \text{原子の数}$$

上の図中の矢印（⟹）は換算係数を示す．1 g = 1000 mg より

$$5.68 \text{ mg Si} \times \frac{1 \text{ g Si}}{1000 \text{ mg Si}} = 5.68 \times 10^{-3} \text{ g Si}$$

次に，シリコンの平均原子質量28.09 uより，1 molのシリコン原子の質量は28.09 gである．換算式 1 mol Si = 28.09 g Si より

$$5.68 \times 10^{-3} \text{ g Si} \times \frac{1 \text{ mol Si}}{28.09 \text{ g Si}} = 2.02 \times 10^{-4} \text{ mol Si}$$

アルミニウム（Al）は重量比強度が大きく耐食性に優れていることから高級自転車のフレームに用いられる．

アルミニウムフレームの自転車

1 mol の定義（1 mol = 6.022 × 10²³）を使って

$$2.02 \times 10^{-4} \, \text{mol Si} \times \frac{6.022 \times 10^{23} \, \text{Si 原子}}{1 \, \text{mol Si}} = 1.22 \times 10^{20} \, \text{Si 原子}$$

問題はどんどん複雑になるので，次節では問題をより効率よく解くことができる手順について述べる．

練習問題 8・3　クロム（Cr）原子 5.00×10^{20} 個を含むクロム試料の質量は何 g か．また，それは何 mol か．

> クロムは鉄の耐腐食性を向上させるために加えられる金属で，ステンレス鋼の製造に用いられる．
>
> Self-Check

8・4　問題を解く練習

目的　質問をしてそれに答える形で問題を解くことを学ぶ

　今日はアルバイトにいく初めての日であるが，職場へ行く道順がわからない．しかし，幸いなことに友人が知っていて車で連れて行ってくれるという．助手席に座っている間何をするべきか．今日 1 日だけ仕事をするというなら道順に注意を払わなくてもよいかもしれないが，明日も職場に行くのなら距離や信号，曲がり角などに注意を払っておかなければならない．この両者の違いは，受動的な立場と能動的な立場の違いである．本書を読むとき，特に実際に問題を解くときには能動的な立場をとってほしい．

　化学を勉強することによって問題をうまく解決する能力が養われる．複雑な問題が解決できるということは一種の才能であり，これによって人生のあらゆることがらがうまく運べるようになるかもしれない．本書の目的は，化学の基本的な概念を理解し，それに基づいて柔軟かつ創造力をもって問題を解くことができるようになるのを手助けすることである．このようなアプローチを"概念的な問題の解決法"とよぶ．最終目的は，いままでに出会ったことのない新しい問題を自身の力で解くことができるようになってもらうことである．本書では，問題を出してただ解答を与えるだけでなく，その問題を解くための考え方を説明する．もちろん答は重要であるが，その過程，すなわち答を得るのに必要な思考過程を理解するほうがずっと重要である．まず君たちに代わって問題を解くが，君たちは能動的な立場でいることが大事である．一緒に考え，一緒に解いていこう．そうすれば，最後には自分一人で解くことができるようになるだろう．考察（discussion）を飛ばして答（answer）にとびつくべきでない．

　問題の解き方を精力的に学ぶことは重要であるが，自身で考えることが必要である．問題を解く手伝いをしすぎては君たちのためにはならない．最初のうちは手助けをするが，章が進むにつれて手助けをしないようにする．最終目的は自身の力で問題が解けるようになることである．そうなれば問題に含まれる主要な概念や考え方が理解できるようになるだろう．

　たとえば，家から職場への行き方がわかったとしても，これは職場から家に帰ることができることを必ずしも意味しない．家から職場の方向だけを覚えていて，"職場に行くには北の方角に向かって行ったので，家は職場の南の方角にある"というような基本的な法則を知らなければ立ち往生するかもしれない．このような基本的な法則

を理解することが概念的な問題の解決には必要である.

もちろん,家と職場との間の行き帰りのほかにも行かなければならないところはたくさんある.複雑な例をあげよう.家から職場への行き方,またその帰り方,そして家から図書館への行き方,またその帰り方がわかっているとしよう.その場合,職場から家に帰らずに図書館へ行くことができるだろうか.もし方向だけを知っていても,家,職場,図書館の相互の位置関係がわかるような"大きな地図"をもっていなければ,おそらく無理であろう."大きな地図"を得ること,すなわち状況を完全に理解することも概念的な問題解決法には必要である.

概念的な問題の解決法では,解法を進めていくにあたり,自身で質問をして,それに答えていく手法をとる.この手法を学ぶには忍耐が要求されるが,これをマスターすると日常あるいは仕事で直面する新しい問題をうまく解決できるようになるだろう.

問題を解いていくときに役立つ指針を次に示す.

1. まず問題をよく読んで最終のゴールが何かを決めることが必要である.その後,与えられた事実を選り分けてキーワードを見つけてそれに焦点を絞る.問題を図で書いてもいい.この場合,できるだけ簡潔に,そして視覚的に表すことが必要である.要約すると,この過程は,"求めるものは何か"で表現できる.
2. どこから始めるかを決めるには,最終目的から逆に戻って考えることが必要である.化学量論の問題では常に化学反応から始める.問題を解き進むにつれて,"反応物と生成物は何か","釣合のとれた反応式は",また,"反応物の量はどれだけか"のような質問をしていく.これらの質問に答えるには,"わかっていることは何か",すなわち,問題の中にどのような情報が与えられているか,そして,何を知ればよいか,すなわち"必要な情報は何か"を知ることが重要である.これがわかると,化学の基本法則を知っていれば,このような質問には簡単に答えることができ,最終的に解答にたどり着く.この過程が"解法"である.
3. 解答にたどり着ければ,"答は理にかなっているか"と自問することが必要である.この過程が確認で,答をチェックするのに有用である.

概念的アプローチを使うと問題を必ず解くことができる.いままで遭遇したことのないような問題でもパニックになることはないだろう.この方法を学ぶとき,時として挫折しそうになるかもしれないが,マスターすれば必ず役に立つ.

まとめると,創造力のある解答者は基本的な法則に精通し,状況をよく把握している.本書の主要な目的の一つは,君たちに創造力のある解答者になってもらうために手助けをすることである.そのために,まず問題の解き方について多くの指針を与える.問題を順序立てて考えていけば,複雑な問題を手際よく解くことができるようになるだろう.

8・5 モル質量

目的 モル質量の定義を理解し,ある化学組成をもつ試料の質量(g)とmolを相互変換することを学ぶ

化合物は一般に原子の集合体である.天然ガスの主成分であるメタン CH_4 は,一

つの分子中に炭素原子1個と水素原子4個を含む．メタン1 molの質量はどのようにして求められるだろうか．すなわち，6.022×10^{23} 個の CH_4 分子の質量は何 g だろうか．CH_4 分子1個は炭素原子1個と水素原子4個を含むので，メタン1 mol は，炭素原子1 mol と水素原子4 mol を含むことになる（図8・2）．メタン1 mol の質量は炭素原子と水素原子の質量の和として求められる．

> メタン1 mol とはメタン分子1 mol の意味である．
>
> **モル質量** molar mass
>
> 物質1 mol 当たりの質量をモル質量（g 単位）という．古くはモル質量ではなくモル重量が用いられていた．モル重量とモル質量は同じものであるが，モル質量のほうがより正確に概念を表している．したがって，本書ではモル質量を用いる．

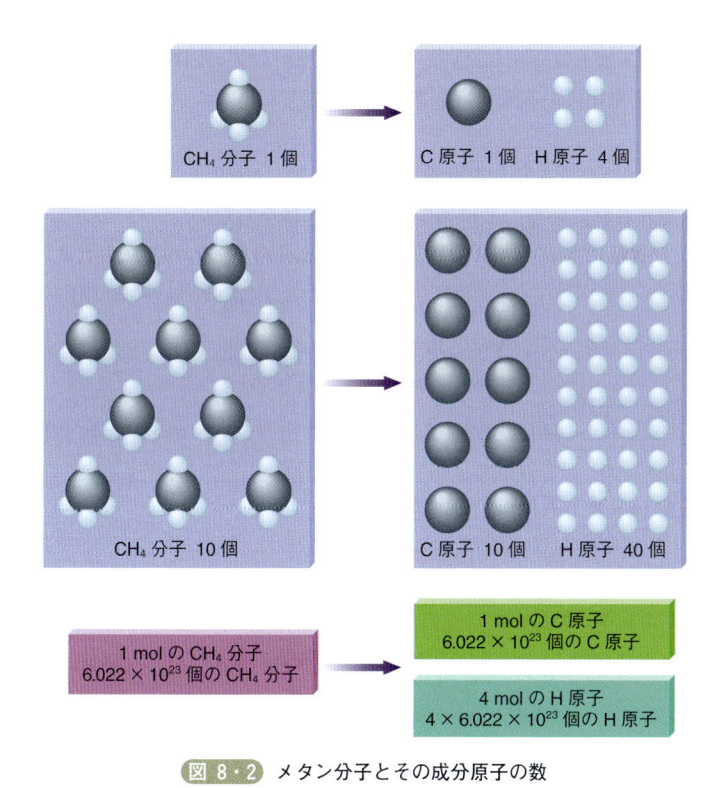

$$\begin{aligned}
\text{炭 素 } 1\,\text{mol の質量} &= 1 \times 12.01\,\text{g} = 12.01\,\text{g} \\
\text{水 素 } 4\,\text{mol の質量} &= 4 \times 1.008\,\text{g} = \underline{4.032\,\text{g}} \\
\text{メタン } 1\,\text{mol の質量} &\phantom{= 1 \times 12.01\,\text{g}} = 16.04\,\text{g}
\end{aligned}$$

16.04 g がメタンの**モル質量**とよばれ，すなわちメタン1 mol の質量である．モル質量とは物質1 mol の質量（g）で，成分原子の質量を足し合わせることで得られる．

図 8・2 メタン分子とその成分原子の数

例題 8・5 モル質量を計算する

硫黄を含む燃料を燃やした際に発生する二酸化硫黄のガスのモル質量を求めよ．二酸化硫黄は大気中の水分と反応して酸性雨の原因となる．

解答
求めるものは何か　二酸化硫黄の g/mol 単位のモル質量
わかっていることは何か
- 二酸化硫黄の化学式 SO_2．SO_2 の分子1 mol は S 1 mol と O 2 mol からなる．
- S 原子と O 原子のモル質量はそれぞれ 32.07 g/mol，16.00 g/mol

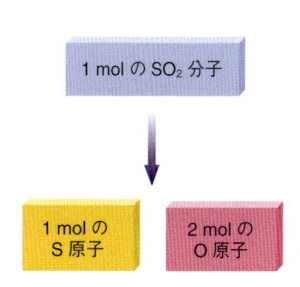

110   8. 化 学 組 成

解法　SO_2 のモル質量である SO_2 分子 1 mol の質量を求める必要がある.

$$S\ 1\ mol\ の質量 = 1 \times 32.07\ g = 32.07\ g$$
$$O\ 2\ mol\ の質量 = 2 \times 16.00\ g = \underline{32.00\ g}$$
$$SO_2\ 1\ mol\ の質量\qquad\qquad = 64.07\ g = モル質量$$

SO_2 のモル質量は 64.07 g/mol で,これは SO_2 分子 1 mol の質量を表す.

確認　答は硫黄や酸素の原子の質量より大きい.単位 (g/mol) は正しい.また,有効数字の桁数（小数点以下 2 桁）も正しい.

Self-Check

練習問題 8・4　ポリ塩化ビニル（PVC という）は,化学式 C_2H_3Cl をもつ分子からつくられる.この物質のモル質量を求めよ.

> ポリ塩化ビニル (polyvinyl chloride,略称 PVC) は床材や水道管などに広く使われている.

イオンの集合体として存在する物質もある.塩化ナトリウム NaCl は Na^+ と Cl^- からなり,NaCl 分子は存在しない.イオン化合物に対してはモル質量に代わって**式量**という用語を用いている教科書もあるが,本書ではイオン物質に対してもモル質量を用いる.

塩化ナトリウムのモル質量を計算するためには,NaCl 1 mol が Na^+ 1 mol と Cl^- 1 mol から構成されていることに気がつかなければならない.したがって,塩化ナトリウムのモル質量は Na^+ 1 mol の質量と Cl^- 1 mol の質量の和で表される.

式量 formula weight

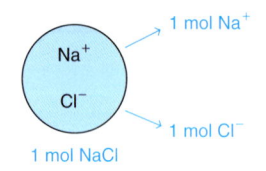

$$Na^+\ 1\ mol\ の質量 = 22.99\ g$$
$$Cl^-\ 1\ mol\ の質量 = \underline{35.45\ g}$$
$$NaCl\ 1\ mol\ の質量 = 58.44\ g$$

NaCl のモル質量は 58.44 g であり,これは塩化ナトリウム 1 mol の質量である.

> 電子の質量はとても小さいのでここでは Na^+ と Na の質量は同じと考えてよい.Cl^- も同じである.

例題 8・6　**mol から質量 (g) を計算する**

炭酸カルシウム $CaCO_3$ は石灰石,大理石,チョーク,真珠,ハマグリのような貝類の主要成分である.

　a. 炭酸カルシウムのモル質量を計算せよ.

　b. 炭酸カルシウム 4.86 mol の質量は何 g か.

> 炭酸カルシウム $CaCO_3$ はカルサイトともよばれる.

解答　a. 求めるものは何か　炭酸カルシウムの g/mol 単位のモル質量

わかっていることは何か　・炭酸カルシウムの化学式 $CaCO_3$. $CaCO_3$ 1 mol は Ca 1 mol,C 1 mol,O 3 mol からなる.
　　　　　　　　　　　・Ca 原子,C 原子,ならびに O 原子のモル質量はそれぞれ 40.08 g/mol, 12.01 g/mol, 16.00 g/mol

解法　炭酸カルシウムは Ca^{2+} と CO_3^{2-} からなるイオン化合物である.炭酸カルシウム 1 mol は Ca^{2+} 1 mol と CO_3^{2-} 1 mol を含む.モル質量は成分の質量を合計することで求められる.

$$1\ mol\ Ca^{2+}\ の質量 = 1 \times 40.08\ g = 40.08\ g$$
$$1\ mol\ CO_3^{2-}\ の質量（C\ 1\ mol\ と\ O\ 3\ mol からなる）$$
$$C\ 1\ mol\ の質量 = 1 \times 12.01\ g = 12.01\ g$$
$$O\ 3\ mol\ の質量 = 3 \times 16.00\ g = \underline{48.00\ g}$$
$$CaCO_3\ 1\ mol\ の質量\qquad\qquad = 100.09\ g = モル質量$$

b. 求めるものは何か　炭酸カルシウム 4.86 mol の質量
わかっていることは何か　・a から炭酸カルシウムのモル質量 100.09 g/mol
　　　　　　　　　　　　・炭酸カルシウムが 4.86 mol ある

解法　炭酸カルシウム 4.86 mol の質量はモル質量から求めることができる．

$$4.86 \text{ mol CaCO}_3 \times \frac{100.09 \text{ g CaCO}_3}{1 \text{ mol CaCO}_3} = 486 \text{ g CaCO}_3$$

したがって答は 486 g である．

練習問題 8・5　硫酸ナトリウム Na_2SO_4 のモル質量を求めよ．また，硫酸ナトリウム 300.0 g は何 mol か． **Self-Check**

要約すると，物質のモル質量は成分原子の質量の和で与えられる．モル質量は物質 1 mol の質量である．化合物のモル質量がわかると，その化合物のある質量の試料が何 mol になるかが計算できる．この逆も可能であることを次の例題 8・7 で示す．

例題 8・7　質量 (g) からモル (mol) を計算する

染料として知られているジュグロンは黒クルミの外皮からつくられ，除草剤にもなる．ジュグロンの化学式は $C_{10}H_6O_3$ である．　　　　　　　　　　ジュグロン juglone

a. ジュグロンのモル質量を計算せよ．
b. ジュグロン 1.56 g が黒クルミから抽出された．ジュグロン 1.56 g は何 mol か．

解答　a.
求めるものは何か　ジュグロンの g/mol 単位モル質量
わかっていることは何か　・ジュグロンの化学式 $C_{10}H_6O_3$．ジュグロン 1 mol は C 10 mol，H 6 mol，O 3 mol からなる
　　　　　　　　　　　　・C 原子，H 原子，ならびに O 原子のモル質量はそれぞれ 12.01 g/mol，1.008 g/mol，16.00 g/mol

解法　モル質量は成分原子の質量を合計することで得られる．ジュグロン 1 mol には C 10 mol，H 6 mol，O 3 mol が含まれるので

$$\begin{aligned}
\text{C 10 mol の質量} &= 10 \times 12.01 \text{ g} = 120.1 \text{ g} \\
\text{H 6 mol の質量} &= 6 \times 1.008 \text{ g} = 6.048 \text{ g} \\
\text{O 3 mol の質量} &= 3 \times 16.00 \text{ g} = \underline{48.00 \text{ g}} \\
&= 174.1 \text{ g} = \text{モル質量}
\end{aligned}$$

b.
求めるものは何か　ジュグロン 1.56 g は何 mol か
わかっていることは何か　・a からジュグロンのモル質量 174.1 g/mol
　　　　　　　　　　　　・ジュグロン 1.56 g がある

解法　この化合物 1 mol の質量が 174.1 g なので，1.56 g は 1 mol よりずっと少ない．換算式 1 mol = 174.1 g ジュグロン を使って換算係数を求めて計算すると

$$1.56 \text{ g ジュグロン} \times \frac{1 \text{ mol ジュグロン}}{174.1 \text{ g ジュグロン}} = 0.00896 \text{ mol ジュグロン}$$
$$= 8.96 \times 10^{-3} \text{ mol ジュグロン}$$

> **例題 8・8** 分子の数を計算する
>
> 酢酸イソペンチル $C_7H_{14}O_2$ はバナナのにおいのする化合物で工業的に合成されている．ミツバチは一刺しで約 1 μg（1×10^{-6} g）の酢酸イソペンチルを放出する．この物質が他のミツバチをひきよせ，ひきよせられたミツバチが攻撃に加わる．ミツバチの一刺しで放出される酢酸イソペンチルは何 mol か．またそれに含まれる酢酸イソペンチルの分子数を求めよ．
>
> **解答**
>
> 求めるものは何か　酢酸イソペンチル 1×10^{-6} g の物質量とその中に含まれる分子数
>
> わかっていることは何か
> - 酢酸イソペンチルの化学式 $C_7H_{14}O_2$
> - C 原子，H 原子，ならびに O 原子のモル質量はそれぞれ 12.01 g/mol，1.008 g/mol，16.00 g/mol
> - 酢酸イソペンチルの質量 1×10^{-6} g
> - 1 mol 中には 6.022×10^{23} 個の分子がある
>
> 解法　与えられた酢酸イソペンチルの質量から分子の数を知りたいので，まずモル質量を計算する必要がある．
>
> $$7 \text{ mol C} \times 12.01 \frac{\text{g}}{\text{mol}} = 84.07 \text{ g C}$$
> $$14 \text{ mol H} \times 1.008 \frac{\text{g}}{\text{mol}} = 14.11 \text{ g H}$$
> $$2 \text{ mol O} \times 16.00 \frac{\text{g}}{\text{mol}} = 32.00 \text{ g O}$$
> $$\overline{130.18 \text{ g}} = \text{モル質量}$$
>
> これは，酢酸イソペンチル 1 mol（6.022×10^{23} 個の分子）の質量が 130.18 g であることを意味している．
>
> 次に，酢酸イソペンチル 1 μg = 1×10^{-6} g が何 mol であるかを決める．換算式
>
> $$酢酸イソペンチル 1 \text{ mol} = 酢酸イソペンチル 130.18 \text{ g}$$
>
> を使って換算係数を求めて計算すると
>
> $$1 \times 10^{-6} \text{ g C}_7\text{H}_{14}\text{O}_2 \times \frac{1 \text{ mol C}_7\text{H}_{14}\text{O}_2}{130.18 \text{ g C}_7\text{H}_{14}\text{O}_2} = 8 \times 10^{-9} \text{ mol C}_7\text{H}_{14}\text{O}_2$$
>
> さらに，1 mol = 6.022×10^{23} 分子を使って分子の数を計算する．
>
> $$8 \times 10^{-9} \text{ mol C}_7\text{H}_{14}\text{O}_2 \times \frac{6.022 \times 10^{23} \text{ 分子}}{1 \text{ mol C}_7\text{H}_{14}\text{O}_2} = 5 \times 10^{15} \text{ 分子}$$
>
> このように多くの分子がミツバチの一刺しで放出される．

Self-Check　練習問題 8・6　フライパンの表面コーティングに用いられるテフロン® は C_2F_4 分子からなる．テフロン® 135 g に含まれる C_2F_4 分子数を求めよ．

8・6 化合物のパーセント組成

目的　化合物に含まれる元素の質量パーセントを求める

これまでは化合物の組成を構成原子の数で説明してきた．これに対して，化学組成

をそれぞれの元素の質量で表すことも多い．これは化合物 1 mol 中にある元素個々の質量と化合物 1 mol の質量を比較することで得られる．それぞれの元素の**質量分率**は次のように計算される．

質量分率 mass fraction

$$\text{ある元素の質量分率} = \frac{\text{化合物 1 mol 中に存在するその元素の質量}}{\text{化合物 1 mol の質量}}$$

質量分率は 100% を掛けることで**質量パーセント**（重量パーセントともよばれる）に変換できる．

質量パーセント mass percent
重量パーセント weight percent

この概念をエタノールを用いて説明しよう．エタノールはブドウやトウモロコシ，その他の果物や穀物中の糖を発酵させて得られるアルコールの一種で，ガソホールとよばれる燃料を製造する場合にオクタン価を高めるための薬剤としてガソリンに加えられる．エタノールはガソリンのオクタン価を高めるとともに自動車の排気ガス中の一酸化炭素の量を減少させる．

ガソホール gasohol

化学式よりエタノール 1 分子には炭素原子 2 個，水素原子 6 個，酸素原子 1 個が含まれることがわかる．このことは，エタノール 1 mol は炭素原子 2 mol，水素原子 6 mol，酸素原子 1 mol を含んでいることを意味する．それぞれの元素の質量とエタノールのモル質量は次のように計算される．

$$\text{C の質量} = 2 \text{ mol} \times 12.01 \frac{\text{g}}{\text{mol}} = 24.02 \text{ g}$$

$$\text{H の質量} = 6 \text{ mol} \times 1.008 \frac{\text{g}}{\text{mol}} = 6.048 \text{ g}$$

$$\text{O の質量} = 1 \text{ mol} \times 16.00 \frac{\text{g}}{\text{mol}} = 16.00 \text{ g}$$

$$1 \text{ mol } C_2H_5OH \text{ の質量} = \overline{46.07 \text{ g}} = \text{モル質量}$$

エタノール中の炭素の質量パーセントは，エタノール 1 mol 中の炭素の質量を 1 mol のエタノールの質量で割って得られた値に 100% を掛けることで得られる．

$$\text{C の質量パーセント} = \frac{1 \text{ mol } C_2H_5OH \text{ 中の C の質量}}{1 \text{ mol } C_2H_5OH \text{ の質量}} \times 100\%$$
$$= \frac{24.02 \text{ g}}{46.07 \text{ g}} \times 100\%$$
$$= 52.14\%$$

すなわち，エタノールは炭素を質量で 52.14% 含んでいる．水素や酸素の質量パーセントも同じようにして求められる．

$$\text{H の質量パーセント} = \frac{1 \text{ mol } C_2H_5OH \text{ 中の H の質量}}{1 \text{ mol } C_2H_5OH \text{ の質量}} \times 100\%$$
$$= \frac{6.048 \text{ g}}{46.07 \text{ g}} \times 100\%$$
$$= 13.13\%$$

$$\text{O の質量パーセント} = \frac{1 \text{ mol } C_2H_5OH \text{ 中の O の質量}}{1 \text{ mol } C_2H_5OH \text{ の質量}} \times 100\%$$
$$= \frac{16.00 \text{ g}}{46.07 \text{ g}} \times 100\%$$
$$= 34.73\%$$

化合物中のすべての元素の質量パーセントを足し算すると，端数処理（四捨五入）によって少しの誤差が生じることもあるが100%になる．質量パーセントを足し算することは計算をチェックするためのよい手段である．この問題の場合，質量パーセントの合計は 52.14% ＋ 13.13% ＋ 34.73% ＝ 100.00% となる．

例題 8・9 質量パーセントを計算する

カルボン $C_{10}H_{14}O$ 中に含まれるそれぞれの元素の質量パーセントを計算せよ．

解答

求めるものは何か カルボン中に含まれるそれぞれの元素の質量パーセント

わかっていることは何か
- カルボンの化学式 $C_{10}H_{14}O$
- C 原子，H 原子，ならびに O 原子のモル質量はそれぞれ 12.01 g/mol, 1.008 g/mol, 16.00 g/mol

必要な情報は何か
- それぞれの元素の質量
- カルボンのモル質量

解法 カルボンの化学式 $C_{10}H_{14}O$ から，カルボン 1 mol 中にあるそれぞれの元素の質量は，

$$C \text{ の質量} = 10 \text{ mol} \times 12.01 \frac{g}{mol} = 120.1 \text{ g}$$

$$H \text{ の質量} = 14 \text{ mol} \times 1.008 \frac{g}{mol} = 14.11 \text{ g}$$

$$O \text{ の質量} = 1 \text{ mol} \times 16.00 \frac{g}{mol} = \underline{16.00 \text{ g}}$$

$$1 \text{ mol } C_{10}H_{14}O \text{ の質量} = 150.21 \text{ g}$$

モル質量 ＝ 150.2 g（四捨五入して正しい有効数字にする）

次に，それぞれの元素の質量分率を求めて質量パーセントに変換する．

$$C \text{ の質量パーセント} = \frac{120.1 \text{ g C}}{150.2 \text{ g } C_{10}H_{14}O} \times 100\% = 79.96\%$$

$$H \text{ の質量パーセント} = \frac{14.11 \text{ g H}}{150.2 \text{ g } C_{10}H_{14}O} \times 100\% = 9.394\%$$

$$O \text{ の質量パーセント} = \frac{16.00 \text{ g O}}{150.2 \text{ g } C_{10}H_{14}O} \times 100\% = 10.65\%$$

確認 それぞれの元素の質量パーセントを合計すると，端数処理（四捨五入）による誤差範囲で 100% になるはずである．この問題の場合，質量パーセントを合計すると 100.00% になる．

> カルボン (carvone) には同じ化学式 $C_{10}H_{14}O$，同じ質量をもつ 2 種類の化合物がある．一つはキャラウェイの実の特徴的なにおいの源で，他方はスペアミント精油のにおいの源である．

> 抗生物質のひとつであるペニシリンは，1928 年に英国の細菌学者のフレミング（Alexander Fleming）によって発見された．ペニシリンやこれと同じような抗生物質は伝染病で失われたであろう何百万の人の命を救ってきた．ペニシリンは多くの元素を含む大きな分子である．

Self-Check **練習問題 8・7** 抗生物質ペニシリンの一種であるペニシリン F は $C_{14}H_{20}N_2SO_4$ の化学式をもつ．この化合物に含まれるそれぞれの元素の質量パーセントを求めよ．

8・7 化合物の化学式

目的 化合物の組成式が意味することを理解する

2 種類の水溶液を混ぜたときに固体（沈殿）が生じる場合を考えよう．固体が何であるかをどうすれば知ることができるだろうか．この問いに答えるにはいくつかのア

プローチがある．たとえば，7 章で述べたように，イオン化合物の溶解性に関する規則を知っていれば水溶液を混ぜたとき生じる沈殿が何であるかが予測できる．

しかし，生成物を同定する最も確かな方法は実験することである．実験によって得られる生成物の物理的性質を既知の化合物の性質と比較すればよい．

反応によって，時としていままでに得られたことのない生成物が得られることがある．このような場合，その生成物にはどのような元素が含まれ，それがどれくらいの量で含まれているかを決めることでその生成物が何であるかを決めることができる．これらのデータから化合物の化学式を得ることができる．§8・6 では化合物 1 mol 中に含まれるそれぞれの元素の質量を決めるために化学式を用いた．その逆の過程を未知の化合物の化学式を決めるのに用いることができる．すなわち，含まれる元素の質量を測定し，その測定値を用いて化学式を決定することができる．

化学式は化合物に含まれる原子の相対的な数を示す．たとえば，分子式 CO_2 は，それぞれの CO_2 分子中に炭素原子 1 個当たり酸素原子が 2 個含まれていることを示している．したがって，化学式を決めるには原子の数を数える必要がある．これは，本章で述べたように質量を計ることによって可能になる．いま炭素，水素，酸素のみを含むある化合物 0.2015 g を計りとって分析したところ，炭素が 0.0806 g，水素が 0.01353 g，酸素が 0.1074 g 含まれていることがわかった．これらの質量からそれぞれの原子のモル質量を使って原子の数を求めてみよう．まず mol に変換する．

$$\text{炭素} \quad 0.0806 \text{ g C} \times \frac{1 \text{ mol C}}{12.01 \text{ g C}} = 0.00671 \text{ mol C}$$

$$\text{水素} \quad 0.01353 \text{ g H} \times \frac{1 \text{ mol H}}{1.008 \text{ g H}} = 0.01342 \text{ mol H}$$

$$\text{酸素} \quad 0.1074 \text{ g O} \times \frac{1 \text{ mol O}}{16.00 \text{ g O}} = 0.006713 \text{ mol O}$$

これらより，化合物 0.2015 g 中には，炭素原子 0.00671 mol，水素原子 0.01342 mol，酸素原子 0.006713 mol が含まれていることがわかる．さらに 1 mol = 6.022×10^{23} を使って原子の数に変換する．

$$\text{炭素} \quad 0.00671 \text{ mol C} \times \frac{6.022 \times 10^{23} \text{ C}}{1 \text{ mol C}} = 4.04 \times 10^{21} \text{ C}$$

$$\text{水素} \quad 0.01342 \text{ mol H} \times \frac{6.022 \times 10^{23} \text{ H}}{1 \text{ mol H}} = 8.08 \times 10^{21} \text{ H}$$

$$\text{酸素} \quad 0.006713 \text{ mol O} \times \frac{6.022 \times 10^{23} \text{ O}}{1 \text{ mol O}} = 4.043 \times 10^{21} \text{ O}$$

得られた値は化合物 0.2015 g 中にある各原子の数である．これらの値から化合物の化学式についてわかることは

1. 化合物中の炭素原子と酸素原子の数は同じである．
2. 水素原子の数は，炭素原子や酸素原子の数の 2 倍である．

である．1, 2 の事実を式で表すと CH_2O となる．この式は，化合物中にある C, H, O 原子の相対的な数を表す．この式が化合物本来の化学式だろうか．いいかえれば，化合物は CH_2O 分子で構成されているだろうか．そうかもしれないが，$C_2H_4O_2$ 分子から構成されているかもしれないし，$C_3H_6O_3$ 分子からなっているかもしれない．また

C₄H₈O₄ 分子かもしれないし，C₅H₁₀O₅ 分子かもしれない．さらに，C₆H₁₂O₆ 分子からなっているかもしれない．これらのすべての分子では，C：H：O が実験により求められた比率 1：2：1 を満たしている．

化合物を個々の元素に分解して存在する原子の数を数えるとき，原子比，すなわち原子の相対的な数が得られるのみである．存在する原子の数を最も簡潔な整数比で表した化合物の化学式を**組成式**という．C₄H₈O₄ 分子を含む化合物と C₆H₁₂O₆ 分子を含む化合物の組成式はともに CH₂O で同じである．存在する分子の組成を与える化合物の化学式を**分子式**という．グルコースとよばれる糖は分子式 C₆H₁₂O₆ をもつ分子からなる（図 8・3）が，この組成式は CH₂O である．したがって，分子式は組成式の倍数（この場合は 6 倍）で表される．

$$C_6H_{12}O_6 = (CH_2O)_6$$

次節では元素の相対質量から化合物の組成式を求める方法について説明する．§8・8 と §8・9 でわかるように，化合物のモル質量がその化合物の分子式を決めるのに必要である．

組成式 composition formula 実験式ともいう．

分子式 molecular formula

図 8・3
グルコース．分子式は C₆H₁₂O₆，組成式は CH₂O である．

例題 8・10 組成式を決定する

次の分子式で与えられる化合物の組成式を書け．

a. C₆H₆．これはベンゼンの分子式である．ベンゼンは液体で，多くの重要な化合物を製造するための原料として用いられる．

b. C₁₂H₄Cl₄O₂．これはダイオキシンの分子式である．ダイオキシンは化学薬品を製造する際に副生成物として生成することがよくあるきわめて有毒な物質である．

c. C₆H₁₆N₂．これはナイロンを製造するときに用いられる二つの反応物のうちの一つの分子式である．

解答 a. C₆H₆ = (CH)₆．組成式は CH．組成式を 6 倍すると分子式になる．

b. C₁₂H₄Cl₄O₂ = (C₆H₂Cl₂O)₂．組成式は C₆H₂Cl₂O．組成式を 2 倍すると分子式になる．

c. C₆H₁₆N₂ = (C₃H₈N)₂．組成式は C₃H₈N．組成式を 2 倍すると分子式になる．

8・8 組成式の計算

目的 組成式を計算により求める方法を学ぶ

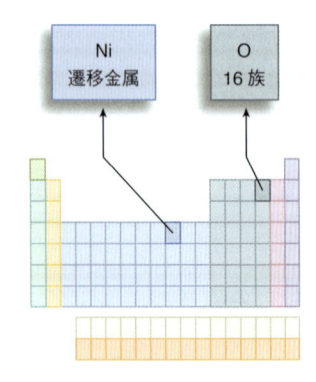

前節で説明したように，化合物の組成式を求めるには，その化合物中に存在する元素の相対的な質量をまず知ることが必要である．そのためには，化合物を構成する元素の質量を測定しなければならない．たとえば，純粋なニッケルの単体をるつぼに 0.2636 g 計りとり，これを空気中で加熱するとニッケルが酸素と反応して酸化ニッケルが生成する．この場合について考えよう．冷却後生成物の質量を測定すると 0.3354 g だった．質量の増加分はニッケルと反応して酸化物を生成した酸素によるものである．したがって，酸化ニッケル中に存在する酸素の質量は生成物の質量からニッケルの質量を引いたものである．

酸化ニッケルの質量 － もとのニッケルの質量 ＝ ニッケルと反応した酸素の質量

すなわち

$$0.3354 \text{ g} - 0.2636 \text{ g} = 0.0718 \text{ g}$$

生成物中のニッケルの質量はもともと計りとったニッケルの質量である．したがって，酸化ニッケルは 0.2636 g のニッケルと 0.0718 g の酸素を含んでいることがわかる．それでは，この化合物の組成式はどのようになるだろうか．この問いに答えるには原子のモル質量を用いて質量を原子の数に変換しなければならない．

$$0.2636 \text{ g Ni} \times \frac{1 \text{ mol Ni}}{58.69 \text{ g Ni}} = 0.004491 \text{ mol Ni}$$

$$0.0718 \text{ g O} \times \frac{1 \text{ mol O}}{16.00 \text{ g O}} = 0.00449 \text{ mol O}$$

1 mol の原子は 6.022×10^{23} 個の原子を含むので，上の二つの値が同じであることから化合物は Ni 原子と O 原子を同数含んでいることがわかる．したがって，式は NiO となり，この式は，存在する原子の最も簡潔な整数比を与えるので組成式である．

$$\frac{0.004491 \text{ mol Ni}}{0.00449 \text{ mol O}} = \frac{1 \text{ Ni}}{1 \text{ O}}$$

すなわち，この化合物は Ni 原子と O 原子を同数含み，Ni：O 比は 1：1 である．

例題 8・11 組成式を求める

アルミニウム 4.151 g と酸素 3.692 g が反応してアルミニウム酸化物を生じる．この化合物の組成式を求めよ．

解答

求めるものは何か アルミニウム酸化物 Al_xO_y の組成式．すなわち，x と y

わかっていることは何か
- 化合物は 4.151 g のアルミニウムと 3.692 g の酸素を含んでいる
- アルミニウム原子と酸素原子のモル質量はそれぞれ 26.98 g/mol と 16.00 g/mol

必要な情報は何か
- x と y は化合物 1 mol 中に含まれる原子の物質量を表すので，Al と O の物質量の相対値を決める必要がある．

解法 化学式を書くためには各原子の相対的な数を知る必要があり，組成式を得るには質量を原子の数に変換しなければならない．原子のモル質量を用いてこの変換を行う．

$$4.151 \text{ g Al} \times \frac{1 \text{ mol Al}}{26.98 \text{ g Al}} = 0.1539 \text{ mol Al}$$

$$3.692 \text{ g O} \times \frac{1 \text{ mol O}}{16.00 \text{ g O}} = 0.2308 \text{ mol O}$$

化学式では整数のみが使われるので，原子の整数比を見つけなければならない．このためには二つの数をその小さいほうの数で割ればよい．これは小さいほうの数を 1 にするためである．

$$\frac{0.1539 \text{ mol Al}}{0.1539} = 1.000 \text{ mol Al}$$

$$\frac{0.2308 \text{ mol O}}{0.1539} = 1.500 \text{ mol O}$$

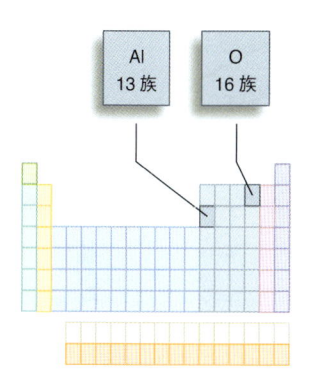

両方を同じ数で割ってもアルミニウム原子と酸素原子の相対的な数は変化しないことに注意しよう．すなわち

$$\frac{0.2308 \text{ mol O}}{0.1539 \text{ mol Al}} = \frac{1.500 \text{ mol O}}{1.000 \text{ mol Al}}$$

このことから，化合物は 1.000 mol の Al 原子に対し 1.500 mol の O 原子を含むことがわかる．原子の数についていえば，化合物は 1.000 個の Al 原子に対して 1.500 個の O 原子を含むことになる．しかし，整数個の原子が結合して化合物を形成するので組成式を求めるには整数比にしなければならない．1.000 と 1.500 の両数に 2 を掛けると両数は整数となる．

$$1.500 \text{ O} \times 2 = 3.000 = 3 \text{ O 原子}$$
$$1.000 \text{ Al} \times 2 = 2.000 = 2 \text{ Al 原子}$$

したがって，この化合物は 3 個の O 原子に対して 2 個の Al 原子を含んでおり，その組成式は Al_2O_3 となる．この化合物中の原子比は次のような分数で与えられる．

$$\frac{0.2308 \text{ O}}{0.1539 \text{ Al}} = \frac{1.500 \text{ O}}{1.000 \text{ Al}} = \frac{3/2 \text{ O}}{1 \text{ Al}} = \frac{3 \text{ O}}{2 \text{ Al}}$$

最も簡潔な整数比が組成式 Al_2O_3 の下つきの数字に対応する．

確認　x と y の値は整数である．

例題 8・11 のように，計算した結果得られた物質量の相対値が整数でない場合がある．このような場合には，すべての数に同じ小さな整数を掛けなければならない．この掛ける値はほとんどが 1〜6 の間の数である．組成式を求める手順を次にまとめる．

化合物の組成式を求める手順

手順 1　個々の元素の質量を得る．
手順 2　個々の原子の物質量を決める．
手順 3　個々の原子の物質量の値を，そのうちで最も小さい値で割ることでその値を 1 にする．このようにして得られた数がすべて整数なら，これらの数字が組成式の下つきの数字となる．一つあるいはそれ以上の数が整数でなければ，手順 4 に進む．
手順 4　手順 3 で得られた数に最も小さい整数を掛けてすべての数が整数になるようにする．得られた個々の整数が組成式の下つきの数字となる．

例題 8・12　二元化合物の組成式を求める

0.3546 g のバナジウムを空気中で加熱すると，酸素と反応して質量が 0.6330 g になった．得られたバナジウム酸化物の組成式を求めよ．

解答

求めるものは何か　バナジウム酸化物 V_xO_y の組成式．すなわち，x と y
わかっていることは何か
・化合物は 0.3546 g のバナジウムを含み，質量は 0.6330 g
・バナジウム原子と酸素原子のモル質量はそれぞれ 50.94 g/mol と 16.00 g/mol

必要な情報は何か
- 試料中の酸素の質量
- x と y は化合物 1 mol 中に含まれる原子の物質量を表すので，V と O の物質量の比

解法

手順 1 もともとあったバナジウムはすべて最終の化合物中にも残っているので，反応した酸素の質量は次の差をとることで求められる．

$$\boxed{\text{化合物の質量}} - \boxed{\text{化合物中のバナジウムの質量}} = \boxed{\text{化合物中の酸素の質量}}$$
$$0.6330 \text{ g} \quad - \quad 0.3546 \text{ g} \quad = \quad 0.2784 \text{ g}$$

手順 2 バナジウム原子と酸素原子のモル質量 50.94 g/mol と 16.00 g/mol を用いて，原子の物質量を求める．

$$0.3546 \text{ g V} \times \frac{1 \text{ mol V}}{50.94 \text{ g V}} = 0.006961 \text{ mol V}$$

$$0.2784 \text{ g O} \times \frac{1 \text{ mol O}}{16.00 \text{ g O}} = 0.01740 \text{ mol O}$$

手順 3 手順 2 で得た二つの値を，小さなほうの数字 0.006961 で割る．

$$\frac{0.006961 \text{ mol V}}{0.006961} = 1.000 \text{ mol V}$$

$$\frac{0.01740 \text{ mol O}}{0.006961} = 2.500 \text{ mol O}$$

2.500 が整数でないので，手順 4 に進む．

手順 4 $2 \times 2.500 = 5.000$，$2 \times 1.000 = 2.000$ なので，両方の数字に 2 を掛けてともに整数にする．

$$2 \times 1.000 \text{ V} = 2.000 \text{ V} = 2 \text{ V}$$
$$2 \times 2.500 \text{ O} = 5.000 \text{ O} = 5 \text{ O}$$

化合物は 5 個の O 原子に対して 2 個の V 原子を含む．したがって，組成式は V_2O_5 である．

練習問題 8·8 鉛 0.6884 g と塩素 0.2356 g を結合させて二元化合物を得た．この化合物の組成式を求めよ． Self-Check

---

二元化合物で用いた手順がそのまま 3 個以上の元素を含む化合物に対しても適用できる．例題 8·13 で説明する．

例題 8·13 3 個以上の元素を含む化合物の組成式を求める

ヒ酸水素鉛(II) はアリやカの駆除に用いられる殺虫剤である．ある量のヒ酸水素鉛(II) を分析すると，鉛 1.3813 g，水素 0.00672 g，ヒ素 0.4995 g，酸素 0.4267 g が含まれていた．ヒ酸水素鉛(II) の組成式を求めよ．

解答
求めるものは何か ヒ酸水素鉛(II) $Pb_aH_bAs_cO_d$ の組成式．すなわち，a, b, c, d
わかっていることは何か ・化合物は Pb 1.3813 g，H 0.00672 g，As 0.4995 g，O 0.4267

120   8. 化 学 組 成

g からなる
- Pb, H, As, O 原子のモル質量はそれぞれ 207.2 g/mol, 1.008 g/mol, 74.92 g/mol, 16.00 g/mol

必要な情報は何か
- a, b, c, d は，化合物 1 mol 中に含まれる Pb, H, As, O の物質量を表すので，それらの相対値を決めることが必要である．

解法

手順 1　化合物は Pb 1.3813 g, H 0.00672 g, As 0.4995 g, O 0.4267 g からなる．

手順 2　原子のモル質量を用いて，個々の物質量を計算する．

$$1.3813 \text{ g Pb} \times \frac{1 \text{ mol Pb}}{207.2 \text{ g Pb}} = 0.006667 \text{ mol Pb}$$

$$0.00672 \text{ g H} \times \frac{1 \text{ mol H}}{1.008 \text{ g H}} = 0.00667 \text{ mol H}$$

$$0.4995 \text{ g As} \times \frac{1 \text{ mol As}}{74.92 \text{ g As}} = 0.006667 \text{ mol As}$$

$$0.4267 \text{ g O} \times \frac{1 \text{ mol O}}{16.00 \text{ g O}} = 0.02667 \text{ mol O}$$

手順 3　手順 2 で得た四つの値のうち最も小さな値で四つの値を割る．

$$\frac{0.006667 \text{ mol Pb}}{0.006667} = 1.000 \text{ mol Pb}$$

$$\frac{0.00667 \text{ mol H}}{0.006667} = 1.00 \text{ mol H}$$

$$\frac{0.006667 \text{ mol As}}{0.006667} = 1.000 \text{ mol As}$$

$$\frac{0.02667 \text{ mol O}}{0.006667} = 4.000 \text{ mol O}$$

すべての値が整数なので，組成式は $PbHAsO_4$ である．

Self-Check　練習問題 8・9　ある量のカルバミン酸を分析すると，炭素が 0.8007 g，窒素が 0.9333 g，水素は 0.2016 g，酸素が 2.133 g が含まれていた．カルバミン酸の組成式を求めよ．

　化合物中に含まれる元素の相対量を決めるために分析すると，その結果は通常元素の質量パーセントで得られる．§8・6 で化学式からパーセント組成を計算することを述べたが，今度はその逆で，質量パーセントが与えられている場合の組成式の求め方を考える．

　この手順を理解するにはパーセントの意味を理解しなければならない．パーセントは全混合物を 100 としたときの混合物中のある成分の割合を意味する．たとえば，ある化合物が質量で 15% の炭素を含むとすると，その化合物 100 g 中に 15 g の炭素が含まれることになる．パーセント組成が与えられたときに化合物の組成式を求める方法を例題 8・14 で説明する．

例題 8・14　パーセント組成から組成式を求める

シスプラチン cisplatin　　抗がん剤シスプラチンの組成は質量パーセントで白金 65.02%，窒素 9.34%，水素

2.02%，塩素 23.63% である．シスプラチンの組成式を求めよ．

解答

求めるものは何か　シスプラチン $Pt_aN_bH_cCl_d$ の組成式．すなわち，a, b, c, d

わかっていることは何か
- シスプラチンの質量パーセントは Pt 65.02%，N 9.34%，H 2.02%，Cl 23.63%
- Pt, N, H, Cl 原子のモル質量はそれぞれ 195.1 g/mol，14.01 g/mol，1.008 g/mol，35.45 g/mol

必要な情報は何か
- a, b, c, d は化合物 1 mol 中に含まれる Pt, N, H, Cl の物質量を表すので，それらの相対的な値
- 個々の元素の質量（g）

解法

手順 1　化合物 100 g 中の個々の元素の質量が何 g かを決める．白金の質量パーセントが 65.02% であるということはシスプラチン 100 g 中に白金が 65.02 g あることを意味する．同様に，シスプラチン 100 g には 9.34 g の窒素（N），2.02 g の水素（H），23.63 g の塩素（Cl）が含まれていることになる．したがって，シスプラチン 100 g を計りとると，その中には 65.02 g の白金，9.34 g の窒素，2.02 g の水素，23.63 g の塩素がある．

手順 2　原子のモル質量を用いて，Pt, N, H, Cl の物質量を計算する．

$$65.02 \text{ g Pt} \times \frac{1 \text{ mol Pt}}{195.1 \text{ g Pt}} = 0.3333 \text{ mol Pt}$$

$$9.34 \text{ g N} \times \frac{1 \text{ mol N}}{14.01 \text{ g N}} = 0.667 \text{ mol N}$$

$$2.02 \text{ g H} \times \frac{1 \text{ mol H}}{1.008 \text{ g H}} = 2.00 \text{ mol H}$$

$$23.63 \text{ g Cl} \times \frac{1 \text{ mol Cl}}{35.45 \text{ g Cl}} = 0.6666 \text{ mol Cl}$$

手順 3　手順 2 で得た四つの値のうち最も小さな値で四つの値を割る．

$$\frac{0.3333 \text{ mol Pt}}{0.3333} = 1.000 \text{ mol Pt}$$

$$\frac{0.667 \text{ mol N}}{0.3333} = 2.00 \text{ mol N}$$

$$\frac{2.00 \text{ mol H}}{0.3333} = 6.001 \text{ mol H}$$

$$\frac{0.6666 \text{ mol Cl}}{0.3333} = 2.000 \text{ mol Cl}$$

水素に対する数は端数処理（四捨五入）の関係で 6 より若干大きいが，組成式は $PtN_2H_6Cl_2$ である．

練習問題 8・10　最も一般的なナイロンであるナイロン-6 の組成は質量パーセントで炭素 63.68%，窒素 12.38%，水素 9.80%，酸素 14.14% である．ナイロン-6 の組成式を求めよ． *Self-Check*

例題 8・14 ではパーセントを質量に変換しているが，直接質量が与えられている問題についても同様に考えればよい．

8・9 分子式の計算

目的 組成式とモル質量が与えられた場合に化合物の分子式を求める方法を学ぶ

化合物の組成が含まれる元素の質量あるいは質量パーセントで与えられていると，化合物の組成式は求められるが分子式を求めることはできない．分子式を得るにはモル質量がわからなければならない．本節では，パーセント組成とモル質量がともにわかっている化合物について説明する．

例題 8・15 分子式を求める

白い粉末を分析したところ，その組成式は P_2O_5 であった．この化合物のモル質量は 283.88 g/mol である．化合物の分子式を求めよ．

解答

求めるものは何か 化合物の分子式 P_xO_y，すなわち，x, y

わかっていることは何か
- 化合物の組成式 P_2O_5
- 化合物のモル質量は 283.88 g/mol
- リン原子と酸素原子のモル質量はそれぞれ 30.97 g/mol と 16.00 g/mol
- 分子式は組成式の整数倍

必要な情報は何か
- 組成式の質量

解法 分子式を得るには組成式の質量とモル質量を比較しなければならない．P_2O_5 に対する組成式の質量は P_2O_5 1 mol の質量である．

$$
\begin{aligned}
&2 \text{ mol P}: 2 \text{ mol} \times 30.97 \text{ g/mol} = 61.94 \text{ g} \\
&5 \text{ mol O}: 5 \text{ mol} \times 16.00 \text{ g/mol} = 80.00 \text{ g} \\
&\phantom{5 \text{ mol O}: 5 \text{ mol} \times 16.00 \text{ g/mol} =} \ 141.94 \text{ g} \quad P_2O_5 \text{ 1 mol の質量}
\end{aligned}
$$

分子式は組成式の整数倍である．すなわち

$$\text{分子式} = (\text{組成式})_n$$

ここで，n は整数である．分子式 = $n \times$ 組成式 なので

$$\text{モル質量} = n \times \text{組成式の質量}$$

これを n について解くと，

$$n = \frac{\text{モル質量}}{\text{組成式の質量}}$$

これより，分子式を決定するには，モル質量を組成式の質量で割らなければならない．これの意味することは，モル質量中に組成式の質量がいくつ含まれるかである．

$$\frac{\text{モル質量}}{\text{組成式の質量}} = \frac{283.88}{141.94} = 2$$

この結果は，分子式は組成式の単位を 2 個含んでいること，すなわち，分子式は $(P_2O_5)_2$ あるいは P_4O_{10} であることを意味する．この化合物の構造を図 8・4 に示す．

確認 x, y の値は整数であり，分子式中の P：O の比（4：10）は 2：5 である．

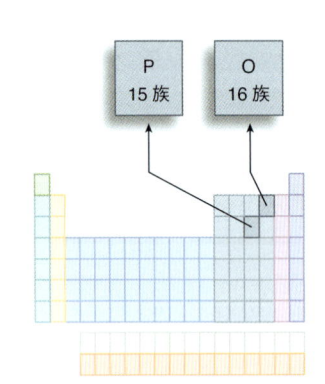

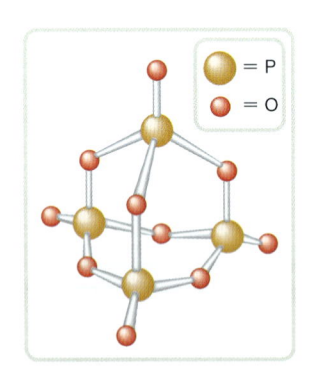

図 8・4 P_4O_{10} の構造の球棒モデル．この化合物は水との親和性がきわめて強く，そのため乾燥剤に用いられる．

練習問題 8・11 エンジンのノッキングを防ぐためにガソリンに添加される化合物の

パーセント組成は次のとおりである.

$$71.65\% \text{ Cl} \quad 24.27\% \text{ C} \quad 4.07\% \text{ H}$$

モル質量は 98.96 g/mol であることがわかっている.この化合物の組成式と分子式を求めよ.

分子式が常に組成式の整数倍であることを知っていることが重要である.
一般に分子式は組成式を用いて次のように表される.

$$\text{分子式} = (\text{組成式})_n$$

n は整数である.n が 1 であれば分子式と組成式は同じである.たとえば,二酸化炭素では組成式 CO_2 と分子式 CO_2 が同じなので $n = 1$ である.一方,十酸化四リンでは組成式は P_2O_5 で分子式は P_4O_{10} である.この場合は $n = 2$ である.

まとめ

1. ある元素の原子の平均質量がわかると,その元素の試料中に含まれる原子の数はその試料の質量を計ることによって計算で求めることができる.

2. 1 モル(記号 mol)は 6.022×10^{23} に等しい量の単位である.この数をアボガドロ数という.すべての物質の 1 mol には 6.022×10^{23} 個の構成単位が含まれている.モルを単位として計った物質の量を物質量という.

3. 元素 1 mol の質量は,グラム(g)で表した元素の平均原子質量と同じである.ある化合物のモル質量は,その化合物 1 mol のグラムで表した質量であり,また成分原子の質量の和である.

4. パーセント組成は化合物中の個々の元素の質量パーセントからなっている.

質量パーセント
$$= \frac{\text{化合物 1 mol 中のある元素の質量}}{\text{化合物 1 mol の質量}} \times 100\%$$

5. 化合物の組成式は化合物の成分元素を最も簡潔な整数比で表したもので,化合物のパーセント組成から求めることができる.分子式は存在する分子の正確な化学式で,常に組成式の整数倍である.これらの関係を図で示す.

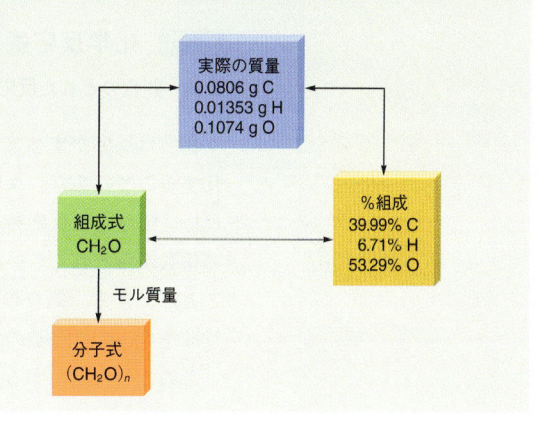

9　化　学　量

9・1　化学反応式から得られる情報
9・2　モル-モルの関係
9・3　質量の計算
9・4　制限反応物の概念
9・5　制限反応物を含む計算
9・6　パーセント収率

ホンダ FCX クラリティの燃料は水素と酸素である

　卒業後，メタノール（メチルアルコール）を製造する会社に就職し，水素と一酸化炭素の気体反応でメタノールを製造するプロセスを改良する仕事についた．仕事の初日に，テスト操業で 6.0 kg のメタノールをつくるのに必要な水素と一酸化炭素を注文するように指示された．どれだけの量の水素と一酸化炭素を注文するべきなのかをどのようにして決めればよいだろうか．
　本章を学べば，この質問に答えることができるようになるだろう．

9・1　化学反応式から得られる情報

目的　釣合のとれた反応式から得られる分子や質量に関する情報を理解する

　化学は反応がすべてである．6 章で述べたように，化学変化は原子の組合わせが変化することであり，反応式で表される．化学反応式からは反応物や生成物の化学式と反応に関与する反応物や生成物の量についての情報が得られる．釣合のとれた反応式の係数からどれくらいの量の反応物からどれくらいの量の生成物が得られるかを知ることができる．釣合のとれた反応式の係数は分子の相対数を表している．すなわち，意味をもつのは係数の比であって，個々の係数ではない．
　このことを説明するために，化学に関係のない例を考えてみよう．ファーストフード店でサンドイッチをつくるアルバイトをしているとする．サンドイッチをつくるのにパンが 2 枚，ハムが 3 枚，チーズが 1 枚必要である．このサンドイッチをつくる式は次のように表すことができる．

パン 2 枚 ＋ ハム 3 枚 ＋ チーズ 1 枚 ⟶ 1 個のサンドイッチ

　店長からサンドイッチを 50 個つくるように指示されたとする．どれだけ材料を買えばよいだろうか．50 個のサンドイッチをつくらなければならないので上の式に 50 を掛ける．

50(パン 2 枚) ＋ 50(ハム 3 枚) ＋ 50(チーズ 1 枚) ⟶ 50(1 個のサンドイッチ)

すなわち，

パン 100 枚 ＋ ハム 150 枚 ＋ チーズ 50 枚 ⟶ 50 個のサンドイッチ

100 : 150 : 50 は比 2 : 3 : 1 に対応し，この比はサンドイッチをつくるための"釣合のとれた反応式"の係数を示している．サンドイッチをいくつつくるにしても，一つの

サンドイッチに対する式を使えば，どれだけの量の材料が必要かは容易にわかる．

化学反応式からも同じような情報が得られる．化学反応式は反応にかかわりのある反応物と生成物の相対的な数を示している．反応式から，ある量の生成物を得るのに必要な反応物の量はどれだけかを決めたり，ある量の反応物からどれだけの量の生成物が得られるかを予測したりすることができる．

先に取上げた気体の一酸化炭素と水素を反応させて液体のメタノール $CH_3OH(l)$ をつくる反応を考えよう．

$$\text{釣合を無視した式} \quad CO(g) + H_2(g) \longrightarrow CH_3OH(l)$$
反応物　　　　　　　生成物

化学反応では原子はただ再配置するだけ（生成も消滅もしない）なので，化学反応式を釣合のとれたものにしなければならない．すなわち，式の両辺で個々の原子の数を同じにするように係数を決めなければならない．これを満足するような最も小さい数字の組を使うと釣合のとれた式が得られる．

$$\text{釣合のとれた式} \quad CO(g) + 2H_2(g) \longrightarrow CH_3OH(l)$$
反応物：1C, 1O, 4H　　　生成物：1C, 1O, 4H

釣合のとれた反応式の係数は分子の相対的な数を示す．すなわち，釣合のとれた反応式全体にある数を掛けても釣合のとれた反応式が得られる．上の反応式に 6.022×10^{23} を掛けると

$$6.022 \times 10^{23}[CO(g) + 2H_2(g) \longrightarrow CH_3OH(l)]$$
$$(6.022 \times 10^{23})CO(g) + 2 \times (6.022 \times 10^{23})H_2(g) \longrightarrow (6.022 \times 10^{23})CH_3OH(l)$$

6.022×10^{23} 個の原子，分子，イオンなどの粒子の集団を $1\,mol$ とし，mol を単位として計った物質の量を**物質量**という．そこで，mol を使って反応式を表すと

$$1\,mol\,CO(g) + 2\,mol\,H_2(g) \longrightarrow 1\,mol\,CH_3OH(l)$$

釣合のとれた反応式の種々の表現法を表 9・1 に示す．

物質量 amount of substance

1 mol は 6.022×10^{23} 個の粒子の集団．

表 9・1　メタノール製造における釣合のとれた反応式の種々の表現法

$CO(g)$	$+ 2H_2(g)$	$\longrightarrow CH_3OH(l)$
1 個の CO 分子	+ 2 個の H_2 分子	⟶ 1 個の CH_3OH 分子
6.022×10^{23} 個の CO 分子	$+ 2(6.022 \times 10^{23})$ 個の H_2 分子	⟶ 6.022×10^{23} 個の CH_3OH 分子
$1\,mol$ の CO 分子	$+ 2\,mol$ の H_2 分子	⟶ $1\,mol$ の CH_3OH 分子

例題 9・1 化学反応式において物質量と分子の数を関係づける

プロパン C_3H_8 は酸素ガスと反応して熱と同時に生成物として二酸化炭素と気体の水を生成する．この燃焼反応の釣合を無視した反応式は

$$C_3H_8(g) + O_2(g) \longrightarrow CO_2(g) + H_2O(g)$$

である．この反応の釣合のとれた反応式を書き，分子の数と mol を使って反応式が意味するところを述べよ．

プロパン C_3H_8 はガスグリルでの調理用燃料や暖房用燃料に用いられている．

解答　釣合のとれた反応式は

$$C_3H_8(g) + 5O_2(g) \longrightarrow 3CO_2(g) + 4H_2O(g)$$
3C, 8H, 10O　　　　　　　3C, 8H, 10O

分子の数で考えると，C_3H_8 1分子が O_2 5分子と反応して，CO_2 3分子と H_2O 4分子が生成する．mol を使うと，C_3H_8 1 mol と O_2 5 mol が反応して，CO_2 3 mol と H_2O 4 mol が生成する．

9・2 モル-モルの関係

目的 化学反応を用いて反応物の物質量（モル）と生成物の物質量（モル）の関係を求めることを学ぶ

前節で述べた mol を用いた反応式の意味からわかるように，反応式を見ると何 mol の反応物から何 mol の生成物が得られるかを予測することができる．ここで，水が分解して水素と酸素になる反応を考えよう．この反応の釣合のとれた反応式は

$$2H_2O(l) \longrightarrow 2H_2(g) + O_2(g)$$

である．この反応式は，水 2 mol から水素 2 mol と酸素 1 mol が生じることを表している．

もし水 4 mol が分解すると，何 mol の生成物が得られるだろうか．

この問いに答えるには反応式全体に 2 を掛けて，4 mol H_2O になるようにする．

$$2[2H_2O(l) \longrightarrow 2H_2(g) + O_2(g)]$$
$$4H_2O(l) \longrightarrow 4H_2(g) + 2O_2(g)$$

これより次のことがわかる．

水 4 mol から水素 4 mol と酸素 2 mol が生じる．

これが，水 4 mol が分解したときに何 mol の生成物が得られるかという問いに対する答である．

次に，水 5.8 mol の分解を考えよう．この過程で生成物は何 mol 生じるだろうか．この問いに対する答は反応式の係数を変えることで得られる．その手順として，まず釣合のとれた反応式

$$2H_2O(l) \longrightarrow 2H_2(g) + O_2(g)$$

のすべての係数を 2 で割る．

$$H_2O(l) \longrightarrow H_2(g) + 1/2 O_2(g)$$

次に，水が 5.8 mol あるので，上の反応式全体に 5.8 を掛ける．

$$5.8[H_2O(l) \longrightarrow H_2(g) + 1/2 O_2(g)]$$

整理すると，

$$5.8 H_2O(l) \longrightarrow 5.8 H_2(g) + 5.8(1/2) O_2(g)$$
$$5.8 H_2O(l) \longrightarrow 5.8 H_2(g) + 2.9 O_2(g)$$

となる．この式から次のことが言える．

水 5.8 mol から水素 5.8 mol と酸素 2.9 mol が生成する．

反応式の係数を変えるこの方法はほとんどの場合にうまく適用できるが，できない場合もある．そこで，さらに有用な方法を例題 9・2 で説明する．この方法は，釣合のとれた反応式をもとにして換算係数，すなわち**モル比**を用いるものである．

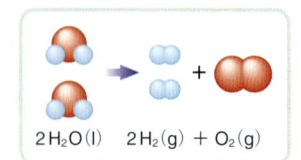

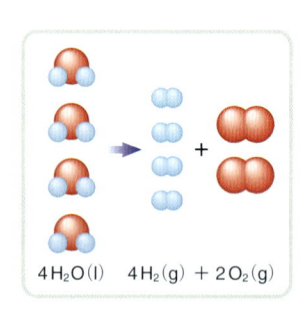

係数が整数でない反応式は，反応物や生成物の物質量(mol)を考える場合のみ意味がある．

モル比 mole ratio

例題 9・2　モル比を決める

水 5.8 mol が分解すると何 mol の酸素が生じるか．

解答

求めるものは何か　水 5.8 mol が分解して生じる酸素の物質量（mol）

わかっていることは何か
- 水が分解するときの釣合のとれた反応式
$$2H_2O \rightarrow 2H_2 + O_2$$
- 水 5.8 mol がある

解法　問題は次のように表すことができる．

$$\boxed{5.8 \text{ mol } H_2O} \xrightarrow{\text{生成}} \boxed{? \text{ mol } O_2}$$

この問題を解くには，釣合のとれた反応式 $2H_2O(l) \rightarrow 2H_2(g) + O_2(g)$ から

$$\boxed{2 \text{ mol } H_2O} \xrightarrow{\text{生成}} \boxed{1 \text{ mol } O_2}$$

これより，次の換算式が得られる．

$$2 \text{ mol } H_2O = 1 \text{ mol } O_2$$

この換算式を使って換算係数（モル比）を求める．この問題では，水 2 mol が分解して酸素 1 mol が生じるので，モル比は，

$$\frac{1 \text{ mol } O_2}{2 \text{ mol } H_2O}$$

である．したがって

$$5.8 \text{ mol } H_2O \times \frac{1 \text{ mol } O_2}{2 \text{ mol } H_2O} = 2.9 \text{ mol } O_2$$

となり，ここで mol H_2O は消える．水 5.8 mol が分解すると酸素 2.9 mol が生成することになる．

> 2 mol H_2O = 1 mol O_2 の記述は化学反応における H_2O と O_2 の量的な関係を表している．

例題 9・2 では，反応式から求められるモル比を用いて生成物が何 mol 得られるかを計算した．この手法を例題 9・3 にも適用する．

例題 9・3　計算にモル比を用いる

プロパン C_3H_8 4.30 mol と過不足なく反応するには何 mol の酸素が必要か．この反応の釣合のとれた反応式は次のとおりである．

$$C_3H_8(g) + 5O_2(g) \longrightarrow 3CO_2(g) + 4H_2O(g)$$

解答

求めるものは何か　プロパン 4.30 mol と過不足なく反応するのに必要な酸素の物質量（mol）

わかっていることは何か
- 釣合のとれた反応式
- C_3H_8 が 4.30 mol ある

解法　問題は次のように表すことができる．

$$\boxed{4.30 \text{ mol の } C_3H_8} \text{ に } \boxed{? \text{ mol の } O_2} \text{ が必要}$$

この問題を解くには，C_3H_8 と O_2 の関係について考える必要がある．釣合のとれた反

応式から次のことがわかる．

$$1 \text{ mol の } C_3H_8 \text{ に対して } 5 \text{ mol の } O_2 \text{ が必要である．}$$

これより，次の換算式が得られる．

$$1 \text{ mol } C_3H_8 = 5 \text{ mol } O_2$$

これを使って，プロパンから酸素への換算係数となるモル比

$$\frac{5 \text{ mol } O_2}{1 \text{ mol } C_3H_8}$$

が求められる．したがって，

$$4.30 \text{ mol } C_3H_8 \times \frac{5 \text{ mol } O_2}{1 \text{ mol } C_3H_8} = 21.5 \text{ mol } O_2$$

となり，ここで mol C_3H_8 は消える．答は次のように書ける．

$$C_3H_8 \ 4.30 \text{ mol に対して } O_2 \ 21.5 \text{ mol が必要である．}$$

Self-Check 練習問題 9・1　C_3H_8 4.30 mol と O_2 21.5 mol が反応すると CO_2 が何 mol 生成するか．

9・3　質量の計算

目的　反応物の質量と生成物の質量を関係づけることを学ぶ

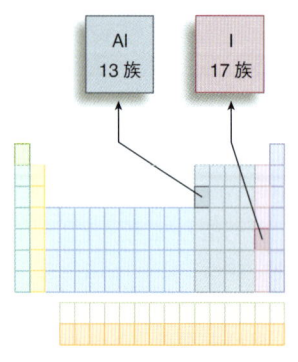

前節では，反応物や生成物の物質量を求める場合に釣合のとれた反応式をどのように使うかについて説明した．しかし，物質量は分子の数を表し，分子の数は直接数えることはできない．化学では，質量を計ることでその数を数える．したがって，本節では物質量と質量の間で変換する手法を復習するとともに，この手法を化学計算にどのように適用するかについて述べる．

この手法を詳しく説明するために，単体のアルミニウムの粉末と細かく粉砕したヨウ素とが反応してヨウ化アルミニウムが生じる反応を考えよう．この化学反応の釣合のとれた反応式は

$$2Al(s) + 3I_2(s) \longrightarrow 2AlI_3(s)$$

である．いま，35.0 g のアルミニウムを考えよう．この量のアルミニウムと過不足なく反応するのに必要なヨウ素の質量は何 g だろうか．

釣合のとれた反応式から

$$2 \text{ mol の Al は } 3 \text{ mol の } I_2 \text{ を必要とする．}$$

これをモル比で表すと

$$\frac{3 \text{ mol } I_2}{2 \text{ mol Al}}$$

この比を用いてアルミニウムの物質量から必要とする I_2 の物質量を計算することができる．しかし，ここには二つの問題がある．

1. アルミニウムは何 mol あるか．
2. I_2 について物質量を質量に変換するにはどうすればよいのだろうか．

これらを解くには，g を mol に，mol を g に変換できなければならない．

アルミニウム（上左）とヨウ素（上右）が反応するとヨウ化アルミニウムが生成する．反応熱により過剰のヨウ素は気体（紫）となる．

アルミニウムが 35.0 g あるので,まずアルミニウムについて g から mol に変換する.この変換方法はすでに学んだ.アルミニウム原子のモル質量は 26.98 である.このことは,アルミニウム 1 mol の質量が 26.98 g であることを意味する.換算式 1 mol Al = 26.98 g を使って Al 35.0 g が何 mol であるかを求める.

$$35.0 \text{ g Al} \times \frac{1 \text{ mol Al}}{26.98 \text{ g Al}} = 1.30 \text{ mol Al}$$

こうして Al の物質量が求められたので,必要な I_2 の物質量が計算できる.

$$1.30 \text{ mol Al} \times \frac{3 \text{ mol } I_2}{2 \text{ mol Al}} = 1.95 \text{ mol } I_2$$

これより,Al 1.30 mol(35.0 g)と反応するのに I_2 が 1.95 mol 必要であることがわかる.次にしなければならないことは,I_2 1.95 mol を g に変換することである.これには I_2 のモル質量を用いる.ヨウ素原子のモル質量は 126.9 g/mol なので,I_2 のモル質量は

$$2 \times 126.9 \text{ g/mol} = 253.8 \text{ g/mol} = 1 \text{ mol } I_2 \text{ の質量}$$

I_2 1.95 mol を g に変換すると

$$1.95 \text{ mol } I_2 \times \frac{253.8 \text{ g } I_2}{\text{mol } I_2} = 495 \text{ g } I_2$$

これで問題は解けたことになる.35.0 g のアルミニウムと過不足なくヨウ素を反応させるには 495 g のヨウ素が必要である.

例題 9・4 モル比を使って質量(g)と物質量(mol)の変換をする

燃料としてのプロパン C_3H_8 は,次の釣合を無視した反応式に従って酸素と反応して二酸化炭素と気体の水になる.

$$C_3H_8(g) + O_2(g) \longrightarrow CO_2(g) + H_2O(g)$$

プロパン 96.1 g と過不足なく反応するのに必要な酸素は何 g か.

解答

求めるものは何か 酸素の質量

わかっていることは何か
- 釣合を無視した反応式
- C_3H_8 の質量 96.1 g
- 炭素,水素,酸素原子のモル質量.

必要な情報は何か
- 釣合のとれた反応式
- O_2 と C_3H_8 のモル質量

解法 まず,この反応の釣合のとれた反応式が必要である.

$$C_3H_8(g) + 5O_2(g) \longrightarrow 3CO_2(g) + 4H_2O(g)$$

問題は次のように表すことができる.

96.1 g のプロパン に対して ? mol の O_2 が必要

アルミニウムとヨウ素の反応の場合と同様な手法を用いて,次の手順で解いていく.

1. 与えられているプロパン C_3H_8 の質量を物質量に変換する.
2. 釣合のとれた反応式を用いて必要な酸素 O_2 の物質量を求める.

3. O_2 のモル質量を用いて酸素の質量を計算する.

この手順の概略は次のようになる.

$$C_3H_8(g) + 5O_2(g) \longrightarrow 3CO_2(g) + 4H_2O(g)$$

96.1 g C_3H_8 O_2 ? g

1 ⬇   ⬆ 3

? mol C_3H_8 ⇒² O_2 ? mol

手順 1 最初に求めるものは,プロパン 96.1 g は何 mol かである.プロパンのモル質量は 44.09($3 \times 12.01 + 8 \times 1.008$) なので,その物質量は

$$96.1 \text{ g C}_3\text{H}_8 \times \frac{1 \text{ mol C}_3\text{H}_8}{44.09 \text{ g C}_3\text{H}_8} = 2.18 \text{ mol C}_3\text{H}_8$$

手順 2 プロパン 1 mol は酸素 5 mol と反応するので,1 mol C_3H_8 = 5 mol O_2 より,モル比は

$$\frac{5 \text{ mol O}_2}{1 \text{ mol C}_3\text{H}_8}$$

となる.プロパン分子の物質量に対して必要な酸素分子の物質量を計算する.

$$2.18 \text{ mol C}_3\text{H}_8 \times \frac{5 \text{ mol O}_2}{1 \text{ mol C}_3\text{H}_8} = 10.9 \text{ mol O}_2$$

ここで,C_3H_8 の物質量は消えて O_2 の物質量になる.

手順 3 もとの問題はプロパン 96.1 g に対して必要な酸素の質量を尋ねているので,O_2 10.9 mol を O_2 のモル質量（$32.0 = 2 \times 16.00$）を用いて g に変換しなければならない.

$$10.9 \text{ mol O}_2 \times \frac{32.0 \text{ g O}_2}{1 \text{ mol O}_2} = 349 \text{ g O}_2$$

したがって,プロパン 96.1 g を燃焼させるのに酸素 349 g が必要である.問題をどのように解いたかを変換がわかるように示すと次のようにまとめられる.

手順 1　　　　手順 2　　　　手順 3

$$96.1 \text{ g C}_3\text{H}_8 \times \frac{1 \text{ mol C}_3\text{H}_8}{44.09 \text{ g C}_3\text{H}_8} \times \frac{5 \text{ mol O}_2}{1 \text{ mol C}_3\text{H}_8} \times \frac{32.0 \text{ g O}_2}{1 \text{ mol O}_2} = 349 \text{ g O}_2$$

この方法は,最後の単位が正しいかどうかを確かめるには便利な方法である.手順を要約すると以下のようになる.

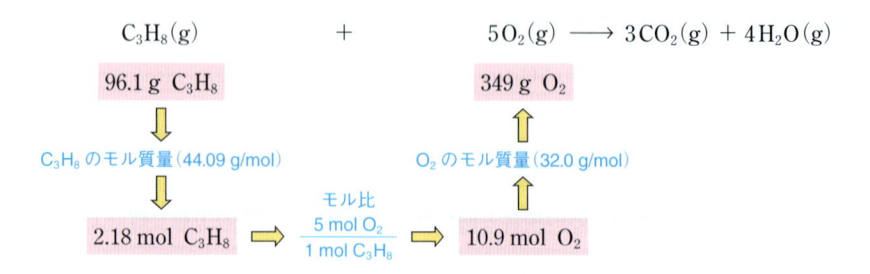

$$C_3H_8(g) + 5O_2(g) \longrightarrow 3CO_2(g) + 4H_2O(g)$$

96.1 g C_3H_8　　　　　　　　　349 g O_2

⬇　　　　　　　　　　　　　　　⬆

C_3H_8 のモル質量（44.09 g/mol）　　O_2 のモル質量（32.0 g/mol）

⬇　　　　　　　モル比　　　　　　⬆

2.18 mol C_3H_8 ⇒ $\frac{5 \text{ mol O}_2}{1 \text{ mol C}_3\text{H}_8}$ ⇒ 10.9 mol O_2

Self-Check 練習問題 9・2 プロパン 96.1 g が十分な量の酸素と反応したとき,二酸化炭素が何

g 生成するか．

練習問題 9・3 プロパン 96.1 g が十分な量の酸素と反応したとき，水が何 g 生成するか． *Self-Check*

　反応物や生成物の質量を計算する過程を通して"考えること"にいままで多くの時間を費やしてきた．この計算過程は次のような手順にまとめることができる．

> **化学反応において，反応物や生成物の質量を計算する手順**
>
> **手順 1** 反応式の釣合をとる．
> **手順 2** 反応物あるいは生成物の質量 (g) を物質量 (mol) に変換する．
> **手順 3** 釣合のとれた反応式を用いてモル比を考える．
> **手順 4** 手順 3 で得られたモル比を用いて反応物あるいは生成物の物質量を計算する．
> **手順 5** 物質量 (mol) を質量 (g) に変換する．

　反応中に含まれる反応物や生成物の相対的な質量を計算するのに化学反応式を用いるプロセスを**化学量論計算をする**という．化学量論に関する二つの計算例を次にあげる．まず例題 9・5 では，非常に大きい数や小さい数を表す場合によく用いられる科学的表記法を使って化学量論計算を行う．

化学量論 stoichiometry

例題 9・5 化学量論計算: 科学的表記法を用いる

固体の水酸化リチウムは，宇宙船の中で呼気に含まれる二酸化炭素を生活環境から除去するのに用いられている．そのときの生成物は炭酸リチウムと水である．水酸化リチウム 1.00×10^3 g が吸収できる二酸化炭素ガスの量は何 g か．

解答

求めるものは何か　水酸化リチウム 1.00×10^3 g に吸収される二酸化炭素の質量
わかっていることは何か
　・反応物と生成物
　・水酸化リチウムの質量 1.00×10^3 g
　・原子のモル質量
必要な情報は何か
　・この反応の釣合のとれた反応式
　・水酸化リチウムと二酸化炭素のモル質量

解法

手順 1　反応の記述に従って，釣合を無視した反応式を書く．

$$\text{LiOH(s)} + \text{CO}_2\text{(g)} \longrightarrow \text{Li}_2\text{CO}_3\text{(s)} + \text{H}_2\text{O(l)}$$

釣合のとれた反応式は

$$2\,\text{LiOH(s)} + \text{CO}_2\text{(g)} \longrightarrow \text{Li}_2\text{CO}_3\text{(s)} + \text{H}_2\text{O(l)}$$

手順 2　LiOH のモル質量（$6.941 + 16.00 + 1.008 = 23.95$）を使って，与えられている LiOH の質量 (g) を物質量 (mol) に変換する．

$$1.00 \times 10^3 \text{ g LiOH} \times \frac{1 \text{ mol LiOH}}{23.95 \text{ g LiOH}} = 41.8 \text{ mol LiOH}$$

手順 3 モル比は

$$\frac{1 \text{ mol CO}_2}{2 \text{ mol LiOH}}$$

手順 4 モル比を使って LiOH の物質量に対して必要な CO_2 の物質量を計算する．

$$41.8 \text{ mol LiOH} \times \frac{1 \text{ mol CO}_2}{2 \text{ mol LiOH}} = 20.9 \text{ mol CO}_2$$

手順 5 CO_2 のモル質量（44.01 g/mol）を使って，その質量を計算する．

$$20.9 \text{ mol CO}_2 \times \frac{44.01 \text{ g CO}_2}{1 \text{ mol CO}_2} = 920 \text{ g CO}_2$$
$$= 9.20 \times 10^2 \text{ g CO}_2$$

これより，水酸化リチウム 1.00×10^3 g は CO_2 920 g を吸収することができる．

この問題は次のようにまとめることができる．

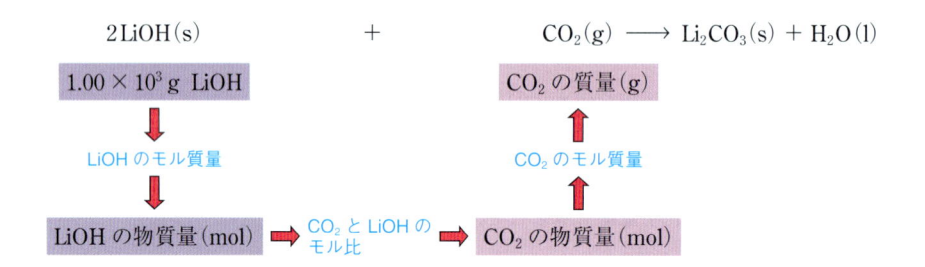

$$2\text{LiOH(s)} + CO_2(g) \longrightarrow Li_2CO_3(s) + H_2O(l)$$

1.00×10^3 g LiOH ／ CO_2 の質量 (g)

LiOH のモル質量 ／ CO_2 のモル質量

LiOH の物質量 (mol) → CO_2 と LiOH のモル比 → CO_2 の物質量 (mol)

変換がわかるように示すと

$$1.00 \times 10^3 \text{ g LiOH} \times \frac{1 \text{ mol LiOH}}{23.95 \text{ g LiOH}} \times \frac{1 \text{ mol CO}_2}{2 \text{ mol LiOH}} \times \frac{44.01 \text{ g CO}_2}{1 \text{ mol CO}_2} = 9.19 \times 10^2 \text{ g CO}_2$$

Self-Check

練習問題 9・4 フッ化水素を水に溶かして得られるフッ酸はガラスをエッチングするのに用いられる．このとき，フッ酸はガラス中のシリカ SiO_2 と反応して，気体の四フッ化ケイ素と水を生成する．釣合を無視した式は，次のとおりである．

$$HF(aq) + SiO_2(s) \longrightarrow SiF_4(g) + H_2O(l)$$

a. シリカ 5.68 g と反応するのに必要なフッ化水素の量は何 g か．
b. a の場合，生成する水は何 g か．

例題 9・6 化学量論計算：二つの反応式を比較する

重曹 $NaHCO_3$ は制酸剤としてもよく用いられ，胃の中の過剰な塩酸を中和する．この反応の釣合のとれた反応式は次のとおりである．

$$NaHCO_3(s) + HCl(aq) \longrightarrow NaCl(aq) + H_2O(l) + CO_2(g)$$

水酸化マグネシウム $Mg(OH)_2$ を水に懸濁したマグネシア乳も制酸剤として用いられる．この反応の釣合のとれた反応式は次のとおりである．

$$Mg(OH)_2(s) + 2HCl(aq) \longrightarrow 2H_2O(l) + MgCl_2(aq)$$

$NaHCO_3$ 1.00 g と $Mg(OH)_2$ 1.00 g とでは，どちらが多くの胃酸を中和するか．

解答

求めるものは何か 二つの制酸剤 $NaHCO_3$ と $Mg(OH)_2$ の中和する力の比較，すなわ

ち，おのおのの制酸剤 1.00 g と反応する HCl の物質量

わかっていることは何か　• それぞれの反応の釣合のとれた反応式
　　　　　　　　　　　　　• NaHCO₃ と Mg(OH)₂ の質量はともに 1.00 g
　　　　　　　　　　　　　• 原子のモル質量

必要な情報は何か　• NaHCO₃ と Mg(OH)₂ のモル質量

解法　多くの量の HCl と反応するほうが制酸剤としての効果が大きい．この過程を図式で表す．

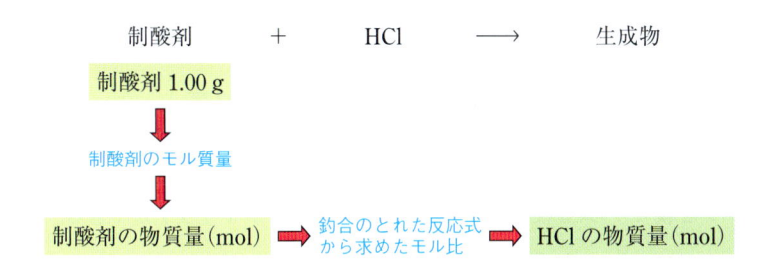

制酸剤　　　+　　　HCl　　⟶　　生成物

制酸剤 1.00 g
↓ 制酸剤のモル質量
↓
制酸剤の物質量(mol) ⟹ 釣合のとれた反応式から求めたモル比 ⟹ HCl の物質量(mol)

この場合，反応する HCl の質量を求める必要はなく，物質量でよい．おのおのの制酸剤についてこの問題を解く．両反応式は釣合がとれているので計算に進む．

NaHCO₃ のモル質量 (22.99 + 1.008 + 12.01 + 3 × 16.00 = 84.01) を使って NaHCO₃ 1.00 g が何 mol かを計算する．

$$1.00 \text{ g NaHCO}_3 \times \frac{1 \text{ mol NaHCO}_3}{84.01 \text{ g NaHCO}_3} = 0.0119 \text{ mol NaHCO}_3$$
$$= 1.19 \times 10^{-2} \text{ mol NaHCO}_3$$

モル比 1 mol HCl/1 mol NaHCO₃ を使って HCl の物質量を求める．

$$1.19 \times 10^{-2} \text{ mol NaHCO}_3 \times \frac{1 \text{ mol HCl}}{1 \text{ mol NaHCO}_3} = 1.19 \times 10^{-2} \text{ mol HCl}$$

これより，NaHCO₃ 1.00 g は HCl 1.19×10^{-2} mol を中和することがわかる．これと Mg(OH)₂ 1.00 g が中和する HCl の物質量を比較すればよい．

Mg(OH)₂ のモル質量 (24.31 + 2 × 16.00 + 2 × 1.008 = 58.33) を使って Mg(OH)₂ 1.00 g が何 mol かを計算する．

$$1.00 \text{ g Mg(OH)}_2 \times \frac{1 \text{ mol Mg(OH)}_2}{58.33 \text{ g Mg(OH)}_2} = 0.0171 \text{ mol Mg(OH)}_2$$
$$= 1.71 \times 10^{-2} \text{ mol Mg(OH)}_2$$

この量の Mg(OH)₂ と反応する HCl の物質量を，モル比 [2 mol HCl/1 mol Mg(OH)₂] を使って求める．

$$1.71 \times 10^{-2} \text{ mol Mg(OH)}_2 \times \frac{2 \text{ mol HCl}}{1 \text{ mol Mg(OH)}_2} = 3.42 \times 10^{-2} \text{ mol HCl}$$

したがって，Mg(OH)₂ 1.00 g は HCl 3.42×10^{-2} mol を中和する．NaHCO₃ 1.00 g は HCl 1.19×10^{-2} mol を中和することがすでにわかっているので，同じ質量では Mg(OH)₂ のほうが NaHCO₃ より効果が大きいことになる．

練習問題 9・5　次の反応によってメタノール 6.0 kg を製造するには，一酸化炭素と

水素はそれぞれ何 g 必要か．

$$CO(g) + 2H_2(g) \longrightarrow CH_3OH(l)$$

9・4 制限反応物の概念

目的 制限反応物とは何を意味するかを理解する

§9・1 でサンドイッチをつくる例をあげたが，ここでもその例を用いて説明しよう．ある日，仕事場に来て材料の量を調べたところ，

パン 20 枚，ハム 24 枚，チーズ 12 枚

があった．サンドイッチは何個つくることができるだろうか．何が余るだろうか．

この問題を解くには，個々の材料でサンドイッチを何個つくることができるかを考える．パン 2 枚 + ハム 3 枚 + チーズ 1 枚で，1 個のサンドイッチができる．

パン： パン 20 枚 × (1 個のサンドイッチ/パン 2 枚) = 10 個のサンドイッチ
ハム： ハム 24 枚 × (1 個のサンドイッチ/ハム 3 枚) = 8 個のサンドイッチ
チーズ：チーズ 12 枚 × (1 個のサンドイッチ/チーズ 1 枚) = 12 個のサンドイッチ

サンドイッチを何個つくることができるかという問いに対する答は 8 個である．ハムがなくなるとサンドイッチをつくることができなくなる．ハムが制限材料である．何が余るだろうか．8 個のサンドイッチをつくるのに 16 枚のパンと 8 枚のチーズが必要である．パンは最初 20 枚あったので 4 枚，チーズは 12 − 8 = 4 で，4 枚残る．

この例では，数の上で最も多くあった材料（ハム）が，つくることができるサンドイッチの個数を決めることになる．

▶ **実際の反応における制限反応物の決め方**

分子が互いに反応して生成物を生じるときの考え方は，サンドイッチをつくる例と非常によく似ている．$N_2(g)$ と $H_2(g)$ から $NH_3(g)$ が生成する反応を考えよう．

$$N_2(g) + 3H_2(g) \longrightarrow 2NH_3(g)$$

次のような $N_2(g)$ と $H_2(g)$ が入った容器を考える．

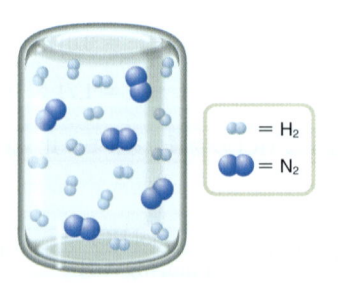

もし N_2 と H_2 が完全に反応すれば，この容器の中はどのようになるだろうか．この問いに答えるにはアンモニア 2 分子をつくるには N_2 1 分子につき H_2 3 分子が必要であることを思い出す必要がある．このことをわかりやすくするために，反応物と生成物を破線で囲む．

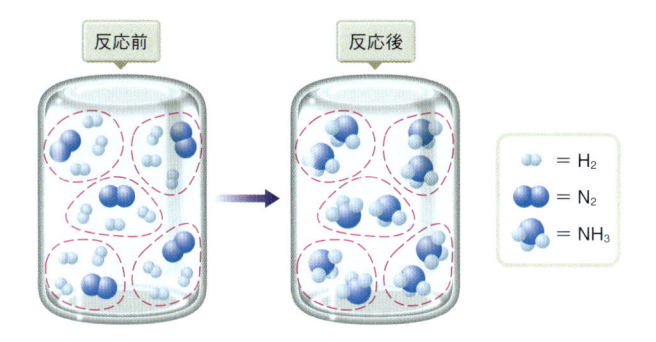

ここで，N₂ と H₂ の混合物は，それぞれが NH₃ を生成するのに必要な分子の数だけ含んでおり，残るものはない．すなわち，N₂ 分子に対する H₂ 分子の比は

$$\frac{15\,H_2}{5\,N_2} = \frac{3\,H_2}{1\,N_2}$$

この比は，釣合のとれた反応式の係数に正確に一致している．

$$N_2(g) + 3H_2(g) \longrightarrow 2NH_3(g)$$

このような混合物を**化学量論混合物**といい，この混合物では反応物の相対数は釣合のとれた反応式の係数と一致する．この場合，反応物はすべて生成物の生成に消費される．

化学量論混合物 stoichiometric mixture

次に，N₂(g) と H₂(g) が入った別の容器を考えよう．もし N₂ と H₂ が完全に反応すれば，この容器の中はどのようになるだろうか．いま，N₂ 1 分子につき H₂ 3 分子が必要である．反応物と生成物を破線で囲む．

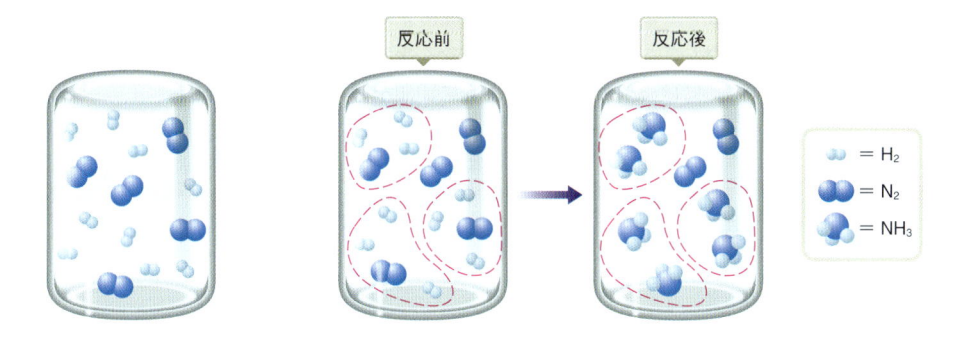

この場合，水素 H₂ が制限反応物である．すなわち，H₂ 分子はすべての N₂ 分子が消費される前に使い果たされてしまう．水素の量が生成物であるアンモニアの量を制限しており，水素が制限反応物となる．この場合，まず水素が使い果たされるので N₂ 分子のいくらかは残ることになる．

> 与えられた反応物の混合物から生じる生成物の量を決めるには，最初に消費され，生成物の量を制限する反応物を探さなければならない．

反応物の混合物が化学量論，すなわち，すべての反応物が同時に使い果たされることもあるが，一般的には化学量論ではない．その場合には，反応物のうち何が反応を制限するかを決めなければならない．

最初に使い果たされ，生成物の量を決める反応物を**制限反応物**あるいは**制限剤**という．

ここまでは反応物の分子の数を数えることができる例を考えてきたが，実際には分子の数を直接数えることはできない．たとえ数えることができたとしても，数えるには分子の数が多すぎる．代わって質量を計って数を数えることが行われる．したがって，反応物の質量から制限反応物を見つける方法を探らなければならない．

9·5 制限反応物を含む計算

目的 反応における制限反応物を決め，それを使って化学量論計算を行う

車や自転車を製造する場合，それらの製品に使用される分だけの部品が必要である．たとえば，自動車の製造にはエンジンの数の4倍の数の車輪が，また，自転車の製造にはサドル数の2倍のペダル数が必要である．同じように，化学薬品を混ぜて反応を起こさせるときも化学量論量，すなわちすべての反応物が同時に使い果たされるような正確な量で混合されることが多い．この概念を明らかにするために，アンモニア製造に用いられる水素をつくることを考えよう．それ自身重要な化学肥料であり，他の化学肥料製造の原料でもあるアンモニアは空気中の窒素と水素を反応させてつくられる．この反応に必要な水素はメタンと気体の水から製造される．反応は次に示す釣合のとれた反応式に従う．

$$CH_4(g) + H_2O(g) \longrightarrow 3H_2(g) + CO(g)$$

メタン249 gと過不足なく反応するには水は何g必要だろうか．すなわち，すべてのメタンを使い果たして，メタンも水も残らなくなる水の量は何gか．

この問題を解くには，前にも述べたように問題を図式で表すとよい．

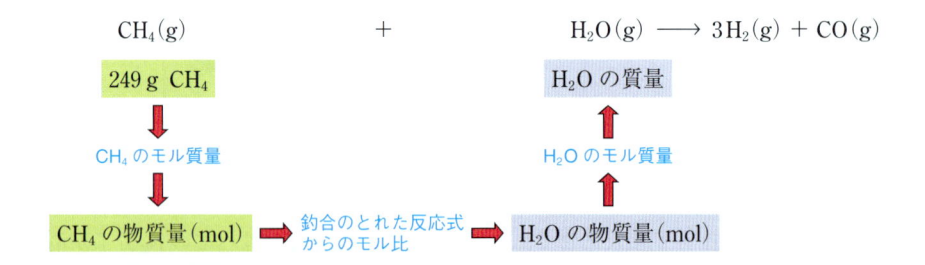

$$CH_4(g) \quad + \quad H_2O(g) \longrightarrow 3H_2(g) + CO(g)$$

249 g CH₄ → CH₄ の物質量 (mol) → 釣合のとれた反応式からのモル比 → H₂O の物質量 (mol) → H₂O の質量

CH₄のモル質量（16.04 g/mol）を使って，まずCH₄の質量(g)を物質量(mol)に変換する．

$$249 \text{ g CH}_4 \times \frac{1 \text{ mol CH}_4}{16.04 \text{ g CH}_4} = 15.5 \text{ mol CH}_4$$

釣合のとれた反応式ではCH₄ 1 molはH₂O 1 molと反応するので

$$15.5 \text{ mol CH}_4 \times \frac{1 \text{ mol H}_2\text{O}}{1 \text{ mol CH}_4} = 15.5 \text{ mol H}_2\text{O}$$

したがって，H₂O 15.5 molが与えられた質量のCH₄と過不足なく反応する．H₂O

15.5 mol を H₂O のモル質量 18.02 g/mol を使って質量に変換する.

$$15.5 \text{ mol H}_2\text{O} \times \frac{18.02 \text{ g H}_2\text{O}}{1 \text{ mol H}_2\text{O}} = 279 \text{ g H}_2\text{O}$$

この結果は,メタン 249 g と水 279 g を混合すると,これら両方の反応物は同時に使い果たされることを意味し,反応物は化学量論量で混合されたことになる.

もしメタン 249 g と水 300 g を混合すると,水が使い果たされる前にメタンが消費され,水が過剰に存在することになる.この場合,生じる生成物の量はメタンの量によって決定される.メタンが消費されてしまうと,たとえ水が残っていても生成物は生じない.この状況ではメタンが生成物の量を決める.このような反応物を**制限反応物**あるいは**制限剤**という.反応物が化学量論量で混合されていない問題では,生じる生成物の量を正しく計算するには反応物のうちどれが制限反応物であるかを決めることが重要である.図 9・1 でこの概念を説明している.この図では CH₄ 分子より水が少ないので水がまず消費され,水分子がなくなると生成物はもはや生成しない.この場合,水が制限反応物である.

> 最初に消費される反応物が生成物の量を決める.

制限反応物 limiting reactant
制限剤 limiting reagent

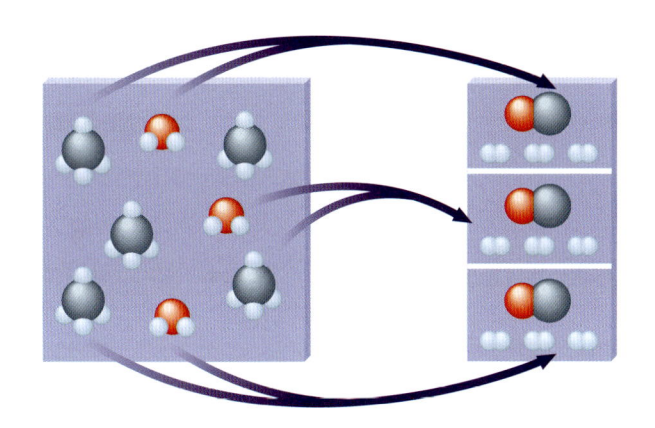

図 9・1
CH₄ 分子 5 個と H₂O 分子 3 個の反応.
CH₄(g) + H₂O(g) → 3 H₂(g) + CO(g)
H₂O 分子が最初に使い果たされて 2 個の CH₄ 分子が残る.

例題 9・7 化学量論計算:制限反応物を決める

窒素ガス 25.0 kg(2.50×10^4 g)と水素ガス 5.00 kg(5.00×10^3 g)を混合し反応させるとアンモニアが生成する.この反応が完全に終わったとき,アンモニアは何 g 生成しているか.

解答

求めるものは何か 与えられた二つの反応物の質量から生成するアンモニアの質量

わかっていることは何か
- 反応物と生成物
- 窒素ガス 2.50×10^4 g と水素ガス 5.00×10^3 g がある
- 原子のモル質量

必要な情報は何か
- この反応の釣合のとれた反応式
- 窒素ガス,水素ガス,アンモニアのモル質量
- 制限反応物が何か

解法 この反応の釣合を無視した反応式は

$$N_2(g) + H_2(g) \longrightarrow NH_3(g)$$

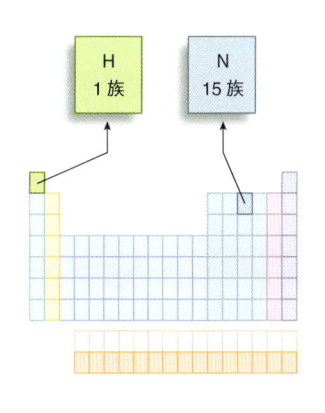

釣合のとれた反応式は

$$N_2(g) + 3H_2(g) \longrightarrow 2NH_3(g)$$

この問題では，生成物の量を決めるためにどの反応物が最初に消費されるか，すなわち何が制限反応物であるかをまず決めなければならない．このために通常の方法に，もう一つの手順を加える必要がある．この過程を図式で示すと

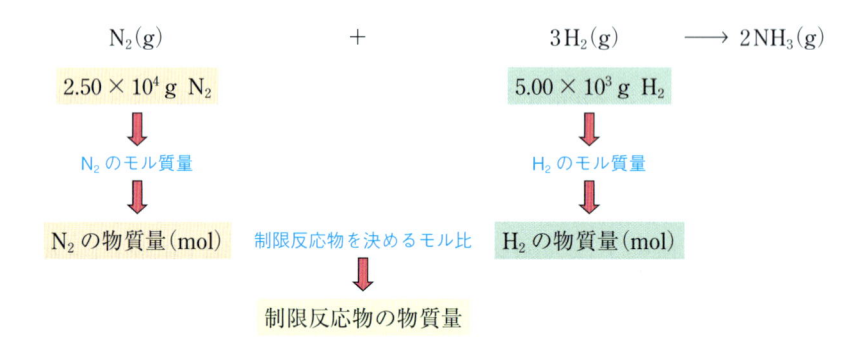

$$N_2(g) \quad + \quad 3H_2(g) \quad \longrightarrow \quad 2NH_3(g)$$

```
    N₂(g)                          3H₂(g)
 2.50×10⁴ g N₂                 5.00×10³ g H₂
      ↓                              ↓
  N₂のモル質量                    H₂のモル質量
      ↓                              ↓
  N₂の物質量(mol)  ─制限反応物を決めるモル比─  H₂の物質量(mol)
      ↓
  制限反応物の物質量
```

生成物の物質量と質量を計算するのに制限反応物の物質量を使う．

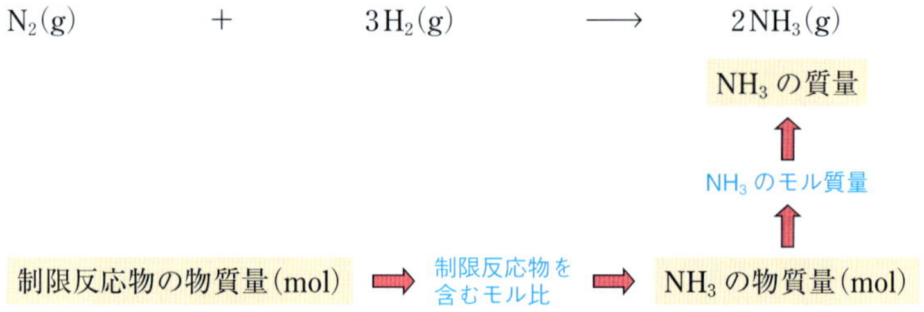

$$N_2(g) \quad + \quad 3H_2(g) \quad \longrightarrow \quad 2NH_3(g)$$

```
                                              NH₃の質量
                                                 ↑
                                             NH₃のモル質量
                                                 ↑
  制限反応物の物質量(mol) → 制限反応物を → NH₃の物質量(mol)
                         含むモル比
```

まず二つの反応物の物質量を計算する．

$$2.50 \times 10^4 \text{ g N}_2 \times \frac{1 \text{ mol N}_2}{28.02 \text{ g N}_2} = 8.92 \times 10^2 \text{ mol N}_2$$

$$5.00 \times 10^3 \text{ g H}_2 \times \frac{1 \text{ mol H}_2}{2.016 \text{ g H}_2} = 2.48 \times 10^3 \text{ mol H}_2$$

反応物のどちらが制限物質（最初に消費される物質）かを決めなければならない．N_2 が 8.92×10^2 mol あり，この量の N_2 と反応する水素は何 mol かを求める．N_2 1 mol は H_2 3 mol と反応するので，N_2 8.92×10^2 mol と完全に反応する H_2 の物質量は次のように計算される．

$$8.92 \times 10^2 \text{ mol N}_2 \times \frac{3 \text{ mol H}_2}{1 \text{ mol N}_2} = 2.68 \times 10^3 \text{ mol H}_2$$

N_2 と H_2 のいずれが制限反応物か．この答は次の比較によって決められる．

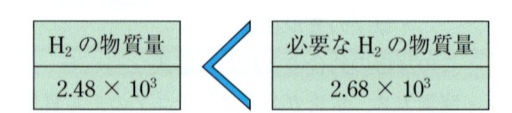

H_2 の物質量	<	必要な H_2 の物質量
2.48×10^3		2.68×10^3

N_2 8.92×10^2 mol が完全に反応するには H_2 2.68×10^3 mol が必要であるが，H_2 は 2.48×10^3 mol しかない．このことは，水素は窒素が使い果たされる前にすべて消費されることを意味するので，この場合水素が制限反応物となる．

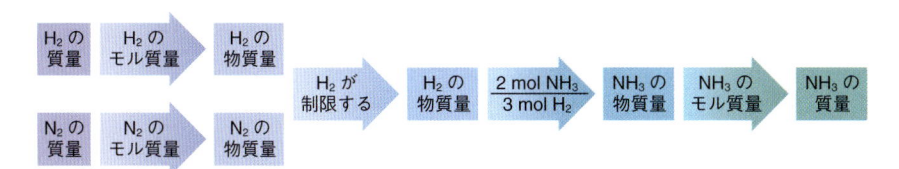

図 9·2 例題 9·7 で用いられた解法の手順

逆に，水素の量から反応に必要な窒素の量を計算してみる．

$$2.48 \times 10^3 \text{ mol H}_2 \times \frac{1 \text{ mol N}_2}{3 \text{ mol H}_2} = 8.27 \times 10^2 \text{ mol N}_2$$

H₂ 2.48×10^3 mol がすべて反応するには N₂ 8.27×10^2 mol が必要である．N₂ は実際 8.92×10^2 mol あるので過剰に存在している．

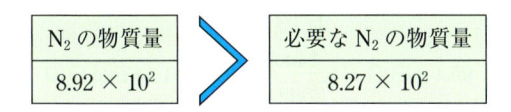

| N₂ の物質量 8.92×10^2 | > | 必要な N₂ の物質量 8.27×10^2 |

窒素が過剰にあると水素が最初に使い果たされる．そして，水素が生成するアンモニアの量をも決めることになる．水素が制限反応物なので，生成するアンモニアの物質量を決めるには水素の量を用いなければならない．

二つ以上の反応物がある場合，どちらが制限反応物であるかを決めなければならない．

$$2.48 \times 10^3 \text{ mol H}_2 \times \frac{2 \text{ mol NH}_3}{3 \text{ mol H}_2} = 1.65 \times 10^3 \text{ mol NH}_3$$

NH₃ の物質量 (mol) を NH₃ の質量 (g) に変換する．

$$1.65 \times 10^3 \text{ mol NH}_3 \times \frac{17.03 \text{ g NH}_3}{1 \text{ mol NH}_3} = 2.81 \times 10^4 \text{ g NH}_3 = 28.1 \text{ kg NH}_3$$

したがって，窒素 25.0 kg と水素 5.00 kg から NH₃ 28.1 kg が生成することになる．

例題 9·7 で用いた方法を図 9·2 にまとめた．また，二つあるいはそれ以上の反応物の量が与えられている化学量論問題を解く場合の手順を次にまとめる．

制限反応物を含む化学量論問題を解く場合の手順
- 手順 1　釣合のとれた反応式を書く．
- 手順 2　与えられた反応物の質量 (g) を物質量 (mol) に変換する．
- 手順 3　反応物の物質量とモル比を用いて制限反応物を決める．
- 手順 4　制限反応物の量とモル比を用いて生成物の物質量を計算する．
- 手順 5　もし生成物の質量を問う問題であれば，生成物の物質量 (mol) をモル質量を使って質量 (g) に変換する．

例題 9·8 化学量論計算: 二つの反応物の質量が与えられた反応

アンモニアガスを高温で固体の酸化銅(II)に通すと窒素ガスが得られる．窒素ガス以外の生成物は固体の銅と水蒸気である．NH₃ 18.1 g が CuO 90.4 g と反応すると何 g の N₂ が得られるか．

解答

求めるものは何か　二つの反応物から得られる窒素の質量
わかっていることは何か　・反応物と生成物

熱した試験管内での酸化銅(II)とアンモニアの反応

- 反応物 NH₃ と CuO の質量（18.1 g と 90.4 g）
- 原子のモル質量

必要な情報は何か
- この反応の釣合のとれた反応式
- NH₃, CuO, N₂ のモル質量
- 制限反応物

解法

手順 1 問題の記述から，釣合のとれた反応式は次のとおりである．

$$2\,NH_3(g) + 3\,CuO(s) \longrightarrow N_2(g) + 3\,Cu(s) + 3\,H_2O(g)$$

手順 2 二つの反応物の質量から NH₃（モル質量 = 17.03 g/mol）と CuO（79.55 g/mol）の物質量を計算する．

$$18.1\ \text{g NH}_3 \times \frac{1\ \text{mol NH}_3}{17.03\ \text{g NH}_3} = 1.06\ \text{mol NH}_3$$

$$90.4\ \text{g CuO} \times \frac{1\ \text{mol CuO}}{79.55\ \text{g CuO}} = 1.14\ \text{mol CuO}$$

手順 3 いずれが制限反応物かを決めるために，CuO と NH₃ のモル比を用いる．

$$1.06\ \text{mol NH}_3 \times \frac{3\ \text{mol CuO}}{2\ \text{mol NH}_3} = 1.59\ \text{mol CuO}$$

次に，CuO の量と必要な CuO の量を比較する．

CuO の物質量	<	必要な CuO の物質量
1.14		1.59

NH₃ 1.06 mol と反応するには CuO 1.59 mol が必要であるが，実際 CuO は 1.14 mol しかない．したがって，CuO の量が反応を決める．すなわち，NH₃ が消費される前に CuO が使い果たされることになる．

手順 4 CuO が制限反応物なので，得られる N₂ の量を計算するには CuO の量を用いなければならない．釣合のとれた反応式から求められる CuO と N₂ のモル比を使うと次のようになる．

$$1.14\ \text{mol CuO} \times \frac{1\ \text{mol N}_2}{3\ \text{mol CuO}} = 0.380\ \text{mol N}_2$$

手順 5 これより，N₂ のモル質量 (28.02) を使って得られる N₂ の質量を計算できる．

$$0.380\ \text{mol N}_2 \times \frac{28.02\ \text{g N}_2}{1\ \text{mol N}_2} = 10.6\ \text{g N}_2$$

Self-Check

練習問題 9・6 Li⁺ と N³⁻ からなるイオン化合物である窒化リチウムは単体のリチウムと窒素ガスを反応させてつくられる．窒素ガス 56.0 g とリチウム 56.0 g からつくられる窒化リチウムの質量を求めよ．この反応の釣合を無視した反応式は次のとおりである．

$$\text{Li(s)} + \text{N}_2(g) \longrightarrow \text{Li}_3\text{N(s)}$$

9・6 パーセント収率

目的 実際の収量は理論収量に対する割合（パーセント）として表されることを学ぶ

これまでの節で，反応物を混合したときに生じる生成物の量を計算して求める方法

を説明してきた．また，この場合生成物の量が制限反応物で決まることを用いた．反応物の一つが使い果たされると生成物の生成は停止する．

このような方法で計算される量をその生成物の**理論収量**という．これは，消費された反応物の量から予想される生成物の量である．例題 9・8 における窒素 10.6 g は理論収量である．これは，消費された反応物の量から生じる窒素の最大量である．しかし，実際は予想される生成物の量（理論収量）が得られることはほとんどない．この理由としては，副反応（反応物や生成物のうちの一つあるいは二つ以上が消費されるような別の反応）が起こるからである．

実際得られる生成物の量（実際の収量）と理論収量との比較は通常パーセントで表され，**パーセント収率**とよばれる．

$$\frac{実際の収量}{理論収量} \times 100\% = パーセント収率$$

理論収量 theoretical yield

パーセント収率 percent yield

パーセント収率は，実際の反応の効率を示す指標として重要である．

たとえば，例題 9・8 の反応では窒素が 10.6 g が得られるはずであるが，実際得られた窒素が 6.63 g であったとすると，窒素のパーセント収率は次のようになる．

$$\frac{6.63 \text{ g N}_2}{10.6 \text{ g N}_2} \times 100\% = 62.5\%$$

例題 9・9 化学量論計算: パーセント収率を計算する

§9・1 で，メタノールが一酸化炭素と水素からつくられることを述べた．この反応を使って，CO(g) 68.5 kg（6.85×10^4 g）と H$_2$(g) 8.60 kg（8.60×10^3 g）が反応する場合を考えよう．

a. メタノールの理論収量を計算せよ．

b. 実際 CH$_3$OH 3.57×10^4 g が生成したとすると，メタノールのパーセント収率はいくらか．

解答 a.

求めるものは何か　メタノールの理論収量とパーセント収率

わかっていることは何か
- §9・1 から，この反応の釣合のとれた反応式
  CO(g) + 2H$_2$(g) ⟶ CH$_3$OH(l)
- CO は 6.85×10^4 g，H$_2$ は 8.60×10^3 g ある
- 原子のモル質量

必要な情報は何か
- H$_2$, CO, CH$_3$OH のモル質量
- 制限反応物

解法

手順 1　釣合のとれた反応式

$$\text{CO(g)} + 2\text{H}_2\text{(g)} \longrightarrow \text{CH}_3\text{OH(l)}$$

手順 2　反応物の物質量を計算する．

$$6.85 \times 10^4 \text{ g CO} \times \frac{1 \text{ mol CO}}{28.01 \text{ g CO}} = 2.45 \times 10^3 \text{ mol CO}$$

$$8.60 \times 10^3 \text{ g H}_2 \times \frac{1 \text{ mol H}_2}{2.016 \text{ g H}_2} = 4.27 \times 10^3 \text{ mol H}_2$$

手順 3　いずれが制限反応物かを決める．CO と H$_2$ のモル比を用いると，

$$2.45 \times 10^3 \text{ mol CO} \times \frac{2 \text{ mol H}_2}{1 \text{ mol CO}} = 4.90 \times 10^3 \text{ mol H}_2$$

最初にあった H_2 の物質量	すべての CO と過不足なく反応するのに必要な H_2 の物質量
4.27×10^3	4.90×10^3

CO 2.45×10^3 mol と過不足なく反応するには H_2 4.90×10^3 mol が必要であるが,実際 H_2 は 4.27×10^3 mol しかない.したがって,H_2 が制限反応物である.

手順 4 生成するメタノールの最大量を決めるには H_2 の量と,H_2 と CH_3OH のモル比を用いなければならない.

$$4.27 \times 10^3 \text{ mol H}_2 \times \frac{1 \text{ mol CH}_3\text{OH}}{2 \text{ mol H}_2} = 2.14 \times 10^3 \text{ mol CH}_3\text{OH}$$

これは理論収量を mol の単位で示している.

手順 5 CH_3OH のモル質量 (32.04) を使って得られる理論収量を g の単位で示すと

$$2.14 \times 10^3 \text{ mol CH}_3\text{OH} \times \frac{32.04 \text{ g CH}_3\text{OH}}{1 \text{ mol CH}_3\text{OH}} = 6.86 \times 10^4 \text{ g CH}_3\text{OH}$$

これより,与えられた反応物の量から生じる CH_3OH の最大量は 6.86×10^4 g である.これが理論収量となる.

b. パーセント収率は次のように求められる.

$$\frac{\text{実際の収量(g)}}{\text{理論収量(g)}} \times 100\% = \frac{3.57 \times 10^4 \text{ g CH}_3\text{OH}}{6.86 \times 10^4 \text{ g CH}_3\text{OH}} \times 100\% = 52.0\%$$

Self-Check

練習問題 9・7 酸化チタン(IV) は白色の化合物で着色顔料に用いられる.実際,いま読んでいるこのページが白いのは,この化合物が紙に加えられているためである.固体の酸化チタン(IV) は気体の塩化チタン(IV) と酸素を反応させて得られる.この反応の副生成物は塩素である.

$$\text{TiCl}_4(g) + \text{O}_2(g) \longrightarrow \text{TiO}_2(s) + \text{Cl}_2(g)$$

a. 塩化チタン(IV) 6.71×10^3 g が酸素 2.45×10^3 g と反応するとき,生じる酸化チタン(IV) の最大質量を計算せよ.
b. TiO_2 のパーセント収率が 75%のとき,実際に生成する TiO_2 の質量は何 g か.

まとめ

1. 釣合のとれた反応式は反応物と生成物の分子の数を関係づけている.また,反応式は反応物と生成物の物質量によっても表される.
2. 反応物と生成物の相対量を計算するために化学反応式を使うプロセスを化学量論計算をするという.反応物の物質量と生成物の物質量の間の変換には,釣合のとれた反応式から決まるモル比を用いる.
3. 反応物が化学量論量で混合されていない(反応物が同時に使い果たされない)ことがある.この場合,生成物の量を計算するには制限反応物を用いなければならない.
4. 一般的には,実際の収量は理論収量より小さい.実際の収量は理論収量に対する割合(パーセント)で表される(これをパーセント収率という).

エネルギー

10

10・1 エネルギーの性質　　10・6 熱化学（エンタルピー）
10・2 温度と熱　　　　　　10・7 ヘスの法則
10・3 発熱過程と吸熱過程　　10・8 エネルギーの質と量
10・4 熱力学　　　　　　　10・9 エネルギーと世界
10・5 エネルギー変化の測定　10・10 駆動力としてのエネルギー

　エネルギーはわれわれの生存には不可欠である．食物は生きていくため，働くため，あるいは遊ぶためのエネルギーを供給してくれる．これはちょうど製造業や輸送システムで消費される石油が現在の産業に動力を供給しているのと同じである．しかし，信じられないほどの短期間のうちに，石油が豊富で安く安定に供給された時代から高価で不安定な供給の時代へと突入した．もし現在の生活水準を維持しようとするなら，石油に代わるものを見つけなければならない．このためには，エネルギーと化学の関係を知る必要がある．本章では，これについて述べる．

ハチドリの羽ばたきには大きなエネルギーが使われる

10・1 エネルギーの性質

目的　エネルギーの一般的な性質を理解する

　エネルギーという言葉をよく耳にするが，これを正確に定義することはむずかしい．ここでは，**仕事をする**，あるいは**熱をつくりだす能力**をエネルギーと定義する．
　エネルギーは**位置エネルギー**と**運動エネルギー**に分類される．位置エネルギーは位置や組成に由来するエネルギーである．たとえば，ダムにある水は位置エネルギーをもっており，そのエネルギーは，水が流れ落ちてタービンを回し，電気をつくることで仕事に変換される．引力や斥力もまた位置エネルギーになる．ガソリンが燃焼したときに放出されるエネルギーは，反応物中と生成物中の原子核と電子間の引力の差に起因している．物体の**運動エネルギー**は物体の運動に由来するエネルギーで，物体の質量 m とその速度 v に依存し，運動エネルギー KE は，$KE = (1/2)mv^2$ で表される．
　エネルギーの最も重要な性質のひとつは，それが保存されることである．エネルギーはある形態から別の形態に変わることがあっても，新しくつくられたり消滅したりすることはない．すなわち，宇宙のエネルギーは一定である．これを**エネルギー保存の法則**という．
　宇宙のエネルギーは一定であるが，ある形態から別の形態に容易に変わることができる．図 10・1 の 2 個のボールを考えてみよう．ボール A は最初高い位置にあるので，ボール B より大きな位置エネルギーをもっている．ボール A が放たれると坂を下ってボール B に衝突し，最後には 2 個のボールは図 10・1 の下に示される位置関係になる．最初の位置関係から最後の位置関係になるとき何が起こるのだろうか．A

エネルギー energy

位置エネルギー potential energy
ポテンシャルエネルギーともいう．

運動エネルギー kinetic energy

エネルギー保存の法則 law of conservation of energy

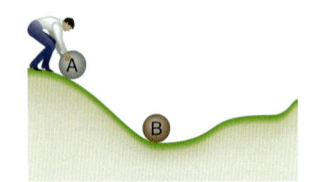

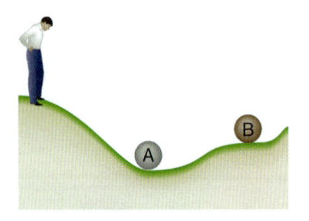

の位置エネルギーは高さが低くなるため減少する．しかし，このエネルギーは消滅することはない．それでは，Aがなくしたエネルギーはどこにいったのだろうか．

まずAの位置エネルギーはボールが坂を転がり落ちるので運動エネルギーに変わる．このエネルギーの一部がBに移るためBは高い位置に上がる．このようにしてBの位置エネルギーは増加する．このことは，**仕事**（物体がある距離を動く間，力が加えられている）がBに対してなされたことを意味している．しかし，Bの最後の位置がAの最初の位置より低いので，まだ説明されていないエネルギーがある．2個のボールは最後の位置で止まっているので，このエネルギーはボールの運動によるものではない．それでは，まだ説明されていないエネルギーは何だろうか．

この答は坂の表面とボールの間の相互作用に関係している．ボールAが坂を転がり落ちるとき，その運動エネルギーのうちいくらかは坂の表面に移り熱に変わる．このエネルギーの移動を**摩擦熱**という．ボールが坂を転がり落ちるとき坂の温度はわずかながら上昇する．このように，Aがもとの位置にあって貯蔵していたエネルギー（位置エネルギー）は，仕事を通してBの位置エネルギーと，坂の表面の熱に分配される．

坂の表面が非常に滑らかな状態から非常にでこぼこしている状態に変化したとする．Aが坂の底まで転がるとき（図10・1），坂の表面状態にかかわらずAの位置は同じ高さだけ変化するので，Aは常に同じ量のエネルギーを失う．しかし，このエネルギーが仕事と熱とに分配される割合は坂の表面（道筋）の状態に依存する．たとえば，坂の表面がAのエネルギーが完全に摩擦熱に消費されるくらいでこぼこした状態になっていると，Aは非常にゆっくりと動いてBに当たるだけでBは動かない．この場合，Bに対して仕事はなされない．坂の表面状態にかかわらず失われる全エネルギーは一定であるが，熱と仕事とに分配される割合は異なる．エネルギー変化は道筋には依存せず，熱と仕事の割合は道筋に依存する．

これは，**状態関数**という非常に重要な概念に関する記述である．状態関数は系の性質で，道筋には依存しない．これについて化学に関係のない例で考えてみよう．米国でシカゴからデンバーに旅行するとする．次のうちどちらが状態関数だろうか．

- 旅行距離
- 海抜差

旅行距離はどのルートをとるか（シカゴからデンバー間の道筋）に依存するので，旅行距離は状態関数ではない．一方，海抜差は，デンバーの海抜（1610メートル）とシカゴの海抜（180メートル）の差のみに依存する．海抜差は常に1610 − 180 = 1430メートルで，二つの都市間の旅行ルートに依存しない．

状態関数について図10・1に示した例を用いて説明しよう．ボールAは坂の最初の位置から坂の底の位置まで降りてくるので，坂の表面が滑らかであろうとでこぼこしていようと，そのエネルギー変化は常に同じである．このエネルギーは状態関数である．すなわち，エネルギーの変化は進む道筋には依存しない．これに対して仕事と熱は状態関数ではない．ボールAの位置の変化に対して，滑らかな坂のほうがでこぼこした坂よりつくりだす仕事は多く，熱は少ない．すなわち，エネルギー変化（状態関数）は常に同じだが，熱や仕事として分配されるエネルギーの割合は坂の表面状態に依存する（仕事と熱は状態関数ではない）．

10・2 温度と熱

目的 温度と熱の概念を理解する

 物質の温度からその物質についての何がわかるのだろうか．別の言い方をすると，温かい水と冷たい水はどのように違うのだろうか．この答は水分子の動きに関係している．**温度**は物質の構成要素の運動の度合である．すなわち，温かい水では H_2O 分子は冷たい水より激しく動き回っている．

 断熱された箱の中に 90 °C の熱水 1.0 kg と 10 °C の冷水 1.0 kg を入れたとする．これらの水は図 10・2 のように薄い金属の板でお互い分けられている．このとき，熱水は冷えて冷水は温まる．エネルギーが空気中に一切失われないとすると，二つの水の温度は最終的に何 °C になるだろうか．この問題をどのように解くかを考えてみよう．

 まず，このときどのようなことが起こるかを考えよう．熱水中では H_2O 分子は冷水中より速い速度で動いている（図 10・3 上）．その結果，エネルギーは金属壁を通して熱水から冷水のほうに移る．このエネルギー移動によって熱水中の H_2O 分子の速度は遅くなり，冷水中の H_2O 分子の速度は速くなる．

 このように，エネルギーは熱水から冷水のほうへ移動する．エネルギーの流れを**熱**という．熱は温度差に起因するエネルギーの流れと定義できる．最終的には二つの水の温度は同じになる（図 10・3 下）．熱水が失ったエネルギーと冷水が得たエネルギーを比較すると，これらは同じでなければならない（エネルギーは保存されることを思い出そう）．したがって，最終の温度はもとの二つの水の温度の平均値となる．

$$T_{最終} = \frac{T_{熱水} + T_{冷水}}{2} = \frac{90\,°C + 10\,°C}{2} = 50\,°C$$

熱水の温度変化と冷水の温度変化は，それぞれ次のようになる．

$$熱水の温度変化 = \Delta T_{熱水} = 90\,°C - 50\,°C = 40\,°C$$
$$冷水の温度変化 = \Delta T_{冷水} = 50\,°C - 10\,°C = 40\,°C$$

この例では熱水の質量と冷水の質量が等しい．等しくない場合はさらに複雑になる．

 本節で紹介した概念を要約すると，温度は物体の構成要素の運動の度合であり，熱は温度差に起因するエネルギーの流れである．すなわち，物体の熱エネルギーは，その物体の構成要素の運動に起因する．熱とよばれるエネルギーの流れは，**熱エネルギー**が熱い物体から冷たい物体へと移動する道であるといえる．

図 10・2 薄い金属壁で仕切られた断熱容器内の同じ質量の熱水と冷水

温度 temperature
熱 heat
熱エネルギー thermal energy

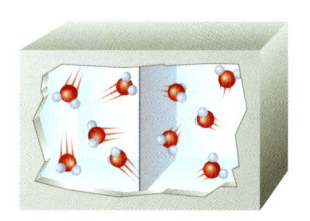

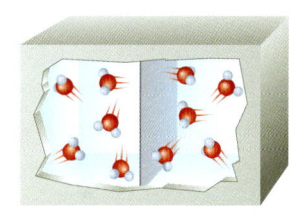

図 10・3 断熱容器内の水の温度変化．上：熱水中の H_2O 分子は冷水中の H_2O 分子より激しく運動している．下：両方の水は同じ温度（50 °C）になり，同じような運動をする．

10・3 発熱過程と吸熱過程

目的 熱としてのエネルギーの流れの方向を考える

 本節では，化学変化を伴うエネルギー変化を考える．マッチが燃焼する反応を例にあげて説明しよう．マッチが燃えるとエネルギーは熱として放出される．この反応を説明するために宇宙を二つの部分，系と外界に分けることにする．**系**とはわれわれが着目している宇宙のある部分であり，**外界**は宇宙のそれ以外のすべてを含んだものである．この例の場合，系は反応物と生成物であり，外界は部屋の空気と，反応物と生成物以外のすべてのものからなっている．

系 system
外界 surroundings

発熱 exothermic

吸熱 endothermic

マッチが燃えるとエネルギーが放出される

図 10・4 マッチの燃焼に伴うエネルギー変化

熱が放出される過程を**発熱**過程といい，エネルギーが系外（外界）に放出される．マッチが燃えるとエネルギーが熱として外界に放出されるのはこの発熱過程の例に当たる．外界からエネルギーを吸収する過程を**吸熱**過程という．水が沸騰して水蒸気になる過程は吸熱過程である．

発熱反応において熱として放出されたエネルギーはどこから生じるのだろうか．この答は反応物と生成物の位置エネルギーの差にある．それでは，反応物と生成物ではどちらの位置エネルギーが低いのだろうか．全エネルギーは保存され，発熱反応では系から外界にエネルギーが放出されるので，外界が得たエネルギーは系が失ったエネルギーと等しい．マッチの例では，燃えたマッチは位置エネルギーを失い，それが熱を通して外界に移る（図 10・4）．この場合の位置エネルギーは，反応物中の結合内にたくわえられた分子あるいは原子間に働く力による位置エネルギーである．外界に熱が流れると反応系の位置エネルギーは低下する．発熱反応では化学結合内にたくわえられた位置エネルギーの一部が熱エネルギーに変わる．

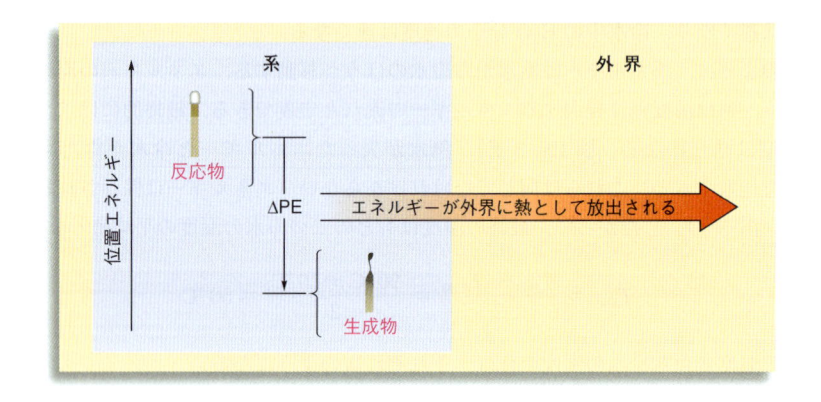

10・4 熱力学

目的 エネルギーの流れが内部エネルギーにどのように影響を及ぼすかを理解する

熱力学 thermodynamics
熱力学第一法則 first law of thermodynamics

内部エネルギー internal energy

エネルギーについての学問を**熱力学**という．エネルギー保存の法則は**熱力学第一法則**ともよばれ，次のように表現される．

宇宙のエネルギーは一定である．

系の**内部エネルギー** E は厳密に定義され，系の中のすべての"粒子"の運動エネルギーと位置エネルギーを合計したものである．系の内部エネルギーは，熱や仕事，あるいはその両方の流れによって変化する．すなわち

$$\Delta E = q + w$$

となる．ここで，Δ（デルタ）は変化を意味し，q は熱，w は仕事である．

熱力学で扱う量は常に二つの部分，すなわち変化の大きさを示す数字と流れの方向を示す符号からなっている．符号は系をどのような立場に立ってみるかによって異なる．本書では符号について以下の約束をする．ある量のエネルギーが熱として系に入ってくる（吸熱過程）とき，q は $+x$ に等しい．この場合，正の符号は系のエネルギーが増加することを示している．一方，ある量のエネルギーが熱として外界に放出

される（発熱過程）とき，q は $-x$ に等しく，この場合の負の符号は系のエネルギー が減少することを示す．

仕事の流れについても前述の符号についての約束を適用する．系が外界に対して仕事をした（エネルギーが系から出ていく）とき，w の符号は負となる．系が外界から仕事をされた（エネルギーが系内に入ってくる）とき，w の符号は正となる．この約束では，q と w の符号は，他の熱力学にでてくる量と一致するように，系の立場に立って系に対して起こったことを反映したものとなっている．したがって，本書では，$\Delta E = q + w$ を用いる．

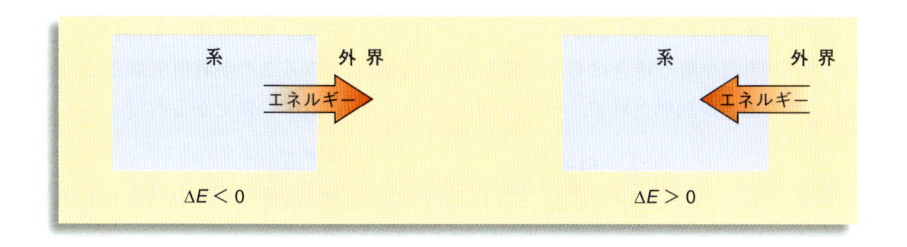

10・5 エネルギー変化の測定

目的 熱がどのように測定されるかを理解する

物質を加熱してその温度を上げると，物質の成分の運動が激しくなり，物質の熱エネルギーが増加することを述べた．物質は加熱されると物質によって異なった応答をする．まず，一般的なエネルギーの単位であるカロリーとジュールについて説明する．

メートル法では，**カロリー**は水 1 g の温度を 1 ℃ 上げるのに必要なエネルギー（熱）量と定義される．慣れ親しんでいる"カロリー"は，食物のエネルギー量の測定に使われ，通常キロカロリー（1000 カロリー）で表される．SI 単位である**ジュール**とカロリーの関係は

$$1 \text{カロリー(cal)} = 4.184 \text{ ジュール(J)} \qquad 1 \text{ J} = 0.239 \text{ cal}$$

となる．カロリーとジュールの間の変換を容易にできるようにならなければならない．この変換を例題 10・1 で練習する．

カロリー calorie 単位記号 cal

キロカロリーは，大文字の C を用いて Cal と書く．
1 kcal = 1 Cal = 1000 cal

ジュール joule 単位記号 J

例題 10・1 カロリーをジュールに変換する

60.1 cal をジュールの単位で表せ．

解答 1 cal = 4.184 J より，換算係数は 4.184 J/1 cal である．これより

$$60.1 \text{ cal} \times \frac{4.184 \text{ J}}{1 \text{ cal}} = 251 \text{ J}$$

分母の 1 は定義による正確な数であるので，有効数字を規定するものではない．

練習問題 10・1 28.4 J は何 cal か．

Self-Check

物質を加熱して物質の温度をある温度から別の温度に上げるとする．物質の量は必要なエネルギー量にどのように影響するのだろうか．水 2 g 中には水 1 g 中の場合の 2 倍の水分子が存在する．水 2 g の温度を 1 ℃ 上げるには，2 g 中では 1 g 中より 2

10. エネルギー

倍の数の分子が運動するので，2倍のエネルギーが必要になる．また，同じように，ある量の水の温度を2℃上げるには，温度を1℃上げるときの2倍のエネルギーが必要である．

例題 10・2　必要なエネルギーを計算する

水 7.40 g を温度 29.0 ℃ から 46.0 ℃ に上げるのに何 J のエネルギーが必要か．

解答

求めるものは何か　水の温度を上げるのに必要なエネルギー量（J 単位）
わかっていることは何か　・水の質量 7.40 g，温度は 29.0 ℃ から 46.0 ℃ に上がる
必要な情報は何か　・水 1 g の温度を 1 ℃ 上げるのに必要なエネルギー 4.184 J
解法　どの問題を解く場合にも，問題を図式で表現してみることが有用である．この場合，水 7.40 g が加熱されて，その温度が 29.0 ℃ から 46.0 ℃ に上がるので

$$\boxed{水\ 7.40\ g,\ T = 29.0\ ℃} \xrightarrow{?\ エネルギー} \boxed{水\ 7.40\ g,\ T = 46.0\ ℃}$$

いま，水 1 g の温度を 1 ℃ 上げるのに必要なエネルギーは 4.184 J なので

$$\boxed{水\ 1.00\ g,\ T = 29.0\ ℃} \xrightarrow{4.184\ J} \boxed{水\ 1.00\ g,\ T = 30.0\ ℃}$$

この問題では，水は 1.00 g ではなく 7.40 g である．したがって，温度を 1 ℃ 上げるのには 7.40 × 4.184 J が必要となる．

$$\boxed{水\ 7.40\ g,\ T = 29.0\ ℃} \xrightarrow{7.40 \times 4.184\ J} \boxed{水\ 7.40\ g,\ T = 30.0\ ℃}$$

しかし，問題では温度差は 17.0 ℃（46.0 ℃ − 29.0 ℃ = 17.0 ℃）である．したがって，水 7.40 g を 1 ℃ だけ温度を上げるのに必要なエネルギーの 17.0 倍のエネルギーを供給しなければならない．

$$\boxed{水\ 7.40\ g,\ T = 29.0\ ℃} \xrightarrow{17.0 \times 7.40 \times 4.184\ J} \boxed{水\ 7.40\ g,\ T = 46.0\ ℃}$$

この計算をまとめると，次のようになる．

$$\underset{\text{水 1 g を 1 ℃ 上げるのに必要なエネルギー}}{4.184\ \text{J/g℃}} \times \underset{\text{水の質量}}{7.40\ \text{g}} \times \underset{\text{実際の温度変化}}{17.0\ ℃} = \underset{\text{必要なエネルギー}}{526\ \text{J}}$$

水 7.40 g の温度を 29.0 ℃ から 46.0 ℃ に上げるのに 526 J のエネルギー（熱）が必要であることが示された．水 1 g の温度を 1 ℃ 上げるのに必要なエネルギーは 4.184 J なので，その単位は J/g℃ であることに注意せよ．

Self-Check　練習問題 10・2　水 454 g を加熱して温度を 5.4 ℃ から 98.6 ℃ に上げるのに必要なエネルギーは何 J か．

物質の温度を変化させるのに必要なエネルギー（熱）は以下の要因に依存する．

1. 加熱される物質の量（g）

2. 温度変化（°C）

さらに，もう一つの重要な要因は，物質が何であるかである．

物質は加熱されると物質によって異なった応答をする．水 1 g を 1 °C 上げるのに必要なエネルギーは 4.184 J である．これと同じエネルギーが金 1 g に与えられると金の温度は 32 °C 上昇する．このことから，温度を変えるのに必要なエネルギーは物質によって多いものもあれば少なくてすむものもあることがわかる．これは "物質は異なる熱容量をもつ" と表現される．ある物質 1 g の温度を 1 °C 上げるのに必要なエネルギーの量を，その物質の**比熱容量**あるいは**比熱**という．いくつかの物質の比熱容量を表 10·1 に示す．この表から，水の比熱容量は他の物質より非常に大きいことがわかる．湖や海が大陸より寒暖に対する応答が非常に鈍いのはこのためである．

比熱容量 specific heat capacity
比熱 specific heat

例題 10·3 比熱容量を含む計算

a. 鉄 1.3 g の試料を加熱して温度を 25 °C から 46 °C に上げるのに必要なエネルギーは何 J か．

b. そのエネルギーは何 cal か．

解答

求めるものは何か 鉄の温度を上げるのに必要なエネルギー（J 単位と cal 単位）

わかっていることは何か ・鉄の質量 1.3 g，温度は 25 °C から 46 °C に上がる

必要な情報は何か ・鉄の比熱容量と，ジュールとカロリー間の換算係数

解法 a. 問題は次のように表現できる．

鉄 1.3 g, $T = 25$ °C → ? J → 鉄 1.3 g, $T = 46$ °C

表 10·1 より，鉄の比熱容量は 0.45 J/g °C であることがわかる．これは鉄 1 g を 1 °C 上げるのに 0.45 J が必要であることを意味する．

鉄 1.0 g, $T = 25$ °C → 0.45 J → 鉄 1.0 g, $T = 26$ °C

この問題では鉄が 1.3 g なので，温度を 1 °C 上げるのに 1.3 × 0.45 J が必要となる．

鉄 1.3 g, $T = 25$ °C → 1.3 × 0.45 J → 鉄 1.3 g, $T = 26$ °C

しかし，温度上昇は 21 °C（46 °C − 25 °C = 21 °C）なので，必要な全エネルギー量は

$$0.45 \text{ J/g °C} \times 1.3 \text{ g} \times 21 \text{ °C} = 12 \text{ J}$$

b. このエネルギーをカロリーで計算するには，1 cal = 4.184 J を用いる．

$$12 \text{ J} \times \frac{1 \text{ cal}}{4.184 \text{ J}} = 2.9 \text{ cal}$$

ここで，J は消える．分子の 1 は定義による正確な数なので，有効数字を規定するものではない．数字の 12 が有効数字を規定する．

表 10·1 物質の比熱容量

物 質[†]	比熱容量 (J/g °C)
水 (l)	4.184
水 (s)	2.03
水 (g)	2.0
アルミニウム (s)	0.89
鉄 (s)	0.45
水銀 (l)	0.14
炭素 (s)	0.71
銀 (s)	0.24
金 (s)	0.13

[†] (s), (l), (g) はそれぞれ固体，液体，気体を表す．

練習問題 10·3 固体の金 5.63 g の試料を加熱して温度を 21 °C から 32 °C にする．このとき必要なエネルギーは何 J か．また，それは何 cal か．

例題 10・3 で必要なエネルギー（熱）を計算するのに，比熱容量と試料の質量（g 単位），温度変化（℃ 単位）の積をとった．

$$\underset{Q}{\text{必要なエネルギー(熱)}} = \underset{s}{\text{比熱容量}} \times \underset{m(\text{g 単位})}{\text{試料の質量}} \times \underset{\Delta T(\text{℃ 単位})}{\text{温度変化}}$$

これは次の式で表すことができる．

$$Q = s \times m \times \Delta T$$

ここで，Q は必要なエネルギー（熱），s は比熱容量，m は g 単位の試料の質量，ΔT は ℃ 単位の温度変化である．この式は，ある物質が加熱（あるいは冷却）されてかつ状態変化がない場合に常に適用できる．しかし，この式を使用する前に，式が何を意味しているかを十分に理解してほしい．

例題 10・4 比熱容量の計算: 反応式を用いる

外観は金のような金属 1.6 g の試料の温度を 23 ℃ から 41 ℃ に上げるのに 5.8 J のエネルギーが必要だった．この金属は純粋な金か．

解答

求めるものは何か 金属が金であるかどうか

わかっていることは何か ・金属の質量 1.6 g，温度を 23 ℃ から 41 ℃ に上げるのに 5.8 J のエネルギーが必要

必要な情報は何か ・金の比熱容量

解法 与えられたデータから，問題は次のように表現できる．

金属 1.6 g, $T = 23\,℃$ $\xrightarrow{5.8\,\text{J}}$ 金属 1.6 g, $T = 41\,℃$　　$\Delta T = 41\,℃ - 23\,℃ = 18\,℃$

与えられたデータを用いて金属の比熱容量を計算し，この値を表 10・1 の金の比熱容量の値と比較すればよい．次式を用いる．

$$Q = s \times m \times \Delta T$$

あるいは，次のように表すことができる．

金属 1.6 g, $T = 23\,℃$ $\xrightarrow{5.8\,\text{J} = ? \times 1.6 \times 18}$ 金属 1.6 g, $T = 41\,℃$

式 $Q = s \times m \times \Delta T$ の両辺を $m \times \Delta T$ で割ると

$$\frac{Q}{m \times \Delta T} = s$$

となる．この式に与えられたデータ

$Q =$ 必要なエネルギー（熱）$= 5.8\,\text{J}$, $m =$ 試料の質量 $= 1.6\,\text{g}$, $\Delta T =$ 温度変化 $= 18\,℃$

を代入すると

$$s = \frac{Q}{m \times \Delta T} = \frac{5.8\,\text{J}}{(1.6\,\text{g})(18\,℃)} = 0.20\,\text{J/g ℃}$$

となる．表 10・1 から金の比熱容量は 0.13 J/g ℃ なので，この金属は純粋の金では

10・6 熱化学（エンタルピー）

練習問題 10・4 純粋な金属 2.8 g の試料の温度を 21 ℃ から 36 ℃ に上げるのに 10.1 J が必要だった．この金属は何か．表 10・1 を用いよ．

Self-Check

10・6 熱化学（エンタルピー）

目的 化学反応と熱（エンタルピー）の関係を理解する

化学反応には発熱（熱エネルギーを発生する）反応と，吸熱（熱エネルギーを吸収する）反応がある．ある反応でどれだけの量のエネルギーが発生するか，あるいは吸収されるかを正確に知りたい．このために**エンタルピー**とよばれる特殊なエネルギー関数が考え出された．エンタルピーは H で表される．一定の圧力のもとで起こる反応に対するエンタルピー変化 ΔH は熱として流れるエネルギーに等しい．すなわち

$$\Delta H_p = 熱$$

である．ここで，下つきの "p" はその過程が一定の圧力のもとで起こることを示し，Δ は変化を示す．したがって，一定の圧力のもとで起こる反応のエンタルピー変化は，その反応熱と等しい．

エンタルピー enthalpy H で表す．

例題 10・5 エンタルピーを計算する

メタン CH_4 1 mol が一定の圧力のもとで燃焼すると 890 kJ のエネルギーが熱として放出される．メタン 5.8 g が一定の圧力のもとで燃焼したとき，この過程での ΔH を求めよ．

解答
求めるものは何か 一定の圧力のもとでのメタン 5.8 g と酸素の反応の ΔH
わかっていることは何か
- メタン 1 mol の燃焼によるエネルギー放出量（890 kJ）
- メタンが 5.8 g

必要な情報は何か
- 炭素原子のモル質量（12.01 g/mol）と水素原子のモル質量（1.008 g/mol）から求められるメタンのモル質量 16.0 g/mol

解法 一定圧力のもとでは，メタン 1 mol 当たり熱として 890 kJ のエネルギーが生じるので

$$q_p = \Delta H = -890 \text{ kJ/mol CH}_4$$

である．$-$ の符号は発熱過程を示す．この問題では，CH_4（モル質量 = 16.0 g/mol）5.8 g が燃焼する．この量は 1 mol より少ないので，890 kJ より少ないエネルギーが熱として放出されることになる．その値は次のように計算される．

$$5.8 \text{ g CH}_4 \times \frac{1 \text{ mol CH}_4}{16.0 \text{ g CH}_4} = 0.36 \text{ mol CH}_4$$

$$0.36 \text{ mol CH}_4 \times \frac{-890 \text{ kJ}}{\text{mol CH}_4} = -320 \text{ kJ}$$

これより，一定の圧力のもとで CH_4 5.8 g が燃焼すると

$$\Delta H = -320 \text{ kJ}$$

メタン

化学こぼれ話　　メタン：重要なエネルギー源

メタン CH_4 は天然ガスの主成分である．メタンは，酸素と次式に従って反応する．

$$CH_4(g) + 2O_2(g) \longrightarrow CO_2(g) + 2H_2O(g)$$

メタン 1 g 当たり 55 kJ のエネルギーを生じるので非常によい燃料である．天然ガスは，石油の鉱床に伴って産出され，97 % のメタンを含有しているが，古代の森林の植物が地中に埋もれ，分解したものである．

天然ガス中のメタンは重要なエネルギー源となっているが，さらに潤沢なメタン源が海洋の深部に存在している．米国地質調査所によると，約 9000 兆 m³ のメタンが米国近海の深部にあると見積もられている．この量は，米国にある天然ガス鉱床に含まれるメタン量の 200 倍に当たる．海洋中では，メタンは，ちょうど水分子が氷中の配列のように配列してできた隙間にトラップされている．この構造をもつものをメタンハイドレート（methane hydrate）という．

海底からメタンを取出すことができると大きな恩恵がもたらされるが，それには危険が伴う．メタンは，これが大気中にあると太陽からの熱を封じ込める"温室効果ガス"となる．したがって，事故によって海洋からメタンが放出されると重大な地球温暖化を起こしてしまう．常に環境と人間活動は折合いをつけていかなければならない．

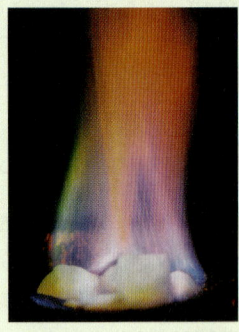

メタンハイドレートの炎

Self-Check　練習問題 10・5　Fe(s) 1.00 g から Fe_2O_3 が生成するとき，どれだけの熱量が放出されるかを求めよ．

$$4Fe(s) + 3O_2(g) \longrightarrow 2Fe_2O_3(s) \quad \Delta H = -1652 \text{ kJ}$$

▶ 熱量測定

熱量計は反応が起こるときに発生したり吸収したりする熱量を測定するときに用いられる装置である（図 10・5）．熱量計内で反応が進むと熱量計に温度変化がみられる．熱量計内の温度変化と熱量計の熱容量がわかると，反応によって放出，あるいは吸収される熱エネルギーを求めることができる．このようにして反応の ΔH が測定できる．

いろいろな反応の ΔH を測定しておけば，これらのデータを用いて，その他の反応の ΔH の値は計算で求めることができる．この計算方法を次節で説明する．

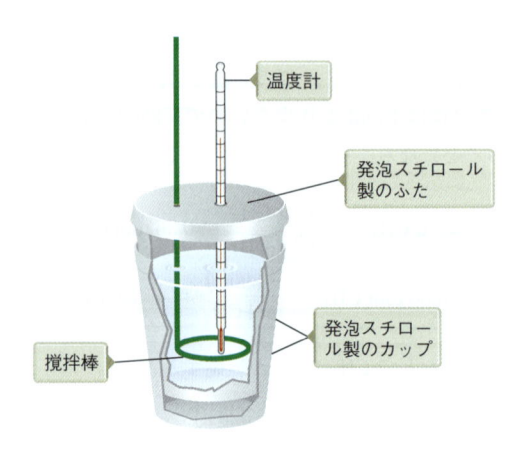

熱量計 calorimeter　カロリメーターともいう．

図 10・5
発泡スチロールでできたコーヒーカップ形熱量計

10・7 ヘスの法則

目的 ヘスの法則を理解する

エンタルピーの最も重要な性質の一つは，それが状態関数であるということである．すなわち，ある過程のエンタルピー変化がその過程の道筋に依存しないということである．結論からいうと，いくつかの反応物からいくつかの生成物が生じる反応の場合，その反応が1段階で起ころうが，何段階の組合わせで起ころうが，その反応のエンタルピーは同じである．これは**ヘスの法則**として知られている．この法則を窒素の酸化によって二酸化窒素が生じる反応を例に説明しよう．この反応を1段階で書き，このときのエンタルピー変化を ΔH_1 とすると

$$N_2(g) + 2O_2(g) \longrightarrow 2NO_2(g) \quad \Delta H_1 = 68 \text{ kJ}$$

ヘスの法則 Hess's law

この反応を2段階で書き，それぞれの反応のエンタルピー変化を ΔH_2，ΔH_3 とすると

$$N_2(g) + O_2(g) \longrightarrow 2NO(g) \quad \Delta H_2 = 180 \text{ kJ}$$
$$2NO(g) + O_2(g) \longrightarrow 2NO_2(g) \quad \Delta H_3 = -112 \text{ kJ}$$

正味の反応： $N_2(g) + 2O_2(g) \longrightarrow 2NO_2(g) \quad \Delta H_2 + \Delta H_3 = 68 \text{ kJ}$

二つの段階の和が正味の，あるいは全体の反応になる．

$$\Delta H_1 = \Delta H_2 + \Delta H_3 = 68 \text{ kJ}$$

ヘスの法則を用いると，熱量計で直接測定するのが困難な反応熱を計算で求めることができる．

▶エンタルピー変化の性質

反応のエンタルピー変化の計算にヘスの法則を用いるためには，反応の ΔH について次の二つの規則を理解しておく必要がある．

1. 反応が逆に進行すると，その符号も逆になる．
2. ΔH の大きさは，反応の反応物と生成物の量に正比例する．もし釣合のとれた反応式の係数にある整数を掛けるなら，ΔH の値にも同じ整数を掛ける．

一つ目の規則は，ΔH の符号が一定圧力のもとでの熱の流れの方向を示すということを思い出すと理解できる．反応の方向が逆であれば熱の流れの方向も逆になる．例として，四フッ化キセノンが生じる反応を考えよう．

$$Xe(g) + 2F_2(g) \longrightarrow XeF_4(s) \quad \Delta H = -251 \text{ kJ}$$

この反応は発熱反応であり，251 kJ のエネルギーが熱として外界に放出される．一方，無色の XeF_4 結晶が分解する反応は，

$$XeF_4(s) \longrightarrow Xe(g) + 2F_2(g)$$

この吸熱反応を起こさせるには，251 kJ のエネルギーが外界から加えられなければならないので逆のエネルギーの流れが起こる．したがって，この反応に対しては $\Delta H = +251 \text{ kJ}$ である．

二つ目の規則は，ΔH は量に関する性質であり，反応に関与する物質の量に依存する．たとえば，先の反応

$$Xe(g) + 2F_2(g) \longrightarrow XeF_4(s)$$

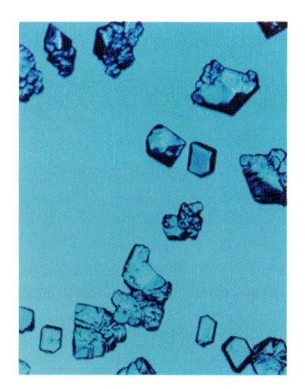

四フッ化キセノンの結晶

では，251 kJ のエネルギーが放出されるが，反応物と生成物の量を 2 倍にすると

$$2Xe(g) + 4F_2(g) \longrightarrow 2XeF_4(s)$$

となり，放出される熱も 2 倍になる．

$$\Delta H = 2(-251 \text{ kJ}) = -502 \text{ kJ}$$

例題 10・6 ヘスの法則を用いて ΔH を計算する

グラファイトとダイヤモンドは炭素の同素体である．グラファイトの燃焼のエンタルピー変化（-394 kJ/mol）とダイヤモンドの燃焼のエンタルピー変化（-396 kJ/mol）を用いて，グラファイトからダイヤモンドに変化するときの ΔH を計算せよ．

$$C_{\text{グラファイト}}(s) \longrightarrow C_{\text{ダイヤモンド}}(s)$$

> グラファイトは，柔らかくて黒く，滑りやすい性質をもち，鉛筆や鍵の潤滑剤に用いられる．ダイヤモンドは硬く，輝きをもった宝石として珍重される．

解答

求めるものは何か　グラファイトからダイヤモンドに変化するときの ΔH

わかっていることは何か　燃焼反応

$$C_{\text{グラファイト}}(s) + O_2(g) \longrightarrow CO_2(g) \quad \Delta H = -394 \text{ kJ}$$
$$C_{\text{ダイヤモンド}}(s) + O_2(g) \longrightarrow CO_2(g) \quad \Delta H = -396 \text{ kJ}$$

解法　二つ目の反応を逆にして（このとき ΔH の符号を変えなければならない）二つの反応の和をとると，求めようとする反応が得られる．

$$C_{\text{グラファイト}}(s) + O_2(g) \longrightarrow CO_2(g) \quad\quad \Delta H = -394 \text{ kJ}$$
$$CO_2(g) \longrightarrow C_{\text{ダイヤモンド}}(s) + O_2(g) \quad\quad \Delta H = -(-396 \text{ kJ})$$
$$\overline{C_{\text{グラファイト}}(s) \longrightarrow C_{\text{ダイヤモンド}}(s) \quad\quad\quad\quad\quad \Delta H = 2 \text{ kJ}}$$

これより，グラファイト 1 mol がダイヤモンド 1 mol に変化するには 2 kJ のエネルギーが必要である．この過程は吸熱である．

Self-Check 　**練習問題 10・6**　二つの反応式

$$S(s) + (3/2) O_2(g) \longrightarrow SO_3(g) \quad \Delta H = -395.2 \text{ kJ}$$
$$2SO_2(g) + O_2(g) \longrightarrow 2SO_3(g) \quad \Delta H = -198.2 \text{ kJ}$$

から，次の反応の ΔH を計算せよ．

$$S(s) + O_2(g) \longrightarrow SO_2(g)$$

10・8　エネルギーの質と量

目的　エネルギーの質が，それが使われたときどのように変化するかを理解する

エネルギーの最も重要な性質の一つは，それが保存されることである．したがって，宇宙の全エネルギー量は常に現状のままである．もしそうだとするなら，われわれはエネルギーのことをなぜ心配するのか．石油供給が維持できるかどうかをなぜ心配するのか．"エネルギー危機"はエネルギーの量についてではなく，むしろ質についてである．このことを理解するために，米国のシカゴからデンバーへの自動車旅行を考えよう．デンバーにつくまでに車にガソリンを入れるだろう．そのエネルギーはどうなるのか．ガソリンを構成する分子の結合やガソリンと反応する酸素分子の結合として蓄積されているエネルギーは熱エネルギーに変わり，その熱がデンバーまでの

道路に沿って広がる．エネルギーの総量は旅行前と同じであるが，ガソリン中に集中していたエネルギーが周囲に広がることになる．

$$\text{ガソリン(l)} + O_2(g) \longrightarrow CO_2(g) + H_2O(l) + \text{エネルギー}$$

↑ C_8H_{18} や他の同じような化合物

↓ 道路にまき散らされ，道路や空気を暖める

どちらのエネルギーが仕事をするのに使いやすいのか．ガソリンの中に集中したエネルギーなのか，それとも，シカゴからデンバーまでに広がった熱エネルギーなのか．もちろん，ガソリン中に集中したエネルギーのほうが使い勝手がよい．

この例は非常に重要な一般法則を示唆している．その法則とは，エネルギーを仕事に使うとその有用性は低下するというものである．言いかえると，エネルギーを使うと，エネルギーの質（有用性）は低下する．

まとめると次のように表せる．

集中したエネルギー　→[エネルギーを仕事をするのに使う]→　広がったエネルギー

宇宙の"熱的死 (heat death)"ということを聞いたことがあるだろう．最後には(今から無限先の話である)，すべてのエネルギーが宇宙全体に均等に分布し，すべてのものが同じ温度になる．このようになると，もはやいかなる仕事もすることができなくなり宇宙は死ぬことになる．

宇宙の死をすぐに心配する必要はないが，エネルギーの質を維持することを考える必要がある．

石油は使い勝手のよい集中したエネルギー源であるので，非常に貴重である．しかし，残念なことに，自然界の植物や生物を石油に変える速さよりもずっと速いペースで石油が使われている．したがって，新しいエネルギー源の探索が必要となる．次節ではエネルギー資源について考える．

10・9　エネルギーと世界

目的　世界のエネルギー資源について考える

材木，石炭，石油，天然ガスは，いずれももとは太陽に由来するエネルギー源である．光合成により植物はエネルギーを貯蔵し，そのエネルギーをわれわれは植物を燃焼させることで，また，腐朽物が何百万年にも渡って変化した**化石燃料**を燃焼させる

化石燃料 fossil fuel

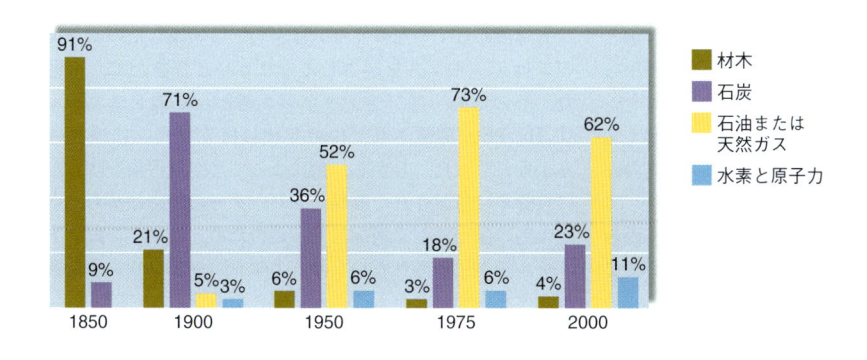

図 10・6
米国で使われているエネルギー源

表 10・2 炭化水素の化学式と名称

化学式	名称
CH_4	メタン
C_2H_6	エタン
C_3H_8	プロパン
C_4H_{10}	ブタン
C_5H_{12}	ペンタン
C_6H_{14}	ヘキサン
C_7H_{16}	ヘプタン
C_8H_{18}	オクタン

石油 petroleum
天然ガス natural gas

表 10・3 石油成分の用途

炭素数	主要用途
$C_5 \sim C_{10}$	ガソリン
$C_{10} \sim C_{18}$	ケロシン
	ジェット燃料
$C_{15} \sim C_{25}$	ディーゼル燃料
	暖房用油
	潤滑油
$> C_{25}$	アスファルト

石炭 coal

ことで得てきた．現在米国は石油エネルギーに大きく依存しているが，この傾向は比較的最近になってからである（図10・6）．本節では，いくつかのエネルギー源とそれらが環境に及ぼす影響について述べる．

▶ 石油と天然ガス

　石油や天然ガスがどのようにしてできるかは完全にはわかっていないが，これらは約5億年前に生存していた海洋生物の遺骸からつくられたと考えられている．**石油**はどろどろとした黒い液体で，そのほとんどが炭素と水素を含む炭化水素といわれる化合物でできている．炭素は元素のなかでも特殊で，炭素どうしが結合して種々の長さの鎖を形成することができる．表10・2に一般的な炭化水素化合物の化学式と名称を示す．**天然ガス**は，一般には石油の鉱床に伴って産出するが，その主成分はメタンであり，そのほかエタン，プロパン，ブタンを含む．

　石油の成分は産出場所によって異なっているが，ほとんどが炭素数が5～25ならびにそれ以上のものを含む鎖状炭化水素である．石油を有効に使うには，沸点によって（分留によって）いろいろな成分に分けなければならない．軽い，最も沸点が低い分子が最初に出てきて，それより重い分子は残る．石油の成分とその用途を表10・3に示す．

▶ 石　炭

　石炭は植物の遺骸が地中に埋もれ，そこで長い年月高温高圧条件下にさらされたことにより生じた物質である．植物は，組成式が CH_2O で，モル質量が約 500,000 g/mol の複雑な分子であるセルロースを多量に含んでいる．いろいろな時代や場所で生えていた植物や樹木が枯れて地中に埋もれ，そこで化学変化を受けてセルロース分子中の酸素や水素の量が減少した．石炭は四つの段階，亜炭(褐炭)→亜瀝青炭→瀝青炭→無煙炭を経て石炭化する．石炭化が進むに従って酸素や水素が減って炭素濃度が増える．石炭の元素組成を表10・4に示す．一定質量を燃焼させて得られるエネルギー

化学こぼれ話　ガソリン時代の幕開け

　産業革命時に灯油の需要が動物の脂肪や鯨油を凌駕（りょうが）するようになり，石油時代が始まった．この需要の増大に応じて，**ドレーク**（Edwin Drake）が1859年に米国ペンシルベニア州タイタスビルで油井を掘り始めた．石油を精製して得られたケロシン（$C_{10} \sim C_{18}$ の成分）は優れた灯油として供されたが，ガソリン（$C_5 \sim C_{10}$ の成分）は使用が限られていたため捨てられることが多かった．しかし，ケロシンの需要は電灯が開発されたことで減少し，ガソリンで動くエンジンをもつ"馬でない乗り物"の出現でガソリン時代の幕が開いた．

　ガソリンが重要になってきたことから，石油1バレルから得られるガソリンの収量を上げるための新しい方法が必要になってきた．**バートン**（William Burton）は熱分解（高温）クラッキングとよばれる方法を発明した．この方法は，ケロシン成分中の重い分子を約700℃に加熱し，その熱によって結合を切ってより小さい炭化水素の分子にしてガソリンを得るというものである．

　当時使われていたガソリンは不均一に燃焼したので，エンジンはノッキングを起こしてガリガリと音をたて，損傷した．そのため，アンチノッキング剤としてテトラエチル鉛 $(C_2H_5)_4Pb$ が開発され，1960年代にはガソリンに添加されるようになった．しかし，鉛によって，空気汚染を防ぐために自動車に付設された触媒コンバーターの効率は落ち，空気中の鉛の量が著しく増加した．このため，ガソリンにテトラエチル鉛が添加されなくなり，エンジンやガソリンの精製過程など多方面にわたる改善が必要となった．

は，炭素濃度が増えるに従って増大するので，無煙炭の価値が最も高く，亜炭の価値が最も低い．

表 10・4 各種石炭の元素組成（質量％）

石炭の種類	C	H	O	N	S
亜炭（褐炭）	71	4	23	1	1
亜瀝青炭	77	5	16	1	1
瀝青炭	80	6	8	1	5
無煙炭	92	3	3	1	1

米国では，石油の供給量が減少しており，石炭によるエネルギー供給量の割合は現在の20％から30％にまで増加すると予想されている．しかし，石炭は高価なうえに採掘に危険が伴う．また，特に硫黄成分が多い石炭を燃やすと酸性雨の原因ともなる二酸化硫黄が生じる．さらに，燃えたときに生じる二酸化炭素は地球の気候に重大な影響を及ぼすだろう．

▶ 二酸化炭素が気候に与える影響

地球は太陽から途方もない量の放射エネルギーを受けている．その約30％は大気で反射し宇宙へ戻り，残ったエネルギーが大気を通って地表に到達する．このエネルギーの一部は植物に吸収され光合成に使われ，また一部は海水に吸収され水が蒸発するのに使われる．しかし，大部分は土壌，岩石，水に吸収されるため，地表の温度は上昇する．今度は，このエネルギーが熱せられた地表からおもに赤外線として放射される（**熱放射**とよばれる）．

熱放射 heat radiation

大気は窓ガラスと似ており，可視光線は通すが放射される赤外線のすべてを宇宙へ戻すわけではない．大気中にある分子，特に H_2O と CO_2 は赤外線を強く吸収して，それを地球のほうに放射する（図10・7）．熱エネルギーの正味の量は地球の大気によって維持されており，そのため，地球は大気がない場合に比べてはるかに暖かい．ある意味，大気は温室のガラスのような作用をしている．そのガラスが可視光線は通して赤外線を吸収するので温室内の温度は上昇する．この**温室効果**は金星で顕著にみられ，そこでは，密度の高い大気がその惑星の高い表面温度の原因になっている．

温室効果 greenhouse effect

このように，地表の温度は大気中の二酸化炭素と水の含有量で調節されている．夏の湿度が高いときは，太陽の熱は夜間まで保持されるため夜間の気温が高くなる．冬のよく晴れた夜には，湿度が低いためエネルギー放射が起こり，温度は非常に下がる．

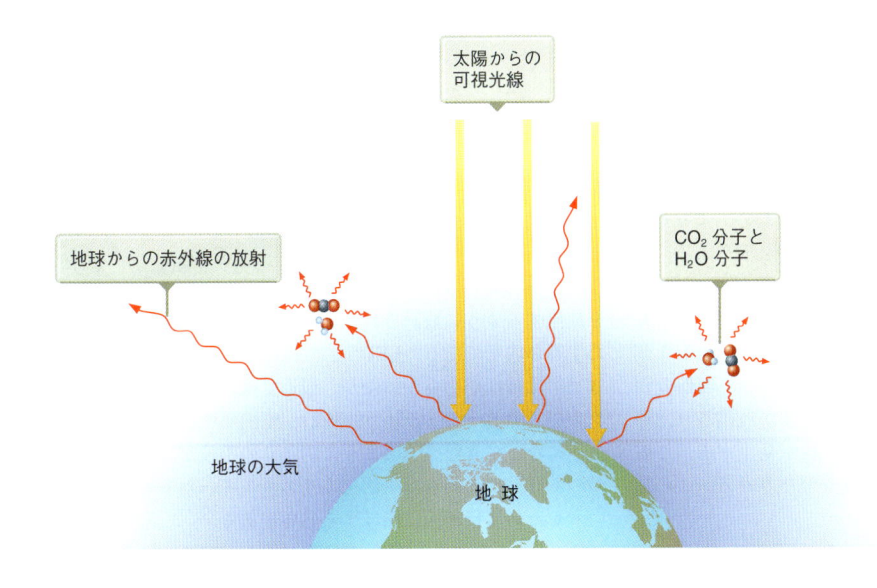

図 10・7

地球の温暖化のメカニズム．大気は太陽からの可視光を通す．この可視光が地球に当たり，その一部が赤外線に変わる．地表からの赤外線は大気中に存在する CO_2 や H_2O，少量の CH_4 や N_2O などの分子に強く吸収される．要約すると，大気はエネルギーの一部を捕捉し，ちょうど温室のガラスと同様な作用をして地球を温暖化する．

大気中の水の含有量は水循環（蒸発と凝縮）によって調節されており，1年を通じてほぼ一定に保たれている．しかし，化石燃料が大量に使われるようになり，大気中の二酸化炭素濃度は1880年に比べ20%増加している．さらに，21世紀中には1880年の2倍になると予測されている．このようになると地球の平均気温は10℃上昇するため気候に劇的な変化が起こり，農作物の成長に多大な影響が出るようになる．

二酸化炭素の長期に渡る影響をどのようにすればうまく予測できるのか．気象学は地球年に比べると非常に短期間の研究実績しかないので，気象学では地球の気候を長期間に渡って調節する因子が何であるかはわからない．たとえば，地球に周期的に現れる氷河期は何に起因するのかはわからない．したがって，二酸化炭素濃度の増加による影響を見積もることも困難である．

実際，前世紀の地球の平均温度の変化は少しおかしくなっている．北半球では，平均温度が最初の60年で0.8℃上昇し，次の25年で0.5℃下がり，続く15年でまた0.2℃上昇した．このような変化は二酸化炭素濃度が単調に増加していることとは一致しない．一方，南半球では，およそ25年で平均温度が0.4℃単調に増加した．この結果は，この間の二酸化炭素濃度の増加から予測される影響と一致している．実際，20世紀の最後の10年は，記録上最も暑い10年になった．

大気中の二酸化炭素の濃度と地球の温度の関係は現時点では正確にはわかっていないが，唯一わかっていることは，大気中の二酸化炭素濃度が劇的に増加していることである（図10・8）．われわれが将来のエネルギー需要を考える場合には，この増加を考慮に入れておかなければならない．

図 10・8
過去1000年間の大気中のCO_2濃度（氷床コアのデータと1958年以降は観測値）．過去100年で急激に増加している．

▶ 新しいエネルギー源

将来のエネルギー源を探索する場合，経済，気候，供給などを考慮することが必要である．可能性のあるエネルギー源としては，太陽（ソーラー），原子力（核分裂と核融合），バイオマス（植物），合成燃料などが考えられる．太陽の放射熱を暖房や工場の操業，輸送システムに直接利用することが長期的な目標である．しかし，今何を

化学こぼれ話　　　　明かりについて

明かりに革命が起こっている．19世紀後期エジソン(Thomas Edison)が発明した白熱電球は今なお明かりの中心である．しかし，エジソンの電球は，エネルギーの約95%が光ではなく熱になるので非常に効率が悪いため，より効率のよい明かりとなる器具を見つけ出すことが必要である．

短期的に見れば，それはコンパクト型蛍光灯(CFL)だろう．CFLは同じ明るさの白熱電球と比べると約20%のエネルギーですむ．CFLは，管内に塗布された蛍光物質(CFL 1個当たり約5 mgの水銀が混ぜられている)によって明かりがつくり出される．スイッチを入れると熱電子が放出され，その電子は水銀原子に吸収され紫外(UV)線が発生する．この紫外線は蛍光物質に吸収されて可視光を発生させる（この過程を蛍光という）．

現在，急速にその使用が拡大しているもう一つの明かりに発光ダイオード(LED)がある．LEDは，電子がより低いエネルギー準位に落ちるときに可視光を放出するように設計された半導体素子である．LEDは当初は輝度が小さかったが，最近では，信号機や車のウインカー，フラッシュライト，街灯，室内照明にも用いられるようになってきた．このように明かりの手段が急激に変わりつつあり，われわれは生活をよりエネルギー効率のよいものにするために積極的に関与する必要がある．

コンパクト型蛍光灯

すべきか．化石燃料を維持することも一つであるが，化石燃料に変わるものを見つけ出さなければならない．この課題を解決するため現在多くの研究がなされている．

10・10 駆動力としてのエネルギー

目的 自然界の変化に対する駆動力としてのエネルギーを理解する

科学の主要な目的の一つは，なぜ物事がその方向に進むのかを理解することである．なぜ物事はある特別な方向にだけ起こるのだろうか．たとえば，暖炉で燃えて，灰と熱エネルギーを生じる丸太を考えてみよう．暖炉の前に座っていて，灰が空気中から熱を吸収して再び丸太に戻るのをみれば驚くだろう．当然こういうことは起こらない．すなわち，常に起こる変化は一方向である．

$$丸太 + O_2(g) \longrightarrow CO_2(g) + H_2O(g) + 灰 + エネルギー$$

この逆の変化

$$CO_2(g) + H_2O(g) + 灰 + エネルギー \longrightarrow 丸太 + O_2(g)$$

は決して起こらない．

もう一つの例として，次に示すように容器の一方に気体を封じ込める．

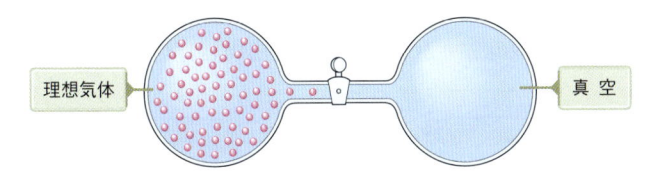

栓を開くと，どのようなことが起こるだろうか．気体は容器全体に広がる．

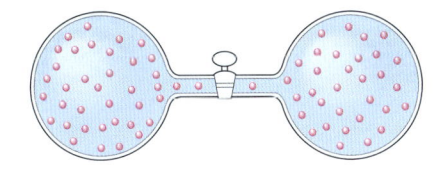

次のような変化が自発的に起これば非常に驚くだろう．

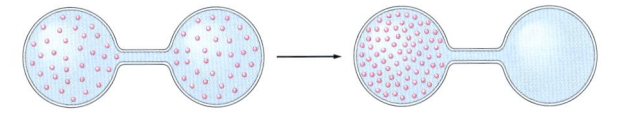

なぜ下記の変化

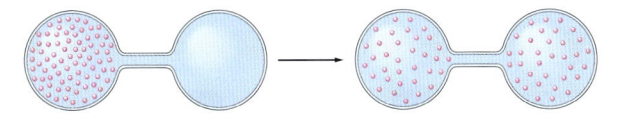

が起こって，逆の変化は起こらないのだろうか．

これらの変化や他の多くの変化を調べた結果，次の二つの重要な駆動力があることが見いだされた．

- エネルギーは広がる
- 物質は広がる

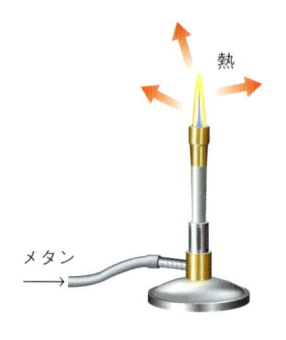

"エネルギーは広がる"ということは，ある過程で，集中したエネルギーが広く分散していくことを意味する．この分散は発熱過程では必ず起こる．例として，ブンゼンバーナーが燃えると，燃料（天然ガスで，ほとんどがメタン）中に蓄積されていたエネルギーがまわりの空気へと分散する．外界に熱として流出したエネルギーは，外界にある分子の熱運動を増大させる．いいかえれば，この過程は外界にある分子の無秩序な運動を増大させる．発熱過程では常にこのことが起こる．

"物質は広がる"ということは，ある物質の分子が広がり，大きな体積を占めるようになることを意味する．

何千という変化を調べた結果，科学者はこれらの二つの駆動力が変化を起こさせると結論づけた．すなわち，ある変化でエネルギーが広がり，物質が広がるときには，その変化は起こる．

これらの駆動力が互いに相反して起こることはないのだろうか．確かに多くの変化において相反して起こる．たとえば，食塩が水に溶ける場合を考えてみよう．この過程は自発的に起こり，ポテトやパスタを料理するために食塩を加えるときなどに観察される．食塩が水に溶ける過程は吸熱である．したがって，食塩が溶ける過程は違った方向，すなわち，エネルギー分散ではなく集中される方向に進むように思われる．それでは，食塩はなぜ溶けるのか．それは物質が広がるためである．固体のNaCl中に密に充填されたNa$^+$とCl$^-$が水溶液中ではより自由に広がっていく．食塩が水に溶けるのは物質の広がりがエネルギーの広がりに打ち勝つためである．

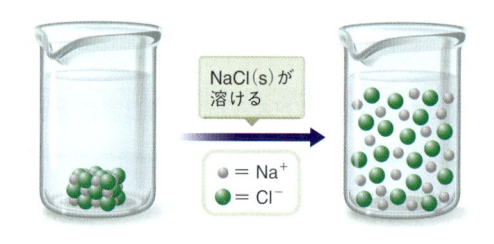

▶ **エントロピー**

エントロピー entropy Sで表す.

エントロピーは，宇宙の構成要素が無秩序になる傾向にあることに対して考えだされた関数である．これは大文字のSを用いて表され，無秩序（乱雑さ）の度合である．乱雑さが増加するとエントロピーは増大する．固体の水である氷と気体の水である水蒸気とでは，どちらのほうがエントロピーは小さいだろうか．氷では，H$_2$O分子が密に充填されて秩序正しく並んでいるのに対し，水蒸気では，H$_2$O分子が広く分散して無秩序に運動している（図10・9）．したがって，氷のほうが秩序正しく，

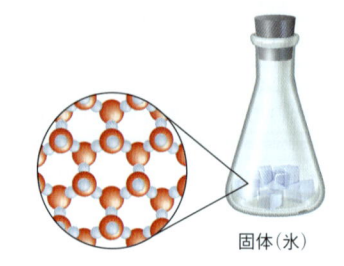

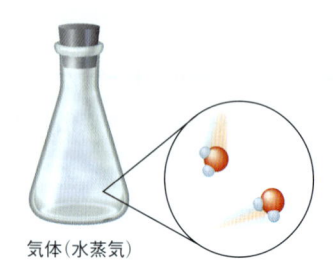

図 10・9
氷と水蒸気のエントロピーの比較

エントロピーの値は小さい．

宇宙の無秩序化をエネルギーの広がりと物質の広がりとして考えたとき，その過程でどのようなことが起こっているのだろうか．

> エネルギーの広がり → 外界にある分子の運動がより速く，乱雑になる
> 物質の広がり → 物質の成分が分散して，大きな体積を占めるようになる

エネルギーの広がりと物質の広がりが起こると宇宙のエントロピーは大きく（より無秩序に）なる．この考えは非常に重要で，これは**熱力学第二法則**として次のように要約される．

熱力学第二法則 second law of thermodynamics

> 宇宙のエントロピーは常に増大し続けている．

自発過程は，外部からの干渉なしにひとりでに起こる過程である．熱力学第二法則は，ある過程がなぜ自発的であって，別の過程はそうでないのかを理解したり，また，ある過程が自発的に起こるために必要な条件を理解したりするのに役に立つ．たとえば，1 atm で氷は 0 ℃ 以上では自発的に融解するが，この温度以下では融解しない．ある過程が起こった結果として宇宙のエントロピーが増大していれば，その過程は自発的である．宇宙で起こるすべての変化は宇宙の無秩序を増大させる．宇宙は"走っている"ので，常により無秩序のほうに向かって進んでいる．ゆっくりではあるが確実に全体が無秩序になるように，すなわち宇宙の熱的死に向かって進んでいる．しかしながら，絶望することはない．すぐには起こらないのだから．

自発過程 spontaneous process

まとめ

1. エネルギーの基本的な性質の一つは，エネルギーは保存されることである．エネルギーは形態を変えるが，生成も消滅もしない．熱力学はエネルギーとその変化に関する学問である．
2. 状態関数とよばれるいくつかの関数は，系の最初の状態と最後の状態だけに依存し，変化の道筋には依存しない．熱や仕事のような関数は変化の道筋に依存するので状態関数ではない．
3. 物質の温度は，その物質の成分の無秩序な運動の激しさを示す．物体の熱エネルギーとは，無秩序な運動によって生じる物体のエネルギー量である．
4. 熱とは，二つの物体の温度差に起因する物体間のエネルギーの流れである．発熱反応では，エネルギーが熱として系から外界に流出する．吸熱反応では，エネルギーが熱として外界から系に流入する．
5. 物体の内部エネルギーは，物体の運動エネルギー（運動に起因）と位置エネルギー（位置に起因）の和である．内部エネルギーは，二つの種類のエネルギーの流れ，すなわち仕事と熱に変わる．仕事を w，熱を q とすると，内部エネルギー変化 ΔE は，$\Delta E = q + w$ である．
6. 反応熱の測定には熱量計が用いられる．熱の単位は，通常ジュール（J）かカロリー（cal）で表される．
7. 物質の比熱容量は，物質 1 g の温度を 1 ℃ 上げるのに必要なエネルギーで，物質が加熱されたときに生じる温度変化を計算するときに用いられる．
8. ある過程のエンタルピー変化は，一定圧力のもとでその過程で出入りした熱に等しい．
9. ヘスの法則を用いれば，ある反応の反応熱は，それと関係のある既知の反応の反応熱から計算で求めることができる．
10. エネルギーは保存されるが，エネルギーの質（有用性）はエネルギーを使うと低下する．
11. われわれのまわりには多くのエネルギー源がある．これらのエネルギー源を使うと，いろいろな形で環境に影響が現れる．
12. 自然界の変化は，宇宙の乱雑さ（エントロピー）が増大する方向に起こる．変化の主要な駆動力はエネルギーの広がりと物質の広がりである．

11 近代原子論

11・1 ラザフォードの原子
11・2 電磁波
11・3 原子によるエネルギーの放出
11・4 水素原子のエネルギー準位
11・5 ボーアの原子モデル
11・6 原子の波動力学モデル
11・7 水素の原子軌道
11・8 波動力学モデル：発展
11・9 周期表の最初の18個の元素の電子配列
11・10 電子配置と周期表
11・11 原子の性質と周期表

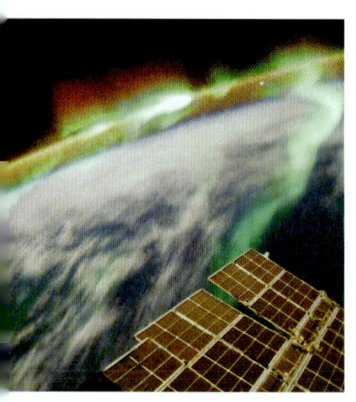

宇宙から見たオーロラ

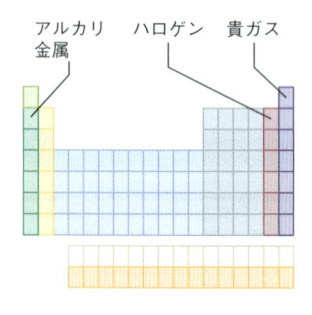

　原子の概念は，なぜ化合物は常に同じ組成をもつのか，また化学反応はどのようにして起こるのかなどの多くの観察結果を説明することができるので非常に重要である．
　4章で，原子は，その中央に陽子と中性子からなる正の電荷をもつ原子核と核のまわりの空間を動き回っている電子から構成されていることを述べた．本章では，さらに詳しい原子の構造，特に，原子内の電子の配列の様子を明らかにする．4章で学んだ周期表から，原子はいろいろな特徴をもつが，同じような挙動を示すものでグループ分けできることがわかった．たとえば，ハロゲンのフッ素，塩素，臭素，ヨウ素は類似した化学的性質をもつ．同様に，アルカリ金属のリチウム，ナトリウム，カリウム，ルビジウム，セシウムも非常によく似た性質を示す．また貴ガス（希ガス）のヘリウム，アルゴン，ネオン，クリプトン，キセノン，ラドンはすべて不活性である．元素の性質は同じ族では互いに似ているが，族が違うと著しく異なる．本章では，このような事実が原子内の電子の配列の仕方によって説明できることを述べる．

11・1 ラザフォードの原子

目的 ラザフォードの原子モデルを解説する

ラザフォード Ernest Rutherford
陽子 proton
中性子 neutron

　4章で，原子は正の電荷をもつ原子核とそのまわりを運動する負の電荷をもつ電子からなることを述べた（図11・1）．この**有核原子**の考えは，α粒子を薄い金属箔に照射したラザフォードの実験結果から導き出されたものである（§4・5参照）．ラザフォードは，原子核は**陽子**という正の電荷をもつ粒子と**中性子**という電荷をもたない粒子から構成されることを示した．また，原子核は原子全体の大きさに比べると非常に小さく，原子の残りの部分は電子が占めているとした．
　ラザフォードの研究からではわからないことは，電子がどのように配列し，どのように運動しているかという点である．これについて，ラザフォードは，太陽系で惑星が太陽のまわりを回るように電子も原子核のまわりを回っていると考えた．しかし，彼は，なぜ負の電荷をもつ電子が正の電荷をもつ原子核に引き込まれてしまって原子が崩壊しないのかについて説明することができなかった．
　この点から，原子構造の完全な理解には原子の性質についてさらに研究する必要が

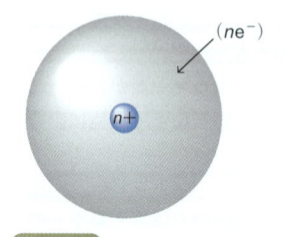

図11・1 **ラザフォードの原子**．原子核の電荷 ($n+$) は，原子核のまわりを運動する n 個の電子によって電荷の釣合がとれている．

あった．これらの研究結果を解釈するには，光の性質と光がエネルギーをどのように伝達するかを考える必要がある．

11・2 電　磁　波

目的　電磁波の特徴を探る

　明るい白熱電球から数センチ離れたところに手をもっていくと手は暖かくなる．これは，電球からの"光"が手にエネルギーを伝達したためである．同じようなことは，暖炉で真っ赤に燃えているまきに近づいた場合にも起こり，エネルギーを受けて暖かくなる．太陽から受けるエネルギーも同じである．

　これら三つの例のすべてで，エネルギーがある場所から別の場所に光，正確に言うと**電磁波**によって伝達されている．電磁波には，レントゲン写真に用いられるX線や電球からの白色光，電子レンジに用いられるマイクロ波，音声や音楽を伝えるラジオ波など，いろいろな種類がある．これらはどう違うのだろうか．これに答えるには波についての知識が必要である．波の性質を知るために海の波を考えてみよう．図11・2に示すように，海に浮いているカモメは波の動きに従って上下しているだけで前へは進んでいない．波は三つの性質，すなわち波長，周波数，速さで特徴づけられる．

　波長（ギリシャ文字のラムダ λ で表す）は，連続した二つの波の山の間の距離である（図11・3）．波の**周波数**（ギリシャ文字のニュー ν で表す）は，単位時間にある点を通る波の山の数である．これは，図11・2のカモメが1分間当たり何回上下するかを考えると理解しやすい．波の速さは，ある波の山がどれくらい速く移動するかを示す．

　水の波より想像するのはむずかしいが，電磁波（光）も波として移動する．X線やマイクロ波など電磁波の種類によって波長が異なる（図11・4）．X線の波長は非常に短く，ラジオ波の波長は逆に非常に長い．

　電磁波はエネルギーの重要な伝達手段である．たとえば，太陽からのエネルギーはおもに可視光や紫外線の形態で地球に到達する．暖炉の真っ赤に燃えた石炭は赤外線によって熱エネルギーを伝達する．電子レンジでは，食物中の水分子がマイクロ波を吸収してその運動を増加させる．このエネルギーは衝突によって別の分子に伝わり，食物の温度を上昇させる．

　このように，電磁波（光）は空間を通してエネルギーを運ぶ波として考えることができる．しかし，光は時として波としてではなく，粒子の性質を示すことがある．す

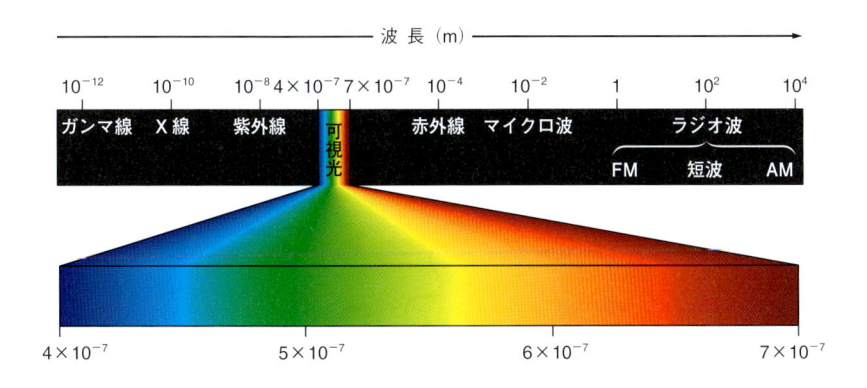

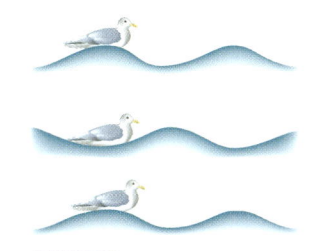

図11・2
海に浮かんでいるカモメ．波の動きによって上下する．

電磁波 electromagnetic wave

波長 wavelength
周波数 frequency

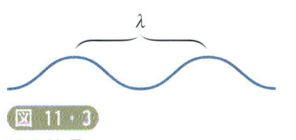

図11・3
波の波長

図11・4
電磁波の種類

光子 photon

なわち，光を**光子**というエネルギーの粒子とみなすこともできる．光の正確な性質は波なのか，それともエネルギーの粒子の流れなのか．答はその両方である（図11・5）．これを光の波-粒子の二重性という．

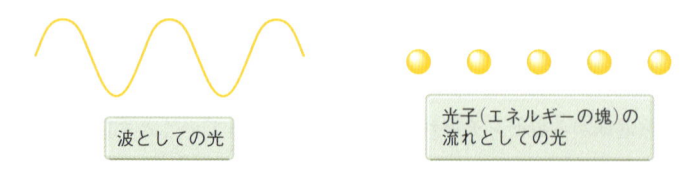

図 11・5
光の性質．光は，波と，光子とよばれるエネルギーの粒子の二重性をもつ．

波としての光　　　光子（エネルギーの塊）の流れとしての光

異なる波長の電磁波は異なる量のエネルギーを運ぶ．たとえば，赤色光に対応する光子は青色の光に対応する光子より運ぶエネルギー量は少ない．一般に，光の波長が長ければ，それに対応する光子のエネルギーは小さい（図11・6）．

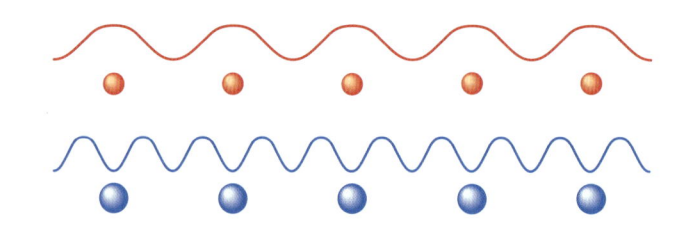

図 11・6
赤色（比較的長波長）の光子は青色（比較的短波長）の光子より運ぶエネルギーは少ない

11・3　原子によるエネルギーの放出

目的　原子がどのようにして光を放出するかを見る

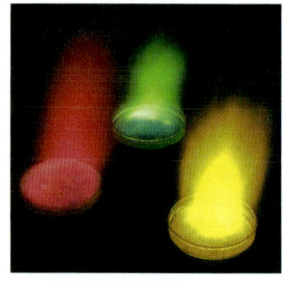

左に示す実験の結果について考えよう．この実験では，Li^+，Cu^{2+}，Na^+ を含む化合物を別べつの皿に入ったメタノールに溶かし，それらをバーナーの火の上に置く．これらはいずれも明るい色の炎を生じ，Li^+ を含む溶液からは深赤色の炎が，Cu^{2+} を含む溶液からは緑色の炎が，Na^+ を含む溶液からは黄色の炎が生じる．駐車場の明かりなどに用いられるナトリウムランプの色はナトリウム原子に由来し，これはちょうど，Na^+ を含む溶液を火の上に置いたときに生じる色と同じである．

これらについての詳細は次節で説明するが，炎の色は溶液中の原子が特有の波長，すなわち，特有の色の可視光を発してエネルギーを放出することに起因する．原子はバーナーの火の熱からエネルギーを吸収する．これを"原子が励起された"という．吸収されたエネルギーの一部は光となって放出される．原子は光子を放出して低いエネルギー状態に移る．

リチウムでは，励起状態と低エネルギー状態の間のエネルギー差がちょうど赤色光

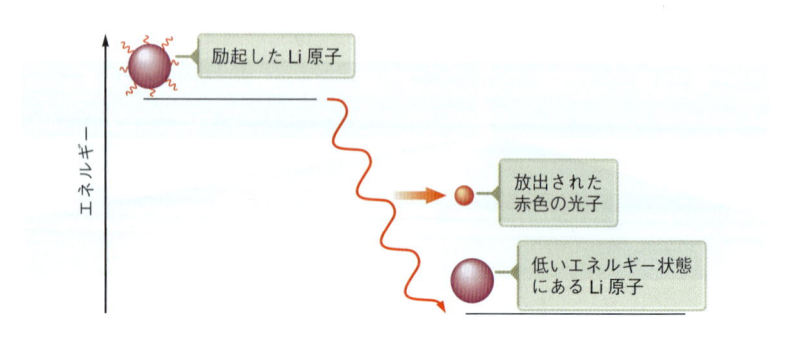

Li^+，Cu^{2+}，Na^+ を溶かしたメタノールに火をつけると，Li^+ は赤，Cu^{2+} は緑，Na^+ は黄の炎を出す

図 11・7
リチウム原子の励起状態から低エネルギー状態への遷移に伴う赤色光子の放出

の光子のエネルギーに対応するので赤色の炎が生じる（図11・7）．銅におけるエネルギー差はリチウムの場合と異なり，緑色光の光子のエネルギーに対応するので緑色となる．同じように，ナトリウムに対するエネルギー差は黄色をもつ光子に対応する．

要約すると，原子はエネルギー源からエネルギーを吸収する，すなわち励起されると光を発することでこのエネルギーを放出する．放出されたエネルギーは光子によって運ばれる．したがって，光子のエネルギーは原子が光を発することによって失ったエネルギー変化に正確に一致する．高エネルギーの光子は短波長の光に対応し，低エネルギーの光子は長波長の光に対応する．赤色光の光子が運ぶエネルギーは，赤色光の波長が青色光の波長より長いので，青色光の光子が運ぶエネルギーよりも少ない．

青色光の光子は赤色光の光子より大きなエネルギー量を運ぶ．

光の色（波長）が異なると，運ばれるエネルギー量も異なる．

11・4 水素原子のエネルギー準位

目的 水素原子の発光スペクトルからエネルギーが量子化されていることがどのように説明されるかを理解する

前節で述べたように，過剰なエネルギーをもつ原子は**励起状態**にあるという．励起された原子は，過剰なエネルギーの一部あるいはすべてを光子として放出し，その結果，より低いエネルギー状態に戻る．原子の最も低いエネルギー状態を**基底状態**という．

水素原子のエネルギー状態については，水素原子が放出する光子を観測することで多くを学ぶことができる．これには，上に述べた"光の波長が違えば，運ばれるエネルギー量が異なる"，また，"赤色の光は青色の光より小さなエネルギーの光子をもつ"ことを思い出す必要がある．

水素原子は外部のエネルギー源からエネルギーを吸収して励起状態になる．この水素原子は，過剰なエネルギーを光子として放出することで低いエネルギー状態に移る（図11・8）．この過程は，図11・9に示したエネルギーの準位図を用いて説明することができる．ここで重要なことは，**光子のもっているエネルギー量は，原子が励起状**

励起状態 excited state

原子は光子を放出することでエネルギーを失う．

基底状態 ground state

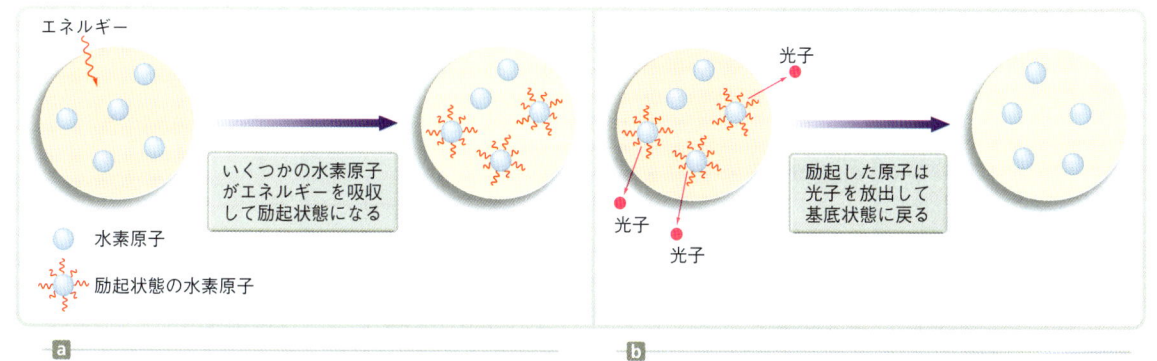

a 水素原子は外部からエネルギーを吸収し，原子のいくつかは励起される（過剰なエネルギーをもつようになる）

b 励起した水素原子は過剰なエネルギーを光子として放出する．放出された光子のエネルギーは励起した原子が失うエネルギーに等しい

図 11・8 水素原子のエネルギーの吸収と放出

図 11・9　エネルギー準位と光子の放出．励起した水素原子が低いエネルギー準位に戻るとき光子を放出する．その光子のエネルギーは原子が放出したエネルギーに等しい．したがって，光子のエネルギーは二つの状態のエネルギー差に等しくなる．

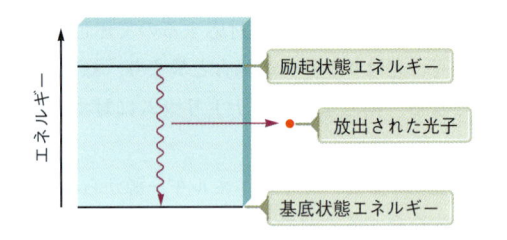

態からより低いエネルギー状態に移るときのエネルギー変化に一致することである．

次の実験を考えよう．外部からエネルギーを吸収して励起状態にある水素原子（図11・8）から放出される可視光を調べると，数種の色の光だけが観測される（図11・10）．すなわち，すべての色が混合した"白色光"ではなく，選択された色だけが観測される．これは重要な結果であり，この結果が何を意味するかを注意深く考察しよう．

図 11・10　励起した水素原子によって放出される可視領域の光の色と波長．励起した水素原子が低いエネルギー状態に戻るとき，あるエネルギーの光子，すなわちある色の光が放出される．

ある決まった光子だけが放出されることから，ある一定のエネルギー変化しか起こっていないことになる（図11・11）．これは，水素原子が飛び飛びの不連続なエネルギー準位をもつことを意味する（図11・12）．励起した水素原子は，図11・10に示しているように，飛び飛びの不連続な色（波長）をもつ光子を放射し，これらの間の色（波長）の光子は放出されない．したがって，水素原子は飛び飛びの不連続なエネルギー準位をもつと結論される．これを"水素原子のエネルギー準位は**量子化**されている"という．すなわち，ある値しか許容されないということである．これより，すべての原子のエネルギー準位も量子化されていることがわかった．

原子のエネルギー準位が量子化されていることが発見されたときは驚きをもって受

量子化 quantization

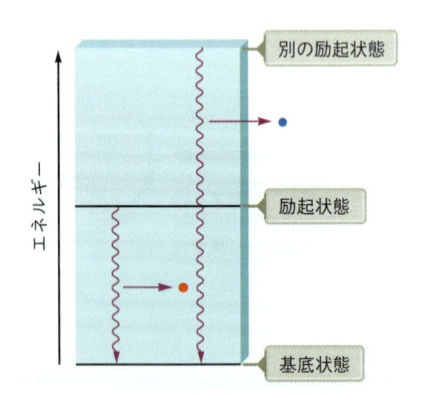

図 11・11　水素原子の励起状態のエネルギー準位と光子の放出．放出される光の色はこれらのエネルギー差に依存する．大きなエネルギー差は青色の光子を生じ，小さなエネルギー差は赤色の光子を生じる．

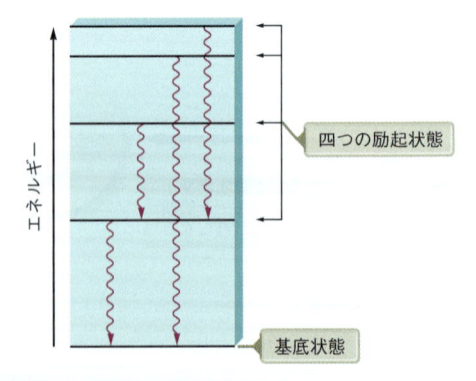

図 11・12　水素原子の励起状態のエネルギー準位とエネルギー放出．水平の線が水素原子のエネルギー準位を表す．励起した水素原子は四つの励起状態のうちのいずれかで存在し，エネルギーを放出して基底状態あるいは別の励起状態へ移る．

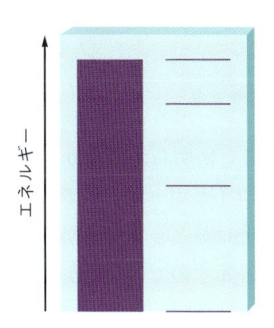

図 11・13 エネルギー準位．左：連続したエネルギー準位．あらゆるエネルギー値が許容される．右：飛び飛びの不連続な(量子化した)エネルギー準位．あるエネルギー状態しか許容されない．

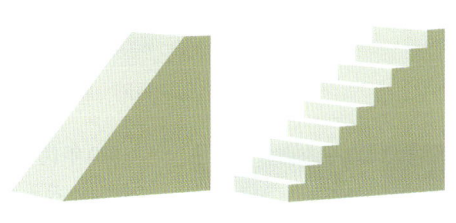

図 11・14 連続したエネルギー準位(左)と量子化したエネルギー準位(右)．違いは坂道と階段の対比で説明できる．

止められた．それまでは，原子はどのエネルギー準位でも存在する，すなわち，エネルギー準位は連続していると考えられていた（図 11・13）．これは，連続的に変化する坂道の上りと不連続な階段のある上りとの違いに類似している（図 11・14）．エネルギー準位が量子化されていることが発見されたことで原子についての概念が根本的に変わった．それらについて次の数節で解説する．

11・5 ボーアの原子モデル

目的 水素原子のボーアモデルについて学ぶ

ボーア（図 11・15）は 1911 年に 25 歳のときに物理学の博士号を取得し，原子は，正の電荷をもつ小さな原子核とそのまわりを軌道を描いて周回する電子からなるとした．その後の 2 年間で，ボーアは，水素原子の発光実験の結果とよく一致する量子化されたエネルギー準位をもつ水素原子のモデルを構築した．このモデルでは，電子は許容されたエネルギー準位に対応する軌道上を円運動しているとした．また，彼は，電子は厳密に正確なエネルギー量をもつ光子を吸収したり放出したりすることで別の軌道に移ることができるとした．したがって，ボーアの原子では，水素原子のエネルギー準位はある許容された円軌道で表された（図 11・16）．

図 11・15 ボーア（**Niels Henrik David Bohr**，1885～1962）．少年時代は，1908 年のデンマークの五輪サッカーチームの代表で，後に有名な数学者になった弟の陰に隠れていた．学生時代，作文で最低点を取り，一生書くことに苦闘した．事実，博士論文でさえ口述して母親に書いてもらうほどだった．それにもかかわらず，ボーアは立派な物理学者になった．博士号を取得したのち，27 歳のときデンマークで水素原子に対するボーアのモデルを確立した．のちに彼のモデルはまちがっていることが明らかとなったが，ボーアは依然として原子論では中心的な存在である．1922 年にノーベル物理学賞を受賞している．

最初，ボーアのモデルは水素原子についてうまく説明できたことから非常に有望なように思われたが，水素以外の原子に適用するとうまくいかなかった．実際，その後の実験によりボーアのモデルは根本的にまちがっていることが示された．ボーアのモデルはその後の理論へ道を開いたが，現在の原子構造に関する理論はボーアのモデルと同じではない．電子は太陽のまわりを周回している惑星のように，原子核のまわりを軌道を描いて回ってはいない．本章の後半で述べるが，電子が原子内をどのように運動しているかは正確にはわからないのである．

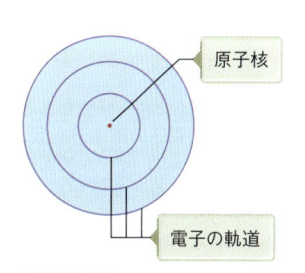

図 11・16 水素原子のボーアモデル．電子は原子核のまわりの円軌道上に限定されている．

11・6 原子の波動力学モデル

目的 電子の位置を波動力学モデルでどのようにして表すかを理解する

1920年代中ごろまでにボーアのモデルはまちがっていることが明らかになり，全く新しい考え方が必要になった．フランスの物理学者ド・ブロイとオーストリアの物理学者シュレーディンガーは，光は波と粒子の性質をもつ（光は波として，また同時に粒子としてふるまう）ので，電子もまたこれら両方の性質を示すのではないかと考えた．

シュレーディンガーは，この考えをもとに数学的解析を行った結果，この考えが水素原子だけでなく，ボーアのモデルでは失敗した水素原子以外の原子にも適用できる新しいモデルになると考えた．このモデルは原子の**波動力学モデル**とよばれ，次にこれについて説明する．

ボーアのモデルでは電子は円形の軌道（orbit）を描いて核の周りを回っていると考えられた．一方，波動力学モデルでは電子の状態を表すのに"軌道のような"を意味する"オービタル（orbital）"という単語が使われ，日本語では"orbital"もorbitとともに"軌道"とよんでいる．軌道の概念を理解するために次のホタルの実験をあげる．部屋の中に1匹の雄ホタルを入れ，その部屋の中央には雌の性誘引物質を入れたふたのないガラス瓶を吊るす．部屋を暗くして，その片隅にシャッターが開いた状態のカメラを置き，ホタルが光るとカメラがその光の位置を記録する．こうすることにより，ホタルの位置が瞬時に把握できる．ホタルが性誘引物質に感づくと，その物質のあるところか，あるいはその付近にとどまる時間が長くなると予想される．しかし，時には部屋の中をランダムに飛ぶこともあるだろう．フィルムをカメラから取出し現像すると，おそらく図11・17のような写真になるだろう．写真では最も光が当たった場所が最も明るいので，ある場所の色彩の強さは，ホタルがその場所に飛んできた回数を反映する．予想どおりホタルは部屋の中央近くで最も多くの時間を費やしている．

暗くした部屋でホタルを眺めていて，次にどこで光るか予想できるだろうか．それはほとんど不可能であるが，ホタルの行動の長時間露光の写真（図11・17）を見れば，ある程度予測がつく．図は部屋の中央付近でホタルを見つけ出す可能性が最も高いことを示唆している．ホタルが次に確実に部屋の中央付近に飛んでくるとは言えないが，おそらく飛んでくるだろうとは言える．したがって，長時間露光の写真は，ホタルの飛行パターンの一種の"確率分布図"である．

波動力学モデルに従うと，水素原子内の電子はこのホタルと同じようなふるまいをする．シュレーディンガーは電子の運動の軌跡は正確に示すことはできず，ただ計算からは原子核のまわりの空間内のある点で電子を見いだす確率がわかるだけであるとした．基底状態では水素原子の電子は図11・18に示すような確率分布図をもつ．ある点での色彩の強度が強ければ強いほど，その点で電子を見いだす確率は高い．モデルは，電子がいつ空間内のある点を占め，あるいはどのように運動するかについての情報を与えるものではない．実際，モデルをいくらこね回してみても電子の挙動を詳細に知ることはできないということを確信するだけの理由はいくつもある．しかし，自信をもって言えることは，電子はボーアがいう原子核のまわりを円軌道を描いて運動していることはないということである．

ド・ブロイ（Louis Victor de Broglie）

シュレーディンガー
Erwin Schrödinger

波動力学モデル wave mechanical model

図 11・17 ホタルの実験での光の画像．写真では最も光が当たったところが明るくなるので，色彩の強度はホタルが飛んできた回数を反映する．最も明るいところは，性誘引物質近くの部屋の中央部である．

図 11・18 最も低いエネルギー状態にある水素原子の電子の確率分布図．色が濃い点ほど，その点で電子が見いだされる可能性が高い．電子がある点でいつ見いだされるか，あるいはどのように動き回っているかについてはわからない．電子の存在確率は原子核に最も近いところ（図の中央部）で最大となることに注目しよう．

11・7 水素の原子軌道

目的 s, p, d で示される軌道の形について学ぶ

図 11・18 に示した水素原子の電子の確率分布図を**軌道**という．電子を見いだす確率は原子核から離れると減少するが，原子核から非常に離れたところでも見いだす確率は0ではない．これは地球の大気と宇宙空間との境が厳密でないことに似ている．大気は徐々になくなっていくが，常に少量の分子は存在する．軌道の端は"ファジー"なので，その正確な大きさはわからない．そこで化学者は，電子の存在する確率が90%になる空間を軌道の大きさと独断的に定義した（図 11・19b）．これは，電子がこの空間内で時間の 90% を費やし，10% はこの空間外で時間を費やすことを意味する．（電子はこの空間の表面上を運動するのではないことに注意しよう．）図 11・19 に示した軌道は水素原子の 1s 電子の軌道で **1s 軌道**とよばれ，水素原子の電子の最も低いエネルギー状態（基底状態）を示している．

§11・4で，水素原子がエネルギーを吸収して電子が高いエネルギー状態（励起状態）に移ることを知った．ボーアのモデルでは，このことは電子がより大きな半径をもつ軌道に移ることになる．波動力学モデルでは，この高いエネルギー状態は形が異なる別の軌道に対応する．

ここで，水素原子がどのように構成されているかを考えよう．水素原子は飛び飛びの不連続なエネルギー準位をもつ．これらの準位を**主エネルギー準位**といい，それらには自然数がつけられている（図 11・20）．さらに主エネルギー準位は**副準位**に細別される．これらのことを三角形の図（図 11・21）を用いて説明しよう．主エネルギー準位 1 は一つの副準位からなり，主エネルギー準位 2 は二つの副準位からなる．主エネルギー準位 3 は三つの副準位を，主エネルギー準位 4 は四つの副準位をもつ．

水素原子の個々の主エネルギー準位は副準位をもち，これらの副準位は軌道とよばれる電子を収容する空間をもっている．主エネルギー準位 1 の軌道は，図 11・19 に示すような球形で，1s という名称でよばれる．数字の1は主エネルギー準位を，s は主エネルギー準位の副準位を表す．

主エネルギー準位 2 は 2 個の副準位をもつ（主エネルギー準位の数字と副準位の数は一致する）．これらの副準位は 2s と 2p という名称でよばれる．2s 副準位は一つの

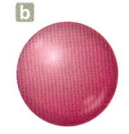

図 11・19
水素原子の 1s 電子の軌道．
a 水素原子の 1s 電子の確率分布図．
b 軌道の大きさは，電子の存在する確率が 90% になる球で定義される．すなわち，電子は時間の 90% をその球の内側で費やす．1s 軌道は単純に球として表されるが，最も正確な軌道の図は **a** に示した確率分布図である．

1s 軌道 1s orbital

主エネルギー準位 principal energy level

副準位 sublevel

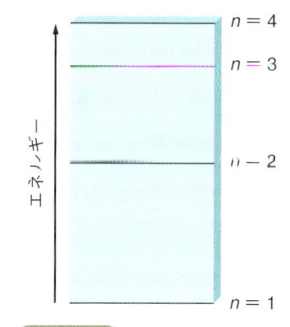

図 11・20
水素原子の最初の四つの主エネルギー準位．各準位は自然数 n で指定される．

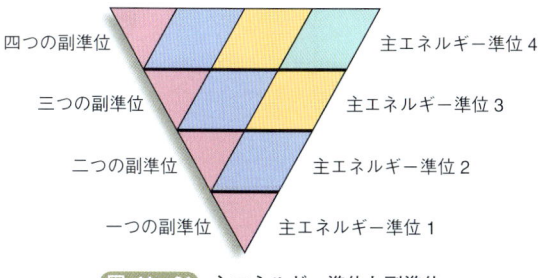

図 11・21 主エネルギー準位と副準位

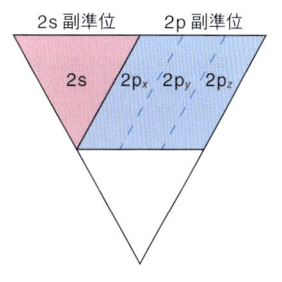

図 11・22 主エネルギー準位 2 における 2s, 2p 副準位

170   11. 近代原子論

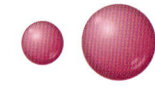

図 11・23
水素原子の1s軌道と2s軌道の相対的な大きさ

ローブ lobe

軌道（これを 2s という）からなり，2p 副準位は三つの軌道（これらを $2p_x$, $2p_y$, $2p_z$ という）からなる．このことについて，もう一度三角形の図に戻って考えよう．図 11・22 に，2s と 2p（これはさらに $2p_x, 2p_y, 2p_z$ に細別されている）の副準位に細別された主エネルギー準位 2 を示す．2s 軌道は 1s 軌道と同様球形であるが，大きさはずっと大きい（図 11・23）．三つの 2p 軌道の形は球形でなく二つの"ローブ（丸い突出部）"をもつ亜鈴形である．これらの軌道を図 11・24 に示す．この図には，電子の確率分布図と電子の存在する確率が 90％ になる空間の表面も同時に示している．2p軌道の x, y, z は軌道のローブが向いている軸である．

水素原子についていままで学んできたことを図 11・25 にまとめて示す．主エネルギー準位 1 は副準位を一つもち，これを 1s 軌道という．主エネルギー準位 2 は 2s 軌道と 2p 軌道の二つの副準位をもつ．軌道の名称が意味するものは次のとおりである．

軌道の名称が表す意味
1. 数字は主エネルギー準位を示す．
2. 文字は形を示す．s は球形の軌道，p は二つの"ローブ（丸い突出部）"をもつ軌道を意味する．p 軌道の下つきの x, y, z は二つの"ローブ"が向いている軸を示す．

軌道の重要な性質の一つは，エネルギー準位の数字が大きくなると，その軌道にある電子と原子核との距離が増大することである．すなわち，水素原子の電子が 1s 軌道にある（基底状態である）ときのほうが 2s 軌道にある（励起状態である）ときよ

図 11・24
三つの 2p 軌道．x, y, z は二つのローブが向いている軸を示す．これらの軌道について，確率分布図と電子の存在する確率が 90％ のところを囲む表面を示す．

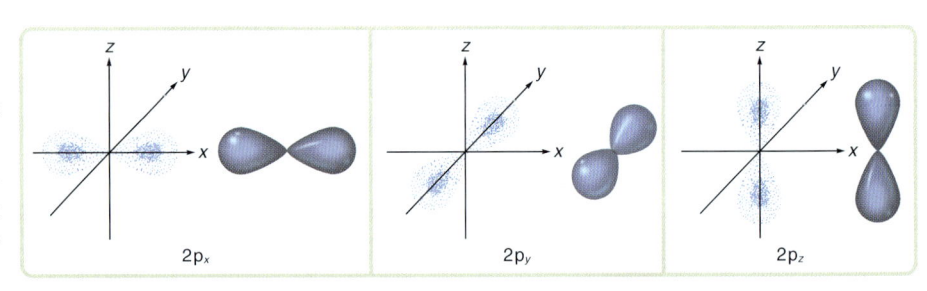

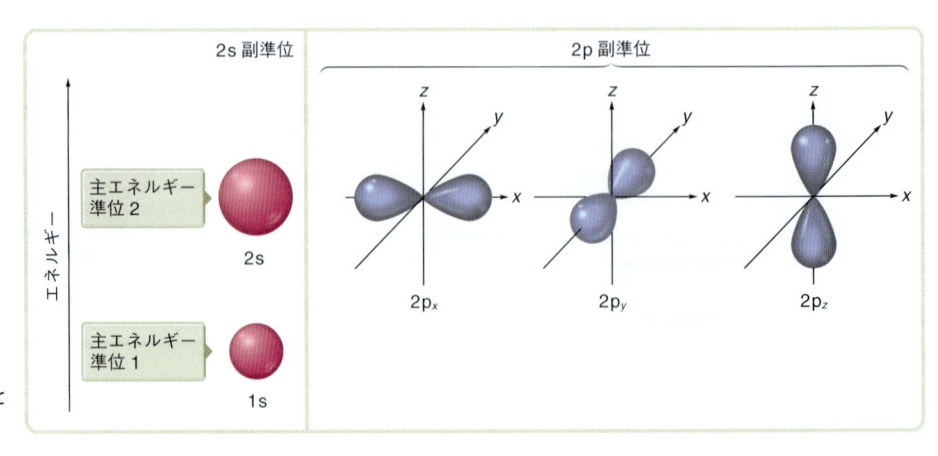

図 11・25
主エネルギー準位が 1 と 2 の副準位の軌道の形

り原子核の近くで時間を費やすことが多い．

ここで，電子を1個しかもたない水素原子がなぜ二つ以上の軌道をもつのか不思議に思うだろう．軌道を1個の電子を入れる潜在的な空間としてとらえるとわかりやすい．水素原子の電子は一度に一つの軌道しか占有することができないが，別の軌道に移るときその他の軌道の一つが使われる．たとえば，水素原子が基底状態（最も低いエネルギー状態）にあるとき電子は1s軌道にある．しかし，ある量のエネルギーが加えられると電子は2s軌道や2p軌道の一つに移る．

これまで水素原子の二つの主エネルギー準位について考えてきたが，ほかにも多くのエネルギー準位がある．たとえば，主エネルギー準位3では，3s, 3p, 3dという三つの副準位がある（図11・21）．3s副準位は3s軌道を含み，これは1sや2sより大きな球形をしている（図11・26）．3p副準位は三つの軌道，$3p_x, 3p_y, 3p_z$を含み，これらの形は2p軌道と同じであるが，大きさは大きい．3d副準位は五つの3d軌道を含む．それらの形や名前を図11・27に示す．

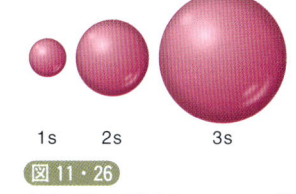

図 11・26
水素原子の球形の1s, 2s, 3s軌道の相対的な大きさ

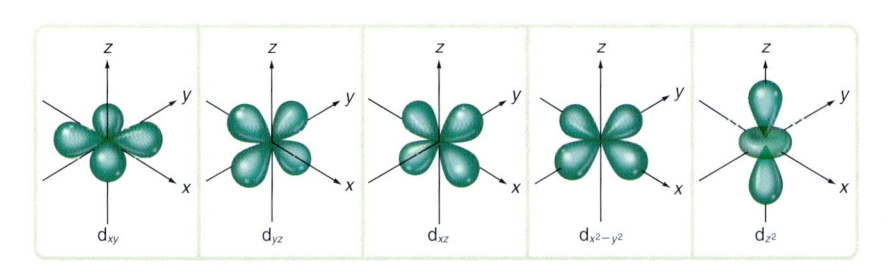

図 11・27
五つの3d軌道の名称と形

主エネルギー準位が1, 2, 3となっていくと，一つずつの新しい副準位が加わっていくことに気づくだろう．主エネルギー準位2にはp軌道が，主エネルギー準位3にはd軌道が加わっている．これは，原子核から離れていくと利用できる空間が増加するからである．

軌道の数が主エネルギー準位とともに増えることは，円形劇場を考えると理解しやすい．円形のステージを囲むように椅子が並べられているとする．ステージから離れれば離れるほど円が大きくなるため，一列に多くの椅子を並べることができる．軌道は，この円形劇場の椅子のように，原子核からの距離が遠くなればなるほど，空間が広がり，軌道の数も増える．

さらに，主エネルギー準位4は，4s, 4p, 4d, 4fの四つの副準位をもつ．4s副準位は4s軌道一つをもち，4p副準位は三つの軌道，$4p_x, 4p_y, 4p_z$を含む．4d副準位は五つの軌道をもち，4f副準位は七つの軌道をもつ．

4s, 4p, 4dの軌道の形は，前述のs, p, d軌道の形とそれぞれ同じであるが，大きさは大きい．本書ではf軌道の形についてはふれない．

11・8 波動力学モデル: 発展

目的 電子スピンを学んだのち，原子の波動力学モデルのエネルギー準位と軌道を要約する

原子のモデルはすべての原子に適用できなければ有用なものにはならない．ボーア

のモデルが認められなかったのは水素原子にしか適用できなかったためである．波動力学モデルは，水素原子に適用した方法と基本的には同じようにしてすべての原子に適用できる．実際，このモデルの成功は，モデルを用いて元素の周期表が説明できたことにある．周期表では，同じような化学的性質を示す元素が族として縦に並んでいる．原子の波動力学モデルでは，このような類似性がなぜ現れるかを電子の配列をもとにして説明することができる．

　原子は陽子と同じ数の電子をもち，原子全体では正味の電荷は0である．したがって，水素より後のすべての原子は電子を2個以上もつ．水素より後の元素について考える前に，原子の軌道への電子の入り方を決める電子のもう一つの性質について説明しておかなければならない．この性質は**スピン**である．個々の電子は，こまが芯を軸として回転するように自転している．こまと同じように，電子も二方向のうちのいずれかの方向のみでしか自転できない．スピンは矢印，↑あるいは↓のいずれかで表される．一つの矢印はある方向に自転する電子を表し，もう一方の矢印は，それと反対の方向に自転する電子を表す．電子スピンについて最も重要なことは，**二つの電子が同じ軌道を占有する場合はスピンの向きは逆でなければならない**ことである．すなわち，同じ方向のスピンをもつ二つの電子は同じ軌道に入ることはできない．この性質より，**一つの軌道には最大2個の電子しか入ることができず，また，これら2個の電子のスピンは逆でなければならない**という**パウリの排他原理**が導かれる．

　波動力学モデルを水素より後の原子に適用する前に，このモデルを要約しておく．

スピン spin

パウリの排他原理 Pauli exclusion principle

原子の波動力学モデルの主要な内容

1. 原子は**主エネルギー準位**とよばれる一連のエネルギー準位をもつ．これらの準位は自然数 n で示される．n は $1, 2, 3, 4, \cdots$ である．主エネルギー準位1が $n=1$ に，準位2が $n=2$ に対応する．
2. 準位のエネルギーは n が大きくなるとともに増加する．
3. 個々の主エネルギー準位は一つあるいはそれ以上の数の**副準位**とよばれる軌道をもつ．
4. ある主エネルギー準位に存在する副準位の数は n に等しい．たとえば，主エネルギー準位1は一つの副準位（1s）をもつ．主エネルギー準位2は二つの副準位，2s軌道と三つの2p軌道をもつ．これらは以下のようにまとめられる．副準位に含まれる軌道の数をかっこ内に示す．

n	副準位
1	1s(1)
2	2s(1)　2p(3)
3	3s(1)　3p(3)　3d(5)
4	4s(1)　4p(3)　4d(5)　4f(7)

5. n は主エネルギー準位を示し，それに続く英字は軌道の形を示す．たとえば，3pは，主エネルギー準位3にある二つのローブをもつ軌道を意味する（一つのp軌道は常に二つのローブをもつ）．
6. 軌道は空であるか，1個あるいは2個の電子を収容することができるが，3個以上は収容できない．2個の電子が同じ軌道に入るときは，互いのスピンは逆

向きでなければならない．
7. 軌道の形は電子の動きの詳細を示すものではなく，その軌道にある電子の確率分布を示す．

例題 11・1 原子の波動力学モデルを理解する

次の原子の構造に関する記述が正しいか誤っているか答えよ．
a. s軌道は常に球形である．
b. 2s軌道の大きさは3s軌道の大きさと同じである．
c. p軌道のローブの数はnの増加とともに増加する．すなわち，3p軌道のローブの数は2p軌道のそれより多い．
d. 主エネルギー準位1はs軌道一つをもち，主エネルギー準位2はs軌道を二つ，主エネルギー準位3はs軌道を三つもつ．
e. 電子の運動の軌跡は軌道の表面で示される．

解答 a. 正しい．球の大きさはnの増加とともに増加するが，形は常に球である．
b. 誤り．3s軌道は2s軌道より大きい（平均して電子が原子核から遠くにある）．
c. 誤り．p軌道は常に二つのローブをもつ．
d. 誤り．おのおのの主エネルギー準位にはs軌道は一つしかない．
e. 誤り．電子は軌道表面の内部のどこかで時間の90%を費やす．電子は軌道の表面の上を動き回っているのではない．

練習問題 11・1 次のa～dの事項を説明せよ．　　　　　　　　　　　Self-Check
a. ボーアの軌道　　b. 軌道　　c. 軌道の大きさ　　d. 副準位

11・9 周期表の最初の18個の元素の電子配列

目的 水素より後の原子では主エネルギー準位に電子がどのように満たされていくかについて，また，価電子と内殻電子について学ぶ

原子番号Zが1から18の原子における電子の入り方について説明しよう．電子は，主エネルギー準位nを1から始めて，$n=2,3,\cdots$の順に，主エネルギー準位に含まれる種々の軌道を満たしていく．最初の18個の元素については，副準位は，1s, 2s, 2p, 3s, 3pの順番で満たされていく．

最も引力を受けるのは1s軌道である．これは，この軌道では，負の電荷をもつ電子が正の電荷をもつ原子核の最も近くにあるためである．すなわち，1s軌道が原子核に最も近い空間を占める．nが増加すると軌道は大きくなり，平均して電子は原子核から離れた空間を占めるようになる．

したがって，基底状態では，水素は1s軌道に電子1個をもつ．これを表現する方法には次の二つがある．一つは，"水素の電子配列，あるいは**電子配置**は$1s^1$である"と表す方法である．これは，1s軌道に電子1個があることを意味する．もう一つは，ボックスダイヤグラムとよばれる図を用いて表す方法である．これは，軌道を副準位によってグループ化された箱で表し，その箱の中に電子を示す小さな矢印を入れるものである．たとえば，水素について電子配置とボックスダイヤグラムを示すと次のよ

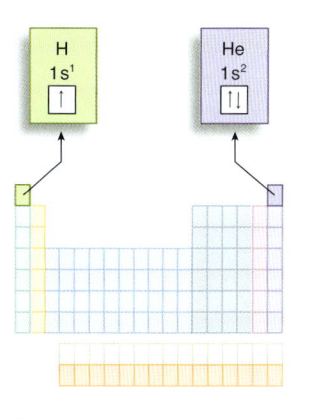

電子配置 electron configuration

うになる.

$$H \quad 1s^1 \quad \begin{array}{c} 1s \\ \boxed{\uparrow} \end{array}$$

電子配置　ボックスダイヤグラム

矢印はスピンの方向を表す．次の元素はヘリウム（$Z=2$）である．これは原子核の中に2個の陽子をもつので，電子数は2個である．2個の電子はスピンを逆にして1s軌道に入る．ヘリウムの電子配置とボックスダイヤグラムは次のようになる．

1s軌道に2個の電子

$$He \quad 1s^2 \quad \begin{array}{c} 1s \\ \boxed{\uparrow\downarrow} \end{array}$$

逆向きの電子スピンを箱の中の上下の向きの矢印で表している．

リチウム（$Z=3$）は3個の電子をもち，そのうちの2個は1s軌道に入る．すなわち，2個の電子でその軌道は完全に満たされる．$n=1$ に対しては1s軌道が唯一の軌道なので，3番目の電子は $n=2$ の軌道（この場合は2s軌道）に入らなければならない．電子配置とボックスダイヤグラムは次のようになる．

$$Li \quad 1s^22s^1 \quad \begin{array}{cc} 1s & 2s \\ \boxed{\uparrow\downarrow} & \boxed{\uparrow} \end{array}$$

ベリリウムは電子を4個もつ．これらの電子はスピンを逆にして1sと2s軌道に入る．

$$Be \quad 1s^22s^2 \quad \begin{array}{cc} 1s & 2s \\ \boxed{\uparrow\downarrow} & \boxed{\uparrow\downarrow} \end{array}$$

ホウ素は5個の電子をもつ．そのうち4個は1sと2s軌道を占有する．5番目の電子は $n=2$ の二つ目の副準位である2p軌道の一つに入る．すべての2p軌道は同じエネルギーをもつので，電子がどの2p軌道に入るかは問題ではない．

$$B \quad 1s^22s^22p^1 \quad \begin{array}{ccc} 1s & 2s & 2p \\ \boxed{\uparrow\downarrow} & \boxed{\uparrow\downarrow} & \boxed{\uparrow} \end{array}$$

炭素は電子を6個もつ．1s軌道に電子2個が，そして2s軌道に電子2個，さらに2p軌道に電子2個が入る．2p軌道は三つあるが，電子は反発し合うので別べつの2p軌道に入る．これら別べつの2p軌道に入る電子のスピンの向きは同じである．炭素の電子配置は，2p軌道に電子が別べつに入るので，$1s^22s^22p^12p^1$ と書くこともできるが，通常 $1s^22s^22p^2$ と書く．これで電子が別べつの2p軌道に入っていると理解する．2p軌道内の不対電子のスピンは同じ向きである．

$$C \quad 1s^22s^22p^2 \quad \begin{array}{ccc} 1s & 2s & 2p \\ \boxed{\uparrow\downarrow} & \boxed{\uparrow\downarrow} & \boxed{\uparrow\uparrow} \end{array}$$

7個の電子をもつ窒素の電子配置は $1s^22s^22p^3$ である．2p軌道内の三つの電子は，スピンを同じ向きにして別べつの軌道に入る．

$$N \quad 1s^22s^22p^3 \quad \begin{array}{ccc} 1s & 2s & 2p \\ \boxed{\uparrow\downarrow} & \boxed{\uparrow\downarrow} & \boxed{\uparrow\uparrow\uparrow} \end{array}$$

8個の電子をもつ酸素の電子配置は $1s^22s^22p^4$ である．2p軌道の一つは，逆のスピンをもつ一組の電子対で占められる．これは，パウリの排他原理に従っている．

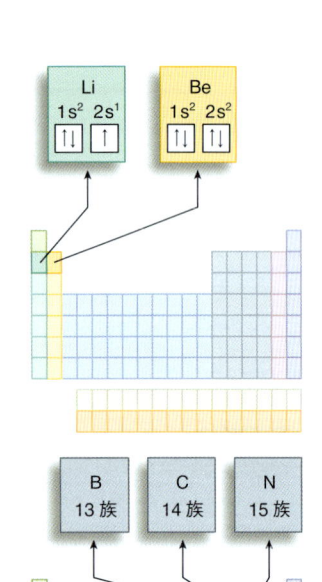

$$O \quad 1s^22s^22p^4 \quad \begin{array}{ccc} 1s & 2s & 2p \\ \boxed{\uparrow\downarrow} & \boxed{\uparrow\downarrow} & \boxed{\uparrow\downarrow\uparrow\uparrow} \end{array}$$

11·9 周期表の最初の18個の元素の電子配列

H 1s¹								He 1s²
Li 2s¹	Be 2s²			B 2p¹	C 2p²	N 2p³	O 2p⁴	F 2p⁵	Ne 2p⁶
Na 3s¹	Mg 3s²			Al 3p¹	Si 3p²	P 3p³	S 3p⁴	Cl 3p⁵	Ar 3p⁶

図 11·28 最初の18元素における最後に占有される副準位の電子配置

それぞれ9個と10個の電子をもつフッ素とネオンは

$$F \quad 1s^2 2s^2 2p^5$$
$$Ne \quad 1s^2 2s^2 2p^6$$

となり，ネオンでは，$n=1$ と $n=2$ の軌道は完全に満たされたことになる.

11個の電子をもつナトリウムでは，最初の10個の電子によって 1s, 2s, 2p 軌道が完全に満たされてしまうので，11番目の電子は $n=3$ の最初の軌道である 3s 軌道に入らなければならない．ナトリウムの電子配置は $1s^2 2s^2 2p^6 3s^1$ である．内側の準位の電子を省略して，[Ne]3s¹ と書くこともある．ここで，[Ne]はネオンの電子配置 $1s^2 2s^2 2p^6$ を示す．ナトリウムのボックスダイヤグラムは次のようになる.

次のマグネシウムは $Z=12$ で，その電子配置は $1s^2 2s^2 2p^6 3s^2$ あるいは [Ne]3s² である．アルミニウムからアルゴンまでの6元素の電子配置は，3p軌道に順次一つずつ電子を入れていくことで得られる．図 11·28 に最初の18元素の電子配置を示す．ここには，最後に占有される副準位とそこに入っている電子の数を示している.

例題 11·2 ボックスダイヤグラムを書く

マグネシウムのボックスダイヤグラムを書け．

解答 マグネシウム（$Z=12$）には12個の電子があり，それらが 1s, 2s, 2p, 3s 軌道に順次入っていく．電子配置は $1s^2 2s^2 2p^6 3s^2$ である．ボックスダイヤグラムは占有されている軌道のみを示した.

練習問題 11·2 アルミニウムからアルゴンまでの6元素の完全な電子配置とボックスダイヤグラムを書け．

次に，**価電子**，すなわち原子の最も外側の（最も高い）主エネルギー準位にある電子の概念について説明する．たとえば，$1s^2 2s^2 2p^3$ の電子配置をもつ窒素は主エネルギー準位1と2に電子をもつ．したがって，副準位 2s と 2p をもつ主エネルギー準位2が窒素の価電子準位であり，2s電子と2p電子が価電子である．電子配置が $1s^2 2s^2 2p^6 3s^1$ あるいは [Ne]3s¹ のナトリウム原子では，電子が占める最も外側の準位が主エネルギー準位3なので，3s軌道にある電子が価電子である．化学者にとって

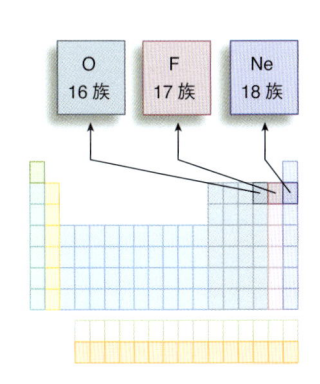

価電子 valence electron

内殻電子 core electron

価電子は最も重要な電子である．なぜなら，その原子が他の原子と結合する場合に最も外側の電子が関与するからである．これについては次章で述べる．**内殻電子**とよばれる内側の電子は，他の原子との結合には関与しない．

図 11・28 から非常に重要な傾向を読取ることができる．すなわち，ヘリウムを除いて，同族（周期表の縦の列）の元素の原子は，主エネルギー準位は異なるが同じ副準位に同じ数の電子をもっている．もともと周期表は元素の化学的性質の類似性をもとにグループ分けされたものだが，グループ分けできる理由が電子配置を学んだ今になって初めて理解できた．同じ価電子配置をもつ元素は非常によく似た化学的挙動を示す．

11・10 電子配置と周期表

目的 原子番号が 18 より大きい原子の電子配置を学ぶ

前節で水素より後の原子の電子配置は，$n=1$ から始めて順次 $n=2,3$ の軌道に電子を詰めていくことで得られることを説明した．これは，アルゴンの次の元素であるカリウム（$Z=19$）以降の元素には適用できない．3p 軌道はアルゴンで完全に満たされるので，次の電子は 3d 軌道（$n=3$ には 3s, 3p, 3d の副準位がある）に入りそうである．しかし，実験からはカリウムの化学的性質がリチウムやナトリウムのそれに類似していることが示された．化学的性質が似ていることと価電子配置が類似していることには関連性があることがわかっているので，カリウムの価電子配置は，ナトリウムとリチウムの価電子配置（それぞれ $3s^1$ と $2s^1$）と類似した $4s^1$ であると期待される．すなわち，カリウムの最後の電子は 3d 軌道の一つに入るのではなく 4s 軌道に入ると期待される．これは，主エネルギー準位 3 が完全に満たされる前に準位 4 が満たされ始めることを意味する．この結果はいろいろな実験から確かめられており，カリウムの電子配置は

$$\text{K} \qquad 1s^2 2s^2 2p^6 3s^2 3p^6 4s^1 \quad \text{あるいは} \quad [\text{Ar}]4s^1$$

で，次の元素であるカルシウムでは，増えた電子は 4s 軌道に入る．

$$\text{Ca} \qquad 1s^2 2s^2 2p^6 3s^2 3p^6 4s^2 \quad \text{あるいは} \quad [\text{Ar}]4s^2$$

これで 4s 軌道は完全に満たされる．

カルシウムの次の元素からは，電子は 3d 軌道に入り，主エネルギー準位 3 を満た

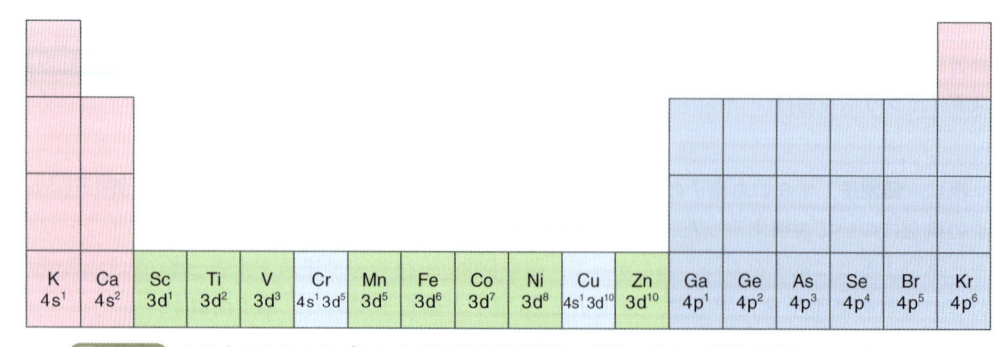

| K
$4s^1$ | Ca
$4s^2$ | Sc
$3d^1$ | Ti
$3d^2$ | V
$3d^3$ | Cr
$4s^1 3d^5$ | Mn
$3d^5$ | Fe
$3d^6$ | Co
$3d^7$ | Ni
$3d^8$ | Cu
$4s^1 3d^{10}$ | Zn
$3d^{10}$ | Ga
$4p^1$ | Ge
$4p^2$ | As
$4p^3$ | Se
$4p^4$ | Br
$4p^5$ | Kr
$4p^6$ |

図 11・29 カリウムからクリプトンまでの部分電子配置．緑色で示した遷移金属（スカンジウムから亜鉛）は，クロムと銅を除いて，一般に $[\text{Ar}]4s^2 3d^n$ の電子配置をもつ．

していく．電子が 3d 軌道に入っていく元素を**遷移金属**という．3d 軌道が完全に満たされると，次は 4p 軌道が満たされていく．図 11・29 にカリウムからクリプトンまでの電子配置の一部を示す．

おのおのの元素について考えるより，周期表と軌道への電子の詰まり方との全般的な関係をみてみよう．図 11・30 に周期表の各領域でどの軌道に電子が詰まっていくかを示す．要点を次にまとめる．

遷移金属 transition metal

図 11・29 から，遷移金属は，クロム ($4s^1 3d^5$) と銅 ($4s^1 3d^{10}$) を除いて，一般に $[Ar]4s^2 3d^n$ の電子配置をもっていることがわかる．クロムと銅が例外である理由は複雑なので，ここではふれない．

軌道への電子の詰まり方

1. d 軌道をもつ主エネルギー準位では，電子はこの準位の d 軌道に入る前に，次の主エネルギー準位の s 軌道に先に入る．すなわち，$(n+1)s$ 軌道が nd 軌道より先に詰まっていく．たとえば，ルビジウムとストロンチウムでは，4d 軌道より先に 5s 軌道に電子が入り，その後の第二遷移系列元素（イットリウムからカドミウム）からは 4d 軌道に電子が順次詰まっていく．
2. 電子配置 $[Xe]6s^2 5d^1$ をもつランタンの後の 14 個の元素では七つの 4f 軌道に電子が順次詰まっていく．この 14 個の元素とランタンを含めた元素を総称してランタノイドという．
3. 電子配置 $[Rn]7s^2 6d^1$ をもつアクチニウムの後の 14 個の元素では七つの 5f 軌道に電子が順次詰まっていく．この 14 個の元素とアクチニウムを含めた元素を総称してアクチノイドという．

軌道の詰まり方と周期表の関係をさらに理解するため，電子で満たされていく順に軌道を並べたものを図 11・31 に示す．

周期表はどのような場合にもよく利用される．元素の電子配置と周期表上の元素の位置の関係を理解しておくと，すべての原子の電子配置を容易に書くことができるようになる．

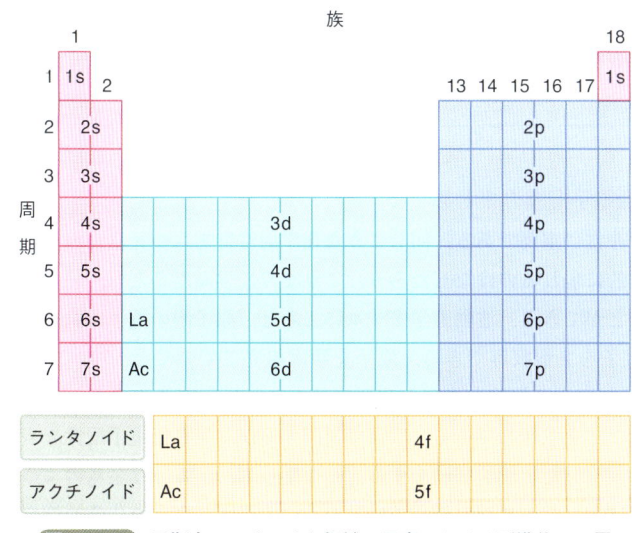

図 11・30 周期表のいろいろな領域の元素における副準位への電子詰まり方．横の列（周期）では，nd 軌道の前に $(n+1)s$ 軌道が詰まる．

図 11・31 軌道への電子の詰まり方の順序を示すボックスダイヤグラム．それぞれのボックスは電子 2 個を収容することができる．

*1 6s 軌道が完全に満たされると，次の電子は 5d 軌道に入る．これがランタンの電子配置 $[Xe]6s^2 5d^1$ に対応する．ランタンの後は，4f 軌道に電子が入っていく．

*2 7s 軌道が完全に満たされると，次の電子は 6d 軌道に入る．これがアクチニウムの電子配置 $[Rn]7s^2 6d^1$ である．その後の元素では 5f 軌道に電子が入っていく．

> **例題 11・3** 電子配置を決める

周期表を用いて，硫黄 S，ガリウム Ga，ハフニウム Hf，ラジウム Ra の電子配置を書け（図 11・32）．

解答 硫黄の原子番号は 16 で，3p 軌道が詰まっていく第 3 周期に位置する．硫黄は"3p 元素"のなかの 4 番目の元素なので 3p 電子を 4 個もつ．

$$S \quad 1s^2 2s^2 2p^6 3s^2 3p^4 \quad あるいは \quad [Ne]3s^2 3p^4$$

ガリウムの原子番号は 31 で，遷移金属のすぐあとの元素で第 4 周期に位置する．ガリウムは"4p 元素"の最初の元素なので $4p^1$ 配置をもつ．

$$Ga \quad 1s^2 2s^2 2p^6 3s^2 3p^6 4s^2 3d^{10} 4p^1 \quad あるいは \quad [Ar]4s^2 3d^{10} 4p^1$$

ハフニウムの原子番号は 72 で，第 6 周期に位置する．ランタノイドのすぐあとの元素である（図 11・30）．したがって，4f 軌道は完全に詰まっている．ハフニウムは 5d 遷移金属のなかの 2 番目の元素であり，5d 電子を 2 個もつ．

$$Hf \quad 1s^2 2s^2 2p^6 3s^2 3p^6 4s^2 3d^{10} 4p^6 5s^2 4d^{10} 5p^6 6s^2 4f^{14} 5d^2 \quad あるいは \quad [Xe]6s^2 4f^{14} 5d^2$$

ラジウムの原子番号は 88 で，2 族第 7 周期に位置する．したがって，ラジウムは 7s 軌道に 2 個の電子をもつ．

$$Ra \quad 1s^2 2s^2 2p^6 3s^2 3p^6 4s^2 3d^{10} 4p^6 5s^2 4d^{10} 5p^6 6s^2 4f^{14} 5d^{10} 6p^6 7s^2 \quad あるいは \quad [Rn]7s^2$$

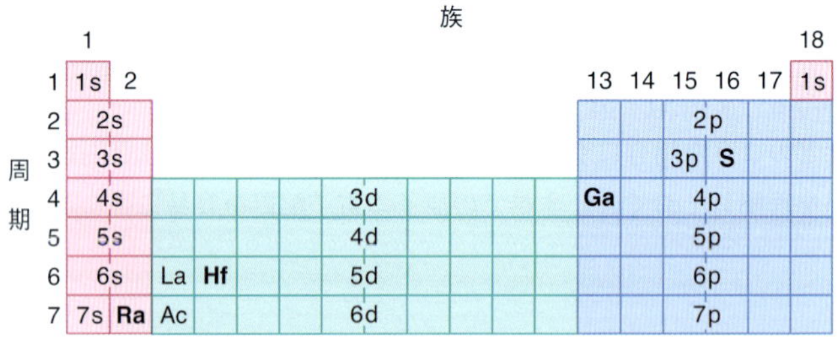

図 11・32
例題 11・3 で対象になっている元素の位置

Self-Check **練習問題 11・3** 周期表を用いてフッ素，ケイ素，セシウム，鉛，ヨウ素の電子配置を書け．

▶ 波動力学モデルと価電子配置のまとめ

本章で述べた概念は非常に重要である．同じような化学的性質をもつ元素が原子番号の増加とともに周期的に現れるのはなぜだろう．これまでに学んだことで，いまはこの問いに答えることができる．波動力学モデルによると，原子内の電子は軌道に入り，個々の軌道は電子を 2 個収容できる．原子を順次組立てていくと，主エネルギー準位 n が変わっても同じ副準位が繰返し出現する．これは，同じような価電子配置が周期的に現れることを意味している．次章で説明するが，同じ価電子配置をもつ元素はすべて非常によく似た化学的挙動をする．したがって，アルカリ金属のような同じ族に属する元素はすべて同じ型の価電子配置をもつので同じような化学的性質を示す．この概念は近代化学に対する波動力学モデルの最大の貢献である．

参考までに，すべての元素の部分電子配置を図 11・33 の周期表の上に示す．1, 2,

11・11 原子の性質と周期表　　179

族番号	1 典型元素				dブロック元素									典型元素					18 貴ガス
	1 ns^1	2 ns^2											13 ns^2np^1	14 ns^2np^2	15 ns^2np^3	16 ns^2np^4	17 ns^2np^5		ns^2np^6
1	1 H $1s^1$																	2 He $1s^2$
2	3 Li $2s^1$	4 Be $2s^2$											5 B $2s^22p^1$	6 C $2s^22p^2$	7 N $2s^22p^3$	8 O $2s^22p^4$	9 F $2s^22p^5$		10 Ne $2s^22p^6$
3	11 Na $3s^1$	12 Mg $3s^2$	3	4	5	6	7	8	9	10	11	12	13 Al $3s^23p^1$	14 Si $3s^23p^2$	15 P $3s^23p^3$	16 S $3s^23p^4$	17 Cl $3s^23p^5$		18 Ar $3s^23p^6$
4	19 K $4s^1$	20 Ca $4s^2$	21 Sc $4s^23d^1$	22 Ti $4s^23d^2$	23 V $4s^23d^3$	24 Cr $4s^13d^5$	25 Mn $4s^23d^5$	26 Fe $4s^23d^6$	27 Co $4s^23d^7$	28 Ni $4s^23d^8$	29 Cu $4s^13d^{10}$	30 Zn $4s^23d^{10}$	31 Ga $4s^24p^1$	32 Ge $4s^24p^2$	33 As $4s^24p^3$	34 Se $4s^24p^4$	35 Br $4s^24p^5$		36 Kr $4s^24p^6$
5	37 Rb $5s^1$	38 Sr $5s^2$	39 Y $5s^24d^1$	40 Zr $5s^24d^2$	41 Nb $5s^14d^4$	42 Mo $5s^14d^5$	43 Tc $5s^24d^5$	44 Ru $5s^14d^7$	45 Rh $5s^14d^8$	46 Pd $4d^{10}$	47 Ag $5s^14d^{10}$	48 Cd $5s^24d^{10}$	49 In $5s^25p^1$	50 Sn $5s^25p^2$	51 Sb $5s^25p^3$	52 Te $5s^25p^4$	53 I $5s^25p^5$		54 Xe $5s^25p^6$
6	55 Cs $6s^1$	56 Ba $6s^2$	ランタノイド	72 Hf $4f^{14}6s^25d^2$	73 Ta $6s^25d^3$	74 W $6s^25d^4$	75 Re $6s^25d^5$	76 Os $6s^25d^6$	77 Ir $6s^25d^7$	78 Pt $6s^15d^9$	79 Au $6s^15d^{10}$	80 Hg $6s^25d^{10}$	81 Tl $6s^26p^1$	82 Pb $6s^26p^2$	83 Bi $6s^26p^3$	84 Po $6s^26p^4$	85 At $6s^26p^5$		86 Rn $6s^26p^6$
7	87 Fr $7s^1$	88 Ra $7s^2$	アクチノイド	104 Rf $7s^26d^2$	105 Db $7s^26d^3$	106 Sg $7s^26d^4$	107 Bh $7s^26d^5$	108 Hs $7s^26d^6$	109 Mt $7s^26d^7$	110 Ds $7s^26d^8$	111 Rg $7s^16d^{10}$	112 Cn $7s^26d^{10}$	113 Nh $7s^27p^1$	114 Fl $7s^27p^2$	115 Mc $7s^27p^3$	116 Lv $7s^27p^4$	117 Ts $7s^27p^5$		118 Og $7s^27p^6$

fブロック元素

ランタノイド	57 La $6s^25d^1$	58 Ce $6s^24f^15d^1$	59 Pr $6s^24f^35d^0$	60 Nd $6s^24f^45d^0$	61 Pm $6s^24f^55d^0$	62 Sm $6s^24f^65d^0$	63 Eu $6s^24f^75d^0$	64 Gd $6s^24f^75d^1$	65 Tb $6s^24f^95d^0$	66 Dy $6s^24f^{10}5d^0$	67 Ho $6s^24f^{11}5d^0$	68 Er $6s^24f^{12}5d^0$	69 Tm $6s^24f^{13}5d^0$	70 Yb $6s^24f^{14}5d^0$	71 Lu $6s^24f^{14}5d^1$
アクチノイド	89 Ac $7s^26d^1$	90 Th $7s^25f^06d^2$	91 Pa $7s^25f^26d^1$	92 U $7s^25f^36d^1$	93 Np $7s^25f^46d^1$	94 Pu $7s^25f^66d^0$	95 Am $7s^25f^76d^0$	96 Cm $7s^25f^76d^1$	97 Bk $7s^25f^96d^0$	98 Cf $7s^25f^{10}6d^0$	99 Es $7s^25f^{11}6d^0$	100 Fm $7s^25f^{12}6d^0$	101 Md $7s^25f^{13}6d^0$	102 No $7s^25f^{14}6d^0$	103 Lr $7s^25f^{14}6d^1$

図 11・33　元素記号と原子番号，部分電子配置を示した周期表

13, 14, 15, 16, 17, 18 族の元素を総称して**典型元素**という．典型元素では，ある族に属するすべての元素（ヘリウムを除く）は，主エネルギー準位は異なるが同じ価電子配置をもつ．

典型元素 representative element

11・11 原子の性質と周期表

目的　周期表中での，原子の性質の変化の一般的な傾向を理解する

電子の確率分布や軌道について考えるとき，化学は，われわれが観察できる物質の性質をもとにした学問であるということを忘れてはならない．

次章では，原子構造についての知識が，原子はどのように結合して，また，なぜ結合して化合物を生じるのかを理解するのにどのように役立つかについて述べる．観察結果は何十年経とうとずっと同じであるが，理論は変わっていく．このよい例は，ボーアの原子モデルが波動力学モデルに取って代わられたことである．

化学が観察できる物質の性質をもとにした学問であるので，種々の元素の特徴的な性質やそれらの性質にみられる傾向（系統的変化）を十分に理解する必要がある．その目的のために，原子の性質のなかで特に重要ないくつかの性質について，それらが

周期表の横の列に沿って，また縦の列に沿ってどのように変化するかについて考えてみよう．

▶金属と非金属

化学元素を分類する最も基本的な方法は金属と非金属に分類することである．**金属**は次のような典型的な物理的性質をもつ．1) 光沢がある．2) 破壊することなく変形させることができる（延性・展性を示す）．3) 優れた熱伝導性と電気伝導性をもつ．**非金属**は，いくつかの例外はあるが（たとえば，固体のヨウ素は光沢がある，グラファイトは電気の良導体，ダイヤモンドは熱の良導体である），基本的にはこのような性質は示さない．しかし，金属と非金属の最も興味深い違いは，金属は電子を失って陽イオンになり，非金属は電子を受取って陰イオンになる傾向があることである．金属と非金属が反応すると，1個あるいはそれ以上の数の電子が金属から非金属に移る．

図 11・34 に示すように，元素のほとんどは金属に分類される．金属は周期表の左側と中央部に位置し，非金属は比較的少なく周期表の右上あたりに位置している．いくつかの元素は金属と非金属の両方のふるまいをする．これらは**半金属**とよばれる．

ある元素が金属に分類されるということは，その元素がその他のすべての金属と全く同じ挙動をすることを意味するものではない．たとえば，いくつかの金属は1個あるいはそれ以上の数の電子を他の金属より失いやすい．特に，セシウムは最も外側の電子（1個の 6s 電子）をリチウム（1個の 2s 電子）よりも失いやすい．実際，アルカリ金属（1族）では電子1個の失いやすさは次のように変化する．

$$\text{Cs} > \text{Rb} > \text{K} > \text{Na} > \text{Li}$$

最も容易に電子1個を失う

周期表の下にいくほど電子を失いやすくなっていることに注意しよう．下にいくほど失われる電子は平均して原子核からどんどん遠ざかったところにあることから，このことは理解できる．すなわち，セシウムの 6s 電子は，リチウムの 2s 電子に比べて正の電荷をもつ原子核からはるか遠くにあるので，容易に失われる．

同じような傾向がアルカリ土類金属である2族金属にも認められる．金属が周期表の下のほうにあればあるほど電子1個を失いやすくなる．

金属の性質がそれぞれ幾分異なるように非金属も異なる．一般に，金属から最も強く電子を引抜くことができる元素は周期表の右上に位置している．一般則として，最も化学的に活性な金属は周期表の左下に位置し，最も化学的に活性な非金属は周期

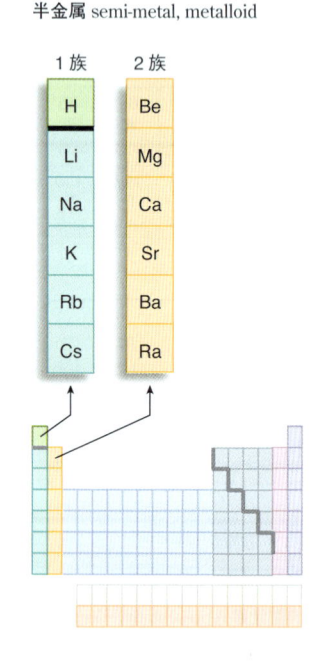

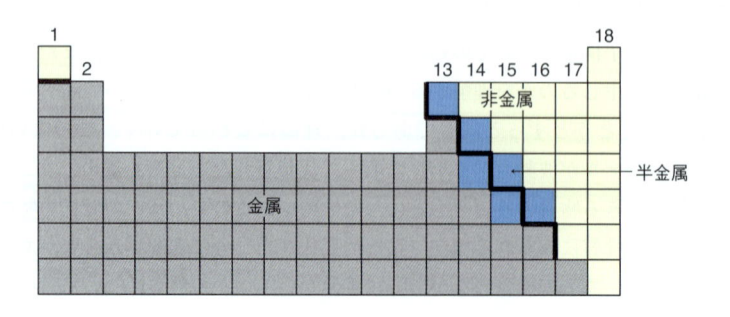

金属 metal

非金属 nonmetal

半金属 semi-metal, metalloid

図 11・34
元素を金属，非金属，半金属に分類

11・11 原子の性質と周期表　　181

| 化学こぼれ話 | 花　　火 |

　爆薬は化学物質を混ぜてつくられ，何世紀にもわたって軍事用や建築用の爆破，花火などに使われてきた．硝酸カリウム，木炭，硫黄を混ぜてつくられる黒色火薬は紀元1000年ごろまで中国でよく使われていた．

　19世紀以前の花火はロケット花火や大きな音を出すものに限られていた．しかし，19世紀に化学が著しく発展したことで新しい化合物が発見され，それらが花火にも用いられるようになった．銅やストロンチウム，バリウムの塩を加えることでその炎色反応によりあざやかな色彩を，マグネシウムやアルミニウムを加えるとその燃焼により目がくらむような眩しい白色光を放つようになる．

　花火の化学は単純なように思われるかもしれないが，強烈な白色閃光やあざやかな色彩を出すにはいろいろな化学物質を複雑に混合する必要がある．白色閃光は炎の温度が高いので，色は消されてしまう傾向がある．ナトリウム塩を使う場合，新たな問題が生じる．ナトリウムは非常にあざやかな黄色を発するので，別の色を出したいときには使うことはできない．要するに，希望する効果を発揮し，かつ安全に取扱うことができる花火をつくるには，化学物質を注意深く選択する必要がある．

花火の色や光は化学物質を混合することによりつくりだされる

注意：花火に入っている化学物質は非常に危険である．自分で勝手に化学物質を使って実験してはならない．

表の右上に位置する．半金属の性質は，予想されるように金属と非金属の中間である．

▶ **イオン化エネルギー**

　原子の**イオン化エネルギー**は気相の原子から電子1個を除くのに必要なエネルギーである．

$$M(g) \xrightarrow{\text{イオン化エネルギー}} M^+(g) + e^-$$

イオン化エネルギー ionization energy

　注目すべきことは，金属原子の特徴的な化学的性質は電子を失い非金属に与えることである．いいかえると，金属は比較的低いイオン化エネルギーをもっている．すなわち，比較的少ない量のエネルギーで金属から電子1個を除くことができる．

　同族の下の金属は上の金属より電子を失いやすいので，イオン化エネルギーは族の上から下に向かって減少する傾向がある．金属とは対照的に，非金属は比較的大きなイオン化エネルギーをもっている．非金属は電子を失うのではなく獲得する傾向にある．前述したように，金属は周期表の左側に，非金属は右側に位置する．したがって，イオン化エネルギーは，同じ周期では周期表の左側から右側へいくに従って増加する傾向がある．

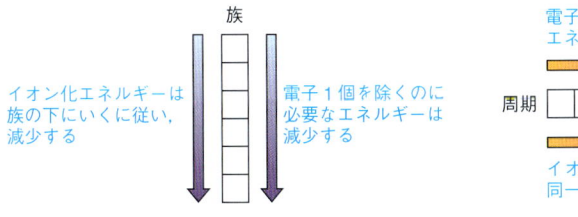

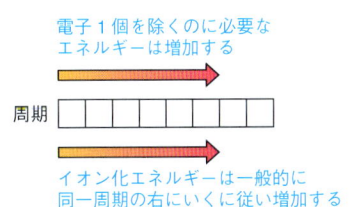

族
イオン化エネルギーは族の下にいくに従い，減少する
電子1個を除くのに必要なエネルギーは減少する

電子1個を除くのに必要なエネルギーは増加する
周期
イオン化エネルギーは一般的に同一周期の右にいくに従い増加する

一般に，周期表の左下に位置する元素のイオン化エネルギーが最も小さい（それゆえ化学的に最も活性な金属である）．一方，最も大きいイオン化エネルギーをもつ元素（化学的に最も活性な非金属）は周期表の右上にある．

▶ 原子の大きさ

原子の大きさ atomic size

原子の大きさは図 11・35 に示すように変化する．同じ族では周期表で下にいくほど大きくなり，同じ周期では左から右にいくほど小さくなる．

原子の大きさが周期表の族の下にいくほど大きくなることは，主エネルギー準位が増加すると電子の原子核からの平均距離が大きくなることから理解できる．したがって，電子が n 値の大きな主エネルギー準位に入ると原子は大きくなる．

原子の大きさが同じ周期では周期表の左から右にいくに従って小さくなることを説明するには，周期表の周期について少し考える必要がある．前述したように，ある周期の原子はすべて，その周期の主エネルギー準位に最外殻電子をもつ．すなわち，第1周期にある元素は主エネルギー準位1（1s軌道）に，第2周期の元素は主エネルギー準位2（2sと2p軌道）に最外殻電子をもっている（図11・30）．同じ主エネルギー準位内のすべての軌道は同じ大きさであると考えられるので，同じ周期の原子は同じ大きさであると考えられる．しかし，同じ周期では，原子核中の陽子の数は周期を左から右にいくに従って増加する．原子核中に陽子の数が増加すると，電子を原子核のより近くに引きつけようとする傾向が強くなる．したがって，同じ周期の原子の

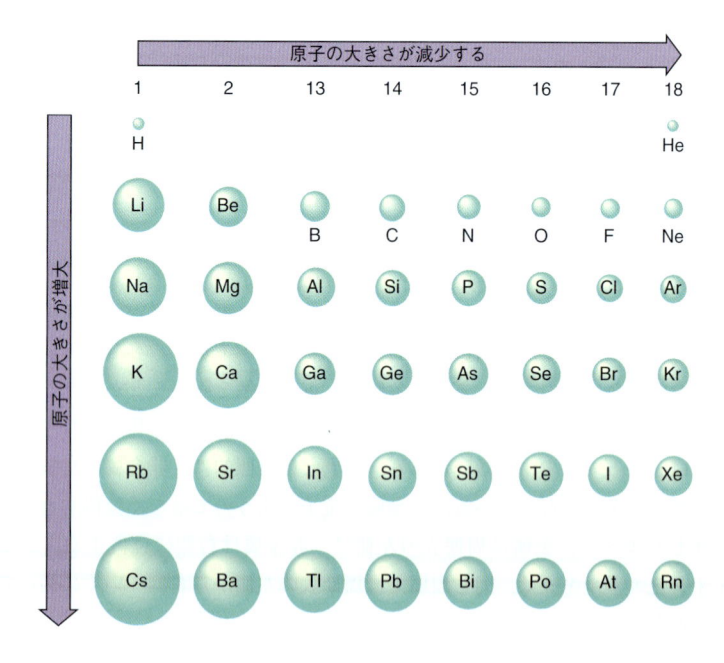

図 11・35
相対的な原子の大きさ．原子の大きさは，同じ族では下にいくほど大きくなり，同一周期では右にいくほど小さくなる．

大きさは，電子"雲"が原子核の電荷の増加によって引寄せられるため右側にいくほど小さくなる．

まとめ

1. エネルギーは電磁波（光）によって空間を通して伝達される．電磁波は波長と周波数によって特徴づけられる．

光は光子とよばれるエネルギーの小さな粒子とみなすこともできる．原子は光子を吸収することでエネルギーを得ることができるし，光子を放出してエネルギーを失うこともできる．

2. 水素原子が高いエネルギー状態から低い状態に移るとき，決まったエネルギーが水素原子から放出される．このことは，水素原子のエネルギー準位は量子化されていることを示す．

3. 水素原子のボーアモデルは，電子が許容されたエネルギーに対応するそれぞれの円軌道上を運動するとした．しかし，このモデルを使って水素原子はうまく説明できたが，その他の原子はうまく説明できなかった．

4. 波動力学モデルでは，電子が波動性と粒子性の両方の性質をもっているとして原子を説明する．電子状態は軌道によって表され，軌道は，空間内のある点で電子を見いだす可能性を示す確率分布図である．軌道の大きさは，電子の存在する確率が90％になる空間の表面としてとらえることができる．

5. パウリの排他原理に従うと，一つの軌道には最大2個の電子が収容でき，それらの電子のスピンの向きは逆でなければならない．

6. 原子は，主エネルギー準位（n）とよばれる一連のエネルギー準位をもち，主エネルギー準位は一つあるいはそれ以上の副準位をもっている．副準位の数はnの増加とともに増加する．

7. 価電子は原子の最も外側の主エネルギー準位にある電子をいう．内殻電子は原子の内側の電子をいう．

8. 金属は周期表の左側と中央部に位置する．最も化学的に活性な金属は周期表の左下に，最も化学的に活性な非金属は右上に位置している．

9. 気相の原子から電子1個を除くのに必要なエネルギーをイオン化エネルギーといい，同じ族では周期表で下にいくほど減少し，同じ周期では左から右にいくほど大きくなる．

10. 典型元素については，原子の大きさは同じ族では周期表で下にいくほど大きくなり，同じ周期では左から右にいくほど小さくなる．

12 化学結合

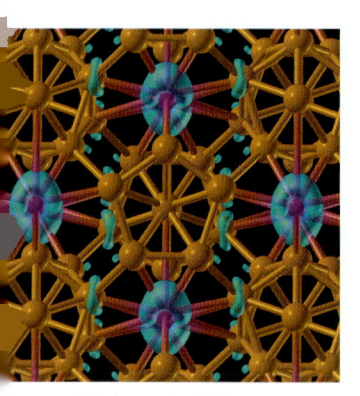

12・1 化学結合の種類
12・2 電気陰性度
12・3 結合の極性と双極子モーメント
12・4 安定な電子配置とイオンの電荷
12・5 イオン化合物のイオン結合と構造
12・6 ルイス構造式
12・7 多重結合をもつ分子のルイス構造式
12・8 分子構造
12・9 分子構造：VSEPR 法
12・10 分子構造：二重結合をもつ分子

ホウ素のイオン構造

　われわれをとりまく世界は，ほとんどすべてが化合物あるいは化合物の混合物で構成されている．岩石，石炭，土，石油，樹木，そして人間，これらすべてのものが，いくつもの異なる原子が互いに結合した化合物の複雑な混合物である．原子どうしが結合する様式が物質の化学的ならびに物理的性質に大きな影響を及ぼす．たとえば，軟らかいグラファイトと最も硬い物質のひとつであるダイヤモンドはいずれも炭素原子から構成されている．どうしてこのように性質が異なるのだろうか．炭素原子の結合様式が異なるためというのがその答である．

　化学反応の様式を決定するのに分子の結合のしかたと分子構造が中心的役割を果たしている．そして化学反応の多くは，われわれが生きていくのに不可欠であり，生体内の多くの反応は，関与する分子の構造に非常に敏感である．たとえば，嗅覚や味覚では分子の構造が重要な役割を演じている．物質はそれぞれ特有のにおいや味をもっているが，それはそれらの物質が特殊な形をした受容体にうまくはまり込むためである（化学こぼれ話参照）．

　本章では，異なる種類の結合をもつさまざまな化合物について紹介する．そして天然に存在する物質を特徴づける構造と結合を表現するモデルについて説明する．

12・1 化学結合の種類

目的 イオン結合と共有結合について学び，それらの結合がどのように生成するのかを説明する．また，極性をもった共有結合についても学ぶ

結合 bond

水分子

結合エネルギー bond energy

　化学結合とは何だろうか．この問いに対する答はいくつもあるが，本書では**結合**を二つ以上の原子を互いにくっつけて一つのまとまり（単位）として機能させる力と定義しよう．たとえば，水という物質の基本的な単位は H−O−H 分子であり，二つの O−H 結合によって互いに結びつけられていると考えることができる．結合の強さについての情報は，結合を切断するのに必要なエネルギーすなわち**結合エネルギー**を測定することによって得ることができる．

　原子は，いくつかの様式によって他の原子と相互作用することができ，その相互作用によって集合体を形成する．多様な化学結合について説明するためにまず具体的な

12・1 化学結合の種類

例を取上げてみよう．

4章で，固体の塩化ナトリウムを水に溶かすと，その溶液は電気を通すことを述べた．この事実は，塩化ナトリウムが Na^+ と Cl^- のイオンからなっていることを納得させるものである．つまり，ナトリウム原子と塩素原子が反応して塩化ナトリウムを形成するとき，電子がナトリウム原子から塩素原子に移動して Na^+ と Cl^- を生成し，それらが集まって固体状の塩化ナトリウムを形成する．その結果生成した固体の塩化ナトリウムは非常に堅い物質であり，その融点は約 800 °C である．塩化ナトリウムにみられる強固な結合力は，密に詰まった正と負の互いに逆の電荷をもつイオンどうしの引力によるものである．これが**イオン結合**の代表的な例である．**イオン化合物**は，電子を容易に放出しやすい原子が，電子と強い親和性をもつ原子と反応するときに生成する．いいかえると，イオン化合物は金属が非金属と反応するときに生成する．

イオン結合 ionic bond
イオン化合物 ionic compound

種類の異なる二つの原子が反応して正負反対の電荷をもつ二つのイオンを生成し，その間に結合力が生じることを述べた．それでは同種の二つの原子の間ではどのように結合力が生じるのだろうか．図 12・1 に示すように，二つの水素原子が互いに近づくと，二つの電子が同時に両方の水素の原子核に引きつけられる．図 12・1 を見れば，電子の存在確率が二つの核の間で高くなり，二つの核によって電子が共有されていることがわかる．

水素分子やその他の多くの分子でみられるこの種の結合は，電子が核によって共有されるので，**共有結合**とよばれる．水素分子では，電子は主として二つの核の間の空間に存在し，両方の核によって同時に引きつけられている．ここでは，これ以上詳しくは述べないが，この空間領域における大きな引力によって，二つの水素原子が互いに引きつけられ，水素分子が生成する．二つの水素原子の間に結合ができると，生成した水素分子は二つの個々の水素原子よりもある量のエネルギー（結合エネルギー）分だけより安定になる．

共有結合 covalent bond

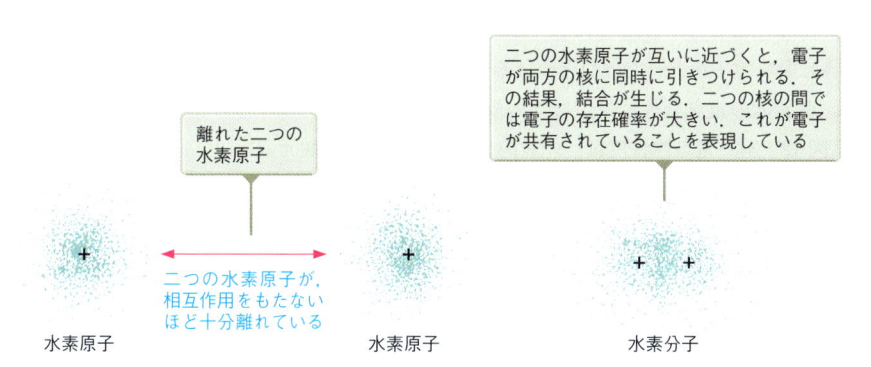

ここまで二つの極端な結合様式について考えてきた．イオン結合では，一つあるいは二つ以上の電子が一方の原子から他方の原子へ移動し，正負反対の電荷をもった二つのイオンが生成する．そして結合はこれらイオンどうしの静電的な引力によって生

図 12・1
二つの水素原子間の結合形成．一つひとつの点が電子の存在確率を表す．

成する．一方，共有結合では，二つの同種の原子が電子を等しく共有する．その結果，共有電子に対する二つの核の共通の引力によって結合が生成する．これら二つの極端な結合様式の中間に，電子が完全に一方の原子から他方の原子へ移動はしないが，電子を二つの原子が不均等に共有する中間的な三つめの結合様式がある．これを**極性をもった共有結合**とよぶ．フッ化水素分子 HF はこの種の結合をもっており，次のような電荷の偏りを示す．ここでδ（デルタ）は部分的あるいはわずかの電荷を示すために用いられている．

極性をもった共有結合 polar covalent bond

$$\text{H–F} \atop \delta^+ \ \delta^-$$

　HF 分子のように原子上に部分的に正や負の電荷が存在する極性をもった結合の生成についての最も合理的な説明は，結合に使われている電子が二つの原子に均等に共有されていないということである．たとえば，HF 分子の極性はフッ素原子が水素原子よりも共有電子をより強く引きつけると仮定することで説明することができる（図12・2）．結合の極性は化学的に重要な意味あいをもっているので，原子が共有電子を引きつける力を数字で表すことは有用である．次節ではこの力をどのように数値化するかについて述べる．

図 12・2 HF における電子共有の様子

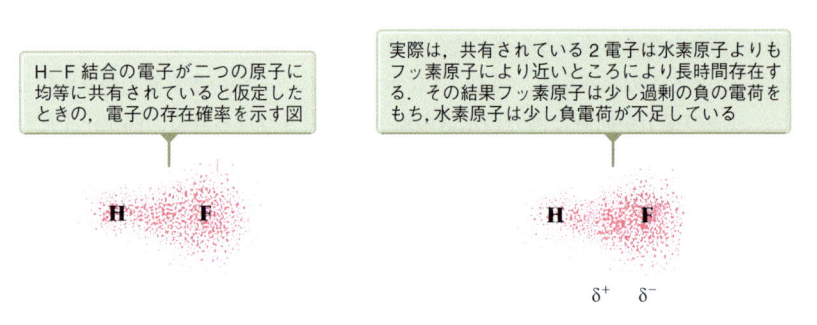

- H–F 結合の電子が二つの原子に均等に共有されていると仮定したときの，電子の存在確率を示す図
- 実際は，共有されている2電子は水素原子よりもフッ素原子により近いところにより長時間存在する．その結果フッ素原子は少し過剰の負の電荷をもち，水素原子は少し負電荷が不足している

12・2　電気陰性度

目的　結合の性質と電気陰性度との関係を理解する

　前節では，金属と非金属が反応すると，一つあるいはそれ以上の電子が金属から非金属のほうへ移動し，その結果イオン結合が生成することを述べた．一方，二つの同種の原子が反応すると，電子が均等に共有された共有結合が生成する．さらに，異なる二つの非金属が反応すると，電子が不均等に共有された結合，すなわち極性をもった共有結合が生成する．二つの原子間での電子の不均等な共有は，**電気陰性度**とよばれる特性によって表現される．電気陰性度とは，"分子中のある原子が自分自身のほうに共有電子をどれだけ引きつけるかという相対的な力"のことである．

電気陰性度 electronegativity

　各元素の電気陰性度は，種々の原子間の結合の極性を測定することで決定される（図12・3）．電気陰性度は，一般的に周期表の同一周期元素では，左から右へ進むにつれて大きくなり，一方同族元素では周期表を下がるにつれて小さくなる．電気陰性度の値は，フッ素の 4.0 からセシウムならびにフランシウムの 0.7 までの範囲にある．電気陰性度の値が大きければ大きいほど，その原子が結合をつくるとき，共有電子をより自分のほうに近く引きよせるということを覚えておこう．

　結合の極性は，結合を形成している二つの原子それぞれの電気陰性度の値の差に依

12・2 電気陰性度

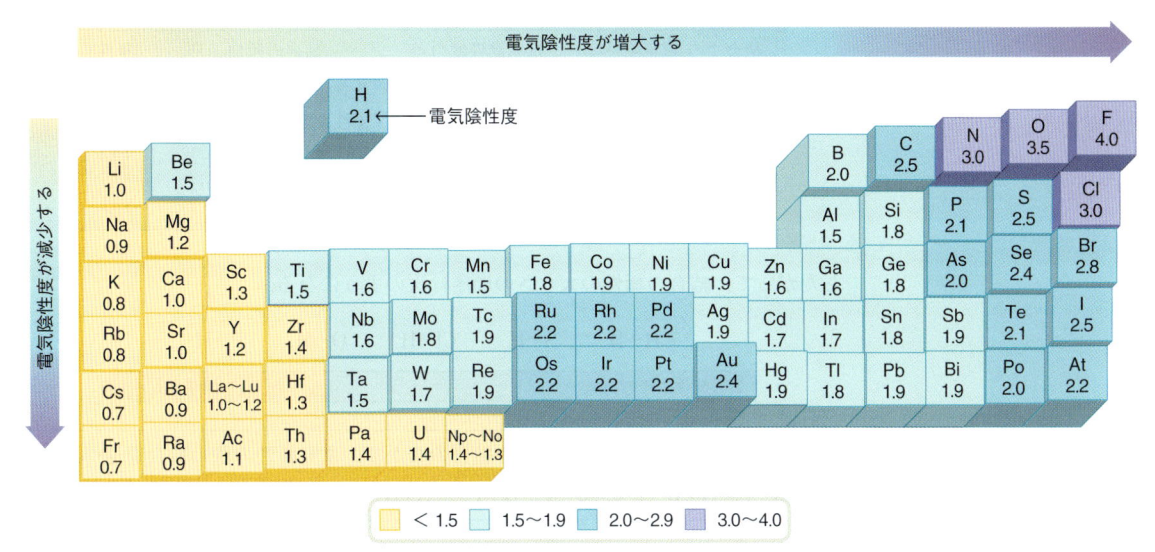

図 12・3 電気陰性度の値. 一般に周期表を左から右へ進むと電気陰性度は大きくなり, 下に下がると小さくなる. また金属元素は相対的に小さな電気陰性度の値をもち, 非金属元素は相対的に大きな値をもつことにも注目しよう.

存する. 二つの原子の電気陰性度の値に差がない場合には, 電子はほぼ均等に共有され, 結合はほとんど極性をもたない. これに対し, 二つの原子の電気陰性度の値に非常に大きな差がある場合には, 大きな極性をもった結合が生成する. 一つあるいは二つ以上の電子が完全に移動するような極端な場合には, イオンが生じ, イオン結合が生成する. たとえば, 1族の元素 (電気陰性度の値がおよそ 0.8) が 17族の元素 (電気陰性度の値がおよそ 3) と反応するとイオンが生じ, その結果イオン化合物が生成する.

電気陰性度と結合の種類の関係を表 12・1 に示す. また 3種類の結合を図 12・4 にまとめた.

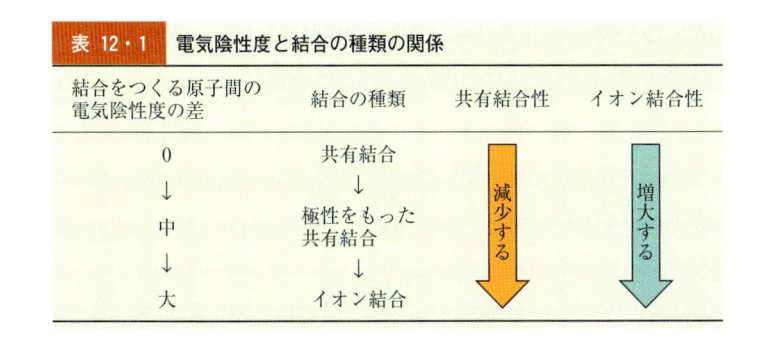

同種の原子間では共有結合が生成する

イオン結合と共有結合両方の性質をもつ極性をもった共有結合

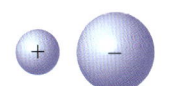

正と負の電荷をもったイオン結合

図 12・4 3種類の結合

表 12・1 電気陰性度と結合の種類の関係

結合をつくる原子間の電気陰性度の差	結合の種類	共有結合性	イオン結合性
0 ↓ 中 ↓ 大	共有結合 ↓ 極性をもった共有結合 ↓ イオン結合	減少する	増大する

例題 12・1 電気陰性度の値を用いて結合の極性を決定する

図 12・3 に示した電気陰性度の値を用いて, 次の結合を極性の大きい順に並べよ.

H–H, O–H, Cl–H, S–H, ならびに F–H

解答 結合の極性は二つの原子間の電気陰性度の差が大きくなるにつれ大きくなる. 図 12・3 の電気陰性度の値から結合の極性は次のように変化することが予測される.

結合	電気陰性度	電気陰性度の差	結合の種類	極性
H–H	(2.1)(2.1)	2.1 − 2.1 = 0	共有結合	大きくなる ↓
S–H	(2.5)(2.1)	2.5 − 2.1 = 0.4	極性をもった共有結合	
Cl–H	(3.0)(2.1)	3.0 − 2.1 = 0.9	極性をもった共有結合	
O–H	(3.5)(2.1)	3.5 − 2.1 = 1.4	極性をもった共有結合	
F–H	(4.0)(2.1)	4.0 − 2.1 = 1.9	極性をもった共有結合	

したがって，結合の極性の大きさの順序は次のようになる．

H–H　　S–H　　Cl–H　　O–H　　F–H

最も極性が小さい　　　　　　　　　　　最も極性が大きい

Self-Check　練習問題 12・1　次にあげる各組の結合のなかで，より極性の強い結合を選べ．
a. H–P, H–C　　b. O–F, O–I　　c. N–O, S–O　　d. N–H, Si–H

12・3　結合の極性と双極子モーメント

目的　結合の極性を理解し，それがどのように分子の極性と関係するかを理解する

§12・1で，フッ化水素分子が正の部分と負の部分をもっていることを説明した．HFのように正電荷の中心と負電荷の中心が一致していない場合，その分子は**双極子モーメント**をもつという．分子が双極子モーメントをもつことを表すのによく矢印が用いられる．この矢印は，負電荷の中心に向かっており，一方，矢の尾の部分は正電荷の中心を示している．

極性をもった結合からなる二原子分子（二つの原子からなる分子）は必ず双極子モーメントをもつ．多原子分子（三つ以上の原子からなる分子）のいくつかも双極子モーメントをもっている．たとえば，水分子の酸素原子は水素原子よりも大きな電気陰性度をもつため，O–H間の電子は均等に共有されていない．その結果，電荷の分布が生じ，分子はあたかも正と負二つの電荷の中心をもっているかのようにふるまう（図12・5）．したがって水分子は双極子モーメントをもつ．

双極子モーメント dipole moment

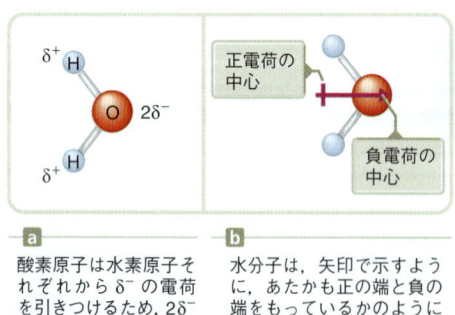

図 12・5　水分子の電荷分布 a と双極子モーメント b

ⓐ 酸素原子は水素原子それぞれから δ⁻ の電荷を引きつけるため，2δ⁻ (δ⁻ + δ⁻ = 2δ⁻) の電荷を帯びる

ⓑ 水分子は，矢印で示すように，あたかも正の端と負の端をもっているかのようにふるまう

図 12・6　水分子と正と負のイオンとの相互作用

ⓐ 極性をもつ水分子は，その負の電荷をもった端が，正のイオンによって強く引きつけられる

ⓑ 水分子の正の電荷をもった端が負のイオンによって強く引きつけられる

水分子が極性をもつ（双極子モーメントをもっている）という事実は，その性質に大きな影響を及ぼす．実際，水分子の極性が地球上の生命にとって必要不可欠なものであるという表現はあながち大げさではない．水分子は極性をもっているため，正と負のいずれのイオンをも取囲み，引きつける（図12·6）．これらの引力によって水分子はイオン化合物を溶解する．また，水分子はその極性によってお互いを強固に引きつける（図12·7）．このことは，水分子を液体から気体（この状態変化を起こすには分子どうしがお互いばらばらに離れなければならない）に変えるのに大きなエネルギーが必要であることを意味する．水分子が地球表面で常温において液体状態を保てるのは，水分子の極性のおかげである．もし水分子が非極性であったなら，水は気体となり，海は空っぽになってしまう．

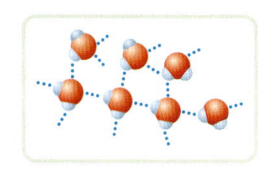

図 12·7
極性をもつ水分子は互いに強く引きつけあう

12·4 安定な電子配置とイオンの電荷

目的 安定な電子配置について学び，イオンをもつ化合物の構造を予測する

金属が非金属と反応してイオン化合物を生成するとき，金属原子は一つあるいはそれ以上の電子を非金属原子のほうへ与えるということをこれまで何度も述べてきた．二つの原子から構成されるイオン化合物を取扱った5章で，1族金属は常に1+の陽イオンを生成し，2族金属は常に2+の陽イオンを，そして13族金属であるアルミニウムは常に3+の陽イオンを生成することを述べた．これに対して，非金属原子では，17族元素は常に1−の陰イオンを生成し，16族元素は常に2−の陰イオンを生成する．これらについて表12·2にまとめる．

表 12·2 金属と非金属からのイオンの生成

族	イオン生成	電子配置（原子）	電子配置（イオン）
1	Na ⟶ Na$^+$ + e$^-$	[Ne]3s^1 ——e$^-$ 失う→	[Ne]
2	Mg ⟶ Mg^{2+} + 2e$^-$	[Ne]3s^2 ——2e$^-$ 失う→	[Ne]
13	Al ⟶ Al^{3+} + 3e$^-$	[Ne]3s^{2}3p^1 ——3e$^-$ 失う→	[Ne]
16	O + 2e$^-$ ⟶ O^{2-}	[He]2s^{2}2p^4 + 2e$^-$ ⟶	[He]2s^{2}2p^6 = [Ne]
17	F + e$^-$ ⟶ F$^-$	[He]2s^{2}2p^5 + e$^-$ ⟶	[He]2s^{2}2p^6 = [Ne]

表12·2に示したイオンの生成について非常に興味深いことに気づくだろう．それは，すべてのイオンが貴ガス（希ガス）であるネオンの電子配置をもっていることである．すなわち，ナトリウムは（3s軌道の）**価電子**を一つ失ってNa$^+$を形成し，[Ne]の電子配置をとる．同様に，Mgは価電子を二つ失ってMg^{2+}を生成し，ここでも[Ne]の電子配置をとる．一方，非金属原子は，それぞれ貴ガスの電子配置をとるのに必要な数の電子を獲得する．酸素原子は電子を二つ獲得しO^{2-}となり，フッ素原子は1電子を獲得しF$^-$となり，それぞれ[Ne]の電子配置をとる．これらは次のようにまとめることができる．

価電子 valence electron

原子の最も高い主要なエネルギー準位にある電子を価電子とよぶ．

> **イオンの電子配置**
>
> 1. 代表的な典型金属は，その直前の貴ガス（すなわち，その金属に対して周期表ですぐ前の周期に位置する貴ガス）の電子配置と同じ電子配置をとるように，それにあわせた数の電子を失ってイオンを生成する．たとえば，本書の表紙の内側に載せてある周期表を見て，ネオンがナトリウムやマグネシウムのすぐ前の周期の貴ガスであることを確認しよう．同様に，ヘリウムはリチウムならびにベリリウムの直前の貴ガスである．
> 2. 非金属は，次の貴ガス（すなわち，周期表でその元素と同周期に位置する貴ガス）の電子配置と同じ電子配置をとるために必要な数の電子を獲得することでイオンを生成する．たとえば，ネオンは酸素やフッ素と同周期の貴ガスで，アルゴンは硫黄や塩素と同周期の貴ガスである．

> 安定な化合物に含まれる原子はほとんどすべて貴ガスの電子配置をもっている．

　上のまとめから，**ほとんどすべての安定な化合物では，すべての原子が貴ガスの電子配置をとっている**という重要な一般的な原理がみえてくる．この原理の重要さはいくら強調しても強調しすぎることはない．原子がなぜ，そしてどのように互いに結合をつくるのかについての基礎的なすべての概念のもとをなすのがこの原理である．

　すでにこの原理がイオンの生成過程に適用できることを述べた（表 12・2）．このイオン化を次のようにまとめることができる．すなわち，代表的な金属と非金属が反応するとき，陽イオンと陰イオンの両者が貴ガスの電子配置をとるように電子の移動が起こる．一方，非金属どうしが互いに反応すると電子を共有し，生成する分子中のおのおのの原子が貴ガスの電子配置をとる．たとえば，[Ne]の電子配置をとるにはもう2電子を必要とする酸素（[He]$2s^2 2p^4$）は，二つの水素原子（それぞれが電子を一つずつもっている）と結合して2電子を獲得し，水分子 H_2O を形成する．こうして酸素は**原子価軌道**を満たす．

> **原子価軌道** valence orbital　価電子を含む原子軌道

$$O \quad [\text{He}] \; \boxed{\uparrow\downarrow} \quad \boxed{\uparrow\downarrow\,\uparrow\downarrow\,\uparrow\,\uparrow}_{HH}$$

　さらに，二つの水素はそれぞれ酸素原子と2電子を共有することで水素の1s軌道を満たし（$1s^2$），[He]の電子配置をとる．共有結合については§12・6でさらに詳しく説明する．

　これまでに学んだ概念をまとめよう．

> **電子配置と結合**
>
> 1. 非金属と1族，2族あるいは13族の金属が反応して二元イオン化合物を生成するとき，非金属は電子を受取り，その電子配置は，周期表でこの非金属と同周期に位置する貴ガスの電子配置をとる．一方，金属は電子を放出し，この金属のすぐ前の周期に位置する貴ガスの電子配置をとる．こうして両者のイオンが生成し，結果として両方のイオンは貴ガスの電子配置をとる．
> 2. 二つの非金属が反応して共有結合を形成するとき，両方の原子は電子を共有する．すなわち，二つの非金属原子は電子を共有することで貴ガスの電子配置をとる．

▶ イオン化合物の構造を予測する

金属と非金属が反応するときに生成するイオンを予測する方法を示すためにカルシウムと酸素の反応によるイオン化合物の生成について考えてみよう．カルシウムと酸素の電子配置を考慮することでどのような化合物が生成するかを予測できる．

$$\text{Ca} \quad [\text{Ar}]4s^2 \qquad \text{O} \quad [\text{He}]2s^22p^4$$

図 12・3 によれば，酸素の電気陰性度 (3.5) は，カルシウム (1.0) よりずっと大きく，その差は 2.5 である．この大きな差のために，電子はカルシウムから酸素に移動し，酸素陰イオンとカルシウム陽イオンが生成する．何個の電子が移動するだろうか．貴ガス配置が最も安定であるという原理に基づいて予測することができる．酸素が原子価軌道 (2s と 2p) を満たして，周期表で酸素と同周期に位置する貴ガスであるネオン ($1s^22s^22p^6$) の電子配置をとるには，2 電子必要であることに注目しよう．

$$\text{O} + 2e^- \longrightarrow \text{O}^{2-}$$
$$[\text{He}]2s^22p^4 + 2e^- \longrightarrow [\text{He}]2s^22p^6,\ \text{または}\ [\text{Ne}]$$

一方，カルシウムは，2 電子を失ってアルゴン（周期表でカルシウムのすぐ前の周期に位置する貴ガス）の電子配置をとる．

$$\text{Ca} \longrightarrow \text{Ca}^{2+} + 2e^-$$
$$[\text{Ar}]4s^2 \longrightarrow [\text{Ar}] + 2e^-$$

したがって 2 電子が次のように移動する．

$$\text{Ca} + \text{O} \longrightarrow \text{Ca}^{2+} + \text{O}^{2-}$$
2e⁻

イオン化合物の化学式を予測するために，化合物は常に電気的に中性すなわち正電荷と負電荷の総量が同じであるという事実が利用できる．この例では，Ca^{2+} と O^{2-} の数が同じでなければならないので，化合物の組成式は CaO となる．

同じ原理を他の多くの場合にも適用できる．たとえば，アルミニウムと酸素から生成する化合物について考えてみよう．アルミニウムは $[\text{Ne}]3s^23p^1$ の電子配置をもっている．ネオンの電子配置をとるためには，アルミニウムは 3 個の電子を失い，Al^{3+} を生成しなければならない．

$$\text{Al} \longrightarrow \text{Al}^{3+} + 3e^-$$
$$[\text{Ne}]3s^23p^1 \longrightarrow [\text{Ne}] + 3e^-$$

したがって，イオンは Al^{3+} と O^{2-} である．化合物は電気的に中性でなければならな

> 原子の電子配置について知ることで，さまざまなイオンの生成を説明することができる．

> 本節は，1 族，2 族，そして 13 族の金属（代表的な金属）について述べた．これに対し，遷移金属は（多様なイオンを生成し）もっと複雑な挙動を示すが，これについては本書ではふれない．

表 12・3 イオン化合物中で貴ガスの電子配置をもつ一般的なイオン

1族	2族	13族	16族	17族	電子配置
Li⁺	Be²⁺				[He]
Na⁺	Mg²⁺	Al³⁺	O²⁻	F⁻	[Ne]
K⁺	Ca²⁺		S²⁻	Cl⁻	[Ar]
Rb⁺	Sr²⁺		Se²⁻	Br⁻	[Kr]
Cs⁺	Ba²⁺		Te²⁻	I⁻	[Xe]

いので，2個のAl^{3+}に対して3個のO^{2-}が必要であり，化合物の組成式はAl$_2$O$_3$となる．

表12・3にはイオン化合物中で貴ガスの電子配置をもつイオンを生成する一般的な元素を示す．

12・5 イオン化合物のイオン結合と構造

目的 イオン構造について学び，イオンの大きさを支配する因子を理解する

金属と非金属が反応してその結果生成するイオン化合物は非常に安定であり，イオン化合物を"ばらばらに分解する"には大量のエネルギーが必要である．たとえば，塩化ナトリウムの融点はおよそ800℃である．これらのイオン化合物の強固な結合は正負逆の電荷をもった陽イオンと陰イオン間の引力によるものである．

フッ化リチウムのようなイオン化合物の化学式をLiFというように簡単に書き表すが，これはまさに簡単すぎる式である．実際の固体は，同数の非常に多くのLi$^+$とF$^-$からなっており，これら正負逆の電荷をもったイオン間の引力が最大になるように充填されている．図12・8aにフッ化リチウムの典型的な部分構造を示す．より大きなF$^-$は硬い球のように互いに詰込まれ，ずっと小さなLi$^+$はF$^-$の間に規則正しく配置されている．図12・8bにあげた構造は全体の構造のほんの一部だけを示したもので，これと同じパターンの構造が三次元的に広がっている．

二つの原子からなるほとんどすべてのイオン化合物の構造は，二つのイオンをあたかも硬い球であるかのように詰込んだ模型によって説明することができる．より大きな球（一般的に陰イオン）がまず詰込まれ，それらの隙き間（空隙あるいは穴）を小さなイオンが占める．

イオンの充填の方法について理解するために，陽イオンは常にもとの原子よりも小さく，陰イオンは常にもとの原子よりも大きいということを知っておくことは役に立つ．このことは，金属が自身のもつすべての価電子を失い陽イオンになるとき，ずっと小さくなることを考えれば容易に納得できる．また，陰イオン生成において非金属は周期表で同周期に位置する貴ガスの電子配置をとるために必要な電子を獲得し，そのためにずっと大きくなることも明らかであろう．1族と17族の原子ならびにそれらから生成するイオンの相対的な大きさを図12・9に示す．

▶ **多原子イオンを含むイオン化合物**

本章ではこれまで，それぞれのイオンが単一の原子から生成した，二つの原子からなるイオン化合物（二元イオン化合物）だけについて述べてきた．しかし，多くの化合物はいくつかの原子からなるイオン，すなわちいくつかの原子で構成された電荷をもった化学種を含んでいる．たとえば，硝酸アンモニウムNH$_4$NO$_3$は，NH$_4^+$とNO$_3^-$からなる．そして正負逆の電荷をもったこれらのイオンは二元イオン化合物の簡単なイオンと同じように互いに引きつけあう．しかし，個々の多原子イオンは互いに共有結合で結ばれ，これら多原子をひっくるめて一つの単位としてふるまう．たとえば，アンモニウムイオンNH$_4^+$は四つのN-H共有結合をもっている．同様に，硝酸イオンNO$_3^-$は三つのN-O共有結合をもっている．このように，硝酸アンモニウ

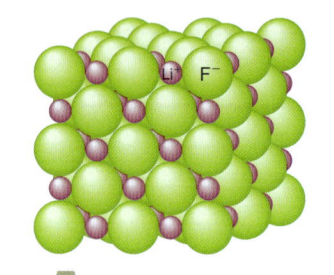

図 12・8 フッ化リチウムの構造

a イオンを表す球が詰まった構造

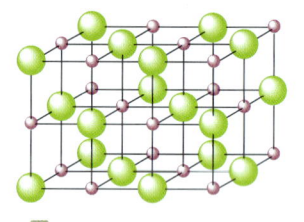

b この構造はイオンの（中心）位置を示している．イオン間の引力が最大になるように球状のイオンが充填されている

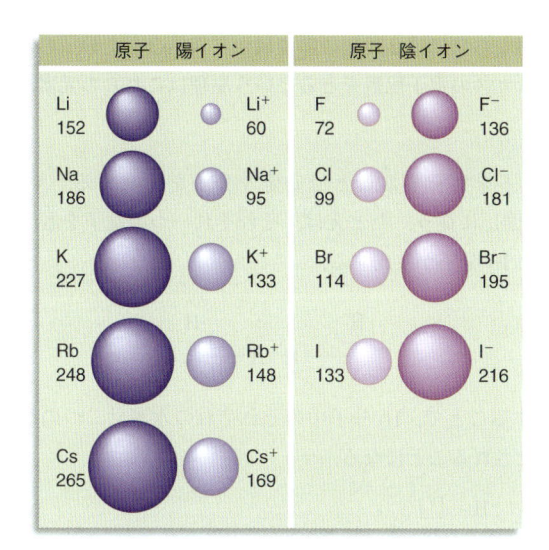

図 12・9
イオンとそれらのもとの原子の相対的な大きさ．陽イオンはもとの原子よりも小さく，陰イオンはもとの原子より大きいことに注目しよう．大きさ（半径）はピコメートル（1 pm = 10^{-12} m）単位で表されている．

ムは NH_4^+ と NO_3^- からなっているので，イオン化合物ではあるが，個々の多原子イオン中には共有結合をも含んでいる．硝酸アンモニウムを水に溶かすと，二元イオン化合物である塩化ナトリウムや臭化カリウムのように，良好な電解質として挙動する．これは，イオン化合物が溶解するとイオンが個々に自由に動けるようになり電気を通すことができるためであり，このことについては 7 章で学んだ．

12・6 ルイス構造式

目的 ルイス構造式の書き方を学ぶ

結合形成には原子の価電子だけが関与する．金属と非金属が反応してイオン化合物を生成するとき価電子が移動する．一方共有結合では，価電子が非金属間で共有される．

ルイス構造式は，分子を形成している原子の間で価電子がどのように配列されているかを示す分子の表記法の一つである．ルイス構造式の書き方の規則は，多くの分子を観察して得た事実，すなわち"安定な化合物を形成するのに最も重要なことは各原子が貴ガスの電子配置をとることである"という事実に基づいている．

金属と非金属が反応して二元イオン化合物を生成する過程ですでにこの規則が適用できることを述べた．たとえば，KBr において，K^+ は [Ar] の電子配置をもち，Br^- は [Kr] の電子配置をもっている．ルイス構造式を書くには，価電子だけを考慮すればよい．価電子を表すのに点を用いる．すなわち KBr のルイス構造式は次のように表される．

K^+ $\left[:\overset{..}{\underset{..}{Br}}:\right]^-$

貴ガス [Ar] の電子配置   貴ガス [Kr] の電子配置

カリウムは一つの価電子（4s 電子）を失うので，K^+ のまわりには点がない．一方，臭化物イオンはその原子価軌道が満たされているので 8 個の電子がある．

ルイス構造式 Lewis structure
1902 年ルイスによって考案された表記法

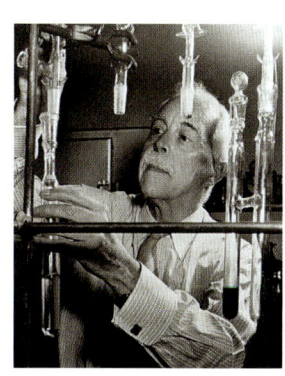

ルイス（G. N. Lewis）

二電子則 duet rule デュエット則ともいう．

1. 水素は2電子を共有することで安定な分子を生成する．すなわち**二電子則**（デュエット則）に従う．たとえば，それぞれ一つの電子をもつ二つの水素原子が結合すると H_2 分子が生成する．

$$H\cdot \quad \cdot H \longrightarrow H:H \longleftarrow$$

電子を共有することで，H_2 分子中のそれぞれの水素は二つの電子をもち，原子価軌道は満たされることになる．

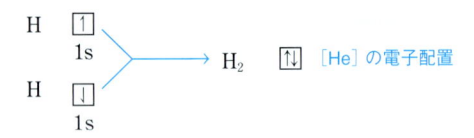

$$H \; \boxed{\uparrow} \; 1s$$
$$H \; \boxed{\downarrow} \; 1s \longrightarrow H_2 \; \boxed{\uparrow\downarrow} \; [He]の電子配置$$

2. ヘリウム原子は，最外殻軌道（1s軌道）が二つの電子で満たされているので結合をつくらない貴ガスである．ヘリウムの電子配置は $1s^2$ で，次のルイス構造式によって表される．

$$He: \quad [He]の電子配置$$

3. 第2周期に位置する非金属である炭素，窒素，酸素とフッ素は，原子価軌道すなわち一つの2s軌道と三つの2p軌道のすべてが電子で満たされたときに安定な分子を形成する．これらの軌道を満たすのに8個の電子が必要であり，これらの元素は一般的に**八電子則**（オクテット則）に従い，8個の電子に囲まれると安定になる．たとえば，F_2 分子は次のルイス構造式をもっている．

八電子則 octet rule オクテット則，八偶則ともいう．

安定な分子中に存在する炭素，窒素，酸素そしてフッ素は常に八電子則に従っている．

$$:\!\ddot{F}\!\cdot \longrightarrow :\!\ddot{F}\!:\!\ddot{F}\!: \longleftarrow \cdot\!\ddot{F}\!:$$

7個の価電子をもつ　　　F_2 分子　　　7個の価電子をもつ
F 原子　　　　　　　　　　　　　　　　　F 原子

実際，F_2 分子中のそれぞれのフッ素原子は8個の価電子によって囲まれ，そのうちの2個は両方のフッ素原子によって共有されている．これらの2電子は，先に述べたように，**共有電子対**（結合電子対）である．それぞれのフッ素原子は，この電子対以外に結合に関与しない3組の電子対をももっている．これらは**非共有電子対**（孤立電子対，非結合電子対ともいう）とよばれる．

共有電子対 shared electron pair
結合電子対 bonding electron pair
非共有電子対 unshared electron pair
孤立電子対 lone pair
非結合電子対 nonbonding electron pair

4. ネオン原子は，すでに8個の価電子をもっているので結合をつくらない（貴ガスである）．そのルイス構造式は，

$$:\!\ddot{Ne}\!:$$

ルイス構造式は価電子だけを示す．

となる．ネオン原子の価電子（$2s^2 2p^6$）だけをルイス構造式に示し，$1s^2$ 電子は内殻の電子であり，省略する．

次に分子のルイス構造式を書く一般的な手順について述べる．ルイス構造式は原子の価電子だけを取扱うということを思い出そう．そこで，手順を解説する前に，周期

表における元素の位置とその元素がもつ価電子の数との関係を考えてみよう。たとえば，16族のすべての元素は6個の価電子をもち（価電子配置 ns^2np^4），17族の元素は7個の価電子をもっている（価電子配置 ns^2np^5）。

分子のルイス構造式を書くにあたって注意すべき点を次にまとめる．

1. 使用できる電子の総数は，分子中に含まれるすべての原子のもつ価電子の和である．
2. 互いに結合している原子は一組あるいはそれ以上の電子対を共有している．
3. それぞれの原子は，その原子の原子価軌道が満たされるように電子が配置される．このことは，水素は2電子，そして第2周期非金属は8電子によって囲まれると安定になることを意味している．

ある分子の正しいルイス構造式に到達する最も確かな方法は，体系的なアプローチ法を用いることである．そのアプローチ法は次の規則にまとめることができる．

ルイス構造式を書くための手順

手順1 すべての原子がもつ価電子の和を求める．どの価電子がどの原子のものかは気にしなくてよい．重要なのは価電子の**総数**である．

手順2 それぞれの結合に対して一対の電子を割り当てる．便宜上（一対の点の代わりに）線を使って一対の共有電子を表す．

手順3 水素は二電子則を，そして第2周期の元素は八電子則を満たすように残りの価電子を配置する．

これらの規則をいかに実際に適用するか，ルイス構造式を書いてみよう．

例題 12・2 ルイス構造式の書き方: 簡単な分子

水分子 H_2O のルイス構造式を書け．

解答 上の手順に従えばよい．

手順1 H_2O の価電子の総数を数える．

$$\underset{\underset{\text{(1族)}}{H}}{1} + \underset{\underset{\text{(1族)}}{H}}{1} + \underset{\underset{\text{(16族)}}{O}}{6} = 8$$

手順2 それぞれの結合に対して一対の電子を割り当て，それらの共有電子対を表すのに直線を用い二つのO–H結合を書く．

$$H-O-H$$

H–O–Hという表記はH:O:Hを簡素化したものである．

手順3 それぞれの原子が貴ガスの電子配置をとるように残りの価電子を配置する．すでに4電子を二つの結合形成に使用したので，残っている価電子は4電子（8 − 4）である．水素は2電子で安定化するが（二電子則），酸素は貴ガスの電子配置をとるために8個の電子が必要である．そこで残りの4電子は，酸素のまわりに二組の非共有電子対として配置すればよいことになる．なお，非共有電子対を表すのに二つの点

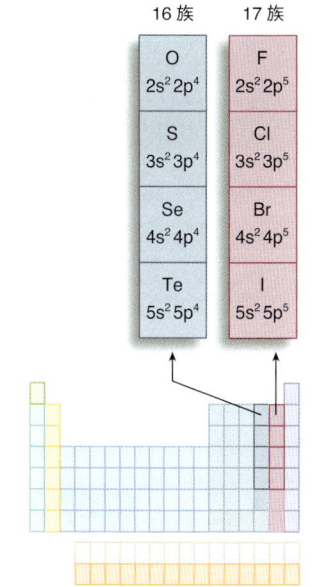

H–Ö–H
あるいは次のように表す.
H:Ö:H

H–Ö–H   非共有電子対

これが，水分子の正しいルイス構造式である．二つの水素はそれぞれ二つの電子を共有し，酸素は4電子を非共有電子対として占有し，さらに4電子を共有することで合計8電子を自分のまわりにもっている．

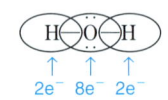

H–O–H
↑ ↑ ↑
2e⁻ 8e⁻ 2e⁻

共有電子対（結合電子対）を表すのに直線を用い，非共有電子対を表すのに点を用いることに注意せよ．

Self-Check 練習問題 12·2 HClのルイス構造式を書け．

12·7 多重結合をもつ分子のルイス構造式

目的 多重結合をもつ分子のルイス構造式の書き方を学ぶ

二酸化炭素のルイス構造式を書いてみよう．

手順1 価電子の数の総和は次のとおりである．

$$4 + 6 + 6 = 16$$
↑ ↑ ↑
C O O
(14族) (16族) (16族)

手順2 炭素と二つの酸素それぞれの間に結合を形成する．

O–C–O はO:C:Oを表す．

$$O–C–O$$

手順3 次に，それぞれの原子が貴ガスの電子配置をとるように残りの価電子を分配する．この場合には手順2での結合形成のあと12電子（16－4）が残っている．したがって，6対の電子を分配しなければならない．そこで，3対ずつを二つの酸素上に分配したとすると，

:Ö–C–Ö: は :Ö:C:Ö: を表す．

$$:Ö–C–Ö:$$

となる．これで正しいだろうか．この問いに答えるには，二つのことを確かめなければばならない．

1. 価電子の総数．この構造式には16個の価電子が含まれており，正しい数である．
2. それぞれの原子が八電子則を満たしているか．二つの酸素はそれぞれ自分のまわりに8電子をもっているが，炭素のまわりには4電子しかない．したがってこの構造式は正しいルイス構造式ではない．

それでは，どのようにすればそれぞれの原子が八電子則を満たすように16個の価電子を分配できるだろうか．炭素と二つの酸素それぞれの間に二対の共有電子対を配

置すればよい.

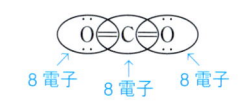

O=C=O
8電子　8電子　8電子

$\ddot{O}=C=\ddot{O}$ は $\ddot{O}::C::\ddot{O}$ を表す.

　こうすると，それぞれの原子が 8 電子で囲まれ，価電子の総数も 16 で二つの条件が満たされる．これが二酸化炭素の正しいルイス構造式であり，二つの**二重結合**をもっている．**単結合**では，二つの原子が一対の電子対を共有し，**二重結合**では，二つの原子が二対の電子対を共有する．

二重結合 double bond

単結合 single bond

　CO_2 のルイス構造式として

:O≡C−Ö:　　あるいは　　:Ö−C≡O:

などの構造式を思いつくかもしれない.

:O≡C−Ö: は :O:::C:Ö: を表す.

　これらの構造式はいずれも 16 個の電子をもち，さらにそれぞれの原子のまわりには 8 個の電子が配置されている．これらの構造式はいずれも三対の電子対が共有されている**三重結合**をもっている．これらは CO_2 に対して妥当なルイス構造式だろうか．妥当であり，実際 CO_2 に対して三つのルイス構造式が書ける．

三重結合 triple bond

:Ö−C≡O:　　Ö=C=Ö　　:O≡C−Ö:

　ある分子に対して二つ以上のルイス構造式を書くことができるとき，この分子はそれらの構造の間で**共鳴**しているといわれる．共鳴している個々のルイス構造式で表さ

共鳴 resonance

化学こぼれ話

二酸化炭素を隠す

　地球の温暖化は現実のものらしい．この問題の中心にあるのが化石燃料からつくり出される二酸化炭素である．たとえば米国では，温室効果ガス放出物の 81 % が CO_2 である．そして CO_2 の 30 % が石炭による火力発電所から放出されている．この問題を解決する一つの方法は石炭による火力発電を廃止することである．しかし，これはむずかしい．なぜなら米国には非常に大量の石炭（少なくとも 250 年分）があり，石炭が非常に安価なためである．この事実を認識して，米国政府は，火力発電所で生成する CO_2 を捕まえて深い岩層中の地中に隔離できる（貯蔵できる）かを調査する研究プログラムを開始した．これを判断するために必要な調査項目は地中の貯蔵場所の容量とその場所からもれ出る可能性があるかどうかである．

　地殻に CO_2 を注入することは，すでに行われている．1996 年以来，ノルウェーの石油会社では毎年 100 万トン以上の CO_2 を天然ガスから分離し，北海の海底の下の帯水層の中にポンプで注入している．またカナダ西部では，石油の回収量を増やすために油田に CO_2 を注入している．石油会社はそこに 2200 万トンの CO_2 を注入し，次の 20 年で 13000 万バレルの石油を取出そうともくろんでいる．

　CO_2 を隔離することは，地球温暖化の速度を減少させる方法の一つとして大きな可能性を秘めている．うまくいくかどうかがわかるまでには時間が必要である．

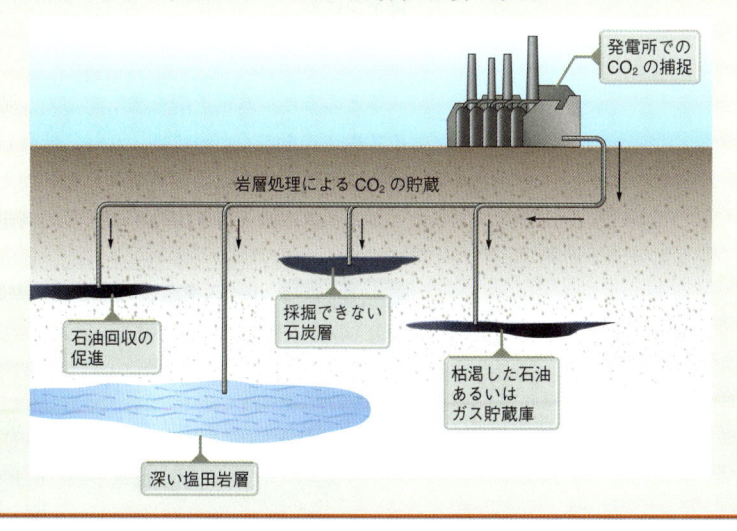

共鳴構造 resonance structure

れる構造を**共鳴構造**とよぶ．

　前ページに示した CO_2 に対する三つの共鳴構造のうち，二つの二重結合をもった真ん中の構造が CO_2 に関する実験的な知見に最もふさわしい．本書では，分子の共鳴構造のうち，どれがその分子の性質を最もうまく表現しているかをどのように決定するかについてはふれない．

　次に，シアン化物イオン CN^- のルイス構造式について考えてみよう．

手順 1　価電子の総数は

$$CN^-$$
$$4 + 5 + 1 = 10$$

である．過剰な電子の存在を示す負の電荷をつけ加えなければならないことに注意しよう．

手順 2　単結合 C—N を書く．

手順 3　次に，それぞれの原子が貴ガスの電子配置をとるように残りの電子を分配する．8個の電子が残っている．いろいろな可能性がある．たとえば

$$\ddot{C}-\ddot{N}\quad あるいは\quad :\ddot{C}-\ddot{N}:\quad あるいは\quad :\ddot{C}-\ddot{N}:\quad など$$

これらの構造式は正しくない．なぜ正しくないルイス構造式なのかは，C と N 原子のまわりの電子数を数えればわかる．左の構造式では，どちらの原子ともに八電子則を満たさない．中央の構造式では，C は八電子則を満たしているが，N のまわりには 4 電子しかない．右の構造式では，逆に N は八電子則を満たしているが，C のまわりには 4 個の電子しかない．両方の原子が同時に八電子則を満たさなければならないことを思い出そう．したがって正しいルイス構造式は

:C≡N: は :C:::N: を表す．

$$:C≡N:$$

である．(炭素と窒素がともに八電子則を満たしていることを確認しよう．) このイオンの場合には，C と N の間に三重結合があり，三対の電子対が共有されている．この化学種は陰イオンなので，ルイス構造式のまわりを [　] で囲み，その外に負の電荷をつける．

$$[:C≡N:]^-$$

　まとめると，八電子則を満たすため，時には二重結合や三重結合が必要となる．ルイス構造式を書くためには，互いに結合している原子間にまず単結合を書くことから始め，必要な場合には多重結合を書き加える．

　ルイス構造式の書き方の手順を次の例題を用いて説明しよう．

例題 12・3　ルイス構造式の書き方：共鳴構造

NO_2^- のルイス構造式を書け．

解答

手順 1　NO_2^- に対する価電子の総数を求める．

$$価電子数: 6 + 5 + 6 + 1 = 18$$
$$\text{O}\quad \text{N}\quad \text{O}\quad -1電荷$$

手順 2 単結合に価電子を割り当てる．

$$O-N-O$$

手順 3 八電子則を満たすように電子を配置する．この場合八電子則を満たす二つのルイス構造式が考えられる．

$$[\ddot{O}=\ddot{N}-\ddot{O}:]^- \quad と \quad [:\ddot{O}-\ddot{N}=\ddot{O}]^-$$

これらの構造式では，それぞれの原子が8電子によって囲まれていることを確かめよう．この例では，八電子則を満たすように18個の価電子を配置することができるルイス構造式が二つ存在する．

練習問題 12・3 オゾン O_3 のルイス構造式を書け．　　*Self-Check*

例題 12・4 ルイス構造式の書き方：まとめ

次の分子あるいはイオンに対するルイス構造式を書け．
　a. HF　　b. N_2　　c. NH_3　　d. CH_4　　e. CF_4　　f. NO^+　　g. NO_3^-

解答 それぞれの分子あるいは化学種に対してルイス構造式を書くための三段階の手順を応用しよう．共有電子対を表すのに直線を，そして非共有電子対（孤立電子対）を表すのに点を用いることを思い出そう．解答を下の表にまとめて示す．

分子あるいはイオン	価電子の総数	単結合を書く	残りの電子数	貴ガスの電子配置をとるように残りの電子を配置する	原子の電子数 原子 電子数
a. HF	1+7=8	H—F	8−2=6	H—F̈:	H 2 F 8
b. N_2	5+5=10	N—N	10−2=8	:N≡N:	N 8
c. NH_3	5+3(1)=8	H—N—H 　　| 　　H	8−6=2	H—N̈—H 　　| 　　H	H 2 N 8
d. CH_4	4+4(1)=8	H—C—H (with H上下)	8−8=0	H—C—H (with H上下)	H 2 C 8
e. CF_4	4+4(7)=32	F—C—F (with F上下)	32−8=24	:F̈—C—F̈: (with F̈上下)	F 8 C 8
f. NO^+	5+6−1=10	N—O	10−2=8	$[:N≡O:]^+$	N 8 O 8
g. NO_3^-	5+3(6)+1=24	$\begin{bmatrix}O\\|\\N\\/\ \backslash\\O\ \ O\end{bmatrix}^-$	24−6=18	共鳴構造3つ	N 8 O 8

NO_3^- は共鳴構造をもつ

練習問題 12・4 次の分子あるいはイオンに対するルイス構造式を書け．　　*Self-Check*
　a. NF_3　　b. O_2　　c. CO　　d. PH_3　　e. H_2S
　f. SO_4^{2-}　　g. NH_4^+　　h. ClO_3^-　　i. SO_2

ルイス構造式を書くにあたって，どの電子が分子中のどの原子からのものかについて悩む必要はない．結合を形成し，それぞれの原子が貴ガスの電子配置をとるようにすべての価電子を単純に分配すればよい．価電子を，個々の原子に属するものと考えるよりもむしろ分子に属するものと考えよう．

▶ 八電子則に対するいくつかの例外

すべての原子が貴ガスの電子配置をとることによって共有結合が予測できるという考えは，単純で非常にわかりやすい．しかし，このような単純な考えには必ず避けられない例外がいくつか存在する．たとえばホウ素原子は自分のまわりに 8 電子よりも少ない電子しかもたない化合物を形成する．すなわちホウ素は八電子則を満たさない．

非共有電子対をもった分子に対する BF_3 の激しい反応性は，ホウ素原子が電子不足であることに由来する．24 個の価電子をもつ BF_3 の性質と最もよく符号したルイス構造式は

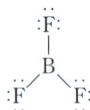

である．この構造式ではホウ素原子は自分のまわりに 6 個の電子しかもっていない．ホウ素と三つのフッ素のうちの一つとの間に二重結合をもつ構造式を書けばホウ素原子は八電子則を満たすことができる．しかし，実験によって，それぞれの B−F 結合は上に示したルイス構造式のように単結合であることがわかっている．この構造式は，BF_3 が電子豊富な分子と激しく反応することにも矛盾しない．実際 BF_3 は NH_3 と激しく反応して H_3NBF_3 を生成する．非常に安定な生成物である H_3NBF_3 のホウ素は 8 個の電子を自分のまわりにもっている．

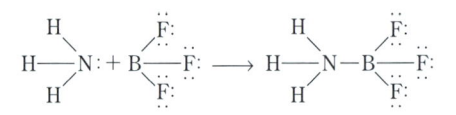

炭素，窒素，酸素，ならびにフッ素を含む化合物の多くはルイス構造式によって正確に表記することができる．しかし，例外もある．重要な例外の一つが酸素分子 O_2 である．八電子則を満たす次の構造式を O_2 に対して書くことができる．

$$\ddot{O}=\ddot{O}$$

ところがこの構造式は酸素で観察される挙動とは一致しない．たとえば，液体酸素を強い磁石の両極の間に注ぐと沸騰して消失するまでその場所に"くっついたまま"である（図 12・10）．これは酸素が常磁性すなわち不対電子をもっていることの明確な証拠である．しかし上のルイス構造式には不対電子は書かれていない．O_2 分子の常磁性を十分に説明できる簡単なルイス構造式はない．

奇数個の電子をもつ分子はどんなものもルイス構造式を書く規則に従わない．たとえば，NO や NO_2 はそれぞれ 11 個，17 個の価電子をもっており，これらの場合には先に述べたようなルイス構造式を書くことができない．

例外はあるが，多くの分子はすべての原子が貴ガスの電子配置をもったルイス構造式で表すことができるため，八電子則は化学者にとって非常に有用な指針である．

図 12・10
液体酸素の磁石の両極の間への注入．液体酸素は沸騰してなくなるまでそこにくっついている．このことは O_2 分子が不対電子をもち，常磁性をもっていることを示している．

常磁性をもつ物質は不対電子をもっており，磁石の両極の間の空間に向かって引っ張られる．

化学こぼれ話　ブロッコリー：奇跡の食物

食物を食べることは健康上非常に重要である．特に，ある種の野菜は重要である．たとえば，ごく一般的な野菜であるブロッコリーをあげることができる．ブロッコリーはスルフォラファン(sulforaphane)を含んでいる．

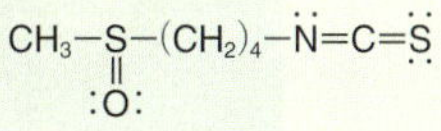

$$CH_3-S-(CH_2)_4-N=C=S$$
$$:O:$$
スルフォラファン

実験によると，スルフォラファンはDNAを傷つける活性な分子を掃討する酵素をつくり出すことによってがんの予防効果があることが明らかとなった．

スルフォラファンは細菌（バクテリア）も殺すことができる．たとえば，ヒトの胃に，炎症，がん，潰瘍などの病気を起こすピロリ菌 *Helicobacter pylori* がある．ピロリ菌感染治療には抗生物質が最適である．しかし，途上国では，抗生物質は高価すぎて一般大衆には手に入らない．さらにこの細菌は胃壁の細胞の中に"隠れる"ことによって抗生物質から逃れ，その効果がなくなると再び現れる．米国のジョンズ・ホプキンス大学などの研究によって，スルフォラファンはブロッコリーを食べて得られる程度の低い濃度でも（胃壁細胞に隠れていても）ピロリ菌を殺すことが明らかにされている．さらにスルフォラファンがハツカネズミの胃がんを抑制することもわかっている．

ブロッコリーが君たちの健康を維持するということは保証できないが，食事にそれを加えても損はないだろう．

12・8　分子構造

目的　分子の構造と結合角を理解する

ここまで分子のルイス構造式について述べてきた．ルイス構造式は分子中の価電子の配置を表現している．これに対し，分子の**分子構造**や**幾何学的構造**を話題にするときには構造ということばを別の意味で使用する．すなわち分子構造や幾何学的構造ということばは分子における原子の三次元的な配列を表す．たとえば，水分子は"折れ曲がった"あるいは"V字形"とよばれる分子構造をもつことが知られている．より正確に構造を記述するのに**結合角**を明記する．H_2O分子の場合，結合角はおよそ105°である．

分子構造 molecular structure
幾何学的構造 geometric structure

結合角 bond angle

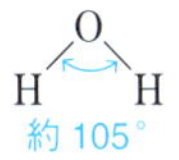

H　　H
約105°
  O

一方，**直線形構造**（すべての原子が一直線上にある）をとる分子もある．CO_2分子はその一例である．直線形の分子は180°の結合角をもっていることに注意しよう．

O—C—O
180°

直線形構造 linear structure
平面三方形構造 trigonal planar structure

BF_3分子で代表される三つめの種類の分子構造は，平面あるいは平らな構造（四つの原子すべてが同一平面上にある）で，120°の結合角をもっている．この構造は一般に**平面三方形構造**とよばれる．

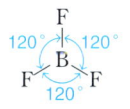

F　　F
120° 120°
　B
　F
120°

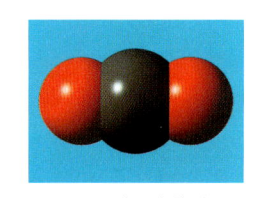

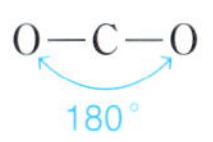

三つの原子を含む直線形分子のコンピューターグラフィック

平面三方形の分子のコンピューターグラフィック

もう一つの分子構造が，メタンCH_4のもつ構造である．この分子は図12・11に示

四面体構造 tetrahedral structure
四面体 tetrahedron

す分子構造をもち，**四面体構造**あるいは**四面体**とよばれる．水素原子を連結している破線は，四面体の四つの等価な三角形の面を示している．

次節では，これら種々の分子構造についてより詳しく解説する．

図 12・11
メタンの四面体分子構造．**a** の表記法は球棒模型とよばれ，原子が球でそして結合は棒で表現される．破線は四面体の輪郭を示す．**b** は四面体分子のコンピューターグラフィック．

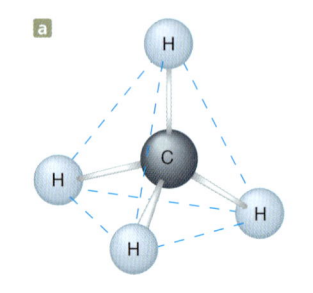

四面体分子

12・9　分子構造：VSEPR 法

目的　電子対の数から分子の幾何学的構造を予測する方法を学ぶ

分子の構造は分子の性質を知るうえで非常に重要な役割を果たしている．たとえば，204ページの"化学こぼれ話"で述べるように，味覚は分子構造と直接関係している．生体分子の場合には構造が特に重要で，巨大な生体分子の構造の一部が変化するだけで細胞に対する有用性がなくなったり正常な細胞をがん細胞に変化させることもある．

いまでは，分子構造すなわち原子の三次元的な配列を決定するのに多くの実験的手法がある．構造についての正確な情報が必要なときにはこれらの方法を用いる．しかし，分子のだいたいの構造が予測できれば役に立つ．本節ではこの予測を可能にする簡単な方法について考えよう．**原子価殻電子対反発（VSEPR）法**とよばれるこの方法は，非金属から構成されている分子の分子構造を予測するのに有用である．この手法の中核をなす考え方は，問題としている原子のまわりの構造は電子対どうしの間の反発をいかに最小にするかということで決定されるというものである．いいかえると，その原子のまわりにある共有電子対と非共有電子対（孤立電子対）は，それぞれができるだけ離れた場所を占めるように配置されるということである．この手法がいかに有効であるかを確認するために，次のルイス構造式（八電子則の例外の一つ）をもつ $BeCl_2$ 分子についてまず最初に考えよう．

原子価殻電子対反発法 valence shell electron pair repulsion model, VSEPR 法ともいう．

:Cl̈−Be−C̈l:

ベリリウム原子のまわりには二組の共有電子対がある．これらの電子対の反発を最小にする最もよい配置は，電子対をベリリウムを挟んで反対側に，お互い180°離れたところに置くものである．

—Be—
180°

この配置では二組の電子対は最も離れた位置を占める．こうして中心原子のまわりの電子対の最適な配置を決定することによって $BeCl_2$ の分子構造すなわち原子の位置を特定することができる．ベリリウム上のそれぞれの電子対は塩素原子と共有されてい

るため，分子は180°の結合角をもった直線形構造をとっている．

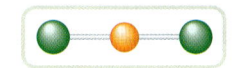

$$:\!\ddot{C}l\!-\!Be\!-\!\ddot{C}l\!:$$
$$180°$$

一つの原子のまわりに二組の電子対が存在するときはどんなときも常にそれらは互いに180°離れたところに位置し，直線的な配置をとる．

次に，下に示すルイス構造式（もう一つの八電子則の例外）をもつ BF_3 について考えよう．

$$:\!\ddot{F}\!-\!B\!-\!\ddot{F}\!:\\\quad\;\;|\\\quad:\!\ddot{F}\!:$$

ホウ素原子は三組の電子対に囲まれている．三組の電子対の間の反発を最小にする配置はどんな配置だろうか．電子対どうしの間の距離を最大にするには120°の角度をもたせればよい．

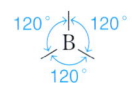

$$\overset{120°\;\;120°}{\underset{120°}{B}}$$

それぞれの電子対はフッ素原子と共有されているため分子構造は次のようになる．

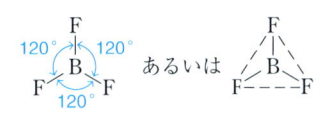

F原子が120°の角度で配置された平面三方形構造の図

一般に平面三方形構造とよばれる三角形の頂点に三つのF原子をもった平面（たいらな）分子である．原子のまわりに三組の電子対があるときはどんなときも常にそれらの電子対は三角形の角（互いに120°の角度をもった一つの平面内）を占める．

次にメタン分子について考えよう．そのルイス構造式は次のとおりである．

$$\begin{array}{c}H\\|\\H\!-\!C\!-\!H\\|\\H\end{array}\quad\text{あるいは}\quad\begin{array}{c}H\\H\!:\!\ddot{C}\!:\!H\\H\end{array}$$

中心にある炭素原子のまわりには四組の電子対がある．反発を最小にするためのこれらの電子対の配置はどんなものだろうか．まず最初に平面四方形を試してみよう．炭素と四組の電子対はすべてこの紙面の平面上にあり，電子対の間の角度はすべて90°である．

$$\overset{90°}{C}$$

それぞれの電子対が互いにもっと遠ざかって90°以上の角度をもつような配置があるだろうか．答はイエスである．およそ109.5°の角度をもつ次の三次元構造を利用すれば90°より大きな角度を得ることができる．

$$\overset{約\;109.5°}{C}$$

この表記で，くさび形の線は紙面の手前にある結合を示し，破線は紙面の向こう側にある結合を，実線は紙面上の結合を表している．これらの線をつないで形づくられる

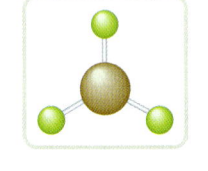

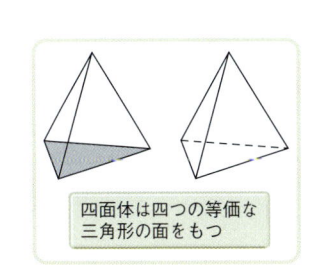

化学こぼれ話　　味: 重要なのは構造である

物質はなぜ甘かったり，酸っぱかったり，苦かったり，塩辛かったりするのだろうか．これは舌の味蕾（みらい）の働きによる．たとえば，砂糖がなぜ甘く感じるのかははっきりとはわからないが，特定の物質が味蕾の"甘味の受容体"にいかにうまくはまるかに依存していることは確かである．

甘味をもつ分子の構造はそれぞれ大きく異なっている．5章化学こぼれ話で紹介したローマ時代の人工甘味料サパは酢酸鉛 $Pb(C_2H_3O_2)_2$ が主成分である．また広く使用されている現代の人工甘味料にサッカリン，アスパルテーム，スクラロースやステビオールなどがある（図参照，ステビオールの構造は各頂点が炭素原子を表し，水素原子は省略している）．

米国コーネル大学の二人の化学者がおよそ30年前に，甘味をもつすべての物質はグルコフォア（glycophore）とよばれる共通の部分構造を含んでいると提案した．彼らは，グルコフォアは比較的電気陰性度の大きい原子に結合した水素原子の近くに利用可能な電子をもつ原子あるいは原子団を常に含んでいると仮定した．米国カリフォルニア大学の化学者はグルコフォアの定義を，疎水性（"水を嫌う"）領域を含むものと拡張した．彼は"甘味をもつ分子"はL字形をしており，L字のまっすぐ上の部分には正と負の電荷をもった領域をもち，L字の底辺には疎水性の領域をもつ傾向があることを見つけた．さらに分子が甘味をもつためにはL字は平面的でなければならない．もしL字が一方向にねじれていると，その分子は苦味を呈する．もう一方の方向にねじれていると，その分子には味がない．

甘味受容体に関する最新のモデルでは，受容体上に4個の結合部位があるとされている．甘味を呈する小さな分子はこれらの部位のうちの一つと結合し，大きな分子は複数の部位と同時に結合するとされている．

より優れた人工甘味料をつくるために研究が続けられているが，一つ確かなことは，分子構造と甘味が関係しているということである．

四面体配置 tetrahedral arrangement

図は**四面体**とよばれる（図 12・11）．そこでこの電子対の配置を**四面体配置**とよぶ．この配置が，原子のまわりに四組の電子対を配置する際に，お互いが最も離れた位置を占める配置である．原子のまわりに四組の電子対が存在するときはどんなときも，電子対は常に四面体の角に配置される（四面体配置）．

　反発を最小にする電子対の配置を得ることができたので，原子の位置と CH_4 の分子構造を決定することができる．メタン分子では，四組の電子対それぞれは炭素原子と水素原子の間で共有されている．したがって水素原子は図 12・11 に示す配置になり，分子は中心に炭素原子をもつ四面体構造をもつ．

　VSEPR法の中核をなす考え方は中心原子のまわりの電子対どうしの反発を最小にする配置を見つけることであるということを思い出そう．そうすれば，電子対が周辺の原子といかに共有されるかを知ることによって**分子構造**を決定することができる．VSEPR法を使って分子の構造を予測するための体系的な手順を次にまとめる．

VSEPR法を用いた分子構造予測の手順
手順 1　与えられた分子のルイス構造式を書く．
手順 2　電子対の数を数え，反発を最小にするようにそれらを配置する（すなわ

ち，できるだけお互いが遠くなるように電子対をおく）．
手順 3 電子対が共有されている様式から原子の位置を決定する．
手順 4 原子の位置から分子構造の名称を決定する．

例題 12・5 VSEPR 法を用いて分子構造を予測する 1

VSEPR 法を用いてアンモニア NH_3 の構造を予測せよ．

アンモニア NH_3 は肥料や，水溶液として家具の洗浄用に使用されている．

解答
手順 1 ルイス構造式を書く．

$$H-\ddot{N}-H$$
$$|$$
$$H$$

手順 2 電子対の数を数え，反発が最小になるようにそれらを配置する．アンモニア分子は N 原子のまわりに四組の電子対，すなわち三組の共有電子対と非共有電子対を一組もっている．メタン分子についての議論から，四組の電子対に対する最適な配置は，図 12・12a に示す四面体構造であることがわかっている．

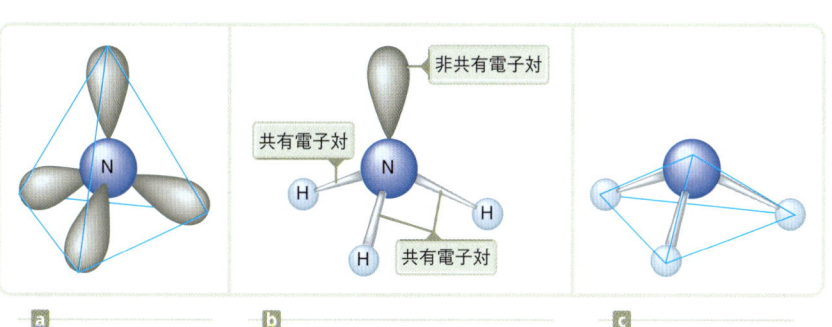

図 12・12
アンモニアの電子対配置と分子構造．電子対の配置はメタン分子と同様に四面体構造であるが，アンモニア分子の水素は四面体の三つの角しか占めていない．非共有電子対が四つ目の角を占めている．

a アンモニア分子中の窒素原子のまわりの電子対の四面体配置
b 三組の電子対は窒素原子と水素原子の間で共有されており，残りの一組は非共有電子対である．
c アンモニア分子は三方錐の構造（三角形を底辺とするピラミッド）をもつ

手順 3 原子の位置を決定する．三つの水素原子は図 12・12b に示すように電子対を共有している．

手順 4 分子構造を決定する．分子構造の名称は常に原子の位置に基づいていることを認識しておくことが非常に重要である．電子対の配置が分子の構造を決定するが，分子構造の名称は原子の位置に基づいている．すなわち，NH_3 分子が四面体構造をもつというのは正しくない．電子対は四面体に配置されているが原子は四面体に配置されていない．したがって，アンモニアの分子構造は四面体ではなく**三方錐**（一つの三角形が他の三つとは異なる）とよばれる．

三方錐 trigonal pyramid

例題 12・6 VSEPR 法を用いて分子構造を予測する 2

水分子の分子構造を示せ．

解答
手順 1 水のルイス構造式は次のとおりである．

$$H-\ddot{O}-H$$

手順 2 四組の電子対があり，二つは共有電子対で残りの二つは非共有電子対であ

る．反発を最小にするために，図 12・13a に示すような四面体構造にこれら四組の電子対を配置する．

手順 3 H_2O の電子対は四面体配置をもっているが，四面体分子ではない．H_2O 分子中の原子は図 12・13 の b と c に示すように V 字形の構造をしている．

手順 4 分子構造は V 字形あるいは折れ線形構造とよばれる．

図 12・13
水の電子対配置と分子構造

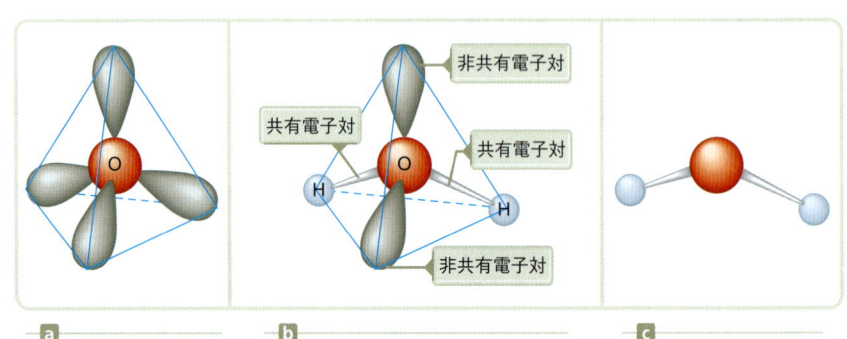

a 水分子中の酸素のまわりにある四組の電子対の四面体配置

b 二組の電子対は酸素原子と水素原子の間で共有されており，あと二組の電子対は非有電子対である

c 水分子の V 字形分子構造

Self-Check

練習問題 12・5 次の分子あるいはイオンについて中心原子のまわりの電子対の配置を予測せよ．さらにそれぞれの分子構造を書いてそれらの名称を述べよ．
a. NH_4^+　b. SO_4^{2-}　c. NF_3　d. H_2S　e. ClO_3^-　f. BeF_2

これまでに取上げた種々の分子について表 12・4 にまとめた．次の一般的な規則に注意しよう．

VSEPR 法を用いて分子構造を予測する際の規則

1. 分子の中心にある原子上の二組の電子対は常に 180°の角度で存在する．電子対は直線的な配置をとる．
2. 分子の中心にある原子上の三組の電子対は常に中心にある原子と同じ平面上で互いに 120°の角度に位置する．三組の電子対は平面三方形（三角形）の配置をとる．
3. 分子の中心にある原子上の四組の電子対は常に 109.5°の角度に位置する．四組の電子対は四面体配置をとる．
4. 中心原子の電子対がそれぞれ他の原子と共有されている場合には，分子構造の名称は電子対の配置と同じである．

電子対の数	構造の名称
2	直線形
3	平面三方形
4	四面体形

5. 中心原子のまわりの電子対のうち，一組あるいはそれ以上の電子対が共有されていない（非共有電子対）場合には，分子構造の名称は電子対の配置に対する名称と異なる（表 12・4 の 4 行目と 5 行目を参照）．

化学こぼれ話　　　　ミツバチか，それとも

米国のロスアラモス国立研究所では，空港，国境線や学校などで麻薬や爆弾を嗅ぎ分けるために利用可能なハチを使った携帯機器を開発している．ミツバチは食べものを見つけたとき，"舌（口吻）"を突き出す習性をもっている．数滴の砂糖水と TNT（トリニトロトルエン）やおよそ 6 倍爆発しやすいプラスチック爆弾を組合わせた化学物質のにおいを嗅ぐと口吻を伸ばすように訓練することができる．ハチを利用した爆弾検知器は靴箱のほぼ半分の大きさで，重さは約 1.8 kg である．箱の中にハチを横一列に並べストローのような管にしばりつけ，カメラでモニターする．ビデオカメラからの信号はコンピューターに送られ，ハチが特殊なにおいに応答したときに，ハチの行動や信号を分析する．

また米国ジョージア大学ではスズメバチを化学物質の検知器として使用している．スズメバチはにおいを感知しても"舌"を伸ばさない代わりに，においを感知したことを，"ダンス"とよぶ身体の動きで表現する．外部から空気を吸引するために一方の端にファンのついたカートリッジの中にスズメバチの一団を入れる．認識できないにおいであれば，でたらめに飛びつづけるが，認識するように訓練されたにおいが検知されると，とびらのまわりに集まる．コンピューターと連動したビデオカメラがハチの挙動と合図を分析する．

昆虫による検知は現在，野外実験で，訓練された犬の有効性と昆虫の有効性との比較がなされている．初期の結果は，昆虫による検知法が優位であることを示しているが，さらにその有効性を確実に証明することが必要な段階にある．

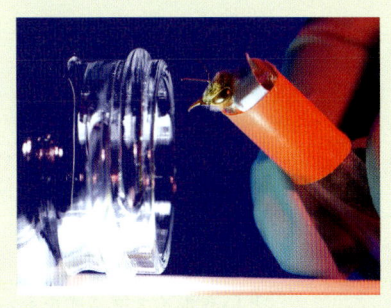

ミツバチは目的のにおいを嗅ぐと，口吻を伸ばすことによって応答する

表 12・4　種々の数の電子対をもつ分子の電子対配置と分子構造の名称

電子対の数	結合	電子対の配置	球棒モデル	分子構造	ルイス構造式	球棒モデル
2	2	直線	180°	直線形	A–B–A	Cl–Be–Cl
3	3	平面三方形（三角形）	120°	平面三方形（三角形）	A–B(–A)–A	F–B(–F)–F
4	4	四面体	109.5°	四面体形	A–B(–A)(–A)–A	H–C(–H)(–H)–H
4	3	四面体	109.5°	三方錐形	A–B(–A)–A	H–N(–H)–H
4	2	四面体	109.5°	V字形あるいは折れ線形	A–B–A	H–O–H

12・10　分子構造: 二重結合をもつ分子

目的　VSEPR 法を二重結合をもった分子に適用する方法を学ぶ

ここまで，単結合を含む分子（ならびにイオン）だけに対して VSEPR 法を適用し

てきた．本節では，この方法が二重結合を一つあるいは複数個もった化学種にも同様にうまく適用できることを示す．構造のわかった例について考えることで二重結合をもった分子を取扱う手順を考えよう．

まず最初に地球温暖化の原因物質とされている二酸化炭素 CO_2 の構造を検討しよう．二酸化炭素分子は §12・7 で述べたルイス構造式をもっている．

$$\ddot{O}=C=\ddot{O}$$

実験によって二酸化炭素の分子構造は直線形であることがわかっている．すなわち 180°の結合角をもっている．

§12・9 で述べたように，中心原子のまわりの二組の電子対は中央原子の反対側に（互いに 180°のところに）位置することで互いの反発を最小にすることができるので，

$$:\ddot{Cl}-Be-\ddot{Cl}:$$

というルイス構造式をもった $BeCl_2$ のような分子は，直線形の構造をもつことになる．さて，ここで CO_2 は二つの二重結合をもった直線形分子であるため二重結合どうしは互いに 180°の位置を占めなければならないことを思い出そう．したがって CO_2 分子の二つの二重結合はそれぞれ一つの反発する単位として有効に働くと結論づけることができる．結合を二つの原子間の電子の密集した"雲"としてとらえれば，この結論は受け入れやすい．同様に考えると，$BeCl_2$ 中の単結合は次のように書くことができる．

これら二つの電子の密集した雲が Be 原子の反対側に（互いに 180°の角度で）存在するとき，電子の雲の間の反発は最小になる．

CO_2 の二つの二重結合は炭素原子と酸素原子の間で 4 個の電子を共有している．したがって単結合の電子の雲よりも"分厚い"雲をもつと予測される．

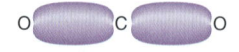

しかし，これら二つの雲の間の反発効果は単結合の場合と同じ結果を与え，共有されている電子の二つの雲がそれぞれ炭素の反対側に位置したときに雲どうしの反発は最小となる．結合角は 180°となり，分子は直線形である．

まとめると，CO_2 の構造を検討することによって，二重結合をもつ分子に VSEPR 法を適用する場合には，それぞれの二重結合を単結合と同様に取扱えばよいという結論に達する．いいかえると，二重結合は 4 個の電子を共有しているが，これらの電子は決まった二つの原子の間の空間に限定的に存在する．したがって，これら 4 個の電

化学こぼれ話　微小モーター分子

現代社会の特徴の一つに小型化へのたゆみない挑戦がある．小型化の究極は1分子でできた機械である．この考えは不可能な夢のように聞こえるかもしれないが，最近の進歩によってそのような機器が実現しそうな状況になっている．たとえば，ドイツの研究者は簡単な仕事のできる単一分子を報告した．

それはアゾベンゼンとよばれる光に敏感な分子を多数つなぎあわせたおよそ75 nm の長さの単一高分子である．

アゾベンゼンは特定の波長の光に反応する結合（420 nm の光を吸収すると伸び，365 nm の光を吸収すると縮む）をもっているため，光学材料として理想的な分子である．

微小機械をつくるために彼らはアゾベンゼンの単一高分子の一端を原子間力顕微鏡のチップに似た曲げられるレバーにくっつけ，もう一端をガラス面にくっつけた．ここに365 nm の光を照射すると，この高分子は縮みレバーを下に押しやることで機械エネルギーをたくわえることができる．これに対し，420 nm の光を照射すると，分子は伸び，レバーを引き上げることでたくわえられたエネルギーを放出することができる．レバーを使ってナノスケールの機械を操作することが想像できるだろう．究極のミニチュア機械に近づきつつある．

子は二組の独立した電子対としてではなく"二組が一緒になって"一つの効果的な反発単位として働く．

二重結合をもつ構造のわかった他の分子について検討しても同じ結論を得ることができる．18個の価電子をもち，二つの共鳴構造が存在するオゾン分子について考えてみよう．

$$:\ddot{O}-\ddot{O}=\ddot{O}: \longleftrightarrow :\ddot{O}=\ddot{O}-\ddot{O}:$$

オゾン分子は120°に近い結合角をもっていることが知られている．120°という結合角は三組の電子対の反発を最小にするものであるということを思い出そう．このことはオゾン分子の二重結合が一つの効果的な反発単位として挙動することを示している．

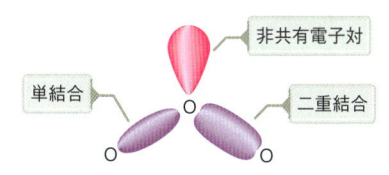

これらの例ならびにその他の例から次の規則を導くことができる．**分子の幾何学的構造を予測するのにVSEPR法を用いる場合には，二重結合は単一の電子対と同じと考えてよい．**

したがって，CO_2 は二組の"有効な電子対"をもち直線形の構造をとる．これに対して O_3 は三組の"有効な電子対"をもち，120°の結合角をもったV字形の構造をとる．このように，二重結合をもつ分子（あるいはイオン）に対してVSEPR法を適用するとき，§12・9で述べた手順と同じ手順に従えばよく，どんな二重結合であっても単一の電子対とみなせばよい．ここでは言及しないが，三重結合についてもVSEPR法を適用する場合，単一の反発単位と考えればよい．

例題 12・7　VSEPR 法を用いて分子構造を予測する 3

硝酸イオンの構造を予測せよ．

解答

手順 1　NO_3^- のルイス構造式は次のとおりである．

$$\left[\begin{array}{c}:\ddot{O}:\\ \|\\ \ddot{N}\\ :\ddot{O}\quad\ddot{O}:\end{array}\right] \leftrightarrow \left[\begin{array}{c}:\ddot{O}:\\ |\\ \ddot{N}\\ :\ddot{O}\quad\ddot{O}:\end{array}\right] \leftrightarrow \left[\begin{array}{c}:\ddot{O}:\\ |\\ \ddot{N}\\ :\ddot{O}\quad\ddot{O}:\end{array}\right]$$

手順 2　それぞれの共鳴構造には三組の電子対があり，そのうち二組は単結合に，もう一組は二重結合（単一の電子対として扱う）に使われている．これら三組の"有効な電子対"は平面三方形の配置をとる（120°の角度）．

手順 3　原子はすべて同一平面にあり，中心に窒素原子をもち，三角形の各角に三つの酸素原子をもつ（平面三方形の配置）．

手順 4　NO_3^- は平面三方形の構造をもつ．

まとめ

1. 化学結合は原子団を一つに結びつける．化学結合はいくつかの種類に分類できる．イオンを生成するように電子が移動すると，イオン結合が生成する．一方，純粋な共有結合では，電子が同じ種類の原子の間で均等に共有されている．これら両極端な結合の中間に，極性をもった共有結合があり，そこでは異なる電気陰性度をもつ原子間で電子が不均等に共有されている．

2. 電気陰性度は，結合のために共有されている電子を引きつける原子の相対的な能力と定義される．結合を形成している原子間の電気陰性度の値の違いが結合の極性を決定する．

3. 安定な化学物質では，原子は貴ガスの電子配置をとろうとする．代表的な元素を含む二元イオン化合物の形成においては，非金属は電子を受取り，周期表でその元素と同周期に位置する貴ガスの電子配置をとる．一方，金属の原子価軌道からは電子が引抜かれ，その金属は周期表ですぐ前の周期に位置する貴ガスの電子配置をとる．二つの非金属は価電子を共有し，両者は貴ガスの電子配置とる．

4. ルイス構造式は，分子の価電子の配置を表すために用いられる．ルイス構造式を書く規則は非金属原子が電子を共有することで貴ガスの電子配置をとろうとする性質に基づいている．水素は二電子則に，そして多くの他の原子は八電子則に従う．

5. いくつかの分子は，複数のルイス構造式をもつ．このように構造を複数もつことを共鳴という．多くの分子は，原子が貴ガスの電子配置をもつルイス構造式で表現することができるが，いくつかの例外がある．O_2, NO, NO_2, そして Be や B を含む分子などである．

6. 分子の構造は，原子が空間内でどのように配置されているかを表す．

7. 分子の構造は，原子価殻電子対反発法（VSEPR 法）を用いて予測することができる．この方法は，原子のまわりの電子対どうしの反発を最小にする，つまり電子対どうしをできるだけ遠ざけるように配置するにはどうすればよいかという予測に基づいている．

13 気　体

- 13・1　圧　力
- 13・2　圧力と体積: ボイルの法則
- 13・3　体積と温度: シャルルの法則
- 13・4　体積と物質量: アボガドロの法則
- 13・5　理想気体の法則
- 13・6　ドルトンの分圧の法則
- 13・7　気体分子運動論
- 13・8　分子運動論が意味するもの
- 13・9　気体の化学量論

気球による飛行

　われわれは気体の中で生きている．地球の大気はおもに窒素 N_2 と酸素 O_2 からなる気体の混合物である．大気は生命を育むとともに多くの産業活動に伴って排出されるガス廃棄物の受け皿としても働いている．これらの排気ガスが大気中で化学反応を起こすことによってスモッグや酸性雨などのさまざまな汚染をもたらす．主たる汚染源は輸送と発電である．車からは CO, CO_2, NO, そして NO_2 が排出され，発電所からは NO_2 や SO_2 が排出される．

　大気中の気体は太陽からの有害な照射からわれわれを守っており，また熱放射を地球のほうへ反射することによって地球を暖かい状態に保っている．実際，化石燃料の燃焼によって生成する二酸化炭素が大気中で増加すると，地球にとって危険な温暖化をまねくということが現在大きな問題となっている．

　本章では，気体の性質をみていく．最初に，気体の性質を測定することでそれらの性質の関係を表す種々の法則をどのように導き出せるかを述べる．次に気体がなぜそのようにふるまうのかを説明するモデルを考えよう．このモデルは，気体の個々の粒子の挙動が気体全体（粒子の集合体）のもつ性質にどのようにつながっていくのかを示すものである．

13・1　圧　力

目的　大気圧について考え，気圧計がどのように働くかを理解する．そして圧力の種々の単位について学ぶ

　気体はどんな容器をも一様に満たし，容易に圧縮され，他のどのような気体とも完全に混ざる（§3・1参照）．気体の最も明らかな性質は，周囲に圧力を与えることである．たとえば，風船を膨らませたとき，中の空気は風船の弾力のある壁を押し，形を保つ．

　最も身近な気体は地球の大気である．空気とよぶこの気体状の混合物の圧力は，図 13・1 に示した実験からもよくわかる．少量の水を金属性の缶に入れ沸騰させると，蒸気が缶を満たす．次に缶を封じ冷やすと缶は壊れる．どうして缶がつぶれるのだろうか．缶がつぶれるのは大気の圧力のせいである．封じたあと缶を冷やすと空気は入ることができず，缶の中の水の蒸気（水蒸気）は非常に体積の小さな液体の水に凝縮する．気体として水蒸気は缶を満たしていたが，液体に凝縮してしまうと液体はもは

乾燥した空気（空気から水蒸気を取り除いたもの）は N_2 78.1% と O_2 20.9%, Ar 0.9%, そして CO_2 0.03%, ならびに Ne, He, CH_4, Kr, その他少数の化合物を少量ずつ含んでいる．

水は気体になると，25 °C 常圧下での液体の場合に比べ，1200 倍の体積を占める．

212   13. 気体

図 13・1
大気圧の実験. (左) 大気中の気体による圧力は缶の中の水を沸騰させ, そのあと火を消し, 封をすることによって観察することができる. (右) 缶が冷えると水蒸気は凝縮し, 缶の中の気体の圧力が下がる. そうすると缶はつぶれる.

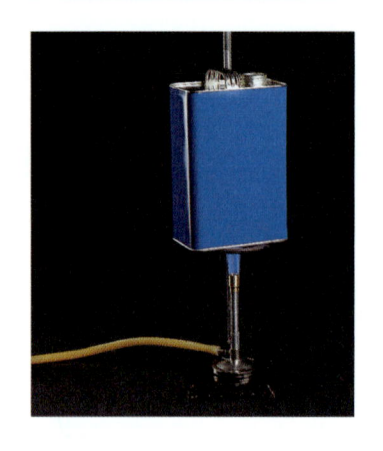

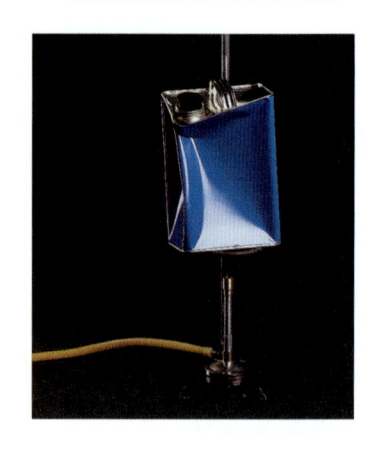

気圧計 barometer

トリチェリ Evangelista Torricelli, 1608～1647

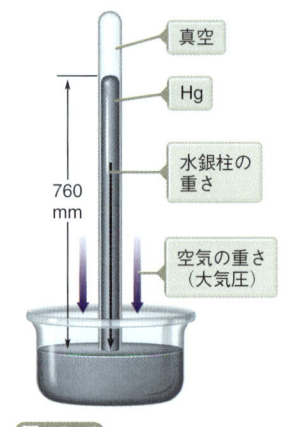

図 13・2
水銀気圧計. ガラス管を水銀で満たし, 水銀の入った皿の水銀面に逆さまに立てたとき, 水銀柱の高さがおよそ 760 mm になるまで水銀の一部は管から流れ出る(高さは大気の状態によって変化する). 大気圧は管の中の水銀柱の高さと釣合うということに注意しよう.

比重が大きいことから圧力を測定するのに水銀が利用される. これに対して水柱を水銀柱の代わりに用いた場合には, 同じ圧力を測定するのに水銀柱の 13.6 倍もの高さが必要となる.

トル torr　単位記号 Torr
標準気圧 standard atmosphere　単位記号 atm
パスカル pascal　単位記号 Pa

や缶全体を満たすことはできない. もともと気体として存在していた H_2O 分子が体積のずっと小さな液体に凝縮すると, 缶の外の圧力に対抗するための気体はほんのわずかしか残らない. その結果, 大気中の気体分子の圧力によって缶がつぶれる.

大気圧を計る機器である**気圧計**は, 有名な天文学者であるガリレオの学生であったイタリア人科学者トリチェリによって 1643 年に発明された. その気圧計は液体水銀でガラス管を満たし, 水銀の入った皿に逆さまに立てたものである (図 13・2). 大量の水銀が管の中にとどまっていることに注目しよう. 実際, 海面では (海抜 0 m の地点で) この水銀柱の高さは平均 760 mm である. なぜ, 重力をものともせず, この水銀が皿の中に落ちずに管の中にとどまっているのだろうか. 図 13・2 は, 皿に入っている水銀表面の上にある大気中の気体が生み出す圧力が管の中の水銀をそこに押しとどめている.

大気圧は引力によって地球の中心に引っ張られる空気の質量によるものである. いいかえると空気の重さに由来する. 天候の状態が変化すると大気圧が変化するので, 海水面で大気と釣合っている水銀柱の高さも変化し, 常に 760 mm ではない. "低気圧"が近づいているというのは, 気圧が下がるということを意味している. この状態はしばしば嵐と連動して起こる.

大気圧は高度によっても変化する. たとえばトリチェリの実験を海抜 3000 メートルの地点で行った場合には, 空気が"薄い"ためおよそ 520 mm の水銀柱と大気が釣合う. すなわち, 海面に比べて地表をおさえつける空気の量が少ない.

▶ **圧力の単位**

圧力の測定に利用される機器 (図 13・3) にはたいてい水銀が用いられる. そのため最も一般的に使用される圧力単位は気体が支えることのできる水銀柱の高さ (ミリメートル) である. mmHg (ミリメートル水銀柱) 単位はトリチェリの名誉をたたえて**トル** (Torr) とよばれている. Torr と mmHg という単位記号は化学者にとっては同義語として使われている. 圧力を表すもう一つの単位に**標準気圧** (atm) がある.

$$1 \text{ 標準気圧} = 1.000 \text{ atm} = 760.0 \text{ mmHg} = 760.0 \text{ Torr}$$

圧力の SI 単位は**パスカル** (pascal, 記号 Pa) である.

$$1.000 \text{ atm} = 101,325 \text{ Pa}$$

図 13・3 マノメーター．気体の圧力はトル単位(mmHg と等しい)で h（水銀の高さの差）と等しい．

a　気体の圧力 ＝ 大気圧 − h
b　気体の圧力 ＝ 大気圧 ＋ h

1 atm はおよそ 10 万あるいは 10^5 Pa である．1 Pa は非常に小さいので本書ではほとんど使用しない．工学的な科学の分野やタイヤ圧を測定する際に用いる圧力単位は平方インチ当たりのポンド数（psi と略記する）である．

$$1.000 \text{ atm} = 14.69 \text{ psi}$$

ある圧力単位をほかの圧力単位に変換する場合には換算係数を用いればよい．

1.000 atm
760.0 mmHg
760.0 Torr
101,325 Pa
14.69 psi

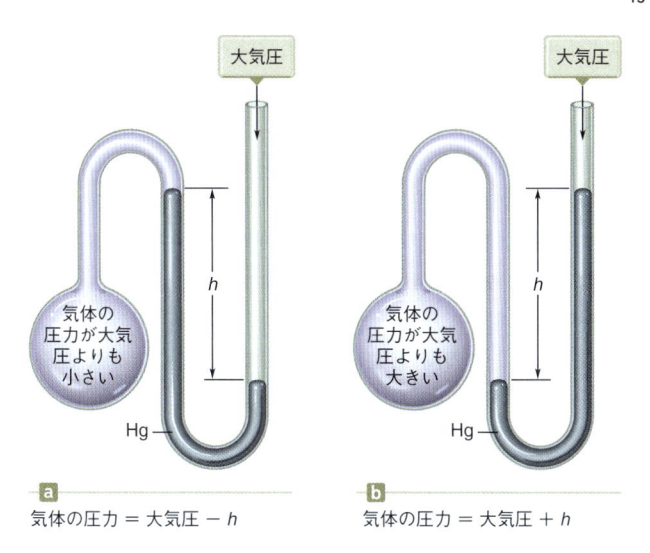

13・2 圧力と体積: ボイルの法則

目的　気体の圧力と体積を関係づける法則を理解する．この法則を用いて計算を行う

気体についての最初の実験はアイルランド人科学者のボイルによって行われた．伝えられるところによれば，家の吹抜けの入口に設置した一端を閉じた J 字管（図 13・4）を用いて，閉じ込められた気体の圧力と体積の関係を検討した．ボイルの得た典型的な測定値を表 13・1 に示す．体積（立方インチ）と圧力（水銀柱の高さ，イン

ボイル Robert Boyle, 1627～1691

表 13・1　ボイルの実験による測定値の例[†1]

実験	圧力(Hg)	体積(in.³)	圧力(Hg) × 体積(in.³) 実測値	四捨五入[†2]
1	29.1	48.0	1396.8	1.40×10^3
2	35.3	40.0	1412.0	1.41×10^3
3	44.2	32.0	1414.4	1.41×10^3
4	58.2	24.0	1396.8	1.40×10^3
5	70.7	20.0	1414.0	1.41×10^3
6	87.2	16.0	1395.2	1.40×10^3
7	117.5	12.0	1410.0	1.41×10^3

[†1] 気体の物質量と温度はともに一定．圧力(Hg)は水銀柱の高さの差 h，体積の in.³ は立方インチ．
[†2] 掛け合わされる二つの数字がともに有効数字が三桁なので積についても有効数字を三桁とした．

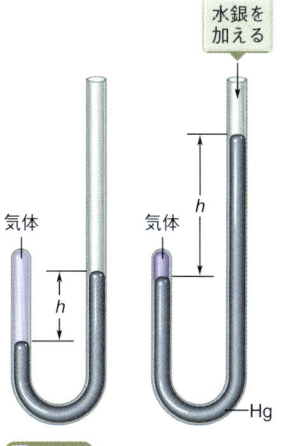

図 13・4　ボイルが使用したものに類似の J 字管．閉じ込められた気体の圧力が水銀を加えたり，抜いたりすることで変えられる．

チ）の単位はボイルの使用したものである．当時はメートル法が使われていなかったことを思い出そう．

まず最初にボイルの観察結果（表13・1）から一般的な傾向を読取ろう．圧力が増加するにつれ，閉じ込められた気体の体積が減少することがわかる．実際，実験1と実験4のデータを比較すると，圧力が倍（29.1から58.2）になると，気体の体積が半分（48.0から24.0）になることがわかる．同様の関係が実験2と5ならびに実験3と6の間にも（おおよそ）みられる．

ボイルの観察結果を用いて圧力と体積の二つの値の積（$P \times V$）を調べることによって，気体の体積と圧力の間の関係をより明確に知ることができる（表13・1）．すべての実験に対して，ごく小さな実験誤差の範囲内で

$$P \times V = 1.4 \times 10^3$$

> 実験誤差（PとVの値を測定する上での不確かさ）のために一定値は時には1.41×10^3ではなく1.40×10^3となる．

という値が得られる．気体についての他の類似の測定でも同じ挙動がみられる．したがって気体の圧力と体積の間の関係は**圧力と体積の積は一定である**という言葉で，あるいは**ボイルの法則**とよばれる

ボイルの法則 Boyle's law

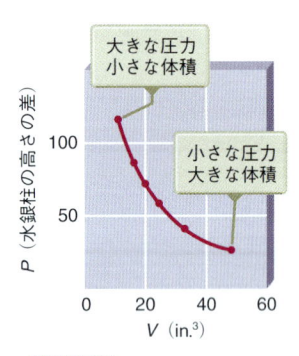

$$PV = k$$

という式で表せる．なお，ここでkはある一定量の気体の特定の温度における定数である．

グラフを書けば，二つの性質の間の関係はより明らかとなる．表13・1で与えられたデータから作成した図13・5は，圧力と体積の関係を示している．この関係は，Pが増加するとVが減少することを表している．この種の関係があるとき，体積と圧力は逆の関係にある，あるいは，反比例の関係にあるという．一方が増加すると他方が減少する．ボイルの法則を図解すると図13・6のようになる．

気体の温度ならびに気体の物質量が変化しないと仮定すれば，ボイルの法則を用いると，ある与えられた圧力での気体の体積がわかれば，圧力が変化してもそれに対応した新しい体積を予測できることになる．たとえば，もとの圧力と体積がP_1とV_1で，最終時点での値がそれぞれP_2とV_2であるとすると，ボイルの法則から

$$P_1V_1 = k, \quad P_2V_2 = k$$

と書くことができる．さらに

> ボイルの法則を適用するには，気体の量（物質量）は変えてはいけない．温度も一定でなければいけない．

$$P_1V_1 = k = P_2V_2 \quad \text{あるいは簡単に} \quad P_1V_1 = P_2V_2$$

と書ける．これはボイルの法則のもう一つの表記法である．最終時点での体積V_2は，

図13・5　表13・1のデータのプロット

図13・6　ボイルの法則の説明．三つの容器は同じ数の分子を含んでいる．298 Kでは三つの容器すべてにおいて$P \times V = 1$ L atmが成り立つ．

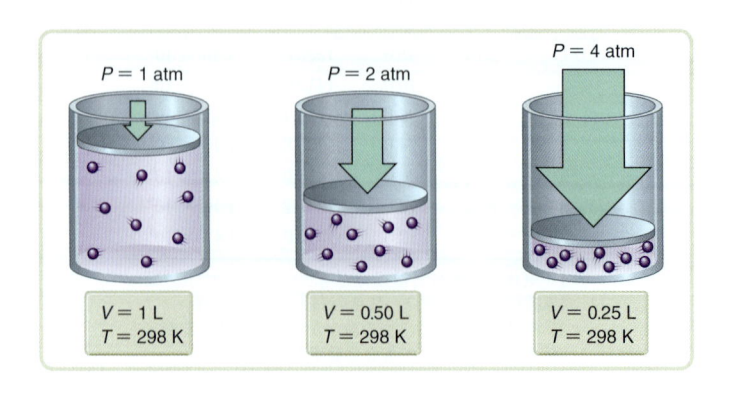

式の両辺を P_2 で割ることによって得られる.

$$\frac{P_1 V_1}{P_2} = \frac{P_2 V_2}{P_2}$$

右辺の P_2 項を相殺すると

$$\frac{P_1}{P_2} \times V_1 = V_2 \quad \text{あるいは} \quad V_2 = V_1 \times \frac{P_1}{P_2}$$

となる.この式は,例題 13・1 に示すように,最終時点での気体の体積 V_2 は,最初の体積 V_1 に最終時点での圧力と最初の圧力の比(P_1/P_2)を掛けることによって計算できることを示している.

例題 13・1 ボイルの法則を用いて体積を計算する

圧力 56 Torr のもとで気体状の CCl_2F_2 の試料が 1.5 L ある.温度が一定で圧力が 150 Torr に変わったとき,

a. 気体の体積は増加するか,それとも減少するか.
b. 気体の最終の体積はいくらか.

CCl_2F_2(商品名 フレオン 12)は冷媒として広く使用されてきたが,現在は,成層圏でのオゾン層の破壊をひき起こさない別の化合物に置き換えられている.

解答

求めるものは何か 圧力が変化したときの体積

わかっていることは何か
- 最初の圧力と体積,最終の圧力
- 気体の量と温度は一定
- ボイルの法則 $P_1 V_1 = P_2 V_2$

解法 a. 気体の法則の問題では最初の手順として,与えられた情報をもとの状態と最終の状態を表の形に書き直そう.

$$\begin{array}{ll} \text{最初の状態} & \text{最終の状態} \\ P_1 = 56 \text{ Torr} & P_2 = 150 \text{ Torr} \\ V_1 = 1.5 \text{ L} & V_2 = ? \end{array}$$

図を書くこともしばしば助けとなる.圧力が 56 Torr から 150 Torr に増加しているので体積は減少しなければならない.

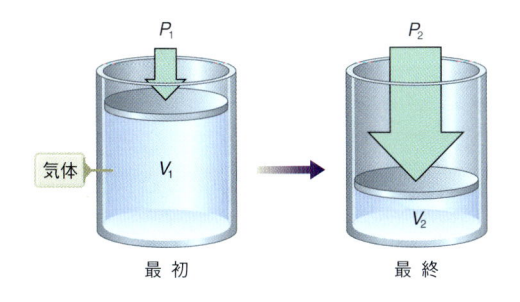

$P_1 V_1 \Rightarrow P_2 V_2$

ボイルの法則を用いて最終の体積 V_2 は次式で表すことができる.

$$V_2 = V_1 \times \frac{P_1}{P_2}$$

V_2 は P_1/P_2 比を用いて V_1 を"補正"することによって得られる.P_1 は P_2 よりも小さいので,P_1/P_2 の比は 1 よりも小さい数である.したがって V_2 は V_1 よりも小さな値となり,体積は減少する.

b. V_2 は次のように計算できる.

$$V_2 = V_1 \times \frac{P_1}{P_2} = 1.5\,\text{L} \times \frac{56\,\text{Torr}}{150\,\text{Torr}} = 0.56\,\text{L}$$

確認 圧力がほぼ3倍に増加したので,体積はほぼ3分の1に減少した.

Self-Check

練習問題 13・1 ネオンサインに使用されるネオンの試料は圧力 635 Torr のもとで 1.51 L の体積をもっている.785 Torr の圧力を示すネオンサインのガラス管の中にこのネオン気体を注入したとき,この気体の占める体積を求めよ.

例題 13・2 ボイルの法則を用いて圧力を計算する

自動車のエンジンでは気体状の燃料と空気の混合物がシリンダーに入り,点火前にピストンによって圧縮される.あるエンジンのシリンダーの最初の体積は 0.725 L であり,ピストンが作動し圧縮された後ではその体積は 0.075 L となる.燃料と空気の混合物は最初 1.00 atm の圧力をもっている.温度と気体の量は一定と仮定して圧縮された混合気体の圧力を計算せよ.

解答
求めるものは何か　体積が変化した後の燃料と空気の混合気体の新しい圧力
わかっていることは何か
・最初の体積と圧力,最終の体積
・気体の量と温度は一定
・ボイルの法則 $P_1V_1 = P_2V_2$

解法　与えられた情報をまとめると次のようになる.

最初の状態　　最終の状態
$P_1 = 1.00\,\text{atm}$　　$P_2 = ?$
$V_1 = 0.725\,\text{L}$　　$V_2 = 0.075\,\text{L}$

そこで P_2 を求めるためにボイルの法則を表す式 $P_1V_1 = P_2V_2$ の両辺を V_2 で割ることで次の式を得ることができる.

$$P_2 = P_1 \times \frac{V_1}{V_2} = 1.00\,\text{atm} \times \frac{0.725\,\text{L}}{0.075\,\text{L}} = 9.7\,\text{atm}$$

13・3 体積と温度: シャルルの法則

目的　絶対零度について学ぶ.物質量と圧力が一定のもとでの気体試料の体積と温度を関係づける法則について学び,その法則を用いて計算を行う

ボイルの発見につづいて,水素ガスを満たした気球を製作し,単独飛行に初めて成功したフランス人物理学者のシャルルは,一定量の気体の体積は(一定圧力のもと)気体の温度とともに増加することを示した.一定量の気体試料の体積を(一定圧力のもと)温度(セルシウス温度)に対してプロットすると,直線になる.この関係は図 13・7 に示すようにいくつかの気体に対してみられる挙動である.

図 13・7a の実線はそれぞれの気体に対する実際の温度と体積の測定値に基づいて

シャルル Jacque Charles, 1746〜1823

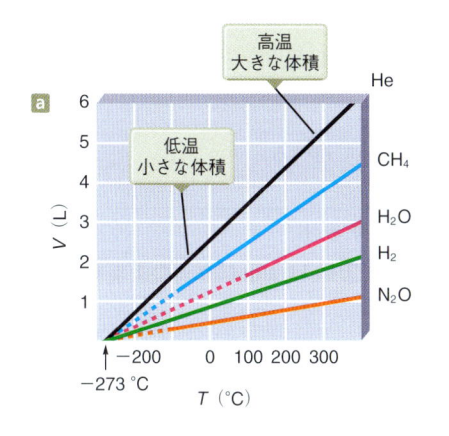

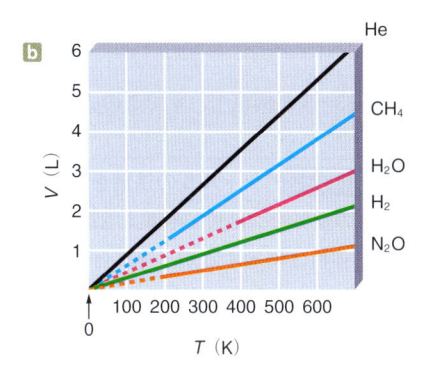

13・3 体積と温度：シャルルの法則　217

図 13・7
いくつかの気体に対する V 対 T のプロット．a それぞれの気体試料が異なる物質量をもち，プロットが広がっていることに注意．b a と同様に V 対 T のプロット．ただし，温度にケルビン目盛を用いているところが異なる．

いる．気体を冷却すると，最終的には，液化するためその温度より低いところで実験値を得ることはできない．しかし，それぞれの直線を伸ばすと（外挿とよばれ，破線で示されている）非常に興味深いことが見られる．すべての直線が同じ温度 −273 ℃ のところで体積が零になると外挿されるのである．負の体積というのは物理的に考えられないので，このことは −273 ℃ が可能な最も低い温度であることを示している．実際，物質を −273 ℃ よりも低い温度に冷やすことはできないことが実験によって示されている．そこでこの温度をケルビン単位で **絶対零度** と定義する．

0.00000002 K という温度は実験室で得ることができるが，0 K には決して到達することができない．

絶対零度 absolute zero

図 13・7a で示した気体の体積をセルシウス目盛ではなくケルビン目盛の温度に対してプロットすると，図 13・7b が得られる．これらのプロットは，それぞれの気体の体積は（ケルビン目盛の）温度と正比例し，温度が 0 K では零になると外挿されることを示している．たとえば，300 K で 1 L の気体があるとする．この気体の温度を 2 倍にして 600 K まで加熱すると（圧力は変えずに），体積も 2 倍の 2 L になる．図 13・7b に示す種々の気体に対する直線を見て，このことを確かめよう．

体積と温度（ケルビン目盛）の比例の関係は **シャルルの法則** とよばれる次式

$$V = bT$$

によって表される．ここで，T はケルビン目盛の温度，b は比例定数である．シャルルの法則では，気体試料の圧力は一定に保たれている．したがってこの式は，ある与えられた圧力のもとで一定量の気体について，気体の体積はケルビン目盛の温度に比例することを示している．

シャルルの法則 Charles's law

$$V = bT \quad \text{あるいは} \quad \frac{V}{T} = b = \text{一定}$$

二番目の式では，T（ケルビン目盛）と V の比が一定であることを示している．（ヘリウムについてこのことを欄外に示した）．したがって気体試料の温度（ケルビン目盛）を 3 倍にすると，気体の体積も 3 倍になる．

$$\frac{V}{T} = \frac{3 \times V}{3 \times T} = b = \text{一定}$$

シャルルの法則を V_1 と T_1（最初の状態）ならびに V_2 と T_2（最終の状態）に関して書くと次のようになる．

$$\frac{V_1}{T_1} = b \quad \text{そして} \quad \frac{V_2}{T_2} = b$$

ヘリウム（図 13・7b より）

V (L)	T (K)	b
0.9	100	0.01
1.8	200	0.01
2.7	300	0.01
3.6	400	0.01
5.3	600	0.01

すなわち

$$\frac{V_1}{T_1} = \frac{V_2}{T_2}$$

例題 13・3 と例題 13・4 でこの式の利用方法について述べる.

例題 13・3 シャルルの法則を用いて体積を計算する 1

2.0 L の空気を 298 K で収集し 278 K に冷却した. 圧力は 1.0 atm に保ったままである.
 a. 体積は増加するか, それとも減少するか.
 b. 278 K における空気の体積を計算せよ.

解答

求めるものは何か 温度が変化したときの体積

わかっていることは何か ・最初の温度と体積, 最終の温度
 ・気体の量と圧力は一定
 ・シャルルの法則 $\dfrac{V_1}{T_1} = \dfrac{V_2}{T_2}$

解法 a. 気体が冷却されるので気体の体積は減少する.

$$\frac{V}{T} = 一定$$

 T が減少するので比を一定に保つには *V* も減少しなければならない

 b. 新しい体積 V_2 を計算するのにシャルルの法則を用いる.

$$\frac{V_1}{T_1} = \frac{V_2}{T_2}$$

$T_1 = 298\,\text{K}$, $T_2 = 278\,\text{K}$, $V_1 = 2.0\,\text{L}$ なので

$$V_2 = T_2 \times \frac{V_1}{T_1} = 278\,\text{K} \times \frac{2.0\,\text{L}}{298\,\text{K}} = 1.9\,\text{L}$$

火山ガスの採集

$\dfrac{V_1}{T_1} \Rightarrow \dfrac{V_2}{T_2}$
温度が低くなれば体積は小さくなる.

例題 13・4 シャルルの法則を用いて体積を計算する 2

15 ℃ (1 atm) で 2.58 L の体積をもつ気体がある. 温度を 38 ℃ (1 atm) に上げたとき,
 a. 気体の体積は増加するか, それとも減少するか.
 b. 新しい体積を求めよ.

解答

求めるものは何か 温度が変化したときの体積

わかっていることは何か ・最初の温度と体積, 最終の温度
 ・気体の量と圧力は一定
 ・シャルルの法則 $\dfrac{V_1}{T_1} = \dfrac{V_2}{T_2}$

解法 a. この場合には, 一定圧力のもと 15 ℃ から 38 ℃ に加熱された一定量の気体試料がある. シャルルの法則から試料気体の体積は温度に比例する (一定圧力のもと) ことがわかっている. したがって温度が上昇すれば, 体積も増加し, 新しい体積は 2.58 L よりも増えるだろう.

 b. 新しい体積 V_2 を求めるのに, シャルルの法則を用いる.

$$\frac{V_1}{T_1} = \frac{V_2}{T_2}$$

ここで $T_1 = 15\,°C$, $T_2 = 38\,°C$, $V_1 = 2.58\,L$ である.
この場合のように温度がセルシウス目盛で与えられていることがしばしばある.ところがシャルルの法則を用いるためには,温度はケルビン目盛でなければならない.そこで変換するためにそれぞれの温度に 273 を加える.

$T_1 = 15\,°C = 15 + 273 = 288\,K$, $T_2 = 38\,°C = 38 + 273 = 311\,K$, $V_1 = 2.58\,L$ を代入し,V_2 について解くと,

$$V_2 = V_1 \times \frac{T_2}{T_1} = 2.58\,L \times \left(\frac{311\,K}{288\,K}\right) = 2.79\,L$$

となる.

練習問題 13・2 28 °C でシャボン玉を吹いた.その体積は 1 atm で 23 cm³ だった.このシャボン玉が上空に上って,シャボン玉の内部の空気が 18 °C に下がったとき,圧力が変化しないと仮定すると,シャボン玉は大きくなるか,それとも小さくなるか.シャボン玉の最終の体積を計算せよ. **Self-Check**

例題 13・4 から温度の変化に対して,気体の体積は最初の状態の体積にケルビン目盛の最初の温度 T_1 対最終の温度 T_2 の比 T_2/T_1 を掛けることによって計算できることを学んだ.温度が上がると(一定圧力のもと)体積は増え,逆に温度が下がれば体積も減る.

例題 13・5 シャルルの法則を用いて温度を計算する

35 °C,1 atm で 0.675 L の体積をもった気体について考えよう.この気体が 1 atm で 0.535 L の体積をもつような温度(セルシウス目盛)を求めよ.

解答
求めるものは何か 一定圧力のもと体積が減少した気体の新しい温度
わかっていることは何か
- 最初の体積と温度,最終の体積
- 気体の量と圧力は一定
- シャルルの法則 $\dfrac{V_1}{T_1} = \dfrac{V_2}{T_2}$

解法 圧力は一定なので,シャルルの法則を使えばよい.

$$\frac{V_1}{T_1} = \frac{V_2}{T_2}$$

$T_1 = 35\,°C = 35 + 273 = 308\,K$,$V_1 = 0.675\,L$,$V_2 = 0.535\,L$ なので,T_2 について解くと,次式が得られる.

$$T_2 = T_1 \times \frac{V_2}{V_1} = (308\,K) \times \frac{0.535\,\cancel{L}}{0.675\,\cancel{L}} = 244\,K$$

K の単位を °C の単位に変換するためにケルビン温度から 273 を差し引く.

$$T_C = T_K - 273 = 244 - 273 = -29\,°C$$

部屋は非常に寒く,最終の温度は $-29\,°C$ である.

13・4 体積と物質量: アボガドロの法則

目的 一定の温度と圧力のもとでの気体の体積と物質量を関係づける法則を理解し,この法則を用いて計算を行う

気体の体積とその気体中に含まれる分子の数の間にはどのような関係があるだろうか. 実験によると, 気体の物質量が (一定の温度と圧力のもと) 2 倍になると体積が 2 倍になる. いいかえると, 温度と圧力が一定に保たれていれば, 気体の体積は気体の物質量に比例する. 図 13・8 にこの関係を示す. またその関係は次式で表される.

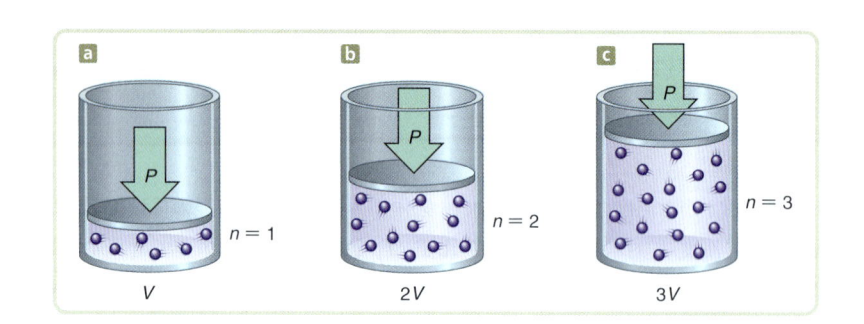

$$V = an \quad \text{あるいは} \quad \frac{V}{n} = a$$

図 13・8

体積 V と物質量 n の関係. 物質量が 1 から 2 へと (a から b へと) 増加すると, 体積は倍になる. 物質量が 3 倍になると (c), 体積も 3 倍になる. なお, 温度と圧力は一定に保たれている.

ここで V は気体の体積, n は物質量, そして a は比例定数である. この式は温度と圧力が一定である限り, V 対 n の比が一定であることを意味している. したがって, 気体の物質量が 5 倍に増えると, 体積も 5 倍になる.

$$\frac{V}{n} = \frac{5 \times V}{5 \times n} = a = 一定$$

要するに, この式は, 一定の温度と圧力のもとでは, 気体の体積は物質量に比例することを示している. この関係は, 1811 年にこのことを提案したイタリア人科学者のアボガドロの名前をとって, **アボガドロの法則**とよばれている.

アボガドロ Amadeo Avogadro
アボガドロの法則 Avogadro's law

気体の物質量が最初の値 n_1 から別の値 n_2 に変化する場合には (一定の温度と圧力のもと), アボガドロの法則は次のように表現される.

$$\underbrace{\frac{V_1}{n_1}}_{\text{最初の量}} = a = \underbrace{\frac{V_2}{n_2}}_{\text{最終の量}} \quad \text{あるいは} \quad \frac{V_1}{n_1} = \frac{V_2}{n_2}$$

例題 13・6 でこの式の使い方を説明しよう.

例題 13・6 アボガドロの法則を用いて計算する

25 ℃, 1 atm で 0.50 mol を含んだ 12.2 L の酸素ガスがある. 同じ温度と圧力のもと, この酸素が反応してすべてオゾン O_3 に変化したとき, 生成するオゾンの体積はいくらか.

解答

求めるものは何か 0.5 mol の O_2 から生成するオゾン O_3 の体積

わかっていることは何か
- 酸素の最初の物質量と体積
- 温度と圧力は一定
- アボガドロの法則 $\dfrac{V_1}{n_1} = \dfrac{V_2}{n_2}$

必要な情報は何か 釣合のとれた反応式

解法 この問題を解くには,もともと存在した気体の物質量を反応後に生成する気体の物質量と比較する必要がある.もともと 0.50 mol の O_2 が存在していたことがわかっている.反応後に何モルの O_3 が生成するかを知るためには,釣合のとれた反応式が必要である.

$$3O_2(g) \longrightarrow 2O_3(g)$$

この釣合のとれた反応式から導かれるモル比を用い,生成する O_3 の物質量を計算すればよい.

$$0.5 \text{ mol } O_2 \times \dfrac{2 \text{ mol } O_3}{3 \text{ mol } O_2} = 0.33 \text{ mol } O_3$$

次にアボガドロの法則を利用する.

$$\dfrac{V_1}{n_1} = \dfrac{V_2}{n_2}$$

ここで $n_1 = 0.50$ mol,$n_2 = 0.33$ mol,$V_1 = 12.2$ L なので,V_2 に対してアボガドロの法則を解くと

$$V_2 = V_1 \times \dfrac{n_2}{n_1} = 12.2 \text{ L} \times \left(\dfrac{0.33 \text{ mol}}{0.50 \text{ mol}} \right) = 8.1 \text{ L}$$

となる.O_2 が O_3 に変化すると気体中に存在する物質量が少なくなるので,体積は減少する.

練習問題 13・3 窒素ガス(N_2 分子からなる)の試料が二つある.試料 1 は 25 ℃,1 atm で 1.5 mol の N_2 を含み体積は 36.7 L である.試料 2 は 25 ℃,1 atm で,体積は 16.5 L である.試料 2 の N_2 の物質量を求めよ.

13・5 理想気体の法則

目的 理想気体の法則を理解し,計算に用いる

ここまで,実験によって明らかになった気体の挙動を記述する三つの法則について説明してきた.

ボイルの法則　　　$PV = k$　あるいは　$V = \dfrac{k}{P}$（T と n は一定）

シャルルの法則　　$V = bT$（P と n は一定）

アボガドロの法則　$V = an$（T と P は一定）

気体の体積が圧力,温度ならびに存在する気体の物質量とどのようにかかわりあって

いるかを示すこれら三つの関係は次式にまとめることができる．

$$V = R\left(\frac{Tn}{P}\right)$$

気体定数 gas constant

ここで R はそれぞれの比例定数をまとめた新しい比例定数で，**気体定数**とよばれるものである．圧力が atm 単位で，そして体積がリットル（L）単位で表されるとき，R は常に 0.08206 L atm/K mol の値をとる．上の式の両辺に P を掛けると

$$P \times V = \not{P} \times R\left(\frac{Tn}{\not{P}}\right)$$

理想気体の法則 ideal gas law

となり，次の一般的な形の**理想気体の法則**を得ることができる．

$$PV = nRT$$

理想気体の法則は気体のもつ重要な四つの性質である圧力 P，体積 V，物質量 n，ならびに温度 T を含んでいる．これらのうちの三つがわかれば気体の状態を完全に定義することができる．なぜなら四番目の性質は理想気体の法則から導くことができるからである．

理想気体 ideal gas

理想気体の法則は気体の性質についての実験観察に基づいている．この式に従う気体は，理想的な挙動をする気体とよばれる．すなわち，この式が**理想気体**のふるまいを決定する．多くの気体は，温度が 0 °C 以上で圧力が 1 atm 以下の条件ではほぼこの式に従ったふるまいをする．本書の気体を扱った問題を解くときには，理想気体としてのふるまいを考えればよい．

理想気体の法則は種々の問題を解くのに用いることができる．例題 13・7 はある気体について三つの性質が与えられているときに，気体の状態を特徴づけるもう一つの性質を求める問題である．

例題 13・7 理想気体の法則を使って計算する

0 °C，1.5 atm で，8.56 L の体積をもった水素ガス H_2 の試料がある．この気体試料中にある H_2 の物質量を求めよ．気体は理想気体としてふるまうと仮定せよ．

解答

求めるものは何か　水素ガス H_2 中にある分子の物質量
わかっていることは何か　・水素ガスの温度，圧力，体積
　　　　　　　　　　　　・理想気体の法則　$PV = nRT$
必要な情報は何か　・$R = 0.08206$ L atm/K mol
解法　この問題では，気体の圧力，体積，そして温度が与えられている．$P = 1.5$ atm，$V = 8.56$ L，そして $T = 0$ °C である．温度はケルビン温度に変換しなければならない．

$$T = 0\,°\mathrm{C} = 0 + 273 = 273\,\mathrm{K}$$

理想気体の法則，$PV = nRT$ を使って，存在する気体の物質量を計算することができる．両辺を RT で割ることによって n を求めることができる．

$$\frac{PV}{RT} = n\frac{\not{RT}}{\not{RT}} \quad \text{から} \quad \frac{PV}{RT} = n \quad \text{が得られる．}$$

したがって，

$$n = \frac{PV}{RT} = \frac{(1.5 \text{ atm})(8.56 \text{ L})}{\left(0.08206 \dfrac{\text{L atm}}{\text{K mol}}\right)(273 \text{ K})} = 0.57 \text{ mol}$$

練習問題 13・4 1.00 atm で 2.70×10^6 L の体積をもつ 1.10×10^5 mol の He を含む気球がある．気球中のヘリウムの温度をケルビン温度とセルシウス温度で答えよ． Self-Check

例題 13・8 単位の変換を行ったのち理想気体の法則を用いて計算する

25 ℃，371 Torr のもとで二酸化炭素 0.250 mol の体積はいくらか．

解答

求めるものは何か　二酸化炭素の体積

わかっていることは何か　・二酸化炭素の物質量，圧力，温度
　　　　　　　　　　　　　・理想気体の法則　$PV = nRT$

必要な情報は何か　・$R = 0.08206$ L atm/K mol

解法　体積を求めるのに理想気体の法則を使うことができるが，その前に圧力を atm に，そして温度をケルビン温度に変換しなければならない．

$$P = 371 \text{ Torr} = 371 \text{ Torr} \times \frac{1.000 \text{ atm}}{760.0 \text{ Torr}} = 0.488 \text{ atm}$$

$$T = 25 \text{ ℃} = 25 + 273 = 298 \text{ K}$$

理想気体の法則 $PV = nRT$ の両辺を P で割ることで V を求めることができる．

$$V = \frac{nRT}{P} = \frac{(0.250 \text{ mol})\left(0.08206 \dfrac{\text{L atm}}{\text{K mol}}\right)(298 \text{ K})}{0.488 \text{ atm}} = 12.5 \text{ L}$$

CO_2 の試料の体積は 12.5 L である．

練習問題 13・5 ラドンは自然界に存在する放射能をもつ気体である．33 ℃で 21.0 L の体積をもつラドンガス 1.5 mol の試料がある．この気体の圧力はいくらか． Self-Check

R は L atm/K mol 単位をもっている．したがって理想気体の法則を用いるときはいつも，体積はリットルで，温度はケルビン温度で，そして圧力は atm で表さなければならない．これら以外の単位で示されている場合には，まず単位を変換しなければならない．

例題 13・9 に示すように気体の状態が変化したときに起こる変化を計算する場合にも理想気体の法則を用いることができる．

例題 13・9 理想気体の法則を用いて変化する圧力を求める

25 ℃，1.68 atm で，3.5 L の体積をもった 0.240 mol のアンモニアガスの試料がある．この気体を 25 ℃ で 1.35 L の体積に圧縮する．そのときの圧力を理想気体の法則を用いて求めよ．

解答

求めるものは何か　体積が変化したときのアンモニアガスの圧力

わかっていることは何か
- アンモニアの最初の物質量，圧力，体積ならびに温度
- 最終の体積
- 理想気体の法則　$PV = nRT$

解法　この問題では，状態が変化するアンモニアガスの試料がある．次の情報が与えられている．

最初の状態	最終の状態
$V_1 = 3.5$ L	$V_2 = 1.35$ L
$P_1 = 1.68$ atm	$P_2 = ?$
$T_1 = 25\ °C = 25 + 273 = 298$ K	$T_2 = 25\ °C = 25 + 273 = 298$ K
$n_1 = 0.240$ mol	$n_2 = 0.240$ mol

n と T は一定に保たれており，P と V だけが変化していることに注意しよう．したがって P_2 を求めるには単にボイルの法則 $P_1V_1 = P_2V_2$ を用いればよい．しかし，一つの式，すなわち，理想気体の法則を表す式がいかなる気体の問題にも使用できるということを示すために，ここではこの問題を解くのに理想気体の法則を用いる．一般的な形の理想気体の法則 $PV = nRT$ から出発して，この式を，変化するすべての項を左辺に集め，また変化しないすべての項は右辺に集めるように変形する．この例では圧力と体積が変化し，温度と物質量は一定のままである（定義によって R も一定）．したがって理想気体の法則は次のように表される．

$$\underset{\text{変化する}}{PV} = \underset{\text{一定値のまま}}{nRT}$$

この場合には $n, R,$ と T は変化せず同じなので，$P_1V_1 = nRT$，$P_2V_2 = nRT$ と書くことができる．これらをあわせると，

$$P_1V_1 = nRT = P_2V_2 \quad \text{あるいは簡単に} \quad P_1V_1 = P_2V_2$$

となる．したがって，P_2 は次式で求めることができる．

$$P_2 = P_1 \times \frac{V_1}{V_2} = (1.68\ \text{atm})\left(\frac{3.5\ \text{L}}{1.35\ \text{L}}\right) = 4.4\ \text{atm}$$

Self-Check　**練習問題 13・6**　5 °C で 3.8 L の体積をもつメタンガスの試料を圧力一定のもと 86 °C に加熱した．そのときの体積を求めよ．

ひき続き例題 13・10 で理想気体の法則を用いる問題を取上げる．鍵となる考え方は，変化する数量を式の左辺に集め，変化せず一定の値をとる数量を右辺に集めるように式を変形することである．

例題 13・10　理想気体の法則を用いて変化する体積を求める

空気中で発火する物質であるジボランガス B_2H_6 の試料があり，$-15\ °C$，0.454 atm で体積は 3.48 L である．温度が 36 °C に，そして圧力が 0.616 atm に変化したとき，この試料の体積はいくらになるか．

解答
求めるものは何か　ジボランガスの体積

わかっていることは何か　• ジボランガスの最初の圧力，体積，温度

　　　　　　　　　　　• 最終の温度と圧力

解法　$P_1 = 0.454$ atm，$V_1 = 3.48$ L，$T_1 = -15\,°C = 273 - 15 = 258$ K，$P_2 = 0.616$ atm，$T_2 = 36\,°C = 273 + 36 = 309$ K が与えられている．n の値は与えられていない．しかし，ジボランガスの量は増減がないので，n の値は一定である．したがってこの実験では，n は一定で，P, V，そして T が変化する．そこで理想気体の法則 $PV = nRT$ の両辺を T で割ることによって整理し直すと，

$$\frac{PV}{T} = nR$$

変化する　　一定

> 理想気体の法則を利用するときは，必ず温度はケルビン温度にそして圧力は気圧に変換しなければならない．

となり，次式が得られる

$$\frac{P_1V_1}{T_1} = nR = \frac{P_2V_2}{T_2} \quad \text{あるいは簡単に} \quad \frac{P_1V_1}{T_1} = \frac{P_2V_2}{T_2}$$

次に V_2 について解くために両辺を P_2 で割り，さらに T_2 を両辺に掛けると，

$$\frac{1}{P_2} \times \frac{P_1V_1}{T_1} = \frac{P_2V_2}{T_2} \times \frac{1}{P_2} = \frac{V_2}{T_2}$$

$$T_2 \times \frac{P_1V_1}{P_2T_1} = \frac{V_2}{T_2} \times T_2 = V_2$$

すなわち

$$\frac{T_2P_1V_1}{P_2T_1} = V_2$$

となる．最初の温度と圧力の比ならびに最終の温度と圧力の比の項を考えることはしばしば便利である．

$$V_2 = \frac{T_2P_1V_1}{T_1P_2} = V_1 \times \frac{T_2}{T_1} \times \frac{P_1}{P_2}$$

与えられた数値を代入すると，V_2 が得られる．

$$V_2 = 3.48\,\text{L} \times \frac{309\,\text{K}}{258\,\text{K}} \times \frac{0.454\,\text{atm}}{0.616\,\text{atm}} = 3.07\,\text{L}$$

練習問題 13・7　13 °C，0.747 atm で体積が 11.0 L のアルゴンガスを加熱して 56 °C，1.18 atm に変化させた．このときの体積を求めよ．

13・6　ドルトンの分圧の法則

目的　混合気体の分圧と全圧の間の関係を理解し，計算に利用する

　重要な気体の多くはいろいろな成分の混合物である．代表的な例が空気である．50 メートル以上深くもぐるスキューバダイバーはヘリウムと酸素の混合気体を使用する．水面下百メートルの高い圧力のもとでは，窒素ガスが大量にダイバーの血液に溶け込むため，ふつうの空気は使用できない．ダイバーが海面にあまりに速く戻ると，ちょうどソーダ水の栓をあけたときにシューシューと音を立てて泡立つように，血液から窒素が沸き立ち，ダイバーは激しい痛みを感じたり致命的な状態になる．これに対しヘリウムはほんのわずかしか血液に溶けないのでこの問題を起こさない．

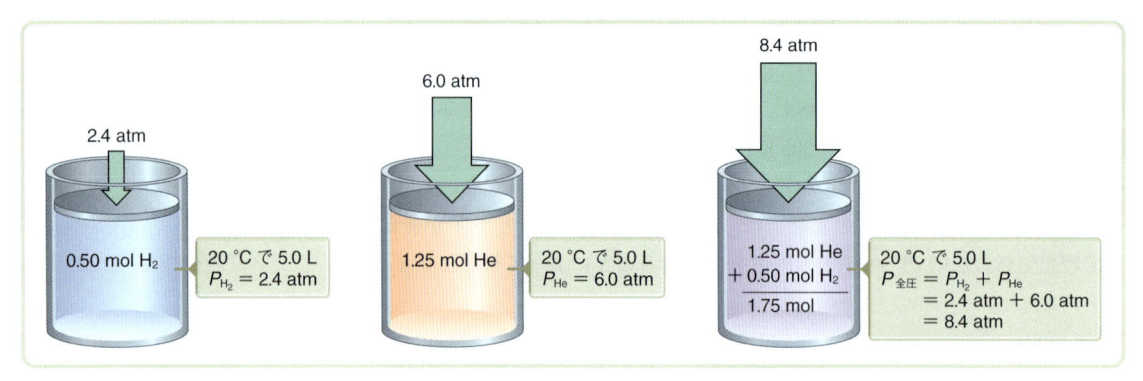

図 13·9 分圧と全圧. 2種類の気体が存在するとき, 全圧はそれぞれの気体の分圧の和である.

混合気体では, おのおのの成分は互いに独立してふるまう. いいかえると, ある量の酸素はそれが単独で存在していても, 空気中の窒素やヘリウムと一緒に存在していても 1.0 L の容器中において同じ圧力を及ぼす.

ドルトン John Dalton

混合気体について研究した最初の科学者のひとりがドルトンである. 1803 年にドルトンは観察結果を次のように報告した. 容器中の気体の混合物の全圧は存在する気体それぞれの分圧の和である. 気体の**分圧**とは, その気体が容器中に単独で存在するときの圧力である. **ドルトンの分圧の法則**として知られるこの法則は三つの気体を含む混合物に対して次のように表現できる.

分圧 partial pressure
ドルトンの分圧の法則 Dalton's law of partial pressure

$$P_{全圧} = P_1 + P_2 + P_3$$

ここで下に小さく書いた数字はそれぞれの気体 (気体 1, 気体 2, 気体 3) を示す. 圧力 P_1, P_2, P_3 は分圧であり, それぞれの気体の圧力は全圧の一部になっている (図 13·9).

それぞれの気体が理想的にふるまうと仮定すると, 理想気体の法則からそれぞれの気体の分圧を計算することができる.

$$P_1 = \frac{n_1 RT}{V}, \quad P_2 = \frac{n_2 RT}{V}, \quad P_3 = \frac{n_3 RT}{V}$$

混合気体の全圧 $P_{全圧}$ は次のように表される.

$$\begin{aligned} P_{全圧} &= P_1 + P_2 + P_3 = \frac{n_1 RT}{V} + \frac{n_2 RT}{V} + \frac{n_3 RT}{V} \\ &= n_1 \left(\frac{RT}{V}\right) + n_2 \left(\frac{RT}{V}\right) + n_3 \left(\frac{RT}{V}\right) = (n_1 + n_2 + n_3)\left(\frac{RT}{V}\right) \\ &= n_{全体}\left(\frac{RT}{V}\right) \end{aligned}$$

ここで $n_{全体}$ は混合気体中のおのおのの気体の物質量の和である. したがって理想気体の混合物において重要なのは気体粒子の物質量の総和であり, おのおのの気体粒子が何であるかは重要ではない. この考え方を図 13·10 で説明する.

理想気体によって生じる圧力が気体粒子の数に影響を受け, 気体の種類には依存しないという事実から理想気体について次の二つの重要なことがいえる.

1. 個々の気体粒子 (原子あるいは分子) の体積は無視できる.

13·6 ドルトンの分圧の法則　227

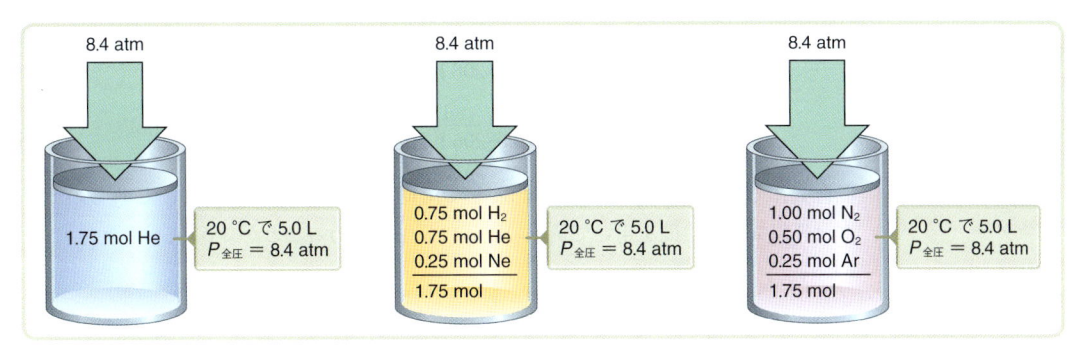

8.4 atm	8.4 atm	8.4 atm
1.75 mol He	0.75 mol H$_2$ 0.75 mol He 0.25 mol Ne 1.75 mol	1.00 mol N$_2$ 0.50 mol O$_2$ 0.25 mol Ar 1.75 mol
20 ℃ で 5.0 L $P_{全圧}$ = 8.4 atm	20 ℃ で 5.0 L $P_{全圧}$ = 8.4 atm	20 ℃ で 5.0 L $P_{全圧}$ = 8.4 atm

図 13·10　気体粒子の物質量と全圧．混合気体の全圧は存在する気体粒子（原子あるいは分子）の物質量に依存し，粒子の種類には依存しない．これら三つの試料は，それぞれ 1.75 mol の気体を含んでいるので，いずれも同じ圧力を示す．混合物の詳しい性質は重要ではない．

2. 粒子どうしの間に働く力も重要ではない．

もしこれらの因子が重要であれば，気体の圧力は個々の粒子の種類に依存することになる．たとえば，アルゴン原子はヘリウム原子に比べずっと大きい．しかし，20 ℃で 5.0 L 容器の中にある 1.75 mol のアルゴンガスは，20 ℃ で 5.0 L 容器の中にある 1.75 mol のヘリウムガスと同じ圧力を示す．

　同じ考え方が粒子間に働く力についても適用できる．気体粒子間に働く力は粒子の種類に依存するが，理想気体のふるまいにはほとんど影響を及ぼさない．これらの観察結果は理想気体のふるまいを説明するために構築するモデルに大きな影響を与える．

例題 13·11　ドルトンの分圧の法則の利用 1

ヘリウムと酸素の混合気体が潜水用ボンベに用いられる．25 ℃，1.0 atm で 12 L の O$_2$ と 25 ℃，1 atm で 46 L の He が 5.0 L のボンベに詰められた．25 ℃ におけるボンベ内でのそれぞれの気体の分圧ならびに全圧を求めよ．

解答
求めるものは何か　ボンベ内のヘリウムと酸素の分圧と全圧
わかっていることは何か
・二つの気体の最初の体積，圧力，温度
・ボンベの最終の体積
・温度は一定に保たれている．
・理想気体の法則　$PV = nRT$
・ドルトンの分圧の法則　$P_{全圧} = P_1 + P_2 + \cdots$

必要な情報は何か　・$R = 0.08206$ L atm/K mol
解法　個々の気体の分圧は存在する気体の物質量に依存するので，まず最初に，理想気体の法則を使って個々の気体の物質量を求めなければならない．

$$n = \frac{PV}{RT}$$

問題から $P = 1.0$ atm，O$_2$ に対して $V = 12$ L，He に対して $V = 46$ L，$T = 25 + 273 = 298$ K が得られる．さらに $R = 0.08206$ L atm/K mol もわかっている．

$$\text{O}_2 \text{ の物質量} = n_{\text{O}_2} = \frac{(1.0 \text{ atm})(12 \text{ L})}{(0.08206 \text{ L atm/K mol})(298 \text{ K})} = 0.49 \text{ mol}$$

$$\text{He の物質量} = n_{\text{He}} = \frac{(1.0 \text{ atm})(46 \text{ L})}{(0.08206 \text{ L atm/K mol})(298 \text{ K})} = 1.9 \text{ mol}$$

混合気体の入ったボンベの容積は 5.0 L で温度は 25 ℃ (298 K) である．これらのデータと理想気体の法則を用いて個々の気体の分圧を求めることができる．

$$P = \frac{nRT}{V}$$

$$P_{\text{O}_2} = \frac{(0.49 \text{ mol})(0.08206 \text{ L atm/K mol})(298 \text{ K})}{5.0 \text{ L}} = 2.4 \text{ atm}$$

$$P_{\text{He}} = \frac{(1.9 \text{ mol})(0.08206 \text{ L atm/K mol})(298 \text{ K})}{5.0 \text{ L}} = 9.3 \text{ atm}$$

全圧は分圧の和である．

$$P_{\text{全圧}} = P_{\text{O}_2} + P_{\text{He}} = 2.4 \text{ atm} + 9.3 \text{ atm} = 11.7 \text{ atm}$$

ヘリウムの分圧は酸素の分圧よりも大きい．このことは，ヘリウムと酸素の最初の温度と圧力は同じであるが，ヘリウムの最初の体積は酸素のそれに比べるとずっと大きいことを考えれば理にかなっている．

Self-Check 練習問題 13・8 25 ℃ のもと窒素と酸素の混合気体を含む 2.0 L の容器がある．混合気体の全圧は 0.91 atm で混合気体には窒素 0.050 mol が含まれていることがわかっている．酸素の分圧と存在する酸素の物質量を求めよ．

気体を水上置換によって集めるときはいつも混合気体が生成する．たとえば図 13・11 は，固体である塩素酸カリウムの分解によって酸素ガスを捕集する装置である．気体はもともと水で満たされているびんに集められる．したがって，びんの中の気体は実際には水蒸気と酸素の混合気体である．（水分子が液体表面から逃げ，液体の上の空間に水蒸気として集まる．）そのためこの混合気体によって生み出される全圧は捕集された酸素ガスの分圧と水蒸気の分圧の和である．水蒸気の分圧は水蒸気圧とよばれる．水分子は冷たい水から蒸発するよりも熱い水からのほうが蒸発しやすいため水の**蒸気圧**は温度が高くなるにつれて増大する．表 13・2 に種々の温度における水蒸気圧を示す．

蒸気圧 vapor pressure

表 13・2 温度と水蒸気圧の関係

T (℃)	P (Torr)
0.0	4.579
10.0	9.209
20.0	17.535
25.0	23.756
30.0	31.824
40.0	55.324
60.0	149.4
70.0	233.7
90.0	525.8

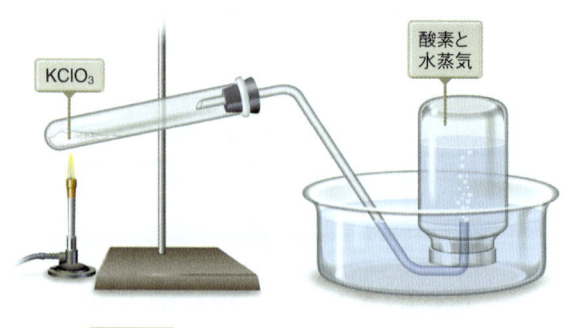

図 13・11 KClO₃ の熱分解による酸素の生成

例題 13・12　ドルトンの分圧の法則の利用 2

固体の塩素酸カリウム $KClO_3$ の試料を試験管の中で加熱した（図 13・11）．

$$2KClO_3(s) \longrightarrow 2KCl(s) + 3O_2(g)$$

生成する酸素を 22 ℃ で水上置換によって捕集した．得られた O_2 と水蒸気の混合気体の圧力は 754 Torr，体積は 0.650 L だった．捕集した気体中の O_2 の分圧ならびに O_2 の物質量を求めよ．なお，22 ℃ における水蒸気圧は 21 Torr である．

解答

求めるものは何か　捕集した酸素の分圧と物質量

わかっていることは何か
- 捕集した気体の温度，全圧，ならびに体積
- 捕集した温度での水の蒸気圧
- 理想気体の法則　$PV = nRT$
- ドルトンの分圧の法則　$P_{全圧} = P_1 + P_2 + \cdots$

必要な情報は何か
- $R = 0.08206$ L atm/K mol

解法　全圧（754 Torr）と水の分圧（水蒸気圧 = 21 Torr）がわかっている．ドルトンの分圧の法則から O_2 の分圧を知ることができる．

$$P_{全圧} = P_{O_2} + P_{H_2O} = P_{O_2} + 21\ \text{Torr} = 754\ \text{Torr}$$
$$P_{O_2} + 21\ \text{Torr} = 754\ \text{Torr}$$
$$P_{O_2} = 754\ \text{Torr} - 21\ \text{Torr} = 733\ \text{Torr}$$

次に理想気体の法則を用いて O_2 の物質量を求めればよい．

$$n_{O_2} = \frac{P_{O_2} V}{RT}$$

ここで $P_{O_2} = 733$ Torr である．圧力は次のように atm 単位に変換しておく．

$$\frac{733\ \text{Torr}}{760\ \text{Torr/atm}} = 0.964\ \text{atm}$$

次に，$V = 0.650$ L，$T = 22\ ℃ = 22 + 273 = 295$ K，$R = 0.08206$ L atm/K mol を代入して

$$n_{O_2} = \frac{(0.964\ \text{atm})(0.650\ \text{L})}{(0.08206\ \text{L atm/K mol})(295\ \text{K})} = 2.59 \times 10^{-2}\ \text{mol}$$

練習問題 13・9　25 ℃ で，水上置換で捕集した水素ガスの試料がある．混合気体によって占められた体積は 0.500 L で全圧は 0.950 atm である．H_2 の分圧と存在する H_2 の物質量を求めよ．ただし，25 ℃ での水の蒸気圧は 24 Torr である．

Self-Check

13・7　気体分子運動論

目的　分子運動論の基本的な仮説を理解する

　理想気体のふるまいを説明する比較的簡単な理論が**分子運動論**である．この理論は気体中の個々の粒子（原子あるいは分子）のふるまいについての推測に基づいている．分子運動論における仮説は，次のようにまとめることができる．

分子運動論 kinetic molecular theory

気体分子運動論 kinetic molecular theory of gases

気体分子運動論における仮説
1. 気体は微小な粒子（原子あるいは分子）からなっている．
2. これらの粒子は，互いの距離に比べて非常に小さいので，個々の粒子の体積（大きさ）は無視できる（0である）．
3. 粒子は絶えず無秩序に運動している．容器の壁への衝突を繰返しており，この壁に対する衝突が気体による圧力となる．
4. 粒子間には引力も斥力も働かない．
5. 気体粒子の平均運動エネルギーは，気体のケルビン温度に比例する．

仮説5で述べた運動エネルギーとは粒子の運動に関するエネルギーのことである．運動エネルギー（KE）は方程式 $KE = \frac{1}{2}mv^2$ によって表される．ここで m は粒子の質量，v はその速度（速さ）である．粒子の質量あるいは速度が大きくなると，その運動エネルギーは大きくなる．仮説5から気体が高い温度に熱せられると，粒子の平均速度が大きくなり，そのため粒子のもつ運動エネルギーが大きくなることがわかる．

実在する気体（実在気体）は，ここで述べた五つの仮説に正確には従わないが，次節において，これらの仮説が理想的な気体のふるまい，すなわち高温かつ，あるいは低圧での実在気体のふるまいを説明できることを学ぶ．

13・8 分子運動論が意味するもの

目的 温度という用語を理解する．分子運動論がいかに気体の法則を説明するかを学ぶ

本節では分子運動論と気体の性質の間の定性的な関係について解説する．すなわち，数学的な詳細な取扱いには立ち入らず，分子運動論によって気体の観測されるいくつかの性質がいかに説明できるかを示す．

▶温度が意味するもの

2章で温度を便宜的に温度計で測るものとして紹介した．物体の温度が高くなると，その物体にふれたとき，"熱い"と感じる．しかし温度とはいったい何なのだろうか．"熱い"と感じるとき，何が変化したのだろうか．10章で温度は分子の運動の指標であると説明した．分子運動論はこの考え方をより一歩先に進めるものである．分子運動論の仮説5で示しているように，気体の温度は，個々の気体粒子が平均値として，どんな速度で運動するかを反映している．高い温度では粒子は非常に速く動き，頻繁に容器の壁に衝突する．一方，低い温度では粒子の動きはより遅く，容器の壁に衝突する回数はずっと少ない．したがって温度は，気体粒子の運動の尺度である．気体のケルビン温度は気体粒子の平均運動エネルギーに比例する．

▶圧力と温度の関係

上で述べた温度の意味するものが，いかに気体のふるまいを説明する手助けとなるかを確かめるために強固な容器に入った気体について考えよう．この気体を高温に加熱すると，粒子はより速く動き，より頻繁に壁に衝突するようになる．そして，もち

ろん，粒子がより速く動けば衝撃はより強くなる．圧力が粒子の壁への衝突によるものであれば，気体の圧力は温度の上昇とともに大きくなる．加熱された気体の圧力を測定するときに観測される結果はそうだろうか．答はイエスである．強固な容器に入れられた試料の圧力は（体積が変化しないとすると）温度の上昇とともに大きくなる．

▶体積と温度の関係

動かせるピストンのついた容器の中の気体について考えよう．図 13・12 の上に示すように，気体の圧力 $P_{気体}$ は外部からの圧力 $P_{外圧}$ とちょうど釣合っている．この気体を加熱すると，温度が上がるにつれ粒子はより速く動き，その結果気体の圧力を増大させる．気体の圧力 $P_{気体}$ が $P_{外圧}$（ピストンを押している圧力）よりも大きくなるとただちにピストンは $P_{気体} = P_{外圧}$ になるところまで移動する．したがって分子運動論から圧力一定のもとで気体の温度を上げると気体の体積が大きくなることが予測できる（図 13・12 下）．この予測は実験結果と一致する（シャルルの法則）．

例題 13・13 分子運動論を使って気体の法則に関する観測を説明する

体積が減少したとき（n と T は一定），気体の圧力がどうなるかを予測するのに分子運動論を用いよ．この予測は実験結果と一致するか．

解答 気体の体積を減らすと（容器の容量を小さくすると）壁と壁の間が狭くなるので粒子はより頻繁に壁に衝突する．このことから圧力は大きくなることが予想される．理論に基づいたこの予測は気体のふるまいの実験結果と一致する（ボイルの法則）．

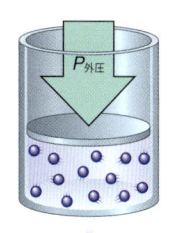

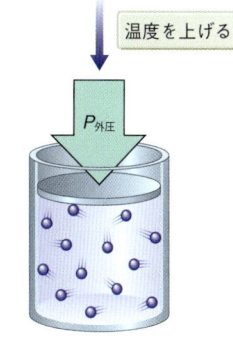

図 13・12
体積と温度の関係．動かせるピストンのついた容器中の気体の圧力 $P_{気体}$ は外部からの圧力 $P_{外圧}$ と釣合っている（$P_{気体} = P_{外圧}$）．ここで $P_{外圧}$ を一定に保ち，気体の温度を上げると，運動量が増した粒子はピストンを押し上げ，気体の体積を増加させる．

13・9 気体の化学量論

目的 理想気体のモル体積および標準状態の定義を理解する

本章では理想気体の法則がいかに有用であるかを繰返し述べてきた．たとえば，ある与えられた気体試料について，圧力，体積，ならびに温度がわかっていれば，存在する気体の物質量を求めることができる．すなわち $n = PV/RT$．この事実から気体を含む反応に対して化学量論的な計算をすることが可能となる．この手順を例題 13・14 でみてみよう．

例題 13・14 気体の化学量論: 体積を求める

25 ℃，1.00 atm で，塩素酸カリウム 10.5 g を完全に分解して得られる酸素ガスの体積を求めよ．反応に対する釣合のとれた反応式は次のとおりである．

$$2\,KClO_3(s) \longrightarrow 2\,KCl(s) + 3\,O_2(g)$$

解答
求めるものは何か $KClO_3$ の分解によって捕集される酸素の体積
わかっていることは何か
・酸素ガスの温度と圧力
・$KClO_3$ の質量
・釣合のとれた反応式

必要な情報は何か
- 理想気体の法則　$PV = nRT$
- $R = 0.08206 \text{ L atm/K mol}$
- 酸素ガスの物質量
- $KClO_3$ のモル質量

解法　この問題は9章で解説したものに非常によく似た化学量論の問題である．唯一違う点は求めるものが気体生成物のグラム数ではなく体積というところである．そのためには，物質量と理想気体の法則から得られる体積との間の関係を用いればよい．

この問題を解くのに必要な手順を次の図にまとめる．

$KClO_3$ のグラム数 $\xrightarrow{1}$ $KClO_3$ の物質量 $\xrightarrow{2}$ O_2 の物質量 $\xrightarrow{3}$ O_2 の体積

手順 1　$KClO_3$ 10.5 g が何モルに相当するのかを知るために，$KClO_3$ のモル質量（122.6 g/mol）を用いる．

$$10.5 \text{ g KClO}_3 \times \frac{1 \text{ mol KClO}_3}{122.6 \text{ g KClO}_3} = 8.56 \times 10^{-2} \text{ mol KClO}_3$$

手順 2　生成する O_2 の物質量を求めるために，釣合のとれた反応式から導かれる $KClO_3$ と O_2 のモル比を用いる．

$$8.56 \times 10^{-2} \text{ mol KClO}_3 \times \frac{3 \text{ mol O}_2}{2 \text{ mol KClO}_3} = 1.28 \times 10^{-1} \text{ mol O}_2$$

手順 3　生成する酸素の体積を求めるために，理想気体の法則 $PV = nRT$ を用いる．ここで，$P = 1.00 \text{ atm}$，$n = 1.28 \times 10^{-1} \text{ mol}$（手順2で求めた O_2 の物質量），$R = 0.08206 \text{ L atm/K mol}$，$T = 25 °C = 25 + 273 = 298 \text{ K}$ である．V に対して理想気体の法則の式を解く．

$$V = \frac{nRT}{P} = \frac{(1.28 \times 10^{-1} \text{ mol})\left(0.08206 \frac{\text{L atm}}{\text{K mol}}\right)(298 \text{ K})}{1.00 \text{ atm}} = 3.13 \text{ L}$$

3.13 L の酸素が生成する．

Self-Check

練習問題 13・10　次の反応式に従って亜鉛 26.5 g と過剰の塩酸を反応させたとき，19 °C，1.50 atm で生成する水素の体積を求めよ．

$$\text{Zn(s)} + 2\text{HCl(aq)} \longrightarrow \text{ZnCl}_2\text{(aq)} + \text{H}_2\text{(g)}$$

気体を含む反応の化学量論を取扱うとき，ある特定の条件のもとで 1 mol の気体が占める体積を定義することは有用である．0 °C（273 K），1 atm で 1 mol の理想気体に対して，理想気体の法則から導かれる気体の体積は

$$V = \frac{nRT}{P} = \frac{(1.00 \text{ mol})(0.08206 \text{ L atm /K mol})(273 \text{ K})}{1.00 \text{ atm}} = 22.4 \text{ L}$$

モル体積 molar volume

標準状態の温度と圧力 standard temperature and pressure　略称 STP

である．この 22.4 L という体積は，理想気体の**モル体積**とよばれる．

0 °C，1 atm という条件は**標準状態の温度と圧力**（STP）とよばれる．気体の性質はこの標準状態でしばしば与えられる．標準状態での理想気体のモル体積は 22.4 L であることを覚えておこう．すなわち標準状態では，22.4 L に 1 mol の理想気体が存在する．

例題 13・15 気体の化学量論：標準状態の気体に関する計算

標準状態で 1.75 L の体積をもつ窒素ガスの試料がある．N_2 の物質量はいくらか．

解答

求めるものは何か 窒素ガスの物質量

わかっていることは何か ・標準状態の窒素ガスの体積 1.75 L

必要な情報は何か ・標準状態 0 ℃，1.00 atm
・標準状態で 1 mol の理想気体は 22.4 L の体積を占める

解法 理想気体の法則を用いてこの問題を解くことができるが，標準状態での理想気体のモル体積を用いると近道できる．標準状態で 1 mol の理想気体は 22.4 L の体積を占めるので，標準状態で 1.75 L の N_2 試料は 1 mol よりもずっと少ない．

$$1.000 \text{ mol} = 22.4 \text{ L}$$

この式から必要な物質量を導くことができる．

$$1.75 \text{ L } N_2 \times \frac{1.000 \text{ mol } N_2}{22.4 \text{ L } N_2} = 7.81 \times 10^{-2} \text{ mol } N_2$$

練習問題 13・11 25 ℃，15.0 atm で 5.00 L の体積をもつアンモニア $NH_3(g)$ の試料がある．標準状態でこの試料の占める体積を求めよ． <u>Self-Check</u>

例題 13・16 で示すように気体を含む反応の化学量論の計算を行う際，標準状態とモル体積は有用である．

例題 13・16 気体の化学量論：標準状態の気体を含む反応

生石灰 CaO は，炭酸カルシウム $CaCO_3$ を加熱することによって製造される．152 g の $CaCO_3$ を分解したときに生成する CO_2 の標準状態での体積を求めよ．

$$CaCO_3(s) \longrightarrow CaO(s) + CO_2(g)$$

解答

求めるものは何か $CaCO_3$ 152 g から生成する二酸化炭素の体積

わかっていることは何か ・標準状態の二酸化炭素ガスの温度と圧力
・$CaCO_3$ の質量
・釣合のとれた反応式 $CaCO_3(s) \rightarrow CaO(s) + CO_2(g)$

必要な情報は何か ・標準状態 = 0 ℃，1.00 atm
・標準状態で 1 mol の理想気体の体積 22.4 L
・二酸化炭素ガスの物質量
・$CaCO_3$ のモル質量

解法 この問題を解くのに必要な手順を次の図にまとめる．

$CaCO_3$ のグラム数 $\xrightarrow{1}$ $CaCO_3$ の物質量 $\xrightarrow{2}$ CO_2 の物質量 $\xrightarrow{3}$ CO_2 の体積

手順 1 $CaCO_3$(100.1 g/mol) のモル質量を用いて $CaCO_3$ の物質量を計算する．

$$152 \text{ g } CaCO_3 \times \frac{1 \text{ mol } CaCO_3}{100.1 \text{ g } CaCO_3} = 1.52 \text{ mol } CaCO_3$$

手順 2　CaCO₃ 1 mol から CO₂ 1 mol が生成するので 1.52 mol の CO₂ が生成する.
手順 3　標準状態なので，理想気体のモル体積を用いて CO₂ の物質量を体積に変換することができる.

$$1.52 \text{ mol CO}_2 \times \frac{22.4 \text{ L CO}_2}{1 \text{ mol CO}_2} = 34.0 \text{ L CO}_2$$

したがって CaCO₃ 152 g を分解すると標準状態で CO₂ 34.0 L が生成する.

標準状態において理想気体のモル体積は22.4 Lであることを思い出そう.

例題 13・16 の手順 3 は物質量から気体の体積を計算することを含んでいることに注意しよう．条件は標準状態と限定されているので，標準状態での気体のモル体積を用いることができる．もし問題の条件が標準状態でない場合には §13・5 で行ったように体積を算定するために理想気体の法則を用いなければならない.

ま と め

1. 大気の圧力は気圧計で測定される．最も一般的に用いられる圧力の単位は mmHg (Torr)，atm，そしてパスカル (Pa，SI 単位) である.
2. ボイルの法則は，気体の体積は (一定温度のもと) その圧力に反比例するというものである．$PV = k$ あるいは $P = k/V$. すなわち圧力が増えると体積は減少する.
3. シャルルの法則は，一定圧力のもと，ある与えられた量の気体の体積は温度 (ケルビン目盛) に比例することを表している．$V = bT$. $-273\,°\text{C}$ (0 K) で気体の体積は 0 になることが外挿され，この温度を絶対零度とよぶ.
4. アボガドロの法則は，一定の温度と圧力で，気体の体積は気体の物質量に比例することを示している．$V = an$
5. これら三つの法則は理想気体の法則，$PV = nRT$ にまとめることができる．ここで R は，気体定数とよばれる．この方程式を用いれば，四つの気体の性質，すなわち体積，圧力，温度，物質量のうち三つがわかれば残りの一つを求めることができる．この方程式に従う気体を理想的なふるまいをする理想気体と表現する.
6. 理想気体の法則から次の式を導くことができる.

$$\frac{P_1 V_1}{T_1} = \frac{P_2 V_2}{T_2}$$

この法則は気体の量 (物質量) が一定のときに成立する.
7. 混合気体の圧力はドルトンの分圧の法則によって表される．それによると，容器中の混合気体の全圧は混合気体に含まれる個々の気体の分圧の総和である.
8. 気体の分子運動論は，理想気体のふるまいを説明する理論である．この理論は，気体は微小な粒子からなり，その体積は無視できる．粒子どうしの間には相互作用がなく，さらに粒子は一定の運動をしており容器の壁に衝突することで圧力が生じるという仮説に基づいている.

液体と固体

14

- 14・1 水とその相変化
- 14・2 状態変化に必要なエネルギー
- 14・3 分子間力
- 14・4 蒸発と蒸気圧
- 14・5 固体状態：固体の種類
- 14・6 固体中の結合

水の固体状態である氷によって氷壁を登ることもできる

　物質の三つの状態が互いにどのように違っているかを理解するためには水について考えればよい．液体の水の中で泳ぎ，固体の水（氷）の上でスケートをする．飛行機は，気体の水（水蒸気）を含んだ大気中を飛行する．これらさまざまな行動が可能になるのは，水分子の配置が気体，液体そして固体の状態で大きく異なっているからにちがいない．

　13章では，気体の粒子がそれぞれ遠く離れており，速くてランダムな運動をし，互いにはほとんど影響を及ぼし合わないことを述べた．固体は気体よりもずっと高密度で，圧縮することがむずかしく，堅い．これらの性質から固体の成分は互いに接近しており，大きな引力で引き合っていることがわかる．

　液体の性質は固体と気体の性質の間に位置する．しかし，水の三つの状態それぞれの性質から明らかなように，ちょうど中間というわけではない．たとえば100℃で液体の水を水蒸気（気体）に変えるには氷を0℃で融解させて液体の水にするよりもおよそ7倍ものエネルギーが必要である．

$$H_2O(s) \longrightarrow H_2O(l) \quad 必要なエネルギー\ 約\ 6\ kJ/mol$$
$$H_2O(l) \longrightarrow H_2O(g) \quad 必要なエネルギー\ 約\ 41\ kJ/mol$$

　このエネルギー差は液体から気体への移行のほうが固体から液体への移行よりもずっと大きな変化であることを示している．したがって，固体と液体の状態は液体と気体の状態に比べてより似かよっていると結論づけることができる．このことは水の三つの状態の密度（表14・1）によっても裏づけられる．水の密度は気体では固体や液体よりも約2000倍小さく，固体と液体の水の密度はよく似ている．

　一般的に，液体と固体には多くの類似点があり，気体とは大きく異なっている（図14・1）．固体を図示する最もよい方法は非常に規則正しく詰込まれた粒子として表すことである．これに対し気体は広い空間にランダムに配置した粒子として表される．液体は，これらの間に位置するが，その性質から，気体よりもずっと固体に似かよっていることがわかる．互いにかなり接近してはいるが，固体よりはかなり無秩序でいくらか空間に余裕があるように配置された粒子として液体をとらえることは有用である．図14・1からわかるように，多くの物質に対して，固体は液体よりも高い密度をもっている．しかし水はこの規則からはずれている．氷には異常に大きな空隙があり，そのため表14・1に示すように液体の水よりも密度が小さい．

14. 液体と固体

表 14・1 水の三つの状態での密度

状　態	密度(g/cm³)
固体(0 °C, 1 atm)	0.9168
液体(25 °C, 1 atm)	0.9971
気体(100 °C, 1 atm)	5.88 × 10⁻⁴

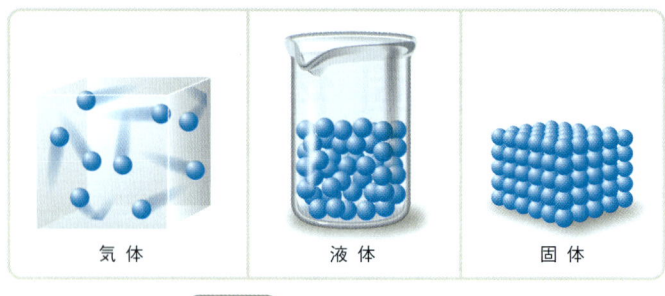

図 14・1　気体，液体，固体状態

本章では液体と固体の重要な性質について解説する．地球上で最も重要な物質である水について多くの特性を説明しよう．

14・1　水とその相変化

目的　水の重要な特性を学ぶ

われわれのまわりには，多くの固体（土，岩，木，コンクリートなど）があり，われわれは大気という気体の中で生活している．最もよく目にする液体である水は，地球上のいたるところに存在し，地球表面のおよそ70%を覆っている．地球上の水のおよそ97%が海にある．海水は水と水に多量に溶け込んだ塩との混合物である．

水は地球上で最も重要な物質のひとつである．生き続けるのに欠かせない体内での反応を維持するためにきわめて重要なだけでなく，いろいろな場面でわれわれの生活にも影響を及ぼしている．海は地球の温度を保つ役目を果たすとともに輸送手段を提供し生物の住みかともなっている．

純粋な水は，無色無味な物質であり，1 atmのもとでは0 °Cで凍り，固体の氷となり，100 °Cで完全に蒸発し，気体の水蒸気となる．このことは（1 atmのもとでは）水の液体領域が0 °Cと100 °Cの温度の間であることを示している．

> われわれが口にする水はその中にいろいろな物質が溶け込んでいるために，味がする．それは純粋な水ではない．

液体の水を加熱すると何が起こるのだろうか．まず水の温度が上がる．気体分子でみられたのと全く同様に，水分子の運動が加熱によって激しくなる．そして水の温度が100 °Cに達すると，液体の内部で気泡が発生し，表面に浮き上がり破裂し沸点に到達する．沸点では興味深いことが起こる．すなわち，加熱を続けてもすべての水が蒸気に変わるまで温度が100 °Cのままである．すべての水が気体状態に変化したときはじめて再び温度が上昇を始める（水蒸気の加熱が始まる）．1 atmのもとでは，水は常にその**標準沸点**である100 °Cで気体状態の水に変化する．

標準沸点 normal boiling point
加熱曲線 heating curve
冷却曲線 cooling curve

いま述べた観察結果を図14・2に示す．この図は水の**加熱曲線**または**冷却曲線**とよばれる．このグラフ上で左から右へ進むことはエネルギーが加えられること（加熱），右から左へ進むことはエネルギーを取去ること（冷却）を意味する．

液体の水を冷却すると，温度が0 °Cに達するまで下がり，0 °Cで液体は凍り始める（図14・2）．すべての液体の水が氷になるまで温度は0 °Cのまま保たれ，その後冷却し続けると温度は再び下がり始める．1 atmのもとで，水は0 °Cで凍る（あるいは逆に，氷がとける）．これを水の**標準凝固点**とよぶ．温度を0 °Cに保てば，液体の水と固体の氷がずっと共存する．しかし，0 °C以下の温度では水は凍り，一方0 °C

標準凝固点 normal freezing point

14・2 状態変化に必要なエネルギー 237

以上の温度では氷がとける．

水が凍るとその体積が増える．すなわち0℃で1gの氷は0℃で1gの液体の水よりも大きな体積を占める．このことは非常に重要である．たとえば密閉された缶の中に閉じ込められた水が冷やされ凍ってその体積が大きくなると容器が壊れる．

氷が水に浮く理由も，水が凍るときにその体積が膨張することで説明できる．密度が質量/体積で定義されることを思い出そう．液体の水1gが凍るとその体積は大きくなる（膨張する）．したがって氷の密度を求める場合には，1gの質量を少し大きな体積で割ることになるので，氷1gの密度は水1gの密度よりも小さくなる．たとえば，0℃では

$$\text{水の密度} \quad \frac{1.00\,\text{g}}{1.00\,\text{mL}} = 1.00\,\text{g/mL}$$

$$\text{氷の密度} \quad \frac{1.00\,\text{g}}{1.09\,\text{mL}} = 0.917\,\text{g/mL}$$

である．

氷の密度が水のそれよりも小さいことは，湖が凍ったとき湖面に氷が浮き，保護層をつくり出すことで湖や川へ冬場の凍りついた土が侵入するのを防ぐという役割も果たしている．さらに冬の間を通して液体の水が利用できるように保つことで水中の生物の生命を維持するのにも役立っている．

図14・2 一定の速度で加熱あるいは冷却される水の加熱または冷却曲線．水平になる部分が沸点のほうが融点よりも長いのは液体の水を蒸発させるには氷をとかすより約7倍ものエネルギー（すなわち7倍の加熱時間）が必要なためである．図を見やすくするため，青い線の傾斜は事実を反映していない．実際氷をとかし水を沸騰させるには水を0℃から100℃に加熱するよりも多くのエネルギーが必要である．

水が凍るような気候の中で凍結予防がなされていない水道管やラジエーターが破裂することも同じように説明できる．

14・2 状態変化に必要なエネルギー

目的 水分子間の相互作用について学ぶ．また，融解熱と蒸発熱を理解する

固体から液体への状態の変化ならびに液体から気体への状態の変化が物理的な変化であることを認識することは重要である．これらの過程において化学結合は切断されない．氷，水，水蒸気はいずれもH_2O分子からなっている．水を沸騰させて水蒸気にすると，水分子はそれぞれ互いに離れるが，それぞれの分子自体はそのままである（図14・3）．

分子を形成する原子を互いに結びつける結合力は**分子内力**とよばれる．これに対し，分子どうしを集めて固体や液体の状態に保つために分子どうしの間に生じる力を**分子間力**とよぶ．これら二つの種類の力を図14・4に示す．

氷をとかしたり水を沸騰させるには水分子どうしの間の分子間力に打ち勝たなければならないため，エネルギーが必要である．氷の中で分子はその位置を中心に振動してはいるが，ほとんどその場に固定されている．エネルギーが与えられると，振動運動が激しくなり，分子はより大きな運動エネルギーを獲得してついには液体状態の水の無秩序な性質をもつようになる．氷は融解して液体の水になる．さらにより多くのエネルギーを加えると，最後には気体状態に到達し，個々の分子が互いにより遠くに離れ，比較的小さな相互作用しかもたなくなる．それでも，気体はなお水分子からなっている．共有結合を切断し，水分子を形成している組成原子に分解するためにはより多くのエネルギーが必要である．

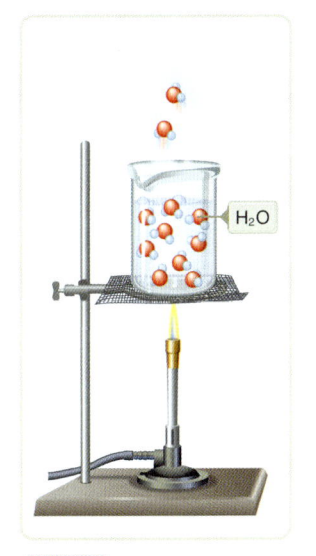

図14・3 液体の水と気体の水．水中ではH_2O分子は互いに近接しているが，気体の状態ではH_2O分子は互いに遠く離れている．気泡は気体の水を含んでいる．

分子内力 intramolecular force
分子間力 intermolecular force

14. 液体と固体

モル融解熱 molar heat of fusion

モル蒸発熱 molar heat of vaporization

温度は物質中の粒子のでたらめな運動(平均運動エネルギー)の尺度である.

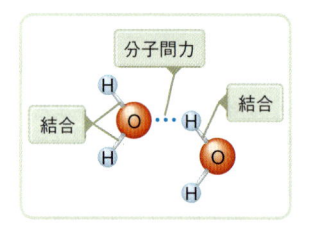

図 14・4　**分子内力と分子間力**. 分子内(結合)力は分子中の原子間に存在し，分子を保持している．分子間力は分子の間に存在する．これらは水を凝集して液体にしたり，十分に低い温度で固体を形成させるための力である．一般的に分子間力は分子内力に比べてずっと弱い．

1 mol の物質を融解するのに必要なエネルギーを**モル融解熱**とよぶ．氷に対するモル融解熱は 6.02 kJ/mol である．1 mol の液体を蒸気に変えるのに必要なエネルギーは**モル蒸発熱**とよばれる．水に対するモル蒸発熱は 100 °C で 40.6 kJ/mol である．図 14・2 で，水の蒸発に対応する水平な部分が氷の融解に対応する水平な部分よりもずっと長いことに注目しよう．これは，1 mol の水を蒸発させるには，1 mol の氷を融解するよりもずっと多くのエネルギー（約 7 倍）が必要であることに由来する．またこれは，固体，液体，ならびに気体に関するモデル（図 14・1）と一致している．液体では，粒子（分子）は互いに比較的近接しているため，分子間力がなお存在している．しかし，分子が液体から気体の状態に移ると分子は互いに遠く離れなければならない．気体を形成するために分子を十分に離すには，分子間力すべてに打ち勝たなければならず，そのために多量のエネルギーが必要である．

例題 14・1　エネルギーの変化量を求める：固体から液体へ

0 °C で 8.5 g の氷を融解するのに必要なエネルギーを求めよ．なお，氷に対するモル融解熱は 6.02 kJ/mol である．

解答

求めるものは何か　0 °C で 8.5 g の氷を融解するのに必要なエネルギー（kJ 単位）

わかっていることは何か
- 0 °C で 8.5 g の氷（H$_2$O）がある
- 氷のモル融解熱 6.02 kJ/mol

必要な情報は何か　8.5 g 中に存在する氷の物質量

解法　モル融解熱は 1 mol の氷をとかすのに必要なエネルギーである．この問題では 8.5 g の固体状態の水を考える．水のモル質量は 16 + 2(1) = 18 なので，1 mol の水の質量は 18 g であり，このことを用いて H$_2$O 8.5 g を H$_2$O の物質量に変換することができる．

$$8.5 \text{ g H}_2\text{O} \times \frac{1 \text{ mol H}_2\text{O}}{18 \text{ g H}_2\text{O}} = 0.47 \text{ mol H}_2\text{O}$$

1 mol の固体の水をとかすのに必要なエネルギーが 6.02 kJ なので，問題の試料（約 1/2 mol の氷）はこの値の約半分のエネルギーを必要とするだろう．必要なエネルギーの正確な値を求めるために次の関係を用いる．

$$1 \text{ mol H}_2\text{O に対して } 6.02 \text{ kJ が必要}$$

ここから必要なエネルギーを求める．

$$0.47 \text{ mol H}_2\text{O} \times \frac{6.02 \text{ kJ}}{\text{mol H}_2\text{O}} = 2.8 \text{ kJ}$$

例題 14・2　エネルギーの変化量を求める：液体から気体へ

液体の水 25 g を 25 °C から 100 °C に加熱し，さらに 100 °C の蒸気に変えるのに必要なエネルギー（kJ）を求めよ．なお，液体の水の比熱容量は 4.18 J/g °C で，水のモル蒸発熱は 40.6 kJ/mol である．

解答

求めるものは何か　水を加熱し，蒸発させるのに必要なエネルギー（kJ）

わかっていることは何か
- 25 °C の水 25 g を 100 °C まで加熱し，蒸発させる

- 液体の水の比熱容量 4.18 J/g °C
- 水のモル蒸発熱 40.6 kJ/mol
- $Q = s \times m \times \Delta T$

必要な情報は何か　• 水 25 g の物質量

解法　この問題は次の二つの部分に分けることができる．1) 水を沸点まで加熱する．2) 沸点において液体の水を蒸気に変換する．

手順 1　沸騰するまで加熱する．まず液体の水を 25 °C から 100 °C まで加熱するためにエネルギーを供給しなければならない．1 g の水を加熱してその温度を 1 °C 上昇させるのに 4.18 J 必要なので，水の質量（25 g）と温度変化（100 °C－25 °C ＝ 75 °C）の両方を掛けなければならない．

$$\underset{Q}{\text{必要なエネルギー}} = \underset{s}{\text{比熱容量}} \times \underset{m}{\text{水の質量}} \times \underset{\Delta T}{\text{温度変化}}$$

数字を代入すると

$$Q = 4.18 \frac{\text{J}}{\text{g °C}} \times 25 \text{ g} \times 75 \text{ °C} = 7.8 \times 10^3 \text{ J} = 7.8 \text{ kJ}$$

（水 25 g を 25 °C から 100 °C にするのに必要なエネルギー）（比熱容量）（水の質量）（温度変化）

手順 2　蒸発させる．水 25 g を 100 °C で蒸発させるのに必要なエネルギーを求めるためにモル蒸発熱を用いる．蒸発熱はグラム当たりではなくモル当たりの数字として示されているので，まず水 25 g を物質量に変換しなければならない．

$$25 \text{ g H}_2\text{O} \times \frac{1 \text{ mol H}_2\text{O}}{18 \text{ g H}_2\text{O}} = 1.4 \text{ mol H}_2\text{O}$$

次に水の蒸発に必要なエネルギーを求める．

$$\frac{40.6 \text{ kJ}}{\text{mol H}_2\text{O}} \times 1.4 \text{ mol H}_2\text{O} = 57 \text{ kJ}$$

（モル蒸発熱）（水の物質量）

総エネルギーは二つの段階のエネルギーの和である．

$$7.8 \text{ kJ} + 57 \text{ kJ} = 65 \text{ kJ}$$

（25 °C から 100 °C にするのに必要なエネルギー）（蒸気に変換するのに必要なエネルギー）

練習問題 14・1　0 °C の氷 15 g を融解し，得られた水を 100 °C まで加熱し，100 °C の蒸気に変えるのに必要な総エネルギーを求めよ． <Self-Check>

14・3　分子間力

目的　双極子-双極子相互作用，水素結合ならびにロンドン分散力について学ぶ．また，これらの力が液体の性質に及ぼす影響を理解する

　分子内の共有結合力は電子を共有することによって生じることを述べたが，分子間力はどのように生じるのだろうか．実際にはいくつもの種類の分子間力が存在するが，その中から水分子の間に働く力について考えてみよう．

240   14. 液体と固体

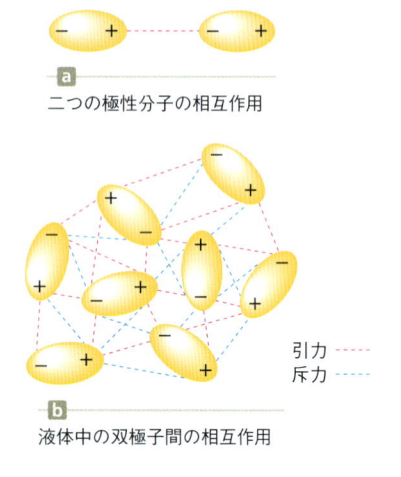

二つの極性分子の相互作用

液体中の双極子間の相互作用

引力 ----
斥力 ----

図 14・5 双極子間相互作用

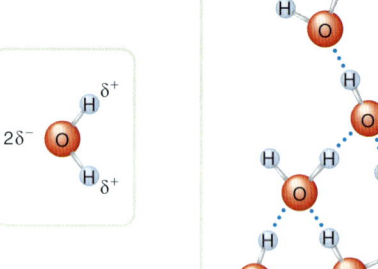

極性をもった水分子

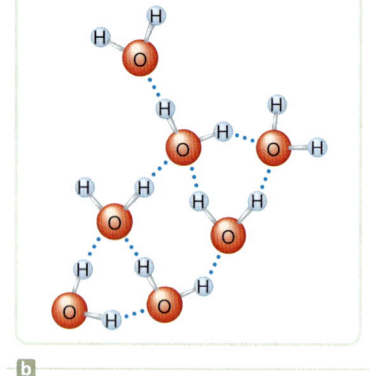

水分子間の水素結合．水素原子が小さいために分子どうしを非常に近い距離に保つことができ，その結果強い相互作用が生み出される

図 14・6 水分子

分子の極性については §12・3 も参照．

双極子-双極子相互作用 dipole-dipole interaction　双極子-双極子引力 dipole-dipole attraction ともいう．

電気陰性度については §12・2 も参照．

水素結合 hydrogen bonding, hydrogen bond

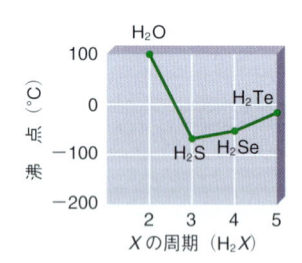

図 14・7
16 族元素と水素の間に共有結合をもつ化合物の沸点

12 章で述べたように，水は極性分子であり，双極子モーメントをもっている．双極子モーメントをもった分子が互いに集まると，分子はその電荷分布を利用して自身の向きを整える．双極子モーメントをもった分子は，図 14・5a に示すように正の端と負の端とが互いに近接するように互いが引きつけ合って順序よく並ぶ．これを**双極子-双極子相互作用**とよぶ．液体では，図 14・5b に示すように双極子は引力と斥力の間でうまく相殺されている．

双極子-双極子相互作用は，一般的には共有結合やイオン結合のおよそ 1% の強さにすぎず，双極子間の距離が遠くなるにつれ弱くなる．気体状態では，ふつう分子どうしがずっと遠く離れているので，この相互作用はあまり重要ではない．

水素が窒素，酸素，フッ素などの電気陰性度の大きい原子と結合している分子では特に強い双極子-双極子相互作用が生まれる．この強い相互作用を説明するのに二つの要因が考えられる．一つは結合の極性が大きいことで，もう一つは水素原子が非常に小さいために双極子どうしがより近い距離に接近できることである．この種の双極子-双極子相互作用は異常に強いので，**水素結合**という特別な名称がつけられている．図 14・6 は水分子の水素結合を示している．

水素結合は，種々の物理的性質に非常に重要な影響を及ぼす．その一例として図 14・7 に 16 族の元素と水素の間に共有結合をもった化合物の沸点を示す．水の沸点は，同じ 16 族の他の元素の示す傾向から予想される沸点よりもずっと高い．なぜだろうか．酸素原子の電気陰性度が 16 族の他の元素の電気陰性度に比べて著しく大きく，O-H 結合が S-H, Se-H や Te-H 結合などに比べてずっと大きな極性をもっているためである．このことが水分子の非常に強い水素結合力につながっている．この相互作用に打ち勝って分子どうしを分離させ気体状態にするには大量のエネルギーが必要である．すなわち，水分子は比較的高い温度であっても液体状態を保とうとする．そのために水の沸点は非常に高い．

双極子モーメントをもたない分子であっても互いに影響を及ぼし合う力を生む．このことは，すべての物質（貴ガスさえも）が非常に低い温度のもとでは液体や固体状態で存在することから明らかである．原子や分子を互いにできるだけ近づけ凝集した状態に保とうとする力があるにちがいない．貴ガス原子や非極性分子の間に存在する

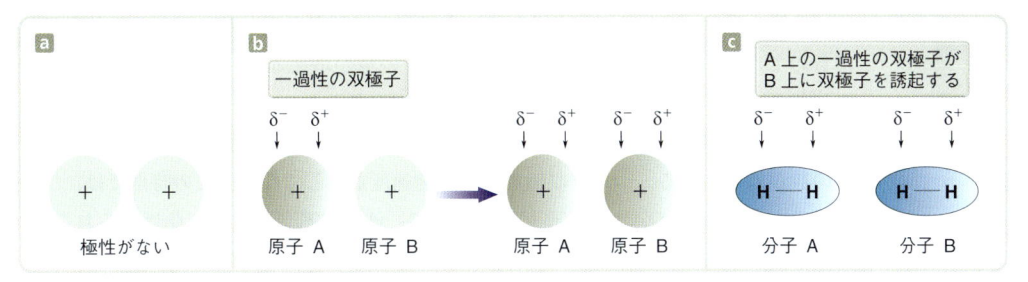

a	b	c
極性がない	一過性の双極子 … 原子A 原子B → 原子A 原子B	A上の一過性の双極子がB上に双極子を誘起する … 分子A 分子B

図 14・8 双極子モーメントをもたない分子間に働く力．**a** 電子の存在確率の高い球をもつ二つの原子．これらの原子は極性をもたない．**b** より多くの電子が右側よりも左側に集まったとき，原子Aに一過性の双極子が生成する．**c** 非極性分子も一過性の双極子が生成することによって相互作用することができる．

力は**ロンドン分散力**とよばれる．この力を理解するために，一対の貴ガス原子について考えよう．一般に原子の電子は核のまわりに一様に分布していると推定されるが（図14・8a），これはそれぞれの瞬間では明らかに正しくない．電子が核のまわりを動くとき，一時的に電荷の双極子が発生する（図14・8b）．この一過性の双極子は，図14・8bに示したように，隣接する原子内に同様の双極子を誘起する．こうして生まれる原子間相互作用は弱く，寿命も短いが，大きな原子や大きな分子に対しては非常に重要になる．

固体を生成するためには弱いロンドン分散力によって原子をその場につなぎとめる前に，まず原子の運動の速度を非常に遅くしなければならない．貴ガス元素の凝固点が非常に低い（表14・2）のは，このためである．

双極子モーメントをもたない H_2, N_2 や I_2 のような非極性分子もまた互いにロンドン分散力によって引きつけ合っている（図14・8c）．ロンドン分散力は原子や分子の大きさが大きくなるにつれ，より重要になる．分子や原子が大きいということは，双極子をつくり出すのに必要な電子の数がより多いということを意味している．

> ロンドン分散力 London dispersion force　ロンドン力ともいう．

表 14・2 18族元素の凝固点

元素	凝固点(°C)
ヘリウム†	−272.0 (25 atm)
ネオン	−248.6
アルゴン	−189.4
クリプトン	−157.3
キセノン	−111.9

† ヘリウムは圧力が1 atm以上でないと凝固しない．

14・4 蒸発と蒸気圧

目的 蒸発と凝縮ならびに蒸気圧の間の関係を理解する

ふたのない容器に入った液体は蒸発していく．この事実は液体分子が液体表面から逃れ，気体になることの明らかな証拠である．**蒸発**とよばれるこの過程が起こるには，液体の比較的強い分子間力に打ち勝つためのエネルギーを必要とする．

蒸発するのにエネルギーが必要だという事実は，大きな意味をもっている．実際，この世界での水の最も重要な役割のひとつが冷却液としての作用である．液体状態の水分子の間の強固な水素結合のために，水は異常に大きな蒸発熱（41 kJ/mol）をもっている．太陽のエネルギーの大部分が地球を暖めるよりもむしろ海や湖，川から水を蒸発させるために使われている．水の蒸発は，汗の蒸発による身体の温度調節機構にとっても重要である．

> 蒸発 evaporation, vaporization　気化ともいう．

▶ 蒸気圧

ある量の液体を容器に入れ，ふたを閉めておくと，最初は液の量が少し減るが，最

> 気体ではなく蒸気という用語を，25°C，1 atmで，本来固体あるいは液体として存在する物質の気体状態に対して慣習的に用いる．

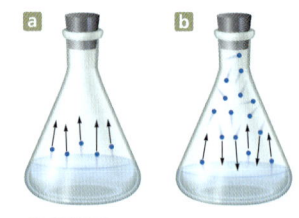

図 14・9
容器内の液体のふるまい． a は じめのうちは正味の蒸発が起こ り，液体の量は少し減る． b 蒸 気分子の数が増えるにつれ，凝 縮速度が大きくなる．最後に凝 縮速度と蒸発速度が等しくな る．この系は平衡状態にある．

凝縮 condensation
平衡蒸気圧 equilibrium vapor pressure
蒸気圧 vapor pressure

後には液の量は一定になる．初めにみられる減少は液体から気相への分子の移動によ るものである（図 14・9）．しかし，蒸気分子の数が増えるにつれ，それらのうちか ら液体のほうへ戻ろうとするものの数がどんどん多くなる．蒸気分子が液体になる過 程を**凝縮**とよぶ．最終的には，液体から蒸気になる分子の数と蒸気から液体に戻る分 子の数が同数になる．つまり凝縮速度と蒸発速度が等しくなる．この時点では，二つ の逆方向の過程が互いにちょうど釣合うので，液体と蒸気の量に変化はみられない． 系は平衡状態にある．分子レベルでは，この系は非常に活動的であり分子が定常的に 液体から蒸気になったりまた逆に蒸気から液体に戻ったりしている．しかし，二つの 逆の過程が互いにちょうど釣合っているため全体としては変化がないようにみえる． たとえば，橋でつながった二つの島の車の数を考えてみよう．橋を行き来する車の数 が両方向で同じとすれば，それぞれの島にある車の数は変わらない．つまり平衡状態 にある．

液体と平衡状態にある蒸気の圧力は**平衡蒸気圧**あるいはより一般的には液体の**蒸気 圧**とよばれる．図 14・10 に示すように，簡単な気圧計を用いて液体の蒸気圧を測る ことができる．水銀は比重が非常に大きいため，水銀柱の底から注入したどんな液体 も水銀柱の上に浮かび上がる．そして，そこで液体の一部が蒸発し蒸気となり，この 蒸気の圧力によって管の中の水銀を少し押し下げる．系が平衡に達したとき，水銀柱 の高さの変化から注入した液体の蒸気圧を読取ることができる．

実際には，管の中の水銀の上にある空間をそれぞれの液体を閉じ込める容器と考え ればよい．ここで閉じ込められた液体が蒸発すると，発生した蒸気が圧力を生み出 し，いくらかの量の水銀を管から押し出し水銀面を下げる．水銀の上にある液体がそ の蒸気と平衡に達すると水銀面の下降は止まる．水銀面の最初の位置と最後の位置の 差（ミリメートル）が液体の蒸気圧に等しい．

液体の蒸気圧の値は広い範囲にわたっている（図 14・10）．蒸気圧が大きい液体は 揮発しやすく，速やかに蒸発する．

a ここに示した簡単な気圧計を用いる ことで，容易に液体の蒸気圧を計る ことができる

b 水蒸気が水銀を 24 mm（760→736） 押し下げるので，この温度での水の 蒸気圧は 24 mm Hg である

c ジエチルエーテルは水よりもずっと蒸発しやす いので，より高い蒸気圧を示す．この例では水 銀面が 545 mm（760→215）押し下げられてい る．したがってジエチルエーテルのこの温度で の蒸気圧は 545 mm Hg である

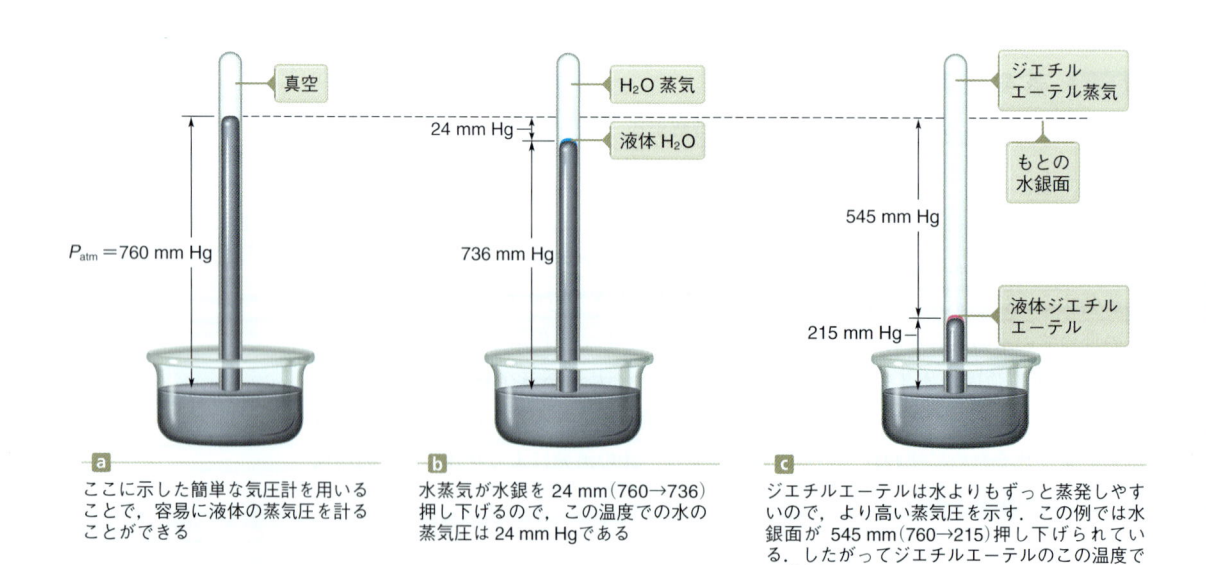

図 14・10 水とジエチルエーテルの蒸気圧の測定

14・5 固体状態: 固体の種類　　243

　ある温度での液体の蒸気圧は分子間で働く分子間力によって決定される．分子間力が大きい液体は比較的蒸気圧が小さい．そのような分子は気相に逃れるのに多くのエネルギーを要するためである．たとえば，水はジエチルエーテル $C_2H_5OC_2H_5$ よりもずっと小さな分子であるが，水の強固な水素結合力のため，その蒸気圧はエーテルの蒸気圧よりもずっと小さい（図14・10）．

例題 14・3　分子間力の知識を用いて蒸気圧を予測する

各組の二つの化合物のうち，蒸気圧がより小さいのはどちらか．
　a. $H_2O(l)$, $CH_3OH(l)$　　b. $CH_3OH(l)$, $CH_3CH_2CH_2CH_2OH(l)$

解答　a. 水は極性をもった二つの O–H 結合をもっている．これに対しメタノール CH_3OH は O–H 結合を一つしかもっていない．したがって H_2O 分子の水素結合は CH_3OH 分子の水素結合よりもずっと強固であることが予測される．水はメタノールよりも蒸気圧が小さい．

　b. 二つの分子はいずれも極性をもった O–H 結合を一つずつもっている．ここで，$CH_3CH_2CH_2CH_2OH$ は CH_3OH よりも大きな分子であるため，より大きなロンドン分散力をもち，液体から逃れにくいと考えられる．したがって $CH_3CH_2CH_2CH_2OH(l)$ は $CH_3OH(l)$ よりも蒸気圧が小さい．

14・5　固体状態: 固体の種類

目的　さまざまな種類の結晶状の固体について学ぶ

　固体は生活のなかで重要な役割を演じている．道路のコンクリート，木，紙，ダイヤモンド，そしてメガネのレンズなどすべてが重要な固体である．木，紙，ガラスなど多くの固体はさまざまな組成をもつ混合物からなる．これに対し，ダイヤモンドや食卓塩のようないくつかの天然の固体はほぼ純粋な物質である．

　多くの物質はその構成要素が秩序正しく配列した**結晶性固体**を形成する．結晶性固体の構成要素の高度に秩序正しい配列は図14・11に示したような美しく，整然とした形をもった結晶をつくり出す．

　結晶性固体は便宜上3種類に分類される．たとえば，砂糖と塩はともに美しい結晶で，いずれも水に容易に溶けるが，生成する溶液の性質は全く異なる．塩の溶液は電気を通すが，砂糖の溶液は電気を通さない．この違いはこれら二つの固体の構成要素の性質の違いによる．一般的な塩である NaCl はナトリウムイオン Na^+ と塩化物イオン Cl^- からなるイオン結晶である．固体の塩化ナトリウムを水に溶かすと Na^+ と

結晶性固体 crystalline solid

石英 SiO_2 　　　岩塩 NaCl 　　　黄鉄鉱, FeS_2

図 14・11　いくつかの結晶性固体

Cl⁻ は溶液中を自由に動き回り電気を伝える．一方，砂糖（ショ糖）は中性の分子からなっており，水に溶かすと，中性の分子が水中に分散する．イオンが存在しないため，溶液は電気を通さない．これらは3種類ある結晶性固体のうちの2種類の固体の代表例で，塩化ナトリウムは**イオン性固体**（イオン結晶），ショ糖は**分子性固体**（分子結晶）とよばれる．

イオン性固体 ionic solid
分子性固体 molecular solid

3種類目の結晶性固体はダイヤモンド（純粋な炭素），ホウ素，ケイ素ならびにすべての金属のように単一の元素の原子からなる固体である．これらの物質は共有結合で互いに結ばれており，**原子性固体**（原子結晶）とよばれる．

原子性固体 atomic solid

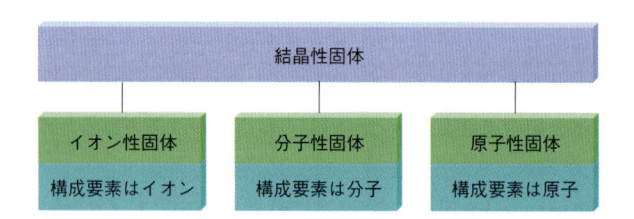

図 14・12
結晶性固体の種類

結晶性固体は図14・12に示したように，このような3種類に分類される．3種類の名称は固体の構成要素に由来している．イオン性固体はイオン，分子性固体は分子，原子性固体は原子で構成されている．3種類の結晶の例を図14・13に示す．

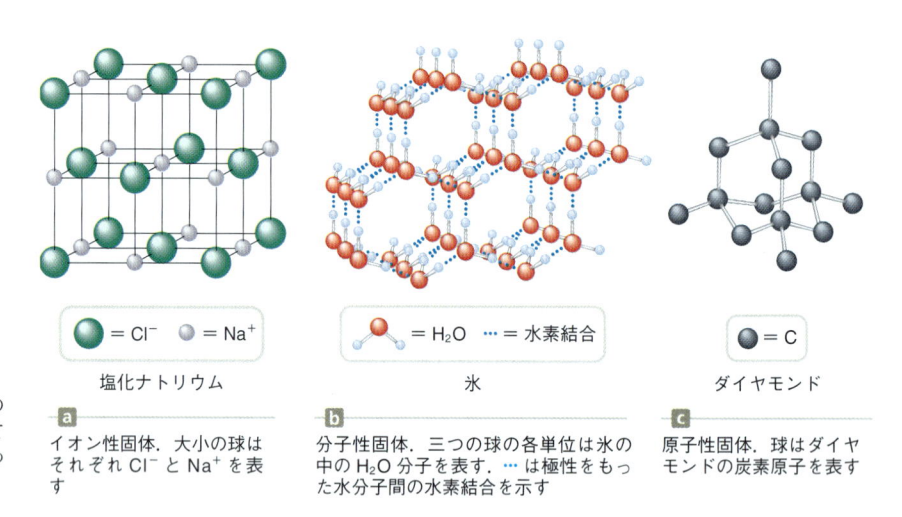

図 14・13
3種類の結晶性固体．いずれの場合も構造の一部だけを示している．同じ構造が三次元的につながっている．

a イオン性固体．大小の球はそれぞれ Cl⁻ と Na⁺ を表す
b 分子性固体．三つの球の各単位は氷の中の H₂O 分子を表す．…は極性をもった水分子間の水素結合を示す
c 原子性固体．球はダイヤモンドの炭素原子を表す

固体中の内部の力が固体の多くの性質を決定する．

固体の性質はおもに固体状態を維持するための力の性質によって決まる．たとえば，アルゴン，銅，ならびにダイヤモンドはいずれも原子性固体（構成要素が原子）であるが，それぞれ大きく異なる性質をもっている．アルゴンの融点は非常に低い（−189 ℃）が，ダイヤモンドや銅の融点は非常に高い（それぞれ，約 3500 ℃ や 1083 ℃）．銅は優れた電気の伝導体（電線として広く使用されている）であるが，アルゴンとダイヤモンドは絶縁体である．銅の形状は容易に変化させることができ，展性（薄いシートを形成する），延性（ワイヤーに引き伸ばすことができる）の両方の性質をもっている．これに対し，ダイヤモンドは最も硬い天然物質であることが知られている．これら三つの原子性固体の間の大きな相違は結合様式の違いによるものである．次節では固体中のこの結合様式について説明する．

14・6 固体中の結合

目的 結晶性固体の粒子間に働く力を理解する．金属中の結合様式がいかに金属の性質に影響するかについて学ぶ

結晶性固体が固体の基本的な粒子あるいは単位によって3種類に分類できることを前節で述べた．種々の固体の例を表14・3に示す．

表 14・3 さまざまな固体の例

固体の種類	例	基本的な単位
イオン性	塩化ナトリウム，NaCl(s)	Na^+, Cl^-
イオン性	硝酸アンモニウム，NH_4NO_3(s)	NH_4^+, NO_3^-
分子性	ドライアイス，CO_2(s)	CO_2 分子
分子性	氷，H_2O(s)	H_2O 分子
原子性	ダイヤモンド，C(s)	C 原子
原子性	鉄，Fe(s)	Fe 原子
原子性	アルゴン，Ar(s)	Ar 原子

イオン性固体については§12・5のイオン化合物も参照．

▶ イオン性固体

イオン性固体は，正負逆の電荷をもったイオン間に働く強い力で互いに結びつけられており，高い融点をもつ安定な物質である．イオン性固体の構造は，球としてとらえたイオンどうしを互いにできるだけ効率よく詰めたものを想像することによってわかりやすく視覚化することができる．たとえばNaClでは，大きな Cl^- が箱の中にボールを詰めたような形できちんと詰まっており，小さい Na^+ が，球状の Cl^- の間の小さな隙間におさまっている（図14・14）．

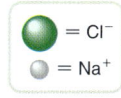

図 14・14 固体の塩化ナトリウム中の Cl^- と Na^+ の充塡

▶ 分子性固体

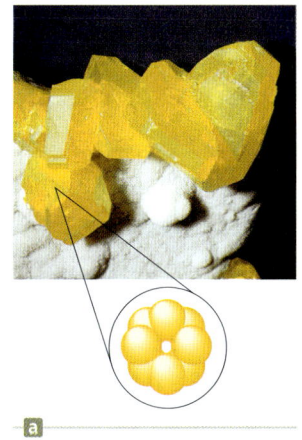

分子性固体では，基本となる粒子が分子である．例として氷（H_2O 分子），ドライアイス（CO_2 分子），硫黄（S_8 分子），さらに白リン（P_4 分子）などをあげることが

a 硫黄の結晶は S_8 分子からなる

b 白リンは P_4 分子からなる．空気中の酸素と激しく反応するので，水中に保存しなければならない

図 14・15 分子性固体: 硫黄と白リン

共有結合力

— = ロンドン分散力   ● = P

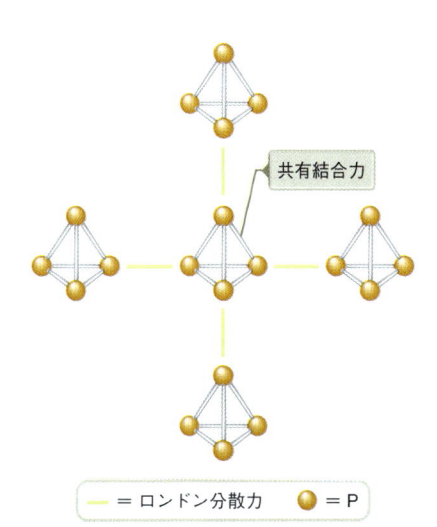

図 14・16 P_4 分子からなる分子性固体であるリンの構造の一部

できる．硫黄と白リンを図 14・15 に示す．

分子性固体は，分子どうしの間に働く分子間力が比較的弱いためにかなり低い温度でとける傾向にある．分子が双極子モーメントをもっていると，双極子-双極子相互作用によりしっかりと互いをつなぎとめることができる．非極性分子からなる固体では，ロンドン分散力が固体をつなぎとめている．

固体のリンの構造の一部を図 14・16 に示す．P_4 分子中のリン原子どうしの間の距離が P_4 分子どうしの間の距離よりもずっと短いことに注目しよう．これは，分子中の原子間の共有結合が分子間のロンドン分散力よりもずっと強いためである．

▶ 原子性固体

原子性固体の性質は，基本となる構成単位である粒子すなわち原子が互いに相互作用する仕方がさまざまに異なるために，互いに大きく異なっている．たとえば，18 族元素からなる固体は，飽和した原子価軌道をもったこれらの原子が互いに共有結合を形成できないため，非常に低い融点を示す（表 14・2）．したがって，これらの固体中に働く力は比較的弱いロンドン分散力である．

これに対し，固体炭素の一つの形状であるダイヤモンドは，知られている物質のなかで最も硬いもののひとつであり，きわめて融点が高い（約 3500 ℃）．このダイヤモンドの信じられないほどの硬さは，巨大分子を形成している結晶中の非常に強い炭素－炭素共有結合に由来している．実際，結晶全体を一つの巨大な分子としてとらえることができる．ダイヤモンドでは，それぞれの炭素原子がほかの 4 個の炭素原子と共有結合でつながり非常に安定な固体を形成している（図 14・13c）．いくつかの他の元素も，原子どうしが共有結合で強く結びつき巨大な分子を形成することで固体をつくる．ケイ素やホウ素がその例である．

"巨大分子"であるダイヤモンドのような結晶がなぜ分子性固体に分類されないのかと不思議に思うかもしれない．固体が（氷，硫黄，リンのような）小さな分子からなっている場合にだけ慣習としてその固体を分子性固体に分類するというのが答である．巨大分子からなるダイヤモンドのような物質は **網状固体** ともよばれる．

網状固体 network solid

▶ 金属中の結合

金属はもう一つの種類の原子性固体である．金属はよく知られた物理的性質をもっている．§14・5 で述べたように，金属はワイヤーに引き伸ばすことができ（延性），また叩いてシートにもできる（展性）．さらに熱と電気の効率のよい伝導体である．純粋な金属のほとんどはその形を比較的容易に変えることができるが，丈夫で高い融点をもっている．これらの事実は，金属原子を引き離すことはむずかしいが，それらを互いにずらすことは比較的容易であることを示唆している．いいかえると，ほとんどの金属の結合は強いが指向性がない．

金属結晶のもつ性質のために，他の元素を比較的容易に取込むことができ **合金** とよばれる物質をつくることができる．合金は，元素の混合物から構成された金属の性質をもつ物質と定義するのが最もふさわしい．2 種類の合金がよく知られている．

合金 alloy

置換型合金 substitutional alloy

真ちゅうは銅を主とする合金で，銅の原子のおよそ 3 分の 1 が図 14・17 に示すように亜鉛原子によって置き換えられている．スターリング銀（銀 93％，銅 7％）やピューター（スズ 85％，銅 7％，ビスマス 6％，アンチモン 2％）も，置換型合金である．

一つは **置換型合金** で，主となる金属原子のいくつかがよく似た大きさをもつ他の金属原子によって置き換えられたものである．代表例として銅と亜鉛の合金の真ちゅうがある（図 14・17 上）．

14・6 固体中の結合　247

もう一つは**侵入型合金**で，密に詰まった金属原子の間の隙き間のいくつかにその金属原子よりもずっと小さな原子が入り込んだときに生成する（図14・17下）．最もよく知られた侵入型合金である鋼は，鉄の結晶の"隙き間"に炭素原子が入り込んだものである．格子間に原子が入り込むことによってもとの金属の性質が変化する．純粋な鉄は方向性をもった強い結合をもたないので比較的軟らかく，延性と展性をもっている．球状の金属原子は，互いにむしろ簡単に動くことができる．しかし，しっかりした方向性をもった結合をつくる炭素が鉄の結晶に組込まれると，方向性をもった炭素－鉄結合のために，生成した合金は純粋な鉄よりも硬く，強く，そして延性をほとんど示さないものになる．炭素の量が直接鋼の性質に影響を及ぼす．低炭素鋼（炭素の含量が0.2%以下）は，まだ十分な延性と展性をもっており，針，ケーブルや鎖として使用されている．中炭素鋼（炭素の含量が0.2～0.6%）は低炭素鋼よりも硬く，線路や構造鋼鉄の梁として使用される．高炭素鋼（炭素の含量が0.6～1.5%）は丈夫で硬く，ばね，工作機械や刃物に使用されている．

多くの種類の鋼が鉄と炭素のほかにそれら以外の元素を含んでいる．そのような鋼はしばしば合金鋼とよばれ，侵入型（炭素）合金と置換型（他の金属）合金の混じったものとみなすことができる．例として鉄原子のいくつかをクロムやニッケルで置換したステンレス鋼がある．これらの金属を加えると，鋼の耐腐食性がずっと大きくなる．

侵入型合金 interstitial alloy

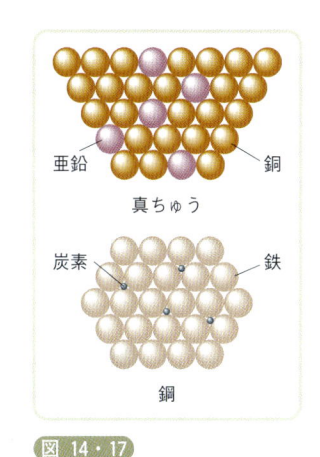

図 14・17
2種類の合金: 真ちゅうと鋼

化学こぼれ話

記憶をもつ金属

メガネのフレームが曲がったとき，眼鏡屋で直してもらった経験はないだろうか．8の字に曲がってしまったメガネも温かいお湯の入った皿の中に浸すと，不思議なことにもとの形に戻る．メガネのフレームはどうしてもとの形を"思い出す"ことができたのだろうか．ニチノール（nitinol）とよばれるニッケルとチタンの合金の仕業というのがその答である（nitinol は米国の Naval. Ordnance 研究所で 1950 年代の終わりから 1960 年代初めにかけて発明され，*Nickel Titanium Naval Ordnance Laboratory* に由来する）．

ニチノールは最初にその合金の中に刷込まれた形を記憶するという驚くべき能力をもっている．たとえば，右の写真を見てほしい．詳細はここで記述するには複雑すぎるが，この現象は固体のニチノールが二つの異なる形状をもつことによる．ニチノールを十分に高い温度まで加熱すると，Ni 原子と Ti 原子はオーステナイト（A）とよばれる形状をとり規則正しい模様を描くように自己配列する．この合金を冷やすと原子の配列は少し変化しマルテンサイト（M）とよばれる形状になる．たとえば ICE ということばの形を高温の状態で合金に憶えこませておいて（A形），次に冷却する．合金は M 形に変わるが，この過程で目に見える変化はない．そのあと，力を加えて ICE ということばを壊しても，合金を A 形に戻る温度にまで加熱（熱湯でよい）することでもとの ICE

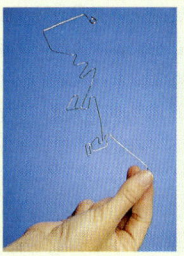

左: ニチノールのワイヤーで ICE ということばを形づくる．中: ワイヤーを引き伸ばして ICE ということばを壊す．右: 温かい湯につけるとワイヤーは ICE ということばの形状をもう一度取戻す

という形に戻すことができる．

ニチノールの最大の用途はメガネのフレームであるが，医学の分野でも，靭帯や腱をくっつけるための整形外科手術に使われる留金や血餅を捕えるために利用されている．後者の場合，ニチノールのワイヤーを小さなかご状にし，この形を高温で憶え込ませる．そのあとかご状のワイヤーを真っすぐに伸ばし，小さな束としてカテーテルを通して注入する．血液中でワイヤーが温まると，かごの形に戻り，血餅が心臓へ移動するのを止めるフィルターとして働く．また，歯の矯正用の留金としても使用されている．

例題 14・4 結晶性固体の種類を決める

次にあげたそれぞれの物質によって形成される結晶性固体の種類の名称を書け.
- a. アンモニア
- b. 鉄
- c. フッ化セシウム
- d. アルゴン
- e. 硫黄

解答
a. 固体のアンモニアは NH_3 分子を含んでいるので分子性固体である.
b. 固体の鉄は鉄原子を基本的な粒子としており,原子性固体である.
c. 固体のフッ化セシウムは Cs^+ と F^- からなっており,イオン性固体である.
d. 固体のアルゴンは互いに共有結合を形成できないアルゴン原子からなっており,原子性固体である.
e. 硫黄は S_8 分子からなっており,分子性固体である.

Self-Check 練習問題 14・2 次にあげたそれぞれの物質によって形成される結晶性固体の種類の名称を書け.
- a. 三酸化硫黄
- b. 酸化バリウム
- c. 金

まとめ

1. 液体と固体はいくつかの類似点をもっているが,気体状態とは大きく異なっている.

2. 液体が (1 atm のもと) 気体に状態を変化させる温度をその液体の標準沸点とよぶ.同様に,液体が (1 atm のもと) 凍る温度を標準凝固点とよぶ.状態の変化は物理的変化であり化学的変化ではない.

3. 物質を固体から液体へ,そしてさらに気体へと変換するにはエネルギーを加える必要がある.固体あるいは液体状の分子間に働く力を,エネルギーを注入することで打ち破らなければならない. 1 mol の物質を融解するのに必要なエネルギーをモル融解熱とよび,1 mol の液体を気体状態に変化させるのに必要なエネルギーをモル蒸発熱とよぶ.

4. 分子間力にはいくつかの種類がある.双極子-双極子相互作用は双極子モーメントをもった分子が互いに引っ張り合う場合に起こる.水素結合とよばれる特に強い双極子-双極子相互作用が,N, O, F のような電気陰性度の大きい元素に結合した水素をもつ分子にはみられる.ロンドン分散力は,原子や非極性分子の中で生じる一過性の双極子が比較的弱い引力をひき起こす場合に観測される.

5. 液体から蒸気への変化は蒸発あるいは気化とよばれる.逆に蒸気分子が液体に変化する過程は凝縮とよばれる.閉じた容器内において液体上の空間にある蒸気の圧力は,その液体の蒸気圧とよばれる一定値に到達する.

6. 多くの固体は結晶である(構成要素が高度に秩序正しく配列している).イオン性固体,分子性固体,そして原子性固体の 3 種類の結晶性固体がある.イオン性固体では,正負逆の電荷をもったイオンどうしの引力が最大になり,同符号の電荷をもったイオンどうしの斥力を最小にするようにイオンが詰まっている.分子性固体は,分子が極性をもっている場合には双極子-双極子相互作用によって,また分子が非極性の場合にはロンドン分散力によって互いに結びつけられている.原子性固体は,存在する原子によって,共有結合力あるいはロンドン分散力のいずれかで互いが結びつけられている.

溶　　液

15

- 15・1　溶　解　度
- 15・2　溶液の濃度: 序論
- 15・3　溶液の濃度: 質量パーセント
- 15・4　溶液の濃度: モル濃度
- 15・5　希　　釈
- 15・6　溶液反応の化学量論
- 15・7　中和反応

海水は水溶液である

　植物, 動物ならびに人間の営みを維持している重要な化学のほとんどが水溶液中で起こっている. 蛇口から出る水さえも純粋な水ではなく, さまざまな物質の水溶液である. たとえば, 消毒のための塩素や水を"硬水"にする鉱物, ごく微量の汚染化合物など多様な物質が溶け込んでいる. われわれは日々の生活のなかで, 空気, シャンプー, オレンジジュース, コーヒー, ガソリンなど多くの溶液と接している.

　溶液は, 各成分が一様に混ざり合った均一な混合物である. このことは, 溶液のどの一部をとっても, 他の部分からとったものと同じ組成をもっていることを意味している. たとえば, コーヒーの最初の一口と最後の一口は同じである.

溶液 solution

　大気は $O_2(g)$, $N_2(g)$, その他の気体が無秩序に分散した気体状の溶液である. 固体にも溶液が存在する. たとえば, 真ちゅうは銅と亜鉛からなる均一な混合物, すなわち溶液である.

　これらの例から, 溶液には気体, 液体, あるいは固体があることがわかる (表15・1). 最も多量に存在する物質を**溶媒**とよび, そのほかの一つあるいは複数の物質を**溶質**とよぶ. たとえば, グラスの水にスプーン1杯の砂糖を溶かしたときには, 砂糖が溶質で水が溶媒である.

溶媒 solvent
溶質 solute

　水溶液は水を溶媒とする溶液である. 非常に重要なので, 本章では水溶液の性質に焦点を絞って解説する.

水溶液 aqueous solution

表 15・1　種々の溶液

例	溶液の状態	溶質のもとの状態	溶媒の状態
大気, 天然ガス	気体	気体	気体
ウォッカの水割, 水の不凍液	液体	液体	液体
真ちゅう	固体	固体	固体
炭酸水 (ソーダ)	液体	気体	液体
海水, 砂糖水	液体	固体	液体

15・1　溶　解　度

目的　溶解の過程を理解する. そして, 特定の物質がなぜ水に溶けるのかを学ぶ

　スプーン1杯の砂糖をアイスティーに入れかき混ぜたり, 野菜を料理するのに水に

250   15. 溶　液

塩を加えたりするとどうなるだろうか．砂糖や塩がどうして水の中に"消える"のだろうか．何かが溶ける，いいかえると溶液になるというのはどういうことだろうか．

7章で述べたように，塩化ナトリウムを水に溶かすと，その溶液は電気を通す．このことから，溶液は自由に動ける**イオン**を含んでいることがわかる．水に塩化ナトリウムが溶ける様子を図 15・1 に示す．固体状態ではイオンは互いに密に詰まっている．ところが，固体が溶解すると，イオンは解離し溶液中に分散する．塩化ナトリウムの結晶を保持していた強いイオン間の引力を，イオンと極性をもった水分子の間に働く強い引力が打ち負かす．この過程を図 15・2 に示す．極性をもった水分子の一つひとつが Cl^- や Na^+ と引き合う力が最大になるような配列をとる．水分子の負の端が Na^+ と引き合い，正の端は Cl^- と引き合う．正ならびに負のイオンを固体状態に維持しておく強い力が水とイオンの強い相互作用による力で置き換えられ，固体が溶解する（イオンが分散する）．

食塩のようなイオン性物質が水に溶けるとき，それぞれの陰イオンと陽イオンに解離し水に分散するということを覚えておくことは重要である．たとえば，硝酸アンモニウム NH_4NO_3 が水に溶けると，生成する溶液は互いに無関係に動き回る NH_4^+ と NO_3^- を含んでいる．この過程は次のように表される．

$$NH_4NO_3(s) \xrightarrow{H_2O(l)} NH_4^+(aq) + NO_3^-(aq)$$

ここで（aq）は，イオンが水分子で囲まれていることを示す．

水は多くの非イオン性物質をも溶かす．砂糖は，水によく溶ける非イオン性物質の一例である．もう一つの例はエタノール C_2H_5OH である．ワイン，ビールなどはエタノール（とその他の物質）の水溶液である．エタノールはなぜそんなに水によく溶けるのだろうか．その答は，エタノール分子の構造にある（図 15・3a）．エタノール分子には水分子中にあるのと同様の極性をもった O−H 結合があり，この結合のため

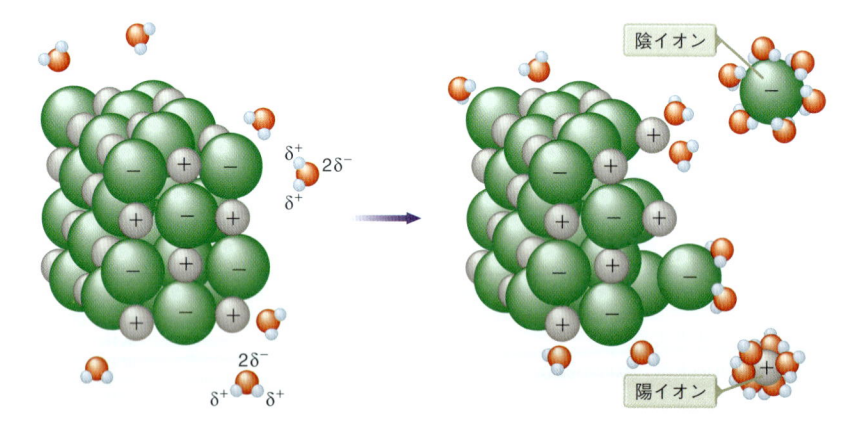

イオン ion

陽イオンは正のイオンで，陰イオンは負のイオンである．

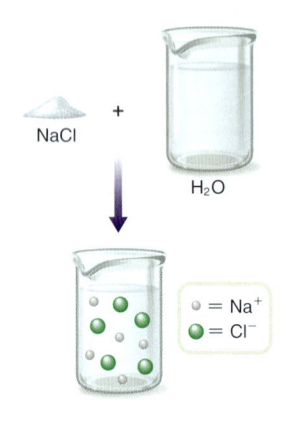

図 15・1
塩化ナトリウムの水への溶解．固体である塩化ナトリウムを水に溶かすと，水溶液中にイオンが無秩序に分散する．

図 15・2
極性をもった水分子と正ならびに負のイオンとの相互作用．これらの相互作用がもとの固体の中でイオンどうしを結びつけていた強い引力に置き換わることで固体が溶解する．

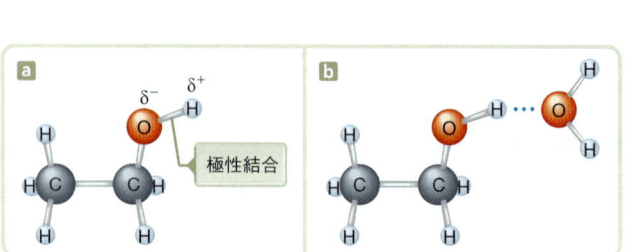

図 15・3
エタノールと水の相互作用．
a エタノール分子には水分子と同じような極性をもった O−H 結合がある．b 極性をもった水分子はエタノール中の極性をもった O−H 結合と強く相互作用する．

図 15・4
砂糖(ショ糖)の構造．分子中に多数の極性をもった O-H 基があるので水に非常によく溶ける．

図 15・5 石油に含まれる典型的な分子．結合は極性をもたない．

に水とよく混ざり合う．純粋な水中の水分子どうしが水素結合を形成するのとまさに同じように（図 14・6 参照），エタノール分子は水溶液中において水分子と水素結合を形成することができる（図 15・3b）．

　砂糖（ショ糖という化合物名をもっている，図 15・4）分子が，水分子と水素結合を形成できる多くの極性をもった O-H 結合をもっていることに注目しよう．ショ糖と水分子の間に働く引力のために固体のショ糖が水によく溶ける．

　多くの物質は水に溶けない．たとえば，破損したタンカーから流出した石油は，水に均一に分散しない（溶けない）で，密度が水よりも小さいために海面に浮かぶ．石油は図 15・5 に示すような分子の混合物である．炭素と水素が非常に似た電気陰性度をもつため，結合電子はほぼ均等に二つの原子に分配され，結合は極性をもたない．極性をもたない結合をもつ分子は極性をもった水分子と引き合うことはできず，そのために水に溶けない（図 15・6）．

　図 15・6 に示すように，水中の水分子は互いに水素結合による相互作用で連結していることに注意しよう．溶質が水に溶けるためには，水の構造の中に溶質粒子のための"穴"をあけなければならない．このことは，水分子どうしの相互作用が切断され，それと同じくらい強い水と溶質の間の相互作用によって置き換えられるときにのみ起こる．塩化ナトリウムの場合，極性をもった水分子と Na^+ や Cl^- の間で強い相互作用が起こる．この相互作用によって塩化ナトリウムが溶ける．エタノールやショ糖の場合には，これらの分子がもつ O-H 基と水分子の間で水素結合の相互作用が起こり，これらの物質が溶解する．これに対して，油分子は水に溶けない．それは，水分子と溶質分子である油の相互作用では，油分子のための"穴"をあけることができないからである．

　こう考えると"似たものは似たものを溶かす"という観察結果が説明できる．いいかえると，ある溶媒は一般的にそれと似た極性をもつ溶質を溶かすということがよくみられる．たとえば，水はたいていの極性溶質を溶かす．溶液中で生じる溶質と溶媒間の相互作用が，純粋な溶媒中に存在する水と水の相互作用の強さとほぼ同じであるためである．同様に非極性溶媒は非極性溶質を溶かす．たとえば，衣類からグリースのしみを除去するのに使用されるドライクリーニング用の溶媒は非極性液体である．"グリース"は非極性分子からできているため，グリースのしみを除去するには非極性の溶媒が必要である．

ショ糖 sucrose　スクロースともいう．

東京湾での油流出の衛星写真

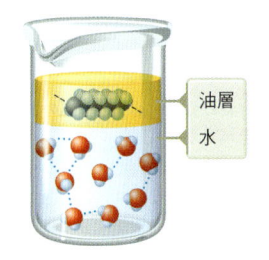

図 15・6
水の上に浮く油の層．物質が溶けるためには，水分子間の水素結合を切断して溶質粒子のための"穴"をあけなければならない．しかし水分子間の相互作用が切断されるのは，水と溶質との間の相互作用が，水分子間と同じくらい強い場合に限る．

15・2 溶液の濃度: 序論

目的 溶液の濃度に関係した定性的な用語を学ぶ

非常によく溶ける物質であっても，ある一定量の溶媒に溶ける溶質の量には限度がある．たとえば，グラス 1 杯の水に砂糖を加えると，初めのうちはすばやく溶けて見えなくなる．ところが，さらに砂糖を加え続けると，ある時点でもはや溶けなくなり，グラスの底にそのまま固体として残る．溶液がその温度で溶かすことのできる限界まで溶質を含んでいるとき，溶液は**飽和**しているという．固体の溶質を，すでにその溶質で飽和している溶液に加えても，加えた固体は溶けない．その溶液に溶けうる溶質量の限界まで達していない溶液を**不飽和**な溶液とよぶ．この不飽和な溶液の場合には，さらに溶質を加えると，溶質は溶ける．

化合物は常に同じ組成をもっているが，溶液は混合物であり，存在する物質の量は異なる溶液中では違っている．たとえば，濃いコーヒーには薄いコーヒーに比べて一定量の水により多くのコーヒーが溶けている．溶液について記述する場合には溶媒と溶質の量を特定しなければならない．溶液を記述するのに**濃厚**とか**希薄**といった定性的な用語をよく用いる．濃厚溶液には多量の溶質が溶けている（強いコーヒーは濃い）．一方，希薄溶液には少量の溶質しか溶けていない（弱いコーヒーは薄い）．

これらの定性的な用語は目的によっては有用であるが，一定量の溶液中に溶けている溶質の正確な量を知る必要があることが多い．次に溶液の濃度を記述するさまざまな方法について考える．

飽和 saturation

不飽和 unsaturation

15・3 溶液の濃度: 質量パーセント

目的 濃度を表す用語である質量パーセントを理解し，計算方法を学ぶ

溶液の濃度を記述することは，ある与えられた量の溶液中に存在する溶質の量を特定することである．溶質の量は質量（グラム数）あるいはモルという用語で定義するのが一般的である．溶液の量は質量あるいは体積で定義される．

溶液の濃度の最も一般的な表し方は**質量パーセント**であり（**重量パーセント**ともよばれる），ある質量の溶液中に含まれる溶質の質量を表す．質量パーセントの定義は，次の式で表される．

質量パーセント mass percent
重量パーセント weight percent

溶液の質量は溶質と溶媒の質量の和である．

$$\text{質量パーセント} = \frac{\text{溶質の質量}}{\text{溶液の質量}} \times 100\%$$
$$= \frac{\text{溶質のグラム数}}{\text{溶質のグラム数} + \text{溶媒のグラム数}} \times 100\%$$

たとえば，水 48 g に塩化ナトリウム 1.0 g を溶かした水溶液を例にとって考えてみよう．水溶液の質量は 49 g（H_2O 48 g と NaCl 1.0 g）で，溶質（NaCl）は 1.0 g である．したがって溶質の質量パーセントは次のとおりである．

$$\frac{\text{溶質 } 1.0 \text{ g}}{\text{溶液 } 49 \text{ g}} \times 100\% = 0.020 \times 100\% = 2.0\% \text{ NaCl}$$

例題 15・1 溶液の濃度: 質量パーセントを求める

エタノール C_2H_5OH 1.00 g と水 H_2O 100.0 g からなる水溶液がある．この水溶液中

のエタノールの質量パーセントを求めよ．

解答

求めるものは何か エタノールの質量パーセント

わかっていることは何か ・水 100 g にエタノール 1.00 g が溶けている

$$質量パーセント = \frac{溶質の質量}{溶液の質量} \times 100\%$$

解法 この問題では，溶質（エタノール）1.00 g と溶媒（水）100.0 g からなる水溶液を取上げている．これらの数字を質量パーセントの式にあてはめればよい．

$$\begin{aligned}
質量パーセント\ C_2H_5OH &= \left(\frac{C_2H_5OH\ のグラム数}{溶液のグラム数}\right) \times 100\% \\
&= \left(\frac{C_2H_5OH\ 1.00\ g}{H_2O\ 100.0\ g + C_2H_5OH\ 1.00\ g}\right) \times 100\% \\
&= \frac{1.00\ g}{101.0\ g} \times 100\% = 0.990\%\ C_2H_5OH
\end{aligned}$$

練習問題 15・1 海水 135 g を蒸発乾固させたところ，固体が 4.73 g 残った（海水にもともと溶けていた塩）．海水中に溶けている溶質の質量パーセントを求めよ．

Self-Check

例題 15・2 溶液の濃度：溶質の質量を求める

牛乳は一般的に質量パーセントで 4.5%の乳糖 $C_{12}H_{22}O_{11}$ を含んでいる．牛乳 175 g 中に存在する乳糖の質量を求めよ．

牛乳は純粋な溶液ではなく（脂肪，タンパク質その他の物質の小さな球体が水に懸濁したもの），乳糖とよばれる砂糖を溶かし込んでいる．

解答

求めるものは何か 牛乳 175 g 中に存在する乳糖の質量

化学こぼれ話　　グリーンケミストリー

いくつかの化学工業が過去に地球環境を汚染する原因となったが，その状況は急速に変化し，化学はグリーンな方向に向かっている．**グリーンケミストリー**（green chemistry）とは，危険な廃棄物の排出を最少にし，従来使っていた有機溶媒を水や環境にやさしい物質で置き換えたり，再生利用できる物質から製品をつくることなどをさす．

グリーンケミストリーの実例の一つとして，化石燃料の燃焼による副生物である二酸化炭素の利用がある．たとえば，ダウケミカル社は，現在ポリスチレン製の卵パックや肉用のトレーなどに"柔らかさ"をもたせるために使用していたクロロフルオロカーボン（CFCs，われわれの生命を守る成層圏に存在するオゾン層を破壊する物質）の代わりに CO_2 を利用している．ダウ社は，この目的のために CO_2 を製造しているのではなく，さまざまな工業プロセスから排出される CO_2 の廃ガスを利用している．

CO_2 のもう一つの重要な利用法は，溶剤のペルクロロエチレン（Perc）の代替品としての利用である．現在米国において

ドライクリーニングのおよそ 80% に CO_2 が使用されている．長期にわたって Perc に接触すると腎臓や肝臓の損傷やがんを起こす．ドライクリーニングに出した衣類に Perc はほとんど付着していないので一般の人には危険ではないが，ドライクリーニング業界の従業員にとっては大きな問題である．高圧のもとでは CO_2 は液体で，適当な洗剤と一緒に使用すると，ドライクリーニングでしか落ちない繊維についた汚れに対する非常に優れた溶媒となる．圧力が下がると，CO_2 はただちに気体の状態に変化し，熱を加えなくても衣類はただちに乾く．回収された二酸化炭素のガスは圧縮され，再びクリーニングに利用される．

グリーンケミストリーは経済的にも意味があり優れている．すべての価格を考慮すると，グリーンケミストリーはたいていより安価な化学でもある．誰にとっても利益があり，いいことずくめである．

254   15. 溶　　液

わかっていることは何か
- 牛乳 175 g がある
- 牛乳は質量パーセントで 4.5% の乳糖を含んでいる
- 質量パーセント = $\dfrac{溶質の質量}{溶液の質量} \times 100\%$

解法　質量パーセントの定義を使って，

$$質量パーセント = \dfrac{溶質のグラム数}{溶液のグラム数} \times 100\%$$

ここでわかっている数値を代入すると

$$質量パーセント = \dfrac{\overset{乳糖の質量}{溶質のグラム数}}{\underset{牛乳の質量}{175\,\text{g}}} \times 100\% = \overset{質量パーセント}{4.5\%}$$

両辺に 175 g を掛けることで溶質のグラム数を求めることができる．

$$\cancel{175\,\text{g}} \times \dfrac{溶質のグラム数}{\cancel{175\,\text{g}}} \times 100\% = 4.5\% \times 175\,\text{g}$$

$$溶質のグラム数 = 0.045 \times 175\,\text{g} = 7.9\,\text{g}\ \ 乳糖$$

Self-Check

ホルマリンは生物標本の保存剤として使用される．

練習問題 15・2　ホルマリンはホルムアルデヒド HCHO の水溶液である．ホルムアルデヒドの 40.0%（質量パーセント）水溶液をつくるにはホルムアルデヒド 425 g に水をいくら加えなければならないか．水の質量を答えよ．

15・4　溶液の濃度: モル濃度

目的　モル濃度を理解する．また，存在する溶質の物質量を求めるためにモル濃度を利用する方法を学ぶ

　溶液の濃度が質量パーセントで表される場合には，溶液の量はその質量で表される．しかし，溶液の質量を測るよりもその体積を測ったほうがより便利であることも多い．そのため，化学者は溶液の濃度を表すのに**モル濃度**をよく用いる．モル濃度 M は，物質量で表した溶質の量とリットルで表した溶液の体積で表される．モル濃度とは，リットルで表した溶液の体積当たりの溶質の物質量である．すなわち，

モル濃度 molarity

$$モル濃度 = M = \dfrac{溶質の物質量}{溶液のリットル数} = \dfrac{\text{mol}}{\text{L}}$$

1.0 モル濃度（1.0 M もしくは 1 mol/L と表す）の溶液は，1 リットル当たり 1.0 mol の溶質を含んでいる．

例題 15・3　溶液の濃度: モル濃度を求める 1

固体の NaOH 11.5 g を水に溶かし，1.50 L の NaOH 水溶液を調製した．この水溶液のモル濃度を求めよ．

解答

求めるものは何か　　NaOH 水溶液のモル濃度（M）

わかっていることは何か
- NaOH 11.5 g を溶かした水溶液 1.50 L がある

$$M = \frac{\text{溶質の物質量}}{\text{溶液のリットル数}}$$

必要な情報は何か　・NaOH 11.5 g に相当する物質量

解法　溶質の質量（グラム数）がわかっているので，まずこの質量を（NaOH のモル質量を用いて）物質量に変換する．次に，物質量をリットル単位で表した体積で割ればよい．

溶質の質量 → 溶質の物質量 → モル濃度
（モル質量を用いる）　（物質量/リットル数）

NaOH のモル質量（40.0 g/mol）を用いて，溶質の物質量を求める．

$$11.5 \text{ g NaOH} \times \frac{1 \text{ mol NaOH}}{40.0 \text{ g NaOH}} = 0.288 \text{ mol NaOH}$$

次にリットル単位で表した溶液の体積で割ると，NaOH のモル濃度が得られる．

$$\text{モル濃度} = \frac{\text{溶質の物質量}}{\text{溶液のリットル数}} = \frac{0.288 \text{ mol NaOH}}{1.50 \text{ L}} = 0.192 \text{ M NaOH}$$

例題 15・4　溶液の濃度：モル濃度を求める 2

気体の HCl 1.56 g を水に溶かして塩酸 26.8 mL を調製した．この塩酸のモル濃度を求めよ．

解答

求めるものは何か　塩酸のモル濃度（M）

わかっていることは何か　・HCl 1.56 g を溶かした塩酸 26.8 mL がある

$$M = \frac{\text{溶質の物質量}}{\text{溶液のリットル数}}$$

必要な情報は何か　・HCl 1.56 g の物質量
　　　　　　　　　　　・リットル単位で表した溶液の体積

解法　HCl 1.56 g を物質量に変換しなければならない．同時に 26.8 mL をリットル単位に変換することも必要である（モル濃度がリットル単位で定義されているため）．まず最初に HCl（モル質量 = 36.5 g/mol）の物質量を求める．

$$1.56 \text{ g HCl} \times \frac{1 \text{ mol HCl}}{36.5 \text{ g HCl}} = 0.0427 \text{ mol HCl} = 4.27 \times 10^{-2} \text{ mol HCl}$$

次に 1 L = 1000 mL という換算式を用いて溶液の体積をミリリットルからリットル単位に変換する．

$$26.8 \text{ mL} \times \frac{1 \text{ L}}{1000 \text{ mL}} = 0.0268 \text{ L} = 2.68 \times 10^{-2} \text{ L}$$

最後に，溶質の物質量を溶液のリットル数で割る．

$$\text{モル濃度} = \frac{4.27 \times 10^{-2} \text{ mol HCl}}{2.68 \times 10^{-2} \text{ L}} = 1.59 \text{ M HCl}$$

練習問題 15・3　エタノール C_2H_5OH 1.00 g を水に溶かして水溶液 101 mL を得た．この水溶液のモル濃度を求めよ． *Self-Check*

256　15. 溶　　液

　溶液の濃度の表記が，溶解した状態にある溶質の真の化学的性質を正確には反映していないことを認識することが重要である．溶質の状態はそれが溶解する以前の溶質の形でいつも記述される．たとえば，1.0 M の NaCl 水溶液という表現は，その水溶液が固体の NaCl 1.0 mol を水に溶かして 1.0 L の水溶液として調製されたことを表しており，水溶液が 1.0 mol の量の NaCl を含んでいるということを意味するものではない．実際，1.0 M NaCl 水溶液は 1.0 mol の Na^+ と 1.0 mol の Cl^- を含んでいる．すなわち，1.0 M の Na^+ と 1.0 M の Cl^- を含んでいる．

> イオン化合物は水に溶けると構成要素のイオンに解離することを思い出そう．
>
> $Co(NO_3)_2$ 　　 $FeCl_3$
> ↓　　　　　　　↓
> Co^{2+} 　　　　 Fe^{3+}
> NO_3^-　NO_3^-　Cl^-　Cl^-　Cl^-

例題 15・5 溶液の濃度: モル濃度からイオン濃度を求める

次の水溶液それぞれについてすべてのイオンの濃度を求めよ．
　a. 0.50 M $Co(NO_3)_2$　　b. 1 M $FeCl_3$

解答　a. 固体の $Co(NO_3)_2$ が溶けると次式に従ってイオンを生成する．

$$Co(NO_3)_2(s) \xrightarrow{H_2O(l)} Co^{2+}(aq) + 2NO_3^-(aq)$$

上式は次のように書き直すことができる．

$$1\,mol\,Co(NO_3)_2(s) \xrightarrow{H_2O(l)} 1\,mol\,Co^{2+}(aq) + 2\,mol\,NO_3^-(aq)$$

したがって 0.5 M の $Co(NO_3)_2$ の水溶液は，0.5 M の Co^{2+} と $(2×0.5)$ M，すなわち 1.0 M の NO_3^- を含んでいる．

　b. 固体の $FeCl_3$ が溶けると次式に従ってイオンを生成する．

$$FeCl_3(s) \xrightarrow{H_2O(l)} Fe^{3+}(aq) + 3Cl^-(aq)$$

次のように書き直すことができる．

$$1\,mol\,FeCl_3(s) \xrightarrow{H_2O(l)} 1\,mol\,Fe^{3+}(aq) + 3\,mol\,Cl^-(aq)$$

1 M $FeCl_3$ の水溶液は 1 M の Fe^{3+} と 3 M の Cl^- を含んでいる．

Self-Check　練習問題 15・4　次の水溶液中のイオン濃度を求めよ．
　a. 0.10 M Na_2CO_3　　b. 0.010 M $Al_2(SO_4)_3$

　モル濃度のわかっている溶液のある与えられた体積中に存在する溶質の物質量を決定しなければならないことがよくある．決定するためにモル濃度の定義を利用する．溶液のモル濃度に体積（リットル単位）を掛けると，溶液中に存在する溶質の物質量を得ることができる．

$$溶液のリットル数 × モル濃度 = 溶液のリットル数 × \frac{溶質の物質量}{溶液のリットル数}$$
$$= 溶質の物質量$$

例題 15・6 溶液の濃度: モル濃度から物質量を求める

0.75 M $AgNO_3$ 水溶液の 25 mL 中に存在する Ag^+ の物質量を求めよ．

解答
求めるものは何か　水溶液中の Ag^+ の物質量
わかっていることは何か　・0.75 M $AgNO_3$ 水溶液が 25 mL ある

15・4 溶液の濃度: モル濃度　257

$$M = \frac{溶質の物質量}{溶液のリットル数}$$

解法　0.75 M AgNO₃ 水溶液は 0.75 M の Ag⁺ と 0.75 M の NO₃⁻ を含んでいる．まず，体積をリットル単位で表さなければならない．すなわち mL を L に変換しなければならない．

$$25 \text{ mL} \times \frac{1 \text{ L}}{1000 \text{ mL}} = 0.025 \text{ L} = 2.5 \times 10^{-2} \text{ L}$$

次にモル濃度に体積を掛ければよい．

$$2.5 \times 10^{-2} \text{ L} \times \frac{0.75 \text{ mol Ag}^+}{1 \text{ L}} = 1.9 \times 10^{-2} \text{ mol Ag}^+$$

練習問題 15・5　1.0×10^{-3} M AlCl₃ 水溶液 1.75 L 中の Cl⁻ の物質量を求めよ．

Self-Check

標準溶液とは，濃度が正確にわかっている溶液である．純粋な形の適当な溶質が手に入れば，この溶質からある量の試料をはかりとり，メスフラスコ（正確な体積がわかっている）に完全に残らず移し，このメスフラスコの首のところにある印まで溶媒を加えることでこの溶質の標準溶液を調製することができる．この手法を図15・7に示す．

標準溶液 standard solution

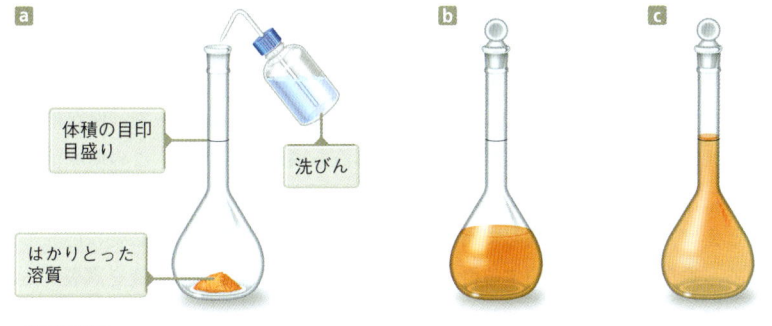

図 15・7　標準水溶液の調製手順．**a** はかりとった物質（溶質）をメスフラスコに入れ，少量の水を加える．**b** メスフラスコに栓をしてゆるやかに振り混ぜて固体を水に溶かす．**c** メスフラスコの首に刻まれた印のところまで溶液の面がちょうど到達するようにさらに水を加える．メスフラスコを数回逆さまにすることで溶液をしっかりと混ぜる．

硝酸コバルト(II) の標準溶液の調製

例題 15・7　溶液の濃度: モル濃度から質量を求める

あるワインのアルコール含量を分析するには，0.200 M の K₂Cr₂O₇（二クロム酸カリウム）水溶液が 1.00 L 必要である．この水溶液を調製するのに固体の K₂Cr₂O₇（モル質量 = 294.2 g/mol）を何グラムはかりとらなければならないか．

解答
求めるものは何か　水溶液を調製するために必要な K₂Cr₂O₇ の質量
わかっていることは何か
- 0.200 M の K₂Cr₂O₇ 水溶液 1.00 L が必要
- K₂Cr₂O₇ のモル質量 294.2 g/mol
- $M = \dfrac{溶質の物質量}{溶液のリットル数}$

解法 1.00 L の水溶液中に存在する溶質のグラム数（水溶液を調製するのに必要な質量）を求めなければならない．まず最初に体積（リットル単位）にモル濃度を掛けて存在する $K_2Cr_2O_7$ の物質量を決定する．

$$1.00 \text{ L} \times \frac{0.200 \text{ mol } K_2Cr_2O_7}{\text{L}} = 0.200 \text{ mol } K_2Cr_2O_7$$

次に，$K_2Cr_2O_7$ のモル質量（294.2 g/mol）を用いて，$K_2Cr_2O_7$ の物質量を質量に変換する．

$$0.200 \text{ mol } K_2Cr_2O_7 \times \frac{294.2 \text{ g } K_2Cr_2O_7}{\text{mol } K_2Cr_2O_7} = 58.8 \text{ g } K_2Cr_2O_7$$

したがって，0.200 M $K_2Cr_2O_7$ の水溶液 1.00 L を調製するには，$K_2Cr_2O_7$ を 58.8 g はかりとり，これを水に溶かして 1.00 L の水溶液にすればよい．このために 1.00 L のメスフラスコを用いるのが最も便利である（図 15・7）．

Self-Check 練習問題 15・6 12.3 M のホルマリンを 2.5 L 調製するには何グラムのホルムアルデヒドが必要か．

15・5 希　釈

目的　保存溶液を希釈して調製した溶液の濃度を求める方法を学ぶ

　時間と研究室のスペースを節約するために日常的に使用する溶液をあらかじめ濃厚溶液の形で購入しておくか，あるいは調製しておくことがよくある（保存溶液とよぶ）．用途に応じて必要なモル濃度をもった溶液を調製するには，この濃厚溶液に水（あるいはその他の溶媒）を加える．溶液にさらに溶媒を加えるこの操作を**希釈**とよぶ．たとえば，実験室に常備してある酸は濃厚溶液の形で購入し，必要に応じて水で希釈する．典型的な希釈に関する計算は，必要とされる濃度の水溶液を調製するためにどれだけの量の保存溶液にどれだけの水を加えればよいかを求めることである．希釈に関する計算の鍵は，**希釈には水だけを加える**ということである．希釈後の溶液中にある溶質の量は希釈前の濃い保存溶液中の溶質の量と同じである．すなわち

希釈 dilution

水で希釈しても存在する溶質の物質量は変化しない．

$$\text{希釈後の溶質の物質量} = \text{希釈前の溶質の物質量}$$

である．溶質の物質量はそのままであるが，水が加えられているので体積は大きくなり，モル濃度は減少する．

$$M = \frac{\text{溶質の物質量（もとのまま）}}{\text{体積(L)（増大する（水を加える））}}$$

（Mは減少する）

　たとえば，17.5 M の酢酸 $HC_2H_3O_2$ の保存溶液から，1.00 M の酢酸水溶液 500 mL を調製したい．どれだけの保存溶液が必要だろうか．

　まず最初に，希釈後の溶液の中に必要な酢酸の物質量を求めなければならない．溶液の体積にそのモル濃度を掛ければよい．

$$\text{希薄溶液の体積（リットル）} \times \text{希薄溶液のモル濃度} = \text{必要な溶質の物質量}$$

希薄溶液中の溶質の物質量は，希釈前の保存溶液中に存在していた溶質の物質量と同じである．モル濃度は，リットル単位で定義されているので，まず 500 mL をリットルに変換する．そののち，体積（リットル）にモル濃度を掛ければ必要な溶質の物質量を求めることができる．

$$\underset{V_{希薄溶液}(\text{mL})}{500 \text{ mL}} \times \underset{\text{mL を L に変換}}{\frac{1 \text{ L}}{1000 \text{ mL}}} = 0.500 \text{ L}$$

$$0.500 \text{ L} \times \underset{M_{希薄溶液}}{\frac{1.00 \text{ mol HC}_2\text{H}_3\text{O}_2}{\text{L}}} = 0.500 \text{ mol HC}_2\text{H}_3\text{O}_2$$

次に酢酸 $HC_2H_3O_2$ 0.500 mol を含む 17.5 M 酢酸保存溶液の体積を求めなければならない．これを未知の体積 V とする．体積×モル濃度＝物質量なので

$$V \text{ (L)} \times \frac{17.5 \text{ mol HC}_2\text{H}_3\text{O}_2}{\text{L}} = 0.500 \text{ mol HC}_2\text{H}_3\text{O}_2$$

V に関してこれを解くと

$$V = \frac{0.500 \text{ mol HC}_2\text{H}_3\text{O}_2}{\frac{17.5 \text{ mol HC}_2\text{H}_3\text{O}_2}{\text{L}}} = 0.0286 \text{ L} \text{ あるいは } 28.6 \text{ mL の溶液}$$

となる．したがって 500 mL の 1.00 M 酢酸を調製するためには，17.5 M の酢酸の保存溶液 28.6 mL をはかりとり，全体の体積が 500 mL になるまで希釈すればよい．この手順を図 15・8 に示す．溶質の物質量は希釈の前後で同じなので，次のように書くことができる．

$$\underset{\substack{\text{最初の状態}\\ \text{希釈前の}\\ \text{モル濃度}\quad\text{希釈前の体積}}}{M_1 \times V_1} = 溶質の物質量 = \underset{\substack{\text{最終の状態}\\ \text{希釈後の}\\ \text{モル濃度}\quad\text{希釈後の体積}}}{M_2 \times V_2}$$

酢酸の物質量について $M_1 \times V_1 = M_2 \times V_2$ となっていることを確かめることによって計算を確認できる．上の例では，$M_1 = 17.5$ M，$V_1 = 0.0286$ L，$V_2 = 0.500$ L，そして $M_2 = 1.00$ M なので，数値を代入すると次のようになり，$M_1 \times V_1 = M_2 \times V_2$ を確

図 15・8 希釈． ⓐ 28.6 mL の 17.5 M 酢酸を先に少量の水を入れたメスフラスコに加える．ⓑ 体積が刻まれた印に達するまでメスフラスコに水を加える．そしてフラスコを数回逆さまにして溶液をよく混ぜる．ⓒ 1.00 M 酢酸が得られる．

かめることができる．

$$M_1 \times V_1 = 17.5 \frac{\text{mol}}{\text{L}} \times 0.0286 \text{ L} = 0.500 \text{ mol}$$

$$M_2 \times V_2 = 1.00 \frac{\text{mol}}{\text{L}} \times 0.500 \text{ L} = 0.500 \text{ mol}$$

この結果から求めた体積 V_2 は正しいといえる．

例題 15・8 希薄溶液の濃度を求める
0.10 M 硫酸 1.5 L を調製するには 16 M 硫酸が何リットル必要か．

解答
求めるものは何か　0.10 M の希薄溶液を調製するのに必要な濃硫酸の体積
わかっていることは何か

最初の状態（濃厚溶液）	最終の状態（希薄溶液）
$M_1 = 16 \frac{\text{mol}}{\text{L}}$	$M_2 = 0.10 \frac{\text{mol}}{\text{L}}$
$V_1 = ?$	$V_2 = 1.5 \text{ L}$

解法　$M_1 \times V_1 = M_2 \times V_2$ を解けばよい．V_1 に関して解くように変形するために両辺を M_1 で割ると

$$V_1 = \frac{M_2 \times V_2}{M_1}$$

となる．ここで，$M_2, V_2,$ そして M_1 に数値を代入する．

$$V_1 = \frac{\left(0.10 \frac{\text{mol}}{\text{L}}\right)(1.5 \text{ L})}{16 \frac{\text{mol}}{\text{L}}} = 9.4 \times 10^{-3} \text{ L} = 9.4 \text{ mL}$$

したがって V_1 は 9.4×10^{-3} L あるいは 9.4 mL となる．16 M 硫酸を用いて 0.10 M 硫酸 1.5 L を調製するためには，濃硫酸 9.4 mL をはかりとって，体積が 1.5 L になるまで水で薄めればよい．これを正確に行うには，硫酸 9.4 mL をおよそ 1 L の水に加えた後，さらに水を追加して，1.5 L に達するまで希釈すればよい．

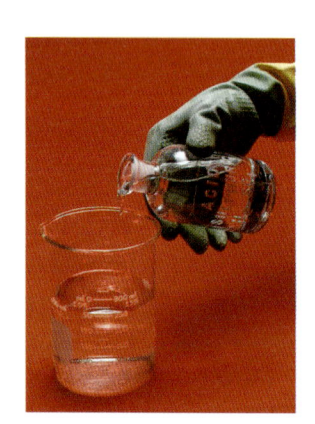

おおよその希釈は目盛りのついたビーカーを用いて行うことができる．濃硫酸を水に注いで希硫酸を調製しているところ．

水を濃硫酸に加えるのではなく，水に濃硫酸を加えるのがよい．そうすれば，もし液がはねても，そのはねは希硫酸である．

Self-Check
練習問題 15・7　0.75 L の 0.25 M 塩酸を調製するには，12 M 塩酸が何リットル必要か．

15・6 溶液反応の化学量論

目的　溶液反応の化学量論に関する問題を解くための手順を理解する

非常に多くの重要な反応が溶液中で起こるため，溶液反応の化学量論に関する計算ができることは重要である．この計算を実行するのに必要な原理は 9 章で述べた原理と非常によく似ている．次にあげる手順に従って考えるとよい．

溶液に関する化学量論の問題を解くための手順

手順 1 釣合のとれた反応式を書く．イオンを含む反応では正味のイオン反応式を書くのが最もよい．

手順 2 反応物の物質量を計算する．

手順 3 どの反応物が反応を制限するのかを決定する．

手順 4 必要に応じて，他の反応物や生成物の物質量を計算する．

手順 5 もし必要ならグラム数を他の単位に変換する．

> イオン反応式については§7・3参照．

例題 15・9 溶液の化学量論: 反応物と生成物の質量を求める

1.50 L の 0.100 M AgNO$_3$ 水溶液中のすべての Ag$^+$ を AgCl の形で沈殿させるのに必要な固体の NaCl の質量を求めよ．また生成する AgCl の質量も求めよ．

解答

求めるものは何か　NaCl の質量と AgCl の質量

わかっていることは何か　・0.100 M AgNO$_3$ 水溶液が 1.50 L ある

必要な情報は何か　・AgNO$_3$ と NaCl の反応の釣合のとれた反応式
・NaCl のモル質量と AgCl のモル質量

解法

手順 1 反応に対する釣合のとれた反応式を書く．Ag$^+$ と NO$_3^-$ からなる AgNO$_3$ 水溶液に NaCl を加えると，固体の NaCl は溶けて Na$^+$ と Cl$^-$ を生成する．その一方で，次にあげた釣合のとれた正味のイオン反応式に従って固体の AgCl が生成する．

$$\text{Ag}^+(\text{aq}) + \text{Cl}^-(\text{aq}) \longrightarrow \text{AgCl(s)}$$

手順 2 反応物の物質量を求める．この例の場合では，存在するすべての Ag$^+$ と過不足なく反応するだけの Cl$^-$ を加えなければならない．そのためには 0.100 M AgNO$_3$ 水溶液 1.50 L 中に存在する Ag$^+$ の物質量を求めなければならない（0.100 M AgNO$_3$ 水溶液は 0.100 M Ag$^+$ と 0.100 M NO$_3^-$ を含んでいることに注意せよ）．

$$1.50\ \text{L} \times \frac{0.100\ \text{mol Ag}^+}{\text{L}} = 0.150\ \text{mol Ag}^+$$

0.100 M AgNO$_3$ 水溶液 1.50 L 中に存在する Ag$^+$ の物質量

塩化ナトリウム水溶液を硝酸銀水溶液に加えると，白色の塩化銀の沈殿が生成する

手順 3 どの反応物が反応を制限するかを決める．ここで，水溶液中に存在する Ag$^+$ と過不足なく反応する量の Cl$^-$ を加えなければならない．つまり，水溶液中のすべての Ag$^+$ を沈殿させる必要があるので，存在する Ag$^+$ の量によって必要な Cl$^-$ の量が決まる．

手順 4 必要な Cl$^-$ の物質量を求める．0.150 mol の Ag$^+$ が存在し，一つの Ag$^+$ が一つの Cl$^-$ と反応するので，0.150 mol の Cl$^-$ が必要である．

$$0.150\ \text{mol Ag}^+ \times \frac{1\ \text{mol Cl}^-}{1\ \text{mol Ag}^+} = 0.150\ \text{mol Cl}^-$$

0.150 mol の Ag$^+$ と 0.150 mol の Cl$^-$ が反応して 0.150 mol の AgCl が生成する．

$$0.150\ \text{mol Ag}^+ + 0.150\ \text{mol Cl}^- \longrightarrow 0.150\ \text{mol AgCl}$$

> この反応は§7・2で学んだ．

手順 5 必要な NaCl の量をグラム数に変換する．0.150 mol の Cl$^-$ が生成するには

0.150 mol の NaCl が必要である．必要な NaCl の質量は次のように求められる．

$$0.150 \text{ mol NaCl} \times \frac{58.4 \text{ g NaCl}}{\text{mol NaCl}} = 8.76 \text{ g NaCl}$$

mol →（モル質量を掛ける）→ 質量

生成する AgCl の質量は次のとおりである．

$$0.150 \text{ mol AgCl} \times \frac{143.3 \text{ g AgCl}}{\text{mol AgCl}} = 21.5 \text{ g AgCl}$$

例題 15・10 溶液の化学量論：反応を制限する反応物を決定し，生成物の質量を求める

> この反応については§7・2参照．

水溶液中で $Ba(NO_3)_2$ と K_2CrO_4 が反応すると，黄色固体である $BaCrO_4$ が生成する．固体の $Ba(NO_3)_2$ 3.50×10^3 mol を 0.0100 M K_2CrO_4 水溶液 265 mL に加えたとき，生成する $BaCrO_4$ の質量を求めよ．

解答
求めるものは何か　生成する $BaCrO_4$ の質量
わかっていることは何か
・$Ba(NO_3)_2$ 3.50×10^{-3} mol と 265 mL の 0.0100 M K_2CrO_4 水溶液との反応
必要な情報は何か
・$Ba(NO_3)_2$ と K_2CrO_4 の反応の釣合のとれた反応式
・$BaCrO_4$ のモル質量

解法
手順 1　K_2CrO_4 水溶液には K^+ と CrO_4^{2-} が含まれている．この水溶液に $Ba(NO_3)_2$ を溶かすと，Ba^{2+} と NO_3^- が加わることになる．すると Ba^{2+} と CrO_4^{2-} が反応して固体の $BaCrO_4$ を生成する．この反応の釣合のとれた正味のイオン反応式は次のとおりである．

$$Ba^{2+}(aq) + CrO_4^{2-}(aq) \longrightarrow BaCrO_4(s)$$

手順 2　次に反応物の物質量を決める．$Ba(NO_3)_2$ 3.50×10^{-3} mol を K_2CrO_4 水溶液に加えたことがわかっている．$Ba(NO_3)_2$ 分子は，Ba^{2+} を一つずつ生成するので，$Ba(NO_3)_2$ 3.50×10^{-3} mol は水溶液中に 3.50×10^{-3} mol の Ba^{2+} を放出する．

$Ba(NO_3)_2$ 3.50×10^{-3} mol →（溶けてイオンを放出する）→ Ba^{2+} 3.50×10^{-3} mol

溶質の物質量は $V \times M$ で求められるので，最初の水溶液の体積とモル濃度から水溶液中の K_2CrO_4 の物質量を計算することができる．その前に，溶液の体積（265 mL）をリットル単位に変換する．

$$265 \text{ mL} \times \frac{1 \text{ L}}{1000 \text{ mL}} = 0.265 \text{ L}$$

次に K_2CrO_4 水溶液のモル濃度（0.0100 M）を用いて K_2CrO_4 の物質量を求める．

$$0.265 \text{ L} \times \frac{0.0100 \text{ mol } K_2CrO_4}{\text{L}} = 2.65 \times 10^{-3} \text{ mol } K_2CrO_4$$

K_2CrO_4 が溶けると CrO_4^{2-} を生成する.

$$\underset{2.65 \times 10^{-3} \text{ mol}}{K_2CrO_4} \xrightarrow{\text{溶けてイオンを放出する}} \underset{2.65 \times 10^{-3} \text{ mol}}{CrO_4^{2-}}$$

したがって K_2CrO_4 水溶液は 2.65×10^{-3} mol の CrO_4^{2-} を含んでいる.

手順 3 釣合のとれた反応式から一つの Ba^{2+} が一つの CrO_4^{2-} と反応することがわかる. CrO_4^{2-} の物質量 (2.65×10^{-3}) が Ba^{2+} の物質量 (3.50×10^{-3}) よりも小さいため,CrO_4^{2-} が先になくなる.

$$\underset{3.50 \times 10^{-3} \text{ mol}}{Ba^{2+}(aq)} + \underset{\underset{\text{少ない(先になくなる)}}{2.65 \times 10^{-3} \text{ mol}}}{CrO_4^{2-}(aq)} \longrightarrow BaCrO_4(s)$$

したがって CrO_4^{2-} が反応を制限する.

$$CrO_4^{2-} \text{ の物質量} \xrightarrow{\text{制限する}} BaCrO_4 \text{ の物質量}$$

手順 4 CrO_4^{2-} 2.65×10^{-3} mol が Ba^{2+} 2.65×10^{-3} mol と反応して $BaCrO_4$ 2.65×10^{-3} mol を生成する.

$$\underset{2.65 \times 10^{-3} \text{ mol}}{Ba^{2+}} + \underset{2.65 \times 10^{-3} \text{ mol}}{CrO_4^{2-}} \Longrightarrow \underset{2.65 \times 10^{-3} \text{ mol}}{BaCrO_4(s)}$$

手順 5 生成する $BaCrO_4$ の質量はそのモル質量(253.3 g/mol)を使って次のように求められる.

$$2.65 \times 10^{-3} \text{ mol BaCrO}_4 \times \frac{253.3 \text{ g BaCrO}_4}{\text{mol BaCrO}_4} = 0.671 \text{ g BaCrO}_4$$

クロム酸バリウムの沈殿の生成

練習問題 15・8 Na_2SO_4 水溶液と $Pb(NO_3)_2$ 水溶液を混ぜると,$PbSO_4$ が沈殿する. 0.0500 M $Pb(NO_3)_2$ 水溶液 1.25 L と 0.0250 M Na_2SO_4 水溶液 2.00 L を混ぜたとき,生成する $PbSO_4$ の質量を求めよ.

15・7 中 和 反 応

目的 酸塩基反応に関する計算の方法を学ぶ

ここまでは,沈殿が生成する溶液中の反応の化学量論について考えてきた.もう一つの一般的な種類の溶液反応は酸と塩基の間で起こる反応である.これらの反応は §7・4 ですでに紹介した.酸は H^+ を放出する物質であるという説明を思い出そう. 塩酸 HCl のような強酸は水中で完全に解離(イオン化)する.

$$HCl(aq) \longrightarrow H^+(aq) + Cl^-(aq)$$

強塩基は水中で完全に解離する水溶性の金属水酸化物である.代表例が NaOH であり,水に溶けて Na^+ と OH^- を生成する.

$$NaOH(s) \xrightarrow{H_2O(l)} Na^+(aq) + OH^-(aq)$$

中和反応 neutralization reaction

強酸と強塩基が反応するとき，正味のイオン反応は次のようになる．

$$H^+(aq) + OH^-(aq) \longrightarrow H_2O(l)$$

酸・塩基反応はよく**中和反応**とよばれる．溶液中で強酸と過不足なく反応するのに必要な量の強塩基を加えたとき，"酸を中和した"と表現する．この反応の生成物の一つは常に水である．どんな中和反応の化学量論も，それを取扱う手順は前節で述べた取扱い手順と同じである．

例題 15・11 溶液の化学量論：中和反応における体積を求める

0.350 M NaOH 水溶液 25.0 mL を中和するのに必要な 0.100 M 塩酸の体積を求めよ．

解答

求めるものは何か　NaOH と反応するのに必要な 0.100 M 塩酸の体積

わかっていることは何か　・0.350 M NaOH 水溶液が 25.0 mL ある
　　　　　　　　　　　　・塩酸の濃度は 0.100 M

必要な情報は何か　・HCl と NaOH の反応の釣合のとれた反応式

解法

手順 1　釣合のとれた反応式を書く．塩酸は強酸なので，すべての HCl 分子が解離して H^+ と Cl^- を生成する．同様に，強塩基である NaOH を溶かすと，水溶液中に Na^+ と OH^- を放出する．これら二つの溶液を混ぜると，塩酸からの H^+ は水酸化ナトリウム水溶液からの OH^- と反応して水を生成する．反応に対する釣合のとれた正味のイオン反応式は次のとおりである．

$$H^+(aq) + OH^-(aq) \longrightarrow H_2O(l)$$

手順 2　反応物の物質量を求める．この問題では，0.350 M の NaOH 水溶液の体積 (25.0 mL) が与えられており，この水溶液のすべての OH^- と過不足なく反応する H^+ を供給する 0.100 M HCl を必要な量だけ加えたい．そのためには，0.350 M NaOH 水溶液の 25.0 mL 試料中に存在する OH^- の物質量を求めなければならない．そうするために，まず初めに体積をリットル単位に変換し，そのあと，モル濃度を掛ける．

$$25.0 \text{ mL NaOH} \times \frac{1 \text{ L}}{1000 \text{ mL}} \times \frac{0.350 \text{ mol OH}^-}{\text{L NaOH}} = 8.75 \times 10^{-3} \text{ mol OH}^-$$

0.350 M NaOH の 25.0 mL 中に存在する OH^- の物質量

手順 3　どの反応物が反応を制限するかを決める．この問題では，存在する OH^- と過不足なく反応する量の H^+ を加える必要がある．そのため存在する OH^- の物質量が加えるべき H^+ の物質量を決定する．すなわち OH^- が反応を制限する．

手順 4　必要な H^+ の物質量を求める．釣合のとれた反応式から H^+ と OH^- が 1:1 の割合で反応することがわかる．そして，存在する 8.75×10^{-3} mol の OH^- を中和する（過不足なく反応する）ためには 8.75×10^{-3} mol の H^+ が必要である．

手順 5　次にこの量の H^+ を供給するのに必要な 0.100 M HCl の体積 V を求めなければならない．体積（リットル単位）とモル濃度の積が物質量となるので

$$V \times \frac{0.100 \text{ mol H}^+}{\text{L}} = 8.75 \times 10^{-3} \text{ mol H}^+$$

未知の体積（リットル単位）　　　　必要な H^+ の物質量

となる．ここで V について解くために式の両辺を 0.100 で割ると，

$$V \times \frac{0.100 \text{ mol H}^+}{0.100 \text{ L}} = \frac{8.75 \times 10^{-3} \text{ mol H}^+}{0.100}$$

$$V = 8.75 \times 10^{-2} \text{ L}$$

となる．リットルをミリリットルに変換すると

$$V = 8.75 \times 10^{-2} \text{ L} \times \frac{1000 \text{ mL}}{\text{L}} = 87.5 \text{ mL}$$

したがって，0.350 M NaOH 水溶液 25.0 mL を中和するためには，0.100 M 塩酸が 87.5 mL 必要である．

練習問題 15・9 0.050 M KOH 水溶液 125 mL を中和するのに必要な 0.10 M 硝酸の体積を求めよ． `Self-Check`

まとめ

1. 溶液は均一な混合物である．ある与えられた溶媒に対する溶質の溶解度は，溶媒と溶質粒子の間の相互作用に依存する．水は，多くのイオン化合物や極性分子を含む化合物を溶かす．溶質と極性をもった水分子の間に強い力が働くためである．非極性溶媒は非極性溶質を溶かしやすい．"似たものは似たものを溶かす．"

2. 溶液の濃度は，いろいろな方法で表される．そのなかで重要なのは，質量パーセントとモル濃度である．

$$\text{質量パーセント} = \frac{\text{溶質の質量}}{\text{溶液の質量}} \times 100\%$$

$$\text{モル濃度} = \frac{\text{溶質の物質量}}{\text{溶液のリットル数}}$$

3. 標準溶液は，正確な濃度がわかっている溶液である．溶液は，保存溶液を希釈して調製されることが多い．溶液を希釈する場合，溶媒だけが加えられるので，

$$\text{希釈後の溶質の物質量} = \text{希釈前の溶質の物質量}$$

である．

16 酸 と 塩 基

```
16・1  酸と塩基              16・4  pH
16・2  酸の強さ              16・5  強酸の水溶液のpHを求める
16・3  酸および塩基としての水    16・6  緩 衝 液
```

酸性雨によるダメージが深刻なパリノートルダム大聖堂のガーゴイル.

　酸はたいへん重要な物質である．レモンの酸味のもとであったり，胃の中の食物を消化したり（時には胸やけをもたらす），歯のエナメル質を溶かし虫歯の原因をつくったりとさまざまな作用をもつ．酸は主要な工業化学製品であり，米国で工業生産されている化学製品のうち生産量の第一位を占めるのは硫酸 H_2SO_4 である．毎年約 400 億 kg の硫酸が，肥料，洗剤，プラスチック，医薬品，蓄電池，ならびに金属製品などの製造業界において使用されている．
　本章では，酸ならびに酸と正反対である塩基の最も重要な性質について解説する．

16・1 酸 と 塩 基

目的　酸と塩基ならびに共役酸-塩基対の関係を示す二つの理論について学ぶ

アルカリ alkali

化学反応剤を舌でなめてはいけない．

アレニウス Svante Arrhenius

酸 acid

塩基 base

　酸は，酸味を呈する物質として初めて認識された．酢の酸っぱさは酢酸の希薄水溶液によるものであり，レモンの酸っぱさは，クエン酸によるものである．一方，**アルカリ**とよばれる塩基は，苦味とぬるぬるした感触が特徴である．多くの洗剤や排水管洗浄剤は強い塩基性をもっている．
　酸と塩基の本質的な性質を最初に認識したのはアレニウスである．電解液の実験結果に基づいて，**酸は水溶液中に水素イオン H^+（プロトン）を放出し**，一方，**塩基は水酸化物イオン OH^- を放出する**ものであると主張した（§7・4 を復習せよ）．
　たとえば，塩化水素ガスを水に溶かすと，おのおのの分子は次式に従って H^+ を放出する．この水溶液は塩酸として知られている**強酸**である．

$$HCl(g) \xrightarrow{H_2O} H^+(aq) + Cl^-(aq)$$

これに対し，水酸化ナトリウムを水に溶かすとイオンに解離し，Na^+ と OH^- を含んだ水溶液が生成する．この水溶液は**強塩基**とよばれる．

$$NaOH(s) \xrightarrow{H_2O} Na^+(aq) + OH^-(aq)$$

アレニウス酸・塩基説 Arrhenius acid-base concept

ブレンステッド Johannes Brønsted

ローリー Thomas Lowry

ブレンステッド-ローリー酸・塩基説 Brønsted-Lowry acid-base concept

　アレニウス酸・塩基説は酸と塩基の化学を理解する上で大きな前進をもたらしたが，この説はただ 1 種類の塩基すなわち水酸化物イオンにだけしか適用できないという限界をもっていた．より一般的な酸と塩基の定義はデンマーク人化学者のブレンステッドと英国人化学者のローリーによって提案された．**ブレンステッド-ローリー**

16・1 酸と塩基

酸・塩基説では，酸は水素イオン H^+ の供与体であり，塩基は水素イオンの受容体である．このブレンステッド-ローリー説を用いれば，酸が水に溶ける際に起こる反応を一般的に，酸（HA）が水素イオンを水に与え，新しい酸（**共役酸**）と新しい塩基（**共役塩基**）を生成するものとしてうまく表現できる．

共役酸 conjugated acid
共役塩基 conjugated base

$$HA(aq) + H_2O(l) \longrightarrow H_3O^+(aq) + A^-(aq)$$
　　　　酸　　　　塩基　　　　　共役酸　　　　共役塩基

(aq)は水和された物質であることを意味する．

この説は，酸から H^+ を引きよせる極性をもった水分子の重要な役割を強調している．酸が H^+ 一つを失うと共役塩基となり，塩基が H^+ 一つを受取ると共役酸となる．上の式では二組の**共役酸-塩基対**が存在する．すなわち HA（酸）と A^-（塩基），そして H_2O（塩基）と H_3O^+（酸）の二組である．たとえば塩化水素を水に溶かすと，塩化水素は酸としてふるまう．

共役酸-塩基対 conjugate acid-base pair

　　　　　　　　　　酸-共役塩基の対
$$HCl(aq) + H_2O(l) \longrightarrow H_3O^+(aq) + Cl^-(aq)$$
　　　　　　　　　塩基-共役酸の対

この場合には，HCl は H^+ を放出し，その共役塩基である Cl^- を生成する酸である．一方，塩基としてふるまう H_2O は H^+ を受取り，共役酸である H_3O^+ を生成する．

水はどのように塩基として作用することができるのだろうか．水分子の酸素が二対の非共有電子対をもっており，そのいずれもが H^+ と共有結合を形成することができることを思い出そう．気体の HCl が水に溶けると，次の反応が起こる．

$$H-\overset{..}{\underset{H}{O}}: + H-Cl \longrightarrow \left[H-\underset{H}{O}-H\right]^+ + Cl^-$$

H^+ が HCl 分子から水分子に移ると，**オキソニウムイオン**とよばれる H_3O^+ が生成する．

オキソニウムイオン oxonium ion

例題 16・1　共役酸-塩基対を決める

次の化学種の組のうち，共役酸-塩基対はどれか．
　a. HF, F^-　　b. NH_4^+, NH_3　　c. HCl, H_2O

解答　a と b の二つの化学種の間には，H^+ 一つの違いしかないので，HF, F^- と NH_4^+, NH_3 が共役酸-塩基対である．

$$HF \longrightarrow H^+ + F^- \qquad NH_4^+ \longrightarrow H^+ + NH_3$$

c の HCl と H_2O は，それらが互いに H^+ 一つの脱離あるいは付加という関係にはないので，共役酸-塩基対ではない．

例題 16・2　共役塩基を書く

次の化学種 a〜c に対する共役塩基を書け．
　a. $HClO_4$　　b. H_3PO_4　　c. $CH_3NH_3^+$

解答　酸に対する共役塩基を得るには H^+ を取除けばよい．
　a. $HClO_4 \longrightarrow H^+ + ClO_4^-$　　b. $H_3PO_4 \longrightarrow H^+ + H_2PO_4^-$
　　　酸　　　　　　共役塩基　　　　　　　酸　　　　　　　共役塩基
　c. $CH_3NH_3^+ \longrightarrow H^+ + CH_3NH_2$
　　　酸　　　　　　　　共役塩基

Self-Check 練習問題 16・1 次の化学種の組のうち，共役酸–塩基対はどれか．

a. H_2O, H_3O^+　　b. OH^-, HNO_3　　c. H_2SO_4, SO_4^{2-}　　d. $HC_2H_3O_2$, $C_2H_3O_2^-$

16・2　酸の強さ

目的 酸の強さとは何か，そして酸の強さとその共役塩基の強さの間の関係を理解する

酸を水に溶かすと，水素イオン H^+ が酸から水へ移動する．

$$HA(aq) + H_2O(l) \longrightarrow H_3O^+(aq) + A^-(aq)$$

この反応によって，新しく酸（共役酸とよばれる）と塩基（共役塩基）が生成する．共役酸と共役塩基は，反応してもとの酸と水分子を再生することができる．

$$H_3O^+(aq) + A^-(aq) \longrightarrow HA(aq) + H_2O(l)$$

したがってこの反応は"両方向"に進むことが可能である．正方向の反応は

$$HA(aq) + H_2O(l) \longrightarrow H_3O^+(aq) + A^-(aq)$$

そして逆方向の反応は

$$H_3O^+(aq) + A^-(aq) \longrightarrow HA(aq) + H_2O(l)$$

である．正反応の生成物が逆反応では反応物となることに注意しよう．正反応も逆反応も起こりうるとき，記号 $\rightleftarrows$ を使って次のように表す．

$$HA(aq) + H_2O(l) \rightleftarrows H_3O^+(aq) + A^-(aq)$$

この反応式は，H_2O と A^- の間で H^+ との反応に対する競争があることを表している．もし水がこの競争に勝つ，すなわち水のほうが A^- に比べて H^+ をより強く引きつけると，溶液はほぼ H_3O^+ と A^- だけを含むことになる．この状況を，水分子は A^- よりもずっと強い塩基（H^+ をより強く引きつける）であると表現する．この場合には，正方向の反応が優先する．

$$HA(aq) + H_2O(l) \Longrightarrow H_3O^+(aq) + A^-(aq)$$

強酸 strong acid

なお，ここで酸 HA は**完全にイオン化**している，すなわち**完全に解離**している．**強酸**の典型的な反応である．

逆も起こりうる．時には H^+ の獲得競争に A^- が"勝つ"ことがある．その場合には A^- が H_2O よりもより強い塩基であり，逆反応が優先する．

$$HA(aq) + H_2O(l) \Longleftarrow H_3O^+(aq) + A^-(aq)$$

弱酸 weak acid

ここでは，A^- は H_2O に比べて，H^+ に対してより大きな引きつける力をもっており，大部分の HA 分子がそのままの形で残る．**弱酸**の典型的な反応である．

強電解質 strong electrolyte

電気を通す能力を測定することで溶液中で起こっていることがわかる．7章で述べた，溶液は存在するイオンの数に比例した量の電気を通すことができるということを思い出そう（図7・2参照）．1 mol の固体の塩化ナトリウムを 1 L の水に溶かすと，Na^+ と Cl^- が完全に分離するので，その溶液は優れた電気の伝導体である．NaCl を**強電解質**とよぶ．同様に 1 mol の塩化水素を 1 L の水に溶かした溶液も優れた伝導体

である．したがって塩化水素も強電解質であり，HCl 分子それぞれが H^+ と Cl^- を生成することを意味している．正反応が優先して起こる．したがって，右向きの矢印が左向きの矢印よりも長い．

$$HCl(aq) + H_2O(l) \rightleftharpoons H_3O^+(aq) + Cl^-(aq)$$

実際，溶液中には HCl 分子は存在しておらず，H^+ と Cl^- だけが存在する．Cl^- は H_2O 分子に比べるとずっと弱い塩基であり，水中の H^+ を引きつける能力をもたない．塩化水素のこの水溶液（塩酸とよぶ）は強酸である．

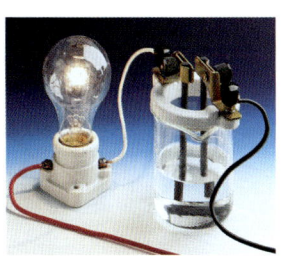

塩酸溶液は，電球の明るさでわかるように電気を容易に通す

一般に，酸の強さはその解離（イオン化）の状態によって定義される．

$$HA(aq) + H_2O(l) \rightleftharpoons H_3O^+(aq) + A^-(aq)$$

強酸は，正反応が優先する酸であり，もとの HA がほとんどすべて解離している（図 16・1a）．酸の強さとその共役塩基の強さの間には重要な関係がある．"強酸は H^+ に対して小さな引力しかもっていない比較的弱い共役塩基を含んでいる"．強酸は，その共役塩基が水よりもずっと弱い塩基である酸として定義できる（図 16・2）．この場合には水分子が H^+ の獲得競争に勝つ．

強酸 HA は水中で完全に解離する．HA 分子は残らない．H_3O^+ と A^- だけが存在する．

塩酸とは対照的に，酢酸 $HC_2H_3O_2$ を水に溶かすと，その水溶液は電気をほとんど通さない．すなわち，酢酸は**弱電解質**であり，水溶液中には少しのイオンしか存在しない．いいかえると，逆反応が優先して起こる（左向きの矢印のほうが長い）．

$$CH_3CO_2H(aq) + H_2O(l) \rightleftharpoons$$
$$H_3O^+(aq) + CH_3CO_2^-(aq)$$

実際，観測によると，0.1 M の酢酸水溶液では CH_3CO_2H 分子のおよそ 100 分の 1 分子だけが解離している．したがって酢酸は

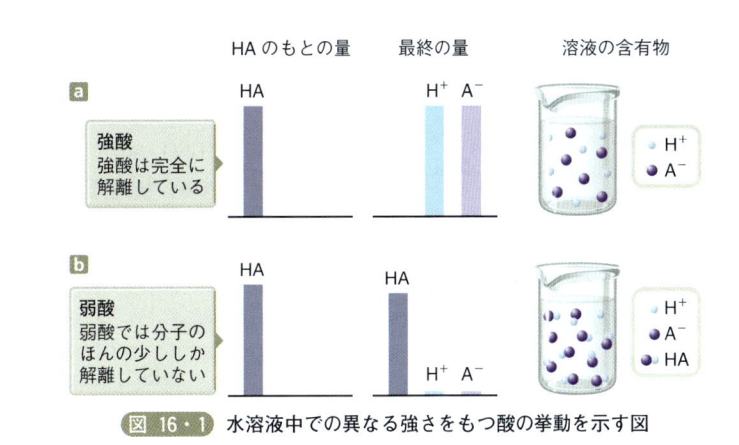

図 16・1 水溶液中での異なる強さをもつ酸の挙動を示す図

a 強酸 強酸は完全に解離している

b 弱酸 弱酸では分子のほんの少ししか解離していない

化学こぼれ話　　　　　　　　　　　炭酸飲料：クールなたくらみ

　味覚と嗅覚はわれわれの日々の生活に大きな影響を及ぼしている．たとえば，ある出来事が起こったときと同じ香りを嗅ぐことによってその記憶がよみがえることがよくある．味覚についても同様で，たとえば香辛料に含まれる化合物による強烈な感覚はいつまでも忘れずに残る．

　冷えた炭酸飲料は多くの人にとって非常にさわやかな感覚をもたらす．鋭くきりきりするような感覚は，飲料に溶けた二酸化炭素の泡立ちから直接受けるものではない．むしろ，口の組織の中で CO_2 が水と相互作用するときに生成する水素イオン H^+ によってもたらされる．

$$CO_2 + H_2O \rightleftharpoons H^+ + HCO_3^-$$

この反応は炭酸デヒドラターゼとよばれる酵素によって促進される．炭酸飲料によってもたらされる鋭い感覚は口の神経末端にある分泌液が酸性になることに起因している．二酸化炭素は口の中で"涼しさ"を感知する神経をも刺激する．研究によると，CO_2 の濃度が同じ場合，冷たい飲料のほうが温かいものよりもより"ぴりっ"とする感覚が大きいということである．また，二酸化炭素の濃度を変化させると，たとえ実際は同じ温度であったとしても CO_2 濃度が増すにつれてその飲料をより冷たく感じることが示されている．

　したがって，飲料はその二酸化炭素の濃度が高ければ高いほど冷たく感じられる．同時に，炭酸飲料を冷やすと，CO_2 によって誘起された水素イオンによって起こされるぴりっとする感覚が強くなる．まことに幸せな共同作用である．

弱酸である．酢酸分子を水中に入れたとき，ほとんどすべての分子は解離せず，そのままの形で存在する．このことから，酢酸イオン $CH_3CO_2^-$ は有効な塩基で，水中の H^+ を非常に強く引きつけることがわかる．酢酸は水溶液中で，ほぼすべてが CH_3CO_2H 分子の形でとどまっている．弱酸は逆反応が優先する酸である．

$$HA(aq) + H_2O(l) \Longleftarrow H_3O^+(aq) + A^-(aq)$$

平衡時には，溶液中に加えられたもとの酸の大部分が HA としてそのまま存在している．すなわち，弱酸は水溶液中でごく少量しか解離しない（図 16・1b）．強酸とは対照的に，弱酸は水よりずっと強い塩基である共役塩基をもっている．この場合には，水分子は酸から H^+ をうまく引抜くことができない．弱酸は比較的強い共役塩基を含んでいる（図 16・2）．

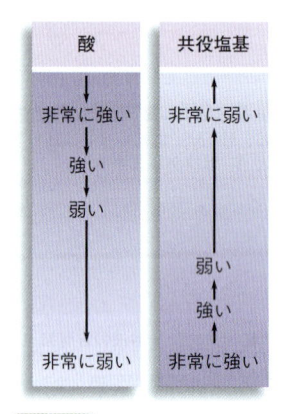

酸の強さを表す方法を表 16・1 にまとめる．

表 16・1 酸の強さの表示法

性 質	強 酸	弱 酸
酸の解離（イオン化）反応	正反応が優先する	逆反応が優先する
水と比較した共役塩基の強さ	A^- は H_2O よりずっと弱い塩基である	A^- は H_2O よりずっと強い塩基である

強酸として硫酸 $H_2SO_4(aq)$，塩酸 $HCl(aq)$，硝酸 $HNO_3(aq)$ や過塩素酸 $HClO_4(aq)$ をあげることができる．硫酸は**二プロトン酸**で，二つのプロトン H^+ を供給できる酸である．硫酸 H_2SO_4 は，水中でほとんど完全に 100% 解離する強酸である．

$$H_2SO_4(aq) \longrightarrow H^+(aq) + HSO_4^-(aq)$$

HSO_4^- もまた酸ではあるが，弱酸である．

$$HSO_4^-(aq) \rightleftarrows H^+(aq) + SO_4^{2-}(aq)$$

HSO_4^- の大部分は解離せず，そのままの形で存在する．

多くの酸は，酸性の水素が酸素原子に結合した**オキシ酸**である（いくつかのオキシ酸を左にあげる）．塩酸を除いて先にあげた強酸はすべて典型的なオキシ酸の例である．炭素原子の鎖をもった**有機酸**は通常**カルボキシ基**をもっている．

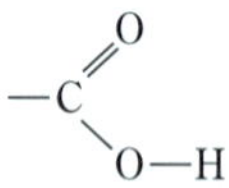

有機酸はふつう弱酸である．酢酸 CH_3COOH はその一例である．

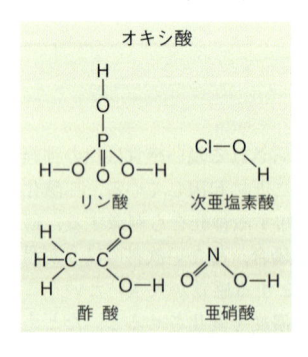

酸性の水素が酸素以外の原子に結合した重要な酸がいくつかある．これらのうち最も重要なものはハロゲン化水素酸 HX（X がハロゲン原子）である．強酸の $HCl(aq)$ と弱酸の $HF(aq)$ は，その例である．

16・3 酸および塩基としての水

目的 水の解離について学ぶ

酸としてもあるいは塩基としてもふるまうことのできる物質を**両性物質**とよぶ．水

は最もありふれた両性物質である．一つの水分子からもう一つの水分子へ H$^+$ が移動して水酸化物イオンとオキソニウムイオンを生成する**水の解離（イオン化）**反応に，この水の性質をみることができる．

$$H_2O(l) + H_2O(l) \rightleftharpoons H_3O^+(aq) + OH^-(aq)$$

水の解離 dissociation of water
水のイオン化 ionization of water

この反応において，一方の水分子は H$^+$ を供給する酸として働き，他方の水分子は H$^+$ を受取る塩基として働く．この右向きの反応はそんなに起こらない．すなわち，純粋な水中には，ほんの少しの量の H$_3$O$^+$ と OH$^-$ しか存在しない．25 °C におけるそれぞれの濃度は

$$[H_3O^+] = [OH^-] = 1.0 \times 10^{-7}\,M$$

[　] は mol/L 単位(M)での濃度を表す．

であり，純粋な水中における H$_3$O$^+$ と OH$^-$ の濃度は，解離反応において同数が生成するので，等しい．

水について最も興味深く重要なことの一つは，H$_3$O$^+$ と OH$^-$ の濃度の積が常に一定であるということである．この定数は，H$_3$O$^+$ と OH$^-$ の 25 °C における濃度を掛け合わせることで求めることができる．

$$[H_3O^+][OH^-] = (1.0 \times 10^{-7})(1.0 \times 10^{-7}) = 1.0 \times 10^{-14}$$

この定数を**イオン積定数** K_W とよぶ．25 °C での K_W は

$$K_W = [H_3O^+][OH^-] = 1.0 \times 10^{-14}$$

イオン積定数 ion-product constant

と書ける．表記法を簡単にするために，H$_3$O$^+$ をしばしば H$^+$ と書く．すると K_W は次のようになる．

$$K_W = [H^+][OH^-] = 1.0 \times 10^{-14}$$

K_W の単位は習慣的に省略する．

K_W のもつ意味は 25 °C の水溶液では，その溶液が何を含んでいようとも，[H$^+$] と [OH$^-$] の積は常に 1.0×10^{-14} であるということである．このことは，もし [H$^+$] が増えると [OH$^-$] は減少して，両者の積はやはり 1.0×10^{-14} であることを意味している．たとえば，HCl の気体を水に溶かすと，[H$^+$] が増え，[OH$^-$] は減少する．

水溶液には三つの可能な状態がある．水に酸（H$^+$ 供与体）を加えると，**酸性溶液**が得られる．この場合には，H$^+$ の源を加えたので，[H$^+$] が [OH$^-$] よりも大きくなる．これに対し，水に塩基（OH$^-$ の源）を加えると，[OH$^-$] が [H$^+$] よりも大きくなる．これは**塩基性溶液**である．もう一つの状態は [H$^+$] = [OH$^-$] の水溶液である．これは**中性溶液**とよばれる．純水はもちろん中性であるが，同数の H$^+$ と OH$^-$ を加えることによって中性溶液を得ることもできる．中性，酸性，そして塩基性溶液の定義を理解することはたいへん重要である．まとめると，

酸性溶液 acidic solution

塩基性溶液 basic solution
中性溶液 neutral solution

1. **中性溶液**では，[H$^+$] = [OH$^-$]
2. **酸性溶液**では，[H$^+$] > [OH$^-$]
3. **塩基性溶液**では，[OH$^-$] > [H$^+$]

となる．しかし，いずれの場合も $K_W = [H^+][OH^-] = 1.0 \times 10^{-14}$ である．

例題 16・3 水中のイオン濃度を求める

次の水溶液の 25°C における H^+ あるいは OH^- の濃度を求め，それぞれの水溶液が中性，酸性，あるいは塩基性のいずれであるかを答えよ．

   a. 1.0×10^{-5} M OH^- b. 1.0×10^{-7} M OH^- c. 10.0 M H^+

解答 a. *求めるものは何か* 25°C における水溶液の $[H^+]$

わかっていることは何か ・25°C で，$K_W = [H^+][OH^-] = 1.0 \times 10^{-14}$
・$[OH^-] = 1.0 \times 10^{-5}$ M

解法 $K_W = [H^+][OH^-] = 1.0 \times 10^{-14}$ ということがわかっている．$[H^+]$ を求めなければならない．ここで $[OH^-]$ は 1.0×10^{-5} M と与えられているので，両辺を $[OH^-]$ で割ることで $[H^+]$ を求めることができる．

$$[H^+] = \frac{1.0 \times 10^{-14}}{[OH^-]} = \frac{1.0 \times 10^{-14}}{1.0 \times 10^{-5}} = 1.0 \times 10^{-9} \text{ M}$$

$[OH^-] = 1.0 \times 10^{-5}$ M は $[H^+] = 1.0 \times 10^{-9}$ M よりも大きいので水溶液は塩基性である（指数の負の値が大きいほど，数はより小さい）．

b. *求めるものは何か* 25°C における水溶液の $[H^+]$

わかっていることは何か ・25°C で，$K_W = [H^+][OH^-] = 1.0 \times 10^{-14}$
・$[OH^-] = 1.0 \times 10^{-7}$ M

解法 $[OH^-]$ が与えられているので，K_W の式を用いて $[H^+]$ を求めればよい．

$$[H^+] = \frac{1.0 \times 10^{-14}}{[OH^-]} = \frac{1.0 \times 10^{-14}}{1.0 \times 10^{-7}} = 1.0 \times 10^{-7} \text{ M}$$

$[H^+] = [OH^-] = 1.0 \times 10^{-7}$ M なので，水溶液は中性である．

c. *求めるものは何か* 25°C における溶液の $[OH^-]$

わかっていることは何か ・25°C で，$K_W = [H^+][OH^-] = 1.0 \times 10^{-14}$
・$[H^+] = 10.0$ M

解法 この場合には，$[H^+]$ が与えられているので $[OH^-]$ に対して解けばよい．

$$[OH^-] = \frac{1.0 \times 10^{-14}}{[H^+]} = \frac{1.0 \times 10^{-14}}{10.0} = 1.0 \times 10^{-15} \text{ M}$$

$[H^+] = 10.0$ M と $[OH^-] = 1.0 \times 10^{-15}$ M を比較すると，$[H^+]$ が $[OH^-]$ よりも大きいので，水溶液は酸性である．

Self-Check 練習問題 16・2 $[OH^-] = 2.0 \times 10^{-2}$ M の水溶液の $[H^+]$ を求めよ．この水溶液は酸性，中性，塩基性のいずれかも答えよ．

例題 16・4 計算にイオン積定数を用いる

25°C において水溶液が $[H^+] = 0.010$ M と $[OH^-] = 0.010$ M のそれぞれのイオン濃度をもつことは可能か．

解答 0.010 M の濃度は，1.0×10^{-2} M と書き換えることができる．そこで $[H^+] = [OH^-] = 1.0 \times 10^{-2}$ M から，その積は

$$[H^+][OH^-] = (1.0 \times 10^{-2})(1.0 \times 10^{-2}) = 1.0 \times 10^{-4}$$

となる．不可能というのが答である．25°C の水中においては $[H^+]$ と $[OH^-]$ の積は

常に 1.0×10^{-14} でなければならないので，水溶液が $[H^+] = [OH^-] = 0.010\,M$ ということはありえない．もしこれらの量の H^+ や OH^- を水に加えた場合には，積が $[H^+][OH^-] = 1.0 \times 10^{-14}$ になるまでお互いどうしが反応し H_2O を生成する．

$$H^+ + OH^- \longrightarrow H_2O$$

これが一般的な結果である．二つのイオンの濃度の積が 1.0×10^{-14} よりも大きくなるような量の H^+ や OH^- を水に加えると，$[H^+][OH^-] = 1.0 \times 10^{-14}$ になるまで H^+ と OH^- が反応して消費され，水を生成する．

16・4 pH

目的 pH と pOH を理解する．そして，種々の水溶液の pH と pOH の決定法を学ぶ

小さな数を便利に表現するのに，常用対数（$\log_{10}$）に基づいた "p 値" が用いられる．この方法では，数字を N とすると

$$pN = -\log N = (-1) \times \log N$$

となる．すなわち，p はうしろにくる数字 N の対数をとり，その結果の数字に -1 を掛けることを意味している．たとえば 1.0×10^{-7} を p 値で表すために 1.0×10^{-7} の負の対数をとる．

$$p(1.0 \times 10^{-7}) = -\log(1.0 \times 10^{-7}) = 7.00$$

水溶液中の $[H^+]$ は一般的に非常に小さいので，**pH** の形で p 値を用いることが，水溶液の酸性度を表現するのに便利である．pH は次のように定義される．

$$pH = -\log[H^+]$$

たとえば，$[H^+] = 1.0 \times 10^{-5}\,M$ の場合には，水溶液の pH は 5.00 である．

なお，適切な有効数字の桁数をもった形で pH を表すため，対数に関する次の規則，"対数の小数位の数はもとの与えられた数字の有効数字の桁数と同じでなければならない" を守らなければいけない．

有効数字 2 桁　　　　　　　小数点以下 2 位まで
$$[H^+] = 1.0 \times 10^{-5}\,M \quad \text{そして} \quad pH = 5.00$$

p の記号は $-\log$ を意味する．

pH は水素イオン濃度 $[H^+]$ の対数の負の値である．

pH は溶液の酸性度を簡潔に表す方法である．

例題 16・5 pH を求める

25 ℃ における次の水溶液それぞれの pH を求めよ．

a. $[H^+] = 1.0 \times 10^{-9}\,M$ の水溶液　　b. $[OH^-] = 1.0 \times 10^{-6}\,M$ の水溶液

解答　a. $-\log(1.0 \times 10^{-9}) = 9.00$　なので　pH $= 9.00$

b. この場合，$[OH^-]$ が与えられているので，まず K_W の式から $[H^+]$ を計算する．

$$K_W = [H^+][OH^-] = 1.0 \times 10^{-14}$$

上式の両辺を $[OH^-]$ で割ることで $[H^+]$ を求める．

$$[H^+] = \frac{1.0 \times 10^{-14}}{[OH^-]} = \frac{1.0 \times 10^{-14}}{1.0 \times 10^{-6}} = 1.0 \times 10^{-8}$$

こうして [H$^+$] がわかったので，これから pH を求めることができる．

$$\text{pH} = -\log[\text{H}^+] = -\log[1.0 \times 10^{-8}] = 8.00$$

Self-Check

練習問題 16・3 25 °C における次の水溶液それぞれの pH を求めよ．
 a. [H$^+$] = 1.0 × 10^{-3} M の水溶液　　b. [OH$^-$] = 5.0 × 10^{-5} M の水溶液

pH は底を 10 とする対数なので，"[H$^+$] が 10 倍になる（10 の累乗が 1 変わる）ごとに pH の値は 1 だけ変化する"．たとえば，pH が 3 の溶液は 10^{-3} M の濃度の H$^+$ を含んでおり，pH が 4（[H$^+$] = 10^{-4} M）の溶液の 10 倍の H$^+$ を，そして pH が 5 の溶液の 100 倍の水素イオン濃度をもっている．このことを表 16・2 に示す．表 16・2 から pH が小さくなるにつれ [H$^+$] は大きくなることもわかる．すなわち，pH が小さいということはその溶液の酸性度がより大きいことを意味する．pH 目盛といくつかの一般的な物質の pH を図 16・3 に示す．

溶液の pH は，pH のわからない溶液に探針のついた電気装置である pH メーター（図 16・4）を挿入することで測定できる．あまり正確な数値が必要でない場合には，pH 試験紙もよく用いられる．調べようとする溶液を 1 滴この特殊な紙の上に落とすと pH に応じた特有の色にすぐさま変化する（図 16・5）．

pH 目盛に似た対数目盛は他の量を表すときにも用いられる．たとえば

$$\text{pOH} = -\log[\text{OH}^-]$$

したがって [OH$^-$] = 1.0 × 10^{-12} M の溶液の pOH は

$$\text{pOH} = -\log[\text{OH}^-] = -\log(1.0 \times 10^{-12}) = 12.00$$

である．

表 16・2 溶液の [H$^+$] と pH との関係

[H$^+$]	pH
1.0 × 10^{-1}	1.00
1.0 × 10^{-2}	2.00
1.0 × 10^{-3}	3.00
1.0 × 10^{-4}	4.00
1.0 × 10^{-5}	5.00
1.0 × 10^{-6}	6.00
1.0 × 10^{-7}	7.00

[H$^+$] が大きくなると pH は小さくなり，[H$^+$] が小さくなると pH は大きくなる．

例題 16・6 pH と pOH を求める

25 °C における次の水溶液それぞれの pH と pOH を求めよ．
 a. [OH$^-$] = 1.0 × 10^{-3} M の水溶液　　b. [H$^+$] = 1.0 M の水溶液

解答 a. [OH$^-$] が与えられているので −log[OH$^-$] を計算することで pOH を求め

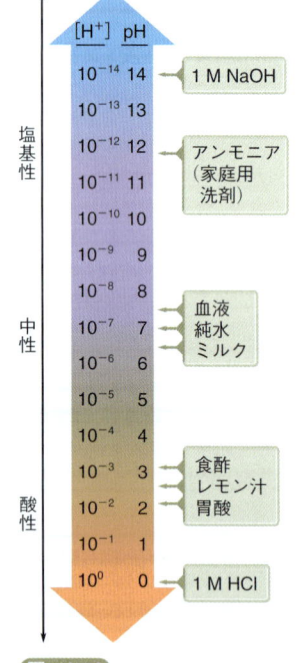

図 16・3 pH 目盛と一般的な物質の pH

図 16・4 pH メーター．pH のわからない溶液に電極を入れる．電極に封じ込められた標準溶液の [H$^+$] と pH のわからない溶液の [H$^+$] の間の差が電位に読みかえられ，pH の読みとして記録される．

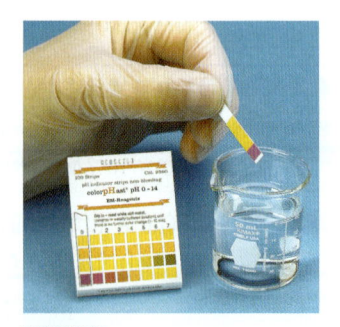

図 16・5 pH 試験紙．溶液の pH を測定するのに用いられる．

16・4 pH

化学こぼれ話　　身のまわりにある天然の酸・塩基指示薬

花が酸と塩基について何かを教えてくれることがある．たとえば，酸性の土壌で咲くアジサイの花は青色であり，塩基性(アルカリ性)の土壌で咲く花は赤色である．これは，花の中にある色素が酸・塩基の指示薬になっている例である．

一般に，酸・塩基の指示薬は弱酸の染料である．指示薬は概して複雑な分子なので，それらを HIn という記号で表すことが多い．水と指示薬の反応は次のように書ける．

$$HIn(aq) + H_2O(l) \rightleftharpoons H_3O^+(aq) + In^-(aq)$$

酸・塩基の指示薬として働くためには，これらの染料の共役酸・塩基の形状が異なる色を呈することが必要である．溶液の酸性度の大きさが，その指示薬がおもに酸性形(HIn)で存在するかそれとも塩基性形(In^-)で存在するかを決定する．

酸性溶液中では，指示薬の塩基性形の大部分が次式に従って酸性形に変換される．

$$In^-(aq) + H^+(aq) \longrightarrow HIn(aq)$$

塩基性溶液中では，指示薬の酸性形の大部分が次の反応によって塩基性形に変換される．

$$HIn(aq) + OH^-(aq) \longrightarrow In^-(aq) + H_2O(l)$$

多くの果物，野菜，そして花が酸・塩基の指示薬として働くことができる．赤色，青色，そして紫色の花はしばしばアントシアニンとよばれる化学物質をもっており，それらをとりまく酸性度の大きさに依存して色彩を変える．たとえば，赤キャベツには"万能指示薬"であるアントシアニンと他の色素の混合物が含まれ，赤キャベツの汁は pH が 1～2 のときには暗赤色，4 では紫色，8 では青色，そして pH が 11 では緑色を呈する．

その他の天然の指示薬として，ビートの表皮(塩基性の強い溶液中で赤色から紫色に変わる)，ブルーベリー(酸性溶液中で青色から赤色に変わる)，デルフィニウム，アサガオ，アジサイなどの花びらをあげることができる．

ることができる．

$$pOH = -\log[OH^-] = -\log(1.0 \times 10^{-3}) = 3.00$$

pH を求めるためには，まず K_W の式を $[H^+]$ について解く．

$$[H^+] = \frac{K_W}{[OH^-]} = \frac{1.0 \times 10^{-14}}{1.0 \times 10^{-3}} = 1.0 \times 10^{-11} \text{ M}$$

次に pH を求める．

$$pH = -\log[H^+] = -\log(1.0 \times 10^{-11}) = 11.00$$

b. $[H^+]$ が与えられているので，まずこの値を用いて pH を求めることができる．

$$pH = -\log[H^+] = -\log(1.0) = 0$$

次に K_W の式を $[OH^-]$ について解く．

$$[OH^-] = \frac{K_W}{[H^+]} = \frac{1.0 \times 10^{-14}}{1.0} = 1.0 \times 10^{-14} \text{ M}$$

pOH を求める．

$$pOH = -\log[OH^-] = -\log(1.0 \times 10^{-14}) = 14.00$$

K_W の式 $[H^+][OH^-] = 1.0 \times 10^{-14}$ から出発して，両辺の負の対数をとることで pH と pOH の間の簡便な関係を導くことができる．

$$-\log([H^+][OH^-]) = -\log(1.0 \times 10^{-14})$$

積の対数は各項の対数の和と等しい．すなわち $\log(A \times B) = \log A + \log B$ なので，

$$\underbrace{-\log[\text{H}^+]}_{\text{pH}} \underbrace{-\log[\text{OH}^-]}_{\text{pOH}} = -\log(1.0 \times 10^{-14}) = 14.00$$

となり，次の式が導ける．

$$\text{pH} + \text{pOH} = 14.00$$

このことは，溶液の pH あるいは pOH のどちらかがわかればもう一方を求めることができることを示している．たとえば，ある溶液の pH が 6.00 であれば，その溶液の pOH は次のように求めることができる．

$$\text{pH} + \text{pOH} = 14.00$$
$$\text{pOH} = 14.00 - \text{pH} = 14.00 - 6.00 = 8.00$$

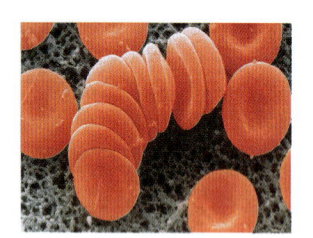

例題 16・7 pH から pOH を求める

血液の pH はおよそ 7.4 である．血液の pOH を求めよ．

解答
$$\text{pH} + \text{pOH} = 14.00$$
$$\text{pOH} = 14.00 - \text{pH} = 14.00 - 7.4 = 6.6$$

血液の pOH は 6.6 である．

赤血球は狭い範囲の pH の間でしか存在できない

Self-Check

練習問題 16・4 大気汚染の深刻な地域で採取した雨の試料の pH は 3.50 だった．この雨水の pOH を求めよ．

pH あるいは pOH から $[\text{H}^+]$ あるいは $[\text{OH}^-]$ を求めることもできる．pH から $[\text{H}^+]$ を求めるには，pH の定義に戻らなければならない．

$$\text{pH} = -\log[\text{H}^+] \quad \text{あるいは} \quad -\text{pH} = \log[\text{H}^+]$$

この方程式の右辺にある $[\text{H}^+]$ を求めるためには，対数演算を"もとに戻さ"なければならない．これを真数に戻すあるいは逆対数をとるという．

$$\text{逆対数}(-\text{pH}) = \text{逆対数}(\log[\text{H}^+])$$
$$\text{逆対数}(-\text{pH}) = [\text{H}^+]$$

練習のために pH = 7.0 から $[\text{H}^+]$ を求めてみよう．

$$\text{pH} = 7.0 \quad -\text{pH} = -7.0$$

−7.0 の逆対数は 1×10^{-7} であり，$[\text{H}^+] = 1 \times 10^{-7}$ M となる．この演算方法について，さらに例題 16・8 で述べる．

例題 16・8 pH から $[\text{H}^+]$ を求める

ヒトの血液試料の pH を測定すると 7.41 だった．この血液中の $[\text{H}^+]$ を求めよ．

解答
$$\text{pH} = 7.41 \quad -\text{pH} = -7.41$$
$$[\text{H}^+] = -7.41 \text{ の逆対数} = 3.9 \times 10^{-8}$$

$[\text{H}^+]$ は 3.9×10^{-8} M である．pH が小数点以下 2 位まで示されているので，$[\text{H}^+]$ の有効数字は 2 桁であることに注意．

Self-Check

練習問題 16・5 大気汚染地域の雨水の pH は 3.50 だった．この雨水の $[\text{H}^+]$ を求めよ．

例題 16・9 に示すように，pOH を [OH⁻] に変換するのも同様の方法で行われる．

例題 16・9　pOH から [OH⁻] を求める

pOH が 6.59 の魚の水槽の水の [OH⁻] を求めよ．

解答　[OH⁻] を求めるには pOH を用いる点を除いて，pH を [H⁺] に変換するのと同じ手順を用いればよい．

$$\text{pOH} = 6.59 \quad -\text{pOH} = -6.59$$
$$[\text{OH}^-] = -6.59 \text{の逆対数} = 2.6 \times 10^{-7}$$

[OH⁻] は 2.6×10^{-7} M である．2桁の有効数字が必要である．

練習問題 16・6　液体状の排水管洗浄剤の pOH は 10.50 だった．この洗剤の [OH⁻] を求めよ．

Self-Check

16・5　強酸の水溶液の pH を求める

目的　強酸の水溶液の pH を計算する方法を学ぶ

本節では，濃度のわかった強酸を含む水溶液の pH を求める方法を説明する．たとえば，ここに 1.0 M の HCl を含む水溶液がある．どうすればこの水溶液の pH がわかるだろうか．この質問に答えるには，HCl を水に溶かすと，それぞれの分子が H⁺ と Cl⁻ に解離する，すなわち，塩酸が強酸であるということを知っていなければならない．瓶のラベルには 1.0 M HCl と書かれているけれども，実際は水溶液には HCl 分子は存在しない．1.0 M 塩酸は HCl 分子ではなく H⁺ と Cl⁻ を含んでいる．一般的に

化学こぼれ話　　植物は抵抗する

動物が互いに情報交換しているのは見慣れているが，植物は無言だと思っていないだろうか．ところが，植物が他の植物や昆虫とも情報交換していることが現在明らかになってきている．たとえば，タバコモザイクウイルス(TMV)に感染したタバコは，ウイルスと闘う免疫機構に働きかけ，大量のサリチル酸を生産する．さらにサリチル酸の一部は揮発性の高いサリチル酸メチルに変換され，病気にかかったタバコから気化する．近くのタバコはこの化学物質を吸収し，サリチル酸に戻す．そしてこの酸が，TMV による攻撃から身を守るために免疫機構を作動させる．こうして，タバコは TMV による攻撃と闘う準備をするとともに仲間に対してこのウイルスに備えるよう警告もする．

植物の情報交換のもう一つの例をあげる．毛虫の攻撃を受けているタバコの葉は，毛虫を殺す寄生虫であるスズメバチを誘う化学信号を放つ．この植物のもっているすばらしい能力は，タバコの葉を攻撃する特定の毛虫を殺すスズメバチだけを誘う信号を出すことである．タバコは，毛虫が葉をかむときに放出する二つの化学物質の割合を変化させることでこのことを実行している．トウモロコシやワタのような他の植物も，毛虫の攻撃に直面するとスズメバチを誘引する化学物質を放出することが明らかにされている．この研究は植物が自身を守るために"大声を出す"ことを示している．

スズメバチはトウモロコシの葉にいるマイマイガの幼虫に卵を産みつける

容器のラベルにはその水溶液をつくるのに用いた物質が示されているが，溶解したあとの水溶液の成分は必ずしも表示されていない．この場合は，

$$1.0\,\text{M HCl} \longrightarrow 1.0\,\text{M H}^+ \text{と} 1.0\,\text{M Cl}^-$$

したがって水溶液中の $[\text{H}^+]$ は 1.0 M であり，その pH は次のとおりである．

$$\text{pH} = -\log[\text{H}^+] = -\log(1.0) = 0$$

例題 16・10 強酸の水溶液の pH を求める

0.10 M 硝酸の pH を求めよ．

解答 硝酸は強酸であり，水溶液中に存在するイオンは H^+ と NO_3^- である．

$$0.10\,\text{M HNO}_3 \longrightarrow 0.10\,\text{M H}^+ \text{と} 0.10\,\text{M NO}_3^-$$

したがって $[\text{H}^+] = 0.10\,\text{M}$ で，pH は $-\log(0.10) = 1.00$ となる．

練習問題 16・7 5.0×10^{-3} M 塩酸の pH を求めよ．

16・6 緩 衝 液

目的 緩衝液の一般的な特性を理解する

緩衝液 buffer solution

緩衝液は，強酸や強塩基を加えてもその pH が変化しない溶液である．たとえば，1 L の純水に 0.01 mol の HCl を加えると，pH はもとの値の 7 から 2 へと pH で 5 変化する．ところが，0.1 M の酢酸 $\text{CH}_3\text{CO}_2\text{H}$ と 0.1 M の酢酸ナトリウム $\text{CH}_3\text{CO}_2\text{Na}$ の二者を含む溶液に 0.01 mol の HCl を加えても pH の値はもとの 4.74 から 4.66 へと pH でわずか 0.08 しか変化しない．後者を緩衝液とよび，この溶液に強酸や強塩基を加えてもその pH はほんの少ししか変化しない．

緩衝液は，その細胞が非常に狭い pH の範囲でしか生き延びられない生物にとってきわめて重要である．金魚は，水槽の水を適切な pH に保っておくことの重要さを認識していなければ死んでしまう．人間が生き続けるには，血液の pH は 7.35 から 7.45 の間に保たれなければならない．この狭い範囲がいくつかの異なる緩衝系によって保たれている．

緩衝液は弱酸とその共役塩基から構成されている．その例として先にあげた酢酸と酢酸ナトリウムからなる水溶液がある．酢酸ナトリウムは水に溶かすと酢酸イオン（酢酸の共役塩基）を供給する塩である．この系がどのように緩衝液として働くかを理解するためには，この水溶液中には

$$\text{CH}_3\text{CO}_2\text{H}, \quad \underbrace{\text{Na}^+, \quad \text{CH}_3\text{CO}_2^-}_{\text{CH}_3\text{CO}_2\text{Na が溶けるとイオンを生成する}}$$

の三つの化学種が存在することを認識する必要がある．

この水溶液に HCl のような強酸を加えたとき何が起こるだろうか．純水中では HCl からの H^+ が増えて pH が小さくなる．

$$\text{HCl} \xrightarrow{100\%} \text{H}^+ + \text{Cl}^-$$

これに対し，緩衝液は塩基性の $CH_3CO_2^-$ を含んでいる．そして CH_3CO_2H が弱酸であるという事実に裏づけされるように，$CH_3CO_2^-$ は H^+ に対して強い親和性をもっている．このことは多数の $CH_3CO_2^-$ と H^+ は共存せず，結合して CH_3CO_2H 分子を形成することを意味している．このように加えた HCl から供給される H^+ は水溶液中には累積せず，次の式に従って $CH_3CO_2^-$ と反応する．

$$H^+(aq) + CH_3CO_2^-(aq) \longrightarrow CH_3CO_2H(aq)$$

次に緩衝液に水酸化ナトリウムのような強塩基を加えたときに何が起こるかを考えよう．純水にこの塩基を加えたときには水酸化ナトリウムからの OH^- が蓄積してpH を大きく変化させる（大きくなる）．

$$NaOH \xrightarrow{100\%} Na^+ + OH^-$$

ところが，緩衝液中では，H^+ と非常に強い親和性をもつ OH^- は CH_3CO_2H 分子と次のように反応する．

$$CH_3CO_2H(aq) + OH^-(aq) \longrightarrow H_2O(l) + CH_3CO_2^-(aq)$$

$CH_3CO_2^-$ は H^+ に対して強い親和性をもっているが，OH^- は H^+ に対して $CH_3CO_2^-$ よりもずっと強い親和性をもっており，酢酸分子から H^+ を奪い取ることができる．

緩衝液中に溶けている緩衝物質は加えた H^+ や OH^- が溶液中に蓄積されるのを妨ぐ．加えられたどんな H^+ も $CH_3CO_2^-$ で捕捉され CH_3CO_2H を生成する．また加えられたどんな OH^- も CH_3CO_2H と反応して水と $CH_3CO_2^-$ を生成する．

緩衝液の一般的な特性を表 16・3 にまとめる．

表 16・3 緩衝液の特性

1. 溶液は弱酸 HA とその共役塩基 A^- を含んでいる
2. 緩衝液は加えられた H^+ や OH^- と反応して，それらのイオンが増えないようにすることで pH の変化を抑制する
3. 加えられた H^+ は塩基の A^- と反応する
$$H^+(aq) + A^-(aq) \rightarrow HA(aq)$$
4. 加えられた OH^- は弱酸の HA と反応する
$$OH^-(aq) + HA(aq) \rightarrow H_2O(l) + A^-(aq)$$

まとめ

1. 水中の酸あるいは塩基は一般的に二つの異なる説によって表現される．アレニウスは，酸は水溶液中で H^+ を供給し，塩基は OH^- を供給するものと定義した．もう一つのブレンステッド-ローリーの酸・塩基説はより一般的で，酸は H^+ の供与体で，塩基は H^+ の受容体であるというものである．水が酸から H^+ を受取ってオキソニウムイオンを形成するとき，水はブレンステッド-ローリーの塩基として働く．

$$\underset{酸}{HA(aq)} + \underset{塩基}{H_2O(l)} \rightleftharpoons \underset{共役酸}{H_3O^+(aq)} + \underset{共役塩基}{A^-(aq)}$$

共役塩基は酸分子(HA)から H^+ を取去った残りの部分 (A^-) である．一方，共役酸は塩基に H^+ が付加して生成したものである．このような関係をもった二つの物質を共役酸-塩基対とよぶ．

2. 強酸や強塩基は完全に解離（イオン化）する酸や塩基である．弱酸はほんの少しだけ解離（イオン化）する酸である．強酸は弱い共役塩基と対をなす．弱酸は，比較的強い共役塩基と対をなす．

3. 水は両性物質であり，酸としても塩基としてもふるまうことができる．水の解離はこの特性を表しており，一つの水分子がもう一つの水分子に H^+ を渡し，オキソニウムイオンと水酸化物イオンが生成する．

$$H_2O(l) + H_2O(l) \rightleftharpoons H_3O^+(aq) + OH^-(aq)$$

次式で表される K_W は

$$K_W = [H_3O^+][OH^-] = [H^+][OH^-]$$

イオン積定数とよばれる．25 °C では

$$[H^+] = [OH^-] = 1.0 \times 10^{-7} M$$

であり，したがって $K_W = 1.0 \times 10^{-14}$ となる．

4. 酸性溶液中では $[H^+]$ が $[OH^-]$ よりも大きい．一方，塩基性溶液中では $[OH^-]$ が $[H^+]$ よりも大きい．中性溶液中では $[H^+] = [OH^-]$ である．

5. 水溶液中の $[H^+]$ を表すのに pH を用いる．

$$pH = -\log[H^+]$$

$[H^+]$（酸性度）が大きくなると pH は減少することに注意．

6. 強酸溶液の pH は，強酸が水溶液中では 100% 解離するため，酸の濃度から直接求めることができる．

7. 緩衝液は，強酸や強塩基が加えられてもその pH があまり変化しない溶液である．緩衝液は弱酸とその共役塩基からなっている．

17 化学平衡

- 17・1 化学反応はどのようにして起こるのか
- 17・2 反応速度に影響を及ぼす反応条件
- 17・3 平衡の条件
- 17・4 化学平衡：動的な状態
- 17・5 平衡定数：序論
- 17・6 不均一平衡
- 17・7 ルシャトリエの原理
- 17・8 平衡定数の利用
- 17・9 溶解平衡

平衡は，サンフランシスコの金門橋のような橋を行き交う自動車の流れと似ている

化学の勉強は，大部分が原子団を再構成する反応に関するものである．これまでに，釣合のとれた反応式で化学反応を記述し，反応物と生成物の量を計算することを学んだ．しかし，これまで考慮してこなかった重要な反応の性質もたくさんある．

たとえば，食物は冷蔵庫に入れておくとなぜ腐らないのか．いいかえると，食物が腐敗する化学反応が，どうして低温ではよりゆっくりと進行するのだろうか．一方で，遅い化学反応をどうすれば速く進ませることができるだろうか．また，密閉した容器の中で起こる化学反応がなぜある時点で停止するのだろうか．図17・1に示すように，赤褐色の二酸化窒素を無色の四酸化二窒素に変換する反応を密閉した容器中で行うと，最初は赤褐色であったものが薄くなっていくが，しばらくすると色は変化しなくなり，その後はずっと同じ色を保つ．本章では反応におけるこれら重要な観測結果について説明する．

17・1 化学反応はどのようにして起こるのか

目的 化学反応がいかに起こるかを説明する衝突理論を理解する

化学反応の式を書くとき，左辺に反応物，右辺に生成物，そしてそれらの間に矢印を置く．しかし，反応物中の原子は，生成物を生成するのにどのように再構成されるのだろうか．

化学者は分子が互いに衝突することで反応が起こると考えている．衝突のうちのいくつかは結合を切断し反応物を生成物に変換するのに十分な激しさをもっている．た

図 17・1 二酸化窒素と四酸化二窒素間の平衡
$$2\,NO_2(g) \rightarrow N_2O_4(g)$$
赤褐色　　　無色

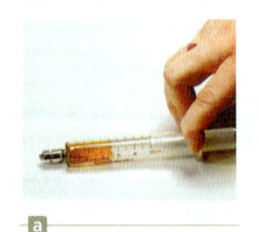

a. NO_2 ガスを大量に含む赤褐色の試料

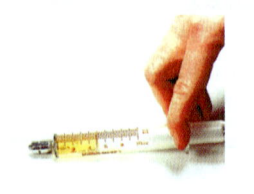

b. 無色の N_2O_4 を生成する反応が進むと，試料の色は薄い褐色になる

c. 平衡に到達すると〔$2\,NO_2(g) \rightleftharpoons N_2O_4(g)$〕，色は変化せず，そのままの状態を保つ

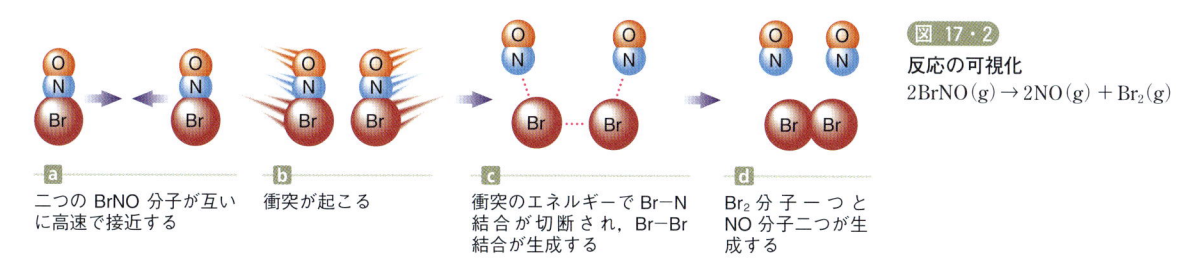

図 17・2
反応の可視化
2BrNO(g) → 2NO(g) + Br₂(g)

a 二つの BrNO 分子が互いに高速で接近する
b 衝突が起こる
c 衝突のエネルギーで Br–N 結合が切断され，Br–Br 結合が生成する
d Br₂ 分子一つと NO 分子二つが生成する

とえば，図 17・2 に示した反応について考えてみよう．

$$2\text{BrNO(g)} \rightleftharpoons 2\text{NO(g)} + \text{Br}_2\text{(g)}$$

反応物が生成物になるには，衝突の間に，二つの BrNO 分子の Br–N 結合が切断され，新しい Br–Br 結合が生成しなければならないことに注目しよう．

反応は分子の衝突の間に起こるというこの考えは**衝突理論**とよばれ，化学反応の多くの性質を説明するのに用いられる．たとえば，この理論によって，反応する分子の濃度が大きくなるとなぜ反応がより速く進行するのかを説明できる（濃度が大きくなると，衝突の頻度が増えそのためにより多くの反応が起こる）．次節で述べるように，高温ではなぜ反応が速く進行するのかも衝突理論で説明できる．

衝突理論 collision model, collision theory

17・2 反応速度に影響を及ぼす反応条件

目的 活性化エネルギーを理解し，触媒がどのように反応を促進するかを学ぶ

反応する分子の濃度を高めると，なぜ反応が速くなるかは容易に理解できる．すなわち，濃度が高くなると（単位体積当たりの分子の数が増え）衝突の頻度が高くなり，そのため反応が起こりやすくなる．温度が高くなってもやはり反応は速くなる．それはすべての衝突が結合を切断するだけの十分なエネルギーをもっているのではないからである．**活性化エネルギー E_a** とよばれる最低限のエネルギーが反応を起こすのに必要である（図 17・3）．衝突によるエネルギーが E_a より大きい場合には，その衝突によって反応が起こる．E_a より小さい場合には，衝突しても分子は変化せずに，互いに離れるだけである．

活性化エネルギー activation energy E_a

温度が高くなると反応が速くなる理由は，温度の上昇とともに分子の速度が増大することにある．したがってより高い温度では，一つひとつの衝突がより大きなエネルギーをもっている．そのため一つの衝突が，結合を切断し，分子を再配列させて反応を起こさせるのに必要なだけの十分なエネルギーをもつ可能性が大きくなる．

分子の平均運動エネルギーは温度 (K) に比例する（§13・7 参照）．

より高い温度 → より速い速度 → より大きいエネルギーの衝突 → 結合を切断するより多くの衝突 → 速い反応

温度や反応物の濃度を変えずに反応を加速することができるだろうか．**触媒**とよばれる**反応中に消費されず反応を加速する物質**を用いることによってできるというのが答である．事実，もし君たちの身体に**酵素**とよばれる数千の触媒がなければ生きていけない．酵素は，正常な身体の温度では生命を維持するには遅すぎる複雑な反応を加速させている．たとえば，酵素の炭酸デヒドラターゼは二酸化炭素と水の反応を加速

触媒 catalyst

酵素 enzyme

炭酸デヒドラターゼ カルボニックアンヒドラーゼ，炭酸脱水酵素ともいう．

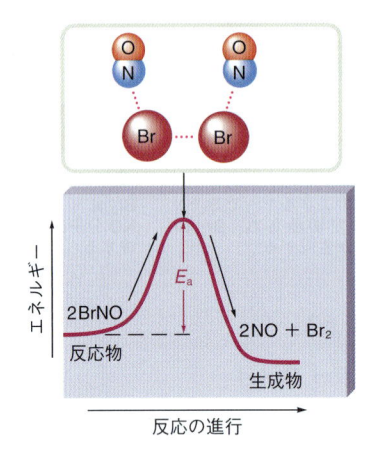

図 17・3 分子の衝突と反応の進行. 分子が衝突して反応が起こるためには, 活性化エネルギー E_a とよばれる最小のエネルギーが必要である. 二つの BrNO 分子の衝突によるエネルギーが E_a よりも大きければ, "山を越えて" 反応は進行し生成物が生じる. E_a よりも小さければ衝突した分子は変化せずに, 離れる.

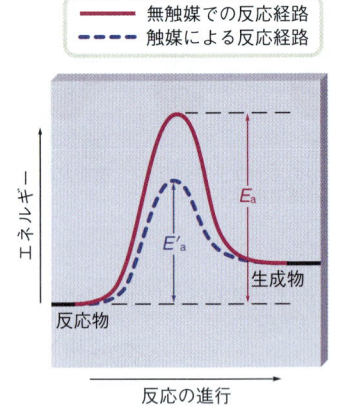

図 17・4 無触媒の反応の活性化エネルギー E_a と触媒存在下での反応の活性化エネルギー E'_a. 触媒は反応の活性化エネルギーを低くする.

し, 血液中に二酸化炭素が過剰に蓄積するのを防ぐ働きをしている.

$$CO_2(g) + H_2O(l) \rightleftharpoons H^+(aq) + HCO_3^-(aq)$$

ここで詳細は述べないが, 図 17・4 に示すように, 触媒はもともとの反応経路よりもより低い活性化エネルギーをもつ新しい反応経路を提供することで, 反応を加速する. 活性化エネルギーが低くなると, 反応を起こすのに十分なエネルギーをもった衝突の数が増える. すると反応がより速く進行する.

非常に重要な触媒反応の一例が大気中で起こっている. それは, 塩素原子が触媒するオゾン O_3 の破壊である (化学こぼれ話参照). オゾンは太陽からの有害な高エネルギーの放射を吸収するので, 特に重要な地球上空の大気の構成要素の一つである. 上空の大気中ではオゾンの生成と分解という二つの自然な反応が進行している. これら互いに反対の方向を向いた反応が自然に釣合っているために 1 年を通してオゾンの量は比較的一定に保たれている. しかし, 塩素原子が次の一連の反応によってオゾンを酸素へと分解する反応の触媒として働くために, オゾン層が減少した. 特に南極大陸の上空で顕著な減少が観測されている (図 17・5).

$$\begin{array}{r} Cl + O_3 \longrightarrow ClO + O_2 \\ O + ClO \longrightarrow Cl + O_2 \\ \hline 計: Cl + O_3 + O + ClO \longrightarrow ClO + O_2 + Cl + O_2 \end{array}$$

式の両辺にある化学種を消去すると, 最終的な反応は次のようになる.

$$O + O_3 \longrightarrow 2O_2$$

塩素原子は最初の反応で消費されるが, 二つ目の反応で再び生成する. したがって塩素原子の量は全体の反応が起こっている間, 変化しない. これは塩素原子が触媒であることを意味し, 塩素原子は反応に関与するが消費されない. 1 個の塩素原子は,

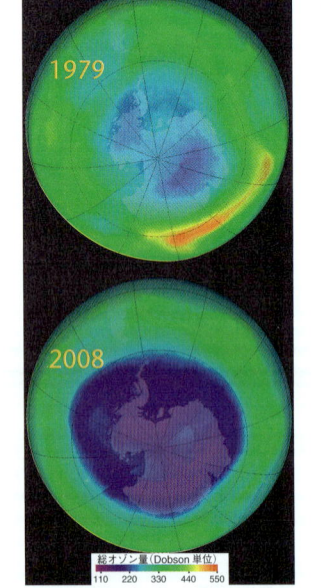

図 17・5 南極大陸上空のオゾン "ホール" を示す写真

化学こぼれ話　　オゾン層を守る

冷蔵庫やエアコンに広く使用されていた CF_2Cl_2 などのクロロフルオロカーボン(CFC)は，無毒で腐食性もない．しかし，かつては大きな長所と考えられていたこれらの物質の不活性さが致命的な欠点となった．これらの化合物が大気中に放出されると，反応性が非常に低いので数十年にわたってそこにとどまり，ついには地上の対流圏を越えて成層圏へ到達する．そこでは紫外線が CFC を分解し，オゾンの破壊を促進する塩素原子を生じる．この問題を解決するために，世界の工業国は 1996 年に CFC の製造を禁止する条約(モントリオール議定書とよばれる)に署名した(開発途上国には 10 年の猶予期間がつけられた)．

世界中で行われている CFC の製造は，現在ではすでに 1986 年当時の製造量の半分の 113 万トンにまで減少した．CFC を排除する一つの戦略は，塩素原子を炭素原子と水素原子で置き換えた CFC と同様の性質をもつ代替化合物へ切り換えることである．実際，新しく製造されている冷蔵庫やエアコンには代替品が使用されている．たとえば米国では，家庭用の冷蔵庫のフレオン 12(CF_2Cl_2)を CH_2FCH_3(HFC-134aとよばれる)に切り換えた．そして新しい自動車とトラックには HFC-134a を積載したエアコンが装備されている．自動車のエアコンのフレオン 12 を HFC-134a で置き換えるのに，それほど高い経費はかからないと予測されている．

消火器に使用されているハロンガスを置き換えるという課題もある．特に，事務室，飛行機，競技用自動車のような閉じた空間で使用される無毒な"魔法のガス"とよばれた CF_3Br(ハロン 1301)の有効な代替品の開発が望まれている．大気中でほんの数日の寿命しかもたない化合物である CF_3I が有望にみえるが，CF_3I の毒性とオゾンを減少させる性質についての膨大な調査研究が必要である．化学工業はオゾン層の破壊という緊急事態に対して驚くほど迅速に対応した．未来に向かって計画を立てるにあたっては，より高い優先順位で環境を守ることに心を配らなければならない．

毎秒およそ 100 万個のオゾン分子の破壊を触媒すると推定されている．

17・3　平衡の条件

目的　いかに平衡が達成されるかを学ぶ

　平衡は釣合っているとか安定しているとかを意味することばである．化学においてもこのことばを同様に用いるが，化学者は，互いに対立している二つの経路の間できっちりと釣合がとれていることを**平衡状態にある**と定義している．

　密閉された容器中の液体の蒸気圧を記述するときに(図 14・9 参照)，§14・4 において平衡という概念を初めて紹介した．この平衡過程を図 17・6 に示す．蒸発速度と凝縮速度がちょうど等しくなったときが平衡状態である．

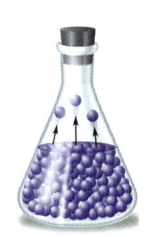

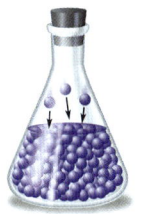

　本書ではこれまで反応はふつう完結するまで進行するもの，すなわち，反応物の一つが"すべて消費される"まで進行するもの，と考えてきた．実際，多くの反応は本質的に完結する．そのような反応に対しては，制限反応物が完全に消費されるまで，反応物は生成物に変換されると考えることができる．これに対し，密閉された容器中

平衡　equilibrium

蒸発　　凝縮

図 17・6　密閉された容器中の液体とその蒸気との平衡状態．**a** 最初は液体状態から蒸気の状態へ分子が移動する．**b** しばらくすると蒸気の状態にある物質の量が一定になり，蒸気圧と液面の高さが一定に保たれるようになる．**c** 平衡状態は動的である．正確に同じ数の分子が液体から出たり戻ったりするので蒸気圧と液面の高さは一定のまま保たれる．

での反応には完結するずっと手前で"停止"するものがたくさんある．二酸化窒素が四酸化二窒素になる反応がその一例である．

$$NO_2(g) + NO_2(g) \longrightarrow N_2O_4(g)$$
　　赤褐色　　　　　　　　　　　　　無色

反応物の NO_2 は赤褐色の気体であり，生成物の N_2O_4 は無色の気体である．純粋な NO_2 を 25 ℃ で空のガラス容器に入れて密封する実験を考えよう．もとの赤褐色は NO_2 が無色の N_2O_4 に変換されるにつれ，薄くなる（図 17・1）．しかし長い時間がたっても反応容器の中味は無色にはならず，赤褐色の濃さは一定になる．このことは NO_2 の濃度がもはや変化していないということを意味している．この簡単な実験結果は反応が完結せずに"停止"したことを明らかに示している．ところが実際には反応は停止していない．停止したのではなく，系が，すべての反応物と生成物の濃度が一定のままという動的な状態である**化学平衡**に到達したのである．

> 化学平衡 chemical equilibrium

　この状況は密閉された容器の中の液体が一定の蒸気圧を与えるという実験結果と似ているが，ここで取扱っている例では化学反応がかかわっているという点が異なっている．最初に純粋な NO_2 がフラスコに入れられ密閉されたときには N_2O_4 は存在しない．NO_2 分子どうしが衝突を繰返すとともに，N_2O_4 が生成し，容器中の N_2O_4 の濃度が増大する．ところが逆反応も起こる．N_2O_4 分子が二つの NO_2 分子へと分解する反応である．

$$N_2O_4(g) \longrightarrow NO_2(g) + NO_2(g)$$

すなわち，化学反応は可逆であり，どちらの方向へも進行しうる．このことを一般に記号 $\rightleftarrows$ を用いて表す．

$$2NO_2(g) \underset{逆}{\overset{正}{\rightleftarrows}} N_2O_4(g)$$

> 記号 $\rightleftarrows$ は反応が両方の方向へ向かって起こることを示すために用いられる．

ここで記号 $\rightleftarrows$ は，二つの NO_2 分子が結合して N_2O_4 分子を生成する（正反応）こともでき，また一つの N_2O_4 分子が分解して二つの NO_2 分子を与える（逆反応）こともできることを意味している．

　純粋な NO_2 だけを，あるいは純粋な N_2O_4 だけを，さらに NO_2 と N_2O_4 の混合物を，最初に容器に入れてそのあと密閉したとしても，いずれの場合も平衡に達する．これら三つの場合いずれにおいても，容器の中では N_2O_4 が生成し，その速度とちょうど同じ速度で N_2O_4 が分解するような状態に達する．条件が変わらない限り，反応物と生成物の濃度がずっと一定に保たれるという動的な状態である平衡に到達することになる．

17・4 化学平衡：動的な状態

目的　化学平衡の特性について学ぶ

　平衡にある反応系では反応物と生成物の濃度が変化しないので表面的には反応が止まっているようにみえる．ところがそうではない．分子レベルでは，激しい活動がある．平衡は静止状態ではなく，激しく動的な状態である．もう一度化学平衡と一つの橋でつながった二つの島との間の類似性を考えてみよう．橋の上を行き交う車の流れは両方の方向で同じだと仮定する．動きがあることは明らかであるが，出る車と入る

> 平衡は動的な状態である．

17・4 化学平衡: 動的な状態　285

図 17・7
H_2O と CO から CO_2 と H_2 が生成する反応. **a** 等しい物質量の H_2O と CO が密閉容器中で混合される. **b** 反応が始まり, 生成物 (H_2 と CO_2) が生成し始める. **c** 時間の経過とともに反応が進み, より多くの反応物が生成物へ変換される. **d** 時間が経っても反応物と生成物の分子の数が c の状態と同じである. さらに時間が経過してもそれ以上変化はみられない. 系は平衡に達した.

	a	b	c	d
H_2O	7	5	2	2
CO	7	5	2	2
H_2	0	2	5	5
CO_2	0	2	5	5

車の数が同じであるためおのおのの島にある車の数は変化しない. 結果として二つの島にある車の数は, 正味として変わらない.

この概念がどのように化学反応に応用できるかを確かめるために, 反応がすばやく起こる高い温度で密閉された容器中の水蒸気と一酸化炭素との間の反応について考えよう.

$$H_2O(g) + CO(g) \rightleftharpoons H_2(g) + CO_2(g)$$

同じ物質量の気体の H_2O と気体の CO を密閉した容器に入れ, 反応させたと仮定しよう (図 17・7a). 反応物である H_2O と CO を混ぜると, ただちに反応が始まり生成物である H_2 と CO_2 が生成する. すると, 反応物の濃度は減少するが, 最初は 0 であった生成物の濃度は大きくなる (図 17・7b). しばらくすると, 反応物と生成物の濃度は全く変化しなくなり, 平衡状態に達する (図 17・7c, d). 系が何かで乱されない限り, それ以上の濃度変化は起こらない.

なぜ平衡状態に達するのだろうか. 本章の初めに, 分子は互いの衝突によって反応し, 衝突の回数が増えれば反応は速くなることを述べた. これが, 反応の速度が濃度に依存する理由である. この例の場合には, 前向きの正の反応が起こり, 生成物が生成するにつれ, H_2O と CO の濃度はより小さくなる.

$$H_2O + CO \longrightarrow H_2 + CO_2$$

反応物の濃度が減少すると, 正方向の反応は遅くなる (図 17・8). しかし, 橋の上の交通量との類似から逆方向の反応も起こる.

$$H_2 + CO_2 \longrightarrow H_2O + CO$$

この実験の最初には H_2 と CO_2 は存在しないので, この逆反応は起こりえない. しか

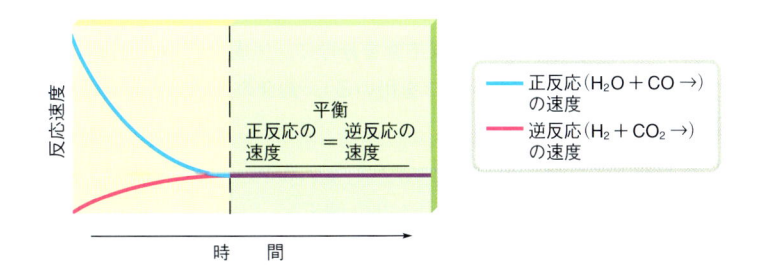

図 17・8
同じ物質量の $H_2O(g)$ と CO(g) を混ぜたときの反応の時間経過に対する正反応と逆反応の速度変化. 最初は, 正反応の速度が減少し逆反応の速度が増大する. 正反応の速度と逆反応の速度が等しくなったとき, 平衡に達する.

し，正反応が進行するにつれ，H₂ と CO₂ の濃度が認められるようになり，逆反応の速度（割合）が大きくなり，正反応が遅くなる（図 17・8）．最終的には，**正反応の速度と逆反応の速度が等しくなる濃度に達する**．こうして系は平衡に達する．

17・5　平衡定数：序論

目的　化学平衡の法則を理解し，平衡定数の求め方を学ぶ

　科学は実験結果に基づいている．平衡の概念の発展もその典型である．多くの化学反応の観察に基づいて，ノルウェー人化学者グルベルグとウォーゲは1864年に平衡状態の一般的な表現法として，**化学平衡の法則**（最初は**質量作用の法則**とよばれた）を提唱した．彼らは $a\mathrm{A} + b\mathrm{B} \rightleftharpoons c\mathrm{C} + d\mathrm{D}$ という反応に対して化学平衡の法則を次の化学平衡の式で表した．

$$K = \frac{[\mathrm{C}]^c[\mathrm{D}]^d}{[\mathrm{A}]^a[\mathrm{B}]^b}$$

ここで A, B, C, D は化学種を，a, b, c, d は釣合のとれた反応式の中の A, B, C, D の係数である．[ ] は平衡時における化学種の濃度（mol/L 単位）を表し，K は**平衡定数**とよばれる定数である．化学平衡の式は，反応物の濃度に対する生成物の濃度の比で表されることに注意しよう．それぞれの濃度は，釣合のとれた反応式の係数に対応した数字で累乗される．

　化学平衡の法則を理解するために，オゾンが酸素に変化する反応を考えよう．

$$\underset{\text{反応物}}{2\,\overset{\text{係数}}{\mathrm{O}_3}(\mathrm{g})} \rightleftharpoons \underset{\text{生成物}}{3\,\overset{\text{係数}}{\mathrm{O}_2}(\mathrm{g})}$$

化学平衡の式をつくるには，まず反応物の濃度を分母にそして生成物の濃度を分子におく．

$$\frac{[\mathrm{O}_2] \;\leftarrow\; \text{生成物}}{[\mathrm{O}_3] \;\leftarrow\; \text{反応物}}$$

そして係数で累乗する．

$$K = \frac{[\mathrm{O}_2]^3}{[\mathrm{O}_3]^2} \;\; \text{係数が累乗となる}$$

例題 17・1　化学平衡の式を書く

次の反応に対する化学平衡の式を書け．

　a. $\mathrm{H}_2(\mathrm{g}) + \mathrm{F}_2(\mathrm{g}) \rightleftharpoons 2\mathrm{HF}(\mathrm{g})$　　b. $\mathrm{N}_2(\mathrm{g}) + 3\mathrm{H}_2(\mathrm{g}) \rightleftharpoons 2\mathrm{NH}_3(\mathrm{g})$

解答　化学平衡の法則を適用して，反応物を分母に，生成物を分子におき（mol/L 単位で表した濃度を示すために角かっこを用いる），釣合のとれた反応式の係数に対応する数字で累乗すればよい．

　a. $K = \dfrac{[\mathrm{HF}]^2}{[\mathrm{H}_2][\mathrm{F}_2]}$　←生成物（係数が2なので二乗する）
　　　　　　　　　　←反応物（係数が1なので一乗する．1は書かない）

　b. $K = \dfrac{[\mathrm{NH}_3]^2}{[\mathrm{N}_2][\mathrm{H}_2]^3}$

余白：
グルベルグ Cato Maximilian Guldberg
ウォーゲ Peter Waage
化学平衡の法則 law of chemical equilibrium
質量作用の法則 law of mass action

平衡定数 equilibrium constant　K

[ ] は mol/L 単位（M）での濃度を表す．

係数が1のときは，この数字1は書かない．したがって数字がないときには係数が1であると解釈すればよい．

練習問題 17・1 次の反応の化学平衡の式を書け.
$$4NH_3(g) + 7O_2(g) \rightleftharpoons 4NO_2(g) + 6H_2O(g)$$

化学平衡の式は何を意味するのだろうか.それは,与えられた温度でのある反応に対して,平衡時の反応物の濃度に対する生成物の濃度の比が常に同じ数値,すなわち平衡定数 K に等しいということを意味している.たとえば,平衡時に存在する N_2, H_2, NH_3 の濃度を測定するために 500 °C の条件下で行われたアンモニア合成反応に関する一連の実験を考えてみよう.これらの実験結果を表 17・1 に示す.この表の中で,[ ] の下横の小さい 0 は初期濃度を示している.初期濃度とは,反応が起こる前の反応物と生成物の濃度である.

$N_2(g) + 3H_2(g) \rightleftharpoons 2NH_3(g)$

実験 I の結果を考えよう.N_2 と H_2 1 mol ずつを,1 L の容器に入れ密閉したあと 500 °C に加熱し,化学平衡に到達させる.平衡時におけるフラスコ中の濃度は,$[N_2] = 0.921$ M,$[H_2] = 0.763$ M,$[NH_3] = 0.157$ M である.反応式は

$$N_2(g) + 3H_2(g) \rightleftharpoons 2NH_3(g)$$

で,平衡定数は次のとおりである.

$$K = \frac{[NH_3]^2}{[N_2][H_2]^3} = \frac{(0.157)^2}{(0.921)(0.763)^3} = 0.0602 = 6.02 \times 10^{-2}$$

同様に表 17・1 に示したように,実験 II, III に対して,いずれも 6.02×10^{-2} という平衡定数 K を計算によって得ることができる.実際,この温度で N_2, H_2, NH_3 が一緒に混合された場合はいつも,最初に混合された反応物と生成物の量に関係なく,

$$K = 6.02 \times 10^{-2}$$

という平衡の状態に落ち着く.

表 17・1 から,**平衡時の濃度は常に同じではない**ということがわかる.しかし,たとえ異なる状況に対して平衡時の個々の濃度が互いに大きく異なっていたとしても,**濃度の比に依存する平衡定数は常に同じである**.

平衡時における反応物と生成物のそれぞれの濃度の組は,**平衡の状態**とよばれる.ある特定の温度のもとである特定の系に対して平衡定数はただ一つだけだが,平衡の状態は無数にある.系によって占められる特別な平衡の状態は初期濃度に依存するが,平衡定数は初期濃度に依存しない.

平衡の状態 equilibrium position

ある温度における反応に対して平衡の位置はたくさんあるが K の値はただ一つだけである.

表 17・1 500 °C における反応 $N_2(g) + 3H_2(g) \rightleftharpoons 2NH_3(g)$ に対する三つの実験結果

実験	初期濃度			平衡時の濃度			$\dfrac{[NH_3]^2}{[N_2][H_2]^3} = K^\dagger$
	$[N_2]_0$	$[H_2]_0$	$[NH_3]_0$	$[N_2]$	$[H_2]$	$[NH_3]$	
I	1.000 M	1.000 M	0	0.921 M	0.763 M	0.157 M	$\dfrac{(0.157)^2}{(0.921)(0.763)^3} = 0.0602$
II	0	0	1.000 M	0.399 M	1.197 M	0.203 M	$\dfrac{(0.203)^2}{(0.399)(1.197)^3} = 0.0602$
III	2.00 M	1.00 M	3.00 M	2.59 M	2.77 M	1.82 M	$\dfrac{(1.82)^2}{(2.59)(2.77)^3} = 0.0602$

† K の単位は書かないのが慣例である.

上で述べた解説のなかで，平衡定数には単位がなかったことに注意しよう．平衡定数の値には単位が含まれている場合と省かれている場合がある．この理由についてはふれないが，本書では単位を省く．

例題 17・2 平衡定数を求める

大気中で二酸化硫黄と酸素から三酸化硫黄 SO_3 が生成する反応は，三酸化硫黄が空気中の水蒸気と反応して酸性雨の成分である硫酸の小滴を生成するために，環境に大きな影響をもっている．気体の二酸化硫黄と酸素から 600 °C で気体の三酸化硫黄を生成する反応に関する二つの実験結果を次に示す．

$$2SO_2(g) + O_2(g) \rightleftharpoons 2SO_3(g)$$

実験 I		実験 II	
初期濃度	平衡時の濃度	初期濃度	平衡時の濃度
$[SO_2]_0$ 2.00 M	$[SO_2]$ 1.50 M	$[SO_2]_0$ 0.500 M	$[SO_2]$ 0.590 M
$[O_2]_0$ 1.50 M	$[O_2]$ 1.25 M	$[O_2]_0$ 0	$[O_2]$ 0.045 M
$[SO_3]_0$ 3.00 M	$[SO_3]$ 3.50 M	$[SO_3]_0$ 0.350 M	$[SO_3]$ 0.260 M

酸性雨によって褐色に変化したエドマツの針状葉

化学平衡の法則から K の値は二つの実験に対して同じであることが推測される．このことを，それぞれの実験に対して平衡定数を求めることによって確かめよ．

解答 反応に対する釣合のとれた反応式は

$$2SO_2(g) + O_2(g) \rightleftharpoons 2SO_3(g)$$

である．化学平衡の法則から次の化学平衡の式を書くことができる．

$$K = \frac{[SO_3]^2}{[SO_2]^2[O_2]}$$

実験 I に対して，観測された平衡時の濃度 $[SO_3] = 3.50$ M，$[SO_2] = 1.50$ M，$[O_2] = 1.25$ M を化学平衡の式に代入することで K の値を求めることができる．

$$K_I = \frac{(3.50)^2}{(1.50)^2(1.25)} = 4.36$$

実験 II については，$[SO_3] = 0.260$ M，$[SO_2] = 0.590$ M，$[O_2] = 0.045$ M なので

$$K_{II} = \frac{(0.260)^2}{(0.590)^2(0.045)} = 4.32$$

K_I と K_{II} の値は，予想どおりほぼ同じである．すなわち，K の値は四捨五入や実験誤差による小さな誤差範囲内において一定である．これらの実験から，この系には二つの異なる平衡の状態が存在するが，平衡定数は一定であることがわかる．

17・6 不均一平衡

目的 化学平衡の式は純粋な液体や固体の量に依存しないことを理解する

これまで，すべての反応物と生成物が気体状態である系についてだけ平衡を説明してきた．これらは，すべての物質が同じ状態である**均一平衡**の例である．ところが多

均一平衡 homogeneous equilibrium

くの平衡は二つ以上の状態を含んでおり，それらは**不均一平衡**とよばれる．たとえば，石灰の工業的な製造法である炭酸カルシウムの熱分解は，固体と気体を含む反応によって起こる．

$$CaCO_3(s) \rightleftharpoons \underset{\text{石灰}}{CaO(s)} + CO_2(g)$$

化学平衡の法則をそのまま適用すると次の化学平衡の式が得られる．

$$K = \frac{[CO_2][CaO]}{[CaCO_3]}$$

しかし，実験結果は不均一平衡の状態は存在する純粋な固体や液体の量に依存しないことを示している．これは，純粋な固体や液体の濃度は変化しない，すなわち，純粋な固体や液体の濃度は一定であるからである．したがって，固体の炭酸カルシウムの分解の化学平衡の式を書くにあたって，固体の CaO ならびに $CaCO_3$ の濃度は一定で，それぞれ C_1, C_2 として表すことができる．

$$K' = \frac{[CO_2]C_1}{C_2}$$

この式は，三つの一定値 C_2, K', そして C_1 をあわせて一つの定数 K とすることで次のように書き直すことができる．この式から，次の一般的な表現が導かれる．

$$\frac{C_2 K'}{C_1} = K = [CO_2]$$

すなわち，化学反応に含まれる純粋な固体や純粋な液体の濃度は化学平衡の式には含まれない．このことは純粋な固体や液体にのみあてはまるが，濃度が変化する溶液や気体にはあてはまらない．

たとえば，液体の水が気体の水素と酸素に分解する反応を考えてみよう．

$$2H_2O(l) \rightleftharpoons 2H_2(g) + O_2(g)$$

この反応では

$$K = [H_2]^2[O_2]$$

となる．水は純粋な液体であるために，化学平衡の式には含まれない．しかし，水が液体でなく気体という条件のもとで反応させた場合には

$$2H_2O(g) \rightleftharpoons 2H_2(g) + O_2(g)$$

となり，この場合は，水蒸気の濃度が変化しうるので，次のようになる．

$$K = \frac{[H_2]^2[O_2]}{[H_2O]^2}$$

例題 17・3 不均一平衡に対する化学平衡の式を書く

次の反応に対する化学平衡の式を書け．
 a. 固体の五塩化リンが分解して液体の三塩化リンと塩素ガスが生成する．
 b. 濃青色の固体である硫酸銅(II) 五水和物を加熱すると水を失って白色固体の硫酸銅(II) が生成する．

解答 a. 反応式は $PCl_5(s) \rightleftharpoons PCl_3(l) + Cl_2(g)$ である．この場合，純粋な固体である PCl_5 も，純粋な液体の PCl_3 も化学平衡の式には含まれないので，化学平衡の式は

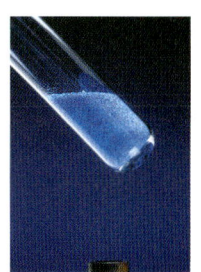

不均一平衡 heterogeneous equilibrium

固体である硫酸銅(II) 五水和物を加熱すると，H_2O を失って最後には白色の $CuSO_4$ が残る

次のようになる．

$$K = [\text{Cl}_2]$$

b. 反応式は $\text{CuSO}_4\cdot 5\text{H}_2\text{O}(s) \rightleftharpoons \text{CuSO}_4(s) + 5\text{H}_2\text{O}(g)$ である．二つの固体は式に含まれないので，化学平衡の式は次のようになる．

$$K = [\text{H}_2\text{O}]^5$$

Self-Check

> a の反応は実験室で酸素ガスを得るためによく用いられる．

練習問題 17・2 次の反応に対する化学平衡の式を書け．

a. $2\text{KClO}_3(s) \rightleftharpoons 2\text{KCl}(s) + 3\text{O}_2(g)$
b. $\text{NH}_4\text{NO}_3(s) \rightleftharpoons \text{N}_2\text{O}(g) + 2\text{H}_2\text{O}(g)$
c. $\text{CO}_2(g) + \text{MgO}(s) \rightleftharpoons \text{MgCO}_3(s)$
d. $\text{SO}_3(g) + \text{H}_2\text{O}(l) \rightleftharpoons \text{H}_2\text{SO}_4(l)$

17・7 ルシャトリエの原理

目的 平衡状態にある系を乱したときに起こる変化を予測する

化学平衡の状態を制御する要因を理解することは重要である．たとえば，ある化学物質を製造するとき，その製造をまかされた化学者や化学技術者は，目的の生成物ができるだけたくさん生成するのに有利な条件を選ぼうとする．すなわち，平衡をできるだけ右側へ（生成物側へ）偏らせようとする．アンモニア合成のプロセスが開発されたとき，アンモニアの平衡状態での濃度がどのように温度と圧力の条件に依存するかを知るために非常に多くの研究がなされた．

本節では，さまざまな条件の変化がいかに反応系の平衡状態に影響を及ぼすかを検討する．濃度，圧力，そして温度などの条件の変化が平衡状態にある系に及ぼす影響を，ルシャトリエの原理によって予測することができる．その原理とは，**平衡状態にある系に変化を与えると，平衡は，その変化の影響を打消そうとする方向に移動する**というものである．

ルシャトリエの原理
Le Châtelier's principle

▶濃度変化の影響

アンモニアの合成反応について考えよう．次の濃度で示される平衡状態があると仮定しよう．

$$[\text{N}_2] = 0.399\,\text{M} \qquad [\text{H}_2] = 1.197\,\text{M} \qquad [\text{NH}_3] = 0.203\,\text{M}$$

もし 1.000 mol/L の N_2 を突然系に注入したら何が起こるだろうか．平衡状態にある系では，同じ長さの矢印で示されるように，正反応と逆反応が正確に釣合っていることをまず思い起こしてから答を考えよう．

$$\text{N}_2(g) + 3\text{H}_2(g) \rightleftharpoons 2\text{NH}_3(g)$$

N_2 を加えると，突然 H_2 分子と N_2 分子の間の衝突が増える．すると正反応の速度が増大し（正方向を向く矢印をより長く書くことによって示される），より多くの NH_3 が生成する．
NH_3 の濃度が大きくなるとともに逆反応も加速され（NH_3 分子どうしの衝突が増え

る），系は再び平衡に達する．しかしこうして到達した新しい平衡状態では，もとの平衡状態において存在していた NH_3 の量よりもより多くの NH_3 が存在する．平衡は右へ，すなわち生成物側へ移動する．平衡の移動を次に示す．

平衡状態 I		平衡状態 II
$[N_2] = 0.399$ M		$[N_2] = 1.348$ M
$[H_2] = 1.197$ M	1.000 mol/L の N_2 を加える	$[H_2] = 1.044$ M
$[NH_3] = 0.203$ M		$[NH_3] = 0.304$ M

実際，平衡は右に移動する．H_2 の濃度は減少し（1.197 M から 1.044 M に），NH_3 の濃度は大きくなる（0.203 M から 0.304 M へ）．そして，もちろん，窒素を加えたので，N_2 の濃度は加える以前の量に比べると大きい値となる．

平衡は移動しても，この時点で K の値は変化しない．平衡式に平衡状態 I ならびに平衡状態 II における平衡濃度を代入することでこのことを証明することができる．

- 平衡状態 I: $K = \dfrac{[NH_3]^2}{[N_2][H_2]^3} = \dfrac{(0.203)^2}{(0.399)(1.197)^3} = 0.0602$
- 平衡状態 II: $K = \dfrac{[NH_3]^2}{[N_2][H_2]^3} = \dfrac{(0.304)^2}{(1.348)(1.044)^3} = 0.0602$

これら K の値は同じである．したがって，N_2 を新たに加えたとき平衡は移動するが，平衡定数 K は同じままである．

ルシャトリエの原理を用いてこの平衡の移動を予測できるだろうか．この場合には，変化は窒素を加えたことだったので，ルシャトリエの原理から，反応は窒素を消費する方向へ進行することが予測される．窒素を加えたという変化を打消そうとする．したがってルシャトリエの原理を用いて，窒素を加えると加えた窒素を消費するように平衡が右へ移動する（図 17・9）と正確に予測できる．

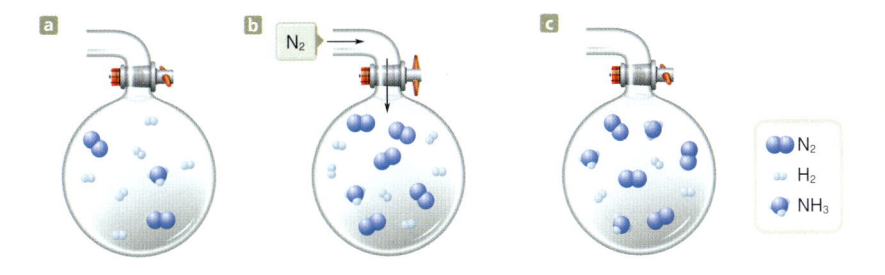

図 17・9
濃度変化による平衡への影響．a N_2, H_2, NH_3 の平衡混合物．b N_2 を加える．c N_2 を加えることにより a の状態に比べて H_2 の量は少なく，より多くの NH_3 と N_2 を含んだ系に対して新しい平衡が達成される．

窒素の代わりにアンモニアが加えられたときには，反応は左へ進行しアンモニアを消費する．そこでルシャトリエの原理のもう一つの表現法は次のようになる．**平衡状態にある系に反応物あるいは生成物を加えると，反応は加えた成分を減らす方向に進む．一方，反応物あるいは生成物を取除くと，反応は取除った成分を増やす方向に進む．**たとえば，窒素を取除くと，反応は左向きに進み，存在していたアンモニアの量は減少する．

平衡状態にある系に平衡を乱すような条件の変化を外部から与えると，その影響を打消す方向に平衡が移動する．

ルシャトリエの原理の重要性を示す現実の例が，身体への酸素供給に対する高度の影響にみられる．山に登ったとき，"頭がくらくらする"のを感じ，その後数日間特に疲れを感じたりしたことがないだろうか．これらの感覚は，高所では大気圧が低い

ため身体への酸素の供給が減少することによるものである．たとえば，海抜3000メートルにおける酸素の供給量は海面での供給量のおよそ3分の2しかない．減少した酸素供給の影響は次の化学平衡の式で理解することができる．

$$Hb(aq) + 4O_2(g) \rightleftharpoons Hb(O_2)_4(aq)$$

ここでHbはヘモグロビンを表す．反応式の係数4は一つのヘモグロビン分子が肺の中で4個のO_2分子を捕らえることを示している．ルシャトリエの原理によれば，酸素圧が低くなるとこの平衡が左へ移動し，酸素を取込んだヘモグロビンから酸素が放出される．すると組織への酸素の供給不足が起こり，疲れを感じ"頭がぼんやりした"感覚になる．

> ヘモグロビン(hemoglobin: Hb)は肺から組織へO_2を運ぶ鉄を含むタンパク質．運ばれたO_2は各組織において新陳代謝を維持するために使用される．

> この山登りの問題は余分な酸素を供給することで解決できる．この余分な酸素が平衡を正常な位置に押し戻す．しかし，酸素ボンベを持ち運ぶのは実用的ではない．自然は平衡を右へ移動させる解決法としてより多くのヘモグロビンをつくり出して，高所での生活に身体を順応させている．高地に住む人は海面近くに住む人よりも多くのヘモグロビンをもっている．たとえば，ネパールに住むシェルパは，酸素ボンベなしにエベレスト山の頂上の薄い空気の中で活動することができる．

例題 17・4 ルシャトリエの原理を利用する：濃度変化

ヒ素As_4は，まずその鉱石を酸素と反応させ（焙焼という）固体のAs_4O_6として取出し，次にこのAs_4O_6を炭素で還元することによって得られる．

$$As_4O_6(s) + 6C(s) \rightleftharpoons As_4(g) + 6CO(g)$$

次の条件変化それぞれに応答して起こるこの反応の平衡の移動の方向を予測せよ．
 a. 一酸化炭素を加える．
 b. C(s)あるいはAs_4O_6(s)を加えたり取去ったりする．
 c. As_4(g)を取去る．

解答 a. ルシャトリエの原理から，その濃度が大きくなる物質を減らす方向に平衡が移動することが予測できる．一酸化炭素を加えると平衡は左へ移動する．
 b. 純粋な固体の量は平衡の位置に影響を及ぼさないので，炭素(s)あるいは六酸化四ヒ素(s)の量を変化させても影響はない．
 c. 気体のヒ素を取去ると，平衡は右へ移動し，より多くの生成物が生じる．工業的なプロセスでは，生成物の収率を上げるために反応系から生成物を連続的に取除くことがよく行われる．

> 致死量が0.1gくらいの毒性化合物であるAs_4O_6は探偵小説で有名な"ヒ素"である．

Self-Check

練習問題 17・3 雨を予測する装置の原理は次の平衡に基づいている．

$$CoCl_2(s) + 6H_2O(g) \rightleftharpoons CoCl_2 \cdot 6H_2O(s)$$
$$\text{青色} \qquad\qquad\qquad\qquad \text{ピンク色}$$

大気中の水蒸気が増え雨が予想されるとき，この指示薬は何色になるか．

> 青色の無水$CoCl_2$が水と反応するとピンク色の$CoCl_2\cdot 6H_2O$が生成する

▶ 体積変化による影響

気体の体積が減少すると（気体が圧縮されると），圧力は増加する．存在している分子がより狭い空間に押込められ，容器の壁により頻繁に衝突するために，圧力が大きくなる．したがって平衡にある気体反応系の体積を突然減少させると圧力が突然大きくなるので，ルシャトリエの原理によって系は圧力が減る方向へ移動する．

可動できるピストンのついた容器中における次の反応を考えてみよう（図17・10）．

$$CaCO_3(s) \rightleftharpoons CaO(s) + CO_2(g)$$

もしピストンを押して体積が急に減少すると，CO_2ガスの圧力が増える．系はこの圧

17·7 ルシャトリエの原理　293

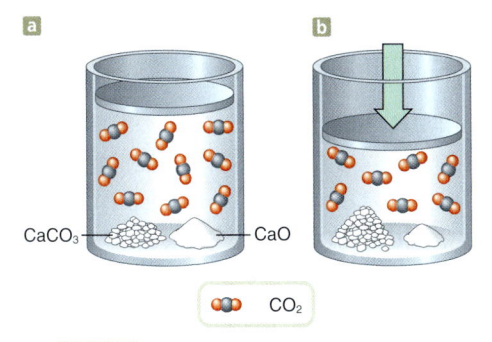

図 17·10　体積の減少による平衡への影響 1
反応系 CaCO$_3$(s) ⇌ CaO(s) + CO$_2$(g)　**a** 最初，系は平衡状態にある．**b** ピストンを押込むと体積が減少し，圧力が増加する．CO$_2$ 分子を消費して圧力を下げる方向に反応が進行する．

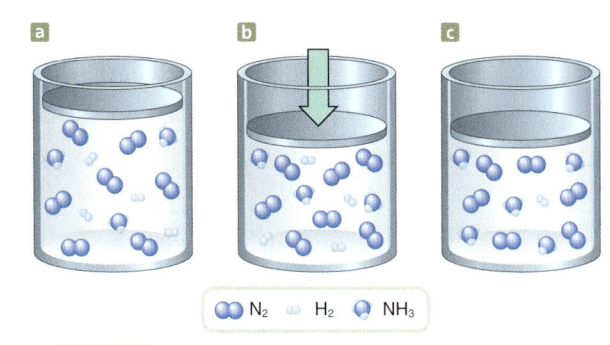

図 17·11　体積の減少による平衡への影響 2
a 平衡状態にある NH$_3$(g), N$_2$(g), H$_2$(g) の混合物．**b** 急に体積が減少する．**c** N$_2$ と H$_2$ が減り NH$_3$ が増えた新しい平衡状態になる．容器の体積が減ると反応 N$_2$(g) + 3H$_2$(g) ⇌ 2NH$_3$(g) は右へ（分子の数が減る方向へ）進む．

力の増大をどのように取除くことができるだろうか．気体の量を減らす方向である左向きの反応を増やせばよい．すなわち，左向きの反応によって CO$_2$ 分子を消費することで圧力を下げることができる．多くの CO$_2$ 分子が CaO と結合して固体の CaCO$_3$ になるので，壁と衝突する分子の数が減る．

したがって，平衡にある気体反応系の体積が減少すると圧力が増大し，反応は，気体分子の数を減らす方向に進行する．系の体積を減少させると，系全体の気体分子の数を減らすように平衡は移動する．

次の反応により気体の窒素，水素，そしてアンモニアの平衡混合物を得たと仮定しよう（図 17·11a）．

$$\mathrm{N_2(g) + 3H_2(g) \rightleftharpoons 2NH_3(g)}$$
　　4個の気体分子　　　2個の気体分子

ここで，もし急に体積を減らすと平衡はどうなるだろうか．体積が減ると，まず圧力が増えるので，反応は圧力を減らす方向へ進む．存在する気体分子の数を減らすことで反応系は圧力を下げることができる．このことは，反応は右へ進むことを意味している．なぜなら，この方向へ進むと，4個の分子（1個の窒素と3個の水素）が反応して2個の（アンモニア）分子を生成し，存在している気体分子の数を減らすことができるためである．平衡は，気体分子の数がより少なくなる方向に向かって，つまり右へ動く．

逆もまた真である．容器の体積が増えると（系の圧力が減少し）系は圧力を上げるように移動する．アンモニア合成の反応系において体積を増やすと，反応は存在する気体分子の総数を増やそうと左へ進む（圧力を上げる）．

例題 17·5　ルシャトリエの原理を利用する：体積変化

次の反応で，体積が減少したときに平衡がどちらに移動するかを予測せよ．
　a. 液体の三塩化リンを製造する反応　P$_4$(s) + 6Cl$_2$(g) ⇌ 4PCl$_3$(l)
　　　　　　　　　　　　　　　　　　　　　6個の気体分子　　　0個の気体分子
　b. 気体の五塩化リンを製造する反応　PCl$_3$(g) + Cl$_2$(g) ⇌ PCl$_5$(g)
　　　　　　　　　　　　　　　　　　　　　2個の気体分子　　　1個の気体分子

c. 三塩化リンとアンモニアの反応

$$\text{PCl}_3(g) + 3\,\text{NH}_3(g) \rightleftharpoons \text{P(NH}_2)_3(g) + 3\,\text{HCl}(g)$$

解答 a. P_4 と PCl_3 はそれぞれ純粋な固体と純粋な液体なので，Cl_2 への影響だけを考えればよい．体積が減ると，Cl_2 の圧力は大きくなる．そこで，この変化を打消そうと，平衡は右へ移動し，Cl_2 を減らし圧力を下げる（加えられた変化を和らげる）．

b. 体積を減らすと（圧力を増やすと），反応物側には気体分子が2個の存在するが，生成物側には1個しか存在しないため，平衡は右へ移動する．すなわち系は存在する分子数を減らすことによって体積が減ること（圧力が増えること）に対抗する．

c. 釣合のとれた反応式の両辺ともに4個の気体分子がある．したがって体積を変化させても平衡には影響が及ばない．この例では反応がいずれの方向へ進行しても存在する分子の数は変わらないので平衡は移動しない．

Self-Check　**練習問題 17・4**　次の反応それぞれに対して，容器の体積を増やしたときに平衡はどちらに移動するかを予測せよ．

a. $\text{H}_2(g) + \text{F}_2(g) \rightleftharpoons 2\,\text{HF}(g)$　　b. $\text{CO}(g) + 2\,\text{H}_2(g) \rightleftharpoons \text{CH}_3\text{OH}(g)$
c. $2\,\text{SO}_3(g) \rightleftharpoons 2\,\text{SO}_2(g) + \text{O}_2(g)$

▶ 温度変化による影響

これまで述べてきた変化は平衡に影響を及ぼすが，平衡定数には影響を与えない．たとえば，反応物を加えると，平衡は右へ移動するが，平衡定数の値には影響が及ばず，新しく達成された平衡の濃度はもとの平衡定数を満足させるものである．このことは，本節の初めの部分で，アンモニア合成反応への N_2 の付加を例にあげて紹介した．

しかし，平衡に及ぼす温度の影響は，K の値が温度によって変化するために，これまで述べたものとは異なっている．ルシャトリエの原理を用いて K の変化によって平衡が移動する方向を予測することができる．

そのためには反応を，熱を発生する反応あるいは熱を吸収する反応かに分類しなければならない．熱を発生する反応（熱は"生成物"である）を**発熱反応**とよぶ．一方，熱を吸収する反応は**吸熱反応**とよばれる．吸熱反応を起こすためには熱が必要なので，この場合にはエネルギー（熱）は"反応物"とみなすことができる．

発熱反応では，熱は生成物として扱う．たとえば，窒素と水素からアンモニアを合成する反応は発熱（熱を発生する）反応である．エネルギーを生成物として扱うと，この反応は次のように表現できる．

$$\text{N}_2(g) + 3\,\text{H}_2(g) \rightleftharpoons 2\,\text{NH}_3(g) + 92\,\text{kJ}$$

└─ 放出されるエネルギー

平衡にあるこの系に加熱によってエネルギーを加えると，エネルギーを消費する方向すなわち左へ平衡は移動する．

これに対し，炭酸カルシウムの分解のような吸熱反応（エネルギーを吸収する反応）では，エネルギーは反応物として扱われる．この場合には温度が上がると平衡は右へ移動する．

$$\text{CaCO}_3(s) + 556\,\text{kJ} \rightleftharpoons \text{CaO}(s) + \text{CO}_2(g)$$

必要なエネルギー

発熱反応 exothermic reaction
吸熱反応 endothermic reaction

まとめると，平衡にある系に対する温度変化の影響を記述するのにルシャトリエの原理を用いる際には，単純にエネルギーを（吸熱反応では）反応物として，あるいは（発熱反応では）生成物として取扱い，実際に反応物あるいは生成物が加えられたり取除かれたりしたのと同じように考えて，平衡が移動する方向を予測すればよい．

例題 17・6 ルシャトリエの原理を利用する：温度変化

次の反応それぞれについて，温度が高くなるときに，平衡がどちらに移動するかを予測せよ．

a. $N_2(g) + O_2(g) \rightleftharpoons 2NO(g)$ （吸熱反応）
b. $2SO_2(g) + O_2(g) \rightleftharpoons 2SO_3(g)$ （発熱反応）

解答 a. 吸熱反応なので，エネルギーは反応物とみなす．

$$N_2(g) + O_2(g) + エネルギー \rightleftharpoons 2NO(g)$$

したがって，温度が上昇する（エネルギーを加える）と，平衡は右へ移動する．

b. 発熱反応なので，エネルギーは生成物とみなす．

$$2SO_2(g) + O_2(g) \rightleftharpoons 2SO_3(g) + エネルギー$$

温度を高くすると，平衡は左へ移動する．

練習問題 17・5 発熱反応

$$2SO_2(g) + O_2(g) \rightleftharpoons 2SO_3(g)$$

に対して，次にあげるそれぞれの変化が起こったときの平衡がどちらに移動するかを予測せよ．

a. SO_2 を加える　b. SO_3 を取除く　c. 体積を小さくする　d. 温度を下げる

平衡にある系に対するさまざまな変化の影響を予測するのに，いかにルシャトリエの原理が利用できるかを説明してきた．これらをまとめるために，表 17・2 に吸熱反応である $N_2O_4(g) \rightleftharpoons 2NO_2(g)$ の平衡にさまざまな変化がどのような影響を及ぼすかを示す．さらに，この系に温度変化が及ぼす影響を図 17・12 に示す．

表 17・2 反応 $N_2O_4(g) + エネルギー \rightleftharpoons 2NO_2(g)$ における平衡の移動

$N_2O_4(g)$ を加える	右	容器の体積を小さくする	左
$NO_2(g)$ を加える	左	容器の体積を大きくする	右
$N_2O_4(g)$ を取除く	左	温度を上げる	右
$NO_2(g)$ を取除く	右	温度を下げる	左

Self-Check

100 ℃ では大量の NO_2 が存在するので，赤褐色である

0 ℃ では平衡が無色の $N_2O_4(g)$ のほうへ移動する

図 17・12 温度変化による $N_2O_4(g) \rightleftharpoons 2NO_2(g)$ の平衡の移動

17・8 平衡定数の利用

目的 平衡定数から平衡状態の濃度を求める方法を学ぶ

反応に対する平衡定数の値を知れば多くのことがわかる．たとえば，K の大きさによって反応の起こりやすさがわかる．K の値が 1 よりもずっと大きいと，平衡状態で

は反応系にはほとんど生成物だけが存在する．すなわち平衡は右に偏る．たとえば，A(g) → B(g) という一般的な反応について考えてみよう．ここで

$$K = \frac{[B]}{[A]}$$

である．もしこの反応に対する K が 10,000（10^4）であれば，平衡状態では

$$\frac{[B]}{[A]} = 10,000 \quad \text{あるいは} \quad \frac{[B]}{[A]} = \frac{10,000}{1}$$

である．すなわち平衡状態では，[B] は [A] の 1 万倍である．このことは反応が生成物 B にずっと有利であることを意味している．別のいい方をすると，反応は本質的に完結する．つまり，すべての A が B になる．

これに対して，K の値が小さいことは，平衡状態では，多くが反応物のままであることを意味している．すなわち平衡ははるかに左に偏っている．その反応は目に見えるほどまでは進行せず，生成物はほとんど存在しない．

平衡定数のもう一つの利用法は，反応物と生成物の平衡状態における濃度の計算に用いることである．たとえば，K の値と一つを除いて他のすべての反応物と生成物の濃度がわかれば，わかっていない反応物あるいは生成物の濃度を求めることができる．このことを例題 17・7 で示す．

例題 17・7　化学平衡の式を用いて平衡状態での濃度を求める

気体の五塩化リンが分解して塩素ガスと気体の三塩化リンが生成する．ある温度条件の実験において，$K = 8.96 \times 10^{-2}$ で PCl_5 と PCl_3 の平衡状態の濃度はそれぞれ 6.70×10^{-3} M と 0.300 M だった．平衡状態で存在する Cl_2 の濃度を求めよ．

解答　求めるものは何か　　平衡状態で存在する $[Cl_2]$

わかっていることは何か　　釣合のとれた反応式　$PCl_5(g) \rightleftharpoons PCl_3(g) + Cl_2(g)$

化学平衡の式　$K = \dfrac{[PCl_3][Cl_2]}{[PCl_5]} = 8.96 \times 10^{-2}$

問題から　$[PCl_5] = 6.70 \times 10^{-3}$ M, $[PCl_3] = 0.300$ M

解法　Cl_2 の濃度を求めるために化学平衡の式を変形する．まず式の両辺を $[PCl_3]$ で割る．

$$K = \frac{[PCl_3][Cl_2]}{[PCl_5]} \quad \text{から} \quad \frac{K}{[PCl_3]} = \frac{[\cancel{PCl_3}][Cl_2]}{[\cancel{PCl_3}][PCl_5]} = \frac{[Cl_2]}{[PCl_5]}$$

次に両辺に $[PCl_5]$ を掛ける．

$$\frac{K[PCl_5]}{[PCl_3]} = \frac{[Cl_2][\cancel{PCl_5}]}{[\cancel{PCl_5}]} = [Cl_2]$$

そして既知の数値を代入することで $[Cl_2]$ を求めることができる．

$$\begin{aligned}
[Cl_2] &= K \times \frac{[PCl_5]}{[PCl_3]} \\
&= (8.96 \times 10^{-2}) \times \frac{(6.70 \times 10^{-3})}{(0.300)} = 2.00 \times 10^{-3}
\end{aligned}$$

したがって Cl_2 の平衡状態の濃度は 2.00×10^{-3} M である．

17・9 溶解平衡

目的 溶解度が与えられたときの塩の溶解度積の計算法ならびに溶解度積が与えられたときの溶解度の計算法を学ぶ

溶解は非常に重要な現象である．次の例を考えてみよう．

- 砂糖や食卓塩は容易に水に溶けるので，食物を簡単に味付けすることができる．
- 食物が歯の間にはさまると酸が生成してヒドロキシアパタイト $Ca_5(PO_4)_3OH$ を含む歯のエナメル質を溶かし虫歯になる．それは歯みがき粉にフッ化物を加えることで防ぐことができる．フッ化物はヒドロキシアパタイトの水酸化物と置き換わってフルオロアパタイト $Ca_5(PO_4)_3F$ とフッ化カルシウム CaF_2 を生成する．これらはもとのエナメル質に比べると酸に溶けにくい．
- 硫酸バリウムの懸濁液が消化器の X 線画像を見やすくするために用いられている．硫酸バリウムは溶解性が非常に低いので摂取しても安全である．

本節では，固体を水に溶かして水溶液をつくることに関する平衡について考える．典型的なイオン性固体を水に溶かすと，完全に陽イオンと陰イオンが別べつに解離する．たとえば，フッ化カルシウムは次のように水に溶解する．

$$CaF_2(s) \xrightarrow{H_2O(l)} Ca^{2+}(aq) + 2F^-(aq)$$

固体の塩を水に加えた最初の段階では，Ca^{2+} も F^- も存在しない．しかし溶け始めると，Ca^{2+} と F^- の濃度が大きくなり，これらのイオンどうしが衝突し固体を再生することが頻繁に起こるようになる．このように，二つの反対方向の（競合する）過程（上に示した溶解する反応と固体を再生する逆反応）が起こる．

$$Ca^{2+}(aq) + 2F^-(aq) \longrightarrow CaF_2(s)$$

最終的には平衡に達する．それ以上固体が溶解しない状態となり，そのとき溶液は飽和したと表現する．

化学平衡の法則に従ってこの過程を次の化学平衡の式で表す．

$$K_{sp} = [Ca^{2+}][F^-]^2$$

ここで $[Ca^{2+}]$ と $[F^-]$ は mol/L 単位で表される．定数 K_{sp} は**溶解度積定数**あるいは単に**溶解度積**とよばれる．

CaF_2 は純粋な固体なので，化学平衡の式には関与しない．過剰に存在する固体の量が溶解の平衡に影響を及ぼさないということを奇妙に思うかもしれない．確かに，より多くの固体が存在するということは，溶媒に接する表面積が増え，より多くの固体が溶けることにつながると考えられる．しかし，この考えは正しくない．固体が溶解することと再生することの両者が過剰な固体の表面で起こるからである．固体が溶けるとき，溶液に入っていくのは表面上にあるイオンである．そして溶液中のイオンが固体へと戻るときにも，固体の表面上でそのことが起こる．したがって固体の表面積が 2 倍になると，溶解速度だけでなく固体が再生される速度も 2 倍になる．このように固体が過剰量存在しても，平衡には影響を及ぼさない．同様に，固体を砕いて表面積を大きくしたり，溶液を撹拌したりしても，平衡に到達するスピードは速まるけれども，平衡状態で溶解する固体の量には変化がない．

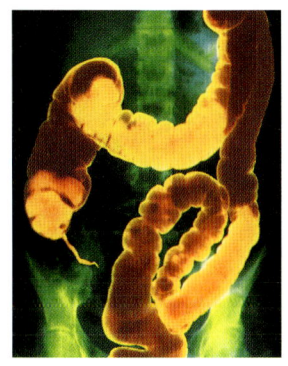

硫酸バリウムを飲むことによって大腸の X 線撮影が容易になる

溶解度積定数 solubility product constant

溶解度積 solubility product

純粋な液体や純粋な固体は，決して化学平衡の式には関与しない．

例題 17・8 溶解度積の式を書く

次の固体をそれぞれ水に溶かしたときの反応を釣合のとれた反応式で書け．またそれぞれの固体に対する K_{sp} の式を書け．

a. $PbCl_2(s)$ b. $Ag_2CrO_4(s)$ c. $Bi_2S_3(s)$

解答
a. $PbCl_2(s) \rightleftharpoons Pb^{2+}(aq) + 2Cl^-(aq)$ $K_{sp} = [Pb^{2+}][Cl^-]^2$
b. $Ag_2CrO_4(s) \rightleftharpoons 2Ag^+(aq) + CrO_4^{2-}(aq)$ $K_{sp} = [Ag^+]^2[CrO_4^{2-}]$
c. $Bi_2S_3(s) \rightleftharpoons 2Bi^{3+}(aq) + 3S^{2-}(aq)$ $K_{sp} = [Bi^{3+}]^2[S^{2-}]^3$

Self-Check

練習問題 17・6 次の固体をそれぞれ水に溶かしたときの反応を釣合のとれた反応式で書け．またそれぞれの固体に対する K_{sp} の式を書け．

a. $BaSO_4(s)$ b. $Fe(OH)_3(s)$ c. $Ag_3PO_4(s)$

例題 17・9 溶解度積を求める

25 °C での臭化銅(I) CuBr の溶解度は 2.0×10^{-4} mol/L である．したがって過剰の CuBr(s) を 1.0 L の水に入れたとき，2.0×10^{-4} mol の固体が溶けて飽和水溶液が得られることになる．この固体の K_{sp} を求めよ．

解答 求めるものは何か　25 °C における固体 CuBr に対する K_{sp}
わかっていることは何か
・25 °C での CuBr の溶解度は 2.0×10^{-4} mol/L
・$CuBr(s) \rightleftharpoons Cu^+(aq) + Br^-(aq)$
・$K_{sp} = [Cu^+][Br^-]$

解法 イオンの平衡濃度 $[Cu^+]$ と $[Br^-]$ がわかれば，K_{sp} を求めることができる．CuBr の溶解度の測定値が 2.0×10^{-4} mol/L であることがわかっている．このことは固体の CuBr 2.0×10^{-4} mol が 1.0 L の溶液に溶けて平衡に達することを意味している．反応は $CuBr(s) \rightarrow Cu^+(aq) + Br^-(aq)$ なので

2.0×10^{-4} mol/L $CuBr(s)$
　　　　$\longrightarrow 2.0 \times 10^{-4}$ mol/L $Cu^+(aq) + 2.0 \times 10^{-4}$ mol/L $Br^-(aq)$

と書ける．したがって平衡状態のそれぞれの濃度は

$$[Cu^+] = 2.0 \times 10^{-4} \text{ mol/L} \qquad [Br^-] = 2.0 \times 10^{-4} \text{ mol/L}$$

である．これらの平衡状態の濃度から CuBr に対する K_{sp} を求めることができる．

$$K_{sp} = [Cu^+][Br^-] = (2.0 \times 10^{-4})(2.0 \times 10^{-4}) = 4.0 \times 10^{-8}$$

K_{sp} の単位は省いた．

Self-Check

練習問題 17・7 25 °C で 3.9×10^{-5} mol/L の溶解度をもつ硫酸バリウム $BaSO_4$ の K_{sp} を求めよ．

> 溶解度は K_{sp} の計算のなかで mol/L 単位で表される．

あるイオン性固体の溶解度がわかっていると，その K_{sp} を求めるのに利用できることがわかる．逆もまた可能であり，K_{sp} がわかっていればイオン性固体の溶解度を求めることができる．

例題 17・10 K_{sp} から溶解度を求める

25 °C での固体の AgI(s) の K_{sp} は 1.5×10^{-16} である．25 °C における AgI(s) の水に

対する溶解度を求めよ．

解答 求めるものは何か　25 °C における AgI の溶解度
わかっていることは何か
・AgI(s) $\rightleftharpoons$ Ag$^+$(aq) + I$^-$(aq)
・25 °C での $K_{sp} =$ [Ag$^+$][I$^-$] $= 1.5 \times 10^{-16}$

解法 この固体の溶解度がわからないので，1 L 当たり x mol の固体が溶けて平衡に達するものと仮定する．すると

$$x \frac{\text{mol}}{\text{L}} \text{AgI(s)} \longrightarrow x \frac{\text{mol}}{\text{L}} \text{Ag}^+(\text{aq}) + x \frac{\text{mol}}{\text{L}} \text{I}^-(\text{aq})$$

となり，平衡状態では

$$[\text{Ag}^+] = x \frac{\text{mol}}{\text{L}} \qquad [\text{I}^-] = x \frac{\text{mol}}{\text{L}}$$

である．これらの濃度を平衡式に代入すると

$$K_{sp} = 1.5 \times 10^{-16} = [\text{Ag}^+][\text{I}^-] = x \times x = x^2$$

となる．したがって，$x^2 = 1.5 \times 10^{-16}$ なので

$$x = \sqrt{1.5 \times 10^{-16}} = 1.2 \times 10^{-8} \text{ mol/L}$$

AgI(s) の溶解度は 1.2×10^{-8} mol/L である．

練習問題 17・8 25 °C でのクロム酸鉛 PbCrO$_4$ の K_{sp} は 2.0×10^{-16} である．その溶解度を求めよ．

まとめ

1. 化学反応は，分子が反応するためには衝突しなければならないと考える衝突理論によって説明できる．この理論によると，衝突によって生成物が生成するためには活性化エネルギー E_a とよばれる限界点を越えなければならない．
2. 触媒は消費されずに反応を加速する物質である．触媒の作用は問題となっている反応に対してより低いエネルギーの経路を提供することである．酵素は生体内の触媒である．
3. 化学反応を密閉された容器の中で行うと，系は反応物と生成物両者の濃度がずっと一定のまま変化しない状態である化学平衡に達する．平衡は動的な状態であり，分子どうしが互いに衝突することで反応物は絶えず生成物に変換され，逆に生成物は反応物へと戻っている．平衡状態では，正反応と逆反応の速度が等しい．
4. 化学平衡の法則は $aA + bB \rightleftharpoons cC + dD$ という反応に対して次の式で表される．

$$K = \frac{[\text{C}]^c[\text{D}]^d}{[\text{A}]^a[\text{B}]^b}$$

ここで K は平衡定数である．
5. ある温度におけるそれぞれの反応系に対して，平衡定数の値はただ一つしか存在しないが，可能な平衡状態は無数にある．平衡は，化学平衡の式を満足させる特別な組の平衡状態での濃度として定義される．平衡は初期濃度に依存する．純粋な液体あるいは純粋な固体は化学平衡の式には入れない．
6. ルシャトリエの原理によって，平衡にある系に対して濃度，体積，ならびに温度の変化が及ぼす影響を予測できる．この原理は，平衡状態にある系に外部から変化が与えられると，平衡はその変化を打消すような方向へ移動するということを示している．
7. 平衡の原理は，過剰な固体を水に加えて飽和溶液をつくるときにも応用することができる．溶解度積 K_{sp} は化学平衡の法則で定義された平衡定数である．溶解度は平衡状態での値であり，固体の K_{sp} はその溶解度を測定することによって決定することができる．逆に，もし K_{sp} が既知であれば，固体の溶解度を決定することができる．

18 酸化還元反応と電気化学

18・1 酸化還元反応
18・2 酸化数
18・3 非金属間の酸化還元反応
18・4 半反応法によって酸化還元反応の両辺の釣合をとる
18・5 電気化学: 入門
18・6 電池
18・7 腐食
18・8 電気分解

電池によって得られる動力は酸化還元反応による

森林火災, 鋼の錆, 自動車エンジンでの燃焼, 身体の中で起こる食物の代謝, これらは, すべて酸化還元反応によるものである. さらに, 計算機, デジタル時計, ラジオなどの機器に入っている電池も酸化還元反応が起動力となっている. 電池で動く車も目にするようになった. このように社会の電池への依存度はますます大きくなっており, 新しくより効率のよい電池の開発が期待されている.

本章では酸化還元反応の特性を学び, これらの反応が電池を働かせるのにどのように使われているのかについて解説する.

18・1 酸化還元反応

目的 金属-非金属の酸化還元反応について学ぶ

§7・5で金属と非金属間の化学反応について解説した. たとえば, 塩化ナトリウムはナトリウムと塩素の反応によって生成する.

$$2Na(s) + Cl_2(g) \longrightarrow 2NaCl(s)$$

ナトリウムと塩素は電荷をもたない原子からなっている. 一方, 塩化ナトリウムは Na^+ と Cl^- からなっていることがわかっているので, この反応はナトリウム原子から塩素原子への電子の移動を含んでいなければならない.

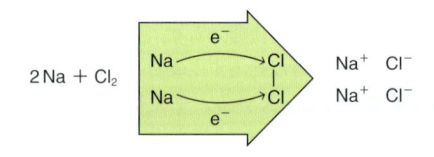

酸化還元反応 oxidation–reduction reaction
レドックス反応 redox reaction
酸化 oxidation
還元 reduction

一つあるいはそれ以上の電子が移動するような反応は**酸化還元反応**あるいは**レドックス反応**とよばれる. **酸化**は電子を失うことと定義され, **還元**は電子を受取ることと定義される. ナトリウムと塩素の反応では, 一つひとつのナトリウム原子が1電子を失い, 1+ イオンを生成する. したがってナトリウムは酸化される. 一方, 一つひとつの塩素原子は1電子を受取り, 負の電荷をもった塩化物イオンを生成するので, 還元されたということになる. 金属が非金属と反応してイオン化合物を生成するときはいつも, 電子が金属から非金属へ移動する. したがってこれらの反応は, 金属が酸化

され（電子を失い），非金属が還元される（電子を受取る）酸化還元反応である．

例題 18・1 反応中に含まれる酸化と還元を見つける

次の反応で，酸化される元素と還元される元素はどれか．

a. $2Mg(s) + O_2(g) \longrightarrow 2MgO(s)$ b. $2Al(s) + 3I_2(s) \longrightarrow 2AlI_3(s)$

解答 a. 2族の金属は 2+ の陽イオンを生成し，6族の非金属は 2− の陰イオンを生成することをすでに学んだ．したがって酸化マグネシウムは Mg^{2+} と O^{2-} からなっていることが予測できる．この反応ではそれぞれの Mg は 2 電子を失い Mg^{2+} になり，酸化されたということになる．一方，それぞれの O も 2 電子を受取り O^{2-} になり，還元されたということになる．

b. ヨウ化アルミニウムは Al^{3+} と I^- からなっている．したがってアルミニウム原子は電子を失う（酸化される）．一方，ヨウ素原子は電子を受取る（還元される）．

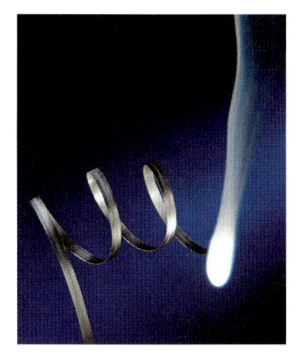

練習問題 18・1 次の反応で，酸化される元素と還元される元素はどれか．

a. $2Cu(s) + O_2(g) \longrightarrow 2CuO(s)$ b. $2Cs(s) + F_2(g) \longrightarrow 2CsF(s)$

マグネシウムは空気中で明るい白い炎を出して燃える

金属と非金属の間の反応を酸化還元反応としてとらえることは容易であるが，非金属間の反応が酸化還元反応かどうかを判断することはむずかしい．実際，非常に重要な酸化還元反応の多くが非金属だけを含んでいる．たとえば，酸素中でメタンが燃えるような次の燃焼反応は酸化還元反応である．

$$CH_4(g) + 2O_2(g) \longrightarrow CO_2(g) + 2H_2O(g) + エネルギー$$

この反応における反応物あるいは生成物はどれをとってもイオン化合物ではないが，反応は炭素から酸素への電子の移動の段階を含んでいる．このことを説明するには，酸化数の概念を紹介しなければならない．

18・2 酸 化 数

目的 酸化数を表現する方法を学ぶ

酸化数 oxidation number
酸化状態 oxidation state

酸化数（**酸化状態**ともよばれる）の概念を用いて，化合物中の種々の原子に電荷を割振ることによって酸化還元反応における電子の足跡をたどることができる．ときには，これらの電荷は簡単に決定できる場合もある．たとえば，二つのイオンからなる化合物（二元イオン化合物）では，その電荷を決定することは容易である．塩化ナトリウムでは，ナトリウムは +1，塩素は −1 の電荷をもつ．そして酸化マグネシウムではマグネシウムの電荷は +2 で酸素は −2 である．このような二元イオン化合物では，酸化数は単純にイオンの電荷と同じである．

イオン	Na^+	Cl^-	Mg^{2+}	O^{2-}
酸化数	+1	−1	+2	−2

結合を形成していない元素では，すべての原子が電荷をもたない（中性である）．たとえば，単体のナトリウムは中性のナトリウム原子からなっており，その酸化数は 0 である．

水のような共有結合をもつ化合物では，実際にはイオンは存在しないが化合物中の

元素に仮想上の電荷を割振ることができる．これらの化合物中の元素の酸化数は，結合を形成している二つの原子のうち，電気陰性度の大きな原子（§12・2参照）が共有している2電子を両方とも占有していると考えたときの電荷に等しい．たとえば，水のO–H結合では電気陰性度の大きな酸素原子が共有する2電子を占有していると考え，酸素原子に+1の電荷を，一方水素原子に-1の電荷を割振る．

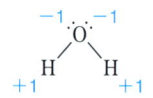

$$\underset{+1}{H} \overset{-1 \ \ -1}{\underset{}{O}} \underset{+1}{H}$$

すなわち，水分子ではそれぞれの水素は一つの電子を酸素に渡してしまうと仮定する．するとそれぞれの水素には+1の酸化数が，そして酸素には-2の酸化数が割振られることになる（酸素原子は形式的に二つの電子を受取る）．ほぼすべての共有結合化合物で，酸素には-2の酸化数が，そして水素には+1の酸化数が割振られる．

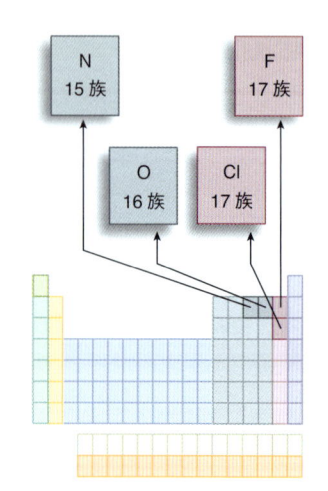

フッ素は電気陰性度が非常に大きいため，共有電子は常にフッ素に占有されている．したがってフッ素は常に完全に八電子則を満たし，その酸化数は-1である．

電気陰性度の大きい元素はF, O, N, Clである．一般に，これらの元素のそれぞれに陰イオンとしての電荷に等しい酸化数を割振る（フッ素は-1，塩素は-1，酸素は-2，窒素は-3）．これらの元素のうち二つの元素が同じ化合物中に存在する場合には，最も電気陰性度が大きい元素から順に酸化数を割振る．

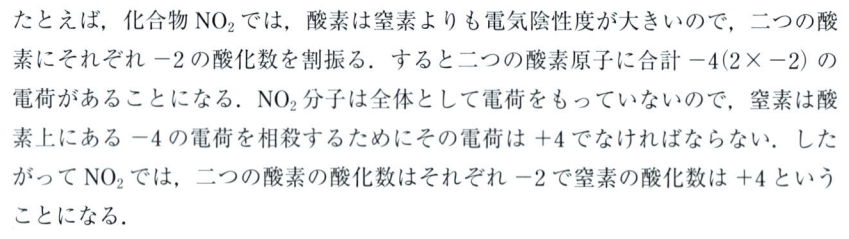

$$F > O > N > Cl$$

電気陰性度　最も大きい　　　　　　　　最も小さい

たとえば，化合物 NO_2 では，酸素は窒素よりも電気陰性度が大きいので，二つの酸素にそれぞれ-2の酸化数を割振る．すると二つの酸素原子に合計-4 (2×-2)の電荷があることになる．NO_2 分子は全体として電荷をもっていないので，窒素は酸素上にある-4の電荷を相殺するためにその電荷は+4でなければならない．したがって NO_2 では，二つの酸素の酸化数はそれぞれ-2で窒素の酸化数は+4ということになる．

酸化数を決定する規則を下にまとめる．これらの規則はほとんどの化合物の酸化数を決めるのに有効に利用できる．表18・1に例を示す．

酸化数を決定するための規則

1. 単体中の原子の酸化数は0である．
2. 単原子イオンの酸化数はそのイオンのもっている電荷に等しい．
3. 酸素は共有結合からなる化合物のほとんどにおいて酸化数は-2である．重要な例外は，それぞれの酸素に-1の酸化数が割振られる過酸化物（O_2^{2-} を含む化合物）である．
4. 非金属の共有結合化合物にある水素の酸化数は+1である．
5. 二元化合物では，電気陰性度のより大きな元素にイオン化合物の陰イオンとしての電荷と同じ負の酸化数を割振る．
6. 電気的に中性な化合物では酸化数の合計は0である．
7. イオン性の化学種では酸化数の合計は全体の電荷に等しい．

表 18・1 酸化数の例

物 質	酸化数	備 考
ナトリウム Na	Na 0	規則 1
リン P	P 0	規則 1
フッ化ナトリウム NaF	Na +1 F −1	規則 2 規則 2
硫化マグネシウム MgS	Mg +2 S −2	規則 2 規則 2
一酸化炭素 CO	C +2 O −2	規則 3
二酸化硫黄 SO_2	S +4 O −2	規則 3
過酸化水素 H_2O_2	H +1 O −1	規則 3(例外)
アンモニア NH_3	H +1 N −3	規則 4 規則 5

物 質	酸化数	備 考
硫化水素 H_2S	H +1 S −2	規則 4 規則 5
ヨウ化水素 HI	H +1 I −1	規則 4 規則 5
炭酸ナトリウム Na_2CO_3	Na +1 O −2 C +4	規則 2 規則 3 CO_3^{2-} の酸化数の合計は $+4+3(-2)=-2$ 規則 7
塩化アンモニウム NH_4Cl	N −3 H +1 Cl −1	規則 5 規則 4 NH_4^+ の酸化数の合計は $-3+4(+1)=+1$ 規則 7 規則 2

例題 18・2 酸化数を割振る

次の分子あるいはイオンのすべての原子の酸化数を決めよ．
 a. CO_2 b. SF_6 c. NO_3^-

解答 a. 規則 3 が優先する．酸素に酸化数 −2 を割振る．CO_2 は電荷をもっていないので酸素と炭素の酸化数の合計は 0 でなければならない（規則 6）ということを考慮して炭素の酸化数を決めればよい．酸素の酸化数が −2 で，酸素原子が二つあるので，炭素原子の酸化数は +4 ということになる．

$$CO_2$$
$+4 \uparrow \uparrow$ 各酸素が -2　確認: $+4+2(-2)=0$

b. フッ素のほうが電気陰性度が大きいので，まずはじめにフッ素の酸化数を決める．フッ素の陰イオンとしての電荷は常に −1 なのでそれぞれのフッ素原子には酸化数 −1 を割振る（規則 5）．そこで，6 個のフッ素原子からの合計 −6 を相殺するために硫黄の酸化数は +6 でなければならない．

$$SF_6$$
$+6 \uparrow \uparrow$ 各フッ素が -1　確認: $+6+6(-1)=0$

c. 酸素のほうが窒素よりも電気陰性度が大きいので，まず酸素に −2 の酸化数を割振る（規則 5）．NO_3^- イオン全体の電荷は −1 で，かつ三つの酸素の酸化数の合計は −6 なので，窒素の酸化数は +5 でなければならない．

$$NO_3^-$$
$+5 \uparrow \uparrow$ 各酸素が -2 なので合計 -6　確認: $+5+3(-2)=-1$

正しい．NO_3^- の電荷は −1 である．

練習問題 18・2 次の分子あるいはイオンのすべての原子の酸化数を決めよ．
 a. SO_3 b. SO_4^{2-} c. N_2O_5 d. PF_3 e. C_2H_6

18・3 非金属間の酸化還元反応

目的 酸化数の観点から酸化と還元を理解し，酸化剤と還元剤を明らかにする

酸化還元反応が電子の移動によって特徴づけられることを述べた．次の反応にみられるように電子の移動によって実際にイオンが生成する．

$$2Na(s) + Cl_2(g) \longrightarrow 2NaCl(s)$$

電子の移動が起こったことを確かめるために酸化数を用いることができる．

$$2Na(s) + Cl_2(g) \longrightarrow 2NaCl(s)$$

酸化数　　0　　　0　　　　+1 −1
　　　　 元素　　元素　　　Na⁺Cl⁻

したがってこの反応では，電子の移動が次のように表される．

$$e^- \begin{matrix} Na \\ Cl \end{matrix} \Longrightarrow \begin{matrix} Na^+ \\ Cl^- \end{matrix}$$

別の例では，メタンの燃焼でみられるように電子の移動が異なる形で起こる（それぞれの原子の酸化数が反応物と生成物に対して次のように割振られる）．

$$CH_4(g) + 2O_2(g) \longrightarrow CO_2(g) + 2H_2O(g)$$

酸化数　 −4 (+1)×4　 0　　 +4 (−2)×2　(+1)×2 −2

酸素は単体なので O_2 の酸素原子の酸化数は0であることに注意し，この反応ではイオン化合物が関与していないが，それでも電子の移動という観点から反応をみることができる．炭素の酸化数が CH_4 の −4 から CO_2 の +4 に変化することに注目しよう．そのような変化は8電子を失うということで説明される．

$$C\ (CH_4\ 中) \xrightarrow{8e^-\ 失う} C\ (CO_2\ 中)$$
　　 −4　　　　　　　　　　　+4

すなわち，

$$CH_4 \longrightarrow CO_2 + 8e^-$$
　　↑　　　　　↑
　　−4　　　　+4

一方，それぞれの酸素は O_2 の酸化数0から H_2O と CO_2 の酸化数 −2 へと変化し，1原子当たり2個の電子を受取る．四つの酸素原子が存在するので8個の電子を受取ったことになる．

$$4O\ (2O_2\ 中) \xrightarrow{8e^-\ 受取る} 4O^{2-}\ (2H_2O\ と\ CO_2\ 中)$$

すなわち，

$$2O_2 + 8e^- \longrightarrow CO_2 + 2H_2O$$
　　↑　　　　　　　　　　 (−2)×4 = −8
　　0

四つの酸素原子それぞれの酸化数が0から −2 に変化するので8個の電子が必要になることに注意しよう．それぞれの酸素は2個の電子を必要とする．水素の酸化数は変化していないので水素は電子の移動過程には関与していない．

こうした予備知識をもとに，酸化数の観点から**酸化**と**還元**を次のように定義することができる．**酸化**は酸化数が大きくなる（電子を失う）過程であり，**還元**は酸化数が

酸化 oxidation
還元 reduction

18・3 非金属間の酸化還元反応　305

> **化学こぼれ話**　　　　酸化によって年をとるのか
>
> 人はいつまでも若くありたいと思うが，70 あるいは 80 年経つと身体がすり減ることは避けられない．これはわれわれの運命なのか，それとも老化と闘う方法を見つけることができるだろうか．
>
> なぜ人は年をとるのか．誰も確かなことはわからないが，酸化が大きな役割を果たしていると考えられている．酸素は生命にとって不可欠なものであるが，好ましくない影響ももっている．身体の中にある酸素分子や他の酸化力をもつ物質は，細胞膜を構成する分子から一つの電子を引抜き，それらの分子を活性にする．実際，これら活性化された分子は互いに反応して細胞膜の性質を変えてしまう．これらの変化が蓄積されると，免疫系が変化した細胞を"よそ者"とみなして破壊してしまうようになる．もしこの細胞が再生できないものであれば，この作用は生体にとって特に有害である．
>
> ヒトの身体は非常に複雑なので老化の原因をこれだと正確に示すことはたいへんむずかしい．しかし多くの研究で積み重ねられた知識から酸化がおそらく老化の主要因だと考えられている．もしこれが真実であればどのように身を守ることができるだろうか．最もよい方法は酸化に対する身体の自然な防護法を研究することである．脳の松果腺から（夜の間だけ）分泌される化学物質であるメラトニンが酸化から身体を守ることが明らかになった．さらに，ビタミン E は抗酸化剤であることが古くから知られている．ビタミン E が欠乏した赤血球は，正常値のビタミン E を含む細胞に比べてずっと早く老化することも研究からわかっている．
>
> また，抗酸化剤が豊富な食事は脳の老化をおさえることができることが明らかにされている．抗酸化剤を多く含んだ食事を与えられたラットは通常の食事を与えられたラットに比べて記憶力がよく運動能力も高い．
>
> 酸化は老化に対して可能性のある原因のひとつにすぎない．多くの最前線でなぜ時間とともに"老いる"のかを解明するための研究が続けられている．

小さくなる（電子を受取る）過程である．すなわち次の反応では

$$2\text{Na}(s) + \text{Cl}_2(g) \longrightarrow 2\text{NaCl}(s)$$

ナトリウムが酸化され，塩素は還元されている．Cl_2 は **酸化剤**，Na は **還元剤** とよばれる．酸化剤を還元される（電子を受取る）元素を含む反応物と定義し，同様に還元剤を酸化される（電子を失う）元素を含む反応物と定義することができる．

メタンの燃焼反応

$$\underset{-4\ \ +1}{\text{CH}_4(g)} + \underset{0}{2\text{O}_2(g)} \longrightarrow \underset{+4\ \ -2}{\text{CO}_2(g)} + \underset{+1\ \ -2}{2\text{H}_2\text{O}(g)}$$

酸化剤 oxidizing agent
還元剤 reducing agent

について次のことがいえる．

1. 酸化数が大きくなっているので炭素は酸化されている（炭素は電子を失っている）．
2. 酸化される炭素をもった反応物である CH_4 は還元剤である．メタンは（炭素から失われた）電子を供給する反応物である．
3. 酸化数が小さくなっているので酸素は還元されている（酸素は電子を受取っている）．
4. 酸素原子を含む反応物は O_2 であり，O_2 は酸化剤である．すなわち O_2 は電子を受取る．

酸化還元反応において酸化剤は還元され（電子を受取り），還元剤は酸化される（電子を失う）．

酸化剤あるいは還元剤とよばれる場合，単に酸化数が変化する元素ではなく，化合物全体で酸化剤あるいは還元剤とみなされる．

例題 18・3 酸化剤と還元剤を決定する 1

粉末状のアルミニウム単体とヨウ素の結晶を混ぜ合わせ数滴の水を加えると，反応が

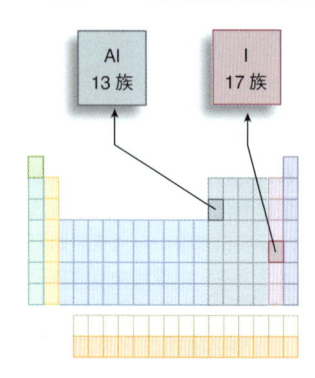

起こり，大量のエネルギーが発生する．混合物は爆発して炎をあげ，I_2 蒸気の紫色の煙が過剰のヨウ素から発生する．反応式は次のとおりである．

$$2Al(s) + 3I_2(s) \longrightarrow 2AlI_3(s)$$

この反応において酸化される原子と還元される原子を見つけ，酸化剤と還元剤を決定せよ．

解答 最初の段階は，酸化数を割振ることである．

$$2Al(s) + 3I_2(s) \longrightarrow 2AlI_3(s)$$

   0   0   +3 (−1)×3

遊離の原子 $AlI_3(s)$ は Al^{3+} と I^- からなる塩である

二つのアルミニウム原子は酸化数が 0 から +3 に変化する（酸化数が大きくなる）ので，アルミニウムは酸化される（電子を失う）．これに対して，ヨウ素原子の酸化数は 0 から −1 に減少するので，ヨウ素は還元されている（電子を受取る）．Al はヨウ素を還元するために電子を供給するので，還元剤であり，I_2 は酸化剤（電子を受取る反応物）である．

例題 18・4 酸化剤と還元剤を決定する 2

鉱石から金属を製造する工程である冶金は常に酸化還元反応を含んでいる．鉛を含む主要な鉱石である方鉛鉱 PbS の冶金では，まずはじめに硫化鉛を酸化物に変換する（この工程は焙焼とよばれる）．

$$2PbS(s) + 3O_2(g) \longrightarrow 2PbO(s) + SO_2(g)$$

次に酸化物は一酸化炭素で処理され，純粋な金属が得られる．

$$PbO(s) + CO(g) \longrightarrow Pb(s) + CO_2(g)$$

それぞれの反応について酸化される原子と還元される原子を選び出し，酸化剤と還元剤を決定せよ．

解答 一つ目の反応に対して，次の酸化数を割振ることができる．

$$PbS(s) + 3O_2(g) \longrightarrow 2PbO(s) + 2SO_2(g)$$

  +2 −2   0   +2 −2   +4 (−2)×2

硫黄原子の酸化数は −2 から +4 へと大きくなるので，硫黄は酸化されている（電子を失う）．一方，それぞれの酸素原子の酸化数は 0 から −2 へと小さくなるので酸素は還元されている（電子を受取る）．酸化剤（電子の受容体）は O_2 で，還元剤（電子の供与体）は PbS である．

二つ目の反応に対しても，次のように酸化数を割振ることができる．

$$PbO(s) + CO(g) \longrightarrow Pb(s) + CO_2(g)$$

  +2 −2   +2 −2   0   +4 (−2)×2

鉛が還元され（電子を受取り，その酸化数が +2 から 0 へと小さくなる），炭素が酸化される（電子を失い，その酸化数が +2 から +4 へと大きくなる）．PbO が酸化剤（電子の受容体）で，CO が還元剤（電子の供与体）である．

練習問題 18・3 アンモニア NH_3 は次の反応によって製造されている．この反応は酸化還元反応か．もしそうなら，酸化剤と還元剤を決定せよ．

$$N_2(g) + 3H_2(g) \longrightarrow 2NH_3(g)$$

18・4 半反応法によって酸化還元反応の両辺の釣合をとる

目的 半反応法によって，酸化還元反応式の両辺の各原子の数をあわせることを学ぶ

多くの酸化還元反応は試行錯誤によって容易に両辺の化合物を釣合わせることができる．すなわち，反応式の両辺のそれぞれの種類の原子が同数になるような一組の係数を見つけるために，6章で述べた手順を利用することができる．

しかし，水溶液中で起こる酸化還元反応は，ときには非常に複雑なので，その反応式の両辺を釣合わせることが非常にむずかしい．本節ではこうした反応に対する反応式の両辺の各原子の数をあわせる一般的な方法を解説する．

水溶液中で起こる酸化還元反応の反応式の両辺を釣合わせるために，反応を二つの半反応に分解する．**半反応**とは電子を反応物あるいは生成物としてもつ反応である．一つの半反応が還元反応を表し，もう一つの半反応が酸化反応を表す．還元の半反応では，電子が反応物側に示される（反応物が電子を受取る）．一方，酸化の半反応では，電子は生成物側に示される（反応物から電子が失われる）．

半反応 half-reaction

たとえば，セリウム(IV)イオンとスズ(II)イオンとの間の酸化還元反応に対する両辺の各イオンの釣合を無視した反応式を考えてみよう．

$$Ce^{4+}(aq) + Sn^{2+}(aq) \longrightarrow Ce^{3+}(aq) + Sn^{4+}(aq)$$

この反応から還元される物質を含む半反応を取出すことができる．

$$e^- + Ce^{4+}(aq) \longrightarrow Ce^{3+}(aq) \quad \text{還元の半反応}$$

Ce^{4+} は $1e^-$ 受取って Ce^{3+} を生成するので還元された．

一方，酸化される物質を含む半反応は次のようになる．

$$Sn^{2+}(aq) \longrightarrow Sn^{4+}(aq) + 2e^- \quad \text{酸化の半反応}$$

Sn^{2+} は $2e^-$ 失って Sn^{4+} を生成するので酸化された．

Ce^{4+} が Ce^{3+} になるためには1電子を受取らなければならないので，この半反応には Ce^{4+} とともに1電子が反応物として書かれている．これに対し，Sn^{2+} が Sn^{4+} になるためには2電子を失わなければならない．したがって，この半反応式には2電子が生成物として書かれなければならない．

酸化還元反応の釣合いをとるための鍵となる原理は，酸化される反応物が失う電子数と還元される反応物が受取る電子の数が等しくなければならない，というものである．

失う電子の数 ←等しくなければならない→ 受取る電子の数

一つの Ce^{4+} が1電子を受取り，一つの Sn^{2+} が2電子を失う．受取る電子の数と失う電子の数を同数にしなければならない．そうするためには還元の半反応を2倍しなければならない．

$$2e^- + 2Ce^{4+} \longrightarrow 2Ce^{3+}$$

次にこの半反応式を酸化の半反応式に加える．

$$2e^- + 2Ce^{4+} \longrightarrow 2Ce^{3+}$$
$$Sn^{2+} \longrightarrow Sn^{4+} + 2e^-$$
$$\overline{2e^- + 2Ce^{4+} + Sn^{2+} \longrightarrow 2Ce^{3+} + Sn^{4+} + 2e^-}$$

最後に両辺から $2e^-$ を相殺すると，釣合のとれた反応式が得られる．

$$\cancel{2e^-} + 2Ce^{4+} + Sn^{2+} \longrightarrow 2Ce^{3+} + Sn^{4+} + \cancel{2e^-}$$
$$2Ce^{4+} + Sn^{2+} \longrightarrow 2Ce^{3+} + Sn^{4+}$$

水溶液中の酸化還元反応の両辺を釣合わせる方法は次のようにまとめられる．

1. 反応を二つに分解して酸化の半反応と還元の半反応に分ける．
2. それぞれの半反応について別べつに両辺を釣合わせる．
3. 受取る電子の数と失う電子の数を同じにする．
4. 二つの半反応を足し合わせて電子を相殺し，全体の釣合のとれた反応式を得る．

多くの酸化還元反応が明らかな塩基性溶液あるいは明らかな酸性溶液中で起こる．本書では，より一般的な酸性溶液中の反応だけを取扱う．酸性溶液中で起こる酸化還元反応の反応式の釣合をとる詳細な手順を次に示し，さらにそれらの手順の利用法を例題 18・5 に示す．

> **半反応法を用いて酸性溶液中で起こる酸化還元反応の反応式の釣合をとる手順**
>
> **手順 1** 酸化反応ならびに還元反応の半反応に対する反応式を書く．
> **手順 2** それぞれの半反応について次のことを行う．
>   a. 水素と酸素を除いてすべての元素について係数を釣合わせる．
>   b. H_2O を用いて酸素の係数を釣合わせる．
>   c. H^+ を用いて水素の係数を釣合わせる．
>   d. 電子を用いて電荷の係数を釣合わせる．
> **手順 3** もし必要なら，二つの半反応において移動する電子の数を等しくするために，一方の半反応式あるいは両方の半反応式を整数倍する．
> **手順 4** 半反応式どうしを足し合わせて，両辺にある同じ化学種を相殺する．
> **手順 5** 元素と電荷の釣合がとれているかどうかを確認する．

例題 18・5 半反応法を用いて酸化還元反応の釣合をとる 1

酸性溶液中での過マンガン酸イオンと鉄(II) イオンの間の反応の反応式の両辺の釣合をとれ．この反応の正味のイオン反応式は次のとおりである．

$$MnO_4^-(aq) + Fe^{2+}(aq) \xrightarrow{\text{酸}} Fe^{3+}(aq) + Mn^{2+}(aq)$$

解答

手順 1 半反応を分けて書く．過マンガン酸イオンを含む半反応の酸化数を考えると，マンガンは還元されていることがわかる．

$$MnO_4^- \longrightarrow Mn^{2+}$$
$$\quad\uparrow\quad\ \ \uparrow\qquad\quad\uparrow$$
$$+7\ (-2)\times 4\quad +2$$

> 鉄の含有量を知るために鉄鉱石を分析するのにこの反応が用いられる．

> 左辺には酸素があるが右辺にはないことに注意．

マンガンは酸化数が +7 から +2 に変化しているので，還元されている．したがってこれが還元の半反応である．反応式には反応物として電子が必要である．もう一つの半反応は鉄(II)イオンが鉄(III)イオンに酸化される反応であり，酸化の半反応である．

$$Fe^{2+} \longrightarrow Fe^{3+}$$
$$\phantom{Fe^{2+}}\uparrow \phantom{\longrightarrow Fe^{3+}}\uparrow$$
$$\phantom{Fe^{2+}}+2 +3$$

この反応式にも生成物として電子が必要である．

手順 2 それぞれの半反応を釣合わせる．

還元反応 $MnO_4^- \to Mn^{2+}$ については

 a) マンガンについてはすでに釣合がとれている．

 b) 反応式の右辺に $4H_2O$ を加えて酸素の釣合をとる．

$$MnO_4^- \longrightarrow Mn^{2+} + 4H_2O$$

 c) 次に左辺に $8H^+$ を加えて水素の釣合をとる．

$$8H^+ + MnO_4^- \longrightarrow Mn^{2+} + 4H_2O$$

H^+ は反応が起こる酸性の溶液に由来する．

 d) これですべての元素の釣合がとれたが，電子を用いて電荷を釣合わせなければならない．この時点で還元の半反応式の反応物と生成物の電荷は次のとおりである．

$$8H^+ + MnO_4^- \longrightarrow Mn^{2+} + 4H_2O$$
$$\underbrace{8+ + 1-}_{7+} \underbrace{2+ + 0}_{2+}$$

左辺に 5 個の電子を加えることによって電荷を釣合わせることができる．

$$\underbrace{5e^- + 8H^+ + MnO_4^-}_{2+} \longrightarrow \underbrace{Mn^{2+} + 4H_2O}_{2+}$$

元素と電荷の両方の釣合がとれたので，これが釣合のとれた還元反応の半反応ということになる．MnO_4^-（このイオン中のマンガンの酸化数は +7 である）を Mn^{2+}（このイオン中のマンガンの酸化数は +2 である）に還元するには 5 個の電子が必要なので，反応式の反応物側に 5 個の電子を書き込んだことは正しい．

MnO_4^- を含む溶液(左)と Fe^{2+} を含む溶液(右)

一方，酸化反応 $Fe^{2+} \to Fe^{3+}$ については，元素は左右で釣合がとれているので，電荷を釣合わせればよい．すなわち，両辺の電荷がそれぞれ正味 2+ となるように右辺に 1 個の電子を加えればよい．

$$\underbrace{Fe^{2+}}_{2+} \longrightarrow \underbrace{Fe^{3+} + e^-}_{2+}$$

手順 3 二つの半反応の中で移動する電子の数をあわせる．還元反応の半反応では 5 個の電子が移動するのに対し酸化反応の半反応ではただ一つの電子しか移動していないので，酸化反応の半反応を 5 倍しなければならない．

還元反応の半反応で受取る電子の数は，酸化反応の半反応で失う電子の数と等しくなければならない．

$$5Fe^{2+} \longrightarrow 5Fe^{3+} + 5e^-$$

手順 4 半反応式を二つ足し合わせて同じ項を相殺する．

$$5e^- + 8H^+ + MnO_4^- \longrightarrow Mn^{2+} + 4H_2O$$
$$5Fe^{2+} \longrightarrow 5Fe^{3+} + 5e^-$$
$$\overline{\cancel{5e^-} + 8H^+ + MnO_4^- + 5Fe^{2+} \longrightarrow Mn^{2+} + 5Fe^{3+} + 4H_2O + \cancel{5e^-}}$$

電子を相殺すると最終の釣合のとれた反応式が得られる.

$$5Fe^{2+}(aq) + MnO_4^-(aq) + 8H^+(aq) \longrightarrow 5Fe^{3+}(aq) + Mn^{2+}(aq) + 4H_2O(l)$$

> 最終の釣合のとれた反応式にだけ反応物と生成物の物理的な状態(aqやl)を示した.

手順 5 元素と電荷の釣合がとれているかを確認する.

元素　　5Fe, 1Mn, 4O, 8H ⟶ 5Fe, 1Mn, 4O, 8H
電荷　　17+ ⟶ 17+

例題 18・6 半反応法を用いて酸化還元反応の釣合をとる 2

自動車のエンジンが始動するとき,鉛蓄電池のエネルギーが使用される.この蓄電池は,動力を供給するために元素の鉛(鉛の単体)と酸化鉛(IV)の間の酸化還元反応を利用している.この反応に対する釣合を無視した反応式は

$$Pb(s) + PbO_2(s) + H^+(aq) \longrightarrow Pb^{2+}(aq) + H_2O(l)$$

である.この反応式を半反応法を用いて釣合のとれた式に書き直せ.

解答

手順 1 まず最初に半反応に分ける.その半反応は

$$Pb \longrightarrow Pb^{2+} \quad と \quad PbO_2 \longrightarrow Pb^{2+}$$

である.最初の反応は,Pb の Pb^{2+} への酸化を含んでいる.二つ目の反応は,Pb^{4+}(PbO_2 の中)の Pb^{2+} への還元を含んでいる.

手順 2 これら半反応をそれぞれ別べつに元素と電荷について釣合をとる.

酸化反応 $Pb \rightarrow Pb^{2+}$ については

　a)〜c) 元素は釣合がとれている.
　d) 左辺の電荷は 0 で右辺の電荷は +2 なので,全体の電荷を 0 にするために右辺に $2e^-$ を加えなければならない.

$$Pb \longrightarrow Pb^{2+} + 2e^-$$

これでこの半反応式は釣合がとれた.

還元反応 $PbO_2 \rightarrow Pb^{2+}$ については

　a) O を除いてすべての元素について釣合がとれている.
　b) 左辺には二つの酸素原子があるのに対し,右辺にはないので,右辺に $2H_2O$ を加えなければならない.

$$PbO_2 \longrightarrow Pb^{2+} + 2H_2O$$

　c) 次に左辺に $4H^+$ を加えて水素の釣合をとる.

$$4H^+ + PbO_2 \longrightarrow Pb^{2+} + 2H_2O$$

　d) 左辺は全体で +4 の電荷をもっているが,右辺は +2 の電荷しかもっていないので,左辺に $2e^-$ を加えなければならない.

$$2e^- + 4H^+ + PbO_2 \longrightarrow Pb^{2+} + 2H_2O$$

これでこの半反応式も釣合がとれた.

手順 3 それぞれの半反応が $2e^-$ を含んでいるので,これらの半反応式をそのまま足し合わせることができる.

手順 4

$$Pb \longrightarrow Pb^{2+} + 2e^-$$
$$2e^- + 4H^+ + PbO_2 \longrightarrow Pb^{2+} + 2H_2O$$
$$\overline{2e^- + 4H^+ + Pb + PbO_2 \longrightarrow 2Pb^{2+} + 2H_2O + 2e^-}$$

電子を相殺すると釣合のとれた全体の反応式が得られる.

$$Pb(s) + PbO_2(s) + 4H^+(aq) \longrightarrow 2Pb^{2+}(aq) + 2H_2O(l)$$

ここでは各物質の状態も（ ）内に示した.

手順 5 元素と電荷の両方について釣合がとれているか確認する.

元素　　$2Pb, 2O, 4H \longrightarrow 2Pb, 2O, 4H$
電荷　　$4+ \longrightarrow 4+$

硝酸と銅の反応. Cu^{2+} が生成するので溶液は色づく. 褐色の気体は NO が空気中の O_2 と反応して生成する NO_2 である.

練習問題 18・4　単体の銅は硝酸 HNO_3(aq) と反応して，水溶性の硝酸銅(II)，水，そして一酸化窒素ガスを生じる．この反応について釣合のとれた反応式を書け.

Self-Check

18・5 電気化学: 入門

目的　電気化学という用語を理解し，電気化学的電池（化学電池）の構成要素について学ぶ

電池がなければわれわれの生活はずっと違ったものになっているだろう．車のクランクを回してエンジンをかけなければならないし，時計のねじを巻かなければならない．また野外でラジオを聴くには，非常に長い延長コードを買わなければならない．実際，われわれの社会は電池なしでは動かないと思えることがしばしばある．本節と次節では，電池がどのように電気エネルギーを生み出すのかを学ぼう．

電池は電流を生み出すのに酸化還元反応のエネルギーを利用する．これが化学エネルギーと電気エネルギーの相互変換を研究する**電気化学**という学問を言い表す重要な説明である．

電気化学 electrochemistry

電気化学は2種類の過程を含む．

1. 化学反応（酸化還元反応）によって電流をつくり出す．
2. 化学変化を起こすのに電流を使用する．

電流をつくり出すのに酸化還元反応がどのように利用されているのかを知るために，例題 18・5 で述べた MnO_4^- と Fe^{2+} との間の反応をもう一度考えよう．この酸化還元反応を次の半反応二つに分解することができる．

$$8H^+ + MnO_4^- + 5e^- \longrightarrow Mn^{2+} + 4H_2O \quad 還元$$
$$Fe^{2+} \longrightarrow Fe^{3+} + e^- \quad 酸化$$

MnO_4^- と Fe^{2+} の反応が起こる場合，反応物どうしが衝突すると，電子はこれら両者の間で直接移動する．反応にかかわる化学エネルギーから有用な仕事を得ることはできない．このエネルギーはどうすれば手に入れることができるだろうか．電子の移動が金属線を通って起こるようにするために，酸化剤（電子の受容体）を還元剤（電

化学反応に含まれるエネルギーは釣合のとれた反応式には書かないのが一般的である．

子の供与体）から分離することが鍵である．すなわち，還元剤から酸化剤に電子を到達させるのに，電子を直接両者間で移動させるのではなく，金属線を通して移動させなければならない．この電子の流れによって金属線の中で生じる電流が電気モーターのような装置を介して有効な仕事に向けられる．

たとえば，図18・1に示した装置を考えよう．推論が正しければ，電子は金属線を通して Fe^{2+} から MnO_4^- のほうに流れるはずである．しかし，図に示したような装置を組んでも電子は流れない．なぜだろうか．もし電子が右のビーカーから左のビーカーに流れたとしたら，左のビーカーは負の電荷がたまり，右のビーカーでは正の電荷が増えてしまう．このような電荷の分離には多量のエネルギーが必要で，実際にはこのような装置では電子の流れは起こらない．

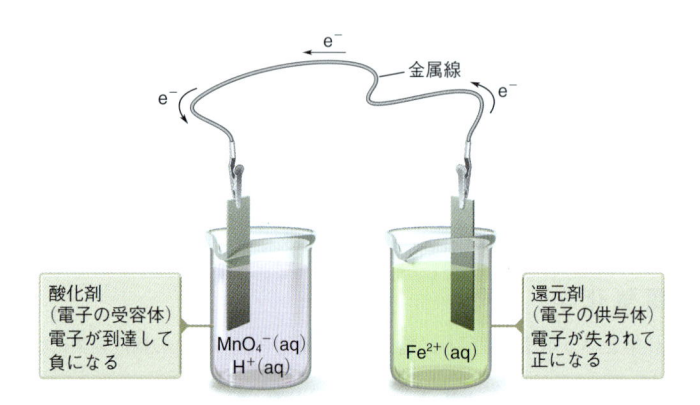

図18・1 酸化還元反応における酸化剤と還元剤の分離と電子の流れ．電子の流れは左のビーカーに負の電荷を，右のビーカーには正の電荷を蓄積させる．このような流れは大きなエネルギーの注入なしには実現できない．

しかしこの問題は簡単に解決できる．電子だけでなくイオンもまたそれぞれのビーカー間で互いの電荷を 0 に保つように行き来することができるように溶液どうしを結びつければよい（図18・2）．このことは，塩橋（強電解質で満たされたU字形の管）や二つの溶液を結ぶ管に多孔性の円板を入れることで達成できる（図18・3）．これらの工夫をすれば溶液を激しくかき混ぜることなくイオンを通過させることができ

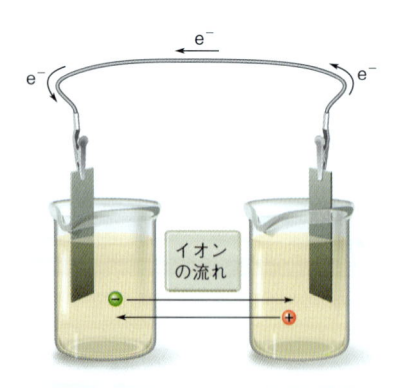

図18・2 イオンの流れ．電子が移動しても，二つの溶液の電荷をそれぞれ0にするように，溶液間をイオンが行き来できるようにすればよい．負のイオンを電子と逆の方向へ移動させるか正のイオンを電子と同じ方向へ移動させればよく，実際の電池ではこのことが達成されている．

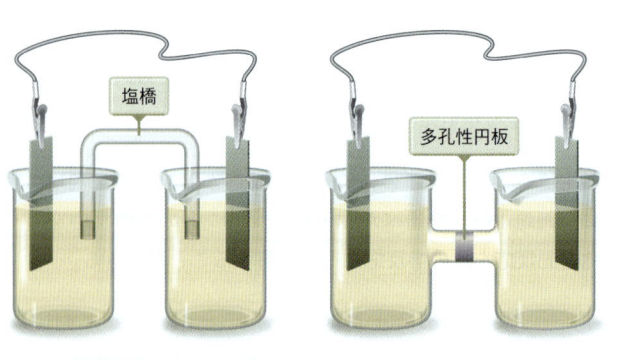

図18・3 電池の原理．塩橋あるいは多孔性円板による連結によってイオンが流れ，回路が完成する．左：塩橋はゲル状あるいは溶液状の強電解質を含み，両端はイオンだけを透過する膜で覆われている．右：多孔性円板は二つのビーカー内の溶液を全体として混ぜ合わせることなしにイオンだけを通過させる．

る．イオンが流れるようにあらかじめ用意しておくことで回路が完成する．電子は金属線を通って還元剤から酸化剤のほうへ流れ，二つの水溶液中のイオンは，一つのビーカーからもうひとつのビーカーへ正味の電荷を 0 に保つように移動する．

したがって**ガルバニ電池**ともよばれる**化学電池**は，酸化剤を還元剤から分離した状態で酸化還元反応を起こさせ，電子を還元剤から酸化剤のほうへ金属線を通して移動させることによって化学エネルギーを電気エネルギーに変換する装置である（図 18・4）．電池の中で，還元剤は電子を失う（金属線を通って酸化剤のほうへ流れる）ので酸化されることになる．酸化が起こる電極は**負極**とよばれる．もう一方の電極では，酸化剤が電子を受取り還元される．還元が起こる電極は**正極**とよばれる．

ガルバニ電池 galvanic cell
化学電池 chemical cell battery

負極 anode 酸化が起こる電極
正極 cathode 還元が起こる電極

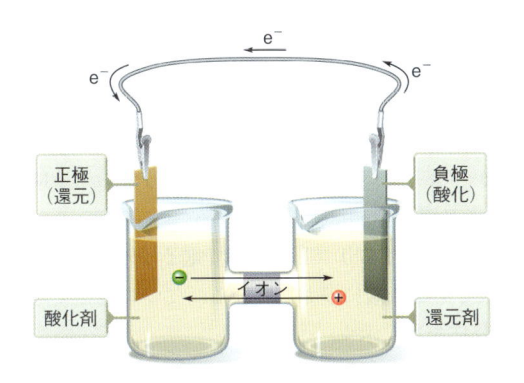

図 18・4 電池（化学電池）の模式図

ボルタ Alessandro Volta

イタリア人科学者 Luigi Galvani (1737〜1798) に敬意を表してガルバニ電池（化学電池）の名前がつけられた．1800 年ごろ，この種の電池を初めて組立てたもうひとりのイタリア人 Alessandro Volta(1745〜1827) の名をとってボルタ電池とよばれることもある．

電流を生み出すのに酸化還元反応を利用することができることを説明した．実際，この種の反応が多くの宇宙船の中で電気を得るために用いられている．この目的のために用いられる酸化還元反応が水素と酸素から水を生成する反応である．

$$2\,H_2(g) + O_2(g) \longrightarrow 2\,H_2O(l)$$

酸化数　　　0　　　0　　　(+1)×2　−2

酸化数の変化から，この反応では水素が酸化され，酸素が還元されていることに注意しよう．逆の反応も起こりうる．水に無理やり電流を通して水素と酸素の気体をつくることができる．

$$2\,H_2O(l) \xrightarrow{\text{電気的エネルギー}} 2\,H_2(g) + O_2(g)$$

化学変化を起こすために電気的エネルギーを用いるこの反応を**電気分解**とよぶ．

電気分解 electrolysis

次節では電池として実用されている化学電池について取扱う．

18・6 電　池

目的　広く使用されている電池の組成と作用について学ぶ

本節では，いくつかの特殊な化学電池とそれらの応用について考える．

▶鉛蓄電池

鉛蓄電池 lead storage battery

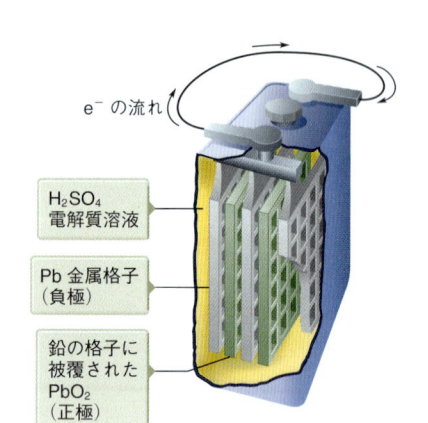

自動車にセルフスターターが初めて使われた1915年ごろから，**鉛蓄電池**が自動車を輸送の実用的手段にするのに大きな役割を果たしてきた．この種の電池が非常に長い年月に渡って，科学と技術におけるあらゆる変化に直面しながらも使われ続けてきたという事実が，電池がいかに素晴らしい仕事をしてきたかを証明している．

鉛蓄電池では，還元剤が鉛 Pb で酸化剤が酸化鉛(IV) PbO_2 である．すでにこの反応の釣合を無視した反応式を例題 18・6 で取上げた．実際の鉛蓄電池では，反応に必要な H^+ は硫酸 H_2SO_4 から供給される．また硫酸は Pb^{2+} と反応して固体の $PbSO_4$ を生成する SO_4^{2-} をも供給する．鉛蓄電池の模式図を図 18・5 に示す．

この電池では負極は鉛金属で構成されていて，酸化される．電池の反応では，鉛原子は2個の電子を失い Pb^{2+} となる．そして溶液中に存在する SO_4^{2-} と結合して固体の $PbSO_4$ を生成する．一方，正極は鉛の格子に被覆された酸化鉛(IV) PbO_2 からなっている．+4 の酸化数をもつ鉛原子は 2 電子を受取り Pb^{2+} に還元され固体の $PbSO_4$ を生成する．

電池内では負極と正極は分離されており（したがって電子は外部の金属線を通して流れる），電解液である硫酸に浸されている．二つの電極で起こる半反応ならびに全体の反応を次に示す．

負極反応： $Pb + H_2SO_4 \longrightarrow PbSO_4 + 2H^+ + 2e^-$　　酸化

正極反応： $PbO_2 + H_2SO_4 + 2H^+ + 2e^- \longrightarrow PbSO_4 + 2H_2O$　　還元

全体の反応： $Pb(s) + PbO_2(s) + 2H_2SO_4(aq) \longrightarrow$

$$2PbSO_4(s) + 2H_2O(l)$$

図 18・5 鉛蓄電池．負極である鉛，正極である PbO_2 ならびに電解液 H_2SO_4 からなっている．鉛原子は電子を失い Pb^{2+} を生成し，SO_4^{2-} と結合して固体の $PbSO_4$ を生成する．鉛は酸化されるので電池の負極として機能する．電子を受取る物質は PbO_2 で正極として機能する．PbO_2 は還元されて Pb^{2+} となり，次に SO_4^{2-} と結合して固体の $PbSO_4$ となる．

酸化剤は電子を受取り，還元剤は電子を供給する．

電池において電子が負極から正極へ流れるその流れやすさは電子を放出する還元剤の能力ならびに電子を捕捉する酸化剤の能力に依存する．もし電池が電子を容易に放出する還元剤と電子に対して強い親和性をもつ酸化剤からなっていれば，電子は両者をつないでいる金属線を通して勢いよく流れ，大きな電気エネルギーを供給することができる．管を通って流れる水と同じように考えると理解しやすい．水に対する圧力が大きければ大きいほど，水はより激しく流れる．電池において一つの電極からもう一つの電極へ電子を流す"圧力"は電池の**起電力**とよばれ，ボルトの単位で表される．たとえば，鉛蓄電池はおよそ 2 ボルトの起電力をつくり出す．実際の自動車の蓄電池には 6 個の電池が連結されており，約 12 ボルトの起電力をつくり出している．

起電力 potential

▶乾電池

乾電池 dry cell battery

ルクランシェ George Leclanché, 1839〜1882

計算機や電気時計，CD プレーヤー，そして MP3 プレーヤーの動力はすべて，小型の効率の良い**乾電池**である．液体の電解質を含まないので乾電池とよばれる．広く使われている乾電池は 100 年以上も前にフランスの化学者ルクランシェによって発明された．酸型の乾電池で，内側が負極として作用する亜鉛製の容器で覆われている．一方，正極は MnO_2 で，電解液には NH_4Cl が用いられる．MnO_2 に炭素粉末を混合し，電解液を加えてペースト状にしたものが正極端子である炭素（グラファイト）棒のまわりに詰められている（図 18・6）．電池のそれぞれの極での反応は複雑である

が，次のように表すことができる．

$$\text{負極反応}: \text{Zn} \longrightarrow \text{Zn}^{2+} + 2e^- \quad \text{酸化}$$

$$\text{正極反応}: 2\text{NH}_4^+ + 2\text{MnO}_2 + 2e^- \longrightarrow \text{Mn}_2\text{O}_3 + 2\text{NH}_3 + \text{H}_2\text{O} \quad \text{還元}$$

この電池はおよそ 1.5 ボルトの電位を生じる．

アルカリ型の乾電池では，酸型の乾電池で使われる NH_4Cl が KOH あるいは NaOH で置き換えられる．この場合には各極での半反応はそれぞれ次のように表すことができる．

$$\text{負極反応}: \text{Zn} + 2\text{OH}^- \longrightarrow \text{ZnO(s)} + \text{H}_2\text{O} + 2e^- \quad \text{酸化}$$

$$\text{正極反応}: 2\text{MnO}_2 + \text{H}_2\text{O} + 2e^- \longrightarrow \text{Mn}_2\text{O}_3 + 2\text{OH}^- \quad \text{還元}$$

亜鉛の負極は酸性条件よりも塩基性条件のほうが腐食しにくいということがおもな理由で，アルカリ乾電池のほうが長もちする．

他の種類の乾電池に，亜鉛負極と塩基性条件で酸化剤として作用する Ag_2O 正極から構成されている銀電池，Zn 負極と塩基性媒体中で酸化剤として作用する HgO 正極からなる水銀電池（図 18・7）がある．

特に重要な乾電池がニッケル-カドミウム電池である．その電極反応は

$$\text{負極反応}: \text{Cd} + 2\text{OH}^- \longrightarrow \text{Cd(OH)}_2 + 2e^- \quad \text{酸化}$$

$$\text{正極反応}: \text{NiO}_2 + 2\text{H}_2\text{O} + 2e^- \longrightarrow \text{Ni(OH)}_2 + 2\text{OH}^- \quad \text{還元}$$

である．鉛蓄電池と同様に，この電池では生成物が電極に付着する．生成物は外部から電流を流すことで反応物へ戻すことができるので，ニッケル-カドミウム電池は充放電を繰返すことができる．

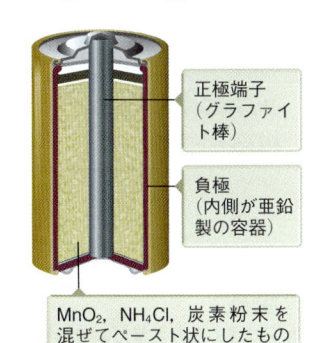

図 18・6 一般に使われている乾電池

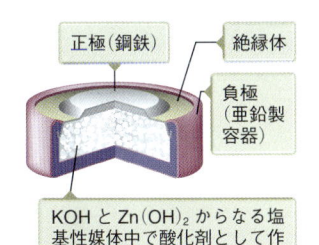

図 18・7 水銀電池

18・7 腐食

目的 腐食の電気化学的本質を理解し，それを防ぐいくつかの方法を学ぶ

多くの金属は，自然界で酸素や硫黄のような非金属と化合物をつくった形で存在している．たとえば鉄は鉄鉱石（Fe_2O_3 とその他の鉄の酸化物を含んでいる）として存在する．

腐食は，金属を自然界での状態，すなわちその金属のもともとの姿である鉱石に戻す過程としてとらえることができる．腐食は金属の酸化を含む．腐食した金属は，強度と光沢を失うので，腐食すると大きな経済的損失をこうむる．たとえば，毎年製造される鉄と鋼鉄のおよそ 5 分の 1 が錆びた金属の交換に使用されている．

腐食の問題が，金属を空気中で使用する妨げになりそうだが，実際のところは大きな問題にはなっていない．その理由の一つとして，多くの金属は薄い酸化物の膜をつくり内側の原子がそれ以上酸化を受けないように保護されることがあげられる．たとえば，飛行機や自転車のフレームなどに利用されているアルミニウムである．アルミニウムは容易に電子を失うので O_2 によって非常に容易に酸化される．しかし，アルミニウムは，さらなる腐食を防ぐ薄い付着性の酸化アルミニウム Al_2O_3 の層をつくり，アルミニウム自身をこの強丈な酸化物の膜で守っている．クロム，ニッケルやスズのような多くの他の金属も同じように自身を守っている．

鉄も同様に酸化物の保護被覆層をつくる．しかし，この酸化物は容易にはがれ落ち

腐食 corrosion

図 18・8　地下に埋められた管による陰極防食

陰極防食 cathodic protection　カソード防食ともいう．

て新しい金属表面が現れ，さらなる酸化を受けるので，腐食に対してそれほど有効なシールドではない．通常の大気中では，銅は緑色の硫酸銅あるいは緑青とよばれる炭酸銅の外層を形成する．銀の曇りは硫化銀 Ag_2S によるものであり，銀の表面に高級感をもたらしている．金は空気中で腐食されない．

腐食を防ぐことは金属やエネルギーなどの自然からの恵みを大切に使うために重要である．保護のための主要な手段は金属を酸素や湿気から守るためにコーティング（塗料を塗ったりメッキをしたり）をほどこすことである．クロムとスズは，酸化されると耐久性のある有効な酸化物被膜をつくるので鋼鉄をメッキするのによく用いられる．

合金もまた腐食を防ぐために用いられる．ステンレス鋼はクロムとニッケルを含んでおり，両者とも鋼鉄を保護する酸化物被膜を形成する．

陰極防食は，埋められた石油タンクやパイプラインの鋼鉄を保護するために最もよく用いられる方法である．マグネシウムのような鉄よりも容易に電子を供給する金属を保護しようとするタンクやパイプラインに金属線で連結する（図18・8）．マグネシウムは鉄よりも優れた還元剤なので，電子は金属線を通ってマグネシウムから鉄管のほうへ流れる．こうして，電子は鉄からではなくマグネシウムのほうから供給され，鉄が酸化されるのを守ることができる．マグネシウムは酸化され溶解するので，定期的に取替えなければならない．

18・8　電気分解

目的　電気分解のプロセスを理解し，アルミニウムの工業的製法を学ぶ

電気分解 electrolysis

蓄電池は，充電しなければ，その中に含まれている（電気の流れをつくり出す）物質が消費されてしまうので，"切れて"しまう．たとえば，鉛蓄電池（§18・6）では，使用すると PbO_2 と Pb が消費されて $PbSO_4$ が生成する．

$$PbO_2(s) + Pb(s) + 2H_2SO_4(aq) \longrightarrow 2PbSO_4(s) + 2H_2O(l)$$

しかし，鉛蓄電池の最も役に立つ性質の一つは充電できることである．通常の方向とは逆の方向へ蓄電池に電流を流すと，酸化還元反応を逆にすることができる．すなわち，充電すると $PbSO_4$ が消費されて PbO_2 と Pb が生成する．この充電がエンジンを動力とする自動車の交流発電機によってたえず行われている．

電気分解のプロセスは，電池によって電流を流し，他の方法では起こらない酸化還元反応を起こさせるものである．重要な一つの例は水の電気分解である．水は非常に安定な物質であるが，電流を通すことによってその構成元素に分解することができる（図18・9）．

$$2H_2O(l) \xrightarrow{\text{電流を通す}} 2H_2(g) + O_2(g)$$

図 18・9　水の電気分解．陰極（右側）では水素ガスが，陽極（左側）では酸素ガスが発生する．Na_2SO_4 のような反応しない強電解質が電流を流すイオンを供給するのに必要である．

電気分解では，anodeを陽極，cathodeを陰極とよぶ．

電流を水溶液に流すとどんなときも水の電気分解が起こり，水素と酸素が発生する．したがって，鉛蓄電池を充電したりあるいは"ジャンプ"させる（回路に分路を設置する）ときには，蓄電池の溶液を流れる電流によって爆発性の H_2 と O_2 の混合物が生成する可能性がある．このことが充電操作中に蓄電池の近くで火花を出さないことが非常に大切だという理由である．

もう一つの電気分解の重要な使用例は，鉱石からの金属の製造である．電気分解によって最も大量に製造されている金属がアルミニウムである．

アルミニウムは地球上に最も豊富に存在する元素のひとつであり，酸素とケイ素についで第三位の位置を占めている．アルミニウムは非常に活性の高い金属なので，自然界ではボーキサイトとよばれる鉱石の中に酸化物として存在する．鉱石からアルミニウム単体を取出すことは，多くの他の金属を取出すよりもずっとむずかしい．1782年にフランスの化学者ラボアジェは，アルミニウムが"酸素との親和性が非常に強いためにどんな還元剤を使っても単体のアルミニウムを酸化物から取出すことはできない"と述べた．その結果，純粋なアルミニウムは未知のままであった．しかし，1854年になって，ナトリウムを使って単体のアルミニウムを製造するプロセスが見いだされたが，アルミニウムは非常に高価で珍しいものであった．実際，ナポレオン3世は最も高貴な客にはアルミニウム製のフォークとスプーンでもてなし，その他の者には金や銀製の食器を使ったと言われている．

1886年に，この事態が打開された．米国のホール（図18・10）とフランスのエルーの二人がほぼ同時にアルミニウム製造のための実用的な電気的なプロセスを発見し，多くの目的にかなったアルミニウムの利用が飛躍的になされるようになった．電気分解のプロセスで起こることは Al^{3+} を中性の Al 原子に還元し単体のアルミニウムをつくることである．この電気分解法で製造されたアルミニウムの純度は 99.5% である．構造材料として有用なものにするために，アルミニウムを亜鉛（トレーラーや飛行機製造のために）やマンガン（台所用品，貯蔵タンクや高速道路の標識のために）のような金属との合金にする．米国で使用されているすべての電気のおよそ 4.5% がアルミニウムの製造に使われている．

アルミニウム aluminum

ボーキサイト（bauxite）は 1821 年にフランスで発見された．発見者の Les Baux を称えて名前がつけられた．

図 18・10
ホール（Charles Martin Hall, 1863～1914）は 21 歳のとき，鉄製のフライパンを容器，かじ屋の炉を熱源とし果物のびんからつくった粗い化学電池を用いて Al_2O_3 と Na_3AlF_6 の溶融した混合物に電流を通すことによってアルミニウムが生成することを見いだした．偶然にも，ホールと同じ年に生まれ同じ年に亡くなったフランスのエルー（Paul Heroult）もほぼ同時に同じ発見をした．

まとめ

1. 酸化還元反応は電子の移動を伴う．酸化数はこれらの反応における電子の足跡をたどる方法を提供する．一連の規則が酸化数を決めるのに用いられる．
2. 酸化されると酸化数が大きくなり（電子が失われる），還元されると酸化数は小さくなる（電子を受取る）．酸化剤は電子を受取り，還元剤は電子を供給する．酸化と還元はいつも一緒に起こる．
3. 酸化還元の反応式は半反応を用いる方法によって釣合をとることができる．この方法では反応を二つの部分に分離する（酸化反応の半反応と還元反応の半反応）．
4. 電気化学は酸化還元反応を通して起こる化学エネルギーと電気エネルギーの相互変換を研究する学問である．
5. 酸化還元反応が同じ溶液中の反応物の間で起こると，電子が両者の間で直接移動してしまい，有効な仕事は得られない．しかし，酸化剤が還元剤から分離され，そのため電子が一方からもう一方へ金属線を通って流れると，化学エネルギーが電気エネルギーに変換される．化学変化を起こすために電気エネルギーが用いられる逆のプロセスは電気分解とよばれる．
6. ガルバニ電池（化学電池）は化学エネルギーを有用な電気エネルギーに変換する装置である．酸化が負極で起こり，還元は正極で起こる．
7. 蓄電池は電流の源を提供する電池の仲間である．鉛蓄電池は鉛の負極と PbO_2 でコーティングされた鉛の正極で構成されており，両方ともに硫酸溶液中に浸っている．乾電池は液体の電解質をもたないが，その代わりに湿ったペースト状のものをもっている．
8. 腐食は金属が酸化されておもにその酸化物や硫化物をつくる過程である．アルミニウムのようないくつかの金属は，薄い酸化物被膜を形成し，それ以上腐食が進行するのを防ぐ．鉄の腐食は（ペンキを塗るような）膜で覆うか，合金を形成するかあるいは陰極（カソード）防食などによって防ぐことができる．

19 放射能と核エネルギー

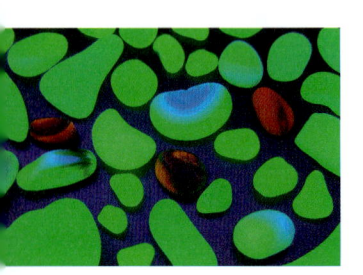

- 19・1 放射壊変
- 19・2 核変換
- 19・3 放射能の検出と半減期の概念
- 19・4 放射能による年代測定
- 19・5 放射能の医学への利用
- 19・6 核エネルギー
- 19・7 核分裂
- 19・8 原子炉
- 19・9 核融合
- 19・10 放射線の影響

放射性のガラス片（シーグラス）

　原子の化学は電子の数と配置によって決まるので，原子核の性質は原子の化学的挙動にそれほど影響を及ぼすものではない．したがって，なぜ化学の教科書に原子核に関する章があるのか不思議に思うかもしれない．しかし，章として原子核を取上げる理由は原子核がわれわれにとって非常に重要だからである．本章では，まず原子核について概観したのち，知っておかなければならない原子核の性質について述べる．

　原子核の半径は約 10^{-13} cm で，原子のわずか 10 万分の 1 である．もし水素原子の原子核をピンポン玉の大きさとすると，1s 軌道にある電子は，平均として，0.5 km 離れたところにある．また，原子核の密度は約 1.6×10^{14} g/cm^3 で，原子核がピンポン玉の大きさなら 25 億トンの質量をもつことになる．原子核の中に含まれるエネルギーは，ふつうの化学反応のエネルギーの 100 万倍の大きさであり，このため原子核の反応はエネルギーをつくりだす魅力的なものとなっている．

　原子核は，**核子**（中性子と陽子）とよばれる粒子から構成されている．原子核中の陽子の数は**原子番号** Z，中性子と陽子の数の合計を**質量数** A とよぶ．原子番号が同じで質量数の異なる原子を**同位体**という．**核種**という用語は原子一つひとつに用いられるもので，次のように表される．ここで，X は元素記号を表す．

核子 nucleon
中性子 neutron
陽子 proton
原子番号 atomic number　Z
質量数 mass number　A
同位体 isotope
核種 nuclide

炭素-12 $^{12}_{6}$C，炭素-13 $^{13}_{6}$C，炭素-14 $^{14}_{6}$C の核種は炭素の同位体である．これらの炭素核種では，陽子の数はすべて 6 で，中性子の数が，それぞれ 6，7，8 であることに注意しよう．

$$^{A}_{Z}\text{X} \leftarrow \text{元素記号}$$

質量数
原子番号

19・1 放 射 壊 変

目的　放射壊変の種類と放射壊変を表現する核反応の書き方を学ぶ

放射性 radioactive

　多くの核種は**放射性**をもち，すなわち，自発的に分解して別の核種に変化して一つあるいはそれ以上の粒子をつくる．炭素-14 は次式のように壊変（崩壊）する．

$$^{14}_{6}\text{C} \longrightarrow ^{14}_{7}\text{N} + ^{0}_{-1}\text{e}$$

β（ベータ）粒子 β particle
核反応式 nuclear equation

　ここで，$^{0}_{-1}$e は電子を表し，原子力用語では **β（ベータ）粒子**という．この放射壊変を表す**核反応式**はこれまでに示した化学反応式とは全く異なるものである．釣合のとれた化学反応式では，原子の種類と数は保存されなければならないことを思い出してほしい（6 章参照）．核反応式では原子番号 Z と質量数 A の両方が保存されなければ

ならない．すなわち，矢印の両側で Z の値の合計が同じでなければならない．これと同じことが A の値についてもいえる．たとえば，前ページの式では，Z 値の合計は矢印の両側で 6（6 と 7−1）であり，A 値の合計は矢印の両側で 14（14 と 14＋0）である．β 粒子の質量数は 0 である．すなわち電子の質量は非常に小さいので無視されていることに注意しよう．現在知られている約 2000 の核種のうち 279 個の核種は放射壊変しない．スズは最も多い数（10 個）の非放射性同位体をもつ．

現在知られている核種のうち 85% 以上が放射性核種である．

▶ **放射壊変の種類**

放射壊変にはいくつかの種類がある（表 19・1）．最もよくみられる壊変は，ヘリウム原子核 $^{4}_{2}\mathrm{He}$ である α（アルファ）**粒子**を放出するものである．α 粒子の放出は重い放射性核種の壊変によくみられる．たとえば，ラジウム-222，$^{222}_{88}\mathrm{Ra}$ は壊変して α 粒子を放出してラドン-218 になる．

α（アルファ）粒子 α particle

$$^{222}_{88}\mathrm{Ra} \longrightarrow {}^{218}_{86}\mathrm{Rn} + {}^{4}_{2}\mathrm{He}$$

この反応式で，質量数が保存され（222 = 4 + 218），原子番号も保存されている（88 = 2 + 86）ことに注意しよう．α 粒子を放出する他の例に $^{230}_{90}\mathrm{Th}$ がある．

$$^{230}_{90}\mathrm{Th} \longrightarrow {}^{226}_{88}\mathrm{Ra} + {}^{4}_{2}\mathrm{He}$$

α 粒子が放出されると質量数 A が 4，原子番号 Z が 2 減少することに注意しよう．

よくみられるもう一つの壊変に β **粒子**の放出がある．その例として，核種トリウム-234 がプロトアクチニウム-234 に変化するときに β 粒子が放出される．ヨウ素-131 もまた β 粒子を放出する．

$$^{234}_{90}\mathrm{Th} \longrightarrow {}^{234}_{91}\mathrm{Pa} + {}^{0}_{-1}\mathrm{e} \qquad ^{131}_{53}\mathrm{I} \longrightarrow {}^{131}_{54}\mathrm{Xe} + {}^{0}_{-1}\mathrm{e}$$

おのおのの核反応式でも Z と A は釣合がとれていることに注意しよう．

β 粒子は，その質量が陽子や中性子の質量に比べて非常に小さいので，質量数は 0 とされることを思い出してほしい．β 粒子では Z は -1 なので，新しい核種の原子番号はもとの核種の原子番号より 1 だけ大きくなる．したがって，β 粒子が放出されることの影響は中性子が陽子に変わることである．β 粒子が放出されると質量数 A は変化せず，原子番号 Z が 1 増加する．

γ（ガンマ）**線**は高エネルギー光子である．励起状態にある核種が γ 線を放出することで過剰のエネルギーを放出する．γ 線の放出はいろいろな種類の壊変と一緒に起こる．$^{238}_{92}\mathrm{U}$ の α 粒子壊変では異なったエネルギーをもつ 2 種類の γ 線が α 粒子（$^{4}_{2}\mathrm{He}$）と一緒に放出される．

γ（ガンマ）線 γ ray

$^{0}_{0}\gamma$ は γ 線が $Z = 0$，$A = 0$ であることを示す表記法であるが，一般的には簡単に γ で表される．

$$^{238}_{92}\mathrm{U} \longrightarrow {}^{234}_{90}\mathrm{Th} + {}^{4}_{2}\mathrm{He} + 2{}^{0}_{0}\gamma$$

表 19・1	放射壊変の種類
壊変	例
β 粒子（電子）の放出	$^{227}_{89}\mathrm{Ac} \rightarrow {}^{227}_{90}\mathrm{Th} + {}^{0}_{-1}\mathrm{e}$
陽電子の放出	$^{13}_{7}\mathrm{N} \rightarrow {}^{13}_{6}\mathrm{C} + {}^{0}_{1}\mathrm{e}$
電子捕獲	$^{73}_{33}\mathrm{As} + {}^{0}_{-1}\mathrm{e} \rightarrow {}^{73}_{32}\mathrm{Ge}$
α 粒子の放出	$^{210}_{84}\mathrm{Po} \rightarrow {}^{206}_{82}\mathrm{Pb} + {}^{4}_{2}\mathrm{He}$
γ 線の放出	励起状態にある原子核 → 基底状態にある原子核 + $^{0}_{0}\gamma$
	過剰なエネルギー　　　　低いエネルギー

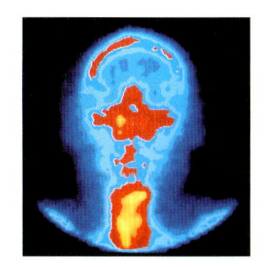

$^{99}\mathrm{Tc}$ によるシンチグラム造影法

図 19・1

$^{238}_{92}U$ から $^{206}_{82}Pb$ への壊変系列. $^{206}_{82}Pb$ 以外の核種は放射性で，矢印で示すように次々と変換して最後に $^{206}_{82}Pb$ となる．水平の赤い矢印は β 粒子の放出（Z は 1 増加し，A は変わらない）を示し，斜めの青い矢印は α 粒子の放出（A も Z も減少する）を示す．

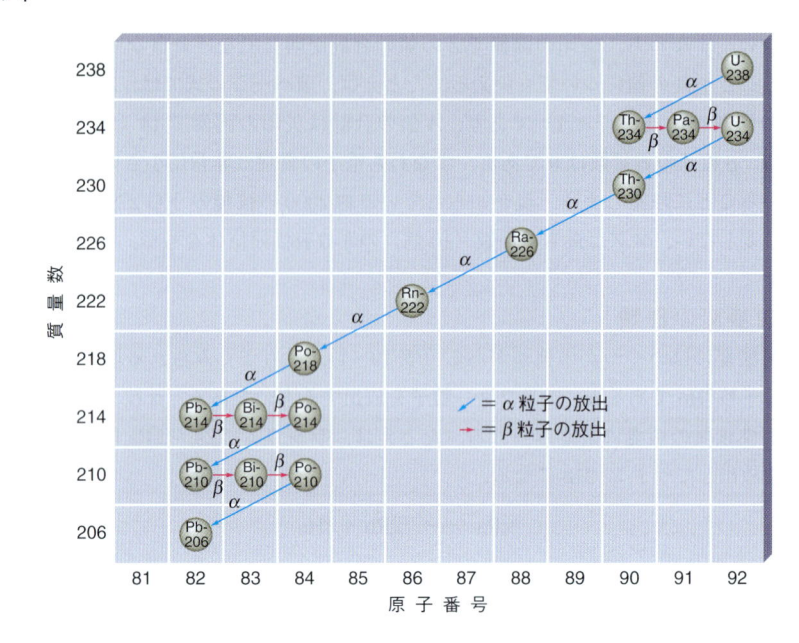

γ 線は光子なので，電荷は 0，質量数も 0 である．γ 線が放出されても質量数 A も原子番号 Z も変化しない．

陽電子 positron　ポジトロンともいう．

陽電子は電子と同じ質量で，逆の電荷をもつ粒子である．陽電子を放出して壊変する核種の例にナトリウム-22 がある．

$$^{22}_{11}Na \longrightarrow {}^{22}_{10}Ne + {}^{0}_{1}e$$

陽電子の放出は陽子を中性子に変えることになることに注目しよう．陽電子が放出されると質量数 A は変化せず，原子番号 Z が 1 減少する．

電子捕獲 electron capture

電子捕獲は内殻軌道にある電子 1 個が原子核に捕獲される過程で，次のように表される．

$$^{201}_{80}Hg + {}^{0}_{-1}e \longrightarrow {}^{201}_{79}Au + {}^{0}_{0}\gamma$$

↑ 内殻電子

この反応は錬金術師にとっては非常に興味深い反応であるが，頻繁に起こる反応ではないので水銀を金に変える実用的な方法にはなりえない．γ 線は電子捕獲が起こると常に放出される．

放射性核種は単一の壊変で安定な（非放射性の）状態に到達することはほとんどない．一連の**壊変系列**が安定核種を形成するまで起こる．よく知られた例に $^{238}_{92}U$ から始まって $^{206}_{82}Pb$ で終わる壊変系列がある．これを図 19・1 に示す．同様な系列が $^{235}_{92}U$ や $^{232}_{90}Th$ に存在する．

壊変系列 decay series

$$^{235}_{92}U \longrightarrow {}^{207}_{82}Pb \qquad {}^{232}_{90}Th \longrightarrow {}^{208}_{82}Pb$$
　　壊変の系列　　　　　　　　　壊変の系列

例題 19・1　核反応式を書く 1

次の a〜c について釣合のとれた核反応式を書け．
a. $^{11}_{6}C$ が陽電子 1 個を放出する．　　b. $^{214}_{83}Bi$ が β 粒子 1 個を放出する．

c. $^{237}_{93}\text{Np}$ が α 粒子 1 個を放出する.

解答 a. 次式中の ^A_ZX で表される生成核種を見つけ出さなければならない.

$$^{11}_{6}\text{C} \longrightarrow {}^A_Z\text{X} + {}^0_1\text{e}$$
$$\uparrow$$
$$陽電子$$

この問題を解く鍵は，A と Z の両方が保存されなければならないことを思い出すことである．すなわち，Z と A の値の合計が式の両辺でそれぞれ同じにならなければならないことから ^A_ZX が何であるかを知ることができる．X に対して，$Z + 1 = 6$ より Z は 5 となり，A は $11 + 0 = 11$ より 11 でなければならない．したがって，^A_ZX は $^{11}_{5}\text{B}$ である（Z が 5 であることから核種がホウ素であることがわかる．表紙の内側の周期表参照）．これにより，釣合のとれた式は次のとおり．

$$^{11}_{6}\text{C} \longrightarrow {}^{11}_{5}\text{B} + {}^0_1\text{e}$$

左辺　　　　　右辺
$Z = 6$ → $Z = 5 + 1 = 6$
$A = 11$　$A = 11 + 0 = 11$

b. β 粒子は $^0_{-1}\text{e}$ で表されるので，$^{214}_{83}\text{Bi} \rightarrow {}^A_Z\text{X} + {}^0_{-1}\text{e}$ と書くことができる．ここで，$Z - 1 = 83$，$A + 0 = 214$ である．これより，$Z = 84$，$A = 214$ となり，次のように書くことができる．

$$^{214}_{83}\text{Bi} \longrightarrow {}^{214}_{84}\text{X} + {}^0_{-1}\text{e}$$

$Z = 83$ → $Z = 84 - 1 = 83$
$A = 214$　$A = 214 + 0 = 214$

周期表より $Z = 84$ の元素はポロニウムなので，$^{214}_{84}\text{X}$ は $^{214}_{84}\text{Po}$ でなければならない．

c. α 粒子は ^4_2He で表されるので，$^{237}_{93}\text{Np} \rightarrow {}^A_Z\text{X} + {}^4_2\text{He}$ と書くことができる．ここで $Z + 2 = 93$ なので $Z = 93 - 2 = 91$，$A + 4 = 237$ なので $A = 237 - 4 = 233$ である．したがって，$Z = 91$，$A = 233$ なので釣合のとれた式は次のとおり．

$$^{237}_{93}\text{Np} \longrightarrow {}^{233}_{91}\text{Pa} + {}^4_2\text{He}$$

$Z = 93$ → $Z = 91 + 2 = 93$
$A = 237$　$A = 233 + 4 = 237$

例題 19・2 核反応式を書く 2

次の核反応 a, b について，？で示されている粒子は何か．
a. $^{195}_{79}\text{Au} + ? \longrightarrow {}^{195}_{78}\text{Pt}$　　b. $^{38}_{19}\text{K} \longrightarrow {}^{38}_{18}\text{Ar} + ?$

解答 a. A の値には変化はなく，Pt の Z が Au の Z より 1 減っているので，？で示されている粒子は電子でなければならない．これは電子捕獲の例である．

$$^{195}_{79}\text{Au} + {}^0_{-1}\text{e} \longrightarrow {}^{195}_{78}\text{Pt}$$

$Z = 79 - 1 = 78$ → $Z = 78$
$A = 195 + 0 = 195$　$A = 195$

b. Z と A は保存されるので，？で示されている粒子は陽電子でなければならない．

$$^{38}_{19}\text{K} \longrightarrow {}^{38}_{18}\text{Ar} + {}^0_1\text{e}$$

$Z = 19$ → $Z = 18 + 1 = 19$
$A = 38$　$A = 38 + 0 = 38$

カリウム-38 は陽電子を放出して壊変する．

19・2 核 変 換

目的 ある元素が粒子の衝突によってどのように別の元素に変わるかを理解する

1919 年に，ある元素が別の元素に変わる**核変換**が初めてラザフォードによって観測された．彼は，$^{14}_{7}\text{N}$ に α 粒子を衝突させると核種 $^{17}_{8}\text{O}$ と陽子（^1_1H）が生成することを見いだした．

核変換 nuclear transformation

$$^{14}_{7}\text{N} + {}^4_2\text{He} \longrightarrow {}^{17}_{8}\text{O} + {}^1_1\text{H}$$

表 19・2　超ウラン元素の合成

中性子衝撃	ネプツニウム($Z=93$)	$^{238}_{92}\text{U} + ^{1}_{0}\text{n} \to ^{239}_{92}\text{U} \to ^{239}_{93}\text{Np} + ^{0}_{-1}\text{e}$
	アメリシウム($Z=95$)	$^{239}_{94}\text{Pu} + 2^{1}_{0}\text{n} \to ^{241}_{94}\text{Pu} \to ^{241}_{95}\text{Am} + ^{0}_{-1}\text{e}$
陽イオン衝撃	キュリウム($Z=96$)	$^{239}_{94}\text{Pu} + ^{4}_{2}\text{He} \to ^{242}_{96}\text{Cm} + ^{1}_{0}\text{n}$
	カリホルニウム($Z=98$)	$^{242}_{96}\text{Cm} + ^{4}_{2}\text{He} \to ^{245}_{98}\text{Cf} + ^{1}_{0}\text{n}$ または $^{238}_{92}\text{U} + ^{12}_{6}\text{C} \to ^{246}_{98}\text{Cf} + 4^{1}_{0}\text{n}$
	ラザホージウム($Z=104$)	$^{249}_{98}\text{Cf} + ^{12}_{6}\text{C} \to ^{257}_{104}\text{Rf} + 4^{1}_{0}\text{n}$
	ドブニウム($Z=105$)	$^{249}_{98}\text{Cf} + ^{15}_{7}\text{N} \to ^{260}_{105}\text{Db} + 4^{1}_{0}\text{n}$
	シーボーギウム($Z=106$)	$^{249}_{98}\text{Cf} + ^{18}_{8}\text{O} \to ^{263}_{106}\text{Sg} + 4^{1}_{0}\text{n}$

その14年後に，キュリーと彼女の夫であるジョリオは，アルミニウムからリンへの同じような核変換を観測した．

$$^{27}_{13}\text{Al} + ^{4}_{2}\text{He} \longrightarrow ^{30}_{15}\text{P} + ^{1}_{0}\text{n}$$

ここで，$^{1}_{0}\text{n}$ はこの過程で生じる中性子を示す．

両者とも，衝突させる粒子はヘリウム原子核（α粒子）であることに注目しよう．これ以外に $^{12}_{6}\text{C}$ や $^{15}_{7}\text{N}$ のような小さな原子核をより重い原子核に衝突させて変換を起こさせる場合もある．しかし，これらの正の電荷をもつ衝撃イオン（陽イオン）は衝撃を受ける原子の原子核の正の電荷によって反発を受けるため，衝撃粒子を非常に高速で運動させなければならない．粒子を高速にするにはいろいろな種類の**粒子加速器**がある．

中性子も核変換を起こさせる衝撃粒子として用いられる．中性子は電荷をもたない（したがって，衝撃を受ける原子の原子核によって反発を受けない）ので，多くの原子核に容易に吸収され，新しい核種が生じる．この目的のための最も一般的な中性子源は核分裂炉である（§19・8）．

中性子や陽イオンを衝突させることによって，科学者たちは周期表を拡大してきた．すなわち，自然界に存在しない元素をつくってきた．1940年以前は，知られていた最も重い元素はウラン（$Z=92$）であったが，ネプツニウム（$Z=93$）が $^{238}_{92}\text{U}$ に中性子を衝突させることでつくられた．この段階では，最初に $^{239}_{92}\text{U}$ になるが，これが β粒子を放出して $^{239}_{93}\text{Np}$ に壊変する．

$$^{238}_{92}\text{U} + ^{1}_{0}\text{n} \longrightarrow ^{239}_{92}\text{U} \longrightarrow ^{239}_{93}\text{Np} + ^{0}_{-1}\text{e}$$

1940年から2006年までの間に，原子番号93から116，および118の元素（**超ウラン元素**）が報告された．表19・2にこれらの例のいくつかを示す．

19・3　放射能の検出と半減期の概念

目的　放射能検出装置について学ぶとともに，半減期を理解する

放射能レベルを測定するための最も身近な装置に，**ガイガー–ミュラー計数管**（**ガイガーカウンター**ともいう）がある（図19・2）．放射壊変によって生じた高エネルギーの粒子が物質を通過するときイオンが生成する．ガイガーカウンターの管内にはアルゴンガスが充填されている．アルゴン原子は電荷をもたないが，高速で運動する

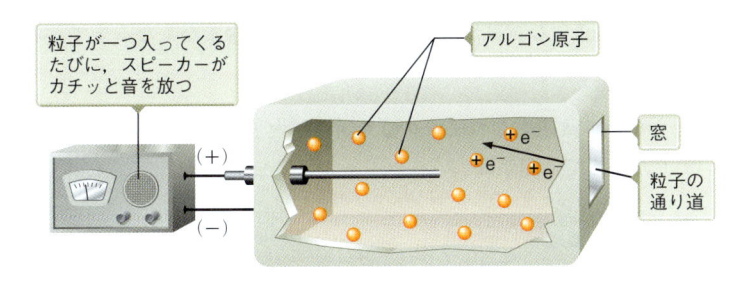

図 19・2
ガイガーミュラー計数管の概略図. 高速粒子によってアルゴン原子から電子がたたき出されることでイオンが生成し、パルス電流が流れる。

$$Ar \xrightarrow{粒子} Ar^+ + e^-$$

粒子によってイオン化される.

$$Ar(g) \xrightarrow{高エネルギーの粒子} Ar^+(g) + e^-$$

すなわち、高速で運動する粒子がアルゴン原子の電子をたたき出す。電荷をもたないアルゴン原子は電気伝導性を示さないが、高エネルギーの粒子によって生成したイオンや電子は電流を流す。したがって、粒子が管内に入るたびにパルス電流が流れることになる。ガイガーカウンターはこのパルスを検出し、この回数を計数する。

放射能を検出するのによく用いられるもう一つの装置に**シンチレーションカウンター**がある。これにはヨウ化ナトリウムのような、高エネルギーの粒子が当たると光を発する物質が使われている。検出器はその光を感じ取って、壊変の回数を計数する。

シンチレーションカウンター scintillation counter

放射性核種の重要な特性の一つに半減期がある。**半減期**とはもとの核種の半分が壊変するのに要する時間をいう。たとえば、ある放射性物質がある時間に1000個の原子核をもっており、その7.5日後に500個の原子核（もとの数の半分）になるとすると、この放射性核種は7.5日の半減期をもつという。

半減期 half-life

同じ放射性核種であれば半減期は同じである。しかし、放射性核種によって半減期に大きなばらつきがある。たとえば、プロトアクチニウム-234 $^{234}_{91}Pa$ は1.2分の半減期をもち、ウラン-238 $^{238}_{92}U$ は 4.5×10^9 年（45億年）の半減期をもつ。このことは、1億個の $^{234}_{91}Pa$ 原子核を含む試料は、1.2分後には5千万個の $^{234}_{91}Pa$ 原子核（1億の半分）しか含まないことを意味する。さらに、もう1.2分経過すると原子核の数は5千万の半分2.5千万個になる。

1億個の $^{234}_{91}Pa$ $\xrightarrow[5千万個が壊変]{1.2分}$ 5千万個の $^{234}_{91}Pa$ $\xrightarrow[2.5千万個が壊変]{1.2分}$ 2.5千万個の $^{234}_{91}Pa$

このことは、1億個の $^{234}_{91}Pa$ 原子核を含む試料が1.2分の間に5千万回壊変（5千万個の $^{234}_{91}Pa$ 核が壊変）することを意味している。対照的に、1億個の $^{238}_{92}U$ 原子核を含む試料は45億年かけて5千万回壊変する。したがって、$^{234}_{91}Pa$ は $^{238}_{92}U$ よりずっと大きな活性を示す。時としてこれを、$^{234}_{91}Pa$ は $^{238}_{92}U$ より "熱い" と表現する。

このように、短い半減期をもつ放射性核種は長い半減期をもつ核種よりずっと壊変しやすい。

表 19・3 ラジウムの半減期

核種	半減期
$^{223}_{88}Ra$	12 日
$^{224}_{88}Ra$	3.6 日
$^{225}_{88}Ra$	15 日
$^{226}_{88}Ra$	1600 年
$^{228}_{88}Ra$	6.7 年

例題 19・3 半減期を理解する

表19・3にラジウムの放射性核種を示す。

a. これらの核種を活性の大きい順（1日当たりで壊変の多いものから少ないもの）に並べよ。

b. $^{223}_{88}\text{Ra}$ を 1.00 mol 含む試料が $^{223}_{88}\text{Ra}$ を 0.25 mol しか含まなくなるまでどれくらいの時間がかかるか.

解答 a. 最も短い半減期をもつ核種が最も活性が大きい（ある時間の間に最も多く壊変する）．したがって，順序は

最大の活性　　　　　　　　　　　　　　　　最小の活性
（半減期が最短）　　　　　　　　　　　　　（半減期が最長）

$^{224}_{88}\text{Ra}$ > $^{223}_{88}\text{Ra}$ > $^{225}_{88}\text{Ra}$ > $^{228}_{88}\text{Ra}$ > $^{226}_{88}\text{Ra}$

3.6 日　　　12 日　　　15 日　　　6.7 年　　　1600 年

b. 1 半減期（12 日）の間で，試料は $^{223}_{88}\text{Ra}$ 1 mol から $^{223}_{88}\text{Ra}$ 0.5 mol になる．次の半減期（もう 12 日）で，$^{223}_{88}\text{Ra}$ 0.5 mol から $^{223}_{88}\text{Ra}$ 0.25 mol になる．

$^{223}_{88}\text{Ra}$ 1.00 mol $\xrightarrow{12\text{日}}$ $^{223}_{88}\text{Ra}$ 0.50 mol $\xrightarrow{12\text{日}}$ $^{223}_{88}\text{Ra}$ 0.25 mol

したがって，$^{223}_{88}\text{Ra}$ を 1.00 mol 含む試料が $^{223}_{88}\text{Ra}$ を 0.25 mol しか含まなくなるまで 24 日（2 半減期）かかる．

19・4 放射能による年代測定

目的 放射能によって目的物の年代をどのように調べるかを学ぶ

地球の歴史を研究する考古学者や地質学者たちは，人工遺物や岩石の正確な年代を知るのに放射性核種の半減期を用いている．木や布でできた古代の人工遺物の年代を測定する方法に，**放射性炭素年代測定法（炭素-14 年代測定法）**がある．この方法は，1940 年代に米国の化学者であるリビーによって発見され，彼はこの業績によりノーベル賞を受賞した．

放射性炭素年代測定は，β粒子を放出して壊変する $^{14}_{6}\text{C}$ の放射能を用いる．

$$^{14}_{6}\text{C} \longrightarrow {}^{14}_{7}\text{N} + {}^{0}_{-1}\text{e}$$

炭素-14 は，宇宙からの高エネルギー中性子が窒素-14 に衝突することで絶えず大気中で生成している．

$$^{14}_{7}\text{N} + {}^{1}_{0}\text{n} \longrightarrow {}^{14}_{6}\text{C} + {}^{1}_{1}\text{H}$$

炭素-14 が上記の過程で生じるとただちに，それはβ粒子を放出して壊変する．相反するこれらの過程は何年にもわたって釣合っているので大気中に存在する $^{14}_{6}\text{C}$ の量はほとんど一定に保たれている．

炭素-14 は大気中の他の炭素同位体とともに酸素と反応して二酸化炭素になるので，木や布でできた人工遺物の年代測定に使うことができる．植物は光合成でこの二酸化炭素を消費して $^{14}_{6}\text{C}$ を含む炭素をその分子中に取込む．植物は生きている限り絶えず炭素を取込むので，その分子中の $^{14}_{6}\text{C}$ 量は大気中の $^{14}_{6}\text{C}$ 量を反映している．しかし，木製容器や布のような人工製品になると，$^{14}_{6}\text{C}$ 源の補給がなくなり，物質中の $^{14}_{6}\text{C}$ 量は減少し始める．

$^{14}_{6}\text{C}$ の半減期は 5730 年であることがわかっているので，考古学の発掘中に見つけられた木製容器の $^{14}_{6}\text{C}$ 量が現在生育している木の量の半分とすると，その容器の年齢は約 5730 歳ということになる．すなわち，木が切られたときの $^{14}_{6}\text{C}$ 量の半分がなく

放射性炭素年代測定 radiocarbon dating
炭素-14 年代測定 carbon-14 dating
リビー Willard Libby

なっているので，木は1半減期前に切られたことになる．

19・5 放射能の医学への利用

目的 放射性トレーサーの医学への利用について述べる

ここ数十年の医学の急速な進歩のなかで最も重要なものは**放射性トレーサー**の発見とその利用である．放射性トレーサーは，食物や薬品の形で生体内に導入され，その後放射能をモニタリングすることで追跡される．たとえば，食物の中に $^{14}_{6}C$ や $^{32}_{15}P$ のような核種を組込むことで，食物が身体にエネルギーを供給するのにどのように使われるかについての重要な情報を得ることができる．

ヨウ素-131は甲状腺の病気の診断や治療に非常に有用であり，患者に ^{131}I を組込んだ NaI を少量含む液体を飲ませたのち，甲状腺に取込まれたヨウ素をモニタリングする（図19・3）．また，タリウム-201は健全な筋肉組織に濃縮するので，心臓麻痺を患った人の心筋の損傷程度を見積もるのに有用である．テクネチウム-99も健全な筋肉組織に取込まれるので，同じように損傷を見積もるのに使われる．

放射性トレーサーは，生体系を学んだり，病気を見つけたり，薬品の作用や有効性を調べるのに感度の高い非外科的な方法を提供する．利用されているいくつかの放射性トレーサーを表19・4に示す．

放射性トレーサー radiotracer

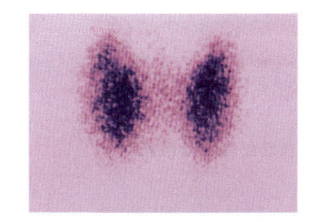

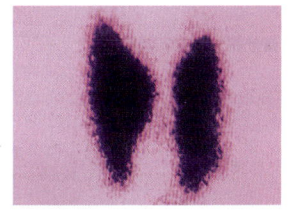

図 19・3 Na^{131}I 服用後の甲状腺の撮像．放射能レベルによりヨウ素の吸収の程度がわかる．上: 健全な甲状腺の放射性ヨウ素の撮像．下: 肥大した甲状腺の撮像．

表 19・4 放射性核種とその半減期および医学への応用

核種†	半減期	人体の部位	核種†	半減期	人体の部位
^{131}I	8.1 日	甲状腺	^{87}Sr	2.8 時間	骨
^{59}Fe	45.1 日	赤血球	^{99}Tc	6.0 時間	心臓, 骨, 肝臓, 肺
^{99}Mo	67 時間	代謝	^{133}Xe	5.3 日	肺
^{32}P	14.3 日	目, 肝臓, 腫瘍	^{24}Na	14.8 時間	循環器系
^{51}Cr	27.8 日	赤血球			

† 原子番号 Z は書かないことがある．

放射性トレーサーには人体への影響を考慮して半減期が短い核種が用いられる．

化学こぼれ話　　**PET，脳の最善の友**

放射線が利用される最も重要な分野の一つに医療診断に使われる放射性トレーサーがある．放射性トレーサーは生理活性分子に組込まれた放射性核種である．これから放出される放射能をモニタリングすることで，心臓のような器官の機能を調べたり薬を追跡して最終的な行き先を調べたりする．

特に重要な放射性トレーサー技術に陽電子放射断層撮影法（positron emission tomography: PET）がある．名前のとおり，PET は ^{18}F や ^{11}C のような陽電子放出核種を生体分子の"目印"として用いる．PET は特に脳を検査するのに有効である．たとえば，^{18}F で標識したグルコース（ブドウ糖）を組込んだ薬剤を用いると，グルコースが急速に消費される脳の部分が PET 撮像上で明るく光る．脳内に腫瘍がある患者やアルツハイマー病の患者の脳は健常者の脳とは全く異なった像を示す．PET のもう一つの応用は，"目印"をつけた薬が目的とする場所にどれだけの量が到達するかを調べるのに使われる．これを用いると，製薬会社が薬の有効性を調べたり，その服用量を決めたりすることができる．

PET を使う場合の課題の一つは，"目印"をつけた分子を合成するにはスピードが必要ということである．たとえば，^{18}F の半減期は110分であり，2時間以内に半分が壊変する．また，放射性 ^{18}F の危険性から，合成操作は鉛で内張りされた箱の中で自動で行われなければならない．^{18}F に代わって半減期が20分の ^{11}C の使用も試みられている．

PET は急速に発展している技術である．

19・6 核エネルギー

目的 核エネルギーをつくりだすものとして核融合と核分裂を紹介する

　原子核中の陽子と中性子は，原子どうしが互いに結合して分子をつくる場合よりずっと大きな力で結合している．本章のはじめに述べたように，核反応に関与するエネルギーは化学反応に関与するエネルギーより 100 万倍大きい．このため，原子核は非常に魅力のあるエネルギー源と考えられる．

　中くらいの重さの原子核が最も強い結合力をもつ（$^{56}_{26}$Fe が最も強い結合力をもつ）ため，エネルギーをつくりだす核反応には二つの種類がある．

核融合 nuclear fusion

1. 二つの軽い原子核が結びついてより重い原子核になる反応．この反応を**核融合**という．

核分裂 nuclear fission

2. 重い原子核がより小さい質量数をもつ二つの原子核に分かれる反応．この反応を**核分裂**という．

以下で述べるように，これら二つの反応はわずかな量で驚くほどの量のエネルギーをつくりだすことができる．

19・7 核分裂

目的 核分裂について学ぶ

　核分裂は，1930 年代の後半に中性子が照射された $^{235}_{92}$U 核種が二つのより軽い元素に分かれたことにより発見された．

$$^{1}_{0}n + ^{235}_{92}U \longrightarrow ^{141}_{56}Ba + ^{92}_{36}Kr + 3\,^{1}_{0}n$$

この反応の概略図を図 19・4 に示す．$^{235}_{92}$U 1 mol 当たり 2.1×10^{13} ジュール（J）のエネルギーが放出される．このエネルギー量は典型的な燃料から得られるエネルギー量と比べると莫大な量である．たとえば，$^{235}_{92}$U 1 mol の核分裂から得られるエネルギーは，メタン 1 mol を燃焼させて得られるエネルギーの 2600 万倍である．

　図 19・4 に $^{235}_{92}$U の核分裂反応の例を示す．事実，35 種類の元素の 200 種類以上の同位体が $^{235}_{92}$U の核分裂生成物中に観測される．

　生成する核種に加えて，中性子が $^{235}_{92}$U の分裂反応で放出される．これらの中性子は固体のウラン試料を通り抜けて飛行するので，別の $^{235}_{92}$U の原子核と衝突してさらに分裂が起こる．これらの分裂の 1 回 1 回は，さらに多くの $^{235}_{92}$U の分裂を次つぎに起こすことができる多くの中性子をつくりだす．1 回の分裂で中性子がいくつか放出されるので，この反応は自己持続性であるといえる．これを**連鎖反応**（図 19・5）とよぶ．自己持続性の分裂反応では，1 回の分裂から生じる少なくとも 1 個の中性子が別の原子核を分裂させなければならない．もし，平均して 1 個より少ない数の中性子であれば，分裂反応は終わってしまう．ちょうど 1 個の中性子であれば，分裂反応は同じようなレベルで持続する．この状態を**臨界**という．1 回の分裂から 1 個より多い数の中性子が放出されて別の原子核を分裂させるなら，この反応は急激に拡大して熱が蓄積され，激しい爆発に至る．

連鎖反応 chain reaction

臨界 criticality

臨界質量 critical mass

　臨界状態に到達させるには，ある質量の分裂物質が必要である（これを**臨界質量**と

図 19・4 $^{235}_{92}$U の核分裂反応の一例．中性子を捕獲することで $^{235}_{92}$U 原子核は核分裂して二つのより軽い核種と中性子（典型的には 3 個）とともに多量のエネルギーを放出する．

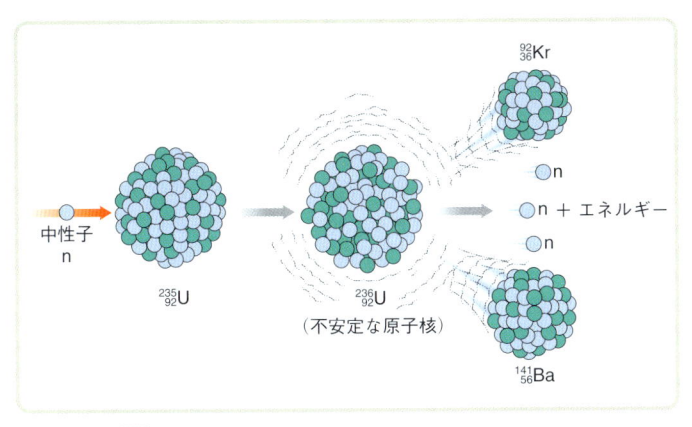

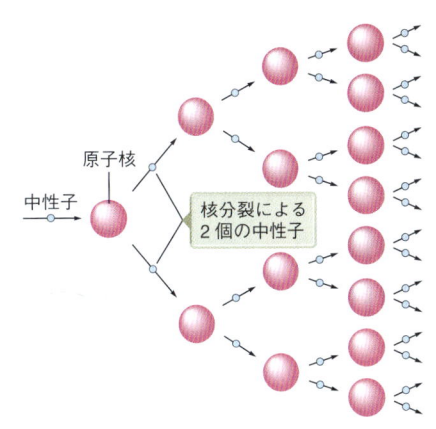

図 19・5 核分裂連鎖反応．個々の核分裂により 2 個の中性子ができ，これらが別の原子核を分裂させることで自己持続性の連鎖反応が起こる．

いう）．少なすぎると，分裂を起こす前に中性子はなくなり反応は止まる．

19・8 原子炉

目的 原子炉がどのようにして動作するかを理解する

核分裂のエネルギーは莫大なため，核分裂反応は，それを原子炉内で制御された状態で起こすことによって電力をつくるためのエネルギー源を得る目的で研究開発されてきた．これから得られるエネルギーは，石炭火力発電の場合と同様，水を加熱して水蒸気にし，発電用タービンを回すのに使われる．原子力発電所の概略図を図 19・6 に示す．

原子炉内では，炉心（図 19・7）は，$^{235}_{92}$U の濃度を約 3 % まで高めた濃縮ウラン（天然のウランには 0.7 % の $^{235}_{92}$U が含まれている）が金属製の管の中に納められてい

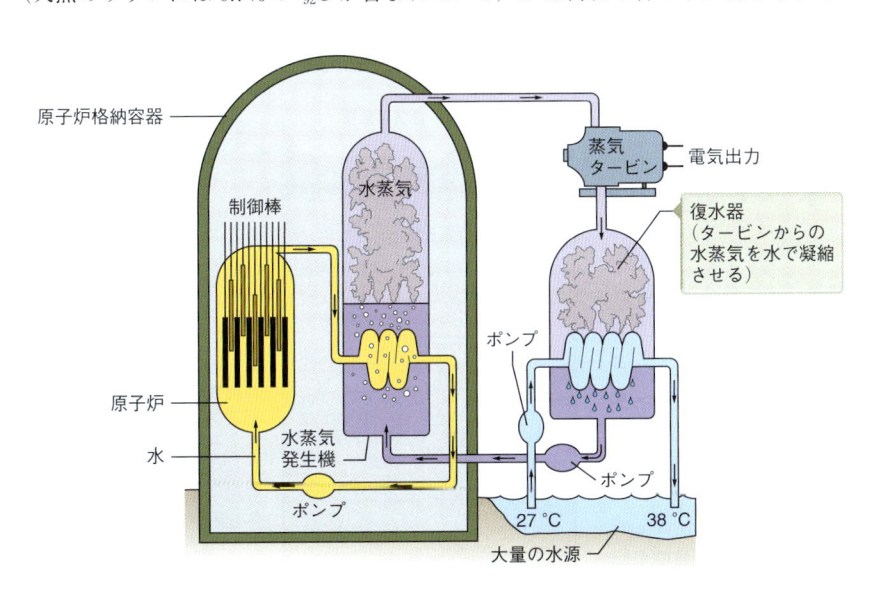

原子力発電プラントの心臓部

図 19・6 原子力発電所の概略図．核分裂のエネルギーで水を加熱して水蒸気にし，これで発電用タービンを動かす．タービンからの水蒸気は水を使って凝縮される．

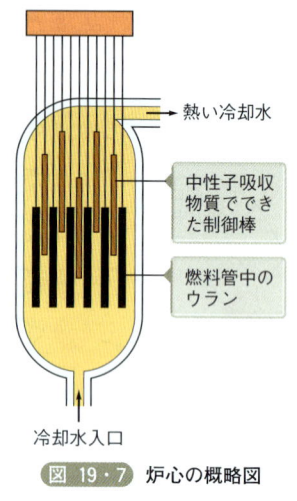

328　19. 放射能と核エネルギー

る．その管のまわりにある減速材は，ウラン燃料が効率よく中性子を捕獲するため中性子の速度を下げる役割をしている．制御棒は中性子を吸収する物質（カドミウム）からなり，原子炉の出力レベルを制御するのに用いられる．原子炉は，もし事故が起こっても制御棒が自動的に炉心に差し込まれ中性子が吸収されて反応が止まるように設計されている．冷却材（通常は水）が炉心を通り循環しており，核分裂で発生する熱を取っている．この熱エネルギーは水を水蒸気に変えるのに使われ，この水蒸気が発電用タービンを動かす．

　燃料中の $^{235}_{92}U$ の濃度は原子爆弾よりもずっと低いが，冷却システムが故障すると高温になり炉心が溶融する．このため，炉心を納める容器は，"メルトダウン"のようなことが起こっても炉心を封じ込めておくように設計されていなければならない．現在も原子力発電所の安全性については多くの議論がある．1979年に起こった米国ペンシルバニア州のスリーマイル島や1986年ソビエト連邦のチェルノブイリ，2011年の福島での事故により，多くの人が原子力発電所の建設を続けることが賢明かどうか疑問をもつようになっている．

図 19・7　炉心の概略図

メルトダウン melt down

天然ウランはほとんどが $^{238}_{92}U$ である．

▶ 増 殖 炉

　原子力発電が直面する問題の一つに $^{235}_{92}U$ の供給が限られていることがある．ウラン資源はほとんど枯渇しており，核分裂燃料の製造が経済的に成り立たないと考えている科学者もいる．このため，核分裂燃料が原子炉の稼働中につくられる原子炉が開

化学こぼれ話　　核廃棄物処理

　原子炉からの放射性廃棄物はがんや遺伝子変異をひき起こしたりする恐れがあるとされているため，過去50年間で出た放射性廃棄物は一時的な貯蔵所に保管されてきた．しかし，1982年に米国議会は放射性廃棄物政策法を通過させた．この法律によって放射性物質の地層処分地を選定したり用意したりするための工程表が制定された．

　試験的な処分案は，使用済核燃料をガラスブロックに封じ込め，それを耐腐食性の金属容器に入れて，図に示すような地中深く，安定な岩盤に埋めるものである．

　この方法では放射能が安全なレベルになるまで廃棄物を隔離できる．この方法が安全であるといえる証拠がアフリカのガボン共和国にあるオクロ（Oklo）で発見された天然原子炉にある．鉱床中でウランが臨界質量に達することで約20億年前にできたこの"原子炉"は，核分裂生成物や核融合生成物をつくりだしてきた．しかし，これら生成物はほとんど散逸せずに，その場所に保持されていたことが明らかになった．

　米国では放射性廃棄物政策法が制定されてから25年以上経って，ついに放射性廃棄物の貯蔵が実現し始めた．1998年にニューメキシコ州にある核廃棄物隔離試験施設（Waste Isolation Pilot Plant: WIPP）が米国環境保護局から核廃棄物を受け入れ始めてもよいとの認可を得た，1999年3月にWIPPは最初の廃棄物を受け入れた．この施設は古代の海の塩層に掘られたトンネルを用いている．貯蔵室が一杯になって廃棄物のまわりの塩層にひびが入っても，塩には廃棄物を永久に包み込んでしまう性質がある．

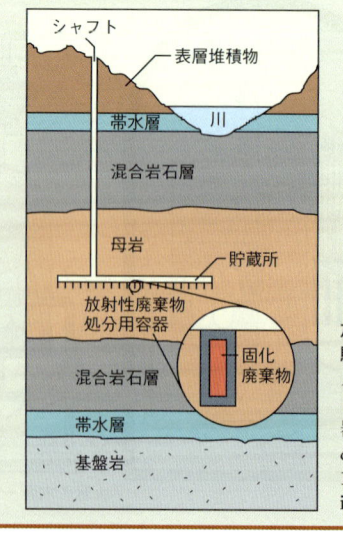

放射性廃棄物の地層処分の試験プラントの概略図．処理システムは，地下貯蔵所に埋められた放射性廃棄物処分用容器からできている．[*Chemical & Engineering News*, July 18, 1983. © 1983 American Chemical Societyによる．]

発されている．これが**増殖炉**で，この炉では天然ウランの主要成分である非核分裂性の $^{238}_{92}U$ が核分裂を起こす $^{239}_{94}Pu$ に変えられる．この反応では中性子1個が吸収されて2個の β 粒子が放射される．

増殖炉 breeder reactor

$$^1_0n + ^{238}_{92}U \longrightarrow ^{239}_{92}U$$
$$^{239}_{92}U \longrightarrow ^{239}_{93}Np + ^{0}_{-1}e$$
$$^{239}_{93}Np \longrightarrow ^{239}_{94}Pu + ^{0}_{-1}e$$

炉が稼働して $^{235}_{92}U$ が分裂すると，過剰の中性子は $^{238}_{92}U$ に吸収されて $^{239}_{94}Pu$ が生成する．生成した $^{239}_{94}Pu$ は分離されて別の炉の燃料に使われる．増殖炉は，このようにして核燃料を"生成する"．

増殖炉は技術的課題をはじめ，経済的・社会的課題が多くあるため開発は遅々として進まず，開発を中止した国も多い．

19・9 核融合

目的 核融合について学ぶ

二つの軽い原子核が融合する反応を**核融合**という．この反応で生成するエネルギー量は，核分裂の場合よりはるかに大きい．事実，恒星は核融合によってエネルギーをつくりだしている．水素73%，ヘリウム26%，その他の元素1%からなる太陽は，ヘリウムをつくる陽子どうしの核融合によって莫大な量のエネルギーを出している．

核融合 nuclear fusion

$$^1_1H + ^1_1H \longrightarrow ^2_1H + ^0_1e + エネルギー$$
$$^1_1H + ^2_1H \longrightarrow ^3_2He + エネルギー$$
$$^3_2He + ^3_2He \longrightarrow ^4_2He + 2^1_1H + エネルギー$$
$$^3_2He + ^1_1H \longrightarrow ^4_2He + ^0_1e + エネルギー$$

重水素の原子核 ^2_1H は重陽子 (deuteron) という．

核融合炉の燃料に供される可能性がある軽い核種としていろいろなものが考えられ〔たとえば，海水中のジュウテリウム（重水素），^2_1H〕，実行可能な融合反応を開発するのに多くの研究がなされている．しかし，融合反応を開始させるのは分裂反応を開始させるよりずっとむずかしい．核子を結びつけて原子核をつくる力は近距離（約 10^{-13} cm）でしか働かないので，二つの陽子を融合してエネルギーを放出させるには，それらの距離を極端に近づけなければならない．しかし，陽子は電荷をもっているので互いに反発する．このことは，2個の陽子（あるいは2個の重陽子）を接近させて融合させるには（原子核の結合力の強さは電荷と関係しない），反発する力に打ち勝つほどの高速でそれらを"投げ"なければならない．2個の ^2_1H の原子核間の反発力は非常に大きいので，約4千万Kの温度が必要であると考えられる．

現在，科学者たちは高温をつくりだすための二つのシステム，高出力レーザーと電流加熱を研究している．現時点では，多くの技術的な問題が解決されなければならないし，どちらの方法が使われるようになるかも明らかでない．

19・10 放射線の影響

目的 放射線が人体組織にどのような障害を起こすかを調べる

放射線を被曝することにより生じる障害の総称を**放射線障害**という．生体への放射

放射線障害 radiation damage

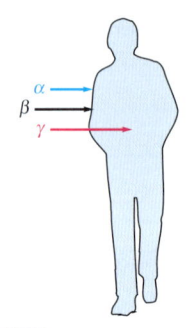

線障害は身体的影響と遺伝子的影響に区別される．身体的影響は生体そのものに対する障害で病気や死に至る．放射線を大量に被曝すると影響はただちに現れるが，少量の場合は何年後かに現れてくる可能性がある．遺伝子的影響は生殖細胞の遺伝子に関する部位への障害で，時として子孫にまで影響が及ぶ．

個々の放射線源の生物学的影響はいくつかの因子に依存する．

1. 放射線のエネルギー：エネルギー量が多ければ多いほどひき起こされる障害は大きくなる．
2. 放射線の透過能：放射性粒子や放射線の種類によって人体組織を浸透する能力が異なる．γ線は奥深くまで，β粒子は約1cmまで浸透し，α粒子は皮膚で止まる（図19・8）．
3. 放射線のイオン化能：イオンは中性の分子とは全く異なるため，生きている組織中で分子から電子を奪うような放射線はその機能に重大な影響を及ぼす．放射線のイオン化能は種類によってばらつきがある．たとえば，γ線は非常に深くまで浸透するが，イオン化を起こすことはまれである．一方，α粒子はほとんど浸透しないが，イオン化する能力は高く重大な障害を起こす．したがって，プルトニウムのようなα粒子を放出するものを摂取すると，とりわけ障害が大きい．
4. 放射線源の化学的性質：放射性核種を摂取したときの障害の大きさは，それがどれくらい長く体内にとどまっているかに依存する．たとえば，$^{85}_{36}\text{Kr}$ も $^{90}_{38}\text{Sr}$ もβ粒子を放出するが，クリプトンは貴ガス（希ガス）で化学的に不活性であるのですばやく体内から抜け，障害をひき起こすことはない．一方，ストロンチウムはカルシウムと化学的性質は類似しているので骨に集まり，白血病や骨がんをひき起こす可能性がある．

放射壊変で放出される放射性粒子や放射線の挙動に違いがあるため，人体への放射線量の危険度を示す**シーベルト**（Sv）とよばれる単位が考案された．表19・5に放射線に短時間被曝したときの身体的な影響を示す．

図19・8 放射性核種や放射線の透過力．非常にばらつきがあり，γ線は最も透過能が高い．

表19・5 短時間の放射線被曝の影響

線量(Sv)	影響
0.2	臨床症状が確認されない
0.5	末梢血中のリンパ球が減少する
3〜5	50%の人が死亡する
7〜10	100%の人が死亡する

2000年度版 国連放射線影響科学委員会(UNSCEAR)による．

シーベルト sievert　単位記号 Sv．

まとめ

1. 放射能とは，原子核が1個あるいはそれ以上の数の粒子を出して自発的に別の原子核に変わる性質である．放射壊変は核反応式を使って表されるが，A（質量数）とZ（原子番号）は保存されなければならない．

2. 放射壊変には，α粒子（ヘリウム原子核）を放出するもの，β粒子（あるいは電子）を放出するもの，γ線（高エネルギー光子）を放出するもの，内殻電子の一つが原子核に捕獲される電子捕獲がある．放射性原子核は一連の壊変を起こして安定な核種になる．

3. 新しい元素は，加速器でつくられる種々の粒子を他の元素の原子核に衝突させ，核変換（ある元素から別の元素に変わる）を起こさせることでつくられる．超ウラン元素はこのようにしてつくられた．

4. 放射性核種の半減期はもとの試料の半分が壊変するのに要する時間である．放射性炭素年代測定には炭素-14の放射能が用いられる．

5. 放射性トレーサー（生体内に食物や薬品の形で導入された放射性核種で，その道筋は放射能をモニタリングすることで追跡できる）は医療診断に用いられる．

6. 核融合は二つの軽い原子核を融合してより重い，安定な原子核をつくる反応である．核分裂は重い原子核が二つのより安定な，軽い原子核に分かれる反応である．

7. 放射線は生きている組織に直接障害を起こしたり，子孫に現れる生殖細胞に障害を起こしたりする．放射線の生物学的影響は，放射線のエネルギーや透過能，イオン化能，放射線源の化学的性質に依存する．

有機化学

20

- 20・1 炭素の結合
- 20・2 アルカン
- 20・3 構造式と構造異性
- 20・4 アルカンの命名法
- 20・5 アルカンの反応
- 20・6 アルケンとアルキン
- 20・7 芳香族化合物
- 20・8 官能基
- 20・9 アルコール
- 20・10 アルデヒドとケトン
- 20・11 カルボン酸とエステル
- 20・12 ポリマー（高分子）

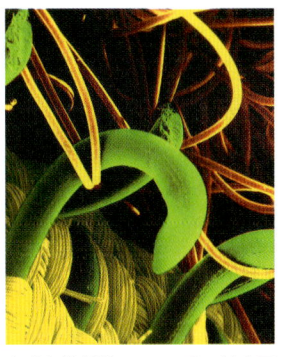

合成有機材料ベルクロ®の拡大写真

有機化学 organic chemistry

　炭素を含む化合物とそれらの性質を学ぶのが**有機化学**である．有機物質に基づく工業がわれわれの生活を大きく変えた．特に，ナイロン，ベルクロ®，ケブラー®，ポリ塩化ビニル（PVC）などの高分子の発達が新しい世界をつくりあげた．さらに文明を支える動力の供給に大きく貢献しているエネルギーの大部分は石炭や石油などの有機物質の燃焼によってまかなわれている．

　有機化学は扱う範囲が非常に広いので，本書ではごく簡単に紹介するにとどめる．最も簡単な有機化合物である炭化水素から始めて，次に他の多くの有機化合物がいかにこの炭化水素から誘導されるかについて説明する．

20・1 炭素の結合

目的 炭素原子によって形成される結合の種類を理解する

　炭素原子は最大四つの他の原子と結合をつくることができる．そしてそれらは炭素原子であっても他の元素の原子であってもかまわない．最も硬いダイヤモンドは，おのおのの炭素原子が4個の他の炭素原子と結合している（図4・16参照）．

　炭素化合物で身近なもののひとつが，天然ガスの主成分であるメタン CH_4 である．メタン分子は四面体形に配列した4個の水素をもつ炭素原子からなっている．すなわち，VSEPRモデル（§12・9参照）から予測されるように，炭素のまわりの四対の結合電子は，それらが四面体の頂点に位置するときに，反発が最小になる．このことから CH_4 は図20・1に示すような構造をとる．炭素が4個の原子と結合するとき，それらの原子は常に炭素のまわりに四面体形の配列をする．

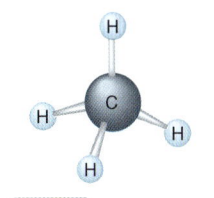

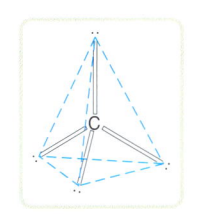

　プロパンやブタンの構造（図20・3参照）で明らかなように，炭素は他のどの元素よりも原子の鎖を形成する能力がずっと高く，それぞれの炭素原子は四面体構造をとるように四つの原子と結合している．次節でこれらの分子について詳しく説明する．

図 20・1 メタンの四面体分子構造

20・2 アルカン

目的 飽和の炭素原子からなる化合物であるアルカンについて学ぶ

　その名前が示すように**炭化水素**は炭素と水素から構成される化合物である．炭素―

炭化水素 hydrocarbon

炭素結合がすべて単結合のものを，それぞれの炭素が最大の数である四つの原子と結合していることから，**飽和**しているという．これに対し，炭素－炭素多重結合をもつ炭化水素は，多重結合を形成している炭素原子がもう一つあるいは二つの原子と結合をつくることができるので，**不飽和**であると表現される．エチレンへの水素の付加を例として示す．

エチレンのそれぞれの炭素は三つの原子（一つの炭素と二つの水素）と結合しているが，炭素－炭素二重結合の一つの結合を切断して，もう一つの水素原子と結合を形成することができる．すると，飽和炭化水素であるエタン（それぞれの炭素原子は四つの原子と結合している）が生成する．

アルカン alkane

メタン methane

エタン ethane

飽和炭化水素は**アルカン**とよばれる．最も簡単なアルカンは四面体構造をもった**メタン** CH_4 である（図 20・1）．二つの炭素をもつアルカンは図 20・2 に示す**エタン** C_2H_6 である．エタンの二つの炭素原子はそれぞれ四つの原子と結合していることに注意しよう．

プロパン propane

ブタン butane

C_3H_8 の分子式で表されるアルカンは**プロパン**，そして C_4H_{10} の分子式で表されるものは**ブタン**とよばれる（図 20・3）．これらもまた飽和炭化水素であり，それぞれの炭素が四つの原子と結合している．

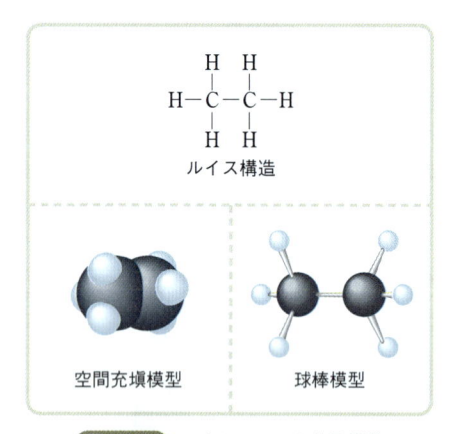

図 20・2 エタン C_2H_6 の分子構造

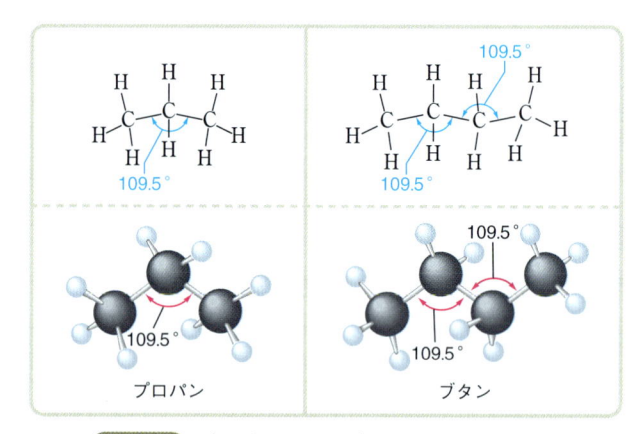

図 20・3 プロパン C_3H_8 とブタン C_4H_{10} の分子構造

直鎖炭化水素 normal hydrocarbon, straight-chain hydrocarbon

炭素原子が長い鎖を形成しているアルカンを**直鎖炭化水素**とよぶ．図 20・3 に示すように，直鎖アルカンの鎖は四面体の C－C－C の角度が 109.5°であるため，本当はまっすぐではなく，ジグザグである．直鎖アルカンは次の一般的な構造で表される．

ここで m は整数である．それぞれのアルカンは $m-1$ のアルカンにメチレン基 CH_2 を挿入することによって得られる．C－H 結合のいくつかを省略して構造式を簡略化することができる．たとえば，上で示した直鎖アルカンの一般式は次のように簡略化することができる．

$$CH_3\text{--}(CH_2)_m\text{--}CH_3$$

> **例題 20・1** アルカンの構造式を書く

6炭素原子ならびに8炭素原子をもった直鎖アルカンの構造式を書け．

解答 6炭素原子をもったアルカンは

$$CH_3CH_2CH_2CH_2CH_2CH_3 \quad \text{簡略化して書くと} \quad CH_3\!-\!\!(CH_2)_4\!\!-\!CH_3$$

となる．分子は6個の炭素原子に加えて14個の水素原子を含んでいることに注意しよう．したがって分子式は C_6H_{14} である．

8個の炭素をもったアルカンは

$$\overset{1}{C}H_3\overset{2}{C}H_2\overset{3}{C}H_2\overset{4}{C}H_2\overset{5}{C}H_2\overset{6}{C}H_2\overset{7}{C}H_2\overset{8}{C}H_3 \quad \text{簡略化して書くと} \quad CH_3\!-\!\!(CH_2)_6\!\!-\!CH_3$$

となる．この分子は18個の水素をもっており，分子式は C_8H_{18} である．

炭素数が1から10までの直鎖アルカンを表20・1に示す．すべてのアルカンを一般式 C_nH_{2n+2}（n は炭素原子数）で表すことができる．たとえば，9個の炭素原子をもつノナンは $C_9H_{(2\times9)+2}$ あるいは C_9H_{20} と表される．C_nH_{2n+2} という分子式は，3個の水素をもっている両端の二つの炭素を除いて鎖の中に含まれるそれぞれの炭素は二つの水素原子をもっていることを示す．したがって分子中に存在する水素原子の数は，炭素原子の数の2倍に2（両端の炭素上にある余分な2個の水素）を足した数である．

表 20・1 炭素数が1から10までの直鎖アルカンの分子式

名 称	簡略化した分子式 (C_nH_{2n+2})	広げた分子式
メタン methane	CH_4	CH_4
エタン ethane	C_2H_6	CH_3CH_3
プロパン propane	C_3H_8	$CH_3CH_2CH_3$
n-ブタン n-butane	C_4H_{10}	$CH_3CH_2CH_2CH_3$
n-ペンタン n-pentane	C_5H_{12}	$CH_3CH_2CH_2CH_2CH_3$
n-ヘキサン n-hexane	C_6H_{14}	$CH_3CH_2CH_2CH_2CH_2CH_3$
n-ヘプタン n-heptane	C_7H_{16}	$CH_3CH_2CH_2CH_2CH_2CH_2CH_3$
n-オクタン n-octane	C_8H_{18}	$CH_3CH_2CH_2CH_2CH_2CH_2CH_2CH_3$
n-ノナン n-nonane	C_9H_{20}	$CH_3CH_2CH_2CH_2CH_2CH_2CH_2CH_2CH_3$
n-デカン n-decane	$C_{10}H_{22}$	$CH_3CH_2CH_2CH_2CH_2CH_2CH_2CH_2CH_2CH_3$

20・3 構造式と構造異性

目的 構造異性体とそれらの構造式の書き方を学ぶ

ブタンとそれに続くすべてのアルカンには構造異性体がある．**構造異性**は，二つの分子が同じ原子をもっているが，その結合のしかたが異なる場合に起こる．すなわち，構造異性の分子は同じ分子式をもっているが，原子の配列が異なっている．たとえば，ブタンは図20・4に示すように直鎖分子（直鎖ブタンあるいは n-ブタン）としても存在できるし，枝分かれ鎖をもった構造（イソブタンとよぶ）でも存在できる．異なる構造をもっているので，これらの構造異性体は異なる性質をもっている．

構造異性 structural isomerism

n- は直鎖（normal）の略．

図 20・4
C₄H₁₀ の構造異性体．三通りの表し方．球棒模型(左)，空間充填模型(中央)，そして共有電子を線で表す構造(ルイス構造，右)．

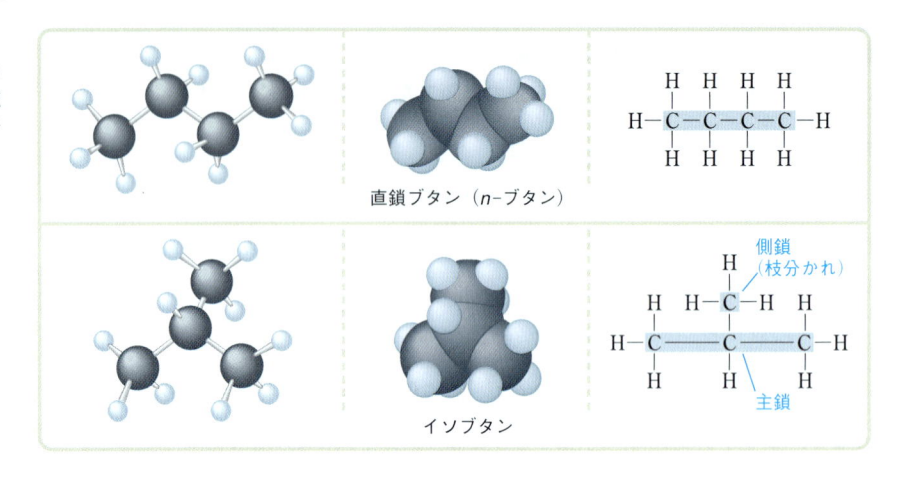

直鎖ブタン（n-ブタン）

イソブタン　側鎖（枝分かれ）　主鎖

例題 20・2 アルカンの構造異性体を書く

ペンタン C_5H_{12} の構造異性体を書け．

解答 ペンタン C_5H_{12} の異性体の構造を見つけるために，まずまっすぐな炭素鎖を書き，そこに水素原子をつけ加える．

1. 直鎖構造では，一列に並んだ5個の炭素原子に水素原子を書き加える．

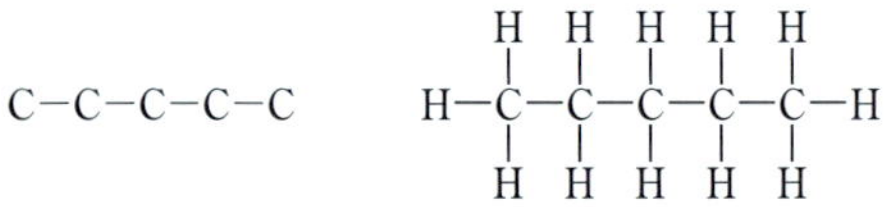

C—C—C—C—C

簡略化した書き方では

$CH_3-CH_2-CH_2-CH_2-CH_3$　あるいは　$CH_3{-}(CH_2)_3{-}CH_3$

となり，この化合物は n-ペンタンとよばれる．

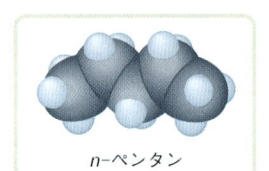

n-ペンタン

2. 主鎖から炭素原子を一つ取除き，それを主鎖の二番目の炭素に結合する．

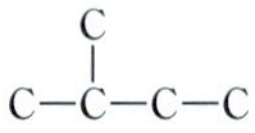

```
      C
      |
  C—C—C—C
```

次に水素原子を書き加え，それぞれの炭素が4個の結合をもつようにする．

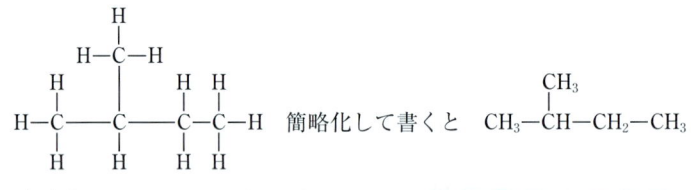

簡略化して書くと　$CH_3-CH(CH_3)-CH_2-CH_3$

この化合物はイソペンタンとよばれる．

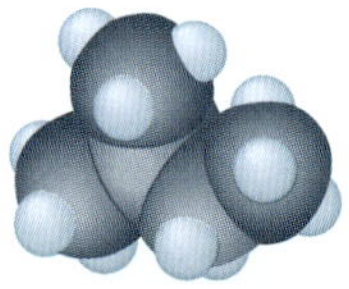

イソペンタン

3. 最後に，直鎖から炭素を2個取去って，組替え，水素原子を加える．

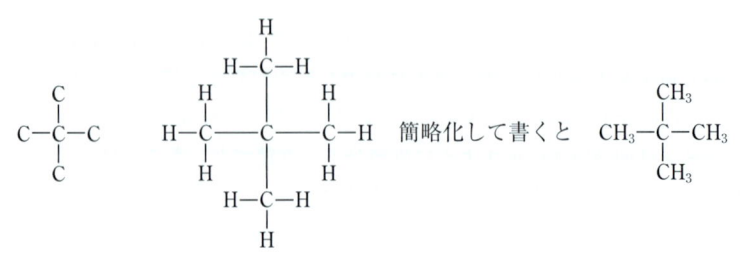

```
    C
    |
C—C—C
    |
    C
```

簡略化して書くと　$CH_3-C(CH_3)_2-CH_3$

ネオペンタン

この分子はネオペンタンとよばれる.

一見すると上記以外の異性体のように思える次の三つの構造

$$CH_3-CH_2-\underset{\underset{CH_3}{|}}{CH}-CH_3 \qquad CH_3-\underset{\underset{CH_3}{|}}{CH}-CH_2-CH_3 \qquad CH_3-CH_2-\underset{\underset{CH_3}{|}}{CH}-CH_3$$

は三つの構造すべてが，解答の2で示した構造（右）と全く同じ炭素骨格をもっており，一直線に並んだ4個の炭素と側鎖の1個の炭素からなっている．

$$C-C-C-C \\ \quad\quad | \\ \quad\quad C$$

20・4 アルカンの命名法

目的 アルカンならびに置換アルカンの命名法を学ぶ

数百万の有機化合物が存在するので，それらすべてについて慣用名を覚えることは不可能である．無機化合物に対して5章で学んだのと全く同様に，有機化合物の命名についても体系的な方法がある．まず最初にアルカンの命名に用いる原理を考え，次にそれらを一連の規則にまとめよう．

数	ギリシャ語の数詞
5	ペンタ pent-
6	ヘキサ hex-
7	ヘプタ hept-
8	オクタ oct-
9	ノナ non-
10	デカ dec-

1. アルカンの最初の四つは，メタン，エタン，プロパン，そしてブタンとよばれる．ブタン以降のアルカンの名称は，炭素原子の数に対するギリシャ語の数詞に接尾語"アン (-ane)"をつけることで得られる．

   したがって8個の炭素鎖をもつアルカンはオクタン (octane) とよばれる．

   $$CH_3CH_2CH_2CH_2CH_2CH_2CH_2CH_3 \qquad \underset{\text{8個の炭素がある}}{\text{oct}} - \underset{\text{アルカンである}}{\text{ane}}$$

   このアルカンの完全な名称は *n*-オクタンである．

2. 枝分かれのある炭化水素では，炭素原子の鎖のうち最も長い鎖をその炭化水素の語幹の名称とする．たとえば次に示すアルカンの場合には，最も長い炭素鎖は6個の炭素原子を含む鎖なのでヘキサン（6個の炭素鎖を示す）と命名する．

   $$\underset{\text{5炭素}}{CH_3-CH_2-\underset{\underset{\underset{\underset{CH_3}{|}}{CH_2}}{\underset{|}{CH_2}}}{CH}-CH_2-CH_3}$$

3. アルカンの水素原子を一つ取去り，もともと水素原子のあったところに別の炭化水素鎖を結合することができる．たとえば，次の分子

   $$H-\underset{\underset{H}{|}}{\overset{\overset{H}{|}}{C}}-\underset{\underset{H}{|}}{\overset{\overset{H}{|}}{C}}-\underset{\underset{H}{|}}{\overset{\overset{H}{|}}{C}}-\underset{\underset{(CH_3)}{|}}{\overset{\overset{H}{|}}{C}}-\underset{\underset{H}{|}}{\overset{\overset{H}{|}}{C}}-H$$

   H を CH₃ で置換する

   はペンタン（5個の炭素鎖）の一つの水素が，メタン CH₄ 分子から一つの水素を取去った CH₃ で置き換えられたものとみることができる．アルカンから水素を一つ取除いて得られる置換基を一般に**アルキル**基とよぶ．アルキル基を命名するには，そのもとになっているアルカンの名称から"アン(-ane)"を取除き"イル(-yl)"を加えればよい．したがって CH₃ は**メチル**基とよばれる．同様に，エタン

   アルキル alkyl

   メチル methyl

エチル ethyl
プロピル propyl

イソプロピル isopropyl
ブチル butyl

CH$_3$CH$_3$ から一つの水素を取去った CH$_2$CH$_3$ は**エチル**基となる．プロパン CH$_3$CH$_2$CH$_3$ の末端炭素から水素を一つ取去ると，**プロピル**基とよばれる CH$_2$CH$_2$CH$_3$ が得られる．プロパンには2種類の水素がある．そのためプロピル基は二つある．末端炭素に結合している水素の一つを取除くとプロピル基になり，中央の炭素に結合している水素を除くと**イソプロピル**基が得られる．

$$-CH_2-CH_2-CH_3 \quad \text{と} \quad H_3C-\underset{H}{\overset{|}{C}}-CH_3$$

　　プロピル基　　　　　　　　　　　イソプロピル基

ブタン CH$_3$CH$_2$CH$_2$CH$_3$ から水素を一つ取除くと**ブチル**基が得られる．ブチル基には，4種類ある．それらの構造をそれぞれの名称とともに表20・2に示す．

4. 置換基のついている位置を特定するために，最も長い炭素鎖の炭素に，枝分かれの位置（最初の置換基が現れる位置）に近いほうの端から順番に番号をつける．たとえば次の化合物は 3-メチルヘキサンとなる．

$$\underset{\underset{\text{正しい番号}\ 1\ 2\ 3\ 4\ 5\ 6}{\underset{\text{誤った番号}\ 6\ 5\ 4\ 3\ 2\ 1}{CH_3-CH_2-CH-CH_2-CH_2-CH_3}}}{\overset{\overset{CH_3\ \text{メチル基}}{|}}{}}$$

二つの番号のつけ方のうち上のほうが正しいことに注意しよう．分子の左端のほうが枝分かれに近く上の番号のつけ方では，この置換基の位置に対してより小さな番号がつく．さらに数字と置換基の名称との間にハイフンがあることにも注意しよう．

5. 同じ置換基が2箇所以上についているときには，接頭語を用いてこのことを表す．接頭語の"ジ(di-)"は同じ置換基が二つあることを示し，"トリ(tri-)"は三つあることを示す．たとえば，次の化合物はペンタンという主鎖名をもっている（最長の炭素鎖が5）．

$$\overset{1\ \ \ \ 2\ \ \ \ 3\ \ \ \ 4\ \ \ \ 5}{CH_3-CH-CH-CH_2-CH_3} \\ \ \ \ \ \ \ \ \ \ \ \ |\ \ \ \ \ | \\ \ \ \ \ \ \ \ \ \ \ CH_3\ CH_3$$

二つのメチル基を表すのに"ジ(di-)"という接頭語を用い，それらの位置を示すために番号を加える．名称は 2,3-ジメチルペンタンとなる．二つあるいはそれ以上の数字を用いるときは，数字の間にコンマを入れる．

上で述べた原理をまとめたのが次の規則である．

アルカンの命名の規則

1. 炭素原子の最長鎖を探す．この鎖（**主鎖**とよぶ）が基本となるアルカンの名称を決定する．
2. 主鎖の炭素に分岐点（最初に現れるアルキル置換基）から近いほうの端から順に番号をつける．置換基が両端から同じ番号の炭素に結合しているときには，二つ目の置換基（もしあれば）に結合している炭素により小さい位置番号がつくように番号をつける．
3. それぞれのアルキル基に対して適切な名称をつけ，主鎖のどの炭素に結合しているかを示す位置番号をつける．

主鎖 parent chain

表 20・2 一般的なアルキル基とその名称

構造[†1]	名称
$-CH_3$	メチル
$-CH_2CH_3$	エチル
$-CH_2CH_2CH_3$	プロピル
$CH_3\overset{|}{C}HCH_3$	イソプロピル
$-CH_2CH_2CH_2CH_3$	ブチル
$CH_3\overset{|}{C}HCH_2CH_3$	sec-ブチル[†2]
$-CH_2-\underset{\underset{CH_3}{|}}{\overset{\overset{H}{|}}{C}}-CH_3$	イソブチル
$-\underset{\underset{CH_3}{|}}{\overset{\overset{CH_3}{|}}{C}}-CH_3$	tert-ブチル[†2]

[†1] ーの他端に置換基が結合する．
[†2] sec- は第二級，tert- は第三級を表す．

4. 同じアルキル基が2個以上ある場合には，そのアルキル基の名称の前に接頭語〔二つの場合は"ジ(di-)"，三つの場合は"トリ(tri-)"など〕をつける．
5. アルキル基は，接頭語を無視してアルファベット順に並べる．

例題 20・3 アルカンの異性体を命名する

アルカン C_6H_{14} の構造異性体を書き，それぞれに体系化された名称をつけよ．

解答 最長鎖をもつ構造異性体から始めて，次に炭素を並べかえて，炭素鎖がより短く，枝をもった構造を順次考える．

1.
$$\overset{1}{C}H_3\overset{2}{C}H_2\overset{3}{C}H_2\overset{4}{C}H_2\overset{5}{C}H_2\overset{6}{C}H_3$$

このアルカンは同じ1本の鎖の中に6個すべての炭素をもっているのでヘキサン（正確には n-ヘキサン）とよぶ．

2. 主鎖から炭素を一つ取除き，これをメチル基として用いる．すると次の分子が得られる．

CH₃CHCH₂CH₂CH₃　炭素骨格は　C—C—C—C—C　である．
　　|　　　　　　　　　　　　　　|
　　CH₃　　　　　　　　　　　　　C

5個の炭素が最長鎖なので，基本名はペンタンである．メチル基に近い端から，すなわち左端から炭素鎖に番号をつけ，2-メチルペンタンと表す．

3. メチル基を番号3の炭素に結合させることも可能である．

CH₃CH₂CHCH₂CH₃
　　　　|
　　　　CH₃

名称は 3-メチルペンタンである．

4. 次にもとの6個の炭素鎖から2個の炭素を取除いたものを考える．

CH₃CH—CHCH₃　　この炭素骨格は　C—C—C—C　である．
　|　　|　　　　　　　　　　　　　|　|
　CH₃　CH₃　　　　　　　　　　　　C　C

この分子の最長鎖は4個の炭素をもっているので主鎖名はブタンである．2個のメチル基があるので接頭語の"ジ(di-)"を用いる．名称は 2,3-ジメチルブタンとなる．

5. 2個のメチル基を4炭素鎖の同じ炭素原子に結合させることも可能であり，この場合には次の分子が生成する．

　　　CH₃
　　　|　　　　　　　　　　　　　C
CH₃—C—CH₂CH₃　炭素骨格は　C—C—C—C　である．
　　　|　　　　　　　　　　　　　|
　　　CH₃　　　　　　　　　　　　C

名称は 2,2-ジメチルブタンとなる．

2,2-ジメチルブタン

6. 4炭素鎖にエチル基のついた次の分子について考えてみよう．

CH₃—CHCH₂CH₃　　　　　　　C—C—C—C
　　　|　　　　　　　　　　　　|
　　　CH₂　　　炭素骨格は　　　C　　　　　　である．
　　　|　　　　　　　　　　　　|
　　　CH₃　　　　　　　　　　　C

この分子に 2-エチルブタンという名称をつけてしまうのは誤りである．最長鎖には 5 個の炭素原子があることに注意しよう．

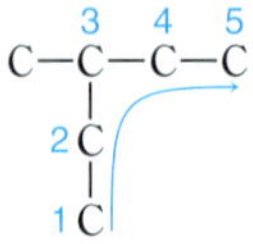

$$\underset{1}{\overset{2}{\text{C}}}\text{-}\underset{}{\overset{3}{\text{C}}}\text{-}\overset{4}{\text{C}}\text{-}\overset{5}{\text{C}}$$

炭素骨格は

$$\text{C-}\underset{1}{\text{C}}\text{-}\underset{2}{\text{C}}\text{-}\underset{3}{\overset{\text{C}}{\text{C}}}\text{-}\underset{4}{\text{C}}\text{-}\underset{5}{\text{C}}$$

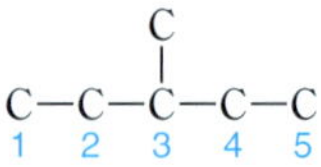

である．

実際この分子は，最長鎖が 5 個の炭素原子をもつのでペンタン（3-メチルペンタン）であり，新しい異性体ではない．

さらに，次のような構造はどうだろうか．

$$\text{CH}_3\text{-}\underset{\underset{\underset{\text{CH}_3}{|}}{\underset{\text{CH}_2}{|}}}{\overset{\overset{\text{CH}_3}{|}}{\text{C}}}\text{-CH}_3$$

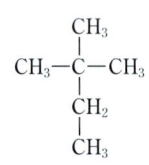

上のような書き方をすると，この分子の主鎖はプロパンのように見える．しかし，この分子は 4 個の炭素からなる最長鎖をもっており（分子を垂直方向に見よ），正しい名称は 2,2-ジメチルブタンである．

このように C_6H_{14} には 5 個の構造異性体が存在する．それらは，n-ヘキサン，2-メチルペンタン，3-メチルペンタン，2,3-ジメチルブタン，そして 2,2-ジメチルブタンである．

2,2-ジメチルブタン

Self-Check 練習問題 20・1 次の化合物の名称を書け．

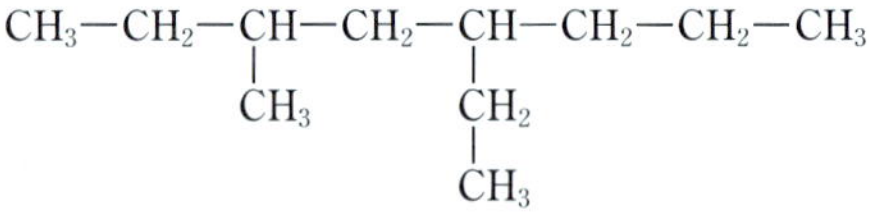

$$\text{CH}_3\text{-CH}_2\text{-}\underset{\underset{\text{CH}_3}{|}}{\text{CH}}\text{-CH}_2\text{-}\underset{\underset{\underset{\text{CH}_3}{|}}{\text{CH}_2}}{\text{CH}}\text{-CH}_2\text{-CH}_2\text{-CH}_3$$

これまでに，構造式からどのようにその化合物を命名するかについて学んだ．次に，名称からその構造式が書けるようにしよう．

例題 20・4 名称から構造式を書く

次の化合物それぞれの構造式を書け．
　　a. 4-エチル-3,5-ジメチルノナン　　b. 4-*tert*-ブチルヘプタン

解答　a. 主鎖名のノナンは 9 個の炭素鎖をもつことを示している．名称から炭素 4 にエチル基が，炭素 3 と炭素 5 にそれぞれメチル基が一つずつ結合していることがわかる．これを考慮すると次の構造式が書ける．

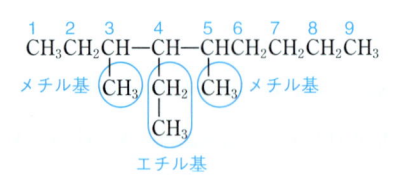

$$\overset{1}{\text{CH}_3}\overset{2}{\text{CH}_2}\overset{3}{\text{CH}}\text{-}\overset{4}{\text{CH}}\text{-}\overset{5}{\text{CH}}\overset{6}{\text{CH}_2}\overset{7}{\text{CH}_2}\overset{8}{\text{CH}_2}\overset{9}{\text{CH}_3}$$

メチル基 (CH₃)　(CH₂)　(CH₃) メチル基
　　　　　　　　CH₃
　　　　　　エチル基

b. ヘプタンという主鎖名から 7 個の炭素鎖をもつことがわかる．そして *tert*-ブチ

ル基は表 20・2 に示されている．したがって次の構造式が書ける．

$$\underset{\underset{\underset{CH_3}{|}}{\underset{H_3C-C-CH_3}{|}}}{\overset{1\ \ 2\ \ \ 3\ \ \ 4\ \ 5\ \ 6\ \ 7}{CH_3CH_2CH_2CHCH_2CH_2CH_3}}$$

20・5 アルカンの反応

目的 アルカンのさまざまな化学反応を学ぶ

　アルカンの C–C ならびに C–H 結合は比較的強いので，低温におけるアルカンの反応性はそれほど大きくない．たとえば 25℃ において，アルカンは酸や塩基，さらに酸化剤とは反応しない．この化学的な不活性さのために，アルカンは，潤滑剤の材料やプラスチックのような構造材料の基本骨格として貴重なものとなっている．

　しかし十分に高い温度では，アルカンは酸素と激しく反応する．この**燃焼反応**が，アルカンが燃料として広く用いられる理由である．たとえば，ブタンの酸素との燃焼反応は次のように表される．

燃焼反応 combustion reaction

$$2C_4H_{10}(g) + 13O_2(g) \longrightarrow 8CO_2(g) + 10H_2O(g)$$

　アルカンはその水素原子の一つあるいは二つ以上が他の原子によって置き換えられる（置換される）**置換反応**も起こす．アルカンのハロゲン分子による置換反応を次に示す．ここで，R はアルキル基を，そして X はハロゲン原子を示す．

置換反応 substitution reaction

$$R-H + X_2 \longrightarrow R-X + HX$$

たとえば，メタンは次のように塩素と連続的に反応する．

$$CH_4 + Cl_2 \xrightarrow{h\nu} \underset{クロロメタン}{CH_3Cl} + HCl$$

$$CH_3Cl + Cl_2 \xrightarrow{h\nu} \underset{ジクロロメタン}{CH_2Cl_2} + HCl$$

$$CH_2Cl_2 + Cl_2 \xrightarrow{h\nu} \underset{\underset{(クロロホルム)}{トリクロロメタン}}{CHCl_3} + HCl$$

$$CHCl_3 + Cl_2 \xrightarrow{h\nu} \underset{\underset{(四塩化炭素)}{テトラクロロメタン}}{CCl_4} + HCl$$

$h\nu$ という記号は反応のためのエネルギーを供給するために用いられる紫外光を意味する．下二つの反応の生成物には，体系化された名称とかっこ内に示した慣用名の二つがある．

上式の矢印の上に書かれている記号の $h\nu$ は，Cl–Cl 結合を切断して塩素原子を得るためのエネルギーを供給するのに紫外光が必要であることを表している．

$$Cl_2 \longrightarrow Cl\cdot + Cl\cdot$$

この塩素原子は，点で示される不対電子をもっており，そのため非常に反応性に富み C–H 結合を切断することができる．

　四つの上式の反応の生成物の名称は，存在する塩素原子の数を示す接頭語と塩素置換基を表すクロロ（chloro）ということばを組合わせて表す．メタンはただ一つの炭素しかもたないので，この場合には塩素の位置を示すための数字は必要でない．

脱水素反応 dehydrogenation reaction

アルカンは，置換反応以外に，水素原子が取除かれ不飽和炭化水素を生成する**脱水素反応**も起こす．たとえば，高温下，触媒〔酸化クロム(III)〕の存在のもと，エタンは脱水素化されエチレン C_2H_4 となる．

$$CH_3CH_3 \xrightarrow[500\ ℃]{Cr_2O_3} CH_2=CH_2 + H_2$$

エチレン

20・6 アルケンとアルキン

目的 二重結合をもつ炭化水素（アルケン）と三重結合をもつ炭化水素（アルキン）の命名法について学び，付加反応を理解する

二重結合 double bond
アルケン alkene
三重結合 triple bond
アルキン alkyne 最も簡単なアルキンはアセチレン C_2H_2 である．

アルカンから水素原子を取去ると炭素-炭素多重結合が生成する．炭素-炭素**二重結合**をもつ炭化水素は**アルケン**とよばれ，一般式 C_nH_{2n} で表される．炭素-炭素**三重結合**をもった炭化水素は**アルキン**とよばれ，一般式 C_nH_{2n-2} で表される．アルケンとアルキンは不飽和炭化水素である．

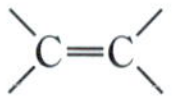

$$\ce{>C=C<}\quad \text{アルケン} \qquad -C≡C-\quad \text{アルキン}$$

最も単純なアルケンはエチレン C_2H_4 で次のルイス構造をもっている．エチレンの球棒模型を図 20・5 に示す．

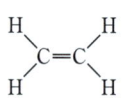

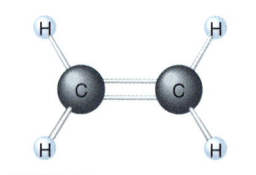

$$\underset{H}{\overset{H}{\diagdown}}C=C\underset{H}{\overset{H}{\diagup}}$$

図 20・5 エチレン（エテン）の球棒模型

エテンおよびエチンはエチレン，アセチレンでよばれることが多い．

アルケンやアルキンの命名法はアルカンの命名法と似ている．次の規則が有用である．

アセチレンガスの燃焼．アセチレンはフラスコ内でカルシウムカーバイド CaC_2 と水から生成する

アルケンとアルキンの命名の規則

1. 二重結合あるいは三重結合を含む炭素原子の最長鎖を選ぶ．
2. アルケンの場合，炭素鎖の主鎖の名称は末尾の"アン(-ane)"を"エン(-ene)"に置き換えることを除いて，アルカンの場合と同じである．アルキンでは"イン(-yne)"に置き換える．たとえば2炭素鎖の化合物は，次のようになる．

$$\underset{\text{エタン ethane}}{CH_3CH_3} \qquad \underset{\text{エテン ethene}}{CH_2=CH_2} \qquad \underset{\text{エチン ethyne}}{CH≡CH}$$

3. 二重結合あるいは三重結合に近いほうの端から主鎖に番号をつける．多重結合の位置には，その結合を形成している炭素に最も小さな番号がつくように番号をつける．たとえばブテン（butene）は次のように命名する．

$$\underset{\text{1-ブテン}}{\overset{1\ \ \ 2\ \ 3\ \ 4}{CH_2=CHCH_2CH_3}} \qquad \underset{\text{2-ブテン}}{\overset{1\ \ 2\ \ \ \ 3\ \ 4}{CH_3CH=CHCH_3}}$$

簡略化した式を書く場合には，水素はそれらが結合している炭素のすぐあとに書くことが多い．たとえば，H−C≡C−H は CH≡CH のように書く．

4. 主鎖上にある置換基はアルカンを命名する場合と同様に扱う．たとえば，$ClCH=CHCH_2CH_3$ は 1-クロロ-1-ブテンと命名する．

20・7 芳香族化合物

例題 20・5 アルケンならびにアルキンを命名する

次の分子の名称を書け．

a. CH₃CH₂CHCH=CHCH₃
        |
        CH₃

b. CH₃CH₂C≡CCHCH₂CH₃
               |
               CH₂
               |
               CH₃

解答 a. 最長鎖は 6 個の炭素原子を含んでおり，二重結合に近いほうの端から炭素に番号をつける．

    6 5 4 3   2 1
CH₃CH₂CHCH=CHCH₃
        |
        CH₃

したがって炭化水素の主鎖名は 2-ヘキセンである．番号 4 の炭素にメチル基が結合している．そこで化合物の名称は 4-メチル-2-ヘキセンとなる．

> 二重結合に含まれる二つの炭素に，より小さい番号をつけることを覚えておこう．

b. 最長炭素鎖は 7 であり，三重結合に近いほうの端から番号をつける．

    1 2 3   4 5 6 7
CH₃CH₂C≡CCHCH₂CH₃
               |
               CH₂
               |
               CH₃

番号 5 の炭素にエチル基が結合しているので，5-エチル-3-ヘプチンとなる．

> 三重結合を形成する炭素に最も小さい番号をつける．

練習問題 20・2 次の分子の名称を書け．

a. CH₃CH₂CH₂CH₂CH=CHCHCH₃
                             |
                             CH₃

b. CH₃CH₂CH₂C≡CH

Self-Check

▶アルケンの反応

アルケンならびにアルキンは不飽和なので，それらの最も重要な反応はもともと二重結合や三重結合を形成していた炭素に対して新しい原子が結合を形成する**付加反応**である．アルケンに対する付加反応は炭素-炭素二重結合を単結合に変える．たとえば，H₂ を反応物として用いる**水素化反応**では，もともと二重結合を形成していたそれぞれの炭素に水素原子が付加する．

$$\text{CH}_2\text{=CHCH}_3 + \text{H}_2 \xrightarrow{\text{触媒}} \text{CH}_3\text{CH}_2\text{CH}_3$$
      1-プロペン   プロパン

不飽和炭化水素の**ハロゲン化**はハロゲン原子の付加を含む．例を次にあげる．

$$\text{CH}_2\text{=CHCH}_2\text{CH}_2\text{CH}_3 + \text{Br}_2 \longrightarrow \text{CH}_2\text{BrCHBrCH}_2\text{CH}_2\text{CH}_3$$
    1-ペンテン   1,2-ジブロモペンタン

不飽和炭化水素のもう一つの重要な反応である**重合**については§20・12で述べる．

> 二重結合をもった分子の水素化反応は重要な工業プロセスであり，特に固体のショートニングの製造に重要である．不飽和脂肪(二重結合を含んでいる)は，室温では一般に液体であり，飽和脂肪(C-C 単結合を含んでいる)は固体である．液体の不飽和脂肪は，水素化によって固体の飽和脂肪に変換される．

付加反応 addition reaction
水素化反応 hydrogenation reaction
ハロゲン化 halogenation

重合 polymerization

20・7 芳香族化合物

目的 芳香族炭化水素について学ぶ

石油や石炭のような天然資源から炭化水素の混合物を分離する際，心地よい香りを

芳香族炭化水素 aromatic hydrocarbon

ベンゼン benzene

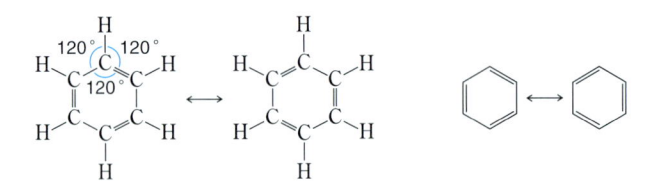

図 20・6
ベンゼン C_6H_6 の構造式．(左) ベンゼン環に対する二つのルイス構造．(右) 環は炭素や水素原子のCやHを用いずに表すのが一般的である．

図 20・7
ベンゼン環の実際の構造．結合が異なるルイス構造の組合わせであることを示すため，環の内部に円を書く．

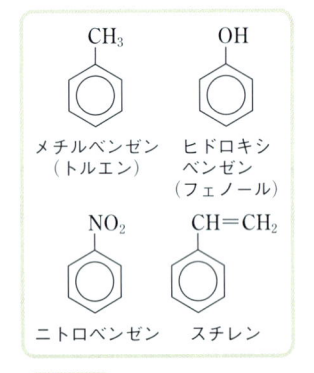

図 20・8
一般的な一置換ベンゼンの名称．（ ）内は慣用名．

フェニル基 phenyl group

放つ化合物がいくつか得られる．その香りのためにそれらは**芳香族炭化水素**とよばれている．シラタマノキやシナモン，バニリンなどを含むこれらの物質を調べると，すべてのものが**ベンゼン環**とよばれる炭素原子からなる6員環という共通の構造をもつことが明らかとなった．**ベンゼン**は分子式 C_6H_6 の化合物で，すべての結合角が 120°である平面（平らな）構造をもっている（図20・6）．

ベンゼン環の結合を考えると，二つのルイス構造式が書けることに気がつく．すなわち，図20・6に示すように二重結合を異なる位置に置くことができる．実際の結合は二つの構造の組合わせであるため，ベンゼン環はふつう正六角形の中に円を書いた形で示される（図20・7）．

置換基をもつベンゼン分子は，ベンゼン環上の一つあるいは二つ以上の水素原子を他の原子あるいは他の基で置き換えることで生成する．まず置換基を一つもったベンゼン（一置換ベンゼンとよぶ）について考えよう．

▶ **一置換ベンゼン**

一置換ベンゼンはベンゼンの接頭語として置換基の名称を用いて命名する．

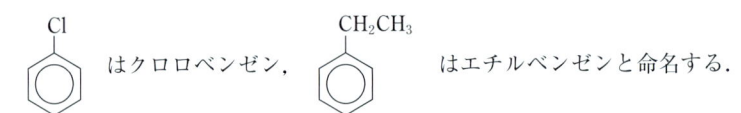

はクロロベンゼン，はエチルベンゼンと命名する．

一置換ベンゼンには体系化された名称のほかに慣用名をもつものもある．たとえばメチルベンゼンはトルエンという慣用名をもっており，ヒドロキシベンゼンはフェノールとよばれる．一置換ベンゼンの例を図20・8に示す．

ベンゼン環自体を置換基としてみて，化合物を命名するほうが便利な場合もある．たとえば，

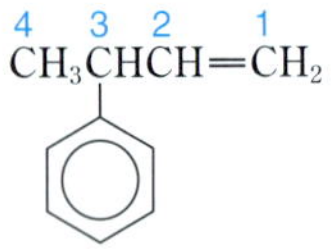

は番号3の炭素上にベンゼン環を置換基としてもつ1-ブテンと命名することができる．ベンゼン環を置換基として扱うときには，**フェニル基**とよばれる．そこでこの化合物の名称は3-フェニル-1-ブテンとなる．

▶ **二置換ベンゼン**

ベンゼン環上に二つ以上の置換基があるときは，置換基の位置を示すのに番号をつける．たとえば，次の化合物は1,2-ジクロロベンゼンと命名される．

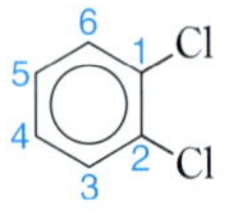

もう一つの命名法では，二つの置換基が隣り合って存在するものには接頭語のオルト-（*o*-）を，炭素を一つへだてて二つの置換基が存在するものにはメタ-（*m*-），そして互いに反対側に二つの置換基が存在するものにはパラ-（*p*-）を用いる．この方法によれば，1,2-ジクロロベンゼンは *o*-ジクロロベンゼンとよぶことができる．同様に右上の二つの化合物は，1,3-ジクロロベンゼンあるいは *m*-ジクロロベンゼン，さらに 1,4-ジクロロベンゼンあるいは *p*-ジクロロベンゼンと命名される．

　二つの異なる置換基がベンゼン環上に存在する場合には，一方の置換基が常に番号1の炭素上にあると仮定するが，この数字1は名称には入れない．たとえば，右下の化合物は，2-ブロモクロロベンゼンとよばれ，2-ブロモ-1-クロロベンゼンとはよばない．二置換ベンゼンの例を図 20・9 に示す．

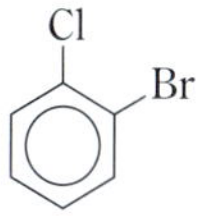

　ベンゼンは最も簡単な芳香族分子である．より複雑な芳香族化合物は多くの"縮合した"ベンゼン環から構成されるものとしてとらえることができる．例を表 20・3 に示す．

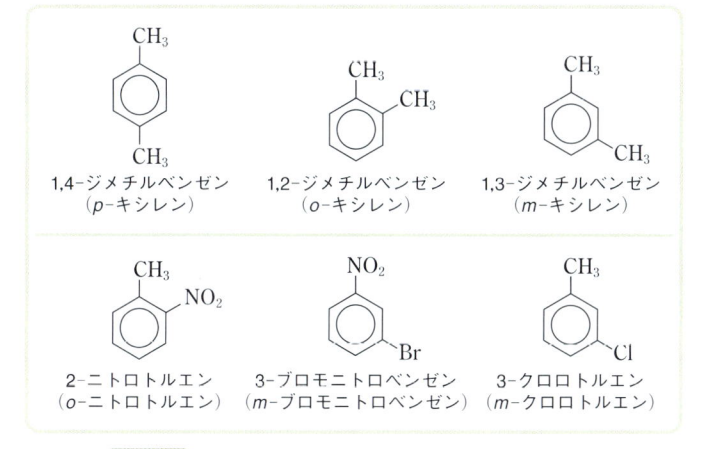

1,3-ジクロロベンゼン
m-ジクロロベンゼン

1,4-ジクロロベンゼン
p-ジクロロベンゼン

2-ブロモクロロベンゼン

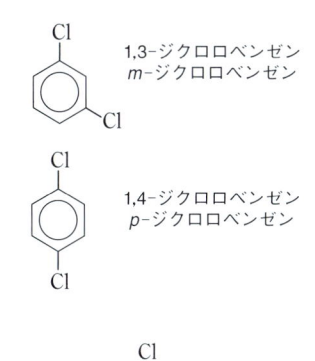

図 20・9　二置換ベンゼンとその名称．（ ）内は慣用名．

1,4-ジメチルベンゼン（*p*-キシレン）
1,2-ジメチルベンゼン（*o*-キシレン）
1,3-ジメチルベンゼン（*m*-キシレン）
2-ニトロトルエン（*o*-ニトロトルエン）
3-ブロモニトロベンゼン（*m*-ブロモニトロベンゼン）
3-クロロトルエン（*m*-クロロトルエン）

表 20・3　複雑な芳香族分子

構造と名称	用途
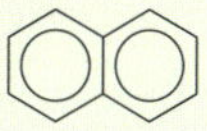 ナフタレン	以前は防虫剤として使用されていた
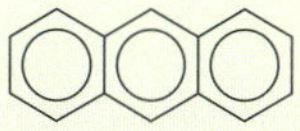 アントラセン	染料
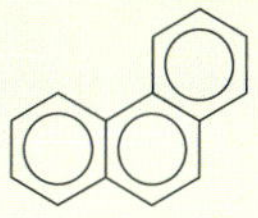 フェナントレン	染料，爆発物，ならびに薬の合成

例題 20・6　芳香族化合物を命名する

次の化合物の名称を書け．

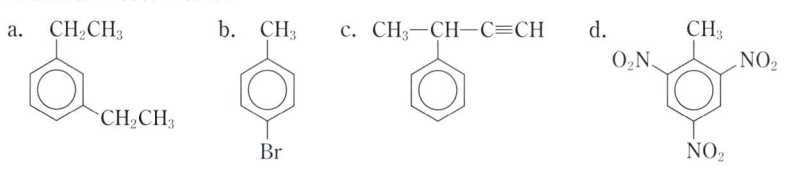

a. 1,3-ジエチルベンゼン構造
b. 4-ブロモトルエン構造
c. $CH_3-CH-C\equiv CH$ にフェニル基
d. 2,4,6-トリニトロトルエン構造

解答　a. 1 と 3（メタ-）の位置にエチル基があるので，1,3-ジエチルベンゼンあるいは *m*-ジエチルベンゼン．

　b. 右のトルエンの 4（パラ-）の位置に臭素があるので，4-ブロモトルエンあるいは *p*-ブロモトルエンとなる．

　c. フェニル基をもったブチンとして命名する．3-フェニル-1-ブチンとなる．

　d. 置換基をもったトルエン（番号 1 の炭素上に CH_3 基が結合している）としてこの化合物を命名する．すると，名称は 2,4,6-トリニトロトルエンとなる．

シナモンは芳香族炭化水素である

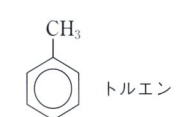

トルエン

2,4,6-トリニトロトルエンは爆発性の高い物質として一般によく知られている TNT である．

Self-Check 練習問題 20・3　次の化合物の名称を書け．

a. (NO₂, Clが付いたベンゼン環)　b. CH₃CH₂CH—CH=CHCH₃ (ベンゼン環付き)

20・8 官能基

目的　有機分子に含まれる一般的な官能基を学ぶ

　有機分子の大部分は炭素と水素以外の元素を含んでいる．しかし，これらの物質の多くは基本的には炭化水素であり，**官能基**とよばれる炭素と水素以外の原子や原子団をもつ分子，すなわち**炭化水素誘導体**とみなすことができる．一般的な官能基を表20・4に示す．そしてその官能基を含む化合物の例をそれぞれについてあげた．次の数節でこれら官能基のいくつかについて簡単に解説する．

官能基 functional group
炭化水素誘導体 hydrocarbon derivative

表 20・4　一般的な官能基

種類	官能基	一般式[1]	例
ハロゲン化炭化水素[2]	—X(F, Cl, Br, I)	R—X	CH₃I
アルコール	—OH	R—OH	CH₃OH
エーテル	—O—	R—O—R′	CH₃—O—CH₃
アルデヒド	—C(=O)—H	R—C(=O)—H	H—C(=O)—H
ケトン	—C(=O)—	R—C(=O)—R′	CH₃—C(=O)—CH₃
カルボン酸	—C(=O)—OH	R—C(=O)—OH	CH₃—C(=O)—OH
エステル	—C(=O)—O—	R—C(=O)—O—R′	CH₃—C(=O)—OCH₂CH₃
アミン	—NH₂	R—NH₂	CH₃NH₂

[1]　RおよびR′は炭化水素の断片を示す．RとR′が同じ場合も異なる場合もある．
[2]　ハロゲン化アルキル，ハロアルカンともよばれる．

化学こぼれ話　　シロアリ防虫剤

　シロアリは，われわれが防虫剤として使用しているナフタレンで巣を薫蒸して，病原菌や肉食性のアリや他の有害な虫たちを近づけないようにしている．

　シロアリは，だ液と排泄物で，かみくだいた木材を使って，地下回廊をつくる．この"接着剤（カートンとよばれる）"にはかなりの量のナフタレンが含まれており，このナフタレンが地下トンネルの空気中に蒸発，浸透していく．ナフタレンの源が何であるかはわかっていないが，シロアリの食物からの代謝物かあるいは，巣の中にいる生物から出されるカートンに由来するものと考えられている．ナフタレンの源が何であるかにかかわりなく，この興味深い事例は，生物が自身を守るためにいかに化学を利用しているかを示している．

台湾の地下で生息するシロアリ

20・9 アルコール

目的 アルコールの命名法およびその製造法・用途について学ぶ

アルコールは，OH 基の存在で特徴づけられる．いくつかの一般的なアルコールを表 20・5 に示す．アルコールの体系化された名称は，もとになる炭化水素の語尾"ン(-e)"を"オール(-ol)"で置き換えることによって得られる．OH 基の位置はその OH 基が結合している炭素に最も小さな番号がつくように選んで（必要な場合には）番号をつける．アルコールの命名に対する規則は次のとおりである．

アルコール alcohol

アルコールの命名の規則

1. OH 基を含む炭素鎖の最長のものを選ぶ．
2. OH 基に結合している炭素に最小の番号がつくように炭素鎖に番号をつける．
3. もとになる炭化水素鎖の名称の語尾の"ン(-e)"を"オール(-ol)"に置き換えて主鎖名とする．
4. 他の置換基についてもこれまでと同様に命名する．

たとえば，次の化合物 a は主鎖がペンタン（pentane）なので，2-ペンタノール（2-pentanol）と命名する．そして b は 3-ヘキサノール（3-hexanol）と命名する．

a. CH$_3$CHCH$_2$CH$_2$CH$_3$ b. CH$_3$CH$_2$CHCH$_2$CH$_2$CH$_3$
     | |
    OH   OH

アルコールは，OH 基が結合している炭素に結合している炭化水素の断片（フラグメント，アルキル基）の数によって分類され，次の 3 種類がある．

R—CH$_2$OH   R$_2$CHOH（R, R'）   R'R''COH（R, R', R''）

第一級アルコール（R 基が一つ）　第二級アルコール（R 基が二つ）　第三級アルコール（R 基が三つ）

ここで R, R', および R''（同じであっても異なっていてもよい）は炭化水素の断片（アルキル基）を表す．

第一級 primary
第二級 secondary
第三級 tertiary

表 20・5　一般的なアルコール

構造式	体系的な名称	慣用名
CH$_3$OH	メタノール	メチルアルコール
CH$_3$CH$_2$OH	エタノール	エチルアルコール
CH$_3$CH$_2$CH$_2$OH	1-プロパノール	n-プロピルアルコール
CH$_3$CHCH$_3$ 　| 　OH	2-プロパノール	イソプロピルアルコール

例題 20・7　アルコールを命名する

次のアルコールそれぞれを体系化された名称を用いて命名せよ．またそれぞれが第一級，第二級，第三級アルコールのどれに分類されるかも答えよ．

a. CH$_3$CHCH$_2$CH$_3$　　b. ClCH$_2$CH$_2$CH$_2$OH　　c.   CH$_3$
   | |
  OH   CH$_3$CCH$_2$CH$_2$CH$_2$CH$_2$Br
                                                                          |
                                                                          OH

解答 a. 炭素鎖に番号をつける．OH 基が4炭素鎖の番号2の炭素に結合しているので，化合物名は2-ブタノールとなる．OH 基が結合している炭素に R 基が二つ（CH_3 と CH_2CH_3）結合しているので，このアルコールは**第二級**アルコールである．

$$\begin{array}{c} H \\ | \\ R-C-R' \\ | \\ OH \end{array} \qquad \begin{array}{c} 1\ 2\ 3\ 4 \\ CH_3CHCH_2CH_3 \\ | \\ OH \end{array} \qquad \begin{array}{c} H \\ | \\ CH_3-C-CH_2CH_3 \\ | \\ OH \\ R \qquad R' \end{array}$$

b. 炭素鎖に番号をつける．アルコールを命名する際には，OH 基の結合している炭素に最も小さい番号をつけなければならない．化合物名は3-クロロ-1-プロパノール，**第一級**アルコールである．

$$\begin{array}{c} H \\ | \\ R-C-OH \\ | \\ H \end{array} \qquad \begin{array}{c} H \\ | \\ Cl-CH_2CH_2-C-OH \\ | \\ H \end{array}$$

OH 基の結合した炭素に結合している R 基は一つ

c. 炭素鎖に番号をつける．化合物名は6-ブロモ-2-メチル-2-ヘキサノールである．OH 基の結合している炭素に三つの R 基が結合しているので，このアルコールは**第三級**アルコールである．

$$\begin{array}{c} R' \\ | \\ R-C-R'' \\ | \\ OH \end{array} \qquad \begin{array}{c} CH_3 \\ 1\ 2\ |\ 3\ 4\ 5\ 6 \\ CH_3-C-CH_2-CH_2-CH_2-CH_2Br \\ | \\ OH \end{array}$$

メタノールは空気のない状態で木を加熱することで得られていたことから，木精ともよばれる．

重要なアルコールがたくさんあるが，なかでも最も簡単なアルコールであるメタノールとエタノールが最も商業的価値が大きい．メタノールは，ヒトにとって非常に毒性が強く，吸込むと失明や死に至る恐れがある．工業的には，一酸化炭素の水素化（$ZnO-Cr_2O_3$ の混合物を触媒とする）によって製造されている．

$$CO + 2H_2 \xrightarrow[ZnO-Cr_2O_3]{400\ ℃} CH_3OH\ (メタノール)$$

純粋なメタノールがインディ500やそれに類似のレースで走行する車のエンジンに長年にわたって使用されている．

メタノールは，酢酸や接着剤，繊維，そしてプラスチックなどの合成原料として使用されている．また，そのアンチノッキング性のために特にレース用のエンジンには有用である．排気ガス中に放出される一酸化炭素（有毒ガス）の量がガソリンの場合よりもずっと少ないために一般車にも有利である．

エタノールはビール，ワインやウイスキーなどに含まれており，トウモロコシ，オオムギ，ブドウなどに含まれるグルコース（ブドウ糖）の発酵によって製造されている．

$$C_6H_{12}O_6 \xrightarrow{酵母} 2CH_3CH_2OH + 2CO_2$$
グルコース　　　　エタノール

ガソホール gasohol

メタノールと同様にエタノールも自動車の内燃エンジンに利用することができ，現在ではふつうにガソリンに添加されガソホールとして使用されている．エタノールの商業目的の製造は，水とエチレンの反応によって行われている．

$$CH_2=CH_2 + H_2O \xrightarrow[触媒]{酸} CH_3CH_2OH$$

二つ以上の OH 基をもつアルコールもたくさんあり，最も重要なものはエチレングリコールである．この化合物は多くの車で使用されている不凍液の主要な成分であるが，有害な物質である．

最も簡単な芳香族アルコールである**フェノール**は，接着剤用のポリマーやプラスチックを製造するために使用されている．

フェノール phenol

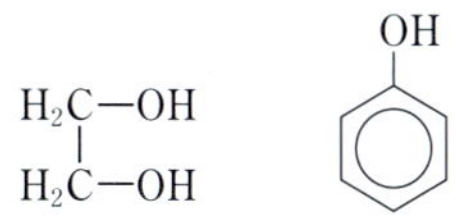

エチレングリコール　フェノール

20・10　アルデヒドとケトン

目的　アルデヒドとケトンの製法ならびに命名法を学ぶ

アルデヒドとケトンは**カルボニル基**を含んでいる．**ケトン**は，カルボニル基が二つの炭素原子と結合したもので，一般式は RCOR′ で表される．ここで R と R′ はアルキル基で，これらは同じであっても異なるものでもよい．ケトンでは，カルボニル基は決して炭化水素鎖の末端にはこない．一方，**アルデヒド**の一般式は RCHO で，カルボニル基は必ず炭化水素鎖の末端にある．カルボニル炭素原子に必ず少なくとも一つの水素が結合している．

カルボニル基 carbonyl group

ケトン ketone

アルデヒド aldehyde

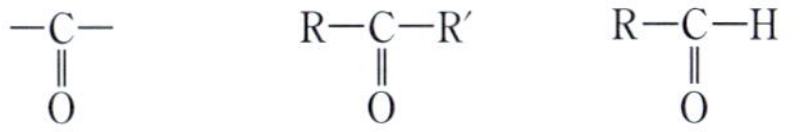

カルボニル基　　ケトン　　アルデヒド

アルデヒドとケトンは簡潔な式で示すことが多い．たとえば，ホルムアルデヒドやアセトアルデヒドは，それぞれふつう HCHO や CH$_3$CHO のように表す．アセトンはしばしば CH$_3$COCH$_3$ や (CH$_3$)$_2$CO と表される．

多くのケトンは溶媒として有用な性質をもっているため，有機化学工業においてよく使用されている．アルデヒドは独特な強いにおいをもっている（図 20・10）．

アルデヒドとケトンは一般に工業的にはアルコールの酸化によって製造される．第一級アルコールを酸化すると対応するアルデヒドが得られ，第二級アルコールを酸化するとケトンが生成する．

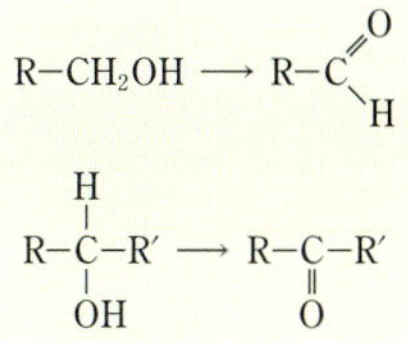

アルデヒドの体系化された名称は，もととなるアルカンの語尾 "ン(-e)" を取除き "アール(-al)" をつけ加えることで得られる．ケトンに対しては，語尾 "ン(-e)" を "オン(-one)" で置き換え，さらに必要ならばカルボニル基の位置を示す番号をつける．ケトンを含む炭素鎖に番号をつける際には，カルボニル炭素に最も小さい数字がつくように番号をつける．アルデヒドでは，カルボニル基は常に炭素鎖の末端にある

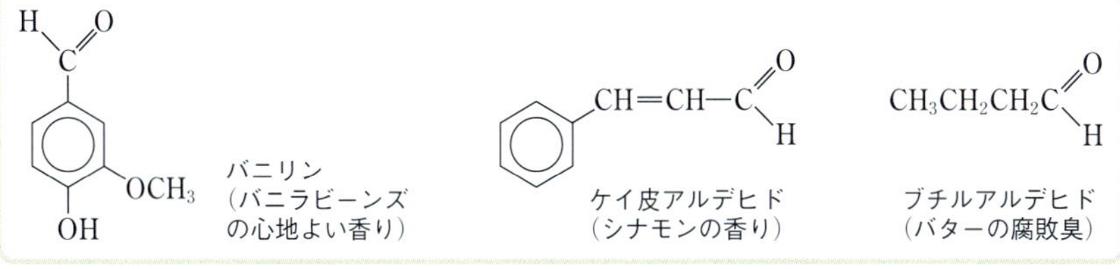

バニリン（バニラビーンズの心地よい香り）
ケイ皮アルデヒド（シナモンの香り）
ブチルアルデヒド（バターの腐敗臭）

図 20・10
一般的なアルデヒドとそれらのにおい

ので，常にアルデヒド炭素に番号1をつける．他の置換基の位置についてはこれまでどおり数字でその位置を示す．（ ）内の名称は体系化された名称よりもずっとよく用いられる慣用名である．

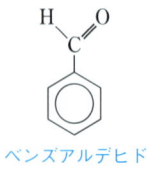

メタナール
（ホルムアルデヒド）

エタナール
（アセトアルデヒド）

3-クロロブタナール

プロパノン
（アセトン）

2-ペンタノン

ベンズアルデヒド

代表的な芳香族アルデヒドにベンズアルデヒドがある．
ケトンを命名するもう一つの方法は C=O 基に結合している置換基を特定するものである．たとえば2-ブタノンをこの方法で命名するとエチルメチルケトンもしくはメチルエチルケトン（MEK）となる．

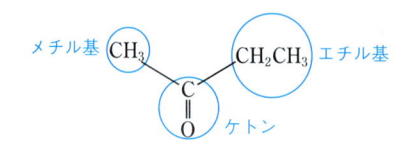

産業界では MEK(*methyl ethyl ketone*)とよばれている．

メチル基　エチル基　ケトン

例題 20・8　アルデヒドとケトンを命名する

次の分子の名称を書け．

a. $CH_3-C(=O)-CH(CH_3)_2$　（名称を二つあげよ）
b. 3-ニトロベンズアルデヒド構造
c. $CH_3CH_2-C(=O)-C_6H_5$
d. $CH_3CHClCH_2CH_2CHO$

メチル基　イソプロピル基

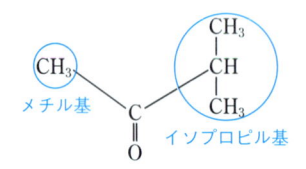

解答　a. 最長鎖は番号が2の位置に（最も小さな番号）カルボニル基を含む4炭素（ブタンが主鎖）なので，この分子は2-ブタノンである．さらにメチル基が番号3の炭素に結合しているので，全体として名称は3-メチル-2-ブタノンとなる．メチルイソプロピルケトンと命名することもできる．

b. 置換基をもったベンズアルデヒドとして命名すると（ニトロ基が番号3の炭素に結合している），3-ニトロベンズアルデヒドとなる．*m*-ニトロベンズアルデヒドとよぶこともできる．

c. ケトンとして命名すると，エチルフェニルケトンとなる．

d. 名称は4-クロロペンタナールである．アルデヒドではカルボニル基が常に炭素鎖の末端に位置し，番号1がそのアルデヒド炭素につくことに注意しよう．

20・11　カルボン酸とエステル

目的　一般的なカルボン酸の構造と名称を学ぶ

カルボン酸 carboxylic acid
カルボキシ基 carboxyl group

カルボン酸はカルボキシ基をもつ化合物である．

カルボキシ基

カルボン酸の一般式は RCOOH と表される．カルボン酸は水溶液中で弱酸性を示す．

すなわち，解離（イオン化）平衡がずっと左のほうに傾いており，RCOOH 分子の一部分だけがイオン化している．

$$RCOOH(aq) + H_2O(l) \rightleftharpoons H_3O^+(aq) + RCOO^-(aq)$$

カルボン酸の体系化された名称は，もとのアルカン（COOH 基を含む最長鎖）の母体名に"酸"をつけ加えることによって得られる．たとえば，ふつう酢酸とよばれる CH_3COOH（$HC_2H_3O_2$ とも書く）は，もとのアルカンはエタンなのでエタン酸という体系化された名称をもっている．カルボン酸はしばしば慣用名でよばれる．いくつかのカルボン酸に対する体系化された名称ならびに慣用名を表 20・6 および図 20・11 に示す．COOH 基の炭素は常に炭素鎖の番号 1 をとる．

表 20・6　カルボン酸の体系的な名称と慣用名

分子式	体系的な名称	慣用名
HCOOH	メタン酸	formic acid ギ酸
CH_3COOH	エタン酸	acetic acid 酢酸
CH_3CH_2COOH	プロパン酸	propionic acid プロピオン酸
$CH_3CH_2CH_2COOH$	ブタン酸	butyric acid 酪酸
$CH_3CH_2CH_2CH_2COOH$	ペンタン酸	valeric acid 吉草酸

図 20・11　カルボン酸の例（安息香酸，p-ニトロ安息香酸，4-ブロモペンタン酸，3-クロロプロパン酸）

カルボン酸は第一級アルコールを強い酸化剤で酸化することで製造される．たとえば，過マンガン酸カリウムを用いてエタノールを酸化すると酢酸が得られる．

$$CH_3CH_2OH \xrightarrow{KMnO_4(aq)} CH_3COOH$$
　　エタノール　　　　　　　　酢酸

カルボン酸はアルコールと反応して**エステル**と水分子を生成する．たとえば，酢酸とエタノールが反応するとエステルである酢酸エチルと水が生成する．

エステル ester

$$CH_3\overset{O}{\underset{\|}{C}}-OH + H-OCH_2CH_3 \longrightarrow CH_3\overset{O}{\underset{\|}{C}}-OCH_2CH_3 + H_2O$$
　　　　反応して水が生じる

この反応は一般的に次のように表される．

$$RCOOH + R'OH \longrightarrow RCOOR' + H_2O$$
　　酸　　　　アルコール　　エステル　　水

R-C(=O)-O-R'　酸から／アルコールから

エステルは，もとのカルボン酸のしばしば鼻を強く刺激するような際立ったにおいとは対照的に，甘い，果物のような香りをもっていることが多い．たとえば，バナナの香りは酢酸アミル，オレンジの香りは酢酸 n-オクチルに由来する．

$$CH_3\overset{O}{\underset{\|}{C}}-OCH_2CH_2CH_2CH_2CH_3 \qquad CH_3\overset{}{\underset{}{C}}-OC_8H_{17}$$
　　酢酸アミル　　　　　　　　　　　　酢酸 n-オクチル

アミル基は $CH_3CH_2CH_2CH_2CH_2-$ に対する慣用名である．

カルボン酸と同様に，エステルもしばしば慣用名でよばれる．たとえば，酢酸 CH_3COOH とイソプロピルアルコールから生成するエステルは，酢酸イソプロピルとよばれる．このエステルの体系化された名称はエタン酸イソプロピル（酢酸に対す

る体系化された名称であるエタン酸から）である．

酢酸イソプロピル

イソプロピルアルコール

アセチルサリチル酸

サリチル酸と酢酸から合成されるエステルが一般にアスピリンとして知られたアセチルサリチル酸である．工業的に大量に製造され，広く鎮痛剤（痛み止め）として使用されている．

20・12 ポリマー（高分子）

目的 いくつかの一般的なポリマーについて学ぶ

ポリマー polymer 多量体，高分子ともいう．
モノマー monomer 単量体ともいう．

ポリマー（高分子）は，モノマー（単量体）とよばれる小さな分子からつくられた大きな，ふつうは鎖状の分子である．ポリマーは合成繊維やゴム，プラスチックの主成分であり，過去50年の間に化学によってもたらされたわれわれの生活における大きな変革に先導的役割を果した．

最も単純で最もよく知られた合成高分子の一つがエチレンモノマーからつくられる**ポリエチレン**である．その構造は次のとおりである．

$$n\,CH_2=CH_2 \xrightarrow{触媒} \left(\begin{array}{cc}H&H\\|&|\\-C-C-\\|&|\\H&H\end{array}\right)_n$$

エチレン　　　ポリエチレン

n は大きな数字（ふつうは数千）

ポリエチレン型の合成高分子はクロロ，メチル，シアノやフェニルなどの置換基をもったモノマーからつくられている（表20・7）．それぞれの場合において，置換エチレンモノマーに存在した炭素-炭素二重結合はポリマーでは単結合になっている．置換基を変えることで広くバラエティーに富んだポリマーを得ることができる．

付加重合 addition polymerization

ポリエチレンは，重合反応の一種である**付加重合**によって得られる．この重合ではモノマーが単純に次つぎとつながってポリマーを生成し，それ以外の生成物は得られない．

縮合重合 condensation polymerization　重縮合ともいう．

もう一つの一般的な種類の重合は**縮合重合**とよばれるもので，ポリマー鎖が一つ伸びるごとに水のような小さな分子が生成する．縮合によって生成する最も身近なポリマーはナイロンである．ナイロンは2種類のモノマーが組合わさってポリマー鎖を形成しているので**共重合体**とよばれる（1種類のモノマーの重合によって生成するものは**単一重合体**とよぶ）．ヘキサメチレンジアミンとアジピン酸を反応させ，水分子を放出しながら C-N 結合が次つぎと生成することによって代表的なナイロンの一種が得られる．

共重合体 copolymer
単一重合体 homopolymer

ヘキサメチレンジアミン　　アジピン酸

二量体 dimer

上式で生成する**二量体**（二つのモノマーが結合したもの）は，一端にアミノ基を，

表 20・7 　一般的な合成高分子

モノマー	合成高分子	応用
エチレン　$H_2C=CH_2$	ポリエチレン　$-(CH_2-CH_2)_n-$	プラスチック配管，瓶，電気絶縁体，おもちゃ
プロピレン　$H_2C=\underset{CH_3}{C}-H$	ポリプロピレン　$-(\underset{CH_3}{CH}-CH_2\underset{CH_3}{CH}-CH_2)_n-$	包装用フィルム，カーペット，実験器具，おもちゃ
塩化ビニル　$H_2C=\underset{Cl}{C}-H$	ポリ塩化ビニル (PVC)　$-(CH_2-\underset{Cl}{CH})_n-$	管，羽目板，床のタイル，衣類，おもちゃ
アクリロニトリル　$H_2C=\underset{CN}{C}-H$	ポリアクリロニトリル (PAN)　$-(CH_2-\underset{CN}{CH})_n-$	カーペット，織物
テトラフルオロエチレン　$F_2C=CF_2$	テフロン®　$-(CF_2-CF_2)_n-$	調理器具の表面処理，電気絶縁体，ベアリング
スチレン　$H_2C=\underset{C_6H_5}{C}-H$	ポリスチレン　$-(CH_2-\underset{C_6H_5}{CH})_n-$	容器，熱絶縁体，おもちゃ
ブタジエン　$H_2C=\underset{H}{C}-\underset{H}{C}=CH_2$	ポリブタジエン　$-(CH_2CH=CHCH_2)_n-$	タイヤ，コーティング樹脂
ブタジエンとスチレン（上を参照せよ）	スチレン-ブタジエンゴム　$(CH-CH_2-CH_2-CH=CH-CH_2)_n$	合成ゴム

そしてもう一方の端にはカルボキシ基をもっているので，さらに縮合反応を起こすことができる．このように両端が他のモノマーと次つぎに反応する．この過程が繰返されることで次のような長鎖化合物が生成する．

$$-\left(\underset{H}{N}-(CH_2)_6-\underset{H}{N}-\underset{O}{\overset{O}{C}}-(CH_2)_4-\underset{O}{\overset{O}{C}}\right)_n-$$

ナイロンを生成する反応は非常に容易に起こり，よく講義の演示実験として利用されている（図 20・12）．ナイロンの性質は，用いる酸モノマーとアミンモノマーの炭素鎖の長さを変えることで変化させることができる．米国では毎年 100 万トン以上のナイロンが衣類，カーペット，ロープなどの用途のために製造されている．

図 20・12
ナイロンの生成．ナイロンを生成する反応は，ビーカーに入れた互いに混じり合わない二つの液体層の界面で起こる．下の層は塩化アジピルの CCl_4 溶液で，上の層はヘキサメチレンジアミンの水溶液である．C−N 結合が一つ生成するごとに HCl が 1 分子生成する．これが，本文中で述べたナイロンを生成する反応のひとつである．

$$n\left(HOCH_2CH_2O-H + HO-\overset{O}{\underset{}{C}}-\underset{}{\bigcirc}-\overset{O}{\underset{}{C}}-O-H\right) \longrightarrow -\left(OCH_2CH_2-O-\overset{O}{\underset{}{C}}-\underset{}{\bigcirc}-\overset{O}{\underset{}{C}}\right)_n-$$

エチレングリコール　　↓H_2O　　p-テレフタル酸　　　　　　　　　　　ダクロン®

上式の重合反応はカルボン酸とアルコールからエステル基を生成する．ダクロン® は**ポリエステル**とよばれる．それ自体単独であるいは綿と混合した形で，衣類製造における繊維に広く使用されている．

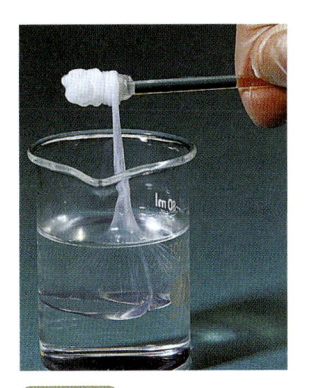

まとめ

1. 有機化学は炭素を含む化合物ならびにそれらの性質を学ぶ学問である．ほとんどの有機化合物が炭素鎖あるいは炭素の環をもっている．

2. 炭化水素は炭素と水素から構成された有機化合物である．C–C 単結合だけを含む炭化水素は飽和しており，炭素－炭素多重結合をもつ炭化水素は不飽和である．不飽和炭化水素は水素やハロゲンあるいは他の置換基を付加することによって飽和炭化水素となる．

3. すべてのアルカンは一般式 C_nH_{2n+2} で表される．メタン CH_4 が最も簡単なアルカンであり，これに続く三つの化合物は，エタン C_2H_6，プロパン C_3H_8，ブタン C_4H_{10} である．炭素原子の一列に並んだ長い鎖をもつアルカンは，直鎖アルカンとよばれる．

4. アルカンの構造異性は枝分かれ構造をもつ化合物の形成を含む．アルカンを体系的に命名する明確な規則は，置換基のついている炭素の位置を示したり，主鎖の長さを示したりすることである．

5. アルカンは二酸化炭素と水を生成する燃焼反応や，水素原子を他の原子で置き換える置換反応を起こす．また，アルカンは脱水素反応を起こし，不飽和炭化水素を生成することもできる．

6. 炭素－炭素二重結合をもつ炭化水素はアルケンという．最も単純なアルケンはエチレン C_2H_4 である．アルキンは炭素－炭素三重結合をもった不飽和炭化水素である．最も単純なアルキンはアセチレン C_2H_2 である．

7. 不飽和炭化水素は，水素化(水素原子の付加)やハロゲン化(ハロゲン原子の付加)のような付加反応を起こす．

8. 炭素と水素以外の元素を含む有機化合物は，炭化水素の誘導体すなわち官能基をもった炭化水素とみなすことができる．それぞれの官能基が特徴的な化学的性質を示す．

9. アルコールは OH 基をもっている．アルデヒドとケトンはカルボニル基をもっている．アルデヒドでは，このカルボニル基に少なくとも水素原子が一つ結合している．カルボン酸はカルボキシ基によって特徴づけられ，アルコールと反応してエステルを生成する．

10. ポリマーは，モノマーが互いに結合する付加重合あるいはモノマーが反応するたびに(水のような)小さな分子を放出していく縮合重合によって生成する．

練習問題の解答

2 章

2・1 $357 = 3.57 \times 10^2$ $0.0055 = 5.5 \times 10^{-3}$

2・2 a. 有効数字は 3 桁. 小数点より左側にある 0 は数えないが, 右側にある 0 は数える.

b. 有効数字は 5 桁. 小数点と 8 の間の 0 と 8 より右側にある二つの 0 はともに数える.

2・3 a. $12.6 \times 0.53 = 6.678 \Longrightarrow 6.7$
            規定する

b. $12.6 \times 0.53 = 6.7$, $6.7 - 4.59 = 2.11 \Longrightarrow 2.1$
       規定する   規定する

c. $25.36 - 4.15 = 21.21$ $21.21/2.317 = 9.15408 \Longrightarrow 9.154$

2・4 この問題を解くには 172 K をセルシウス温度に変換する. 式 $T_C = T_K - 273$ を用いる.

$$T_C = T_K - 273 = 172 - 273 = -101$$

これより, 172 K = $-101\ ^\circ$C で, これは $-75\ ^\circ$C より低い. したがって, 172 K は $-75\ ^\circ$C より低い.

2・5 密度は質量を体積で割ることで求められる.

密度 = 質量/体積 = 28.1 g/35.8 mL = 0.785 g/mL

この密度から, 主成分はイソプロピルアルコールである.

3 章

3・1 a と c は物理的性質. ガリウムは融解して液体となるが, 組成は変わらない. b と d では, 組成変化が起こる可能性があるので化学的性質. b では, 白金は酸素とは反応せず, 新しい物質は生じない. d では, 銅が空気中の酸素と反応して緑色の新しい物質が生じている.

3・2 a. メープルシロップは均一混合物で, 砂糖と別の物質が水に均一に分散したものである.

b. 酸素とヘリウムの混合物は均一混合物である.

c. 油と酢のサラダドレッシングは不均一混合物. ドレッシングの瓶を見てみよ. 油の層と酢の層に分かれている.

d. 塩は純物質 (塩化ナトリウム) で常に同じ組成をもつ. 食卓塩は大部分塩化ナトリウムであるが, ヨウ素など他の物質が少し加えられている. そのため食卓塩は均一混合物である.

4 章

4・1 a. P_4O_{10} b. UF_6 c. $AlCl_3$

4・2 $^{90}_{38}Sr$ では, 数字 38 は原子番号で, 原子核中の陽子の数を表す. 原子は全体として中性なので, ストロンチウム原子は 38 個の電子をもつ. 数字 90 は質量数で, 陽子と中性子の数を合わせたものである. したがって, 中性子の数は $A - Z = 90 - 38 = 52$ である.

4・3 原子 $^{201}_{80}Hg$ は 80 個の陽子, 80 個の電子, $201 - 80 = 121$ 個の中性子をもつ.

4・4 リンの原子番号は 15 であり, 質量数は $15 + 17 = 32$ である. したがって, 原子は $^{32}_{15}P$ となる.

4・5

元素	記号	原子番号	金属/非金属	族の名称
a. アルゴン	Ar	18	非金属	貴ガス
b. 塩素	Cl	17	非金属	ハロゲン
c. バリウム	Ba	56	金属	アルカリ土類金属
d. セシウム	Cs	55	金属	アルカリ金属

4・6 a. KI   b. Mg_3N_2 c. Al_2O_3

5 章

5・1 a. 酸化ルビジウム rubidium oxide

b. ヨウ化ストロンチウム strontium iodide

c. 硫化カリウム potassium sulfide

5・2 a. 化合物 $PbBr_2$ は, 2 個の Br^- の電荷を相殺するため Pb^{2+} 〔鉛(II)〕を含んでいなければならない. したがって, この化合物の名称は臭化鉛(II) 〔lead(II) bromide〕である. 化合物 $PbBr_4$ は, 4 個の Br^- の電荷を相殺するため Pb^{4+} 〔鉛(IV)〕を含んでいなければならない. したがって, この化合物の名称は臭化鉛(IV) 〔lead(IV) bromide〕となる.

b. 化合物 FeS は S^{2-} を含むので, 鉄の陽イオンは Fe^{2+} 〔鉄(II)〕でなければならない. 名称は硫化鉄(II) 〔iron(II) sulfide〕である. 化合物 Fe_2S_3 は 3 個の S^{2-} と 2 個の鉄の陽イオンを含む. 鉄の陽イオンの電荷は次のようにして決める.

$$2(?+) + 3(2-) = 0$$
鉄イオンの電荷 S^{2-} の電荷

この場合, $2(3+) + 3(2-) = 0$ より, "?" は 3 である. したがって Fe_2S_3 は Fe^{3+} と S^{2-} を生成し, 名称は硫化鉄(III) 〔iron(III) sulfide〕である.

c. 化合物 $AlBr_3$ は Al^{3+} と Br^- からなる. アルミニウムは 1 種類のイオン Al^{3+} しか生成しないので, ローマ数字は使う必要がない. 化合物の名称は臭化アルミニウム (aluminum bromide) である.

d. 化合物 Na_2S は Na^+ と S^{2-} からなる. ナトリウムは 1 種類のイオン Na^+ しか生成しないので, ローマ数字は使う必要がない. 化合物の名称は硫化ナトリウム (sodium sulfide) である.

e. 化合物 $CoCl_3$ は 3 個の Cl^- を生成する. したがって, コバルトの陽イオンは Co^{3+} でなければならない. このイオンは, コバルトが遷移金属であり 2 種類以上の陽イオンを生成するのでコバルト(III) と書く. 化合物の名称は塩化コバルト(III) 〔cobalt(III) chloride〕である.

5・3

化合物	イオンの名称	接頭語	化合物の名称
a. CCl_4	炭素 carbon	なし	四塩化炭素
	塩化物 chloride	tetra-	carbon tetrachloride
b. NO_2	窒素 nitrogen	なし	二酸化窒素
	酸化物 oxide	di-	nitrogen dioxide
c. IF_5	ヨウ素 iodine	なし	五フッ化ヨウ素
	フッ化物 fluoride	penta-	iodine pentafluoride

5・4　a. 二酸化ケイ素 silicon dioxide
　　　b. 二フッ化二酸素 dioxygen difluoride
　　　c. 六フッ化キセノン xenon hexafluoride
5・5　a. 三フッ化塩素 chlorine trifluoride
　　　b. フッ化バナジウム(V) vanadium(V) fluoride
　　　c. 塩化銅(I) copper(I) chloride
　　　d. 酸化マンガン(IV) manganese(IV) oxide
　　　e. 酸化マグネシウム magnesium oxide　f. 水 water
5・6　a. 水酸化カルシウム calcium hydroxide
　　　b. リン酸ナトリウム sodium phosphate
　　　c. 過マンガン酸カリウム potassium permanganate
　　　d. 二クロム酸アンモニウム ammonium dichromate
　　　e. 過塩素酸コバルト(II) cobalt(II) perchlorate（過塩素酸イオンは1−の電荷をもつので2個のClO_4^-の電荷を相殺するには陽イオンはCo^{2+}でなければならない）
　　　f. 塩素酸カリウム potassium chlorate
　　　g. 亜硝酸銅(II) copper(II) nitrite（この化合物は2個のNO_2^-を生成するので，陽イオンのCu^{2+}1個を含んでいなければならない）
5・7　a. 炭酸水素ナトリウム sodium hydrogen carbonate. Na^+とHCO_3^-からなる.
　　　b. 硫酸バリウム barium sulfate
　　　c. 過塩素酸セシウム cesium perchlorate
　　　d. 五フッ化臭素 bromine pentafluoride. 両方とも非金属（III型二元）
　　　e. 臭化ナトリウム sodium bromide（I型二元）
　　　f. 次亜塩素酸カリウム potassium hypochlorite
　　　g. リン酸亜鉛(II) zinc(II) phosphate. Zn^{2+}とPO_4^{3-}からなる. Znは遷移金属なので正式にはローマ数字が必要である. しかし, ZnはZn^{2+}の陽イオンしか生成しないので, 普通IIは書かない. したがって, 化合物の名称もリン酸亜鉛 zinc phosphateとするのが普通である.
5・8　a. $(NH_4)_2SO_4$　電荷を相殺するためには, 1個の硫酸イオンSO_4^{2-}に対し2個のアンモニウムイオンNH_4^+が必要である.
　　　b. VF_5　化合物はV^{5+}を生成し, 電荷を相殺するには5個のF^-が必要である.
　　　c. S_2Cl_2
　　　d. Rb_2O_2　ルビジウムは1族に属するので1+のイオンしか生成しない. 過酸化物イオンO_2^{2-}の2−を相殺するのに2個のRb^+が必要となる.
　　　e. Al_2O_3　アルミニウムは3+のイオンしか生成しない. 3個のO^{2-}の電荷を相殺するには2個のAl^{3+}が必要である.

6 章

6・1　a. $Mg(s) + H_2O(l) \longrightarrow Mg(OH)_2(s) + H_2(g)$
2族に属するマグネシウムはMg^{2+}の陽イオンになるので, 正味の電荷を0にするには2個のOH^-が必要である.
　　　b. 二クロム酸アンモニウムは, 多原子イオンであるNH_4^+と$Cr_2O_7^{2-}$を含む. NH_4^+は1+の電荷をもつので, 2−の電荷をもつ$Cr_2O_7^{2-}$1個に対して2個のNH_4^+が必要となる. したがって, その化学式は$(NH_4)_2Cr_2O_7$となる. 酸化クロム(III)は, Cr^{3+}とO^{2-}（酸化物イオン）からなる. 正味の電荷を0にするには, 酸化クロム(III)は3個のO^{2-}に対して2個のCr^{3+}を含まなければならないので, 化学式はCr_2O_3となる. 窒素ガスは二原子分子で$N_2(g)$と, 気体の水は$H_2O(g)$と書く. したがって, 二クロム酸アンモニウムの分解反応に対する釣合を無視した反応式は次のとおりである.

$$(NH_4)_2Cr_2O_7(s) \longrightarrow Cr_2O_3(s) + N_2(g) + H_2O(g)$$

　　　c. 気体のアンモニア$NH_3(g)$と気体の酸素$O_2(g)$が反応して一酸化窒素ガス$NO(g)$と気体の水$H_2O(g)$が生成する. 釣合を無視した反応式は次のとおりである.

$$NH_3(g) + O_2(g) \longrightarrow NO(g) + H_2O(g)$$

6・2　手順1　反応物はプロパン$C_3H_8(g)$と酸素$O_2(g)$で, 生成物は二酸化炭素$CO_2(g)$と気体の$H_2O(g)$である. すべての物質は気体である.

手順2　釣合を無視した反応式は次のように書ける.

$$C_3H_8(g) + O_2(g) \longrightarrow CO_2(g) + H_2O(g)$$

手順3　最も複雑な分子であるC_3H_8から始める. C_3H_8は分子1個当たり3個の炭素原子を含むので, CO_2の係数は3となる.

$$C_3H_8(g) + O_2(g) \longrightarrow 3CO_2(g) + H_2O(g)$$

また, C_3H_8は8個の水素原子を含むので, H_2Oの係数は4である必要がある.

$$C_3H_8(g) + O_2(g) \longrightarrow 3CO_2(g) + 4H_2O(g)$$

最後に酸素原子について釣合をとる. 上の式では矢印の左側には2個, 右側には10個の酸素原子がある. O_2の係数を5とすると釣合がとれる.

$$C_3H_8(g) + 5O_2(g) \longrightarrow 3CO_2(g) + 4H_2O(g)$$

手順4　確認　3C, 8H, 10O $\longrightarrow$ 3C, 8H, 10O
　　　　　　　反応物の原子　　　生成物の原子

すべての係数をある整数で割っても, より小さな整数の係数の組にならない.

6・3　a. $NH_4NO_2(s) \longrightarrow N_2(g) + 2H_2O(g)$
　　　b. $3NO(g) \longrightarrow N_2O(g) + NO_2(g)$
　　　c. $4HNO_3(l) \longrightarrow 4NO_2(g) + 2H_2O(l) + O_2(g)$

7 章

7・1　a. 反応前に水溶液中に存在するイオンは
$$\underbrace{Ba^{2+}(aq) + 2NO_3^-(aq)}_{Ba(NO_3)_2(aq) 中のイオン} + \underbrace{Na^+(aq) + Cl^-(aq)}_{NaCl(aq) 中のイオン} \longrightarrow$$

陰イオンの交換によって$BaCl_2$と$NaNO_3$が固体の生成物として考えられる. しかし, 表7・1の規則1, 2, 3から, 両者は水によく溶けるので固体は生成しないことがわかる.

　　　b. 反応前に水溶液中に存在するイオンは
$$\underbrace{2Na^+(aq) + S^{2-}(aq)}_{Na_2S(aq) 中のイオン} + \underbrace{Cu^{2+}(aq) + 2NO_3^-(aq)}_{Cu(NO_3)_2(aq) 中のイオン} \longrightarrow$$

陰イオンの交換で固体の生成物としてCuSと$NaNO_3$が考えられる. $NaNO_3$は表7・1の規則1, 2から水に可溶で, CuSは規則6より水に不溶である. したがって, CuSが沈殿する. 釣合のとれた反応式は次のようになる.

$$Na_2S(aq) + Cu(NO_3)_2(aq) \longrightarrow CuS(s) + 2NaNO_3(aq)$$

　　　c. 反応前に水溶液中に存在するイオンは
$$\underbrace{NH_4^+(aq) + Cl^-(aq)}_{NH_4Cl(aq) 中のイオン} + \underbrace{Pb^{2+}(aq) + 2NO_3^-(aq)}_{Pb(NO_3)_2(aq) 中のイオン} \longrightarrow$$

陰イオンの交換で固体の生成物としてNH_4NO_3と$PbCl_2$が考えられる. NH_4NO_3は規則1, 2から水に可溶で, $PbCl_2$は規則3

より水に不溶である．したがって，$PbCl_2$ が沈殿する．釣合のとれた反応式は次のようになる．

$2NH_4Cl(aq) + Pb(NO_3)_2(aq) \longrightarrow PbCl_2(s) + 2NH_4NO_3(aq)$

7・2 a. 化学反応式：$Na_2S(aq) + Cu(NO_3)_2(aq)$
$\longrightarrow CuS(s) + 2NaNO_3(aq)$
完全なイオン反応式：
$2Na^+(aq) + S^{2-}(aq) + Cu^{2+}(aq) + 2NO_3^-(aq)$
$\longrightarrow CuS(s) + 2Na^+(aq) + 2NO_3^-(aq)$
正味のイオン反応式：$S^{2-}(aq) + Cu^{2+}(aq) \longrightarrow CuS(s)$
b. 化学反応式：$2NH_4Cl(aq) + Pb(NO_3)_2(aq)$
$\longrightarrow PbCl_2(s) + 2NH_4NO_3(aq)$
完全なイオン反応式：
$2NH_4^+(aq) + 2Cl^-(aq) + Pb^{2+}(aq) + 2NO_3^-(aq)$
$\longrightarrow PbCl_2(s) + 2NH_4^+(aq) + 2NO_3^-(aq)$
正味のイオン反応式：$2Cl^-(aq) + Pb^{2+}(aq) \longrightarrow PbCl_2(s)$

7・3 a. 化合物 NaBr は Na^+ と Br^- からなる．ナトリウム原子は電子1個を失い（$Na \rightarrow Na^+ + e^-$），臭素原子は電子1個を得る（$Br + e^- \rightarrow Br^-$）．

$Na + Na + Br-Br \longrightarrow (Na^+Br^-) + (Na^+Br^-)$

b. 化合物 CaO は Ca^{2+} と O^{2-} からなる．カルシウム原子は電子2個を失い（$Ca \rightarrow Ca^{2+} + 2e^-$），酸素原子は電子2個を得る（$O + 2e^- \rightarrow O^{2-}$）．

$Ca + Ca + O-O \longrightarrow (Ca^{2+}O^{2-}) + (Ca^{2+}O^{2-})$

7・4 a. 酸化還元反応，燃焼反応　b. 酸化還元反応，合成反応，燃焼反応　c. 酸化還元反応，合成反応　d. 酸化還元反応，分解反応　e. 沈殿反応　f. 酸化還元反応，合成反応　g. 酸・塩基反応　h. 酸化還元反応，燃焼反応

8 章

8・1 窒素の平均原子質量は 14.01 u．換算式 N 原子1個＝14.01 u を用いて換算係数を求めて計算する．

N 原子 23 個 × (14.01 u/N 原子1個) = 322.2 u

8・2 酸素の平均原子質量は 16.00 u．換算式 O 原子1個＝16.00 u から，含まれる酸素原子の数は，

288 u × (O 原子1個/16.00 u) = O 原子 18.0 個

8・3 クロム原子を 5.00×10^{20} 個含む試料は，クロム 1 mol（6.022×10^{23} 個の原子）より少ない．1 mol に対してどれくらいの割合になるかを計算する．

5.00×10^{20} Cr 原子 $\times \dfrac{1 \text{ mol Cr}}{6.022 \times 10^{23} \text{ Cr 原子}} = 8.30 \times 10^{-4}$ mol Cr

クロム原子 1 mol の質量は 52.00 g なので，5.00×10^{20} 個の原子の質量は，

8.30×10^{-4} mol Cr $\times \dfrac{52.00 \text{ g Cr}}{1 \text{ mol Cr}} = 4.32 \times 10^{-2}$ g Cr

8・4 C_2H_3Cl 分子には，炭素2個，水素3個，塩素1個が含まれている．したがって，C_2H_3Cl 分子 1 mol は C 原子 2 mol，H 原子 3 mol，Cl 原子 1 mol からなる．

C 2 mol の質量 ＝ 2 × 12.01 ＝ 24.02 g
H 3 mol の質量 ＝ 3 × 1.008 ＝ 3.024 g
Cl 1 mol の質量 ＝ 1 × 35.45 ＝ 35.45 g
　　　　　　　　　　　　　　　　62.494 g

C_2H_3Cl のモル質量は 62.49 g（有効数字で四捨五入）

8・5 Na_2SO_4 1 mol はナトリウムイオン 2 mol と硫酸イオン 1 mol からなる．

Na^+ 2 mol の質量　＝ 2 × 22.99　　　　＝ 45.98 g
SO_4^{2-} 1 mol の質量 ＝ 32.07 + 4(16.00) ＝ 96.07 g
Na_2SO_4 1 mol の質量　　　　　　　　　　＝ 142.05 g

硫酸ナトリウムのモル質量は 142.05 g．

質量 300.0 g の硫酸ナトリウムの試料は，硫酸ナトリウムのモル質量と比べると，1 mol より多いことがわかる．300.0 g の硫酸ナトリウムが何 mol になるか計算する．

300.0 g $Na_2SO_4 \times \dfrac{1 \text{ mol } Na_2SO_4}{142.05 \text{ g } Na_2SO_4} = 2.112$ mol Na_2SO_4

8・6 まず，C_2F_4 分子 1 mol の質量（モル質量）を計算する．C_2F_4 1 mol は C 原子 2 mol と F 原子 4 mol からなる．

2 mol C × 12.01 g/mol = 24.02 g C
4 mol F × 19.00 g/mol = 76.00 g F
C_2F_4 1 mol の質量 = 100.02 g = モル質量

換算式 100.02 g C_2F_4 = 1 mol の C_2F_4 を用いて，テフロン 135 g 中の C_2F_4 の量（mol）を求める．

135 g C_2F_4 × (1 mol C_2F_4/100.02 g C_2F_4) = 1.35 mol C_2F_4

次に，換算式 1 mol = 6.022×10^{23} を用いて，テフロン 135 g 中の C_2F_4 の数を求める．

1.35 mol $C_2F_4 \times \dfrac{6.022 \times 10^{23}}{1 \text{ mol}} = 8.13 \times 10^{23}$ C_2F_4

8・7 ペニシリン F のモル質量を計算する．

C　14 mol × 12.01 g/mol ＝ 168.1 g
H　20 mol × 1.008 g/mol ＝ 20.16 g
N　2 mol × 14.01 g/mol ＝ 28.02 g
S　1 mol × 32.07 g/mol ＝ 32.07 g
O　4 mol × 16.00 g/mol ＝ 64.00 g
1 mol $C_{14}H_{20}N_2SO_4$ の質量 ＝ 312.35 g ＝ 312.4 g

C の質量パーセント ＝ $\dfrac{168.1 \text{ g C}}{312.4 \text{ g } C_{14}H_{20}N_2SO_4} \times 100\% = 53.81\%$

H の質量パーセント ＝ $\dfrac{20.16 \text{ g H}}{312.4 \text{ g } C_{14}H_{20}N_2SO_4} \times 100\% = 6.453\%$

N の質量パーセント ＝ $\dfrac{28.02 \text{ g N}}{312.4 \text{ g } C_{14}H_{20}N_2SO_4} \times 100\% = 8.969\%$

S の質量パーセント ＝ $\dfrac{32.07 \text{ g S}}{312.4 \text{ g } C_{14}H_{20}N_2SO_4} \times 100\% = 10.27\%$

O の質量パーセント ＝ $\dfrac{64.00 \text{ g O}}{312.4 \text{ g } C_{14}H_{20}N_2SO_4} \times 100\% = 20.49\%$

確認：パーセントの合計は 99.99% である．

8・8 手順 1　0.6884 g Pb と 0.2356 g Cl
手順 2　0.6884 g Pb × (1 mol Pb/207.2 g Pb) = 0.003322 mol Pb
　　　　0.2356 g Cl × (1 mol Cl/35.45 g Cl) = 0.006646 mol Cl
手順 3　0.003322 mol Pb/0.003322 = 1.000 mol Pb
　　　　0.006646 mol Cl/0.003322 = 2.001 mol Cl

これらの数字はきわめて整数に近い．したがって手順 4 は不必要．組成式は $PbCl_2$．

8・9 手順 1　0.8007 g C，0.9333 g N，0.2016 g H，2.133 g O
手順 2　0.8007 g C × (1 mol C/12.01 g C) = 0.06667 mol C
　　　　0.9333 g N × (1 mol N/14.01 g N) = 0.06662 mol N
　　　　0.2016 g H × (1 mol H/1.008 g H) = 0.2000 mol H
　　　　2.133 g O × (1 mol O/16.00 g O) = 0.1333 mol O
手順 3　0.06667 mol C/0.06662 = 1.001 mol C
　　　　0.06662 mol N/0.06662 = 1.000 mol N

0.2000 mol H/0.06662 ＝ 3.002 mol H
0.1333 mol O/0.06662 ＝ 2.001 mol O

組成式は CNH_3O_2.

8・10 手順1 100.00 g のナイロン-6 に含まれる元素の質量は，63.68 g C，12.38 g N，9.80 g H，14.14 g O である．

手順2 63.68 g C ×（1 mol C/12.01 g C）＝ 5.302 mol C
12.38 g N ×（1 mol N/14.01 g N）＝ 0.8837 mol N
9.80 g H ×（1 mol H/1.008 g H）＝ 9.72 mol H
14.14 g O ×（1 mol O/16.00 g O）＝ 0.8838 mol O

手順3 5.302 mol C/0.8837 ＝ 6.000 mol C
0.8837 mol N/0.8837 ＝ 1.000 mol N
9.72 mol H/0.8837 ＝ 11.0 mol H
0.8838 mol O/0.8837 ＝ 1.000 mol O

ナイロン-6 の組成式は $C_6NH_{11}O$.

8・11 手順1 まず質量パーセントを質量（g）に変換する．化合物 100.00 g 中に，塩素 71.65 g，炭素 24.27 g，水素 4.07 g がある．

手順2 これらの質量を用いて個々の原子の物質量を計算する．
71.65 g Cl ×（1 mol Cl/35.45 g Cl）＝ 2.021 mol Cl
24.27 g C ×（1 mol C/12.01 g C）＝ 2.021 mol C
4.07 g H ×（1 mol H/1.008 g H）＝ 4.04 mol H

手順3 各物質量の値のうち最も小さい値である 2.021 ですべての物質量値を割ると，組成式 $ClCH_2$ が得られる．分子式を決定するためには，組成式の質量とモル質量を比較しなければならない．組成式 $ClCH_2$ の質量は，Cl: 35.45，C: 12.01，2H: 2×（1.008）より 49.48 である．

モル質量は 98.96 で，モル質量＝n×（組成式の質量）なので，n の値は

モル質量/組成式の質量 ＝ 98.96/49.48 ＝ 2

したがって，分子式は $(ClCH_2)_2$，すなわち $Cl_2C_2H_4$.

9 章

9・1 釣合のとれた反応式は次式となる．
$$C_3H_8(g) + 5O_2(g) \longrightarrow 3CO_2(g) + 4H_2O(g)$$

1 mol C_3H_8 ＝ 3 mol CO_2 より換算係数 3 mol CO_2/1 mol C_3H_8 なので，
4.30 mol C_3H_8 ×（3 mol CO_2/1 mol C_3H_8）＝ 12.9 mol CO_2

9・2 まず釣合のとれた反応式を書く．
$$C_3H_8(g) + 5O_2(g) \longrightarrow 3CO_2(g) + 4H_2O(g)$$

C_3H_8 のモル質量（44.09 g/mol）を使って C_3H_8 96.1 g が何 mol かを計算する．
96.1 g C_3H_8 ×（1 mol/44.09 g）＝ 2.18 mol C_3H_8

モル比の（3 mol CO_2/1 mol C_3H_8）を使って C_3H_8 2.18 mol から生じる CO_2 が何 mol かを求める．
2.18 mol C_3H_8 ×（3 mol CO_2/1 mol C_3H_8）＝ 6.54 mol CO_2

次に，CO_2 のモル質量（44.01 g/mol）を用いて生成する CO_2 の質量を計算する．
6.54 mol CO_2 ×（44.01 g CO_2/1 mol CO_2）＝ 288 g CO_2

9・3 問題9・2 と同様の手順で計算を行う．ただし，モル比は（4 mol H_2O/1 mol C_3H_8）を使う．C_3H_8 96.1 g から生成する H_2O は 157 g である．

9・4 まず釣合のとれた反応式を書く．
$$4HF(aq) + SiO_2(s) \longrightarrow SiF_4(g) + 2H_2O(l)$$

a. SiO_2 5.68 g を物質量（mol）に変換する．
5.68 g SiO_2 ×（1 mol SiO_2/60.09 g SiO_2）＝ 9.45×10^{-2} mol SiO_2

モル比（4 mol HF/1 mol SiO_2）を使って，HF の物質量を求める．
9.45×10^{-2} mol SiO_2 ×（4 mol HF/1 mol SiO_2）
 ＝ 3.78×10^{-1} mol HF

最後に，HF のモル質量を用いて HF の質量を計算する．
3.78×10^{-1} mol HF ×（20.01 g HF/1 mol HF）＝ 7.56 g HF

b. a で SiO_2 の物質量はわかっているので，釣合のとれた反応式を用いて H_2O の物質量を求める．
9.45×10^{-2} mol SiO_2 ×（2 mol H_2O/1 mol SiO_2）
 ＝ 1.89×10^{-1} mol H_2O

生成する水の質量は
1.89×10^{-1} mol H_2O ×（18.02 g H_2O/1 mol H_2O）＝ 3.41 g H_2O

9・5 CH_3OH のモル質量（32.04 g/mol）を使って CH_3OH 6.0 kg が何 mol かを計算する．
6.0×10^3 g CH_3OH ×（1 mol CH_3OH/32.04 g CH_3OH）
 ＝ 1.9×10^2 mol CH_3OH

まずモル比（1 mol CO/1 mol CH_3OH）を使って必要な CO の物質量（mol）を求める．
1.9×10^2 mol CH_3OH ×（1 mol CO/1 mol CH_3OH）
 ＝ 1.9×10^2 mol CO

CO の物質量（mol）を CO のモル質量（28.01 g/mol）を使って質量（g）に変換する．
1.9×10^2 mol CO ×（28.01 g CO/1 mol CO）
 ＝ 5.3×10^3 g CO

必要な H_2 の質量（g）はモル比（2 mol H_2/1 mol CH_3OH）と H_2 のモル質量（2.016 g/mol）を使って，CO の場合と同様の手順で求める．必要な H_2 は 7.7×10^2 g である．

9・6 釣合のとれた反応式は次式となる．
$$6Li(s) + N_2(g) \longrightarrow 2Li_3N(s)$$

制限反応物を決めるために，リチウム（モル質量＝6.941 g/mol）と窒素（モル質量＝28.02 g/mol）の質量（g）を物質量（mol）に変換する．
56.0 g Li ×（1 mol Li/6.941 g Li）＝ 8.07 mol Li
56.0 g N_2 ×（1 mol N_2/28.02 g N_2）＝ 2.00 mol N_2

釣合のとれた反応式から決まるモル比を用いて，N_2 2.00 mol と反応するのに必要なリチウムの物質量を計算する．
2.00 mol N_2 ×（6 mol Li/1 mol N_2）＝ 12.0 mol Li

N_2 2.00 mol と反応するのに必要な Li は 12.0 mol である．しかし，Li は 8.07 mol しかないので，リチウムが制限反応物となる．

リチウムが制限反応物なので，生成する Li_3N の物質量は，
8.07 mol Li ×（2 mol Li_3N/6 mol Li）＝ 2.69 mol Li_3N

Li_3N のモル質量（34.83 g/mol）を使って生成する Li_3N の質量を計算する．
2.69 mol Li_3N ×（34.83 g Li_3N/1 mol Li_3N）＝ 93.7 g Li_3N

9・7 a. 釣合のとれた反応式は次式となる．
$$TiCl_4(g) + O_2(g) \longrightarrow TiO_2(s) + 2Cl_2(g)$$

反応物の物質量は
6.71×10^3 g $TiCl_4$ ×（1 mol $TiCl_4$/189.67 g $TiCl_4$）
 ＝ 3.54×10^1 mol $TiCl_4$
2.45×10^3 g O_2 ×（1 mol O_2/32.00 g O_2）＝ 7.66×10^1 mol O_2

反応に必要な O_2 の物質量は
3.54×10^1 mol $TiCl_4$ ×（1 mol O_2/1 mol $TiCl_4$）
 ＝ 3.54×10^1 mol O_2

O_2 はもともと 7.66×10^1 mol あるので過剰にあることになり，$TiCl_4$ が制限反応物となる．

練習問題の解答 357

制限反応物である TiCl$_4$ の物質量を使って，生成物の収率が 100％（理論収量）になる反応が起こったとしたときに生じる TiO$_2$ の物質量を計算する．

3.54×10^1 mol TiCl$_4 \times$ (1 mol TiO$_2$/1 mol TiCl$_4$)
$= 3.54 \times 10^1$ mol TiO$_2$

収率 100％の TiO$_2$ の質量は

3.54×10^1 mol TiO$_2 \times$ (79.87 g TiO$_2$/1 mol TiO$_2$)
$= 2.83 \times 10^3$ g TiO$_2$

この量が理論収量である．

b. TiO$_2$ の収率が 75.0％しかないので，パーセント収率の定義を用いると次の式が得られる．

(実際の収量/2.83×10^3 g TiO$_2$) × 100％ = 75.0％収率

これを使って実際の収量を求める．

実際の収量 = $0.750 \times 2.83 \times 10^3$ g TiO$_2$ = 2.12×10^3 g TiO$_2$

10 章

10・1 28.4 J × (1 cal/4.184 J) = 6.79 cal

10・2 水 1 g の温度を 1 ℃ 上げるのにエネルギー 4.184 J が必要なので水の質量 454 g と温度差 (98.6 ℃ − 5.4 ℃ = 93.2 ℃) の積に 4.184 J を掛ける．

4.184 (J/g ℃) × 454 g × 93.2 ℃ = 1.77×10^5 J

10・3 表 10・1 より金の比熱容量は 0.13 J/g ℃ である．金 1 g の温度を 1 ℃ 上げるのにエネルギー 0.13 J が必要なので，金の質量 5.63 g と温度差 (32 ℃ − 21 ℃ = 11 ℃) の積に 0.13 J を掛ける．

0.13 (J/g ℃) × 5.63 g × 11 ℃ = 8.1 J

cal の単位に変換する．

8.1 J × (1 cal/4.184 J) = 1.9 cal

10・4 金属試料の比熱容量 s を計算し，表 10・1 を用いてこの金属が何かを調べればよい．$Q = s \times m \times \Delta T$ の両辺を試料の質量 m と ΔT で割ると s を求める式となる．

$Q/(m \times \Delta T) = s$

ここで，Q = 必要なエネルギー（熱）= 10.1 J，m = 2.8 g，ΔT = 温度変化 = 36 ℃ − 21 ℃ = 15 ℃．

したがって

$s = Q/(m \times \Delta T) = 10.1$ J/(2.8 g × 15 ℃) = 0.24 J/g ℃

表 10・1 より，この金属は銀である．

10・5 Fe 4 mol が反応すると 1652 kJ のエネルギーが放出されるので，まず Fe 1.00 g が何 mol になるかを決める必要がある．

1.00 g Fe × (1 mol/55.85 g) = 1.79×10^{-2} mol Fe
1.79×10^{-2} mol Fe × (1652 kJ/4 mol Fe) = 7.39 kJ

したがって，Fe 1.00 g が反応すると 7.39 kJ のエネルギーが熱として放出される．

10・6 最終的な反応

S(s) + O$_2$(g) ⟶ SO$_2$(g)

の反応物と生成物に着目する．二番目の式を逆にして，それに 1/2 を掛ける．ここで ΔH については，符号を逆にして値を 2 で割る．

(1/2)[2SO$_3$(g) ⟶ 2SO$_2$(g) + O$_2$(g)] ΔH = 198.2 kJ/2
SO$_3$(g) ⟶ SO$_2$(g) + (1/2)O$_2$(g) ΔH = 99.1 kJ

上の反応と最初の反応の和をとると

S(s) + (3/2)O$_2$(g) → SO$_3$(g) ΔH = −395.2 kJ
SO$_3$(g) → SO$_2$(g) + (1/2)O$_2$(g) ΔH = 99.1 kJ
────────────────────────────────
S(s) + O$_2$(g) → SO$_2$(g) ΔH = −296.1 kJ

11 章

11・1 a. ボーアの原子モデルにおいて電子が原子核のまわりを回る軌道．

b. 電子が空間である位置を占める可能性を表した三次元の確率分布図．

c. 電子の存在する確率が 90％になる空間の表面．

d. 主エネルギー準位が同じである軌道の組をいう．たとえば，主エネルギー準位 3 の場合，三つの副準位（s, p, d）がある．

11・2

元素	電子配置	ボックスダイヤグラム
		1s 2s 2p 3s 3p
Al	1s^{2}2s^{2}2p^{6}3s^{2}3p^1 [Ne]3s^{2}3p^1	[↑↓] [↑↓] [↑↓][↑↓][↑↓] [↑↓] [↑][ ][ ]
Si	[Ne]3s^{2}3p^2	[↑↓] [↑↓] [↑↓][↑↓][↑↓] [↑↓] [↑][↑][ ]
P	[Ne]3s^{2}3p^3	[↑↓] [↑↓] [↑↓][↑↓][↑↓] [↑↓] [↑][↑][↑]
S	[Ne]3s^{2}3p^4	[↑↓] [↑↓] [↑↓][↑↓][↑↓] [↑↓] [↑↓][↑][↑]
Cl	[Ne]3s^{2}3p^5	[↑↓] [↑↓] [↑↓][↑↓][↑↓] [↑↓] [↑↓][↑↓][↑]
Ar	[Ne]3s^{2}3p^6	[↑↓] [↑↓] [↑↓][↑↓][↑↓] [↑↓] [↑↓][↑↓][↑↓]

11・3 F   1s^{2}2s^{2}2p^5 あるいは [He]2s^{2}2p^5

Si   1s^{2}2s^{2}2p^{6}3s^{2}3p^2 あるいは [Ne]3s^{2}3p^2

Cs   1s^{2}2s^{2}2p^{6}3s^{2}3p^{6}4s^{2}3d^{10}4p^{6}5s^{2}4d^{10}5p^{6}6s^1 あるいは [Xe]6s^1

Pb   1s^{2}2s^{2}2p^{6}3s^{2}3p^{6}4s^{2}3d^{10}4p^{6}5s^{2}4d^{10}5p^{6}6s^{2}4f^{14}5d^{10}6p^2 あるいは [Xe]6s^{2}4f^{14}5d^{10}6p^2

I   1s^{2}2s^{2}2p^{6}3s^{2}3p^{6}4s^{2}3d^{10}4p^{6}5s^{2}4d^{10}5p^5 あるいは [Kr]5s^{2}4d^{10}5p^5

12 章

12・1 図 12・3 に示した電気陰性度の値を用いて，電気陰性度の差がより大きい原子間の結合を選べばよい（電気陰性度の値を青字で示す）．

a. H−C > H−P   b. O−I > O−F
  2.1 2.5   2.1 2.1   3.5 2.5   3.5 4.0

c. S−O > N−O   d. N−H > Si−H
  2.5 3.5   3.0 3.5   3.0 2.1   1.8 2.1

12・2 H−C̈l: あるいは H:C̈l:

12・3 手順 1   O$_3$ 3(6) = 18 価電子

手順 2   O−O−O

手順 3   Ö=Ö−Ö: と :Ö−Ö=Ö

この分子は共鳴を示す（二つの共鳴構造式をもつ）．

12・4 次ページの上の表を参照．

12・5 ルイス構造式は次のとおり（練習問題 12・4 も参照せよ）．

a. NH$_4^+$ b. SO$_4^{2-}$ c. NF$_3$

練習問題 12・4

分子あるいはイオン	価電子の総数	単結合を書く	残りの電子数	貴ガスの電子配置をとるように残りの電子を配置する	原子の電子数 原子	電子数
a. NF$_3$	5 + 3(7) = 26	F–N(–F)–F	26 − 6 = 20	:F̈–N̈–F̈: / :F̈:	N / F	8 / 8
b. O$_2$	2(6) = 12	O–O	12 − 2 = 10	:Ö=Ö:	O	8
c. CO	4 + 6 = 10	C–O	10 − 2 = 8	:C≡O:	C / O	8 / 8
d. PH$_3$	5 + 3(1) = 8	H–P(–H)–H	8 − 6 = 2	H–P̈–H / H	P / H	8 / 2
e. H$_2$S	2(1) + 6 = 8	H–S–H	8 − 4 = 4	H–S̈–H	S / H	8 / 2
f. SO$_4^{2-}$	6 + 4(6) + 2 = 32	O–S(=O)(–O)–O	32 − 8 = 24	[:Ö–S̈(–Ö:)(–Ö:)–Ö:]$^{2-}$	S / O	8 / 8
g. NH$_4^+$	5 + 4(1) − 1 = 8	H–N(–H)(–H)–H	8 − 8 = 0	[H–N(–H)(–H)–H]$^+$	N / H	8 / 2
h. ClO$_3^-$	7 + 3(6) + 1 = 26	O–Cl(–O)–O	26 − 6 = 20	[:Ö–C̈l–Ö: / :Ö:]$^-$	Cl / O	8 / 8
i. SO$_2$	6 + 2(6) = 18	O–S–O	18 − 4 = 14	Ö=S̈–Ö: と :Ö–S̈=Ö	S / O	8 / 8

d. H$_2$S   e. ClO$_3^-$ f. BeF$_2$

H–S̈–H   [:Ö–C̈l–Ö: / :Ö:]$^-$:F̈–Be–F̈:

a. NH$_4^+$ 窒素のまわりに四組の電子対がある．したがって電子対は四面体の配列をとる．四つすべての電子対が共有されているので，NH$_4^+$ の分子構造の名称は四面体形である（表12・4の3行目）．

b. SO$_4^{2-}$ 硫黄のまわりの四組の電子対は四面体の配列をとる．SO$_4^{2-}$ の分子構造は四面体形である（表12・4の3行目）．

c. NF$_3$ 窒素のまわりの四組の電子対は四面体の配列をとる．この場合，三組の電子対だけがフッ素原子と電子を共有しており，残りの一つは非共有電子対である．したがって分子構造の名称は三方錐形である（表12・4の4行目）．

d. H$_2$S 硫黄のまわりの四組の電子対は四面体の配列をとる．この場合，二組の電子対が水素原子と共有で，残り二組は非共有電子対である．したがって分子構造は折れ線形あるいはV字形である（表12・4の5行目）．

e. ClO$_3^-$ 塩素のまわりの四組の電子対は四面体の配列をとる．この場合，三組の電子対が酸素原子と共有で，残りの一つは非共有電子対である．したがって分子構造は三方錐形である（表12・4の4行目）．

f. BeF$_2$ ベリリウムのまわりの二組の電子対は直線状の配列をとる．二組の電子対がともにフッ素原子と共有されているので分子構造も直線形である（表12・4の1行目）．

13 章

13・1 最初の状態　　最終の状態
$P_1 = 635$ Torr　　$P_2 = 785$ Torr
$V_1 = 1.51$ L　　$V_2 = ?$

V_2 についてボイルの法則 $P_1V_1 = P_2V_2$ を解く．

$$V_2 = V_1 \times \frac{P_1}{P_2} = 1.51 \text{ L} \times \left(\frac{635 \text{ Torr}}{785 \text{ Torr}}\right) = 1.22 \text{ L}$$

13・2 圧力一定では，シャボン玉の内部の気体の温度が低下すると，シャボン玉は小さくなる．
$T_1 = 28\,°\text{C} = 28 + 273 = 301$ K，$T_2 = 18\,°\text{C} = 18 + 273 = 291$ K，$V_1 = 23$ cm^3 なのでシャルルの法則 $V_1/T_1 = V_2/T_2$ を用いて V_2 を求めると

$$V_2 = V_1 \times \frac{T_2}{T_1} = 23 \text{ cm}^3 \times \frac{291 \text{ K}}{301 \text{ K}} = 22 \text{ cm}^3$$

13・3 二つの試料の温度と圧力は同じなので，アボガドロの法則 $V_1/n_1 = V_2/n_2$ を用いる．次の条件が与えられている．

試料 1　　試料 2
$V_1 = 36.7$ L　　$V_2 = 16.5$ L
$n_1 = 1.5$ mol　　$n_2 = ?$

n_2（試料 2 の N$_2$ の物質量）について解くと，

$$n_2 = n_1 \times \frac{V_2}{V_1} = 1.5 \text{ mol} \times \frac{16.5 \text{ L}}{36.7 \text{ L}} = 0.67 \text{ mol}$$

13・4 $P = 1.00$ atm，$V = 2.70 \times 10^6$ L，$n = 1.10 \times 10^5$ mol の条件が与えられている．理想気体の法則 $PV = nRT$ の両辺を

nR で割ることによって T を求める.

$$T = \frac{PV}{nR} = \frac{(1.00 \text{ atm})(2.70 \times 10^6 \text{ L})}{(1.10 \times 10^5 \text{ mol})\left(0.08206 \dfrac{\text{L atm}}{\text{K mol}}\right)} = 299 \text{ K}$$

ヘリウムの温度は 299 K あるいは 299 − 273 = 26 ℃ である.

13・5 ラドンの試料について, $n = 1.5$ mol, $V = 21.0$ L, $T = 33$ ℃ = 33 + 273 = 306 K の条件が与えられている. 理想気体の法則 $PV = nRT$ の両辺を V で割ることによって P を求める.

$$P = \frac{nRT}{V} = \frac{(1.5 \text{ mol})\left(0.08206 \dfrac{\text{L atm}}{\text{K mol}}\right)(306 \text{ K})}{21.0 \text{ L}} = 1.8 \text{ atm}$$

13・6 理想気体の法則を用い, 量の変化するものを変化しないものから分離する (式の反対側にそれぞれをまとめる). この問題では, 体積と温度が変化し, 物質量と圧力 (ともちろん R も) は一定である. したがって $PV = nRT$ を $V/T = nR/P$ と変形すると

$$V_1/T_1 = nR/P, \quad V_2/T_2 = nR/P$$

となる. 両者をまとめると

$$V_1/T_1 = nR/P = V_2/T_2$$

となる.

与えられた条件は, $T_1 = 5$ ℃ = 5 + 273 = 278 K, $V_1 = 3.8$ L, $T_2 = 86$ ℃ = 86 + 273 = 359 K である. したがって, V_2 は次式で求める.

$$V_2 = \frac{T_2 V_1}{T_1} = \frac{(359 \text{ K})(3.8 \text{ L})}{278 \text{ K}} = 4.9 \text{ L}$$

13・7 $P_1 = 0.747$ atm, $T_1 = 13$ ℃ = 13 + 273 = 286 K, $V_1 = 11.0$ L, $P_2 = 1.18$ atm, $T_2 = 56$ ℃ = 56 + 273 = 329 K の条件が与えられている. この問題では物質量が一定なので,

$$P_1 V_1 / T_1 = nR, \quad P_2 V_2 / T_2 = nR$$

となる. 両者をまとめると

$$P_1 V_1 / T_1 = P_2 V_2 / T_2$$

となる. この式を V_2 に対して解く.

$$V_2 = V_1 \times \frac{T_2}{T_1} \times \frac{P_1}{P_2}$$
$$= (11.0 \text{ L}) \left(\frac{329 \text{ K}}{286 \text{ K}}\right) \left(\frac{0.747 \text{ atm}}{1.18 \text{ atm}}\right)$$
$$= 8.01 \text{ L}$$

13・8 気体を扱うときの常道として理想気体の法則 $PV = nRT$ を用いればよい. まず与えられている条件は, $P = 0.91$ atm $= P_{全圧}$, $V = 2.0$ L, $T = 25$ ℃ = 25 + 273 = 298 K である. これらの条件から混合物中の気体の物質量 $n_{合計} = n_{N_2} + n_{O_2}$ を求める.

$$n_{合計} = \frac{P_{全圧} V}{RT} = 0.074 \text{ mol}$$

N_2 が 0.050 mol 存在することがわかっているので, $n_{合計} = n_{N_2} + n_{O_2} = 0.074$ mol に $n_{N_2} = 0.050$ mol を代入することで存在する O_2 の物質量を求める.

$$0.050 \text{ mol} + n_{O_2} = 0.074 \text{ mol}$$
$$n_{O_2} = 0.074 \text{ mol} - 0.050 \text{ mol} = 0.024 \text{ mol}$$

こうして存在する酸素の物質量がわかったので, 理想気体の法則から酸素の分圧を求めることができる.

$$P_{O_2} = \frac{n_{O_2} RT}{V} = 0.29 \text{ atm}$$

13・9 0.500 L, 25 ℃ (25 + 273 = 298 K), 全圧 0.950 atm が与えられている. この全圧のうち 24 Torr が水蒸気圧によるものである.

$$P_{全圧} = P_{H_2} + P_{H_2O} = 0.950 \text{ atm}$$
$$\phantom{P_{全圧} = P_{H_2} + }{}_{24 \text{ Torr}}$$

から H_2 の分圧を求めることができる. 計算をする前に, 圧力の単位を揃えるため, P_{H_2O} を atm 単位に変換する.

$$24 \text{ Torr} \times \frac{1.000 \text{ atm}}{760 \text{ Torr}} = 0.032 \text{ atm}$$

したがって,

$$P_{全圧} = P_{H_2} + P_{H_2O} = 0.950 \text{ atm} = P_{H_2} + 0.032 \text{ atm}$$
$$P_{H_2} = 0.950 \text{ atm} - 0.032 \text{ atm} = 0.918 \text{ atm}$$

こうして水素気体の分圧がわかったので, 理想気体の法則を用いて H_2 の物質量を求めることができる.

$$n_{H_2} = \frac{P_{H_2} V}{RT} = 0.0188 \text{ mol} = 1.88 \times 10^{-2} \text{ mol}$$

この気体試料は 1.88×10^{-2} mol の水素を含み, 0.918 atm の分圧を示す.

13・10 次の手順に従ってこの問題を解く.

| 亜鉛の g 数 | → | 亜鉛の物質量 | → | H_2 の物質量 | → | H_2 の体積 |

手順 1 亜鉛原子のモル質量 (65.38 g/mol) を用いて亜鉛 26.5 g の物質量を求める.

$$26.5 \text{ g Zn} \times (1 \text{ mol Zn}/65.38 \text{ g Zn}) = 0.405 \text{ mol Zn}$$

手順 2 次に釣合のとれた式を用いて生成する H_2 の物質量を求める.

$$0.405 \text{ mol Zn} \times 1 \text{ mol H}_2/1 \text{ mol Zn} = 0.405 \text{ mol H}_2$$

手順 3 H_2 の物質量がわかったので理想気体の法則を用いて H_2 の体積を求める. ここで, $P = 1.50$ atm, $n = 0.405$ mol, $R = 0.08206$ L atm/K mol, $T = 19$ ℃ = 19 + 273 = 292 K である.

水素の体積 $\qquad V = nRT/P = 6.47$ L

13・11 この問題を解くのに最も簡便な方法は標準状態におけるモル体積を使用するものである. まず, 存在する NH_3 の物質量を求めるために理想気体の法則 $n = PV/RT$ を用いる. ここで $P = 15.0$ atm, $V = 5.00$ L, $T = 25$ ℃ + 273 = 298 K を代入すると, n が得られる.

$$n = 3.07 \text{ mol}$$

標準状態のもとでは気体/mol は 22.4 L の体積を占める. したがって 3.07 mol の気体は

$$3.07 \text{ mol} \times \frac{22.4 \text{ L}}{1 \text{ mol}} = 68.8 \text{ L}$$

の体積を占める. 標準状態のもとでアンモニアの体積は 68.8 L である.

14 章

14・1 氷をとかすのに必要なエネルギーは

$$15 \text{ g H}_2\text{O} \times \frac{1 \text{ mol H}_2\text{O}}{18 \text{ g H}_2\text{O}} = 0.83 \text{ mol H}_2\text{O}$$

$$0.83 \text{ mol H}_2\text{O} \times 6.02 \text{ kJ/mol H}_2\text{O} = 5.0 \text{ kJ}$$

水を 0 ℃ から 100 ℃ まで加熱するのに要するエネルギーは

$$4.18 \text{ J/g ℃} \times 15 \text{ g} \times 100 \text{ ℃} = 6270 \text{ J} = 6.3 \text{ kJ}$$

水を 100 ℃ で蒸発させるのに要するエネルギーは

$$0.83 \text{ mol H}_2\text{O} \times 40.6 \text{ kJ/mol H}_2\text{O} = 34 \text{ kJ}$$

必要とされる総エネルギー量は

$$5.0 \text{ kJ} + 6.3 \text{ kJ} + 34 \text{ kJ} = 45 \text{ kJ}$$

である.

14・2 a. 分子性固体 (SO_3 分子を含む)

b. イオン性固体（Ba^{2+} と O^{2-} を含む）
c. 原子性固体（Au 原子を含む）

15 章

15・1 溶液の質量が 135 g で溶質の質量が 4.73 g なので

$$\text{質量パーセント} = \frac{\text{溶質の質量}}{\text{溶液の質量}} \times 100\% = \frac{4.73 \text{ g}}{135 \text{ g}} \times 100\%$$
$$= 3.50\%$$

15・2 質量パーセントの定義から

$$\frac{\text{溶質の質量}}{\text{溶液の質量}} = \frac{\text{溶質のグラム数}}{\text{溶質のグラム数} + \text{溶媒のグラム数}} \times 100\%$$
$$= 40.0\%$$

溶質（ホルムアルデヒド）425 g を代入すると

$$\frac{425 \text{ g}}{425 \text{ g} + \text{溶媒のグラム数}} \times 100\% = 40.0\%$$

となる．この式を変形すると

$$(425 \text{ g} + \text{溶媒のグラム数}) = \frac{425 \text{ g} \times 100\%}{40.0\%} = 1062.5 \text{ g}$$

溶媒のグラム数について解くと，

溶媒のグラム数 = 1062.5 − 425 = 637.5 g となり必要な水の質量は 638 g である．

15・3 エタノールの物質量はそのモル質量（46.1 g/mol）から求められる．101 mL は 0.101 L である．

$$1.00 \text{ g } C_2H_5OH \times \frac{1 \text{ mol } C_2H_5OH}{46.1 \text{ g } C_2H_5OH} = 2.17 \times 10^{-2} \text{ mol } C_2H_5OH$$

$$C_2H_5OH \text{ のモル濃度} = \frac{C_2H_5OH \text{ の物質量}}{\text{水溶液のリットル数}}$$
$$= \frac{2.17 \times 10^{-2} \text{ mol}}{0.101 \text{ L}}$$
$$= 0.215 \text{ M}$$

15・4 Na_2CO_3 と $Al_2(SO_4)_3$ を水に溶かすと，次のようにイオンを生成する．

$$Na_2CO_3(s) \xrightarrow{H_2O(l)} 2Na^+(aq) + CO_3^{2-}(aq)$$

$$Al_2(SO_4)_3(s) \xrightarrow{H_2O(l)} 2Al^{3+}(aq) + 3SO_4^{2-}(aq)$$

したがって Na_2CO_3 の 0.10 M 水溶液中の Na^+ の濃度は 2×0.10 M = 0.20 M で，CO_3^{2-} の濃度は 0.10 M である．$Al_2(SO_4)_3$ の 0.010 M 水溶液中の Al^{3+} の濃度は 2×0.010 M = 0.020 M で，SO_4^{2-} の濃度は 3×0.010 M = 0.030 M である．

15・5 固体の $AlCl_3$ を水に溶かすと，次のようにイオンを生成する．

$$AlCl_3(s) \xrightarrow{H_2O(l)} Al^{3+}(aq) + 3Cl^-(aq)$$

したがって，$AlCl_3$ の 1.0×10^{-3} M 水溶液は Al^{3+} を 1.0×10^{-3} M，Cl^- を 3.0×10^{-3} M 含む．

$AlCl_3$ の 1.0×10^{-3} M 水溶液 1.75 L 中に含まれる Cl^- の物質量を求めるにはモル濃度に体積を掛ける．

$$1.75 \text{ L} \times 3.0 \times 10^{-3} \text{ M } Cl^- = 1.75 \text{ L} \times (3.0 \times 10^{-3} \text{ mol/L } Cl^-)$$
$$= 5.25 \times 10^{-3} \text{ mol } Cl^-$$
$$= 5.3 \times 10^{-3} \text{ mol } Cl^-$$

15・6 まず最初にホルマリン 12.3 M 溶液 2.5 L 中に含まれるホルムアルデヒドの物質量を求める．モル濃度に溶液の体積（リットル単位）を掛けると溶質の物質量が得られる．この問題では，溶液の体積は 2.5 L で，溶液の 1 L 当たりの HCHO の物質量は 12.3 mol である．

$$2.5 \text{ L} \times 12.3 \text{ mol/L HCHO} = 31 \text{ mol HCHO}$$

次に，HCHO のモル質量（30.0 g/mol）を用いて，HCHO の 31 mol をグラム数に換算する．

$$31 \text{ mol HCHO} \times \frac{30.0 \text{ g HCHO}}{1 \text{ mol HCHO}} = 9.3 \times 10^2 \text{ g HCHO}$$

したがって，ホルマリンの 12.3 M 溶液 2.5 L はホルムアルデヒドを 9.3×10^2 g 含んでいる．ホルムアルデヒドを 930 g はかりとって水に溶かし 2.5 L の溶液を調製すればよい．

15・7 $M_1 \times V_1 = M_2 \times V_2$ なので，両辺を M_1 で割ることによって V_1 を求める．M_1 = 12 mol/L，M_2 = 0.25 mol/L，V_2 = 0.75 L を代入する，

$$V_1 = \frac{M_2 \times V_2}{M_1} = \frac{0.25 \text{ mol/L} \times 0.75 \text{ L}}{12 \text{ mol/L}} = 0.016 \text{ L} = 16 \text{ mL}$$

15・8 **手順 1** Na_2SO_4 の水溶液と $Pb(NO_3)_2$ の水溶液を混ぜると，固体の $PbSO_4$ が生成する．

$$Pb^{2+}(aq) + SO_4^{2-}(aq) \longrightarrow PbSO_4(s)$$

手順 2 Pb^{2+} と SO_4^{2-} のどちらが反応を制限するイオンかをまず決定する．$Pb(NO_3)_2$ の 0.0500 M 溶液 1.25 L 中に含まれる Pb^{2+} の物質量は次式で求められる．

$$1.25 \text{ L} \times 0.0500 \text{ mol/L } Pb^{2+} = 0.0625 \text{ mol } Pb^{2+}$$

一方，Na_2SO_4 の 0.0250 M 水溶液 2.00 L 中に存在する SO_4^{2-} の物質量は次のように表される．

$$2.00 \text{ L} \times 0.0250 \text{ mol/L } SO_4^{2-} = 0.0500 \text{ mol } SO_4^{2-}$$

手順 3 Pb^{2+} と SO_4^{2-} は 1:1 の割合で反応する．両者のうち SO_4^{2-} のほうが物質量が少ないので，SO_4^{2-} が反応を制限する．

手順 4 Pb^{2+} は過剰に存在し，そのうち 0.0500 mol だけが反応し固体の $PbSO_4$ を生成する．

手順 5 $PbSO_4$ のモル質量（303.3 g/mol）を用いて $PbSO_4$ の質量を求める．

$$0.0500 \text{ mol } PbSO_4 \times \frac{303.3 \text{ g } PbSO_4}{1 \text{ mol } PbSO_4} = 15.2 \text{ g } PbSO_4$$

15・9 **手順 1** 硝酸は強酸なので，硝酸溶液は H^+ と NO_3^- を含んでいる．一方，KOH 水溶液は K^+ と OH^- を含んでいる．両者を混合すると，H^+ と OH^- が反応して水を生成する．

$$H^+(aq) + OH^-(aq) \longrightarrow H_2O(l)$$

手順 2 KOH の 0.050 M 水溶液 125 mL 中に含まれる OH^- の物質量は

$$125 \text{ mL} \times \frac{1 \text{ L}}{1000 \text{ mL}} \times \frac{0.050 \text{ mol } OH^-}{\text{L}} = 6.3 \times 10^{-3} \text{ mol } OH^-$$

手順 3 H^+ と OH^- は 1:1 の割合で反応するので，HNO_3 の 0.100 M 溶液から 6.3×10^{-3} mol の H^+ が必要である．

手順 4 したがって

$$V \times 0.100 \text{ mol/L } H^+ = 6.3 \times 10^{-3} \text{ mol } H^+$$

ここで V は必要とされる HNO_3 0.100 M 溶液のリットル単位での体積である．V を求める．

$$V = \frac{6.3 \times 10^{-3} \text{ mol } H^+}{0.100 \text{ mol } H^+/\text{L}} = 6.3 \times 10^{-2} \text{ L} = 63 \text{ mL}$$

16 章

16・1 共役酸-塩基対は，a（H_2O, H_3O^+）と d（$HC_2H_3O_2$, $C_2H_3O_2^-$）である．二組の対ともそれぞれ H^+ 一つだけが違っ

ている.

16・2 $[H^+][OH^-] = 1.0 \times 10^{-14}$ を用いて $[H^+]$ を求める.

$$[H^+] = \frac{1.0 \times 10^{-14}}{[OH^-]} = \frac{1.0 \times 10^{-14}}{2.0 \times 10^{-2}} = 5.0 \times 10^{-13}$$

この溶液は塩基性である.
$[OH^-] = 2.0 \times 10^{-2}$ M が $[H^+] = 5.0 \times 10^{-13}$ M よりも大きい.

16・3 a. $[H^+] = 1.0 \times 10^{-3}$ M から,
$$pH = -\log[H^+] = -\log[1.0 \times 10^{-3}] = 3.00$$
なので,この溶液の pH は 3 である.

b. K_w を定義する式に $[OH^-] = 5.0 \times 10^{-5}$ M を代入することで $[H^+]$ を求める.

$$[H^+] = \frac{K_w}{[OH^-]} = \frac{1.0 \times 10^{-14}}{5.0 \times 10^{-5}} = 2.0 \times 10^{-10}$$
$$pH = -\log[H^+] = -\log[2.0 \times 10^{-10}] = 9.70$$

16・4 $pOH + pH = 14.00$ から
$$pOH = 14.00 - pH = 14.00 - 3.50 = 10.5$$

16・5 $pH = 3.50 \quad -pH = -3.50$
$[H^+] = -3.50$ の逆対数 $= 3.2 \times 10^{-4}$ M

16・6 $pOH = 10.50 \quad -pOH = -10.50$
$[OH^-] = -10.50$ の逆対数 $= 3.2 \times 10^{-11}$ M

16・7 HCl は強酸なので完全に解離する.
5.0×10^{-3} M HCl $\longrightarrow 5.0 \times 10^{-3}$ M H$^+$ と 5.0×10^{-3} M Cl$^-$
したがって $[H^+] = 5.0 \times 10^{-3}$ M で,
$$pH = -\log(5.0 \times 10^{-3}) = 2.30$$

17 章

17・1 化学平衡の法則を適用する.
$$K = \frac{[NO_2]^4[H_2O]^6}{[NH_3]^4[O_2]^7}$$

17・2 a. $K = [O_2]^3$ 式に固体は含まない.
b. $K = [N_2O][H_2O]^2$ この反応の水は気体なので含まれる.
c. $K = 1/[CO_2]$ 固体は含まない.
d. $K = 1/[SO_3]$ 水と H_2SO_4 は純粋な液体なので含まない.

17・3 今にも雨が降り出しそうなとき,大気中の水蒸気の濃度が上昇する.すると平衡は右に移動し,$CoCl_2 \cdot 6H_2O(s)$ が生成し,ピンク色を呈する.

17・4 a. 変化がない.式の両辺で気体の成分の数が同じなので,平衡を移動しても系全体の圧力を変えることはできない.
b. 左へ移動する.左へ移動することによって系に含まれる気体成分の数が増え,圧力が高くなる.
c. 気体成分の数を増やし,系の圧力を高めるために右へ移動する.

17・5 a. 加えられた SO_2 を減らすように右へ移動する.
b. 除かれた SO_3 を補充するために右へ移動する.
c. 圧力を下げるように右へ移動する.
d. 右へ移動する.発熱反応なので,エネルギーは生成物とみなし,温度を下げると反応は正の方向に進行する.

17・6 a. $BaSO_4(s) \rightleftharpoons Ba^{2+}(aq) + SO_4^{2-}(aq)$
$K_{sp} = [Ba^{2+}][SO_4^{2-}]$
b. $Fe(OH)_3(s) \rightleftharpoons Fe^{3+}(aq) + 3OH^-(aq)$
$K_{sp} = [Fe^{3+}][OH^-]^3$
c. $Ag_3PO_4(s) \rightleftharpoons 3Ag^+(aq) + PO_4^{3-}(aq)$
$K_{sp} = [Ag^+]^3[PO_4^{3-}]$

17・7 $(3.9 \times 10^{-5})^2 = 1.5 \times 10^{-9} = K_{sp}$

17・8 $PbCrO_4(s) \rightleftharpoons Pb^{2+}(aq) + CrO_4^{2-}(aq)$
$[Pb^{2+}] = x, \ [CrO_4^{2-}] = x$
$K_{sp} = [Pb^{2+}][CrO_4^{2-}] = 2.0 \times 10^{-16} = x^2$
$x = [Pb^{2+}] = [CrO_4^{2-}] = 1.4 \times 10^{-8}$

18 章

18・1 a. CuO は Cu^{2+} と O^{2-} からなるので,銅が酸化され ($Cu \rightarrow Cu^{2+} + 2e^-$) 酸素が還元される ($O + 2e^- \rightarrow O^{2-}$).
b. CsF は Cs^+ と F^- からなるので,セシウムが酸化され ($Cs \rightarrow Cs^+ + e^-$),フッ素が還元される ($F + e^- \rightarrow F^-$).

18・2 a. SO_3 酸素の酸化数は -2 なので,三つの酸素原子に対しては合計 $-6(3 \times -2)$ となる.分子全体としては電荷が 0 なので,硫黄の酸化数は $+6$ である.
確認 $+6 + 3(-2) = 0$
b. SO_4^{2-} a と同様に,酸素原子の酸化数は -2 で,四つの酸素原子合計で -8 である.硫酸イオン全体の電荷は -2 なので,硫黄の酸化数は $+6$ である.
SO_4^{2-} の電荷は -2 なので,これで正しい.
c. N_2O_5 酸素は窒素よりも電気陰性度が大きいので酸素を先に考える.酸素原子の酸化数は -2 で,5 個の酸素原子合計では -10 である.N_2O_5 分子全体では電荷をもたないので 2 個の窒素原子の酸化数は 10 でなければならない.それぞれの N の酸化数は $+5$ である.
d. PF_3 フッ素の酸化数は -1 で 3 個のフッ素原子合計の酸化数は -3 である.したがって P の酸化数は $+3$ である.
e. C_2H_6 非金属化合物中の水素は常に $+1$ と認識しておけばよい.それぞれの H の酸化数は $+1$ なので 6 個の水素原子合計では $+6$ となる.したがって 2 個の炭素原子あわせて -6 の酸化数でなければならず,それぞれの炭素の酸化数は -3 となる.

18・3 反応物と生成物の元素の酸化数を比べることによってその反応が酸化還元反応かどうかわかる.

$$N_2 + 3H_2 \longrightarrow 2NH_3$$
酸化数　0　　0　　　　$-3 \ (+1) \times 3$

窒素は 0 から -3 に変化している.したがって窒素は 3 個の電子を受取ったので還元されたことになる.一方,それぞれの水素原子は 0 から $+1$ に変化しているので酸化されたことになる.反応は酸化還元反応である.酸化剤は N_2 である(H_2 から電子を受取る).還元剤は H_2 である(N_2 に電子を与える).

$$N_2 + 3H_2 \longrightarrow 2NH_3$$
　　　6e$^-$

18・4 釣合を無視した反応式は次のとおり.
$Cu(s) + HNO_3(aq) \longrightarrow Cu(NO_3)_2(aq) + H_2O(l) + NO(g)$
手順 1 酸化の半反応は次のとおりである.

$$Cu + HNO_3 \longrightarrow Cu(NO_3)_2$$
酸化数　0　$+1$ $+5$ -2　　$+2$ $+5$ -2
　　　　　　(合計 0)　　　　　(合計 0)

銅は 0 から $+2$ に変化しているので酸化されている.還元反応は次のとおりである.

$$HNO_3 \longrightarrow NO$$
酸化数　$+1$ $+5$ -2　　$+2$ -2
　　　　　(合計 0)

この場合，窒素は HNO_3 の +5 から NO の +2 に変化しており，還元されている．

手順 2 酸化の半反応の釣合をとる．
$$Cu + 2HNO_3 \longrightarrow Cu(NO_3)_2 + 2H^+ + 2e^-$$
還元の半反応の釣合をとる．
$$3e^- + 3H^+ + HNO_3 \longrightarrow NO + 2H_2O$$

手順 3 酸化の半反応に 3 を掛ける．
$$3Cu + 6HNO_3 \longrightarrow 3Cu(NO_3)_2 + 6H^+ + 6e^-$$
還元の半反応に 2 を掛けて電子の数を揃える．
$$6e^- + 6H^+ + 2HNO_3 \longrightarrow 2NO + 4H_2O$$

手順 4 両方とも 6 電子の電荷をもつ釣合のとれた二つの半反応を足し合わせる．
$$3Cu + 6HNO_3 \longrightarrow 3Cu(NO_3)_2 + 6H^+ + 6e^-$$
$$6e^- + 6H^+ + 2HNO_3 \longrightarrow 2NO + 4H_2O$$
―――――――――――――――――――
$$6e^- + 6H^+ + 3Cu + 8HNO_3 \longrightarrow$$
$$3Cu(NO_3)_2 + 2NO + 4H_2O + 6H^+ + 6e^-$$

両辺に共通の項を相殺すると釣合のとれた全体の反応式が得られる．
$$3Cu(s) + 8HNO_3(aq) \longrightarrow 3Cu(NO_3)_2(aq) + 2NO(g) + 4H_2O(l)$$

手順 5 元素と電荷を確認する．

元素　3Cu, 8H, 8N, 24O ⟶ 3Cu, 8H, 8N, 24O
電荷　　　　　　　0 ⟶ 0

20 章

20・1 5-エチル-3-メチルオクタン．

$$\underset{1}{CH_3}-\underset{2}{CH_2}-\underset{3}{CH}-\underset{4}{CH_2}-\underset{5}{CH}-\underset{6}{CH_2}-\underset{7}{CH_2}-\underset{8}{CH_3}$$

メチル (CH₃)　　(CH₂–CH₃) エチル

20・2　a. 最長鎖は二重結合を含む 8 炭素鎖なので，主鎖名はオクテンである．二重結合が炭素 3 と 4 の間に存在し，炭素 2 上にメチル基が置換しているので，名称は 2-メチル-3-オクテン．

b. 炭素 1 と 2 の間に三重結合をもつ 5 炭素鎖からなるので，名称は 1-ペンチン．

20・3　a. 2-クロロニトロベンゼンまたは *o*-クロロニトロベンゼン

b. 4-フェニル-2-ヘキセン

掲載図出典

1 章
- p. 1 章頭図：© PhotoDisc/Getty Images
- p. 3 © NASA
- p. 5 © Dr. John Brackenbury/Science Photo Library/Photo Researchers, Inc.

2 章
- p. 6 章頭図：© Masterfile
- p. 9 © NASA
- p. 10 図 2・3：© Courtesy, Mettler-Toledo
- p. 21 図 2・8：© Thomas Pantages

3 章
- p. 22 章頭図：© Frank Krahmer/Masterfile
  図 3・1：© Richard Megna/Fundamental Photographs
- p. 23 上：© Brian Parker/Tom Stack & Associates
  下：© Cengage Learning
- p. 24 © Chip Clark
- p. 26 © LiTraCon Bt 2001–2006
- p. 27 図 3・4：© Richard Megna/Fundamental Photographs

4 章
- p. 30 章頭図：© John Zoiner
  下：© The Granger Collection, New York
- p. 34 図 4・1：© Reproduced by permission, Manchester Literary and Philosophical Society
- p. 35 図 4・3：© StockFood/Getty Images
- p. 36 図 4・4：© Corbis-Bettmann
- p. 43 © API/Explorer/Photo Researchers, Inc./amanaimages
- p. 44 © E. R. Degginger
- p. 45 図 4・14：© Cengage Learning
  図 4・16：© Frank Cox
  上：© Cengage Learning
  下：© Steve Hamblin/Alamy
- p. 49 図 4・19：© E. R. Degginger/Color-Pic, Inc.

5 章
- p. 52 章頭図：© Fred Hirschmann/Science Faction
- p. 56 © Cengage Learning
- p. 60 © Cengage Learning

6 章
- p. 68 章頭図：© Chuck Pcflcy/Tips Images
  図 6・1：© Cengage Learning
  下：© Cengage Learning
- p. 69 図 6・2：© Cengage Learning
- p. 71 図 6・4：© Richard Megna/Fundamental Photographs
  下：© Richard Megna/Fundamental Photographs
- p. 72 © Thomas Eisner

7 章
- p. 79 章頭図：© Richard Megna/Fundamental Photographs
  下：© Royalty-Free Corbis
- p. 80 図 7・1：© Richard Megna/Fundamental Photographs
- p. 85 図 7・4：© Cengage Learning
- p. 93 図 7・6：© Cengage Learning
- p. 94 図 7・7：© Cengage Learning
- p. 95 図 3：© Courtesy, Morton Thiokol

8 章
- p. 100 章頭図：© James L. Amos/ Peter Arnold
- p. 104 図 8・1：© Ken O'Donoghue
- p. 105 上：© Ken O'Donoghue
  下：© Cengage Learning
- p. 106 © Cengage Learning

9 章
- p. 124 章頭図：© Courtesy Honda Motors USA
- p. 128 © Cengage Learning
- p. 140 © Ken O'Donoghue

10 章
- p. 143 章頭図：© Raven Regan/Design Pics/Corbis
- p. 146 © Elektra Vision AG/Jupiter Images
- p. 152 © John Pinkston and Laura Stern/USGS/Menlo Park
- p. 153 © Argonne National Laboratory
- p. 158 © Stockphoto.com/David Pearce

11 章
- p. 162 章頭図：© ISS-NASA/ Science Faction
- p. 164 © Cengage Learning
- p. 167 図 11・15：© AIP Emilio Segre Visual Archives
- p. 168 © The Granger Collection/New York
- p. 181 © Eyewire/Alamy Images

12 章
- p. 184 章頭図：© Artem Oganov/Stony Brook University, New York
- p. 193 © Courtesy of the University Archives/Bancroft Library/University of California, Berkeley #UARC PIC 13:596
- p. 200 図 12・10：© Donald Clegg
- p. 201 © Frank Cox
- p. 202 図 12・11：© Frank Cox
- p. 207 © Los Alamos National Laboratory. Photo by Leroy Sanchez

13 章
- p. 211 章頭図：© AP Photo/Steve Holland
- p. 212 図 13・1：© Cengage Learning
- p. 218 © USGA photo by T. Casadevall

14 章
- p. 235 章頭図：© Vandystadt/Tips Images
- p. 243 図 14・11：© Cengage Learning
- p. 245 図 14・15 [a]：© Ken O'Donoghue; [b]：© Richard Megna/Fundamental Photographs
- p. 247 © Cengage Learning

15 章
- p. 249 章頭図：© Shutterstock
- p. 251 © AP Photo/Science & Technology Ministry
- p. 257 © Tom Pantages
- p. 260 © Tom Pantages
- p. 261 © Richard Megna/Fundamental Photographs
- p. 263 © Richard Megna/Fundamental Photographs

16 章
- p. 266 章頭図：© Witold Skrypczak/SuperStock
- p. 269 © Cengage Learning
- p. 270 © Cengage Learning
- p. 274 図 16・4：© Ken O'Donoghue
  図 16・5：© Cengage Learning
- p. 275 左：© Royalty-free Corbis
  右：© Neil Holmes/Homes Garden Photos/Alamy
- p. 276 © Andrew Syred/Science Photo Library/Photo Researchers, Inc./amanaimages
- p. 277 © Agricultural Research Service/USDA

17 章
- p. 280 章頭図：© James Martin/Stone/Getty Images
  図 17・1：© Ken O'Donoghue
- p. 282 図 17・5：© NASA

掲 載 図 出 典

p. 288 © Jenny Hager/The Image Works
p. 289 © Cengage Learning
p. 292 © Cengage Learning
p. 295 図 17・12: © Cengage Learning
p. 297 © Science Photo Library, Photo Researchers, Inc./amanaimages

18 章

p. 300 章頭図: © Cengage Learning
p. 301 © Cengage Learning
p. 309 © Ken O'Donoghue
p. 311 © Richard Megna/Fundamental Photographs
p. 313 © Corbis-Bettmann
p. 316 図 18・9: © Charles D. Winters/Photo Researchers, Inc./amanaimages
p. 317 図 18・10: © The Granger Collection

19 章

p. 318 章頭図: © Courtesy, By the Bay Treasures, photo by Charles Peden
p. 319 © Kopal/Mediamed Publiphoto/Photo Researchers, Inc.
p. 322 © Culver Pictures/The Granger Collection
p. 325 図 19・3: © SIU/Visuals Unlimited
p. 327 © Reinhard Janke/Peter Arnold

20 章

p. 331 章頭図: © Dr. Jeremy Burgess/SPL/Photo Researchers, Inc./amanaimages
p. 340 © Ken O'Donoghue
p. 343 © Shutterstock
p. 344 © Agricultural Research/USDA. Photo by Scott Bauer
p. 351 図 20・12: © Dr. Harold Rose/Science Photo Library/Photo Researchers, Inc.

索　引

あ，い

亜　鉛　314, 315
アクチノイド　179
亜硝酸　270
アスパルテーム　204
アスピリン　350
アセチルサリチル酸　350
アセチレン　340
　　──の燃焼　340
アセトアルデヒド　348
アセトン　348
アゾベンゼン　209
圧　力　211
アニオン → 陰イオン
アボガドロ (Amadeo Avogadro)　220
アボガドロ数　104
アボガドロの法則　220
アミル基　349
アルカリ　90, 266
アルカリ乾電池　315
アルカリ金属　42
アルカリ土類金属　42
アルカン　332
　　──の反応　339
　　──の命名法　335, 336
アルキル基　335, 336
アルキン　340
　　──の命名法　340
アルケン　340
　　──の反応　341
　　──の命名法　340
アルコール　345
　　──の命名法　345
　　第一級──　345
　　第三級──　345
　　第二級──　345
アルデヒド　347
　　──の命名法　347
α 粒子　319
　　──の照射実験　36, 37
アルミニウム　106, 128, 317
アレニウス (Svante Arrhenius)　90, 266
アレニウス酸・塩基説　90, 266
安息香酸　349
アントシアニン　275
アントラセン　343
アンモニア
　　──の分子構造　205

イオン　46, 189, 250
　　──と周期表　48
　　──の酸化数　301
　　──の生成　189
　　──の電荷　48
　　──の電子配置　190, 191
　　──の命名法　47, 53, 63
イオン化　268
イオン化エネルギー　181
イオン化合物　49, 80, 86, 185
　　──の構造　192
　　──の性質　49
　　──の命名法　54, 56, 59
　　──の溶解性　83
　　二元──　52, 60, 118
イオン結合　185, 187
イオン性固体　244, 245, 297
イオン生成　189
イオン積定数　271
イオン半径　193
イオン反応式　88, 261
イソブタン　333, 334
イソプロピル基　336
イソペンタン　334
位置エネルギー　143, 146
陰イオン　47, 53, 82, 250
陰極防食　316

う〜お

ウォーゲ (Peter Waage)　286
ウラン　320, 327〜329
　　──の核分裂　326, 327
運動エネルギー　143, 230, 238, 281

液　体　22, 236
液体酸素　200
エジソン (Thomas Edison)　158
SI 接頭語　9
SI 単位　8
s 軌道　169, 170, 171
STP　232
エステル　349
エタノール　346
エタン　332
　　──の分子構造　332
エナル基　336
エチレン　350
　　──の球棒模型　340
エチレングリコール　347

エチン → アセチレン
エテン → エチレン
エネルギー　143, 154, 155, 159
エネルギー準位　166, 167, 189
　　水素原子の──　165
エネルギー変化　146
　　──の計算　147
エネルギー保存の法則　143
f ブロック元素　179
エルー (Paul Heroult)　317
LED　158
塩　84, 91
塩　基　89, 90, 266, 267
塩基性溶液　271
塩　橋　312
塩　酸　65, 91, 269, 270
延　性　244
エンタルピー　151
　　──の計算　151
鉛　糖　53
エントロピー　160

オキシアニオン　62
オキシ酸　270
オキソニウムイオン　267, 271
n-オクタン　335
オクテット則 → 八電子則
オゾン
　　──の分子構造　209
オゾン層　2, 282, 283
オゾンホール　282
オルト (o-)　343
折れ線形構造 (分子の) → V 字形
　　　　　　　　　　　構造 (分子の)
温室効果　157
温室効果ガス　36, 197
温　度　145, 230, 238, 281
　　──と蒸気圧　228
　　──と平衡の移動　294, 295
　　──の変換　17

か

外　界　145〜147
ガイガーカウンター → ガイガー-ミュラー
　　　　　　　　　　　　　　　　計数管
ガイガー-ミュラー計数管　322, 323
壊変系列　320
解離　268
　　水の──　271

過塩素酸　270
化　学　2
化学式　34, 114
　　──の書き方　34, 66
化学的性質　23
科学的な手法　4
科学的表記法　7
化学電池　313
化学反応　69, 280（反応も見よ）
化学反応式　69, 88
　　──の書き方　72, 75
　　──の釣合　69, 72～75
化学平衡　284
化学平衡の法則　286
化学変化　25
化学量論　131
　　気体の──　231
　　中和反応の──　264
　　溶液の──　260, 261
化学量論計算　131, 132, 137
　　制限反応物と──　136, 139
化学量論混合物　135
可　逆　284
核エネルギー　326
核　子　318
核　種　318
核反応式　318, 319
　　──の書き方　320, 321
核分裂　326
　　ウランの──　326, 327
核変換　321
核融合　326, 329
化合物　25, 34
華氏目盛　→　ファーレンハイト目盛
化石燃料　155
仮　説　3, 4
カソード防食　→　陰極防食
ガソリン　156
カチオン　→　陽イオン
活性化エネルギー　281, 282
価電子　175, 189
加熱曲線　236, 237
可溶性固体　83
ガリレオ（Galileo Galilei）　4
ガルバニ（Luigi Galvani）　313
ガルバニ電池　→　化学電池
カルボキシ基　270, 348
カルボニル基　347
カルボン　114
カルボン酸　348, 349
　　──の命名法　349
カロリー　147
カロリメーター　→　熱量計
還　元　92, 300, 304, 311, 313, 314
　　──の半反応　309
還元剤　305, 312～314
換算係数　16
緩衝液　278
　　──の性質　279
乾電池　314
官能基　344
γ　線　319

き

気圧計　212
気化　→　蒸発
幾何学的構造（分子の）　201
貴ガス　42, 179
　　──の凝固点　241
　　──の電子配置　189
貴金属　44
ギ　酸　349
希　釈　258, 259
気　体　22, 236
　　──の化学量論　231
気体定数　222
気体分子運動論　230
吉草酸　349
基底状態　165, 166, 319
起電力　314
軌　道　167～170, 172
　　──への電子の詰まり方　177
逆反応　284, 285
　　──の速度　285
嗅　覚　269
吸　熱　146, 294
球棒模型　332
　　エチレンの──　340
強塩基　90, 91, 266
凝固点　236
　　貴ガスの──　241
強　酸　90, 91, 266, 268, 269
　　──の pH　277
共重合体　350
凝　縮　242, 283
強電解質　80, 91, 268, 312
共　鳴　197
共鳴構造　198
共役塩基　267
　　──の強さ　270
共役酸　267
共役酸-塩基対　267
共有結合　185, 187
　　極性をもった──　186, 187, 250
共有電子対　194, 196
極性をもった共有結合　186, 187, 250
希硫酸　260
均一混合物　27
均一平衡　288
金　属　42, 92, 180
　　──からのイオンの生成　189
　　──の結合　246
　　──の物理的性質　42
金属結晶　246
銀電池　315

く～こ

空間充填模型　332

組合わせ反応　→　合成反応
グラファイト　45, 105, 154, 314, 315
グリーンケミストリー　253
グルコース　116
グルコフォア　204
グルベルグ（Cato Maximilian Guldberg）　286
クロム　107
クロロフルオロカーボン　2, 283

系　145～147
係　数　74
ケイ皮アルデヒド　347
結　合　23, 184
　　──の種類　187, 188
　　金属の──　246
　　電気陰性度と──　187
　　電子配置と──　190
結合エネルギー　184
結合角　201
結合電子対　→　共有電子対
結晶性固体　243～245
ケトン　347
　　──の命名法　347
ケルビン目盛　17, 217
原　子　23, 34, 162
　　──の大きさ　38, 182
　　──の構造　35, 37, 162, 167
原子価殻電子対反発法　→　VSEPR法
原子価軌道　190
原子核　37, 162, 167
原子質量単位（amu）　→　統一原子質量単位
原子性固体　244, 246
原子番号　38, 318, 320
原子モデル
　　ボーアの──　167
　　ラザフォードの──　162
原子量　104（平均原子質量も見よ）
原子力発電所　327
原子炉　327, 328
元　素　25, 30, 31
　　──の存在量　31
元素記号　32, 33

合　金　246
　　侵入型──　247
　　置換型──　246
合金鋼　247
鉱　酸　90
抗酸化剤　305
光　子　164～166
　　──のエネルギー　165
合成反応　97
酵　素　281
構造異性　333
構造異性体　334
国際単位　→　SI単位
固　体　22, 236
　　──の生成反応　80
　　イオン性──　244, 245, 297
　　結晶性──　243～245
　　原子性──　244, 246
　　分子性──　244, 245

索　引

孤立電子対 → 非共有電子対
コンクリート　26
混合物　26, 249

さ

酢　酸　270, 349
サッカリン　204
サリチル酸　277
サリチル酸メチル　277
酸　65, 66, 85, 89, 90, 266, 267
　　——の強さ　268, 270
　　——の命名法　65
酸・塩基指示薬　275
酸・塩基反応　90〜92, 96, 264
酸　化　92, 300, 304, 311, 313, 314
　　——と老化　305
　　——の半反応　309
酸化還元反応　93, 94, 96, 300, 305
　　——における電子移動　93, 312
　　半反応法と——　308
　　非金属間の——　304
酸化剤　305, 312〜314
酸化状態 → 酸化数
酸化数　301
　　——と電気陰性度　302
　　——の規則　302, 303
　　イオンの——　301
　　単体の——　301
酸型乾電池　314
　　——の正極反応　315
　　——の負極反応　315
三重結合　197, 340
酸性雨　288
酸性度　273
酸性溶液　271
三方錐構造(分子の)　205, 207

し

次亜塩素酸　270
CFC → クロロフルオロカーボン
式　量　110
次元解析　16
仕　事　144
四捨五入　13
自然の法則　4
実　験　3
実験式 → 組成式
実在気体　230
質　量　10, 100, 131
　　——の計算　128, 131
質量作用の法則 → 化学平衡の法則
質量数　38, 318, 320
質量パーセント　113, 252
質量分率　113

質量保存の法則　4
シナモン　343
自発過程　161
シーベルト(Sv)　330
2,2-ジメチルブタン　337
四面体 → 四面体構造(分子の)
四面体構造(分子の)　202, 207, 331
四面体配置(電子対の)　204
弱　酸　268, 269
弱電解質　269
シャルル(Jacque Charles)　216
シャルルの法則　216, 217, 231
周期表　41, 173, 179
　　イオンと——　48
　　電気陰性度と——　187
　　電子配置と——　176
重　合　341
周波数　163
重陽子　329
重量パーセント → 質量パーセント
主エネルギー準位　169, 170, 172
　　水素原子の——　169
縮合重合　350
主　鎖　336
ジュール(J)　147
シュレーディンガー(Erwin Schrödinger)
　　168
純物質　27
蒸気圧　228, 241, 242
　　温度と——　228
硝　酸　270
常磁性　200
状態関数　144
衝突理論　281
蒸　発　241, 283
蒸　留　28
初期濃度　287
触　媒　281, 282
ショ糖　251
人工甘味料　204
真ちゅう　246, 247
シンチレーションカウンター　323
侵入型合金　247

す〜そ

水銀気圧計　212
水銀電池　315
水酸化物イオン　90, 266, 271
水素イオン　90, 266, 273
　　——供与体　267
　　——受容体　267
水素化反応　341
水素結合　240
水素原子　165〜167, 185
　　——のs軌道　169〜171
　　——のエネルギー準位　165
　　——の結合形成　185
　　——の主エネルギー準位　169
　　——の電子　168

水素分子　185
水溶液　80, 88, 249
　　——中の反応　79, 88
　　——の電気伝導性　80
水　和　267
数　詞(命名法)　59, 335
スクラロース　204
スクロース → ショ糖
スチレン　342
ステビオール　204
スピン(電子の)　172
スルフォラファン　201

正　極　313〜315
正極反応
　　酸型乾電池の——　315
　　鉛蓄電池の——　314
　　ニッケル-カドミウム電池の——　315
制限剤 → 制限反応物
制限反応物　134, 136, 137
　　——と化学量論計算　136, 139
生成物　69, 280, 282
正反応　284, 285
　　——の速度　285
石　炭　156, 157
石　油　156, 251
絶縁体　244
摂氏目盛 → セルシウス目盛
絶対目盛 → ケルビン目盛
絶対零度　217
セルシウス目盛　17, 217
全　圧　226, 227
遷移金属　42, 177

双極子-双極子相互作用　240
双極子モーメント　188
増殖炉　329
族　42
測　定　6
組成式　116
　　——の計算　116, 118

た行

大気圧　211, 212
体　積　10
　　——と平衡の移動　292, 293
ダイヤモンド　45, 154, 331
多原子イオン　62, 63, 193
　　——の命名法　62
脱水素反応　340
タバコモザイクウイルス　277
ダルトン(Da) → 統一原子質量単位
単　位　8, 9, 16
単一重合体　350
炭化水素　156, 331
　　直鎖——　332
　　不飽和——　340
　　飽和——　332
炭化水素誘導体　344

単結合　197
炭酸飲料　269
炭酸脱水酵素 → 炭酸デヒドラターゼ
炭酸デヒドラターゼ　281
炭素-14年代測定法 → 放射性炭素年代
　　　　　　　　　　　　　測定法
単　体　45
　　──の酸化数　301
単置換反応　96

置換型合金　246
置換基　335, 336
置換反応　339
地球温暖化　36, 157
　　──と二酸化炭素　197
蓄電池　310
チャドウィック(James Chadwick)　37
中性子　37, 38, 162, 318
中性溶液　271
中和反応　264
　　──の化学量論　264
超ウラン元素　322
直鎖アルカン　332
　　──の分子式　333
直鎖炭化水素　332
直線形構造(分子の)　201, 207
沈　殿　80, 96, 261, 263
沈殿反応　80, 85, 96
沈殿物　80, 86

d 軌道　171
定比例の法則　33
d ブロック元素　179
デュエット則 → 二電子則
テルミット反応　93
電　荷
　　イオンの──　48
電気陰性度　186
　　──と結合　187
　　──と周期表　187
　　酸化数と──　302
電気化学　311
電気分解　24, 68, 313, 316
　　水の──　316
典型元素　179
電　子　35, 38
　　──の存在確率　168, 185
　　──の詰まり方　177
　　水素原子の──　168
電子移動　92
　　酸化還元反応における──　93, 312
電子スピン　171
電磁波　163
　　──の種類　163
電子配置　173〜175, 179, 189
　　──と結合　190
　　──と周期表　176
　　イオンの──　190, 191
　　貴ガスの──　189
　　波動力学モデルと──　178
電子捕獲　319, 320
展　性　244

電　池　311
　　──の原理　312
伝導体　244, 268
天然ガス　156
同位体　38〜40, 318
統一原子質量単位(u)　102
同素体　45
ド・ブロイ(Louis Victor de Broglie)　168
トムソン, J. J.(J. J. Thomson)　35
トムソン, W.(William Thomson)　35
トリチェリ(Evangelista Torricelli)　212
トル(Torr)　212
トルエン　342
ドルトン(John Dalton)　34, 226
　　──の原子説　34
　　──の分圧の法則　226
ドレーク(Edwin Drake)　156

な　行

内殻電子　176
内部エネルギー　146
ナイロン　351
ナフタレン　343, 344
鉛蓄電池　310, 314
　　──の正極反応　314
　　──の負極反応　314
難溶性固体　83

二元イオン化合物　52, 59
　　Ⅰ型──　54
　　Ⅱ型──　55, 56
二元化合物　52, 60, 118
　　Ⅲ型──　59
二原子分子　44, 45
二酸化炭素
　　──の濃度　158
　　──の分子構造　208
　　──のルイス構造式　196
　　地球温暖化と──　197
二重結合　197, 340
ニチノール　247
ニッケル-カドミウム電池　315
　　──の正極反応　315
　　──の負極反応　315
二電子則　194
ニトロベンゼン　342
二プロトン酸　270
乳　糖　253
二量体　350

ネオペンタン　334
熱　145
熱エネルギー　145
熱化学　151
熱分解　156
熱放射　157
熱力学　146
熱力学第一法則　146

熱力学第二法則　161
熱量計　152
燃焼反応　97, 301, 339
　　アセチレンの──　340

濃硫酸　260

は

培　焼　306
パウリの排他原理　172
Perc → ペルクロロエチレン
パスカル(Pa)　212
パーセント収率　141
パーセント組成　112
八電子則　194
　　──の例外　200
波　長　163, 164
発光ダイオード → LED
発　熱　146, 294
波動力学モデル　168, 172
　　──と電子配置　178
バートン(William Burton)　156
花　火　181
バニリン　347
パラ(p-)　343
ハロゲン　42
ハロゲン化　341
ハロゲン化水素酸　270
半金属　42, 180
半減期　323, 324
　　放射性核種の──　325
反　応　25(化学反応も見よ)
　　──の分類法　95, 97, 98
　　アルカンの──　339
　　アルケンの──　341
反応物　69, 280, 282
半反応　307, 314
　　還元の──　309
　　酸化の──　309
半反応法　307
　　──と酸化還元反応　308

ひ

pH　273, 274
　　強酸の──　277
pOH　274
光　164
p 軌道　170
非共有電子対　194〜196
非金属　42, 92, 180
　　──からのイオンの生成　189
非結合電子対 → 非共有電子対
比　重　21
微小モーター分子　209
ヒ　素　43, 292
比熱 → 比熱容量

索引 369

比熱容量　149
標準気圧（atm）　212
標準凝固点　236
標準状態　231（STPも見よ）
　　――のモル体積　234
標準沸点　236
標準溶液　257
微量元素　31, 32

ふ

ファーレンハイト目盛　17
VSEPR法　203, 204, 206
V字形構造（分子の）　206, 207
フェナントレン　343
フェニル基　342
フェノール　342, 347
付加重合　350
付加反応　341
負　極　313〜315
負極反応
　　酸型乾電池の――　315
　　鉛蓄電池の――　314
　　ニッケル-カドミウム電池の――　315
不均一混合物　27
不均一平衡　289
複交換反応　96
副準位　169, 170, 172, 175
　　――への電子の詰まり方　177
複置換反応 → 複交換反応
腐　食　315
ブタン　332
　　――の分子構造　332
n-ブタン　333, 334
ブチルアルデヒド　347
不対電子　200
物　質　22
　　――の三態　22, 24
物質量　104, 125, 131
沸　点　236
物理的状態　70
物理的性質　23, 42
物理変化　24, 25
不飽和　252
不飽和炭化水素　340
不溶性固体　83
プラムプディングモデル　35
フラーレン　45
フレオン12　2, 215, 283
フレミング（Alexander Fleming）　114
ブレンステッド（Johannes Brønsted）　266
ブレンステッド-ローリー酸・塩基説　266
プロトン → 水素イオン
プロパン　125, 332
　　――の分子構造　332
プロピオン酸　349
プロピル基　336
分　圧　226
分解反応　98
分　子　23

分子運動論　229
分子間力　237, 238
分子構造　201, 204, 207
　　――の予測　204, 206
　　アンモニアの――　205
　　エタンの――　332
　　オゾンの――　209
　　二酸化炭素の――　208
　　ブタンの――　332
　　プロパンの――　332
　　水の――　206
　　メタンの――　202, 331
分子式　116
　　――の計算　122
　　直鎖アルカンの――　333
分子性固体　244, 245
分子内力　237, 238
分子反応式 → 化学反応式

へ

平均原子質量　103, 105
平　衡　280, 283, 285
　　――濃度　287
平衡蒸気圧 → 蒸気圧
平衡定数　286
　　――の計算　295
平衡の移動　291, 295
　　温度と――　294, 295
　　体積と――　292, 293
　　濃度と――　290, 291
平衡の状態　287
平面三角形構造（分子の）　201, 207
ヘスの法則　153
β粒子　318, 319
PET　325
ペニシリン　114
ヘモグロビン　292
ペルクロロエチレン　253
ベンズアルデヒド　348
ベンゼン　342
　　――の名称　342, 343
　　――の命名法　342
　　――のルイス構造式　342
ベンゼン環　342
n-ペンタン　334

ほ

ボーア（Niels Henrik David Bohr）　167
　　――の原子モデル　167
ボイル（Robert Boyle）　30, 213
ボイルの法則　213, 214, 231
傍観イオン　88
芳香族化合物　341
芳香族炭化水素　342
放射壊変　318
　　――の種類　319

放射性　318
放射性核種　319
　　――の医学への応用　325
　　――の透過力　330
　　――の半減期　325
放射性炭素年代測定法　324
放射性トレーサー　325
放射性廃棄物　328
放射線　330
　　――障害　329
　　――の透過力　330
放射能　322
飽　和　252
飽和炭化水素　332
ボーキサイト　317
ポジトロン → 陽電子
ボックスダイヤグラム　173
ポリエステル　351
ポリエチレン　350
ポリ塩化ビニル　110
ポリフッ化ビニリデン　101
ポリマー　350
ホール（Charles Martin Hall）　317
ボルタ（Alessandro Volta）　313
ボルタ電池 → 化学電池
ホルマリン　254
ホルムアルデヒド　254, 348

ま　行

摩擦熱　144
マノメーター　213

味　覚　204, 269
水
　　――の解離　271
　　――の三態　24, 236
　　――の電気分解　316
　　――の分子構造　206
　　――の密度　236
水分子　188, 189
密　度　19, 21
　　水の――　236
ミリメートル水銀柱　212

命名法　52
　　アルカンの――　335, 336
　　アルキンの――　340
　　アルケンの――　340
　　アルコールの――　345
　　アルデヒドの――　347
　　イオン化合物の――　54, 56, 59
　　イオンの――　47, 53, 63
　　カルボン酸の――　349
　　ケトンの――　347
　　酸の――　65
　　多原子イオンの――　62
　　二元化合物の――　52, 59〜61
　　ベンゼンの――　342
メタ（m-）　343

索引

メタノール　346
メタン　331, 332
　　――の塩素化　339
　　――の分子構造　202, 331
メタンハイドレート　152
メチルエチルケトン　348
メチル基　335
メートル法　8, 11
メルトダウン　328
メンデレーエフ（Dmitri Mendeleev）　42

網状固体　246
モノマー　350
モル　104
モル質量　105, 109
モル蒸発熱　238
モル体積　232
　　標準状態の――　234
モル濃度　254
モル比　126, 131
　　――の計算　127
モル融解熱　238

や 行

冶金　306
ヤード・ポンド法　11

有核原子　37, 162
有機化学　331

有機酸　270
有効数字　12, 14

陽イオン　46, 53, 56, 82, 250
溶液　27, 249, 252
　　――の化学量論　260, 261
　　――の種類　249
溶解性　83, 84
　　イオン化合物の――　83
溶解度　249, 298
溶解度積　297
　　――の計算　298
溶解度積定数　→　溶解度積
溶解平衡　297
陽子　37, 38, 162, 318
溶質　249, 252
陽電子　319, 320
陽電子放射断層撮影法　→　PET
溶媒　249, 252

ら 行

酪酸　349
ラザフォード（Ernest Rutherford）　36, 37, 162, 321
　　――の原子モデル　162
ラボアジェ（Antoine Laurent Lavoisier）　4
ランタノイド　179

理想気体　222

理想気体の法則　222
　　――と単位　225
リビー（Willard Libby）　324
硫酸　270
粒子加速器　322
量子化　166, 167
両性物質　270
理論　4
理論収量　141
リン　245
臨界　326
臨界質量　326
リン酸　270

ルイス（G. N. Lewis）　193
ルイス構造　193, 332, 340, 342
　　――の書き方　195
　　二酸化炭素の――　196
　　ベンゼンの――　342
ルクランシェ（George Leclanché）　314
ルシャトリエの原理　290, 291

励起状態　165, 166, 319
冷却曲線　236, 237
レドックス反応　→　酸化還元反応

濾過　29
緑青　316
ローブ　170
ローリー（Thomas Lowry）　266
ロンドン分散力　241
ロンドン力　→　ロンドン分散力

おお しま こう いち ろう
大 嶌 幸 一 郎
    1947 年 兵庫県に生まれる
    1970 年 京都大学工学部 卒
    1975 年 京都大学大学院工学研究科博士課程 修了
    京都大学名誉教授
    専攻 有機合成化学, 有機反応化学
    工 学 博 士

はな だ てい いち
花 田 禎 一
    1946 年 大阪府に生まれる
    1970 年 京都大学工学部 卒
    1975 年 京都大学大学院工学研究科博士課程 修了
    京都大学名誉教授
    専攻 無機材料化学
    工 学 博 士

第 1 版 第 1 刷 2013 年 3 月 13 日 発行
第 2 刷 2019 年 1 月 10 日 発行

ズンダール 基礎化学 原著第 7 版

Ⓒ 2013

訳 者 　大 嶌 幸 一 郎
　　　　花 田 禎 一

発 行 者 　小 澤 美 奈 子

発 行 　株式会社 東京化学同人
東京都文京区千石 3 丁目 36-7(〒112-0011)
電話 (03)3946-5311・FAX (03)3946-5317
URL: http://www.tkd-pbl.com/

印刷・製本　株式会社 シ ナ ノ

ISBN 978-4-8079-0805-9
Printed in Japan
無断転載および複製物(コピー, 電子
データなど)の無断配布, 配信を禁じます.